高等学校土木工程专业系列规划教材

高层建筑结构设计

主编 白国良 韩建平 王 博

主审 童岳生 梁兴文

图书在版编目(CIP)数据

高层建筑结构设计/白国良,韩建平,王博主编.—武汉:武汉大学出版社,2021.8
高等学校土木工程专业系列规划教材
ISBN 978-7-307-22030-0

Ⅰ.高… Ⅱ.①白… ②韩… ③王… Ⅲ.高层建筑—结构设计—高等学校—教材 Ⅳ.TU973

中国版本图书馆 CIP 数据核字(2020)第 250928 号

责任编辑:路亚妮　　责任校对:杨赛君　　装帧设计:吴　极

出版发行:**武汉大学出版社**　(430072　武昌　珞珈山)
(电子邮箱:whu_publish@163.com　网址:www.stmpress.cn)
印刷:武汉图物印刷有限公司
开本:880×1230　1/16　印张:21.25　字数:689 千字
版次:2021 年 8 月第 1 版　　2021 年 8 月第 1 次印刷
ISBN 978-7-307-22030-0　　定价:58.00 元

高等学校土木工程专业系列规划教材

丛书序

土木工程涉及国家的基础设施建设，投入大，带动的行业多。改革开放后，我国国民经济持续稳定增长，其中土建行业的贡献率达到1/3。随着城市化的发展，这一趋势还将继续呈现增长势头。土木工程行业的发展，极大地推动了土木工程专业教育的发展。目前，我国有500余所大学开设土木工程专业，在校生达40余万人。

2010年6月，中国工程院和教育部牵头，联合有关部门和行业协（学）会，启动实施“卓越工程师教育培养计划”，以促进我国高等工程教育的改革。其中，“高等学校土木工程专业卓越工程师教育培养计划”由住房和城乡建设部与教育部组织实施。

2011年9月，住房和城乡建设部人事司和高等学校土建学科教学指导委员会颁布《高等学校土木工程本科指导性专业规范》，对土木工程专业的学科基础、培养目标、培养规格、教学内容、课程体系及教学基本条件等提出了指导性要求。

在上述背景下，为满足国家建设对土木工程卓越人才的迫切需求，有效推动各高校土木工程专业卓越工程师教育培养计划的实施，促进高等学校土木工程专业教育改革，2013年住房和城乡建设部高等学校土木工程学科专业指导委员会启动了“高等教育教学改革土木工程专业卓越计划专项”，支持并资助有关高校结合当前土木工程专业高等教育的实际，围绕卓越人才培养目标及模式、实践教学环节、校企合作、课程建设、教学资源建设、师资培养等专业建设中的重点、亟待解决的问题开展研究，以对土木工程专业教育起到引导和示范作用。

为配合土木工程专业实施卓越工程师教育培养计划的教学改革及教学资源建设，由武汉大学发起，联合国内部分土木工程教育专家和企业工程专家，启动了“高等学校土木工程专业卓越工程师教育培养计划系列规划教材”建设项目。该系列教材贯彻落实《高等学校土木工程本科指导性专业规范》《卓越工程师教育培养计划通用标准》和《土木工程卓越工程师教育培养计划专业标准》，力图以工程实际为背景，以工程技术为主线，着力提升学生的工程素养，培养学生的工程实践能力和工程创新能力。该系列教材的编写人员，大多主持或参加了住房和城乡建设部高等学校土木工程学科专业指导委员会的“土木工程专业卓越计划专项”教改项目，因此该系列教材也是“土木工程专业卓越计划专项”的教改成果。

土木工程专业卓越工程师教育培养计划的实施，需要校企合作，期望土木工程专业教育专家与工程专家一道，为土木工程专业卓越工程师的培养作出贡献！

是以为序。

2014年3月于同济大学四平路校区

前　言

近年来，随着我国经济实力增强，高层建筑的发展取得了令人瞩目的成果，我国已然成为世界高层建筑的建设中心之一。随着建筑物高度的增加，高层建筑的体型更为复杂，功能和结构也更加多样化。高层建筑结构设计作为土木工程专业学生的一门重要专业课，是《高等学校土木工程本科指导性专业规范》规定的基本内容，对学生毕业后从事专业工作具有重要作用。

本书旨在介绍高层建筑结构的相关理论和设计方法，使学生通过本书的学习，能够理解高层建筑结构的受力性能、变形特点和设计原则，了解各种结构体系的特点及适用范围等，为学生毕业后从事相关工作打下基础。

全书共 11 章，可分为以下四个部分。

第一部分（第 1 章），主要介绍了高层建筑结构的概念、发展和设计特点，并简要说明了本课程的主要内容。

第二部分（第 2 章至第 3 章），介绍了高层建筑结构设计的基本知识，包括高层建筑结构的荷载、作用及其效应组合（第 2 章），高层建筑结构的总体布置原则和一般设计要求（第 3 章），为后续章节的介绍做铺垫。

第三部分（第 4 章至第 10 章），分别介绍了不同类型高层建筑结构体系的分析、计算理论与设计方法。主要包括框架结构（第 4 章）、剪力墙结构（第 5 章）、框架-剪力墙结构（第 6 章）、筒体结构（第 7 章）、高层建筑钢-混凝土混合结构（第 8 章）、复杂高层结构（第 9 章），以及高层建筑结构基础设计（第 10 章）。其中，对于框架结构、剪力墙结构和框架-剪力墙结构，本书均给出了设计实例以供读者参考。

第四部分（第 11 章），概括介绍了高层建筑结构有限元分析方法及主要的通用、专用计算分析程序。此外，还专门介绍了高层建筑结构地震反应弹塑性时程分析的相关原理和计算方法。

本书可作为高等院校土木工程专业的教材或教学参考书，也可供土木工程专业的设计、施工人员和相关研究者参考。

本书由西安建筑科技大学白国良、兰州理工大学韩建平、长安大学王博担任主编。全书各章编写人员与分工如下：西安建筑科技大学白国良（第 1 章、第 9 章），内蒙古科技大学闻洋（第 2 章），兰州理工大学韩建平（第 3 章、第 4 章），兰州理工大学何晴光（第 5 章），内蒙古科技大学高春彦（第 6 章），西安科技大学张淑云（第 7 章），西安建筑科技大学徐亚洲（第 8 章），内蒙古科技大学鲍先凯（第 10 章），长安大学王博（第 11 章）。全书由白国良统稿，童岳生教授、梁兴文教授担任本书主审。

限于编者水平，书中错误、疏漏或不足之处在所难免，欢迎各位读者批评指正。

编　者

2021 年 6 月

目　录

1

绪　论

课前导读

◸ 内容提要

本章主要内容包括高层建筑的定义、分类和发展，高层建筑结构的设计特点与结构体系，本课程的教学内容和学习要求。本章的教学重点和难点为高层建筑结构的设计特点与结构体系。

◸ 能力要求

通过本章的学习，学生应了解高层建筑发展概况与结构体系，掌握高层建筑结构的设计特点。

1.1 高层建筑概述

1.1.1 高层建筑的定义

相对于多层建筑而言，超过一定层数或高度的建筑称为高层建筑。关于高层建筑的起点高度或层数，迄今为止全世界规定不一，且无绝对严格的标准。在不同国家和地区、不同时期，其规定也不一样，它与各个国家当时的经济条件、所处地理环境、建筑技术、建筑材料、电梯设备以及消防特殊要求等诸多因素相关。

高层建筑和城市住宅委员会描述高层建筑并没有绝对的定义，通常是指在以下一个或多个方面包含“高”这个特定元素的建筑：一是相对于建筑所处的周围环境的高度，如一座14层的建筑在芝加哥或香港等高楼林立的城市不能称为高层建筑，而在一个欧洲国家的城市或周围建筑高度比较低的郊区就可以称为高层建筑；二是针对建筑的体型比例而言，建筑高度相同的情况下，细高的建筑比平面尺寸很大的建筑更容易被认为是高层建筑；三是从建筑技术来说，由于高度的增加对竖向交通、风荷载和地震作用等需要专门考虑的建筑也可以称为高层建筑。

因不同高层建筑的使用功能不尽相同，其层高变化较大，导致建筑的层数不是一个能全面定义高层建筑的指标，故国内外大都结合层数和高度来确定建筑是否属于高层建筑。

《民用建筑设计统一标准》(GB 50352—2019)规定，建筑高度大于27.0m的住宅建筑和建筑高度大于24.0m的非单层公共建筑，且高度不大于100.0m的，为高层民用建筑；《高层民用建筑设计防火规范(2005年版)》(GB 50045—1995)规定，10层及10层以上的居住建筑和建筑高度超过24m的公共建筑为高层建筑；《建筑设计防火规范(2018年版)》(GB 50016—2014)规定，建筑高度大于27m的住宅建筑和建筑高度大于24m的非单层厂房、仓库和其他民用建筑划分为高层建筑。从现有结构设计的角度考虑，并与上述有关规范协调一致，《高层建筑混凝土结构技术规程》(JGJ 3—2010)规定，10层及10层以上或房屋高度大于28m的住宅建筑以及房屋高度大于24m的其他高层民用建筑称为高层建筑。其中，房屋高度是指从室外地面至房屋主要屋面的高度，不包括突出屋面的电梯机房、水箱、构架等高度；房屋高度大于24m的其他高层民用建筑是指办公楼、酒店、商场、综合楼、博物馆等高层民用建筑。

1.1.2 高层建筑的分类

按不同的分类标准可将高层建筑分为不同类别，以下给出高层建筑的几种常见分类方法。

(1)按层数和高度分类。不同国家和组织对高层建筑的层数与高度的定义不同，见表1-1。

表1-1　部分国家和组织对高层建筑的定义

国家(组织)名称	高层建筑起始高度
联合国	大于或等于9层，分为四类： 第一类：9～16层，高度不超过50m； 第二类：17～25层，高度不超过75m； 第三类：26～40层，高度不超过100m； 第四类：40层以上，高度超过100m
美国	高度为22～25m以上，或7层以上
英国	高度为24.3m以上
法国	住宅建筑50m以上，其他建筑28m以上
日本	11层以上或高度超过31m
德国	大于或等于22m(从室内地面起)
比利时	大于或等于25m(从室外地面起)

(2)按使用功能分类。按建筑的主要使用功能,高层建筑可分为住宅类、办公类和综合类等。

(3)按高层建筑结构材料分类。按高层建筑结构材料的不同,高层建筑分为砌体结构、钢筋混凝土结构、钢结构、钢-混凝土组合结构和混合结构等类型。根据不同结构类型的特点,正确选用材料,是保证高层建筑安全性和经济合理性的一个重要方面。

①砌体结构。砌体结构是用砖砌体、石砌体或砌块砌体建造的结构,具有取材容易、施工简单、造价低廉等优点。砌体是一种脆性材料,其抗拉、抗弯、抗剪强度均较低,抗震性能较差,在砌体内配置钢筋可改善砌体结构受力性能,提高结构的抗震性能,使在地震区和非地震区建造中低层建筑成为可能。然而,现代高层建筑并不适宜采用砌体结构。

②钢筋混凝土结构。钢筋混凝土结构具有取材容易、耐久性和耐火性良好、承载能力大、刚度大、节约钢材、造价低、可模性好等优点,在土木工程中应用范围极广,各种工程结构都可采用钢筋混凝土建造。现浇整体式混凝土结构的整体性良好,经过合理设计,可获得较好的抗震性能,同时混凝土结构布置灵活方便,可组成各种结构受力体系,因此钢筋混凝土结构在高层建筑中得到了广泛应用。世界第一幢钢筋混凝土高层建筑是1903年建于美国辛辛那提市的英格尔斯大楼;朝鲜平壤的柳京饭店(105层,高330m)是目前钢筋混凝土结构层数最多的高层建筑;我国广州中信大厦(80层,高390m)也是钢筋混凝土结构。目前发展中国家的高层建筑主要以钢筋混凝土结构为主。钢筋混凝土结构具有构件截面较大、自重大、施工工序复杂、建造周期较长、受季节影响较大等缺点,使得其在高层建筑的应用中受到一定的限制。但随着高性能混凝土材料的发展和施工技术的不断进步,钢筋混凝土结构仍将是今后世界各国高层建筑的主要结构类型。

③钢结构。钢结构具有材料强度高、构件截面小、自重轻、塑性和韧性好、制造简便、施工周期短、抗震性能好等优点,很适宜建造高层建筑,尤其是地基条件差、抗震要求高的高层建筑。但高层钢结构建筑用钢量大、造价高,且钢结构耐腐蚀和耐火性能差,需要采取特殊保护措施。因此,以钢结构为主要建筑类型的高层建筑集中建造在发达国家,如美国纽约的帝国大厦(102层,高381m)、遭恐怖袭击倒塌的世界贸易中心双塔楼(110层,北楼高417m,南楼高415m)、美国芝加哥的西尔斯大厦(110层,高442.1m)等。近年来,随着我国钢产量的大幅度提高以及国民经济实力的增强,采用钢结构的高层建筑不断增多。我国深圳的地王大厦(69层,高384m)、北京的京广中心(52层,高209m),以及上海的锦江宾馆分馆(46层,高153.53m)等,均采用了钢结构。

④钢-混凝土组合结构和混合结构。随着城市化进程的加速,超高层建筑应运而生。不断增加的建筑高度,对建筑结构体系和建造材料及建造技术提出了更高的要求。钢-混凝土组合结构和混合结构综合钢筋混凝土结构和钢结构的优良性能,不仅具有钢结构自重轻、截面尺寸小、施工速度快、抗震性能好等优点,还兼有混凝土结构刚度大、防火性能好、造价低等优点,充分发挥钢结构优良的抗拉性能和混凝土结构的抗压性能,进一步减轻结构自重,提高结构延性。两种材料取长补短,可取得经济合理、技术性能优良的效果,是一种理想的超高层建筑结构体系。

钢-混凝土组合结构采用钢材来加强钢筋混凝土构件的强度。将钢材放入构件内部,外部是钢筋混凝土,形成型钢(或钢骨)混凝土构件,既充分利用外包混凝土的刚度和耐火性能,又可利用型钢(或钢骨)减小构件截面尺寸、改善抗震性能,目前应用较为普遍。如上海环球金融中心(101层,高492m)、香港环球贸易广场(108层,高484m)等均采用型钢混凝土组合柱。或是在钢管内部填充混凝土,做成外包钢构件,形成钢管混凝土构件,提高构件的承载力、延性及抗震性能。如广州塔(塔身主体高度454m)、台北101大楼(101层,高508m)、深圳的赛格广场(71层,高291.6m)等均采用钢管混凝土柱。

钢-混凝土混合结构是部分抗侧力结构用钢结构,部分采用钢筋混凝土结构或型钢混凝土(或钢管混凝土)的结构。在多数情况下采用钢筋混凝土做核心筒或剪力墙,采用钢材做框架梁、柱。刚度很大的剪力墙或筒体承受风荷载和地震作用,钢框架主要承受竖向荷载。如上海静安希尔顿饭店(43层,高143m)。钢-混凝土混合结构的另一种形式是外框筒采用钢筋混凝土或型钢混凝土结构,内部则采用钢框架以满足使用空间的需求。如美国芝加哥的三一国民广场大厦(57层,高233.7m),外筒为柱距5m的钢筋混凝土筒体,内部为钢框架。还有一些高层建筑是由钢-型钢混凝土(或钢管混凝土)以及钢筋混凝土组成的混合结构。如上海金茂大厦(88层,高420.5m),核心筒为钢筋混凝土结构,四边的大柱为型钢混凝土柱,其余周边柱为钢柱,楼面梁为钢梁。

根据我国的工程实际,我国规范、规程仅将下列结构称为混合结构:钢框架(或钢外框筒)与钢筋混凝土核心筒组成的结构、型钢(或钢管)混凝土框架与钢筋混凝土核心筒组成的结构、型钢(或钢管)混凝土外框筒与钢筋混凝土核心筒组成的结构。我国高层建筑混合结构体系主要有框架-筒体结构体系、巨型柱框架-核心筒结构体系、筒中筒结构体系以及其他新型结构体系。

综上所述,目前各国已建成的高层建筑仍以钢筋混凝土结构为主,近年来随着高层建筑高度以及其他需求的不断增加,钢-混凝土组合结构和混合结构体系得到较大发展。特别是针对超高层建筑而言,钢-混凝土组合结构和混合结构体系是一种较理想的结构体系。随着材料的发展和新结构体系的突破,高层建筑将会不断发展。

1.2 高层建筑的发展

1.2.1 高层建筑发展简史

自古以来人类就有将建筑向高空发展的愿望,从古代的高层塔、寺到今天的现代化高层建筑,高层建筑经历了孕育、产生与发展等阶段,现已进入快速发展的繁荣期。高层建筑的发展可分为古代高层建筑和近现代高层建筑两个阶段。

1.2.1.1 古代高层建筑

我国古代的多层和高层建筑主要是宝塔和楼阁。如现存最早的嵩岳寺塔(图1-1),始建于509年,总高40m左右,砖砌单层筒体,平面呈正十二边形;现存最高的砖塔——开元寺塔(图1-2),建成于1055年,塔高84m,砖砌双层筒体,共11层,平面呈正八角形;迄今保存完好且最古老、最大的木塔——山西省应县佛宫寺释迦塔(图1-3),建于1056年,是一座正八边形的木结构塔楼,共9层,高达67m;建于7世纪的西藏自治区拉萨布达拉宫(图1-4),外观13层,内9层,最高点为达赖灵塔金顶,高度110m。

图1-1 嵩岳寺塔

图1-2 开元寺塔

在西方,最古老的高层建筑是古埃及金字塔,其中最高的胡夫金字塔始建于公元前2580年左右,底长230m,高度可达146.5m。此外,还有公元前586年建成的高90m的古巴比伦高塔、公元前280年建成的高约135m的埃及亚历山大灯塔等。

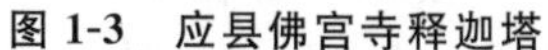

图 1-3 应县佛宫寺释迦塔

图 1-4 布达拉宫

古代高层建筑主要是宗教和权力的象征，多为纪念性建筑。其结构形式多为木结构和砖石结构，平面形式大多为圆形或正多边形。这种平面形式可减小水平荷载效应，增大结构刚度，受力性能较好。有一些塔经受住了上千年的风吹雨打，甚至经受住了强烈地震而保存至今，足见其结构合理、工艺精良。然而受建筑材料性能的约束且缺乏理论指导，这些建筑的墙壁厚度大，使用空间很小，一般不具有居住等功能，高度也受到限制。但正是由于人类对于高层建筑的早期探索与实践，积累了高层建筑的建设经验，为近代和现代高层建筑的发展奠定了基础。

1.2.1.2 近现代高层建筑

随着社会生产力的发展和人类活动的需要，高层建筑逐步发展。近现代高层建筑是商业化、城市化、工业化和科学技术发展的综合产物，其不仅要满足各种使用功能，还需节省材料、外形美观。而科学技术的进步，轻质高强材料的出现，结构设计理论的发展及机械化、电气化、计算机在建筑中的广泛运用，为高层建筑的发展提供了物质基础和技术条件，使人们在高空居住和工作成为可能。近现代高层建筑虽只有 140 余年的历史，但其发展速度很快，传播范围很广。特别是近 40 多年来，世界各地兴建的高层建筑，其规模之大，数量之多，技术之先进，形式之多样，外观之新颖，无不让人惊叹称奇。世界近现代高层建筑的发展一般分为以下三个阶段：

(1)第一阶段：形成期(19 世纪中期至 19 世纪末)。

18 世纪末的工业革命使得英、法两国的冶金工业成功地生产出熟铁，继而英国生产出铸铁，并将其应用于工业建筑和商业建筑。1801 年英国曼彻斯特建成的一座 7 层棉纺厂房，采用铸铁框架承重，其框架梁第一次采用工字形截面；1848 年，伦敦西郊国立植物园的温室完全用熟铁建造。英、法两国是最早建造铁框架房屋建筑的国家，但主要应用范围一直停留在低层建筑。

随着工业的发展和经济的繁荣，人口向城市集中，造成用地紧张，迫使建筑物向高层发展。1851 年电梯系统的发明和 1857 年第一台自控客用电梯的出现，解决了高层建筑的竖向运输问题，为建造更高的建筑创造了条件。1871 年芝加哥大火烧毁了几乎全城的建筑，30 万人因此无家可归。芝加哥这座城市的重建，吸引了大量资金的投入，大量的建筑项目等待进行。19 世纪 60 年代后期到 70 年代初，静力分析方法、材料技术、用概念和系统解决问题的方法以及铁结构建造房屋的原理和方法被大量应用到芝加哥城市建设中。近代高层建筑起点的标志是建于 1885 年的芝加哥家庭保险大楼(Home Insurance Building，11 层，高 55m，见图 1-5)，其采用熟铁梁-铸铁柱框架结构，砖石自承重外墙，局部有幕墙。随着冶金工业的发展，钢柱逐渐代替了铸铁柱。1889 年在美国建造的 9 层 Second Rand Menally 大楼，是世界上首个使用全钢框架的高层建筑。19 世纪末，高层建筑高度突破了 100m 大关。1898 年在纽约建造的公园街大楼(30 层，高 118m)为 19 世纪

图 1-5 芝加哥家庭保险大楼

世界上最高的建筑。这些建筑使得美国成为近现代高层建筑的发源地。

显然，19 世纪中期至 19 世纪末是高层建筑的形成期。受材料性能、设计理论及电梯速度等的限制，这一时期的高层建筑层数一般不高。

(2)第二阶段：发展期(19 世纪末至 20 世纪 50 年代初)。

20 世纪初，随着钢铁工业的发展和钢结构设计技术的进步，以及混凝土材料的突破和高速电梯的出现，高层建筑得到迅速发展，层数与高度逐步增加。高层建筑高度增大以后，风荷载成为影响结构的一个重要因素。考虑风荷载的影响，在结构理论方面突破了纯框架抗侧力体系，提出了在框架中间设置竖向支撑或剪力墙来增强结构的抗侧刚度和强度。1903 年建于美国辛辛那提市的英格尔斯大楼(16 层，高 64m)，是最早的钢筋混凝土框架高层建筑；1904 年，纽约 Darlington Building 接近完工时突然倒塌，从此铸铁在建筑结构中被禁止使用；1905 年纽约建造了 50 层的 Metrop Litann 大楼；1907 年在纽约建造的辛尔大楼(47 层，高 187m)，为第一幢超过金字塔高度的高层建筑；1913 年纽约建造的沃尔沃斯大楼(60 层，高 242m)，是当时世界上最高的建筑；1923 年纽约建造了 Charysler 大厦(高 319m)；1931 年在纽约曼哈顿建成的帝国大厦(Empire State Building，102 层，高 381m，见图 1-6)，保持世界最高建筑长达 41 年之久。第二次世界大战之前，超过 200m 的高层建筑已有 10 幢。

图 1-6 纽约帝国大厦

这一阶段，本迪克森于 1914 年首先提出了转角位移法，戴孙于 1922 年提出了基于破损阶段的强度计算方法，克罗斯于 1932 年首创了力矩分配法，这些理论的创建为以后建立各类结构设计理论与方法奠定了基础，也为更高、更复杂高层建筑的设计奠定了基础。但由于结构设计仍未摆脱平面结构理论，且建筑材料的强度低，高层建筑的材料用量较多，结构自重仍然较大。20 世纪 30 年代世界经济大萧条和第二次世界大战的爆发，使得高层建筑的发展一度暂停。

(3)第三阶段：繁荣期(20 世纪 50 年代至今)。

1945 年第二次世界大战结束后，随着世界各国的经济复苏及基础设施建设的需要，建筑业出现较大的发展。高层建筑如雨后春笋般在美国各地涌现，并向超高层建筑发展，随后欧洲、亚洲的各国以及其他许多发展中国家也陆续建造了许多高楼，形成了世界范围的高层建筑建设繁荣期。

20 世纪 60 年代美国著名的结构专家弗茨勒·汉提出了筒体结构新型体系，这种体系又进一步衍生出框筒、框架-核心筒、筒中筒、多束筒和斜撑筒等结构体系，为高层建筑提供了理想的结构形式，将高层建筑的发展推向了新阶段。随着抗风、抗震结构体系的发展，新的设计计算理论的创立以及建筑材料和施工技术的不断发展，高层建筑开始进入大量建造 50 层以上的时代。同时，高强度混凝土、钢-混凝土组合构件、消能减震装置等各种高新材料及技术的诞生与应用，为大规模建造高层建筑提供了充分的条件，且在经济上可行。

1963 年芝加哥建造的 Dewitt-Chestnut 公寓(地上 44 层，高 120m)是当时世界上第一幢钢筋混凝土框筒结构的高层建筑；1965 年建成的芝加哥 Brunswick 大厦(地上 35 层，高 144.5m)是当时世界上第一幢钢筋混凝土筒中筒结构的高层建筑。焊接和高强度螺栓在钢结构制造中的推广和进一步应用，使一批具有代表性的高层建筑物得以建成，如建成于 1969 年的芝加哥约翰汉考克中心大厦(100 层，高 344m，见图 1-7)，采用对角支撑钢桁架型筒体结构体系，用钢量为 145kg/m^2；建成于 1973 年的纽约世界贸易中心双塔楼(北楼高 417m，南楼高 415m，均 110 层；见图 1-8；2001 年 9 月 11 日遭恐怖分子毁灭性袭击，两座大楼先后竖向

图 1-7 芝加哥约翰汉考克中心大厦

逐层坍塌),采用钢框筒结构(外筒内框),用钢量为186kg/m²,该工程首次进行了模型风洞试验,首次采用了压型钢板组合楼板,首次在楼梯井道采用了轻质防火隔板,首次采用黏弹性阻尼器进行风振效应控制等,对后来的高层建筑结构设计与建造具有重要参考价值;1974年建成的芝加哥西尔斯大厦(110层,高442.1m,见图1-9),保持世界上最高建筑纪录超过20年,其采用钢结构成束框架筒体结构,用钢量仅为161kg/m²;采用平面结构框架体系的帝国大厦用钢量为206kg/m²,其首次提出并采用电梯分段运行和转换,极大地提高了高层建筑的竖向交通运行效率。

图1-8 纽约世界贸易中心双塔楼

图1-9 芝加哥西尔斯大厦

同时期欧洲各国也建造了部分高层建筑,如1953年苏联建造的莫斯科国立大学主楼(36层,高240m);1955年波兰建造的华沙文化宫大厦(42层,高231m);1973年巴黎建造的Maine Montparnasse办公大楼(64层,高229m);1975年波兰华沙建成的Palace Kulturgi Nauki大楼(47层,高241m)等。

日本处于地震多发地区,1963年以前,日本建筑法规定,建筑物的最大高度为31m。在结构抗震设计理论和设计方法取得重大突破后,这一规定在1964年被废除。此后,日本的高层建筑开始快速发展:1965年建成的东京新谷大饭店(22层,高78m),为日本第一幢钢结构高层建筑;1968年日本东京建成了霞关大厦(36层,高147m);1978年在东京建造了阳光大厦(60层,高240m);以后又建造了多幢高度超过100m的高层建筑。至今在日本,高度超过300m的钢结构建筑已有20幢左右。

1974年在悉尼建造了M.L.C中心大厦(60层,高228m);1986年在墨尔本建造的Rialto中心大厦(63层,高251.1m),为当时南半球最高的建筑;1973年在非洲约翰内斯堡建造的Carlton中心大厦(49层,高201.2m),为当时非洲大陆最高的建筑。

20世纪90年代以后,亚太地区经济迅速发展,日本、朝鲜、韩国、中国、新加坡和马来西亚以及中东各国等,陆续建造了大量的高层建筑,成为继美国之后新的高层建筑建设中心。例如,1992年在中国香港建成中环大厦(78层,高374m);1995年在朝鲜平壤建成柳京饭店(105层,高330m);1997年在中国广州建成中信大厦(80层,高390.2m);1998年在马来西亚吉隆坡建成的彼得罗纳斯大厦(88层,高452m,见图1-10),为钢与混凝土混合结构,是当时世界上最高的建筑;2001年在中国台湾高雄建成T&C大厦(85层,高348m);2004年在中国台北建成的国际金融中心101大楼(101层,高508m,见图1-11),为巨柱-核心筒结构,采用八根钢管混凝土巨型柱,大楼内设置了当时全球最大的"调谐质量阻尼器";2008年建成的上海环球金融中心(101层,高492m,见图1-12),采用钢-混凝土混合结构,上部结构采用由巨型柱-巨型斜撑和周边带状桁架组成的巨型框架、混凝土核心筒、外伸臂布架构成的三重抗侧力体系,共同承担风荷载和水平地震作用;2016年建成的上海中心大厦(128层,高

图1-10 马来西亚彼得罗纳斯大厦

632m，见图 1-12)，为目前世界第二高建筑；2017 年建成的韩国乐天世界大厦(123 层，554.5m)，为朝鲜半岛最高建筑；迪拜的哈利法塔(163 层，高 828m，见图 1-13)是截至 2019 年已建成的世界最高建筑，采用了下部混凝土结构、上部钢结构的钢-混凝土混合结构，30～601m 为钢筋混凝土剪力墙体系，601～828m 为钢结构，其中 601～760m 采用了带斜撑的钢框架，是前所未有的。

图 1-11 台北国际金融中心 101 大楼

图 1-12 上海环球金融中心和上海中心大厦

图 1-13 迪拜哈利法塔

截至 2019 年 8 月，根据高层建筑和城市住宅委员会公布的结果，世界上排名前 20 的最高建筑见表 1-2，我国有 11 幢建筑在列。由这些数据可知，目前世界高层建筑的建设中心已转向亚洲。

表 1-2 世界上排名前 20 的最高建筑(截至 2019 年 8 月)

序号	名称	城市	高度/m	层数	建成年份	结构材料类型	用途
1	哈利法塔	迪拜	828	163	2010	钢、混凝土	办公、住宅、酒店
2	上海中心大厦	上海	632	128	2016	组合	酒店、办公
3	麦加皇家钟塔饭店	麦加	601	120	2012	钢、混凝土	酒店、其他
4	平安国际金融中心	深圳	599.1	115	2017	组合	办公
5	乐天世界大厦	首尔	554.5	123	2017	组合	酒店、办公、零售
6	世界贸易中心一号楼	纽约	541.3	94	2014	组合	办公
7	广州周大福金融中心	广州	530	111	2016	组合	酒店、办公
8	北京中信大厦(又名“中国尊”)	北京	527.7	109	2018	组合	办公
9	台北国际金融中心 101 大楼	台北	508	101	2004	组合	办公
10	上海环球金融中心	上海	492	101	2008	组合	酒店、办公
11	环球贸易广场	香港	484	108	2010	组合	酒店、办公
12	地标塔 81	胡志明市	461.3	81	2018	组合	酒店、住宅
13	长沙国际金融中心	长沙	452.1	94	2018	组合	酒店、办公
14	石油双塔 1 号楼	吉隆坡	451.9	88	1998	组合	办公
15	石油双塔 2 号楼	吉隆坡	451.9	88	1998	组合	办公
16	南京紫峰大厦	南京	450	66	2010	组合	酒店、办公
17	西尔斯大厦	芝加哥	442.1	110	1974	钢	办公
18	京基 100	深圳	441.8	100	2011	组合	酒店、办公
19	广州国际金融中心	广州	438.6	103	2010	组合	酒店、办公
20	公园大道 432 号	纽约	425.7	85	2015	混凝土	住宅、酒店

1.2.2 我国高层建筑发展概况

我国的高层建筑发展从低到高、从单一到复杂，大致经历三个时期：20 世纪 50 年代前、50 年代至 70 年代末、80 年代及以后。

中华人民共和国成立前，第一幢超过 10 层的高层建筑是 1929 年建成的上海和平饭店(13 层，高 77m)；而 1934 年建成的上海国际饭店(22 层，高 83.8m)是当时远东最高的建筑。当时仅在几个大城市有着为数不多的高层建筑，且多为外国人设计建造。

我国自行设计建造高层建筑始于 20 世纪 50 年代。1958—1959 年，北京的十大建筑工程推动了我国高层建筑的发展，如 1959 年建成的北京民族饭店(12 层，高 47.4m)，采用钢筋混凝土框架结构；1964 年建成的北京民航大楼(15 层，高 60.8m)；1966 年建成的广州人民大厦(18 层，高 63m)；1968 年建成的广州宾馆(27 层，高 88m)，采用纯钢筋混凝土剪力墙结构，是 20 世纪 60 年代我国最高的建筑。

到 20 世纪 70 年代，我国高层建筑有了较大的发展。1974 年建成的北京饭店东楼(19 层，高 87.15m)为当时北京最高的建筑；1976 年广州白云宾馆(主楼 33 层，高 114.05m，见图 1-14)的建成，使我国高层建筑的高度突破 100m，它作为我国最高的建筑长达 9 年。在此时期，北京、上海建成了一批 12～16 层的钢筋混凝土剪力墙结构住宅，成为内地高层建筑快速发展的起点。

20 世纪 80 年代是我国高层建筑发展的繁荣期，建筑层数和高度不断突破，功能和造型越来越复杂，分布地区越来越广泛，结构体系日益多样化。北京、广州、深圳、上海等 30 多个大中城市建造了一大批高层建筑。1985 年建造的香港汇丰银行大厦(43 层，高 175m)，采用钢结构悬挂体系；1987 年建造的北京彩色电视中心(27 层，高 112.7m)，采用钢筋混凝土结构，是当时我国内地 8 度地震区中最高的建筑；1987 年建造的广州国际大厦(63 层，200 余米)，采用钢筋混凝土框架结构，使我国高层建筑的高度突破 200m；1988 年建成的上海锦江宾馆分馆(46 层，高 153.53m)，采用框架芯墙全钢结构体系；1988 年建造的上海静安希尔顿饭店(43 层，高 143m)，采用钢-混凝土混合结构；1988 年建造的深圳发展中心大厦(43 层，高 165.3m)，是当时我国内地第一幢大型高层钢结构建筑；1989 年建成的香港中国银行大厦(72 层，367.4m，见图 1-15)，采用巨型支撑框架结构，使我国高层建筑的高度突破 300m。

图 1-14　广州白云宾馆

图 1-15　香港中国银行大厦

20 世纪 90 年代以后，随着我国经济实力的增强，我国高层建筑得到了前所未有的发展。特别是近几年来，我国高层建筑取得了令人瞩目的成果，使得我国成为世界高层建筑的建设中心之一。1993 年建成的香港中环广场(78 层，379.3m)，采用钢筋混凝土筒中筒体系；1995 年于深圳建成的标志性建筑地王大厦(69 层，高 384m，见图 1-16)，是中国当时最高的钢结构高层建筑；1997 年建成的高雄 85 大楼(85 层，高 347.5m)，采用巨型钢框架结构；1998 年建成的上海金茂大厦(88 层，高 420.5m)，是当时我国大陆地区最高的建筑；2003 年在台北建成的国际金融中心 101 大楼(101 层，高 508m)，曾拿下了“世界高楼”四项指标中的三项世界之最，即“最高建筑物”(高 508m)、“最高使用楼层”(高 438m)和“最高屋顶高度”(高 448m)；2008 年建成的上海环球金融中心(101 层，高 492m)，高度目前居世界第 10(截至 2019 年 8 月，下同)；2017 年建成的深圳平安国际金融中心(115 层，高 599.1m)，是目前深圳第一高建筑，世界排名第 4；2018 年建成的北京中信大厦(109 层，高 527.7m，见图 1-17)，是北京第一高建筑，目前世界排名第 8；2016 年建成的上海中心大厦(128 层，高 632m)，是目前我国最高建筑，也是高度仅次于哈利法塔的世界第二高建筑。

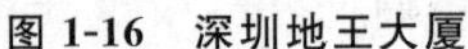

图 1-16 深圳地王大厦

图 1-17 北京中信大厦

根据高层建筑和城市住宅委员会的统计数据，我国排名前 10 的高层建筑见表 1-3。

表 1-3 我国排名前 10 的高层建筑(截至 2019 年 8 月)

序号	名称	城市	世界排名	高度/m	层数	建成年份	结构材料类型	用途
1	上海中心大厦	上海	2	632	128	2016	组合	酒店、办公
2	平安国际金融中心	深圳	4	599.1	115	2017	组合	办公
3	广州周大福金融中心	广州	7	530	111	2016	组合	酒店、办公
4	北京中信大厦	北京	8	527.7	109	2018	组合	办公
5	台北国际金融中心 101 大楼	台北	9	508	101	2004	组合	办公
6	上海环球金融中心	上海	10	492	101	2008	组合	酒店、办公
7	环球贸易广场	香港	11	484	108	2010	组合	酒店、办公
8	长沙国际金融中心	长沙	13	452.1	94	2018	组合	酒店、办公
9	南京紫峰大厦	南京	16	450	66	2010	组合	酒店、办公
10	京基 100	深圳	18	441.8	100	2011	组合	酒店、办公

近几十年来，我国高层建筑的发展主要有以下几个特点：一是高层建筑数量不断增多，超高层建筑的高度不断被刷新，建造了一批具有代表性的高层建筑。二是结构体型日趋复杂，设计建造了众多体型复杂、内部空间多变的高层建筑，实现了建筑功能及建筑艺术等方面的创新；我国大部分地区为抗震设防地区，且高层建筑主要集中在东南沿海地区，加之建筑体型复杂，使得高层建筑结构的抗震、抗风设计面临更大的挑战。三是我国高层建筑主要为混凝土结构、钢-混凝土组合结构和混合结构，纯钢结构所占比例很小；随着建筑高度的增加，混合结构所占比例迅速增大。四是近期涌现了一些新型结构体系，如北京国贸三期主塔楼采用了钢-混凝土框架-核心筒结构，内筒采用型钢、钢板混凝土巨型组合柱及型钢混凝土支撑结构体系；2011 年建成的天津环球金融中心，其抗侧力体系由钢管混凝土柱框架、核心钢板剪力墙和外伸刚臂组成，是目前世界上采用钢板剪力墙的最高高层建筑；广州国际金融中心(又称广州西塔)采用了外部交叉网格结构体系等。

1.2.3 高层建筑的发展趋势

随着工业的发展和经济的繁荣，人口城市化水平不断提高，城市用地紧张，使得高层建筑的发展速度越来越快。高层建筑的发展充分显示了科学技术的力量，未来的高层建筑将朝着先进技术功能与艺术完美结合的方向发展。结合高层建筑的发展过程，可以预测未来高层建筑结构的发展趋势将主要体现在以下几方面。

(1)新材料、高性能材料的开发和应用。

新材料及高性能材料如高强度钢材、高性能混凝土、智能材料的开发和应用将进一步深入。在高层建筑结构的技术问题中,首先要解决的就是材料问题。随着高性能混凝土材料的研制和不断发展,混凝土强度等级和延性性能将得到较大的提高和改善,目前混凝土强度等级已经达到C100以上。高强度和性能良好的混凝土可减小结构构件的尺寸,减轻结构自重,改善结构的抗震性能。未来,轻骨料混凝土、轻混凝土、纤维混凝土、聚合物混凝土等也将应用于高层建筑中。从强度和塑性方面考虑,钢材是高层建筑结构的理想材料,高强度且具有良好焊接性能的厚钢板将成为今后高层建筑钢结构的主要材料。特别是新型耐火耐候钢的研发,可使钢材防火保护层的厚度减小,或减少对防火材料的依赖,从而降低钢结构的造价,使钢结构更具竞争性。高性能材料的开发和应用,将持续受到广泛的重视,也必将给高层结构的发展带来重大和深远的影响。

(2)高层建筑的建筑层数不断增加,建筑高度不断被突破。

高层建筑中的科技含量越来越高,成为一个国家或城市经济繁荣、科技发展和社会进步的重要标志。进入20世纪90年代后,高层建筑迅猛发展,在数量、质量及高度上都有了极大的飞跃,全球各大城市间建造最高建筑的竞争从来就没有停止过,许多国家和地区正在建造或设想建造更高的高层建筑。目前建造比哈利法塔更高的建筑的筹划很多,如预计2021年建成的位于沙特阿拉伯吉达市的吉达王国大厦,预计高约1000m,效果图如图1-18所示。根据高层建筑和城市住宅委员会最新公布数据显示,全世界已经建成和在建的高度在300m以上的超高层建筑已达到250余栋。超高层建筑的不断涌现,必然给现有的结构设计带来新的挑战。

(3)建筑功能日益多样化。

高层建筑在二十世纪五六十年代多为单一功能建筑,如高层住宅、高层旅馆、高层办公楼等。到20世纪70年代末,上层为住宅、下层为商店的商住楼开始兴建。目前,层数日益增多的高层公共建筑,为满足不同用户的需要,同时也为适应现代社会高效率、快节奏的要求,逐步发展为功能更为综合的高层建筑。

图1-18 吉达王国大厦

(4)新的概念设计、建筑结构类型与结构体系将呈多样化发展趋势。

为满足日益增长的建筑高度及复杂功能的需求,高层建筑结构体系呈多样化发展趋势。不同的使用功能要求不同楼层有不同的结构布置,使得结构的形式和刚度沿竖向发展突变,需通过承托大梁或过渡层过渡,这样就对高层建筑结构设计提出了更高的要求。经过合理设计,采用组合结构或混合结构可以取得经济合理、技术性能优良、易满足高层建筑结构侧向刚度要求的效果。组合结构体系增多,如钢管混凝土、钢骨混凝土、巨型结构、带加强层结构、蒙皮结构等新型结构体系将得到更多的应用。多束筒体系已被证明在适应建筑场地、丰富建筑造型、满足多种功能和减小剪力滞后等方面具有很多优点,今后也将扩大应用。目前超高层建筑所采用的结构体系主要有以下四种:框架-筒体体系、多筒体系、框架-支撑体系、巨型框架体系。因此在高层建筑中,混合结构仍是合理、可行的结构方案,今后的高层建筑中采用混合结构的比例将会越来越大。

(5)耗能减震技术将得到更广泛的应用和发展。

建筑结构的减震有被动耗能减震和主动耗能减震两种。传统结构通过增强结构本身的抗震性能来抵御地震作用,是被动耗能减震。合理有效的抗震途径是对结构施加控制装置,由结构和控制装置共同承受地震作用,即主动耗能减震。在高层建筑中,设置耗能支撑、带竖缝耗能剪力墙、被动调谐质量阻尼器以及安装各种被动耗能的油阻尼器等被动耗能减震技术,以及采用计算机控制,由各种作动器驱动的调谐质量阻尼器对结构进行主动控制或混合控制的主动耗能减震技术,都属于积极主动的减震技术。主动耗能减震技术对减小各种扰动效应、控制结构的变形及保证结构的平稳相当有效。随着经济的发展,人们对安全、舒适度的要求越来越高,而随着建筑高度的增加,风荷载、地震作用对结构的动力效应的影响也越来越大。因此,高层建筑的耗能减震技术将得到更为广泛的发展及应用。

(6)其他方面会有突破和发展。

计算机应用技术的发展,将使结构分析计算能力和仿真模拟能力有更大的提高;新的施工技术和施工工艺将不断出现，如在哈利法塔建造中，创造了当时混凝土单级泵送高度的世界纪录(601m)，上部结构的墙体用自升式模板系统，端柱则采用钢模，无梁楼板用压型钢板作为模板，实现3天建成1层；结构防震、防火、防腐、防风、防爆炸、防海啸的能力将会逐步增强。

现代高层建筑作为城市现代化的象征，发展速度快、影响范围广。未来世界各地兴建的高层建筑，必将在规模、数量、技术、形式、外观等方面创造更多的奇迹。

1.3 高层建筑结构设计特点与结构体系

1.3.1 高层建筑结构设计特点

结构设计的目的是保证高层建筑结构的安全性、适用性与耐久性，不同高度房屋建筑的结构设计原理和设计方法在本质上没有区别。但是，高层及超高层建筑在结构设计时需要关注的侧重点不同于低层和多层建筑。各种作用对高层建筑产生的影响与对低层、多层建筑的影响是不同的，因此，有必要充分了解高层建筑结构设计特点。与多层建筑结构相比，高层建筑结构设计具有如下特点：

(1)水平作用成为结构设计的决定性因素。

所有的建筑结构都需要承受竖向荷载、水平荷载及地震作用。在低层和多层房屋结构中，往往是以重力为代表的竖向荷载控制着结构设计，水平作用产生的内力和位移很小，对结构的影响也较小。而在高层建筑中，较大的建筑高度造成了完全不同的受力情况，虽然竖向荷载仍对结构设计产生重要影响，但水平作用却起着决定性作用，且水平作用的影响随着建筑高度的增加而不断增大，如图1-19所示。

对高层建筑结构进行整体受力分析时，可将其看作支承在地面上的竖向悬臂构件，同时承受竖向荷载、水平作用及其他作用，如图1-20所示。在竖向荷载和水平荷载作用下，该悬臂构件底部所产生的轴力 N、倾覆力矩 M 与结构高度 H 分别存在着如下关系：

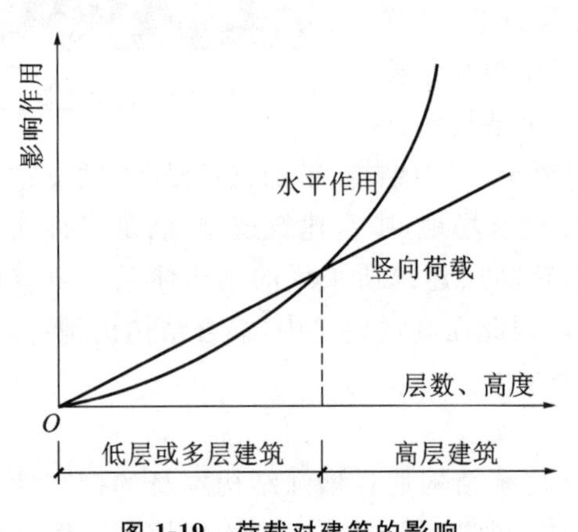

图1-19 荷载对建筑的影响

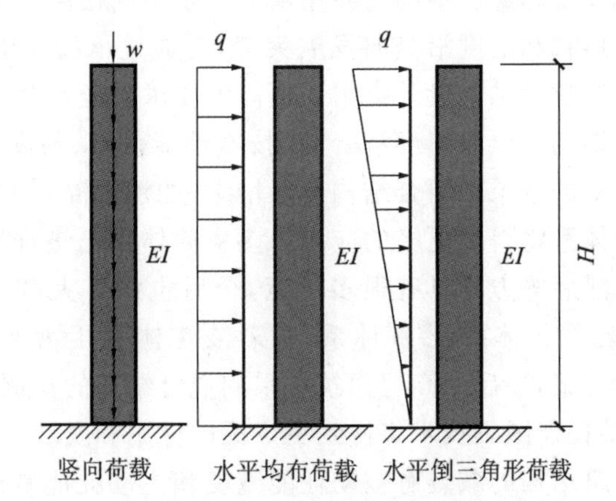

图1-20 整体结构计算简图

竖向荷载：
$$N=wH \tag{1-1}$$

水平均布荷载：
$$M=\frac{qH^2}{2} \tag{1-2}$$

水平倒三角形荷载：
$$M=\frac{qH^2}{3} \tag{1-3}$$

式中 q,w——高楼每米高度的水平荷载和竖向荷载，kN/m。

由以上可知，楼房自重和楼面使用荷载一般沿建筑竖向的分布是均匀的，在竖向构件中所引起的轴力仅与建筑高度的一次方成正比；而水平作用对建筑会产生倾覆力矩，在竖向构件中引起的弯矩与建筑高度的二次方成正比，如图 1-21 所示。另外，对某一定高度的楼房来说，竖向荷载大体上是定值，而作为水平荷载的风荷载和地震作用，其数值随结构动力特性的不同而有较大幅度的变化。此外，多层建筑竖向构件主要以承受竖向荷载引起的轴力为主，高层建筑竖向构件主要以承受水平荷载引起的剪力和弯矩为主。高层建筑结构的主要材料——混凝土和钢材料在承受简单拉、压荷载时最能发挥其强度潜力，而在承受弯剪作用时并不能充分发挥其强度潜力，且弯剪作用越大，材料强度越不能得到充分发挥。故随着建筑高度的增加，水平荷载引起的内力在总内力中所占的比重越来越大，成为结构设计中的决定性因素。

(2)侧移成为结构设计的控制指标。

从图 1-21 可以看出，随着建筑高度的增加，水平荷载作用下结构的侧移变形迅速增大，其与建筑高度 H 的四次方成正比：

水平均布荷载作用下侧移： $$u_t=\frac{qH^4}{8EI} \tag{1-4}$$

水平倒三角形分布荷载作用下侧移： $$u_t=\frac{11q_{max}H^4}{120EI} \tag{1-5}$$

式中 q_{max}——倒三角形分布荷载最大值。

高层建筑在水平荷载作用下的侧移如图 1-22 所示。

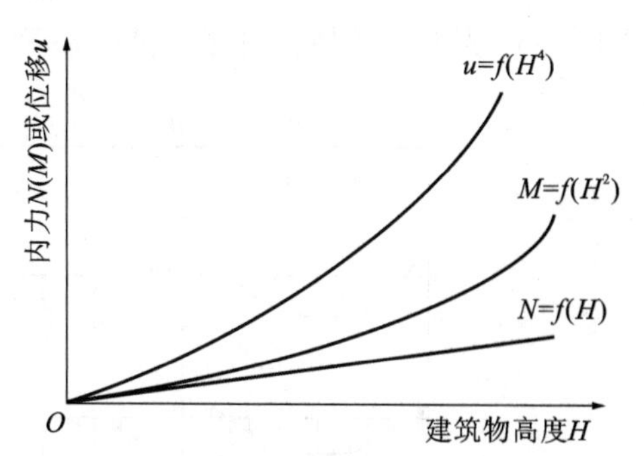

图 1-21 建筑物高度对内力和位移的影响

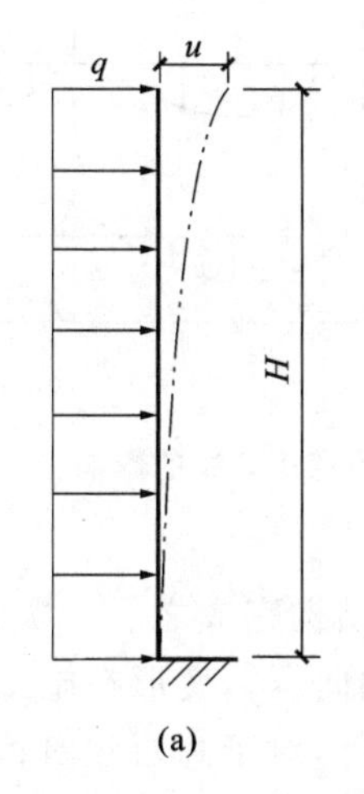

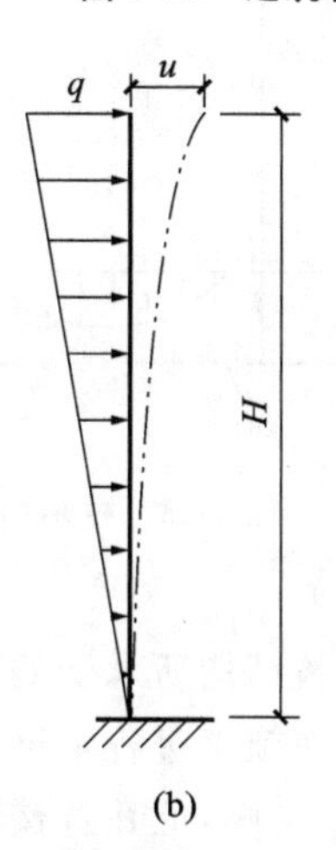

图 1-22 高层建筑在水平荷载作用下的侧移

(a)水平均布荷载作用下；(b)水平倒三角形分布荷载作用下

因此，与多层建筑相比，结构侧移已然成为高层建筑结构设计的控制指标，结构在水平荷载作用下的侧移应被控制在某一限度之内。

另外，在进行高层建筑结构设计时，不仅要求结构具有足够的强度，还要求其具有足够的抗侧刚度。高层建筑的使用功能和安全性能与结构的抗侧移能力是密切相关的，这表现在：

①层间相对侧移量过大，会使填充墙和主体结构间出现裂缝或损坏；顶点总位移过大，会造成电梯轨道变形，机电管道遭到破坏，影响正常使用；侧移过大，高层建筑在风荷载作用下将会产生侧向振动，过大的振动加速度将会使在其内居住的人感觉不舒服，甚至不能忍受，结构在风荷载作用下的振动加速度超过 $0.015g$时就会影响楼房内人的生活和工作。

②高层建筑的重心较高，在水平荷载作用下，若高层建筑产生过大的侧向变形，会使结构在竖向荷载作用下产生附加内力，称为 P-Δ 效应。尤其是竖向构件，当侧向位移增大时，偏心加剧，会导致结构性的损伤或裂缝，从而危及结构的正常使用和耐久性；当产生的附加内力值超过一定数值时，会导致房屋倒塌。当顶点位移与总高度比值 $u/H>1/500$ 时，P-Δ 效应在结构内部产生的附加内力不能忽视。

由此可见，计算侧移、控制变形、保证结构合理的侧移刚度是高层建筑结构设计中十分重要的内容。水平荷载作用下对结构侧移的控制实际上是对结构构件截面尺寸和刚度的控制。

(3)应考虑构件轴向变形和剪切变形对结构的影响。

通常在低层建筑结构分析中,构件轴向变形和剪切变形的影响很小,故一般只考虑构件弯曲变形的影响,不考虑构件轴向变形和剪切变形的影响。但是对于高层建筑结构来说,由于层数多,高度与质量大,墙、柱等结构构件承受的轴力与剪力较大,轴向变形和剪切变形不能忽略。如在框架结构中,中柱承受的轴压力一般要大于边柱,再加上沿高度积累的显著轴向变形,导致中柱与边柱、角柱的轴向变形相差较大。轴向变形会使高层建筑结构的内力在数值与分布上发生明显改变,对位移也会产生影响。同时,累积的剪切变形将加剧 $P\text{-}\Delta$ 效应,这种影响一般不能忽略。图 1-23(a)为未考虑各柱轴向变形时框架梁的弯矩分布,图 1-23(b)为考虑各柱轴向变形时框架梁的弯矩分布。

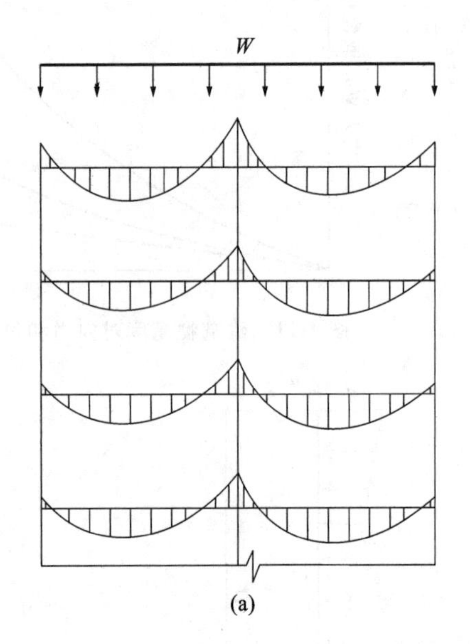

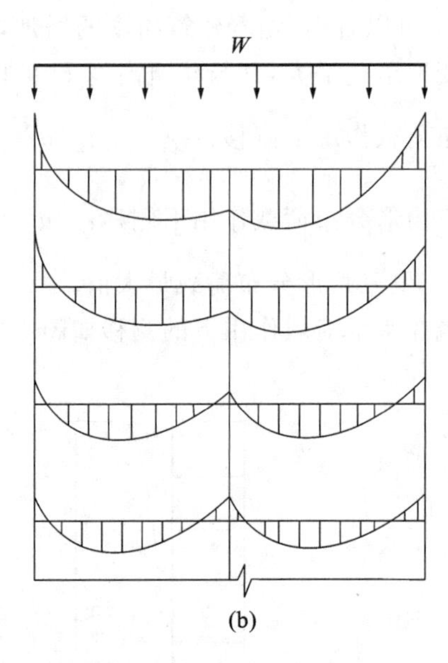

图 1-23 柱轴向变形对高层建筑框架梁弯矩分布的影响

(a)不考虑柱轴向变形;(b)考虑柱轴向变形

值得注意的是,高层建筑结构所承受的竖向荷载并不是在结构完成之后一次施加的。竖向荷载中最重要的部分——结构自重,是在施工过程中逐层施加的。因此,轴向压缩变形在施工过程中分阶段形成,其对楼面结构标高将会产生较大影响,应在各楼层标高处找平。此外,对于高层建筑特别是超高层建筑,竖向构件的轴向压缩变形对预制构件的下料长度会产生较大的影响,这就要求根据轴向变形计算值,对下料长度进行调整。如美国休斯敦 75 层的得克萨斯商业大厦,采用型钢混凝土墙和钢柱组成的混合结构体系,中心钢柱由于负荷面积大,截面尺寸小,重力荷载下底层的轴向压缩变形要比型钢混凝土墙大 260mm,为此该钢柱制作下料时需加长 260mm,并需逐层调整。

随着建筑高度的增大,结构的高宽比随之增大,水平荷载作用下的整体弯曲变形也越来越大。一方面,整体弯曲使竖向结构体系产生轴向压力和拉力;另一方面,竖向结构体系中的轴向压力和拉力使得一侧的竖向构件产生轴向压缩,另一侧的竖向构件产生轴向拉伸,从而使结构产生水平侧移,如图 1-24 所示。计算表明,水平荷载作用下,竖向结构体系的轴向变形对结构的内力和水平侧移有重要的影响。例如,某三跨 12 层框架,层高均为 4m,总高 48m,高宽比为 2.59,在水平均布荷载作用下,柱轴向变形所产生的侧移可达梁、柱弯曲变形所产生侧移的 40%。

在剪力墙结构体系中应考虑整片墙或墙肢的剪切变形,在筒体结构中应考虑剪力滞后的影响等。如某 17 层钢筋混凝土框架-剪力墙结构,其结构平面如图 1-25 所示,在水平荷载作用下,采用矩阵位移法分别进行了考虑和不考虑轴向变形的内力和位移计算。结果表明,两种情况下各构件的水平剪力平均相差 30%以上;不考虑轴向变形时顶点侧移为考虑轴向变形时的 1/3~1/2;不考虑轴向变形时结构的自振周期为考虑轴向变形时的 1/1.7~1/1.4。

(4)延性成为结构设计的重要指标。

延性是指结构或构件在承载力没有明显降低时的塑性变形能力,一般用破坏或达到极限强度时的变形与屈服变形的比值来描述，即延性系数或延性比。延性比大，表示塑性变形能力好，可以耗散较多的地震能量。结构总延性系数 μ 常用顶点位移延性比来表示：

$$\mu = \frac{\Delta_u}{\Delta_y} \tag{1-6}$$

式中 Δ_u，Δ_y——结构顶点极限位移和结构顶点屈服位移。

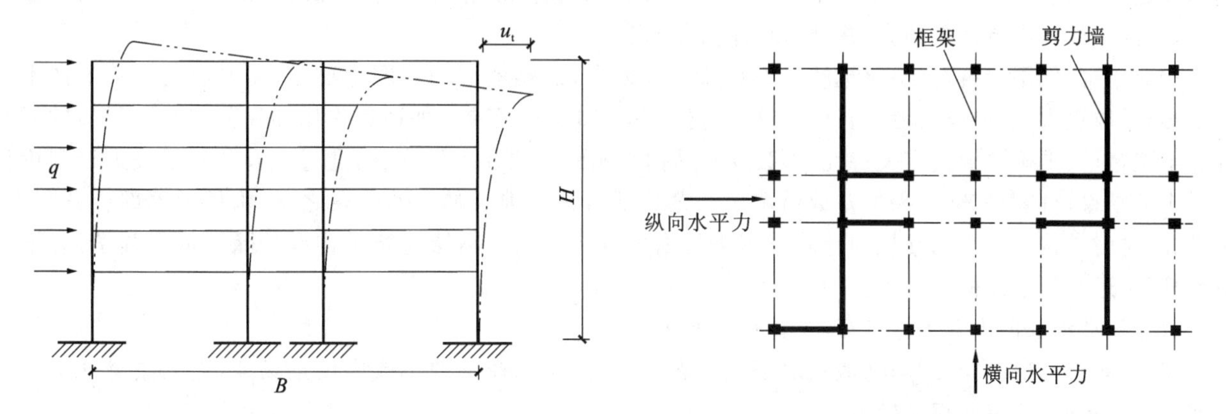

图 1-24 竖向结构体系整体弯曲变形

图 1-25 某框架-剪力墙结构平面图

相对于较低的建筑而言，高层建筑结构更“柔”一些，在地震作用下的变形也更大一些。处于地震区的高层建筑，除应考虑正常使用时的竖向荷载、风荷载外，还必须使结构具有良好的抗震性能，做到“小震不坏、中震可修、大震不倒”。“大震不倒”就是结构在进入塑性变形阶段后仍具有较强的变形能力，不会出现倒塌。建筑结构的抗震、抗风性能主要取决于结构吸收能量的能力，其由结构的承载力与变形能力共同决定，即结构承载力-变形曲线所包围的面积，如图 1-26(a)所示。当承载力较小但具有很大的变形能力(即延性)时，结构也可以吸收很多的能量，如图 1-26(b)所示。即使结构较早出现损伤，其仍具有一定的变形能力而不至发生破坏。

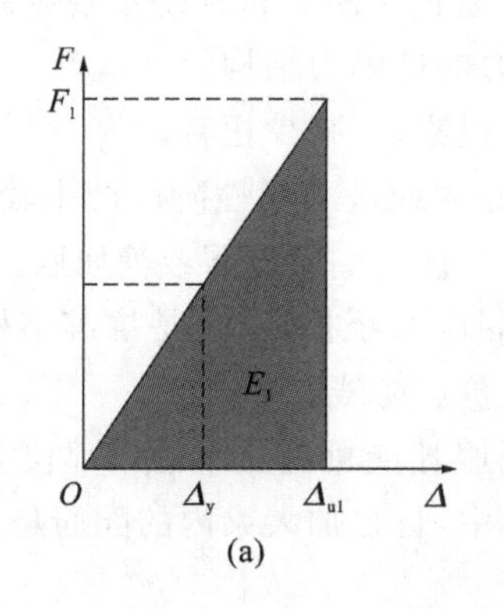

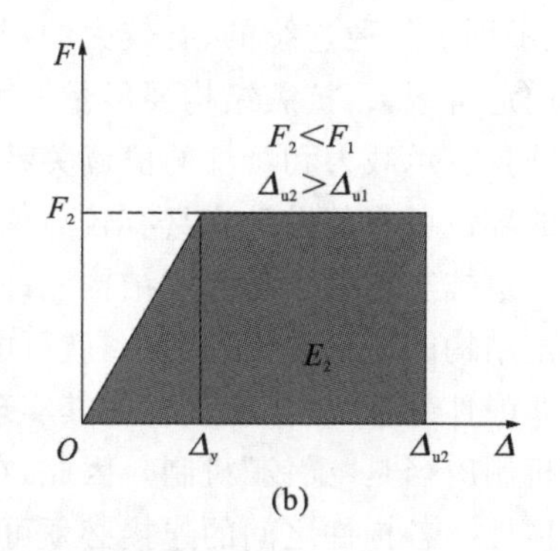

图 1-26 结构承载力-变形曲线

高层建筑结构设计，提高结构延性是提高结构抗震性能，增强结构抗倒塌能力，并使抗震设计做到经济合理的重要途径之一。在结构抗震设计时，有选择地重点提高结构中的重要构件及某些构件中关键部位的延性，如将框架和剪力墙设计成延性框架和延性剪力墙，可以确保高层建筑结构体系具有较好的抗震性能。

(5)重视结构的整体稳定、抗倾覆问题，考虑扭转效应的影响。

建筑物在竖向荷载作用下，由于构件的压屈，可能造成整体失稳。当高宽比 $H/B>5$ 时应验算结构整体稳定性。高层建筑由于高度很大、基底面积相对较小，在水平荷载或水平地震作用下，将会产生很大的倾覆力矩。高层建筑应进行整体稳定性和抗倾覆验算，并在整体计算时考虑 P-Δ 效应，防止结构发生整体失稳破坏。

当结构的质量分布、刚度分布不均匀时，在水平荷载作用下，容易产生较大的扭转作用。扭转作用会使抗侧力结构的侧移发生变化，对各个抗侧力结构构件(如柱、剪力墙或筒体)的剪力产生影响，进而影响各个抗侧力结构构件及其他构件的内力与变形。即使在质量和刚度分布均匀的高层建筑结构中，水平荷载作用下仍然存在扭转效应。因此，在高层建筑结构设计中，结构的扭转效应是不可忽视的问题。

(6)结构的概念设计与理论计算同等重要。

结构的理论计算是一种手段,计算本身也必须以概念正确为前提,概念清楚才有助于宏观的控制。结构概念设计是根据结构理论、试验研究结果及工程经验等形成的基本设计原则和理念,是从结构的宏观整体出发,着眼于结构整体反应,进行结构的整体布置,确定结构的细部构造等,处理高层建筑结构设计中遇到的如建筑体型、结构体系、刚度分布、结构延性等问题。概念设计有的有明确的标准或界限,有的只是原则,这就需要设计人员认真领会,并结合具体情况创造发挥。

相对于中、低层建筑,高层建筑的结构对象更为复杂,需要考虑的问题也更多,需要解决的关键技术问题更难,矛盾更大,需要设计者具有更多、更丰富的设计知识和经验。如地震作用和风荷载具有很高的复杂性和不确定性,准确预测其有关特性、参数及对结构影响的方法还不够完善,通过现有分析手段进行理论计算得出的结果可能与实际结果相差数倍之多。尤其是当结构进入弹塑性阶段之后,构件的局部会开裂,甚至破坏,这时结构已很难用常规的计算原理进行内力分析。因此高层建筑结构设计除了依靠数学、力学分析计算外,还必须借助概念设计。

概念设计涉及的内容十分丰富,主要有以下几点:

①选择对建筑抗震有利的场地和地基。抗震设计时,应选择坚硬土或中硬土场地,当无法避开不利场地或危险场地时,应采取相应措施。

②选择延性好的结构体系与材料。

③抗震结构平面及立面布置应简单、规则。抗震结构的刚度、质量、承载力和延性在楼层平面内应均匀分布,沿结构竖向应连续。

④对于抗震结构,应将其设计为延性结构。

⑤减轻结构自重有利于抗震。

⑥抗震结构的刚度不宜过大,但结构也不宜太“柔”,要满足位移限制。所设计结构的周期要尽量错开场地土的卓越周期,大于卓越周期较好。

⑦防止结构出现软弱层而造成严重破坏或倒塌,防止传力途径中断。特别是不规则结构或体型复杂的结构,一定要设置从上到下贯通连续的、有较大的刚度和承载力的抗侧力结构。

⑧扭转对结构的危害很大,抗震结构要尽量增大结构的抗扭刚度,减少扭转。

⑨抗震结构必须具有承载力和延性的协调关系。延性不好的或进入塑性阶段产生较大变形的构件,在对结构抗倒塌不利的部位可将其设计为具有较高承载力的构件,使它们不屈服或晚屈服。

⑩尽可能设置多道抗震防线。超静定结构允许部分构件屈服甚至损坏,这是抗震结构的优选结构。合理预见并控制超静定结构的塑性铰出现部位,就可能形成多道抗震防线。

⑪控制结构的非弹性部位(塑性铰区),使其实现合理的屈服耗能机制。塑性铰部位会影响结构的耗能能力。合理的耗能机制应当是“梁铰”机制。因此,在延性框架中,盲目加大梁内的配筋是有害而无益的。

⑫提高结构整体性。各构件之间的连接必须可靠。

⑬地基基础的承载力和刚度要与上部结构的承载力和刚度相适应。

实践表明,在设计中把握好高层建筑的概念设计,从整体上提高建筑的抗震能力,消除结构中的抗震薄弱环节,再辅以必要的计算和结构措施,才能设计出具有良好抗震性能和足够可靠度的高层建筑结构。

1.3.2 高层建筑结构体系

结构体系是指结构抵抗外部作用的骨架,主要由水平构件和竖向构件组成,有时还有斜向构件,即支撑。水平构件包括梁、连梁和楼板,梁和楼板组成楼(屋)盖;竖向构件包括柱和墙肢。由于承受作用或荷载的方向不同,高层建筑结构体系分为承重结构体系和抗侧力结构体系,前者是由承受竖向荷载的结构构件组成的体系,后者是由承受水平荷载或作用的结构构件组成的体系。作用在楼板上的竖向荷载传至梁,再传至柱、墙、支撑,或由楼板直接传至柱、墙、支撑,最后传至基础和地基。作用在房屋建筑上的水平荷载则通过水平构件传至竖向构件,最后传至基础和地基。

由于水平荷载作用及侧移为控制高层建筑结构设计的主要因素,结构抗侧力体系的确定和设计成为关键，因而高层建筑结构体系也常称为抗侧力结构体系。框架、剪力墙、支撑桁架、筒体等都是基本的钢筋混凝土抗侧力结构单元，由它们可以组成各种结构体系。高层建筑的结构体系包括框架结构、剪力墙结构、框架-剪力墙结构、框架-支撑（延性墙板）结构、筒体结构、巨型结构以及其他新型复杂结构等。不同结构体系的受力性能各有特点，其最大的适用高度也不尽相同。根据建筑的功能要求，选用不同的结构体系来满足强度、刚度、延性和稳定性的要求，并使其达到最佳的经济效果是高层建筑结构设计的关键问题。

1.3.2.1 框架结构

由梁和柱这两类构件通过刚节点连接而成的结构称为框架。当整个结构单元所有的竖向和水平作用完全由框架承担时，该结构体系称为框架结构体系（图 1-27）。按所用材料的不同，框架结构体系可分为钢筋混凝土框架、钢框架和混合结构框架三类。其中，钢筋混凝土框架按不同的施工方法可分为以下几类：

(1)梁、板、柱全部现场浇筑而成的整体式现浇框架。

(2)梁、板预制，柱现场浇筑的半装配式框架。

(3)梁、板、柱全部预制的全装配式框架等。

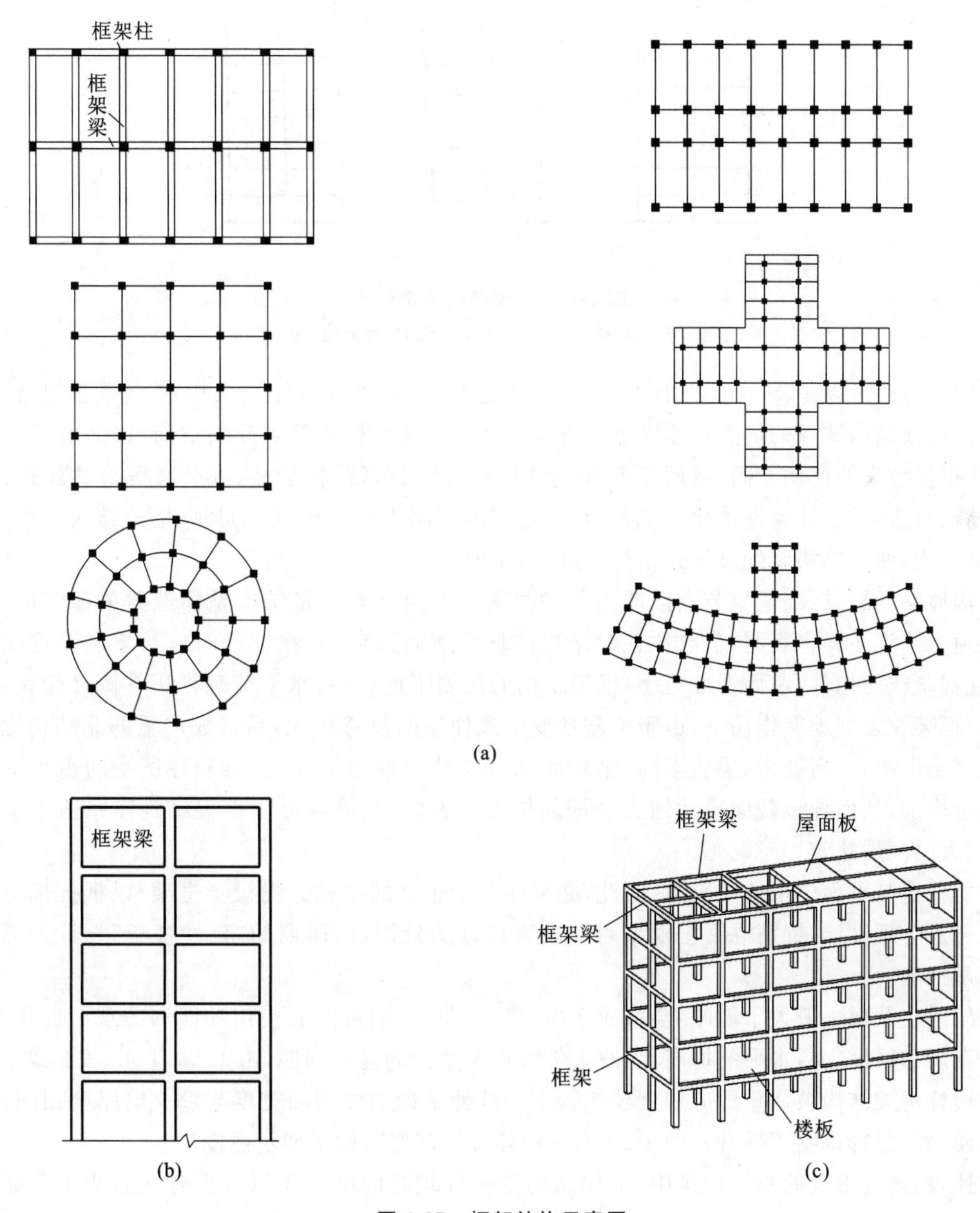

图 1-27 框架结构示意图

(a)框架结构平面布置图；(b)一榀框架图；(c)框架结构体系

在竖向荷载和水平荷载作用下，作为竖向构件的柱和作为水平构件的梁内均存在剪力、轴力和弯矩，这些力使梁、柱产生变形。框架结构的侧移一般主要由两部分组成（图 1-28）：第一部分 u_s 由梁、柱的弯曲变形产生，因框架下部的梁、柱内力大，层间相对变形也大，愈到顶部层间相对变形愈小，梁和柱均存在反弯点，使整个结构呈现剪切型变形特征；第二部分 u_b 由柱的轴向变形产生，水平力作用引起的倾覆力矩使柱产生拉伸和压缩变形，从而导致结构出现侧移，这种侧移上部各层较大，愈到底部层间相对侧移愈小，使整个结构呈现弯曲变形特征。当框架结构房屋的层数不多时，主要产生第一部分的侧移，虽然随着建筑高度及水平作用的增加，第二部分侧移比例逐渐加大，但梁、柱抗弯刚度的增长率低于楼层剪力的增长率，使合成后结构仍呈剪切变形特征，整体弯曲变形的影响很小。框架结构在水平荷载作用下，不考虑扭转作用的影响时，结构底部的层间侧移较大，上部侧移相对较小，具有由底部到顶部逐渐减小的趋势，称该侧移曲线为剪切型分布。

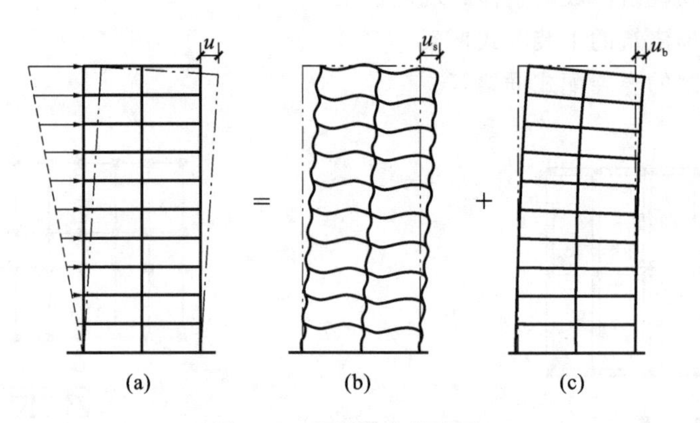

图 1-28　框架结构的变形

(a)框架结构侧移；(b)梁、柱弯曲变形；(c)柱的轴向变形

框架结构的柱距可以是 4～6m 的小柱距，也可以是 7～10m 的大柱距。采用钢-混凝土组合楼盖时，柱距可以更大。框架结构体系的优点是建筑平面布置灵活，可以用非承重墙分隔空间，以适应不同使用功能的需求；能够提供较大的使用空间，适用于商场、会议室、餐厅、车站、教学楼、办公楼等公共建筑；建筑立面容易处理；结构自重较轻；计算理论比较成熟，在一定高度范围内造价较低。同时，框架结构的梁、柱构件易于标准化、定型化，便于采用装配整体式结构，以缩短工期。

框架结构体系的缺点：①框架节点区应力集中显著。框架节点区是结构整体性的关键部位，同时又是应力集中的地方。许多震害表明，节点往往是结构破坏的薄弱环节，是在设计时应给予足够重视的关键部位。②梁、柱都是线形构件，截面惯性矩小，框架结构的抗侧刚度较小，水平荷载作用下侧移较大，有时会影响正常使用；框架在强烈地震作用下，由于弹塑性变形致使层间位移较大，易造成严重的非结构性破坏。③对于钢筋混凝土框架，当高度大、层数多时，结构底部各层柱的轴力很大，且梁和柱所受的由水平荷载产生的弯矩亦显著增加，从而导致截面尺寸增大和配筋增多。因此，钢筋混凝土框架结构体系适用于层数不太多、高度不太大的高层建筑。

框架只能在自身平面内抵抗水平力，因此，必须在两个正交的主轴方向设置框架，以抵抗来自各个方向的水平力。通过合理设计，钢筋混凝土框架可以获得良好的延性，即所谓的“延性框架”设计。延性框架具有较好的抗震性能。

普通框架的柱截面一般大于墙厚，会造成室内出现棱角，影响房间的使用功能和美观。近几十年来，随着建筑业的发展和居民生活水平的提高，为改善传统框架结构的这一问题，由 L 形、T 形、Z 形或十字形截面柱构成的异形柱框架结构被大量地应用到建筑物中。这种结构的柱截面宽度与填充墙厚度相同，使建筑的美观效果和使用功能都得到了提升。图 1-29 为一种异形柱框架结构平面示意图。

综上所述，在高度不大的高层建筑中，框架结构是一种较好的结构体系。当有变形性能良好的轻质隔断及外墙材料时，钢筋混凝土框架可建造到 30 层左右。但从我国目前情况来看，框架结构的建造高度不宜太高，抗震设防烈度为 6 度时不宜超过 60m，以 15～20 层为宜。

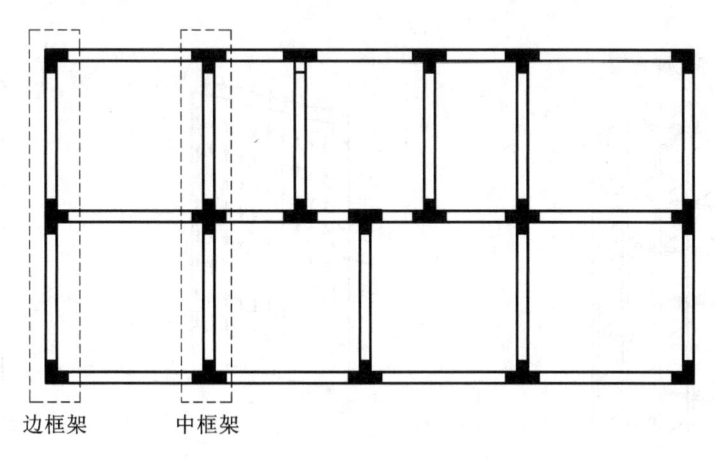

图 1-29 异形柱框架结构平面示意图

1.3.2.2 剪力墙结构

随着建筑物高度的增加，如仍采用框架结构，梁、柱的合理截面已难以承担荷载(特别是水平荷载)产生的内力。为了抵抗外荷载，框架结构需要不断地增大梁、柱截面尺寸，造成不合理设计，且影响房屋的使用功能和建筑美观。用钢筋混凝土墙代替框架结构中的梁、柱来承受竖向荷载和水平作用，能有效地控制房屋的侧移，这种结构称为剪力墙结构。故剪力墙也称为抗震墙，剪力墙结构也称为抗震墙结构。图 1-30 和图 1-31 分别为剪力墙结构房屋几种平面布置图和结构示意图。

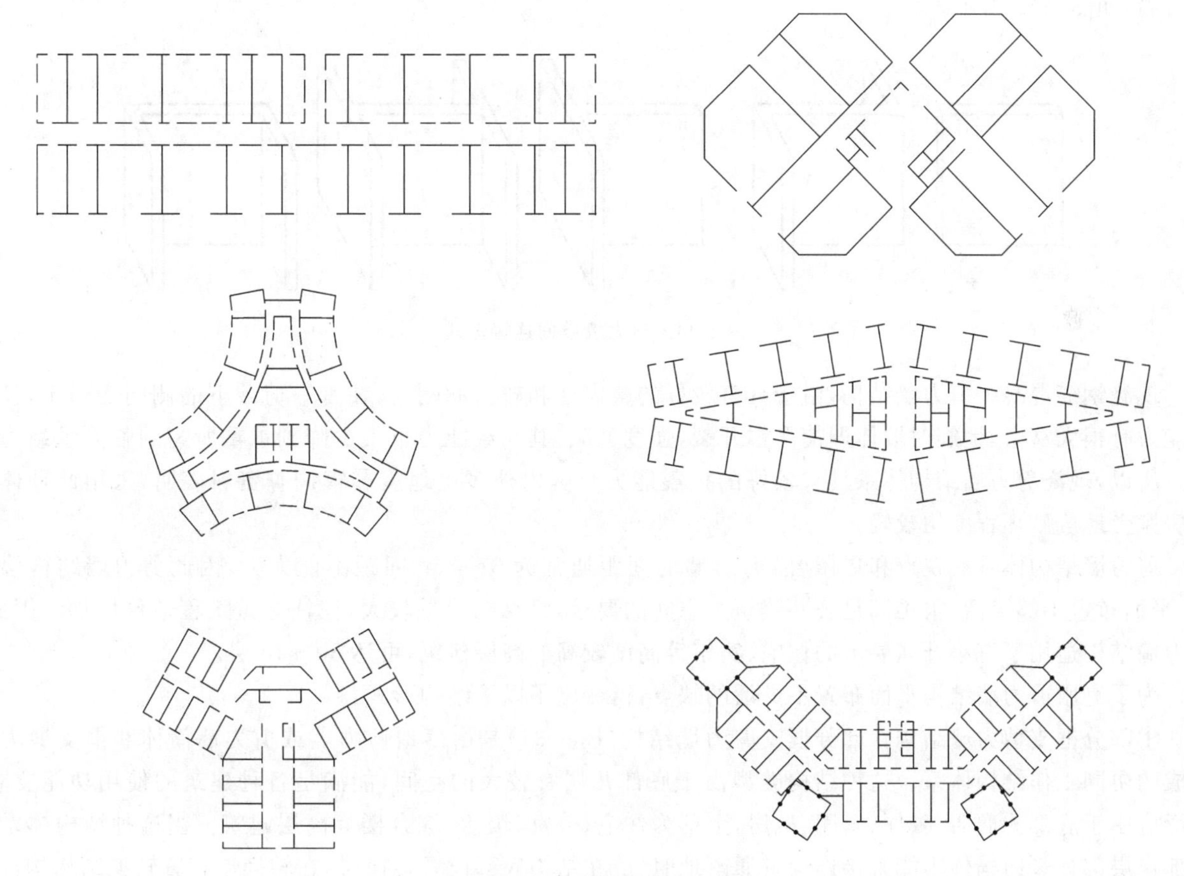

图 1-30 剪力墙结构平面布置图

在竖向荷载作用下，剪力墙是受压的薄壁柱；在水平荷载作用下，当剪力墙的高宽比较大时，可视为下端固定上端悬臂、以受弯为主的悬臂构件。在两种荷载共同作用下，剪力墙各截面将产生轴力、弯矩和剪力，并引起变形，如图 1-32(a)所示。在水平荷载作用下，剪力墙的侧移曲线呈弯曲型，即层间位移由下至上逐渐增大，如图 1-32(b)所示。

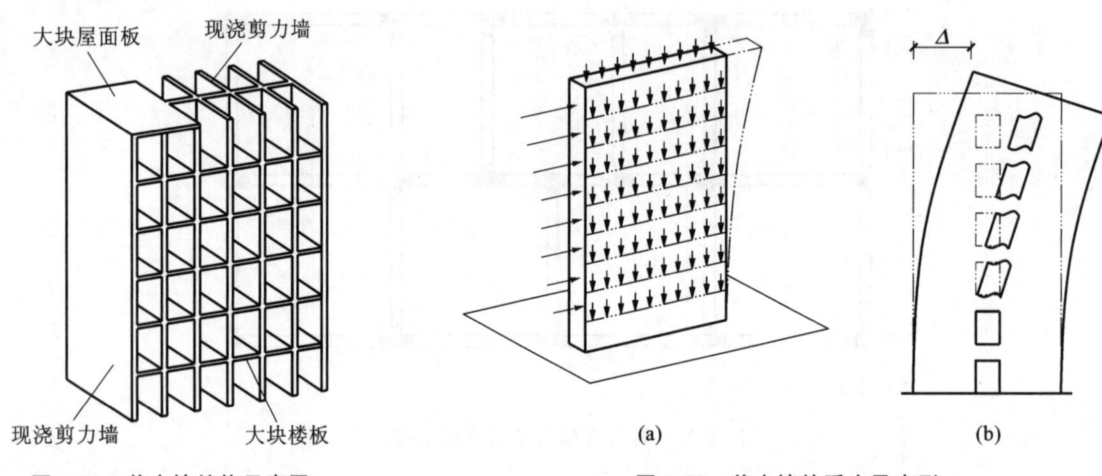

图 1-31 剪力墙结构示意图

图 1-32 剪力墙的受力及变形

(a)剪力墙的受力;(b)剪力墙侧移变形

一般来说,剪力墙的宽度和高度与整个房屋的宽度和高度相同,宽度达十几米或更大,高度达几十米以上。剪力墙沿竖向应贯通建筑物全高,厚度则很薄,一般为 160～300mm,较厚的可达 500mm,墙厚在高度方向可以逐步减小,但要注意避免突变。当建筑物高度较大时,剪力墙的厚度应由其承载力和抗侧刚度决定。剪力墙的横截面(即水平面)一般是狭长的矩形。有时也将纵横墙相连,形成工字形、Z 形、槽形、T 形等剪力墙,如图 1-33 所示。

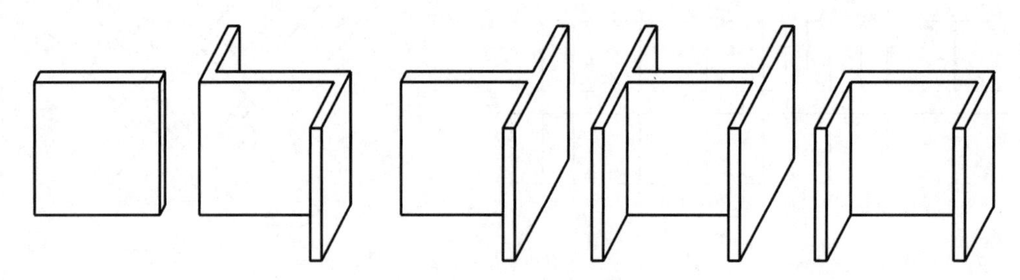

图 1-33 剪力墙肢间连接形式

现浇钢筋混凝土剪力墙结构,由于具有较好的整体性和较大的刚度,在水平荷载下的侧向变形小,且承重能力有很大富余,地震时墙体即使严重开裂,强度衰减,其承载能力也很少降到承重所需的临界承载力以下。所以,现浇剪力墙结构体系具有较好的抗震能力。国内外多次地震震害调查资料表明,采用此种体系的房屋受地震破坏程度均较轻。

剪力墙结构体系的缺点和局限性:剪力墙的间距通常为 3～8m,间距不能太大,因此剪力墙结构墙体多,平面布置不够灵活,很难满足公共建筑大空间的要求,且结构自重较大,往往导致工程造价增加。因此,剪力墙结构适用于有小开间要求的住宅、宾馆等高度较高的高层建筑,可达 30～40 层。

为了克服剪力墙结构平面布置不灵活的缺点,衍变出了以下结构形式:

①部分框支剪力墙结构。部分框支剪力墙结构(图 1-34)是由落地剪力墙或剪力墙筒体和框支剪力墙组成的协同工作结构体系。这种结构类型由于底部几层有较大的空间,能满足各种建筑的使用功能要求,广泛应用于底部为商店、餐厅、车库、机房,上部为住宅、公寓、饭店、综合楼等高层建筑。当这种结构体系的上部楼层部分竖向构件不能直接连续贯通落地时,应在结构底部设置转换层,在转换层布置转换结构构件。

②短肢剪力墙结构。短肢剪力墙是指墙肢截面高度不大于 300mm、各墙肢截面高度与厚度之比的最大值大于 4 但不大于 8 的剪力墙。一般情况下,当剪力墙结构中短肢剪力墙所承担的第一振型底部地震倾覆力矩达到结构总底部地震倾覆力矩的 50%时,可以认为是短肢剪力墙结构。短肢剪力墙结构可减轻结构自重,平面布置灵活,在住宅建筑中应用较多。其缺点是短肢剪力墙的墙肢抗震性能较差,在地震区应用经验尚且不足。

图 1-34　部分框支剪力墙结构

③错列剪力墙结构。在传统的框架-剪力墙结构中，剪力墙沿建筑物高度方向是连续布置的。这种布置方式，即使在中等高度（20 层）的结构中，结构的侧向变形和剪力墙底部的弯矩都很大。与传统框架-剪力墙结构体系不同，错列剪力墙结构体系［图 1-35（b）］是将一系列与楼层等高和开间等宽的墙板沿框架高度隔层错跨布置。这种布置方式可使整个结构体系几乎对称均质，具有优异的抵抗水平荷载能力。只要墙板合理布置，错列剪力墙结构可提高结构的横向抗侧刚度，同时可大大降低剪力墙的底部弯矩，这对剪力墙结构的基础设计是有益的。

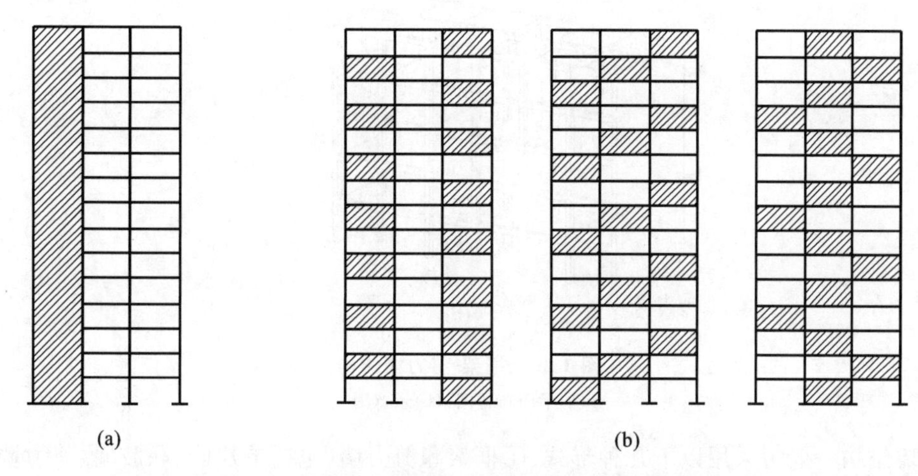

图 1-35　传统框架-剪力墙结构与错列剪力墙结构

(a)传统框架-剪力墙结构；(b)错列剪力墙结构

错列剪力墙结构是一种复杂的转换层结构，能为建筑设计提供大空间，在提高结构横向抗侧刚度及抵抗水平地震作用方面相比传统框架-剪力墙结构［图 1-35（a）］有其独特的优势，不过它在纵向结构布置及刚度上显得相对薄弱，应采取相应的措施。

与框架结构相比，剪力墙结构的抗侧移刚度大，水平力作用下侧移小，抗震性能好，适用高度大。若在剪力墙内配置竖向钢骨、钢斜撑、钢管、钢板等，形成钢-混凝土组合剪力墙，则可以有效改善剪力墙的抗震性能。

1.3.2.3　框架-剪力墙结构

由前述可知，框架结构体系具有平面布置灵活、易形成大空间、立面处理丰富等优点，但缺点是侧向刚度小，抵抗水平荷载能力差，侧移大。剪力墙结构体系则相反，其强度和抗侧移刚度均较大，但平面布置不灵活，不满足大空间的要求。因此，将两种结构体系结合起来，在同一结构中同时采用框架和剪力墙，共同承受竖向荷载和水平荷载，可以起到取长补短的作用。这种结构体系称为框架-剪力墙结构体系（图 1-36），简称框-剪结构。

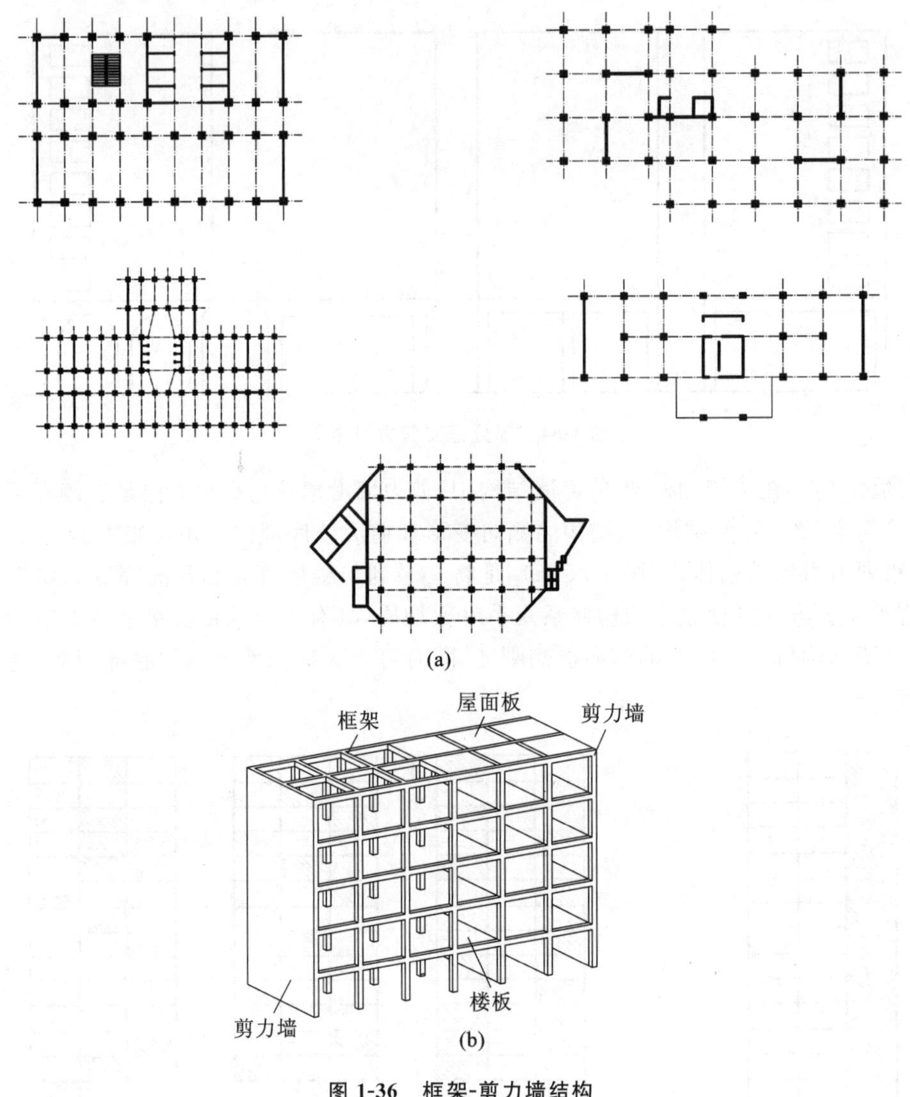

图 1-36 框架-剪力墙结构

(a)平面布置图;(b)示意图

框架-剪力墙结构一般可采用以下几种形式:①框架和剪力墙(包括单片墙、联肢墙、剪力墙筒体)分开布置,各自形成比较独立的抗侧力结构;②在框架结构的若干跨内嵌入剪力墙(框架相应跨的柱和梁成为该片墙的边框,称为带边框剪力墙);③在单片抗侧力结构内连续分别布置框架和剪力墙;④上述两种或三种形式的混合。

框架-剪力墙结构体系通过水平刚度很大的楼盖将框架和剪力墙联系在一起共同抵抗水平荷载,是一种双重抗侧力结构。剪力墙承担大部分水平力,是抗侧力的主体;框架则主要承担竖向荷载,同时也承担少部分水平力,一般承受20%左右。增加剪力墙后,框架承受的水平剪力减小,且其沿高度方向比较均匀。这样,在水平力作用下,框架各层的梁、柱弯矩减小,沿高度方向各层梁、柱弯矩的差距减小,在数值上趋于接近,各层梁、柱截面尺寸和配筋也趋于均匀,改变了纯框架结构的受力和变形特点。相比于框架结构,框架-剪力墙结构的水平承载力和侧向刚度有了很大提高。

在侧向力作用下,单独的剪力墙结构在水平荷载作用下以弯曲变形为主,位移曲线呈弯曲型;单独的框架结构则以剪切变形为主,位移曲线呈剪切型;当两者共处于同一体系时,通过楼盖的连接,两者共同抵抗水平荷载(图 1-37)。当以剪力墙为主时,变形曲线呈现弯剪型,且随着剪力墙数量的减小向剪弯型转化。实际工程表明,框架-剪力墙结构体系的变形曲线一般呈弯剪型,其最终形态视框架-剪力墙结构中框架与剪力墙之间的抗侧刚度比值而定。因上部剪力墙的侧向变形比框架大,下部则相反,上部框架约束剪力墙变形,下部剪力墙约束框架变形,从而使其上下各层层间变形趋于均匀,并减小了顶点侧移。

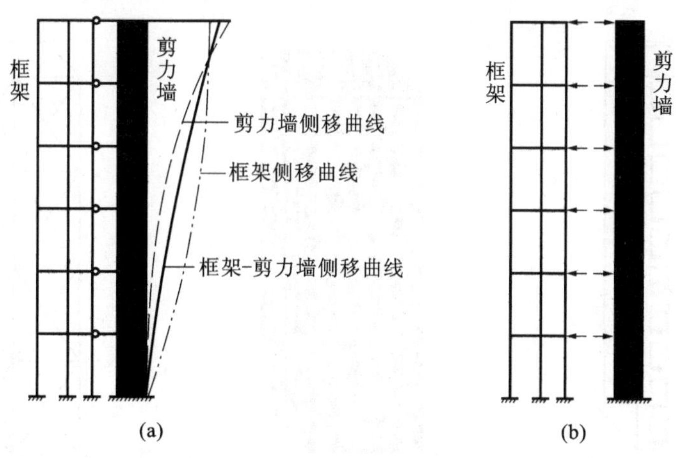

图 1-37 框架-剪力墙结构侧移曲线和相互作用示意图

(a)侧移曲线;(b) 框架与剪力墙的相互作用

框架-剪力墙结构体系抗侧力性能的关键在于剪力墙的平面布置。布置时,应注意以下几点:横向剪力墙宜均匀、对称地布置在建筑物的端部附近、楼(电)梯间、平面形状变化处或恒荷载较大处;为保证框架和剪力墙共同工作,横向剪力墙的最大间距应满足要求;为减小剪力墙内的温度应力,纵向剪力墙宜布置在结构单元的中间区段内,房屋在纵向较长时,不宜在房屋的端部设置纵向剪力墙;纵向与横向剪力墙宜组成 L 形、T 形或围成筒体,以尽可能地增大房屋的抗侧刚度;剪力墙宜贯通房屋的全高,厚度则可随墙离地的高度增大而逐渐减小,以免刚度突变。

框架与剪力墙的协同工作,使框架-剪力墙结构具有良好的抗侧移能力和抗震性能。目前,框架-剪力墙结构在我国高层建筑中得到了广泛应用,如办公楼、宾馆、教学楼、图书馆、医院等。

1.3.2.4 板柱-剪力墙结构

当楼盖为无梁楼盖时,由无梁楼盖与柱组成的框架称为板柱框架。由板柱框架与剪力墙共同承受竖向和水平作用的结构,称为板柱-剪力墙结构。

板柱结构具有施工方便、楼板高度小、层高减小、使用空间大、布置隔断墙灵活等特点。但板柱连接节点的抗震性能差,不如梁、柱连接节点;地震作用下产生的柱端弯矩由板柱连接节点传递,在柱周边板内产生较大的附加剪力,再加上竖向荷载的剪力,有可能产生冲切破坏,致楼板脱落。板柱结构在地震中遭到严重破坏甚至倒塌的震害说明,板柱结构的刚度小、抗震性能差,不宜作为高层建筑的抗震结构体系。

在板柱结构中设置剪力墙,或将楼(电)梯间做成钢筋混凝土井筒,形成板柱-剪力墙结构,可改善整体结构的刚度,提高抗震性能。板柱-剪力墙结构可用于抗震设防烈度不超过 8 度且高度有限制的房屋建筑。板柱-剪力墙结构中剪力墙的布置要求与框架-剪力墙结构相同,房屋的周边应采用有梁框架,楼(电)梯洞口周边设置边框梁。抗震设计时,各层剪力墙应能承受各层相应方向的全部地震剪力,各层板柱部分还应能承受不小于 20%相应方向的地震剪力,且应符合有关抗震构造要求。

1.3.2.5 筒体结构

随着建筑层数和高度的增加(如层数超过 30～40 层,高度超过 100～140m),以平面工作状态的框架或剪力墙构件来组成高层建筑结构体系已不再合理、经济,甚至已不能满足刚度或强度的要求。这时可将剪力墙围成筒状,构成空间薄壁实腹筒体。实腹筒体往往利用电梯井、楼梯间和管道井等四周的墙体围成,其抵抗水平荷载的工作性态,就像一根固定于基础的、箱形截面的竖向悬臂梁,具有很好的抗弯和抗扭能力。空腹筒体由周边密排的柱子和高跨比很大的窗裙梁组成,其平面与整个房屋相同,有时称“框筒”。将筒体的四壁做成桁架就形成桁架筒,也称非实腹筒。图 1-38 为上述几种筒体型式的示意图。

由一个或多个这样的实腹筒体或非实腹筒体组成的结构体系,称为筒体结构体系,其常见组合形式如图 1-39 所示。用筒体结构体系来抵抗水平荷载,比剪力墙或框-剪结构体系具有更大的强度和刚度。筒体结构根据筒体的组成形式不同,可分为框筒结构、桁架筒结构、筒中筒结构、束筒结构等。筒体结构具有造型美观、使用灵活、受力合理、刚度大、抗侧力性能良好等优点,适用于 30 层或 100m 以上的高层和超高层建筑。

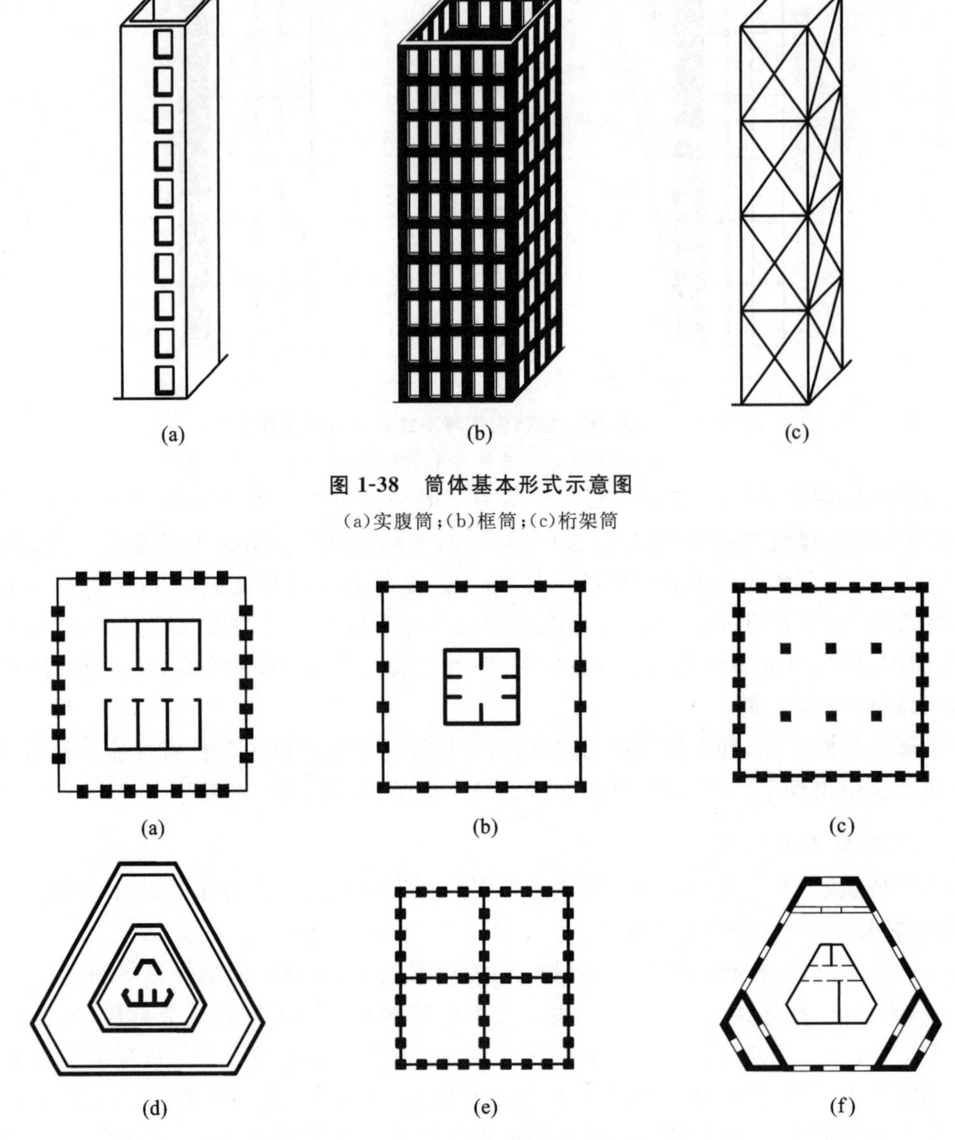

图 1-38 筒体基本形式示意图

(a)实腹筒；(b)框筒；(c)桁架筒

图 1-39 筒体结构体系的常见组合形式

(a) 筒中筒结构；(b) 筒体-框架结构；(c) 框筒结构；(d) 多重筒结构；(e) 束筒结构；(f) 多筒结构

(1)框筒结构。

框筒是由深梁密柱框架组成的空间结构，由一般框架结构发展起来，它不设内部支撑式墙体，仅靠悬臂筒体的作用来抵抗水平作用。承受水平荷载时，框筒结构的整体工作性态不同于平面框架结构，而是与空间结构的实腹筒体相似，可将其视为箱形截面的竖向悬臂构件，即沿四周布置的框架都参与抵抗水平荷载，层剪力由平行于水平荷载作用方向的腹板框架抵抗，倾覆力矩由腹板框架和垂直于水平荷载作用方向的翼缘框架共同承担。图 1-40 给出了该倾覆力矩在框筒柱中产生的轴力分布，框筒的一侧翼缘框架柱受拉，另一侧翼缘框架柱受压，腹板框架则有拉有压。在水平力作用下，框筒结构腹板框架的水平位移主要由梁、柱的弯曲变形产生，位移曲线呈剪切型；翼缘框架的水平位移主要由柱的轴向变形产生，位移曲线呈弯曲型；框筒结构以腹板框架的变形为主，即框筒结构的水平位移曲线呈剪切型。

由于横梁产生剪切变形，柱之间的轴力传递减弱，柱中正应力分布呈抛物线形，翼缘框架中各柱的轴力分布不均匀，角柱的轴力大，中柱的轴力小，这种现象称为剪力滞后效应。腹板框架中各柱的轴力不是三角形分布，也有一定的剪力滞后效应。剪力滞后越严重，参与受力的翼缘框架柱越少，框筒的空间整体作用就越小。如果能减少剪力滞后现象，使各柱受力尽量均匀，则可大大增加框筒的侧向刚度及承载能力，充分发挥所有材料的作用，得到经济合理的效果。故框筒结构布置的关键是减小剪力滞后效应。

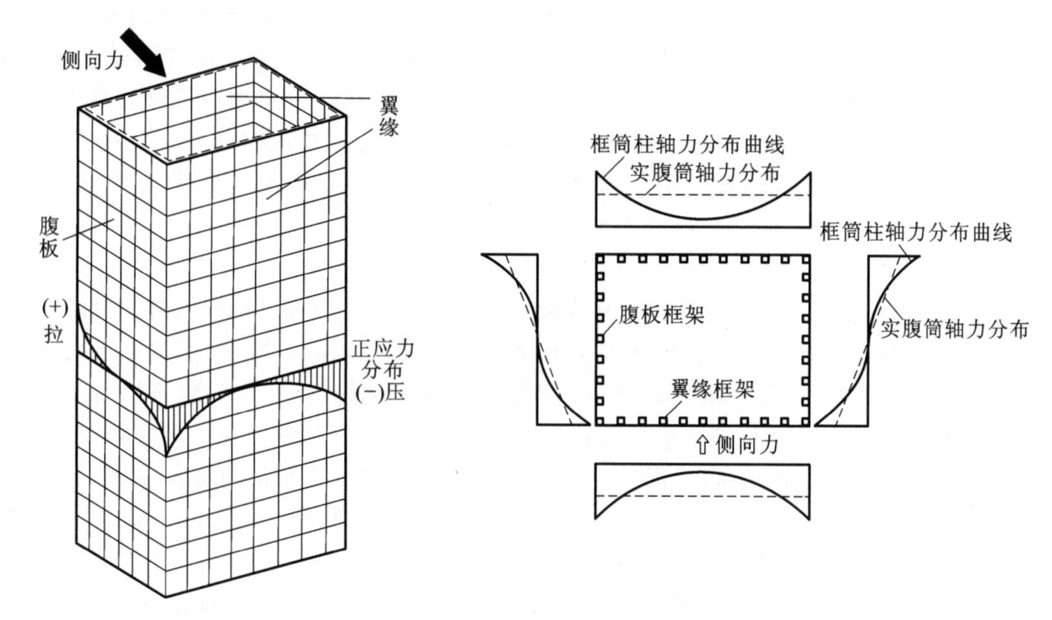

图 1-40 水平荷载作用下框筒结构的剪力滞后及框筒柱中的轴力分布图

框筒结构可以是钢结构、钢筋混凝土结构或者混合结构。框筒结构可作为抗侧力结构单独使用。如果楼板跨度较大，可以在筒体内部设置若干柱子，以减小梁板的跨度，这些柱子只承受竖向荷载，不参与抗侧力。单独采用框筒结构作为抗侧力体系的高层建筑结构较少，框筒结构主要用于与内筒组成筒中筒结构，或多个框筒结构组成束筒结构。第一个采用框筒结构的高层建筑是 1963 年美国芝加哥建造的 Dewitt-Chestnut 公寓大楼，为 44 层的钢筋混凝土结构，柱距 1.7m，梁高 0.6m，设计中全部水平荷载都由外框筒单独承受，内柱只承受竖向荷载。

(2)桁架筒结构。

由布置在建筑 4 个立面上的竖向桁架组成的结构称为桁架筒结构。竖向桁架由稀柱、浅梁以及支撑斜杆组成，一般为钢结构。在水平力作用下，桁架筒整体弯曲，水平剪力由支撑斜杆和水平杆件的轴力传至角柱和基础。桁架式筒体在房屋四周的外柱之间用巨大的支撑斜杆连接做成桁架，剪力主要由支撑斜杆承担，梁主要在轴向直接承受水平侧向力。由于梁不再因受剪而发生竖向剪切变形，且支撑为几何不变体系，基本消除了框筒结构的剪力滞后效应，故桁架筒结构比框筒结构更能充分利用建筑材料，适用于更高的建筑。

钢桁架筒结构的柱距大，支撑斜杆可跨越建筑一个面的边长，沿竖向可跨越数个楼层，形成巨型桁架；4 片桁架围成桁架筒，两个相邻立面的支撑斜杆相交在角柱上，保证了从一个立面到另一个立面支撑传力路线的连续；水平力通过支撑斜杆的轴力传至柱和基础。近年来，由于桁架筒的优越性，国内外已建造了不少钢筋混凝土桁架筒体及组合桁架筒体。如香港的中银大厦采用了钢斜撑、钢梁以及钢骨混凝土柱组成的空间桁架体系，结构受力合理，用钢量仅为 140kg/m^2 左右。

(3)筒中筒结构。

当建筑物更高，对结构刚度要求更大时，可使用筒体中套筒体的结构形式，称为筒中筒结构(或称双重筒体结构)。筒中筒结构通常以框筒或桁架筒作为外筒，以实腹筒作为内筒，内、外筒之间由平面内刚度很大的楼板连接，使外筒和实腹内筒协同工作，形成一个刚度很大的空间结构体系。

外筒采用大的平面尺寸，以抵抗水平荷载产生的倾覆力矩和扭矩；内筒为楼梯间或电梯间、管道竖井等构成的钢筋混凝土实腹筒体或带支撑框架，具有较大的抵抗水平剪力的能力。外筒的侧向变形以剪切型为主，实腹内筒变形则以弯曲型为主，通过楼盖连接，二者协调变形，形成较为中和均匀的弯剪型变形。在结构下部，内筒承担大部分水平力，而在结构上部，外筒则分担了大部分的水平力。

在水平力作用下，筒中筒结构的外筒也有剪力滞后现象。平面形状为圆形、正多边形的筒中筒结构，能减小外筒的剪力滞后效应，使其更好地发挥空间作用；矩形和三角形平面的筒中筒结构，外筒的剪力滞后效应比圆形或正多边形严重；矩形平面的长宽比大于 2 时，外筒的剪力滞后效应更为明显。

筒中筒结构抗侧刚度较大、侧移较小，因此可用于建造较高的建筑物。国内外许多超过50层的建筑，都采用了这种结构体系。例如，深圳国际贸易中心（50层，高160m）采用了方形平面的钢筋混凝土筒中筒结构；广东国际大厦(63层，高200.18m)亦采用了钢筋混凝土筒中筒结构；北京中国国际贸易大厦(39层，高153m)则采用了钢筒中筒结构，外筒为钢框架，内筒为沿高度设置中心支撑的钢框架。由多个不同大小的筒体同心排列形成的空间结构称为多重筒结构。筒体的重数并不一定限于双重，也有设计成三重筒体甚至四重筒体结构的，如日本东京新宿住友大厦(52层)就采用了三重筒体结构。

(4)束筒结构。

由两个或两个以上的框筒组成的结构体系称为束筒结构体系。框筒可以是钢框筒，也可以是钢筋混凝土框筒，束筒结构中的每一个框筒可以是方形、矩形或者三角形等。该结构体系空间刚度极大，能适应超高层建筑的受力要求。构成束筒的每一单元筒能够单独形成一个筒体结构，所以沿建筑物高度方向，可以中断某些单元筒，使房屋的侧向刚度及水平承载力沿高度逐渐产生变化，避免出现结构薄弱层。通过单元筒的平面组合，可以形成不同的平面形状，或形成很大的楼面面积，以满足建筑功能要求。

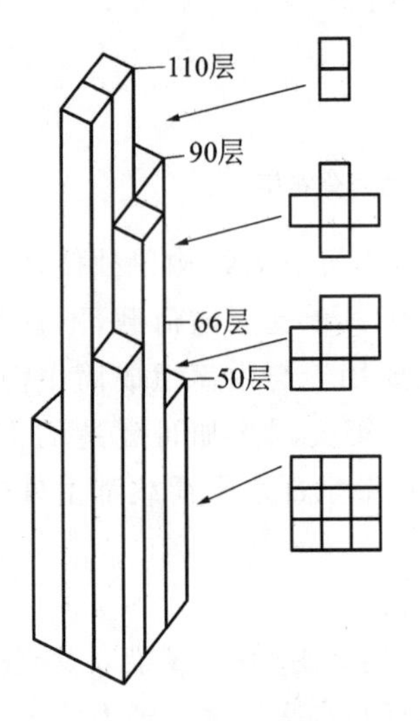

图 1-41 西尔斯大厦束筒结构示意图

最著名的束筒结构是芝加哥的110层、高442.1m的西尔斯大厦(图1-41)，它采用钢筒束结构体系，由9个正方形单筒组合而成，每个筒体的平面尺寸为22.9m×22.9m，沿着高度方向，在三个不同标高处中断了一些单元筒。50层及以下为9个框筒组成的束筒，51～66层为7个框筒，67～91层为5个框筒，91层以上为2个框筒，在第35、66和90层，沿周边框架各设置一层高的环带桁架，对整体结构起到“箍”的作用，以提高结构侧向刚度和抗竖向变形的能力。这种自下而上逐渐减少筒体数量的处理方法，使高层建筑结构更加经济合理。但应当注意的是，这些逐渐减少的筒体结构，应对称于建筑物的平面中心。

束筒结构与单框筒结构相比较，在结构概念上有以下优点：

①束筒结构中，一组筒体由共同的内筒壁相互连接，形成一个多格筒体，即束筒的“腹板”增加了，使其在侧向荷载作用下的剪力滞后效应被大大减弱，各内立柱的受力不均匀性也被大大减弱。因而，束筒结构的受力性能比单框筒更接近于实壁筒体，适用于长宽比较大的平面。

②由于束筒结构内立柱受力性能得到改善，故允许在筒壁中有较大的柱间距，这可能会增加开窗面积，使得在布置内部框架轴线时不致影响室内的空间设计。

③束筒结构的抗侧刚度大于单框筒结构，它的抗剪和抗扭能力都大大加强，可以建造的高度比单框筒结构更大。

④束筒结构的各个筒格可在不同高度处截断而不削弱结构的整体性，从而使结构的受扭荷载容易为各封闭筒格所抵抗；束筒结构的筒格不断沿高度被截断，可大大减小建筑物顶部承受的风荷载。

⑤束筒结构结合外伸臂桁架及周边桁架，能提高抗侧刚度和抗竖向变形的能力，受力性能更佳。

1.3.2.6 框架-核心筒结构体系

筒中筒结构在20世纪60—80年代成为超高层建筑的主要结构体系，但密柱深梁使得建筑外形呆板，窗口小，影响采光与视野，景观较差，建筑外形比较单调。为了解决上述问题，需加大外框筒的柱距，减小梁的高度，在内筒周边形成稀柱框架。这样由核心筒与外围的稀柱框架组成的高层建筑结构，称为框架-核心筒结构，其结构布置如图1-42所示。其中，筒体主要承担水平荷载，框架主要承担竖向荷载。这种结构兼有框架结构与筒体结构两者的优点，建筑平面布置灵活，便于设置大房间，又具有较大的侧向刚度和水平承载力，因此得到广泛应用。

框架-核心筒结构可以采用钢筋混凝土结构(钢筋混凝土框架＋钢筋混凝土核心筒)、钢结构(钢框架＋内钢框筒或内钢支撑框架)或混合结构。混合结构可以是钢框架＋混凝土核心筒、钢骨混凝土框架＋混凝土核心筒、钢管混凝土柱＋钢或混凝土梁＋混凝土核心筒等。内、外筒之间的楼板梁连接一般采用铰接。

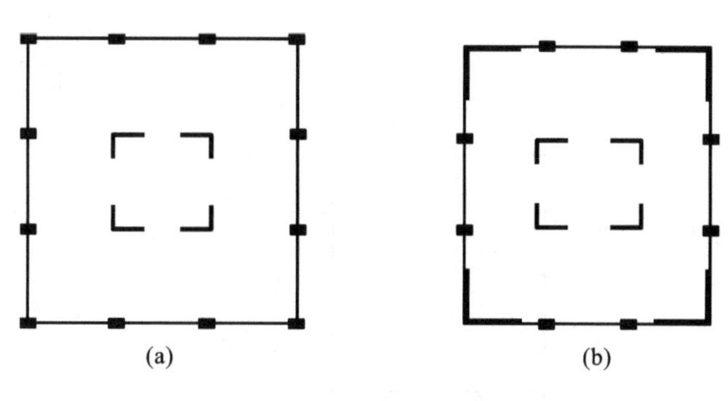

图 1-42 框架-核心筒结构平面布置图

(a) 非抗震建议布置；(b) 抗震建议布置

一般来说，在框架-核心筒结构中，周边框架为平面框架，没有框筒的空间作用，类似于框架-剪力墙结构。核心筒除了四周的剪力墙外，内部还有楼(电)梯间的分隔墙。框架-核心筒结构也是双重抗侧力结构，核心筒的刚度和承载力都较大，是抗侧力的主体，承担绝大部分侧向力；外框架作为第二道防线，应承担最低百分比的剪力。框架-核心筒结构的框架还可以在周边或角部采用巨型柱。如上海金茂大厦(地面以上 88 层，高 420.5m)的每边设置了两根配有钢骨的混凝土巨型柱，截面尺寸自下而上为 1.5m×5.0m～1.0m×3.5m。巨型柱的抗倾覆作用比普通柱强。我国深圳地王大厦(69 层，高 384m)和赛格广场(71 层，高 291.6m)、马来西亚吉隆坡的石油双塔(88 层，高 451.9m)等众多超高层建筑都采用了框架-核心筒结构。

由于其平面布置的规则性、内部核心筒的稳定性及抗侧力作用的空间有效性，框架-核心筒结构体系的力学性能与抗震性能优于一般框架-剪力墙结构，是目前我国高层建筑中常见的一种结构体系。

1.3.2.7 其他高层建筑结构体系

随着建筑高度的增加及建筑功能、体型的日益复杂，近年来还出现了一些新的结构体系，如巨型结构体系和复杂高层结构体系。

(1)巨型结构体系。

巨型结构体系又称超级结构体系，是指在一幢建筑中，由数个大型结构单元所组成的主结构和常规结构构件组成的子结构共同形成的结构体系。大型结构单元通常是由不同于普通梁、柱概念的大型构件——巨型柱和巨型梁组成的简单而巨型的桁架或框架等结构。与一般结构的普通梁、柱杆件为实腹截面不同，巨型梁、柱都是空心、格构的立体杆件，它们的截面尺寸通常很大，其中巨型柱截面尺寸常超过一个普通框架的柱距，可以是一个由楼梯间或电梯间构成的钢筋混凝土井筒，或是巨型钢结构中的空间格构式桁架。巨型梁构件的截面尺寸通常可达 1～2 个楼层的高度，沿建筑物的高度方向通常每隔多层才设置一道巨型梁，因此整个建筑往往只有数道巨型梁。

按主要受力形式分类，巨型结构可分为巨型框架结构(包括巨型钢筋混凝土框架和巨型钢框架等)、巨型桁架结构(包括桁架筒体)、巨型悬挂结构、巨型分离式筒体结构等四种基本类型。

①巨型框架结构。该类结构打破了传统的以一个单独楼层为基本传力单元的一级结构系统，其整个结构体系由二级结构组成，如图 1-43 所示。第一级结构为跨越若干楼层的巨型框架，其柱多采用筒体，在各筒体之间每隔数层用巨型梁连接，形成巨型框架。因巨型框架的梁、柱截面很大，抗弯刚度也很大，抗倾覆能力和承载能力很强，其主要用来承受体系的侧向和竖向荷载。第二级结构为一般楼层框架结构，其梁、柱截面很小，主要传递楼面荷载及各层的重力荷载，因其具有空间布置灵活的特征，故可较好地满足不同的使用功能需求。巨型框架的侧向刚度可根据筒体(巨型柱)和巨型梁的刚度来确定。

②巨型桁架结构。巨型桁架结构(图 1-44)是以大截面的巨型柱、巨型梁和巨型支撑等杆件组成的空间桁架，相邻立面的支撑交会在角柱，形成巨型桁架结构，可以抵抗任何方向的水平荷载和竖向荷载。水平作用产生的层剪力成为支撑斜杆的轴向力，可最大限度地利用材料的强度。楼层竖向荷载通过楼盖、次构件传递到桁架的主要杆件上，再通过柱和斜撑传递到基础。空间桁架结构是既高效又经济的抗侧力结构。香港中国银行大厦就是典型的巨型桁架结构。

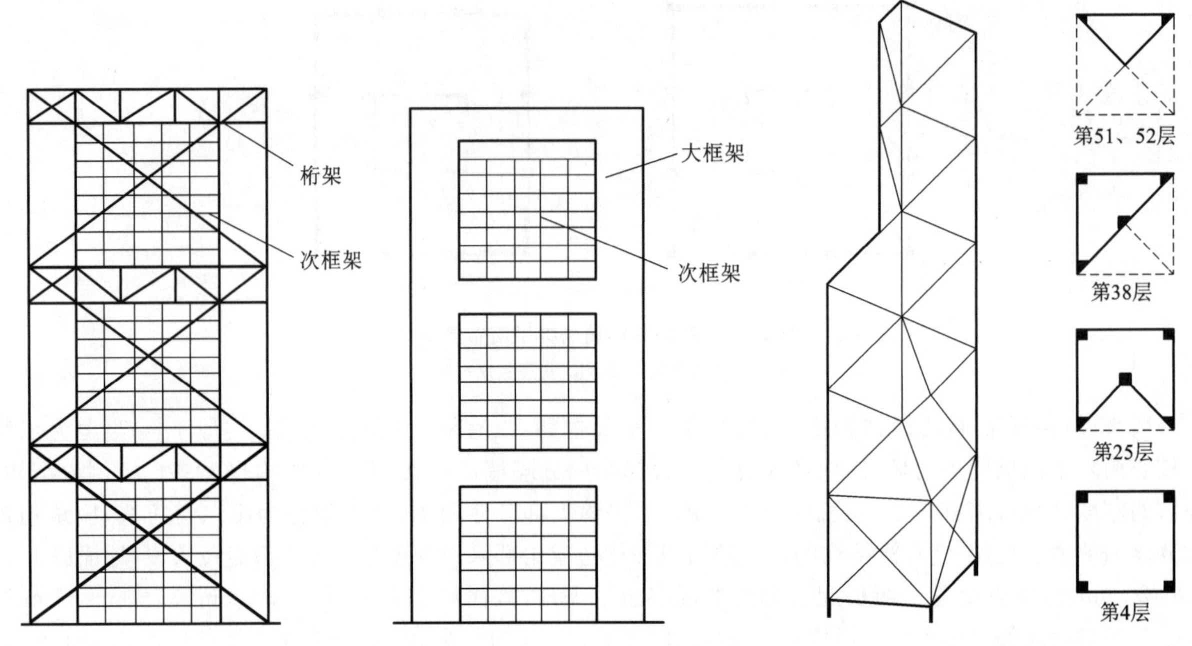

图 1-43　巨型框架结构

图 1-44　巨型桁架结构

③巨型悬挂结构。巨型悬挂结构体系是将高层建筑各楼层楼盖分段用吊杆悬挂于巨型构架上所形成的结构体系。巨型悬挂结构的主构架与巨型框架类似，承担全部的侧向和竖向荷载。因此，主构架的截面尺寸较大，在承受弯矩的情况下也有较高的稳定性；次构架吊杆只承受拉力，所以截面尺寸可以设计得较小。主构架和次构架都可以充分地利用材料的强度。次构架悬挂于主构架之上，既避免了地震的直接冲击，又起到了质量调谐的作用，可以大幅度地减弱结构的地震反应。但是巨型悬挂结构体系的结构设计和现场施工均非易事，一般都是为了满足建筑设计的要求才会使用此种结构体系。

④巨型分离式筒体结构。巨型分离式筒体结构体系是由若干个相对独立的筒体结构构成巨型构件，然后将其连接而成的一种结构体系。巨型分离式筒体结构是一种联体式结构，应用这种结构概念可以设计超高层建筑。

(2)复杂高层结构体系。

①带转换层高层建筑结构。高层建筑变得体型复杂且功能多样，不同用途的楼层需要大小不同的开间、进深及不同的结构形式，因此在结构转换楼层处需设置转换构件以形成转换层。上部剪力墙转换为底部框架，其转换层称为托墙转换层；上部密柱框架转换为底部稀柱框架，或周边上部普通框架转换为底部巨型框架，其转换层称为托柱转换层。在现代高层建筑中，转换层的应用越来越多。转换层增加了结构的复杂程度，主要表现在：转换层的上、下部结构布置或体系有变化，容易形成下部刚度小、上部刚度大的不利结构；易出现下部变形过大的软弱层或承载力不足的薄弱层，软弱层本身又十分容易发展成为承载力不足的薄弱层而在大地震时倒塌。因此，保证传力通畅，克服和改善结构沿高度方向的刚度和质量分布不均匀是带转换层结构设计的关键。

②带加强层高层建筑结构。框架-核心筒结构的外围框架都采用稀柱框架，当房屋高宽比较大、核心筒高宽比较大、外框架较弱时，结构的侧向刚度较弱，有时不能满足设计要求。为了更有效地发挥周边外框架柱的抗侧力作用，提高结构整体抗侧刚度以满足规范要求，可沿建筑物竖向利用建筑设备层、避难层空间，在核心筒与外围框架之间设置刚度适宜的伸臂构件来加强核心筒与框架柱间的联系，必要时可设置刚度较大的周边环带构件，加强外周框架角柱与翼缘柱间的联系，形成带加强层的高层建筑结构。

③错层结构。相邻楼盖不在同一标高处且高差超过梁高的结构称为错层结构。错层结构属于竖向不规则结构，其竖向抗侧力构件受力复杂、应力集中。框架错层结构中长、短柱交替出现，地震时容易发生短柱受剪破坏。因此，需提高和加强框架错层处柱的承载力和抗震构造措施。当错层存在框架梁与剪力墙平面外连接的情况时，剪力墙平面外受力，剪力墙的抗震构造措施也要改进。错层结构的抗震性能比无错层

的普通结构差，高层建筑应尽量避免错层。

④连体结构。为满足建筑艺术和城市规划对高层建筑体型的新要求，在建筑物的立面上开大洞或几座建筑物用若干楼层连为一个整体，就形成了连体结构。连体结构的特点是将两幢或几幢建筑连在一起，由塔楼及连接体组成。根据连接体与塔楼的连接方式，可将连体结构分为两类：a. 强连接结构。当连接体包含多层楼盖，且连接体刚度足够，能将主体结构连接为整体协调受力、变形时，可做成强连接结构。两端刚接、两端铰接的连体结构属于强连接结构。当建筑立面开洞时，也可归为强连接结构。b. 弱连接结构。当在两个建筑之间设置一个或多个架空连廊时，连接体较弱，无法协调连接体两侧的结构共同工作，可做成弱连接结构，即连接体一端与结构铰接，一端做成滑动支座，或两端均做成滑动支座。架空连廊的跨度有的约几米，有的长达几十米。其宽度一般都在 10m 之内。

⑤多塔楼结构。多塔楼结构的主要特点是，在多个高层建筑的底部有一个连成整体的大裙房，形成大底盘。对于多个塔楼仅通过地下室连为一体，地上无裙房或有局部小裙房但不连为一体的情况，一般不属于《高层建筑混凝土结构技术规程》(JGJ 3—2010)所指的大底盘多塔楼结构。大底盘多塔楼结构根据底盘和塔楼平面布置、刚度和质量分布的不同可分为以下几种类型：a. 双轴对称多塔结构。当底盘和塔楼的平面布置、刚度和质量分布关于 x 轴、y 轴(x 为横轴、y 为纵轴)完全对称，且上部各塔楼各自对称时，则为双轴对称多塔结构。b. 单轴对称多塔结构。当底盘和塔楼的平面布置、刚度和质量分布仅关于 x 轴或 y 轴对称，且上部各塔楼也呈如此对称关系时，则为单轴对称多塔结构。c. 非对称多塔结构。当结构体系关于 x 轴、y 轴两个方向均不对称时，则为非对称多塔结构。

⑥竖向体型收进结构。立面收进是一种常见的高层建筑竖向不规则情况，结构沿竖向刚度发生突变，属于竖向不规则的结构。历次地震震害表明，立面收进会使楼层的变形过分集中，使结构出现严重的震害(甚至倒塌)。

⑦悬挑结构。采用核心筒平面布置方案的高层建筑，有条件在结构上采用竖筒加挑托体系时，可将楼层平面核心部位做成圆形、矩形或多边形的钢筋混凝土竖筒，沿高度每隔 6～10 层由竖筒上伸出一道水平承托构件，来承托其间若干楼层的重力荷载，形成悬挑结构。这样，整个建筑的外围就可以做成稀柱式框架，且梁、柱的截面尺寸均可以做得很小，创造出视野开阔、明亮的立面效果。悬挑结构体系的主体结构是竖向内筒和水平承托构件，整个结构的抗侧刚度全部由竖向内筒提供，水平承托构件并无任何贡献。因此，在风荷载或地震作用下，整个结构体系的侧移曲线等于竖向内筒的侧移曲线，属于弯剪型，并偏向于弯曲型。

随着高层建筑的不断发展，其结构体系也在不断创新。在积累工程经验和科研成果的基础上，逐渐形成了更加高效的抗侧力结构体系。在高层建筑结构设计中，正确地选用结构体系，尤其是合理地进行抗侧力结构单元布置是非常重要的。

1.4 本课程的主要内容和学习要求

1.4.1 主要内容

本课程是土木工程专业的主干课程，要求先修的课程主要有结构力学、土木工程材料、混凝土结构、钢结构、土力学与地基基础等。在本课程的学习中还会涉及《高层建筑混凝土结构技术规程》(JGJ 3—2010)、《建筑结构荷载规范》(GB 50009—2012)、《混凝土结构设计规范(2015 年版)》(GB 50010—2010)和《建筑抗震设计规范(2016 年版)》(GB 50011—2010)等国家规范及标准。

高层建筑结构作为高层建筑的空间骨架，承受竖向和水平荷载的作用，其在高层建筑的发展中起着非常重要的作用。高层建筑结构与力学、钢结构、混凝土结构、钢-混凝土组合结构、结构抗风抗震以及地基基础等密切相关，为土木工程专业主修建筑工程专业方向的主干课程。目前我国绝大多数一般的高层建筑都采用混凝土结构，钢结构所占比例很小，高层建筑钢-混凝土组合结构和混合结构主要用于高度200m以上的超高层建筑。因此，本书主要介绍一般高层建筑混凝土结构的理论计算方法和设计方法，包括高层建筑结构概念设计，高层建筑结构体系与布置原则，高层建筑结构荷载作用与计算，框架结构、剪力墙结构、框架-剪力墙结构、筒体结构以及其他复杂高层建筑结构的内力、位移计算和设计等，为学生毕业后从事相关的工作打下初步的基础。

1.4.2 学习要求

学习本课程时，重点应放在以下几个方面：

(1)了解发展高层建筑的意义。

(2)了解高层建筑上的荷载与地震作用，并且能够进行计算。

(3)掌握高层建筑结构的选型与布置原则，并且能够正确地进行结构形式选择与布置。

(4)了解各类高层建筑结构体系的受力特点。

(5)掌握框架结构、剪力墙结构、框架-剪力墙结构和筒体结构等高层建筑结构内力与变形的计算方法。

(6)掌握各类高层建筑结构构件与节点的配筋计算方法及构造要求。

(7)了解高层建筑结构分析方法与结构设计程序，熟悉一门结构设计软件。

知识归纳

(1)高层建筑是相对于多层建筑而言的，通常以建筑的高度和层数作为两个主要指标，世界上至今没有一个统一的划分标准。对于高层建筑混凝土结构，我国规定，10层及10层以上或房屋高度大于28m的住宅建筑和房屋高度大于24m的其他高层民用建筑称为高层建筑。超高层建筑也没有统一和确切的定义，一般泛指某个国家或地区内较高的一些高层建筑；目前，一般将房屋高度超过300m的建筑称为超高层建筑。

(2)与多层建筑结构相比，高层建筑结构最主要的特点是水平荷载成为设计的主要因素；侧移限值为确定各抗侧力构件数量或截面尺寸的控制指标；有些构件除须考虑弯曲变形外，尚须考虑轴向变形和剪切变形；地震区的高层建筑结构还应确保结构和构件具有较好的延性。

(3)混凝土结构、钢结构、钢-混凝土组合结构和混合结构，是当前广泛应用于高层建筑的结构类型。其中，钢-混凝土组合结构和混合结构是近年来在超高层建筑中发展较快、具有广阔前景的新型结构，它融合了钢结构和混凝土结构的优点，承载力高、延性好、变形能力强，从而具有较强的抗风和抗震能力。

独立思考

1-1 高层建筑和超高层建筑如何界定？我国对高层建筑是如何定义的？

1-2 从结构材料方面来分，高层建筑结构主要有哪些类型？各有何优缺点？

1-3 高层建筑结构的受力及变形特点是什么？设计时应考虑哪些问题？

1-4 国内外高层建筑的发展各划分为哪几个阶段？

1-5 高层建筑结构有哪些结构类型？各有什么特点？

1-6 调查：你所在的城市有哪些典型的高层建筑？分别采用的是哪种结构体系？

2

高层建筑结构的荷载、作用及其效应组合

课前导读

内容提要

本章主要内容包括竖向荷载、风荷载、地震作用、荷载效应组合和结构设计要求、高层建筑结构计算中关于荷载作用的基本假定和计算简图。本章的教学重点为高层建筑结构荷载和地震作用的计算，教学难点为荷载效应组合。

能力要求

通过本章的学习，学生应掌握风荷载标准值、总风荷载和局部风荷载的计算；掌握底部剪力法、振型分解反应谱法，能进行地震作用及竖向地震作用的计算；熟悉永久荷载，楼面和屋面活荷载、雪荷载；熟悉地震作用的特点、抗震设防目标和抗震设防方法；掌握荷载效应组合的原则及方法。

高层建筑结构在设计使用年限内主要承受竖向荷载、风荷载和地震作用等，见图 2-1。竖向荷载包括结构构件自重、楼面活荷载、屋面雪荷载、施工荷载等。与多层建筑结构有所不同，高层建筑结构水平荷载的影响显著增强，成为其设计的主要因素；同时，对高层建筑结构尚应考虑竖向地震作用。高层建筑结构还应考虑温度变化、材料的收缩和徐变、地基不均匀沉降等间接作用在结构中产生的效应。

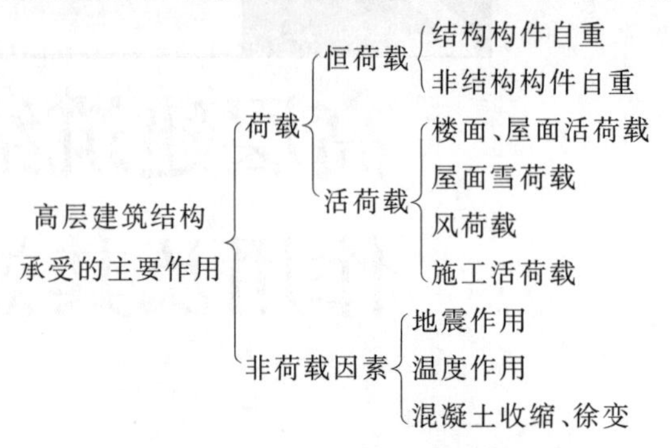

图 2-1 高层建筑结构承受的主要作用

2.1 竖向荷载

竖向荷载包括结构构件自重，楼面、屋面活荷载，雪荷载，施工活荷载及非结构构件自重等。竖向荷载主要使墙、柱产生轴向力，与房屋高度一般呈线性关系，对高层建筑的侧移影响较小，且计算简单，与一般多层房屋并无区别。总的来说，竖向荷载可分为永久荷载(恒荷载)和可变荷载(活荷载)两大类。

2.1.1 恒荷载

恒荷载是指在结构使用期间，其值不随时间变化或其变化与平均值相比可忽略不计，或其变化是单调的并能趋于限值的荷载。恒荷载包括结构自重和附加于结构上的各种永久荷载，如非承重构件的自重、固定隔墙重量、玻璃幕墙及其附件重量、各种外饰面的材料重量、楼面的找平层重量、吊在楼面下的各种设备管道重量等。这些重量不随时间而改变。

结构自重的标准值可按结构构件的设计尺寸和材料单位体积的自重计算确定，对常用材料和构件单位体积的自重可从《建筑结构荷载规范》(GB 50009—2012)附录 A 中查得。对于自重变异较大的材料和构件(如现场制作的保温材料、混凝土薄壁构件等)，其自重的标准值应根据对结构的不利状态取上限值或下限值。

确定材料的重量及结构物的恒荷载似乎是件简单的事情，但是恒荷载的估算可能有 15%～20%或者更大的误差。因为在初步设计阶段，结构设计者不可能准确预估还没有选定的建筑材料的重量。

2.1.2 活荷载

2.1.2.1 楼面活荷载

高层建筑楼面均布活荷载的标准值及其组合值系数、频遇值系数和准永久值系数，可按《建筑结构荷载规范》(GB 50009—2012)的规定取用。在设计楼面梁、墙、柱及基础时，需考虑实际荷载沿楼面分布的变异情况，对楼面活荷载标准值应乘规定的折减系数，其值可按《建筑结构荷载规范》(GB 50009—2012)的规定取用。

在荷载汇集及内力计算中，应按未经折减的活荷载标准值计算，楼面活荷载的折减可在构件内力组合时，针对具体设计构件所处的位置选用相应的活荷载折减系数，对活荷载引起的内力进行折减，然后以经过折减的活荷载引起的构件内力来参与组合。

2.1.2.2 屋面活荷载

屋面均布活荷载的标准值及其组合值系数、频遇值系数和准永久值系数，可按《建筑结构荷载规范》(GB 50009—2012)的规定取用。

屋面直升机平台的活荷载应采用下列两种中能使平台产生最大内力的荷载：

(1)直升机总质量引起的局部荷载，按由实际最大起飞质量决定的局部荷载标准值乘动力系数确定。对于具有液压轮胎起落架的直升机，动力系数可取 1.4；当没有机型技术资料时，局部荷载标准值及其作用面积可根据直升机类型按下列规定取用：

①轻型，最大起飞质量 2t，局部荷载标准值取 20kN，作用面积为 0.20m×0.20m；

②中型，最大起飞质量 4t，局部荷载标准值取 40kN，作用面积为 0.25m×0.25m；

③重型，最大起飞质量 6t，局部荷载标准值取 60kN，作用面积为 0.30m×0.30m。

(2)等效均布活荷载不应低于 5kN/m^2。

2.1.2.3 屋面雪荷载

屋面水平投影面上的雪荷载标准值 s_k，应按下式计算：

$$s_k = \mu_r s_0 \tag{2-1}$$

式中 s_0——基本雪压，以当地一般空旷平坦地面上统计所得 50 年一遇最大积雪的自重确定，应根据《建筑结构荷载规范》(GB 50009—2012)中全国基本雪压分布图及有关的数据选取。

μ_r——屋面积雪分布系数，屋面坡度 $\alpha \leqslant 25°$ 时，μ_r 取 1.0，其他情况可按《建筑结构荷载规范》(GB 50009—2012)取用。

2.1.2.4 施工活荷载

当施工中采用附墙塔、爬塔等对结构受力有影响的起重机械或其他施工设备时，应根据具体情况验算施工荷载对结构的影响。擦窗机等清洗设备应按实际情况确定其自重大小和作用位置。

对高层建筑结构，在计算活荷载产生的内力时，可不考虑活荷载的最不利布置。这是因为目前我国钢筋混凝土高层建筑单位面积的重量为 $12\sim14\text{kN/m}^2$(框架、框架-剪力墙结构体系)和 $14\sim16\text{kN/m}^2$(剪力墙、筒体结构体系)，而其中活荷载平均为 2.0kN/m^2 左右，仅占全部竖向荷载的 15%左右，所以楼面活荷载的最不利布置对内力产生的影响较小；另外，高层建筑的层数和跨数很多，不利布置方式繁多，难以一一计算。为简化计算，可按活荷载满布计算，然后将求得的梁跨中截面和支座截面弯矩乘 1.1～1.3 的放大系数。

2.2 风 荷 载

空气的流动称为风，风作用在建筑物上，使建筑物受到双重作用：一方面，风使建筑物受到一个基本上比较稳定的风力；另一方面，风又使建筑物产生风力振动。由于这种双重作用，建筑既受到静力的作用，又受到动力的作用，这种风力作用称为风荷载。风荷载在建筑物表面的分布往往是不均匀的，它的大小主要与所在地风的性质、风速、风向有关；与该建筑物所在地的地貌及周围环境有关；同时与建筑物本身的高度、形状以及表面状况有关，且随着建筑物高度的增加，风荷载的影响越来越大。高层建筑中除了水平地震作用以外，主要的侧向荷载是风荷载，其在荷载组合中往往起控制作用。

确定高层建筑风荷载的方法有两种，大多数建筑(高度 200m 以下)可按照《建筑结构荷载规范》(GB 50009—2012)规定的方法计算风荷载值，少数建筑(高度大、对风荷载敏感或有特殊情况者)还要通过风洞试验确定风荷载，以弥补规范的不足。

按规范规定的方法计算风荷载时，首先确定建筑物表面单位面积上的风荷载标准值，然后计算作用在建筑物表面的风荷载。

2.2.1 风荷载标准值

《建筑结构荷载规范》(GB 50009—2012)规定垂直作用于建筑物表面单位面积上的风荷载标准值 w_k(kN/m^2),按下式计算:

$$w_k = \beta_z \mu_s \mu_z w_0 \tag{2-2}$$

式中 w_0——基本风压值,kN/m^2;

μ_s——风荷载体型系数;

μ_z——风压高度变化系数;

β_z——z 高度处的风振系数。

2.2.1.1 基本风压值 w_0

基本风压值 w_0 与风速大小有关,以当地比较空旷平坦的地面上离地 10m 高度处统计所得的 50 年一遇 10min 平均最大风速为标准,按照 $w_0=\frac{1}{2}\rho v_0^2$ 确定,其中 ρ 指空气密度,一般可取 1.25kg/m^3。对于山区或海岛等特殊地形,可采用一些系数调整基本风压值。

基本风压值 w_0 应根据《建筑结构荷载规范》(GB 50009—2012)的规定选用。对风荷载比较敏感的高层建筑,在承载力设计时基本风压值 w_0 应按基本风压值的 1.1 倍选用。

2.2.1.2 风压高度变化系数 μ_z

因为《建筑结构荷载规范》(GB 50009—2012)的基本风压值 w_0 是按 10m 高度给出的,所以不同高度上的风压值应以 w_0 乘风压高度变化系数而得出。

对于平坦或稍有起伏的地形,其风压高度变化系数 μ_z 与地面粗糙度有关,《建筑结构荷载规范》(GB 50009—2012)中把地面粗糙度分为 4 类,即 A 类、B 类、C 类、D 类。

A 类:指近海海面、海岛、海岸、湖岸及沙漠地区;

B 类:指田野、乡村、丛林、丘陵以及房屋比较稀疏的乡镇和城市郊区;

C 类:指有密集建筑群的城市市区;

D 类:指有密集建筑群且房屋较高的城市市区。

地面粗糙度不同时风速沿高度的变化曲线见图 2-2,《建筑结构荷载规范》(GB 50009—2012)给出了各类地区的风压高度变化系数,见表 2-1。

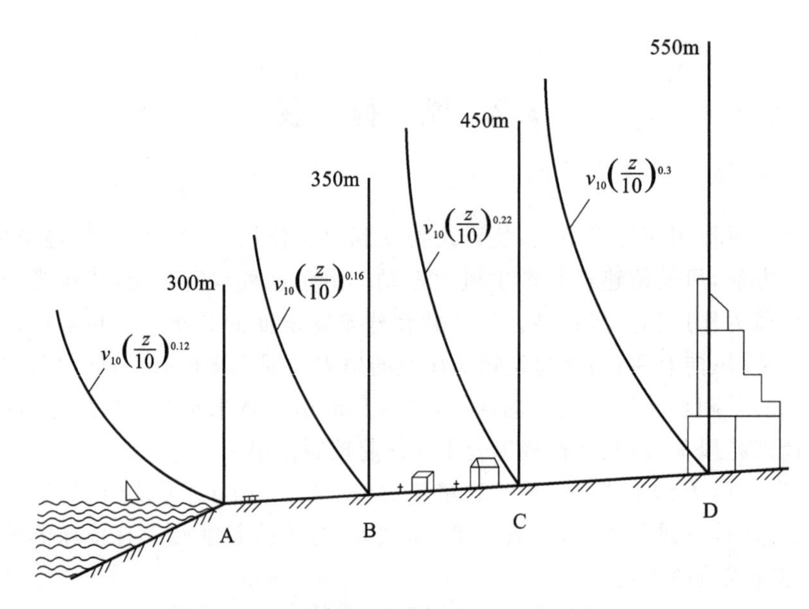

图 2-2 风速随高度、地面粗糙度不同的变化曲线

表 2-1 风压高度变化系数

离地面或海平面的高度/m	地面粗糙度类别			
	A	B	C	D
5	1.09	1.00	0.65	0.51
10	1.28	1.00	0.65	0.51
15	1.42	1.13	0.65	0.51
20	1.52	1.23	0.74	0.51
30	1.67	1.39	0.88	0.51
40	1.79	1.52	1.00	0.60
50	1.89	1.62	1.10	0.69
60	1.97	1.71	1.20	0.77
70	2.05	1.79	1.25	0.84
80	2.12	1.87	1.36	0.91
90	2.18	1.93	1.43	0.98
100	2.23	2.00	1.50	1.04
150	2.46	2.25	1.79	1.33
200	2.64	2.46	2.03	1.58
250	2.78	2.63	2.24	1.81
300	2.91	2.77	2.43	2.02
350	2.91	2.91	2.60	2.22
400	2.91	2.91	2.76	2.40
450	2.91	2.91	2.91	2.58
500	2.91	2.91	2.91	2.74
≥550	2.91	2.91	2.91	2.91

2.2.1.3 风荷载体型系数 μ_s

风荷载在建筑物表面上的分布很不均匀，风的作用力随建筑物的体型、尺度、表面位置、表面状况而改变，一般取决于建筑物的平面外形、建筑高宽、风向与受力墙面所成的角度、建筑物的立面处理、周围建筑物密集程度及其高度等。通常，在迎风面上产生压力，在侧风面和背风面产生风吸力。图 2-3 是一个矩形建筑物的风压分布系数实测结果，图中系数是指表面风压值与基本风压值的比值，正值是压力，负值是吸力。图 2-3(a)中系数是房屋平面风压分布系数，表明当空气流经房屋时，在迎风面产生压力，在背风面产生吸力，在侧风面也产生吸力，而且各个表面风作用力并不均匀；图 2-3(b)、(c)中系数是房屋立面表面风压分布系数，表明沿房屋每个立面风压值也并不均匀。但在设计时，采用各个表面风作用力的平均值，该平均值与基本风压值的比值称为风荷载体型系数。由风荷载体型系数计算的每个表面的风荷载都垂直于该表面。

根据我国多年设计经验及风洞试验结果，高层建筑风荷载体型系数可按下列规定采用。

(1)计算主体结构的风荷载效应时，风荷载体型系数 μ_s 可按下列规定采用。

①圆形平面建筑取 0.8。

②正多边形及截角三角形平面建筑，由下式计算：

$$\mu_s = 0.8 + \frac{1.2}{\sqrt{n}} \tag{2-3}$$

式中 n——多边形的边数。

③高宽比 $H/B \leqslant 4$ 的矩形、方形、十字形平面建筑取 1.3。

④下列建筑取 1.4：

a. V 形、Y 形、弧形、双十字形、井字形平面建筑；

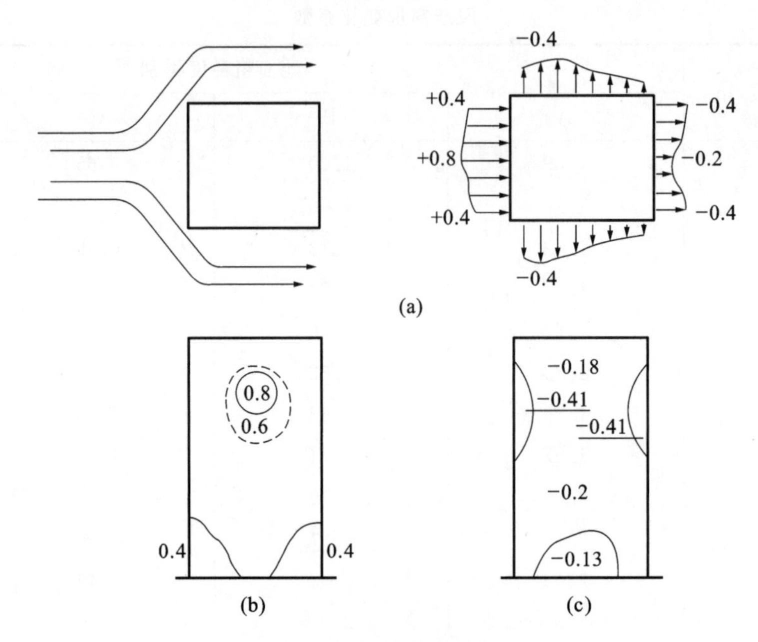

图 2-3 风压分布系数

(a)空气流经建筑物时风压对建筑物的作用(平面)；(b)迎风面风压分布系数；(c)背风面风压分布系数

b. L形、槽形和高宽比 $H/B>4$ 的十字形平面建筑；

c. 高宽比 $H/B>4$、长宽比 $L/B\leqslant1.5$ 的矩形、鼓形平面建筑。

⑤ 在需要进行更细致风荷载计算的场合，风荷载体型系数按《高层建筑混凝土结构技术规程》(JGJ 3—2010)附录B采用，或由风洞试验确定。

(2)当多栋或群集的高层建筑相互间距较近时，宜考虑风力相互干扰的群体效应。一般可将单栋建筑的风荷载体型系数 μ_s 乘相互干扰增大系数，该系数可根据类似条件的试验资料确定，必要时宜通过风洞试验确定。

(3)檐口、雨篷、遮阳板、阳台等水平构件，计算局部上浮风荷载时，风荷载体型系数 μ_s 不宜小于2.0。

2.2.1.4 风振系数 β_z

对于高度大于30m且高宽比大于1.5的房屋，以及基本自振周期 T_1 大于0.25s的各种高耸结构，应考虑风压脉动对结构产生顺风向风振的影响。顺风向风振响应计算应按结构随机振动理论进行。

对风敏感或跨度大于36m的柔性屋盖结构，应考虑风压脉动对结构产生风振的影响。屋盖结构的风振响应，宜依据风洞试验结果按随机振动理论计算确定。

对于一般竖向悬臂结构，例如高层建筑和构架、塔架、烟囱等高耸结构，均可仅考虑结构第一振型的影响，结构在 z 高度处的风振系数 β_z 可按下式计算：

$$\beta_z = 1 + 2gI_{10}B_z\sqrt{1+R^2} \tag{2-4}$$

式中 g——峰值因子，可取2.5；

I_{10}——10m高度名义湍流强度，对应A类、B类、C类和D类地面粗糙度类别，可分别取0.12、0.14、0.23和0.39；

R——脉动风荷载的共振分量因子；

B_z——脉动风荷载的背景分量因子。

脉动风荷载的共振分量因子可按下列公式计算：

$$R = \sqrt{\frac{\pi}{6\zeta_1}\frac{x_1^2}{(1+x_1^2)^{\frac{4}{3}}}} \tag{2-5}$$

$$x_1 = \frac{30f_1}{\sqrt{k_w w_0}},\quad x_1>5 \tag{2-6}$$

式中 f_1——结构第1阶自振频率，Hz；

k_w——地面粗糙度修正系数，对A类、B类、C类和D类地面粗糙度类别分别取1.28、1.0、0.54和0.26；

ζ_1——结构阻尼比，对钢结构可取0.01，对有填充墙的钢结构房屋可取0.02，对钢筋混凝土及砌体结构可取0.05，对其他结构可根据工程经验确定。

脉动风荷载的背景分量因子可按下列规定确定：

①对于体型和质量沿高度均匀分布的高层建筑和高耸结构，可按下式计算：

$$B_z = kH^{\alpha_1}\rho_x\rho_z\frac{\Phi_1(z)}{\mu_z} \tag{2-7}$$

式中 $\Phi_1(z)$——结构第一阶振型系数；

H——结构总高度，m，对A类、B类、C类和D类地面粗糙度类别，H的取值分别不应大于300m、350m、450m和550m；

ρ_x——脉动风荷载水平方向相关系数；

ρ_z——脉动风荷载竖直方向相关系数；

k，α_1——系数，按表2-2取值。

表2-2 **系数 k 和 α_1**

建筑类型		地面粗糙度类别			
		A	B	C	D
高层建筑	k	0.944	0.670	0.295	0.112
	α_1	0.155	0.187	0.261	0.346
高耸结构	k	1.276	0.910	0.404	0.155
	α_1	0.186	0.218	0.292	0.376

②对于迎风面和侧风面的宽度沿构筑物高度按直线或接近直线变化，而质量沿高度按连续规律变化的高耸结构，式(2-7)计算的脉动风荷载背景分量因子B_z应乘修正系数θ_B和θ_V。θ_B为构筑物在z高度处的迎风面宽度$B(z)$与底部宽度$B(0)$的比值；θ_V可按表2-3取值。

表2-3 **修正系数 θ_V**

$B(z)/B(0)$	1	0.9	0.8	0.7	0.6	0.5	0.4	0.3	0.2	≤0.1
θ_V	1.00	1.10	1.20	1.32	1.50	1.75	2.08	2.53	3.30	5.60

脉动风荷载的空间相关系数可按下列规定确定：

①竖直方向相关系数可按下式计算：

$$\rho_z = \frac{10\sqrt{H + 60e^{\frac{-H}{60}} - 60}}{H} \tag{2-8}$$

式中 H——结构总高度，m，对A类、B类、C类和D类地面粗糙度类别，H的取值不应大于300m、350m、450m和550m。

②水平方向相关系数可按下式计算：

$$\rho_x = \frac{10\sqrt{B + 50e^{\frac{-B}{50}} - 50}}{B} \tag{2-9}$$

式中 B——结构迎风面宽度，m，$B \leqslant 2H$。

对迎风面宽度较小的高耸结构，水平方向相关系数可取$\rho_x = 1$。

振型系数应根据结构动力计算确定。对外形、质量、刚度沿高度按连续规律变化的悬臂型高耸结构及沿高度比较均匀的高层建筑，振型系数也可根据相对高度z/H按规范确定。

2.2.2 总体风荷载和局部风荷载

2.2.2.1 总体风荷载

在结构设计时，应将总体风荷载集中作用在各楼层位置，计算结构的内力和位移。总体风荷载为建筑物各个表面承受风力的合力，并且是沿建筑高度变化的分布荷载。z 高度处的总体风荷载标准值可按下式计算：

$$w_z = \beta_z \mu_z w_0 (\mu_{s1} B_1 \cos\alpha_1 + \mu_{s2} B_2 \cos\alpha_2 + \cdots + \mu_{sn} B_n \cos\alpha_n) \tag{2-10}$$

式中 $B_1, B_2, \cdots, B_n$——各个表面的宽度；

$\mu_{s1}, \mu_{s2}, \cdots, \mu_{sn}$——各个表面的风荷载体型系数；

$\alpha_1, \alpha_2, \cdots, \alpha_n$——各个表面法线与风作用方向间的夹角；

n——建筑物外观表面数（每一个平面作为一个表面）。

计算时特别要注意区别每个表面是风压力还是风吸力，以便在求合力时作矢量相加。

各表面风荷载的合力作用点，即为总风荷载的作用点，其位置按静力矩平衡条件确定。

2.2.2.2 局部风荷载

风压作用在建筑物表面是不均匀的，在某些风压较大的部位，要考虑局部风荷载。局部风荷载是指建筑物某个局部承受的风作用力，局部风荷载主要用于计算结构局部构件或围护构件与主体的连接。计算局部风荷载时，一般采用增大局部风荷载体型系数的方法。

当房屋高度大于 200m 或有下列情况之一时，宜进行风洞试验确定建筑物的风荷载：

①平面形状或立面形状复杂；

②立面开洞或连体建筑；

③周围地形和环境较复杂。

【典型例题】

【例 2-1】 某 8 层现浇钢筋混凝土剪力墙结构，为一般的高层办公建筑，其平面图及剖面图如图 2-4 和图 2-5 所示，各层楼面荷载及质量、侧移刚度沿高度变化比较均匀。当地基本风压为 0.7kN/m²，地面粗糙度为 C 类。求在图 2-4 所示横向风作用下，建筑物横向各楼层的风力标准值。计算时不考虑周围建筑物的影响，结构基本自振周期可采用经验公式计算。

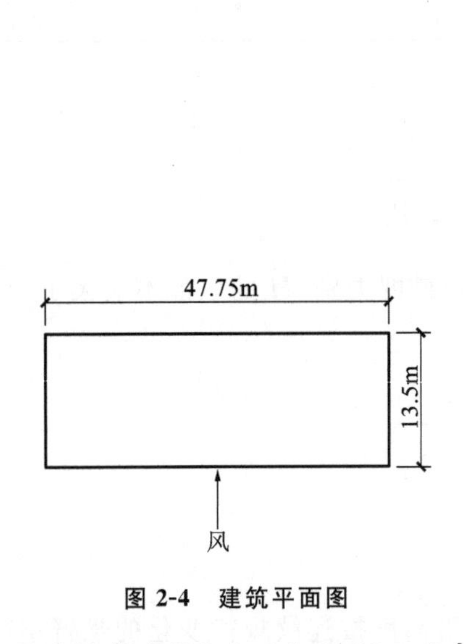

图 2-4 建筑平面图

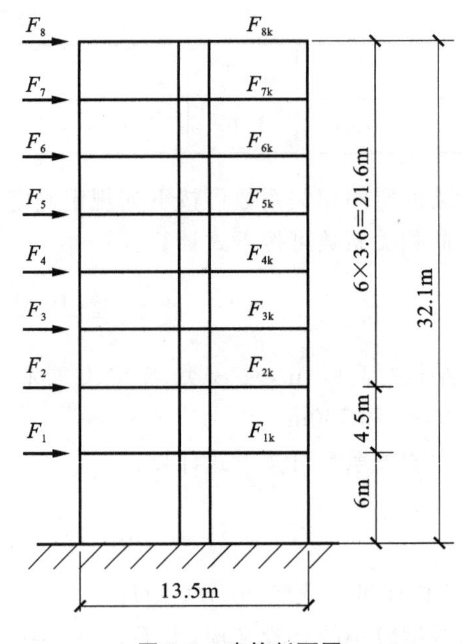

图 2-5 建筑剖面图

【解】 该建筑高度(32.1m)大于 30m 且高宽比(32.1/13.5=2.38)大于 1.5，因此应考虑风压脉动对结构发生顺风向风振的影响。

①计算建筑横向基本自振周期。

根据经验，高层建筑钢筋混凝土剪力墙结构基本自振周期为

$$T_1 = 0.03 + 0.03\frac{H}{\sqrt[3]{B}} = 0.03 + 0.03 \times \frac{32.1}{\sqrt[3]{13.5}} = 0.434(\mathrm{s})$$

②计算各楼层位置处的风振系数。

按公式 $\beta_z = 1 + 2gI_{10}B_z\sqrt{1+R^2}$，由于地面粗糙度为C类，10m高度名义湍流强度 I_{10} 取0.23，峰值因子 g 取2.5。脉动风荷载的共振分量因子 R 可按下式计算：

$$R = \sqrt{\frac{\pi}{6\zeta_1}\frac{x_1^2}{(1+x_1^2)^{\frac{4}{3}}}}$$

$$x_1 = \frac{30f_1}{\sqrt{k_w w_0}},\ x_1 > 5$$

结构第1阶自振频率：

$$f_1 = \frac{1}{T_1} = \frac{1}{0.434} = 2.304(\mathrm{Hz})$$

对于C类地面粗糙度，k_w 取0.54，基本风压值 w_0 为0.7kN/m²，得到 x_1 为112.390，大于5；由于为钢筋混凝土结构，结构阻尼比 ζ_1 取0.05，得到 R 为0.212。

脉动风荷载的背景分量因子 B_z 可按下式计算：

$$B_z = kH^{\alpha_1}\rho_x\rho_z\frac{\Phi_1(z)}{\mu_z}$$

地面粗糙度为C类的高层建筑 k 取0.295，α_1 取0.261；竖直方向相关系数 $\rho_z = \frac{10\sqrt{H+60e^{\frac{-H}{60}}-60}}{H} =$ 0.838，水平方向相关系数 $\rho_x = \frac{10\sqrt{B+50e^{\frac{-B}{50}}-50}}{B} = 0.863$（迎风面宽度 $B = 47.75\mathrm{m} < 2\times 32.1\mathrm{m}$）。

计算振型系数 $\Phi_1(z)$ 时，根据相对高度 z/H 按规范取值。

各楼层位置处的风压高度变化系数 μ_z，可根据表2-1中地面粗糙度为C类查其值。据此各楼层位置处脉动风荷载的背景分量因子 B_z 以及风振系数 β_z 计算结果见表2-4。

表2-4 **各楼层位置处计算结果**

楼层号	楼层距地面高度 z/m	相对高度 z/H	$\Phi_1(z)$	μ_z	B_z	β_z
1	6	0.187	0.0722	0.740	0.052	1.061
2	10.5	0.327	0.1970	0.740	0.141	1.166
3	14.1	0.439	0.3129	0.740	0.223	1.262
4	17.7	0.551	0.4157	0.794	0.276	1.325
5	21.3	0.664	0.5908	0.861	0.362	1.426
6	24.9	0.776	0.7232	0.918	0.416	1.489
7	28.5	0.888	0.8456	0.976	0.457	1.537
8	32.1	1.000	1.000	1.027	0.514	1.604

③计算各楼层位置处风力标准值。

本例题的风荷载体型系数取值参照封闭式房屋情况。由于平面为矩形，因此迎风面的风荷载体型系数为0.8，背风面的风荷载体型系数为−0.5。

各楼层迎风面、背风面的受力面积 A_i＝相邻楼层平均层高×房屋长度

各楼层位置处所受风力 F_{ik}（迎风面与背风面风力之和）：

$$F_{ik} = A_i\beta_{zi}\mu_s\mu_{zi}w_0$$

其计算结果见表 2-5。

表 2-5 各楼层位置处的风力标准值 F_{ik}

楼层号	受力面积 A_i/m^2	β_{zi}	μ_s	μ_{zi}	$w_0/(kN/m^2)$	$F_{ik}=A_i\beta_{zi}\mu_s\mu_{zi}w_0/kN$
1	5.25×47.75=250.69	1.061	1.3	0.740	0.7	F_{1k}=179.11
2	4.05×47.75=193.39	1.166	1.3	0.740	0.7	F_{2k}=151.85
3	3.6×47.75=171.9	1.262	1.3	0.740	0.7	F_{3k}=146.09
4	3.6×47.75=171.9	1.325	1.3	0.794	0.7	F_{4k}=164.57
5	3.6×47.75=171.9	1.426	1.3	0.861	0.7	F_{5k}=192.06
6	3.6×47.75=171.9	1.489	1.3	0.918	0.7	F_{6k}=213.82
7	3.6×47.75=171.9	1.537	1.3	0.976	0.7	F_{7k}=234.66
8	1.8×47.75=86.0	1.604	1.3	1.027	0.7	F_{8k}=128.92

2.3 地震作用

地震是一种常见又危害极大的自然现象。在临近地震中心的地方，地面先是上下震动，然后开始水平晃动；在离震中较远的地方，两种震动都逐渐减弱，而且上下震动不如水平晃动明显。一般说来，水平晃动是主要的危险，但在震中附近地区，强烈的上下震动导致房屋各部分连接松动，若再受到水平晃动，易造成严重的破坏后果。地震作用是高层建筑所受主要作用之一，水平地震作用是最主要的，但还要考虑竖向地震作用。

2.3.1 一般计算原则

2.3.1.1 抗震设防分类

根据建筑物遭遇地震破坏后，可能造成人员伤亡、直接和间接经济损失、社会影响的程度及建筑物在抗震救灾中的作用等因素，对各类建筑的设防类别进行划分。依据《建筑工程抗震设防分类标准》(GB 50223—2008) 的规定，建筑工程应该分为以下四个抗震设防类别：

①特殊设防类，指带有特殊设施，涉及国家公共安全的重大建筑工程和地震时可能发生严重次生灾害等特别重大灾害，需要进行特殊设防的建筑，简称甲类。

②重点设防类，指地震时使用功能不能中断或需要尽快恢复的生命线相关建筑，以及地震时可能导致大量人员伤亡等重大灾害后果，需要提高设防标准的建筑，简称乙类。

③标准设防类，指大量的除甲、乙、丁类以外按照标准要求进行设防的建筑，简称丙类。

④适度设防类，指使用的人员稀少且震损不致产生次生灾害，允许在一定条件下适度降低要求的建筑，简称丁类。

各抗震设防类别的高层建筑结构，其抗震措施应该符合以下要求：

①特殊设防类，应该按照比本地区抗震设防烈度高一度的要求加强其抗震措施；但抗震设防烈度为 9 度时应该按照比 9 度更高的要求采取抗震措施。同时，应该根据批准的地震安全性评价结果，按照高于本地区抗震设防烈度的要求确定其地震作用。

②重点设防类，应该按照比本地区抗震设防烈度高一度的要求加强其抗震措施；但抗震设防烈度为 9 度时应该按照比 9 度更高的要求采取抗震措施；地基基础的抗震措施，应该符合有关规定。同时，应该按照本地区抗震设防烈度确定其地震作用。

对于划为重点设防类而规模很小的工业建筑，当改用抗震性能较好的材料且符合抗震设计规范对结构体系的要求时，允许其按照标准设防类设防。

③标准设防类，应该按照本地区抗震设防烈度确定其抗震措施和地震作用，达到在遭遇高于当地抗震设防烈度的预估罕遇地震影响时不致发生倒塌或危及生命安全的严重破坏的抗震设防目标。当建筑场地为Ⅰ类时，除抗震设防烈度为6度外，应该允许按照本地区抗震设防烈度低一度的要求采取抗震构造措施。

④适度设防类，允许采取比本地区抗震设防烈度的要求适当降低的抗震措施，但抗震设防烈度为6度时不应降低。一般情况下，仍应该按照本地区抗震设防烈度确定其地震作用。

当建筑场地为Ⅲ类、Ⅳ类时，对设计基本地震加速度为0.15g和0.30g的地区，宜分别按照抗震设防烈度为8度(0.20g)和9度(0.40g)时各类建筑的要求采取抗震构造措施。

2.3.1.2 地震作用的计算规定

地震发生时，对建筑物既产生水平地震作用，也产生竖向地震作用。一般来说，水平地震作用是主要的。《高层建筑混凝土结构技术规程》(JGJ 3—2010)规定，高层建筑结构的地震作用计算应该符合下列原则：

①一般情况下，应至少在结构两个主轴方向分别计算水平地震作用；有斜交抗侧力构件的结构，当相交角度大于15°时，应该分别计算各抗侧力构件方向的水平地震作用。

②质量与刚度分布明显不均匀、不对称的结构，应该计算双向水平地震作用下的扭转影响；其他情况，应该计算单向水平地震作用下的扭转影响。

③高层建筑中的大跨度、长悬臂结构，7度(0.15g)和8度抗震设计时应该考虑竖向地震作用。

④9度抗震设计时应该考虑竖向地震作用。

结构地震动力反应过程中存在着地面扭转运动，而这方面的强震实测记录又很少，地震作用计算中还不能考虑输入地面的运动扭转分量。《高层建筑混凝土结构技术规程》(JGJ 3—2010)规定，计算单向地震作用时应该考虑偶然偏心的影响，每层质心沿垂直于地震作用方向的偏移值可以按式(2-11)计算，即

$$e_i = \pm 0.05 L_i \tag{2-11}$$

式中 e_i——第i层质心偏移值，m，各楼层质心偏移方向相同；

L_i——第i层垂直于地震作用方向的建筑物总长度，m。

2.3.1.3 地震作用的计算方法

高层建筑结构根据不同情况，应分别采用以下地震作用计算方法：

①高层建筑结构宜采用振型分解反应谱法；对质量和刚度分布不均匀、不对称的结构，以及高度超过100m的高层建筑结构，应该采用考虑扭转耦联振动影响的振型分解反应谱法。

②高度不超过40m，以剪切变形为主且质量和刚度沿高度分布比较均匀的高层建筑结构，可采用底部剪力法。

③7～9度抗震设防时，甲类高层建筑结构、表2-6中所列的乙类和丙类高层建筑结构、竖向不规则的高层建筑结构、质量沿竖向分布特别不均匀的高层建筑结构，以及复杂高层建筑结构，均应采用弹性时程分析法进行多遇地震作用下的补充计算。

表2-6 **采用时程分析法的高层建筑结构**

抗震设防烈度、场地类别	建筑高度范围/m
8度Ⅰ、Ⅱ类场地和7度	>100
8度Ⅲ、Ⅳ类场地	>80
9度	>60

注：场地类别应该按《建筑抗震设计规范(2016年版)》(GB 50011—2010)的规定采用。

采取动力时程分析法分析时，应该按照建筑场地类别和设计地震分组选取实际地震记录和人工模拟的加速度时程曲线，其中实际地震记录的数量不应小于总数量的2/3，多条加速度时程曲线的平均地震影响系数曲线应该与振型分解反应谱法所采用的地震影响系数曲线在统计意义上相符；地震波的持续时间不宜小于建筑结构基本自振周期的5倍和15s，其时间间隔可以取0.01s或0.02s。在进行弹性时程分析时，每条

加速度时程曲线计算所得的结构底部剪力不应小于振型分解反应谱法计算结果的65%，多条加速度时程曲线计算所得结构底部剪力的平均值不应小于振型分解反应谱法计算结果的80%。

在进行动力时程分析计算时，输入地震加速度的最大值可以按照表2-7选取。当取三组加速度时程曲线进行计算时，结构地震作用效应宜取时程分析法计算结果的包络图与振型分解反应谱法计算结果两者中的较大值；当取七组及七组以上加速度时程曲线进行计算时，结构地震作用效应可以取时程分析法计算结果的平均值与振型分解反应谱法计算结果两者中的较大值。

表2-7 **动力时程分析时输入地震加速度的最大值** （单位：$cm \cdot s^{-2}$）

抗震设防烈度	6度	7度	8度	9度
多遇地震	18	35 (55)	70 (110)	140
设防地震	50	100 (150)	200 (300)	400
罕遇地震	125	220 (310)	400 (510)	620

注：7、8度时括号内数值分别用于设计基本地震加速度为0.15g和0.30g的地区，g为重力加速度。

2.3.1.4 地震影响系数α

《建筑抗震设计规范(2016年版)》(GB 50011—2010)规定的设计反应谱以地震影响系数曲线的形式给出。该曲线是基于不同场地的国内外大量地震加速度记录的反应谱得到的。这些地震加速度记录的动力系数反应谱曲线经过处理，得到标准β谱曲线；计入k值后形成α谱曲线，即规范给出的地震影响系数曲线，见图2-6。

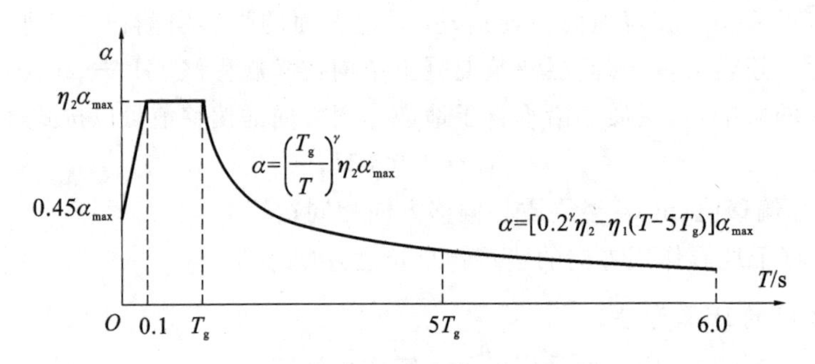

图2-6 地震影响系数曲线

α—地震影响系数；α_{max}—地震影响系数最大值；T—结构自振周期；

T_g—特征周期；γ—衰减指数；η_1—直线下降段下降斜率调整系数；η_2—阻尼调整系数

高层建筑结构地震影响系数曲线的形状参数和阻尼调整应符合下列规定：

(1)除有专门规定外，钢筋混凝土高层建筑结构的阻尼比应取0.05，此时阻尼调整系数η_2应取1.0，形状参数应符合下列规定：

①直线上升段，周期小于0.1s的区段，地震影响系数呈线性变化。

②水平段，即自0.1s至特征周期T_g的区段，地震影响系数应取最大值α_{max}，见表2-8。表2-8给出了抗震设防烈度分别为6度、7度、8度、9度时对应的多遇地震、设防地震和罕遇地震的α_{max}值。

③曲线下降段，即自T_g至$5T_g$的区段，衰减指数γ应取0.9。

④直线下降段，即自$5T_g$至6.0s的区段，下降斜率调整系数η_1应取0.02。

表2-8 **水平地震影响系数最大值α_{max}**

地震影响	抗震设防烈度			
	6度	7度	8度	9度
多遇地震	0.04	0.08(0.12)	0.16(0.24)	0.32
设防地震	0.12	0.23(0.34)	0.45(0.68)	0.90
罕遇地震	0.28	0.50(0.72)	0.90(1.20)	1.40

注：括号内数值分别用于设计基本地震加速度为0.15g和0.30g的地区。

(2)当建筑结构的阻尼比不等于0.05时,地震影响系数曲线的分段情况与(1)相同,但其形状参数和阻尼调整系数应符合下列规定:

①曲线下降段的衰减指数应按下式确定:

$$\gamma = 0.9 + \frac{0.05 - \zeta}{0.3 + 6\zeta} \tag{2-12}$$

式中　γ——曲线下降段的衰减指数;

ζ——阻尼比。

②直线下降段下降斜率调整系数应按下式确定:

$$\eta_1 = 0.02 + \frac{0.05 - \zeta}{4 + 32\zeta} \tag{2-13}$$

当 η_1 小于0时,应取0。

③阻尼调整系数应按下式确定:

$$\eta_2 = 1 + \frac{0.05 - \zeta}{0.08 + 1.6\zeta} \tag{2-14}$$

当 η_2 小于0.55时,应取0.55。

2.3.1.5　场地与场地特征周期 T_g

地震影响系数 α 值除与抗震设防烈度、结构自振周期及阻尼比有关外,还与特征周期 T_g 有关。地震影响系数曲线水平段的终点对应的周期即为特征周期,特征周期与设计地震分组及场地类别有关,按表2-9确定。

表2-9　**特征周期 T_g 值**　(单位:s)

设计地震分组	场地类别				
	I_0	I_1	Ⅱ	Ⅲ	Ⅳ
第一组	0.20	0.25	0.35	0.45	0.65
第二组	0.25	0.30	0.40	0.55	0.75
第三组	0.30	0.35	0.45	0.65	0.90

建筑的场地类别,应根据土层等效剪切波速和场地覆盖层厚度按表2-10划分为 I_0、I_1、Ⅱ、Ⅲ、Ⅳ五类。由表2-10可见,等效剪切波速越小、场地覆盖层厚度越大,则场地类别越高。当有可靠的剪切波速和覆盖层厚度但其值处于表2-10所列场地类别的分界线附近时,应允许按插值法确定地震作用计算所采用的设计特征周期。

表2-10　**各类建筑场地的覆盖层厚度**　(单位:m)

等效剪切波速/(m·s^{-1})	I_0	I_1	Ⅱ	Ⅲ	Ⅳ
$v_s > 800$	0				
$800 \geqslant v_s > 500$		0			
$500 \geqslant v_s > 250$		<5	≥5		
$250 \geqslant v_s > 150$		<3	3~50	>50	
$v_s \leqslant 150$		<3	3~15	15~80	>80

建筑的场地,指工程群体所在地,具有相似的反应谱特征,其范围相当于厂区、居民小区和自然村或不小于1.0km^{2}的平面面积。土层的剪切波速及覆盖层厚度可在场地初步勘察阶段和详细勘察阶段测试得到。对丁类建筑及丙类建筑中层数不超过10层、高度不超过24m的多层建筑,当无实测剪切波速时,可根据岩土名称和性状,按表2-11划分土的类型,再利用当地经验在表2-11的剪切波速范围内估算各土层的剪切波速。

表 2-11　　**土的类型划分和剪切波速范围**

土的类型	岩土名称和性状	土层剪切波速范围/($m \cdot s^{-1}$)
岩石	坚硬、较硬且完整的岩石	$v_s > 800$
坚硬土或软质岩石	破碎和较破碎的岩石或较软的岩石，密实的碎石土	$800 \geqslant v_s > 500$
中硬土	中密、稍密的碎石土，密实、中密的砾、粗砂、中砂，$f_{ak} > 150$kPa 的黏性土和粉土，坚硬黄土	$500 \geqslant v_s > 250$
中软土	稍密的砾、粗砂、中砂，不松散的细砂、粉砂，$f_{ak} \leqslant 150$kPa 的黏性土和粉土，$f_{ak} > 130$kPa 的填土，可塑性新黄土	$250 \geqslant v_s > 150$
软弱土	淤泥和淤泥质土，松散的砂，新近沉积的黏性土和粉土，$f_{ak} <$ 130kPa 的填土，流塑黄土	$v_s \leqslant 150$

注：f_{ak}为由荷载试验等方法得到的地基承载力特征值，单位为 kPa。

由表 2-11 可见，场地土分为五类：岩石、坚硬土或软质岩石、中硬土、中软土和软弱土。场地土越软，土层剪切波速越小。

2.3.2　水平地震作用的计算

2.3.2.1　底部剪力法

当采用底部剪力法时，各楼层可仅取一个自由度，计算简图如图 2-7 所示。结构总水平地震作用的标准值可按下式计算：

$$F_{Ek} = \alpha_1 G_{eq} \tag{2-15}$$

式中　α_1——相应于结构基本自振周期 T_1 的水平地震影响系数值；

G_{eq}——结构等效总重力荷载代表值，$G_{eq} = 0.85G_E$；

G_E——计算地震作用时，恒荷载标准值和其他重力荷载的组合值，$G_E = \sum_{i=1}^{n} G_i$；

G_i——第 i 层重力荷载代表值。

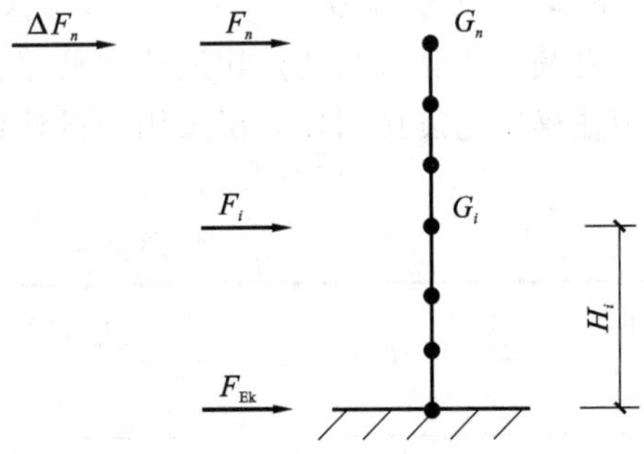

图 2-7　底部剪力法计算简图

为了考虑高层建筑高阶振型（弯曲振型）的影响，可首先把一部分地震作用 $\Delta F_n = \delta_n F_{Ek}$ 移到主体结构顶层（不包括凸出屋面的小屋），剩下的部分再分配到各楼层：

$$F_i = \frac{G_i H_i}{\sum_{i=1}^{n} G_i H_i} F_{Ek}(1 - \delta_n) \tag{2-16}$$

式中　G_i——集中于质点 i 的重力荷载代表值；

H_i——质点 i 的计算高度。

主体结构顶层附加水平地震作用标准值为

$$\Delta F_n = \delta_n F_{Ek} \tag{2-17}$$

式中　δ_n——顶部附加水平地震作用系数。

《建筑抗震设计规范（2016 年版）》（GB 50011—2010）规定，当基本自振周期 $T_1 \leqslant 1.4T_g$ 时，δ_n 取 0；当基本自振周期 $T_1 > 1.4T_g$ 时，δ_n 按表 2-12 选用。

表 2-12　　**顶部附加水平地震作用系数**

T_g/s	δ_n
$T_g \leqslant 0.35$	$0.08T_1 + 0.07$
$0.35 < T_g \leqslant 0.55$	$0.08T_1 + 0.01$
$T_g > 0.55$	$0.08T_1 - 0.02$

2.3.2.2 振型分解反应谱法

较高的结构，除基本振型的影响外，高振型的影响比较大，因此一般高层建筑都要采用振型分解反应谱法考虑多个振型的组合。对质量和刚度分布不均匀、不对称的结构以及高度超过 100m 的高层建筑，应采用考虑扭转耦联振动影响的振型分解反应谱法。

在结构分析中，一般将每层的质量集中在楼层位置，n 个楼层为 n 个质点，有 n 个振型，如图 2-8 所示。

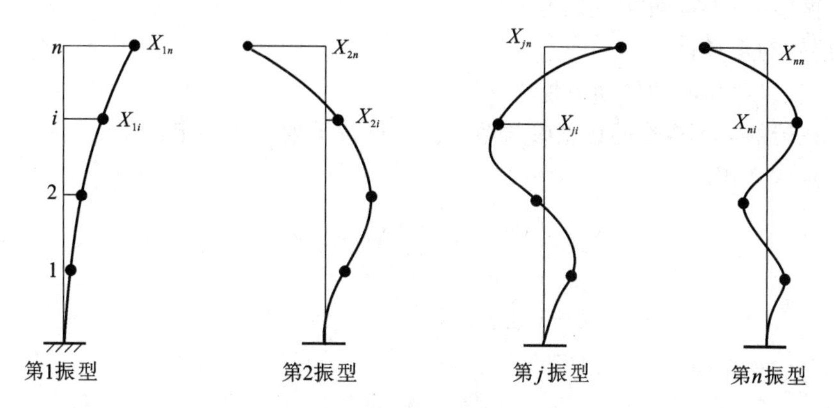

图 2-8 多质点体系的振型图

由图 2-8 可见，对于多质点体系，有多少个质点，就有多少个振动形式。如 4 个质点体系就有 4 个振动形式，即 4 个振型。

(1)对于不考虑扭转耦联振动影响的结构，第 j 振型在第 i 个质点上产生的水平地震作用标准值 F_{ji} 为

$$F_{ji} = \alpha_j \gamma_j X_{ji} G_i \quad (i = 1,2,\cdots,n; j = 1,2,\cdots,m) \tag{2-18}$$

$$\gamma_j = \frac{\sum_{i=1}^{n} X_{ji} G_i}{\sum_{i=1}^{n} X_{ji}^2 G_i} \tag{2-19}$$

式中 α_j——对应于第 j 振型自振周期的地震影响系数；

X_{ji}——第 j 振型质点 i 的水平相对位移；

G_i——质点 i 的重力荷载代表值，与底部剪力法 G_E 计算中取值相同；

γ_j——第 j 振型的振型参与系数；

n——结构计算总质点数，小塔楼宜每层作为一个质点参与计算；

m——结构计算振型数，规则结构可取 3，当建筑较高、结构沿竖向刚度不均匀时可取 5～6。

水平地震作用产生的效应(弯矩、剪力、轴向力和变形)，当相邻振型的周期比小于 0.85 时，可按平方和平方根法(SRSS)进行组合，求得总效应：

$$S_{Ek} = \sqrt{\sum_{j=1}^{m} S_j^2} \tag{2-20}$$

式中 S_j——第 j 振型水平地震作用标准值的效应(弯矩、剪力、轴向力、位移等)，可以取 2～3 个振型，当基本自振周期大于 1.5s 或房屋高宽比大于 5 时，振型数量应该适当增加；

S_{Ek}——水平地震作用标准值的效应。

(2)扭转耦联振型分解反应谱法。

考虑扭转影响的平面、竖向不规则结构，按扭转耦联振型分解反应谱法计算地震作用及其效应时，各楼层可取两个正交的水平位移和一个转角位移共 3 个自由度，即 x、y、θ 三个自由度，k 个楼层有 $3k$ 个自由度、$3k$ 个频率和 $3k$ 个振型，每个振型中各质点振幅有三个分量，当其中两个分量不为零时，振型耦联。

由于振型耦联，计算一个方向的地震作用时，会同时得到 x、y 方向及转角方向的地震作用。第 j 振型第 i 层的水平地震作用标准值，按下列公式确定：

$$F_{xji} = \alpha_j \gamma_{tj} X_{ji} G_i \tag{2-21a}$$

$$F_{yji}=\alpha_j\gamma_{tj}Y_{ji}G_i \quad (i=1,2,\cdots,n;j=1,2,\cdots,m) \tag{2-21b}$$

$$F_{tji}=\alpha_j\gamma_{tj}r_i^2\varphi_{ji}G_i \tag{2-21c}$$

$$r_i^2=I_ig/G_i \tag{2-22}$$

式中 F_{xji},F_{yji},F_{tji}——第 j 振型第 i 层的 x 方向、y 方向和转角方向的地震作用标准值；

X_{ji},Y_{ji}——第 j 振型第 i 层质心在 x、y 方向的水平相对位移；

φ_{ji}——第 j 振型第 i 层的相对扭转角；

r_i——第 i 层转动半径；

I_i——第 i 层质量绕质心的转动惯量；

γ_{tj}——计入扭转的第 j 振型的振型参与系数。γ_{tj} 可按下列公式确定：

当仅取 x 方向地震作用时：

$$\gamma_{tj}=\frac{\sum_{i=1}^{n}X_{ji}G_i}{\sum_{i=1}^{n}(X_{ji}^2+Y_{ji}^2+\varphi_{ji}^2r_i^2)G_i} \tag{2-23a}$$

当仅取 y 方向地震作用时：

$$\gamma_{tj}=\frac{\sum_{i=1}^{n}Y_{ji}G_i}{\sum_{i=1}^{n}(X_{ji}^2+Y_{ji}^2+\varphi_{ji}^2r_i^2)G_i} \tag{2-23b}$$

当取与 x 方向斜交的地震作用时：

$$\gamma_{tj}=\gamma_{xj}\cos\theta+\gamma_{yj}\sin\theta \tag{2-23c}$$

式中 n——总自由度数；

θ——地震作用方向与 x 方向间的夹角。

单向水平地震作用下的扭转耦联效应采用完全二次方程法(CQC 法)确定：

$$S_{\mathrm{Ek}}=\sqrt{\sum_{j=1}^{m}\sum_{r=1}^{m}\rho_{jr}S_jS_r} \tag{2-24}$$

$$\rho_{jr}=\frac{8\sqrt{\zeta_j\zeta_r}(\zeta_j+\lambda_T\zeta_r)\lambda_T^{3/2}}{(1-\lambda_T^2)^2+4\zeta_j\zeta_r\lambda_T(1+\lambda_T^2)+4(\zeta_j^2+\zeta_r^2)\lambda_T^2} \tag{2-25}$$

式中 S_{Ek}——考虑扭转的地震作用标准值的效应；

S_j,S_r——第 j 振型和第 r 振型地震作用标准值的效应；

m——参与组合的振型数，一般情况下可取 9～15，多塔楼建筑每个塔楼的振型数不小于 9；

ρ_{jr}——第 j 振型与第 r 振型的耦联系数；

λ_T——第 j 振型与第 r 振型的周期比，$\lambda_T=T_j/T_r$；

ζ_j,ζ_r——结构第 j 振型与第 r 振型的阻尼比，当 $\zeta_j=\zeta_r=\zeta$ 时，式(2-25)变为

$$\rho_{jr}=\frac{8\zeta^2(1+\lambda_T)\lambda_T^{3/2}}{(1-\lambda_T^2)^2+4\zeta^2\lambda_T(1+\lambda_T^2)+8\zeta^2\lambda_T^2} \tag{2-26}$$

双向水平地震作用下的扭转耦联效应，可按式(2-27a)和式(2-27b)两者中的较大值确定：

$$S_{\mathrm{Ek}}=\sqrt{S_x^2+(0.85S_y)^2} \tag{2-27a}$$

$$S_{\mathrm{Ek}}=\sqrt{S_y^2+(0.85S_x)^2} \tag{2-27b}$$

式中 S_x,S_y——x、y 方向单向水平地震作用按照式(2-24)计算的扭转耦联效应。

2.3.2.3 结构基本周期计算

结构自振周期计算可分为理论计算法、半理论半经验公式法和经验公式法三大类。

(1)理论计算法。

在采用振型分解反应谱法计算地震作用时，必须采用理论计算方法，即刚度法或柔度法，此方法适用于

各类结构。一般采用程序计算法求解特征方程得到结构的周期。

当非承重墙体为砌体墙时，高层建筑结构计算自振周期需做修正。周期折减系数 ψ_T 按下列规定取值：框架结构可取 0.6～0.7；框架-剪力墙结构可取 0.7～0.8；框架-核心筒结构可取 0.8～0.9；剪力墙结构可取 0.8～1.0。对于其他结构体系或采用其他非承重墙体时，可根据工程情况确定周期折减系数。

(2)半理论半经验公式法。

半理论半经验公式法通常只在采用底部剪力法时应用。常用的计算公式有两种。

第一种，顶点位移法，即基本周期可按式(2-28)计算：

$$T_1 = 1.7\psi_T\sqrt{u_T} \tag{2-28}$$

式中 u_T——结构顶点假想位移，即把各楼层处的重力荷载代表值 G_i 作为该楼层水平荷载，视结构为弹性，计算得到的顶点水平位移，m，如图 2-9 所示。

ψ_T——结构基本周期折减系数，与理论计算方法的取值相同。

第二种，能量法，以剪切变形为主的框架结构，可以采用能量法(也称瑞雷法)计算基本周期。

$$T_1 = 2\pi\alpha_0\sqrt{\frac{\sum_{i=1}^{n}G_i\Delta_i^2}{g\sum_{i=1}^{n}G_i\Delta_i}} \tag{2-29}$$

式中 G_i——第 i 层重力荷载代表值；

Δ_i——假想侧移，即把各层重力荷载代表值 G_i 作为相应第 i 层楼面的假想水平荷载，用弹性方法计算得到的结构第 i 层楼面的侧移，假想侧移可以用反弯点法或 D 值法计算；

n——楼层数；

α_0——基本周期修正系数，取值同理论计算法。

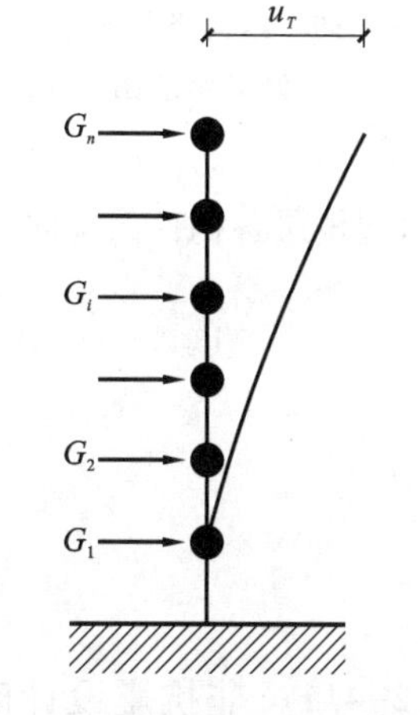

图 2-9 顶点假想位移计算示意图

(3)经验公式法。

通过对一定数量、同一类型的已建成结构进行动力特性实测，可以回归得到结构自振周期的经验公式。这种方法具有局限性和误差：一方面，一个经验公式只适用于某类特定结构，一旦结构发生变化，经验公式就不再适用；另一方面，实测时，结构的变形很微小，实测的结构周期短，它不能反映地震作用下结构的实际变形和周期，因此在应用时要将实测周期的统计回归值乘 1.1～1.5 的加长系数，作为计算周期的经验公式。

经验公式法表达简单，使用方便，但计算精确度较差，而且只有基本周期，因此常用于初步设计，很容易估算出底部地震剪力；也可以用于对理论计算值的判断与评价，若理论值与经验公式计算结果相差太大，有可能是计算错误，也有可能是所设计的结构不合理，如结构太柔或太刚。

钢筋混凝土剪力墙结构，高度为 25～50m，剪力墙间距为 6m 左右时：

$$T_{1横} = 0.06n$$

$$T_{1纵} = 0.05n$$

钢筋混凝土框架-剪力墙结构，$T_{1横}=(0.06\sim0.09)n$；钢筋混凝土框架结构，$T_{1纵}=(0.08\sim0.1)n$；钢结构，$T_1=0.1n$(n 为建筑物楼层数)。

2.3.3 竖向地震作用的计算

高层建筑和烟囱等高耸结构的上部在竖向地震作用下，因上下振动，会出现受拉破坏，《高层建筑混凝土结构技术规程》(JGJ 3—2010)规定：抗震设防烈度为 8 度、9 度地区的大跨度、长悬臂结构和抗震设防烈度为 9 度地区的高层建筑，应考虑竖向地震作用。

结构竖向地震作用标准值可采用时程分析法或振型分解反应谱法计算，也可按下列规定计算(图 2-10)。

(1)结构总竖向地震作用标准值可按下列公式计算：

$$F_{Evk} = \alpha_{vmax}G_{eq} \tag{2-30a}$$

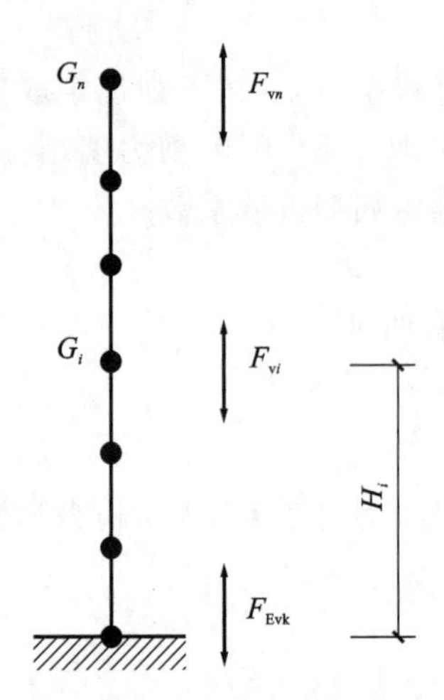

图 2-10 结构竖向地震作用计算示意图

$$G_{eq} = 0.75G_E \tag{2-30b}$$

$$\alpha_{vmax} = 0.65\alpha_{max} \tag{2-30c}$$

式中 F_{Evk}——结构总竖向地震作用标准值；

α_{vmax}——结构竖向地震影响系数最大值；

G_{eq}——结构等效总重力荷载代表值；

G_E——计算竖向地震作用时结构总重力荷载代表值，应取各质点重力荷载代表值之和。

(2)结构质点 i 的竖向地震作用标准值可按下式计算：

$$F_{vi} = \frac{G_i H_i}{\sum_{j=i}^{n} G_j H_j} F_{Evk} \tag{2-31}$$

式中 F_{vi}——质点 i 的竖向地震作用标准值；

G_i,G_j——集中于质点 i、质点 j 的重力荷载代表值，应按《高层建筑混凝土结构技术规程》(JGJ 3—2010)的规定计算；

H_i,H_j——质点 i、质点 j 的计算高度。

(3)楼层各构件的竖向地震作用效应可按各构件承受的重力荷载代表值比例分配，并宜乘增大系数 1.5。

2.4 荷载、作用效应组合

2.4.1 非抗震设计时的荷载效应组合

(1)持久设计状况和短暂设计状况下，当荷载与荷载效应按线性关系考虑时，荷载基本组合的效应设计值应按下式确定：

$$S_d = \gamma_G S_{Gk} + \gamma_L \psi_Q \gamma_Q S_{Qk} + \psi_w \gamma_w S_{wk} \tag{2-32}$$

式中 S_d——荷载组合效应值。

γ_G——永久荷载分项系数。

γ_Q——楼面活荷载分项系数。

γ_w——风荷载分项系数。

γ_L——考虑结构设计使用年限的荷载调整系数，设计使用年限为 50 年时取 1.0，设计使用年限为 100 年时取 1.1。

S_{Gk}——永久荷载效应标准值。

S_{Qk}——楼面活荷载效应标准值。

S_{wk}——风荷载效应标准值。

ψ_Q,ψ_w——楼面活荷载组合值系数和风荷载组合值系数，当永久荷载效应起控制作用时应分别取 0.7 和 0；当可变荷载效应起控制作用时应分别取 1.0 和 0.6 或 0.7 和 1.0。对书库、档案库、储藏室、通风机房和电梯机房，楼面活荷载组合值系数取 0.7 的场合应取 0.9。

(2)持久设计状况和短暂设计状况下，荷载基本组合的分项系数应按下列规定采用。

①永久荷载的分项系数 γ_G：当其效应对结构承载力不利时，取 1.3；当其效应对结构承载力有利时，应取 1.0。

②楼面活荷载的分项系数 γ_Q：一般情况下应取 1.5。

③风荷载的分项系数 γ_w：应取 1.5。

2.4.2 抗震设计时的荷载、作用效应组合

(1)地震设计状况下，当作用与作用效应按线性关系考虑时，荷载和地震作用基本组合的效应设计值应按下式确定：

$$S_d = \gamma_G S_{GE} + \gamma_{Eh} S_{Ehk} + \gamma_{Ev} S_{Evk} + \psi_w \gamma_w S_{wk} \tag{2-33}$$

式中 S_d——荷载和地震作用组合效应值；

S_{GE}——重力荷载代表值的效应；

S_{Ehk}——水平地震作用标准值的效应，尚应乘相应的增大系数、调整系数；

S_{Evk}——竖向地震作用标准值的效应，尚应乘相应的增大系数、调整系数；

γ_G——重力荷载分项系数；

γ_w——风荷载分项系数；

γ_{Eh}——水平地震作用分项系数；

γ_{Ev}——竖向地震作用分项系数；

ψ_w——风荷载的组合值系数，应取 0.2。

(2)地震设计状况下，荷载和地震作用基本组合的分项系数应按表 2-13 采用。当重力荷载效应对结构的承载力有利时，表 2-13 中系数 γ_G 不应大于 1.0。

表 2-13 **地震设计状况下荷载和地震作用的分项系数**

参与组合的荷载和作用	γ_G	γ_{Eh}	γ_{Ev}	γ_w	说明
重力荷载及水平地震作用	1.2	1.3	—	—	抗震设计的高层建筑结构均应考虑
重力荷载及竖向地震作用	1.2	—	1.3	—	9 度抗震设计时考虑；水平长悬臂和大跨度结构 7 度、8 度、9 度抗震设计时考虑
重力荷载、水平地震及竖向地震作用	1.2	1.3	0.5	—	9 度抗震设计时考虑；水平长悬臂和大跨度结构 7 度、8 度、9 度抗震设计时考虑
重力荷载、水平地震作用及风荷载	1.2	1.3	—	1.4	60m 以上的高层建筑考虑
重力荷载、水平地震作用、竖向地震作用及风荷载	1.2	1.3	0.5	1.4	60m 以上的高层建筑，9 度抗震设计时考虑；水平长悬臂和大跨度结构 7 度、8 度、9 度抗震设计时考虑
	1.2	0.5	1.3	1.4	水平长悬臂和大跨度结构 7 度、8 度、9 度抗震设计时考虑

注："—"表示组合中不考虑该项荷载或作用效应。

非抗震设计时，应按式(2-32)进行荷载效应组合。抗震设计时，应同时按式(2-32)和式(2-33)进行荷载效应和地震作用效应的组合；除四级抗震等级的结构构件外，按式(2-33)计算的组合内力设计值，尚应按《高层建筑混凝土结构技术规程》(JGJ 3—2010)的有关规定进行调整。

知识归纳

(1)高层建筑竖向荷载主要是指恒荷载和活荷载。一般情况下，高层建筑活荷载占全部竖向荷载比例较小，简化计算时，可不考虑活荷载的不利布置，按满载考虑。

(2)在高层建筑设计中，风荷载与地震作用占主导控制地位。一般来讲，建筑结构所受风荷载的大小与建筑地的地貌，离地面或海平面高度，风的性质、风速、风向以及高层建筑结构的自振特性、体型、平面尺寸、表面状况等因素有关。复杂、高柔的建筑，宜根据风洞试验来确定风荷载。

(3) 与一般结构相同，设计高层建筑结构时，应先分别计算各种荷载作用下的内力和位移，然后从不同工况的荷载组合中找到最不利内力及相应位移，进行结构设计。设计时应注意的是，有无地震作用，组合的项目、分项系数、组合值系数都不尽相同。

独立思考

2-1 试述楼面和屋面活荷载以及雪荷载的取值原则。

2-2 在进行高层建筑设计时，如何确定直升机平台荷载？

2-3 计算高层建筑风荷载时，基本风压值是如何取值的？

2-4 计算高层建筑风荷载时，其风荷载体型系数是如何取值的？

2-5 什么是风荷载组合值系数？它是如何取值的？

2-6 试述地震作用的概念和分类。

2-7 依据《建筑工程抗震设防分类标准》(GB 50223—2008)，建筑工程分为哪几个抗震设防类别？

2-8 试述地震作用计算原则。

2-9 水平地震作用计算的方法有哪些？

2-10 在抗震设计中，什么情况下才需考虑竖向地震作用？应如何计算？

3

高层建筑结构的总体布置原则与一般设计要求

课前导读

◸ 内容提要

本章主要内容包括结构总体布置原则、楼盖及基础结构布置、高层建筑结构的一般设计要求。本章的教学重点为结构平面布置原则、结构竖向布置原则、楼盖结构布置、承载能力、侧移及舒适度、抗震性能设计、抗连续性倒塌设计，教学难点为承载能力与抗震性能设计。

◸ 能力要求

通过本章的学习，学生应能够理解并掌握高层建筑结构的总体布置原则与一般设计要求。

3.1 高层建筑结构总体布置原则

高层建筑结构体系形式繁多，国内外对高层建筑结构体系的划分标准不尽一致，不同结构体系的布置也有所不同。同时，由于风荷载、地震作用等具有复杂性、随机性，结构性能本身也具有不确定性，且专业人员对实际结构性能的认识有限，因此对结构的总体布置进行一些原则性的规定是非常必要的。国内外工程界通常也非常重视概念设计。

高层建筑结构设计时，应考虑以下几点：

①场地选址是否满足建筑物防灾能力要求；

②建筑物结构方案是否规则；

③多道抗震防线的思想在结构方案中如何实现；

④是否对薄弱部位进行了判别，有无措施防止薄弱层塑性变形集中；

⑤结构的变形能力与承载能力是否达到要求；

⑥结构的整体性与抗连续倒塌能力如何；

⑦非结构构件的抗震措施是否明确。

3.1.1 结构平面布置原则

高层建筑结构平面布置应符合以下原则：

①有抗震设防要求的高层建筑结构，平面布置应力求简单、规整、均匀、对称，长宽比不大，并尽量减小偏心扭转的影响。

②尽量采用风压较小的形状，并注意邻近高层房屋对该高层建筑风压分布的影响，如表面有竖向线条的高层房屋可增加 5%风压，群体高层房屋可增加高达 50%的风压。

③高层建筑的开间、进深及构件类型规格应尽量少，以利于建筑工业化。

在抗震结构中，除了设计计算和构造措施外，结构体型、结构布置有时更能直接影响结构的安全。大量宏观震害表明，布置不规则的结构在遭遇地震时会产生事先难以计算和处理的结构反应（如应力集中、扭转等），可能导致严重的结构损伤。

平面不规则的类型有扭转不规则、凹凸不规则和楼板局部不连续三种，详见表 3-1。

表 3-1 平面不规则的类型

不规则类型	定义
扭转不规则	在具有偶然偏心的规定水平力作用下，楼层两端抗侧力构件弹性水平位移（或层间位移）的最大值与平均值的比值大于 1.2
凹凸不规则	结构平面凹进的一侧尺寸大于相应投影方向总尺寸的 30%
楼板局部不连续	楼板的尺寸和平面刚度急剧变化，例如，有效楼板宽度小于该层楼板典型宽度的 50%，或开洞面积大于该层楼面面积的 30%，或有较大的楼面错层

高层建筑按外形可分为板式和塔式。塔式建筑在较高的高层建筑中应用较多，其平面长宽比 L/B 较小，是高层建筑的主要外形，有圆形、方形、正多边形、L/B 不大的多边形以及 Y 形、井字形等形状。这种形式比较容易使结构在两个平面方向的动力特性相近。板式建筑常用在高度相对较低的高层建筑，层数一般不超过 30 层，平面 L/B 相对较大。为避免短边方向结构抗侧刚度不足，其短边方向的抗侧力结构单元布置得较多，而长边方向抗侧力结构单元布置得较少。

3.1.1.1 平面形式

建筑平面的长宽比不宜过大，一般宜小于 6，平面长度过大会因两端相距太远，振动不同步而产生扭转等复杂的振动，使结构受到损害。为了保证楼板平面内具有较大的刚度，使楼板平面内不产生大的振动变形，建筑平面的突出部分长度应尽可能小。平面凹进时，应保证楼板宽度足够大。另外，由于在凹角附近，楼板容易产生应力集中，要加强楼板的配筋。

结构单元两端和拐角处受力复杂且为温度效应敏感处，设置楼（电）梯间会削弱其刚度，故应尽量避免在端部及拐角处设置楼（电）梯间，如必须设置应采取加强措施。

在规则平面中，如果结构平面刚度不对称，仍然会产生扭转。所以，在布置抗侧力构件时，应使构件均匀分布，令水平荷载合力的作用线通过结构刚度中心，以减小扭转的影响。尤其是布置刚度较大的楼（电）梯间时，更要注意保证其结构的对称性。结构设计师对建筑设计方案也应充分了解，特别是要关注填充墙的位置，了解其用材特点是否会明显影响结构刚度特性，如果建筑方案中填充墙过于集中在建筑平面上的某个区域，结构设计时须有应对措施。

3.1.1.2 变形缝的处理

变形缝包括伸缩缝（也称温度-收缩缝）、沉降缝和防震缝。在高层建筑中，为防止结构因温度变化和混凝土收缩而产生裂缝，应间隔一定距离设置温度-收缩缝；由于沉降不同，在塔楼和裙房之间应设置沉降缝使其分开；建筑物各部分层数、质量、刚度差异过大或有错层时，应设置防震缝使其分开。温度-收缩缝、沉降缝和防震缝将高层建筑划分为若干个独立的结构部分，成为独立的结构单元。高层建筑设置"三缝"，可以解决过大变形和内力产生的问题，但随即又带来了许多新的问题。例如：由于缝两侧均需布置剪力墙或框架而使结构复杂或建筑使用不便，建筑立面处理困难，地下部分容易渗漏，防水困难等。更为突出的是，地震时缝两侧结构进入弹塑性状态，位移急剧增大而相互碰撞，产生严重的震害。1976 年我国唐山地震中，京津唐地区设缝的高层建筑（缝宽为 50～150mm），除北京饭店东楼（18 层框架-剪力墙结构，缝宽 600mm）外，许多房屋结构都发生了程度不等的碰撞，轻者，外装修、女儿墙、檐口损坏；重者，主体结构破坏。1985 年墨西哥城地震中，由于碰撞而使顶部楼层破坏的震害也相当多。因此，总结近 10 年的高层建筑结构设计和施工经验表明，高层建筑应当调整平面尺寸和结构布置，采取构造措施和施工措施，能不设缝就不设缝，能少设缝就少设缝；如果没有采取措施或必须设缝，则必须保证有必要的缝宽以防止震害。

（1）伸缩缝。

高层建筑结构不仅平面尺寸大，竖向高度也很大，温度变化和混凝土收缩不仅会使其产生水平方向的变形和内力，也会产生竖向的变形和内力。但是，高层钢筋混凝土结构一般不计算由于温度收缩产生的内力。一方面，是因为高层建筑的温度场分布和收缩参数等都难以准确确定；另一方面，混凝土不是弹性材料，它既有塑性变形，还有徐变和应力松弛，实际的内力远小于按弹性结构得出的计算值。广州白云宾馆（主楼 33 层，高 114.05m，长 70m）的温度应力计算表明，温度-收缩应力计算值过大，难以作为设计的依据，曾经计算过温度-收缩应力的其他建筑也出现类似的情况。因此，钢筋混凝土高层建筑结构的温度和混凝土收缩问题，一般由构造措施来解决。当屋面无隔热或保温措施，或位于气候干燥地区、夏季炎热且暴雨频繁地区的结构，可适当减小伸缩缝的距离；当混凝土的收缩较大或室内结构因施工而外露时间较长时，伸缩缝的距离也应减小。相反，当有充分依据采取有效措施时，伸缩缝间距可以放宽。目前已建成的许多高层建筑结构，由于采取了充分有效的措施，并进行合理施工，伸缩缝的间距已超出了规定的数值。例如，1973 年施工的广州白云宾馆的伸缩缝间距已达 70m。目前，伸缩缝最大间距超过 100m 的建筑已不在少数，如北京昆仑饭店（30 层剪力墙结构）伸缩缝最大间距达 114m；北京京伦饭店（12 层剪力墙结构）伸缩缝最大间距达 138m。在较长的区段上不设温度-收缩缝要采取以下构造和施工措施：

①在温度影响较大部位（如顶层、底层、山墙、内纵墙段开间）提高配筋率。对于剪力墙结构，这些部位的最小构造配筋率为 0.25%，实际工程一般都在 0.3%以上。

②直接受阳光照射的屋面应加厚屋面隔热保温层，或设置架空通风双层屋面，避免屋面结构温度变化过于剧烈。

③顶层可以局部改变为刚度较小的形式（如剪力墙结构顶层局部改为框架-剪力墙结构），或顶层分为长度较小的几段。

④施工中留后浇带。一般每30～40m左右设一道，后浇带宽800～1000mm，混凝土后浇，钢筋搭接长度为35*d*(*d*为钢筋直径)。留出后浇带后，施工过程中混凝土可以自由收缩，从而大大减小了收缩应力。混凝土的抗拉强度有较多部分是用来抵抗温度应力的。后浇带混凝土中可掺微量铝粉使其有一定的膨胀性，防止新老混凝土之间出现裂缝，一般也可采用强度等级高一级的混凝土浇筑。后浇带混凝土宜在主体混凝土施工后45d浇筑，后浇混凝土施工时的温度尽量与主体混凝土施工时的温度相近。

后浇带应通过建筑物的整个横截面，分开全部墙、梁和楼板，使得两边都可以自由收缩。后浇带可以选择从对结构受力影响较小的部位曲折通过，不要在一个平面内，以免全部钢筋都在同一平面内搭接。一般情况下，后浇带可设在框架梁和楼板的1/3跨处，或设在剪力墙洞口上方连梁的跨中或内外墙连接处。由于后浇带混凝土后浇，钢筋搭接，其两侧结构长期处于悬臂状态，因此本跨模板的支柱不能全部拆除。当框架主梁跨度较大时，梁的钢筋可以直通而不切断，以免搭接长度过长而使施工困难，也防止悬臂状态下产生不利的内力和变形。

(2)沉降缝。

当同一建筑物中的各部分由于基础沉降不同而出现明显沉降差，有可能产生结构难以承受的内力和变形时，可采用沉降缝将各部分分开。沉降缝不仅应贯通上部结构，而且应贯通基础本身。通常，沉降缝用来划分同一高层建筑中层数相差很多、荷载相差很大的各部分，最典型的是用来分开主楼和裙房。是否设置沉降缝，应根据具体条件综合考虑。设置沉降缝后，由于上部结构需在缝的两侧均设独立的抗侧力结构，形成双梁、双柱和双墙，建筑和结构问题较多，地下室渗漏不容易解决。通常，对于建筑物各部分的沉降差大体上有三种处理方法：

①“放”——设置沉降缝，让各部分自由沉降，互不影响，避免由于不均匀沉降产生内力。

②“抗”——采用端承桩或利用刚度较大的其他基础。前者由坚硬的基岩或砂卵石层来承受，尽可能避免显著的沉降差；后者则用基础本身的刚度来抵抗沉降差。

③“调”——在设计与施工中采取措施，调整各部分沉降，减小其差异，降低由沉降差产生的内力。

采用“放”的方法，似乎比较省事，但实际上如前所述，结构、建筑、设备、施工各方面困难不少。有抗震要求时，还要考虑防震缝的宽度要求。用刚度很大的基础来抵抗沉降差的做法，虽然在一些情况下能“抗”住，但基础材料用量多，不经济。采用无沉降的端承桩的方法只能在有坚硬基岩的条件下实施，而且桩基造价较高。目前许多工程采用介乎两者之间的办法调整各部分沉降差，在施工过程中留后浇带作为临时沉降缝，等到沉降基本稳定后再连为整体，不设永久性沉降缝。采用这种“调”的办法，使得在一定条件下，高层建筑主楼与裙房之间可以不设沉降缝，从而解决了设计、施工和使用上的一系列问题。由于高层建筑的主楼和裙房层数相差很远，当具备下列条件之一时可以不留永久性沉降缝：

①采用端承桩，桩支承在基岩上；

②地基条件较好，沉降差小；

③有较多的沉降观测资料，沉降计算比较可靠。

在后两种情况下，可按“调”的办法采取如下措施：

①调压力差。主楼部分荷载大，采用整体的箱形基础或筏形基础，降低土压力，并加大埋深，减小附加压力；低层部分采用较浅的交叉梁基础等，增加土压力，使高、低层沉降接近。

②调时间差。先施工主楼，主楼工期长，沉降大，待主楼基本建成，沉降基本稳定，再施工裙房，使后期沉降基本相近。

上述几种情况都要在主楼与裙房之间预留后浇带，钢筋连通，混凝土后浇，待两部分沉降稳定后再连为整体。目前，广州、深圳等地多采用基岩端承桩，主楼、裙房之间不设沉降缝；北京的高层建筑则一般采用施工时留后浇带的做法。

(3)防震缝。

抗震设计的高层建筑在下列情况下宜设防震缝：

①平面长度和外伸长度尺寸超出了规程限值而又没有采取加强措施时；

②各部分结构刚度相差很远，采取不同材料和不同结构体系时；

③各部分质量相差很大时；

④各部分有较大错层时。

此外，各结构单元之间设置伸缩缝和沉降缝时，其缝宽应满足防震缝宽度的要求。防震缝应在地面以上沿全高设置，当不作为沉降缝时，基础可以不设防震缝。但在防震缝处基础应加强连接构造，高、低层之间不要采用主楼框架柱设牛腿、低层屋面或楼面梁搁在牛腿上的做法，也不要用牛腿托梁的办法设防震缝，因为地震时各单元之间，尤其是高、低层之间的振动情况是不相同的，连接处容易被压碎、拉断。唐山地震中，天津友谊宾馆主楼(9层框架)和裙房(单层餐厅)之间的牛腿支承处被压碎、拉断，发生了严重破坏。因此，高层建筑各部分之间凡是设缝的，就要分得彻底，凡是不设缝的，就要连接牢固，绝不要将各部分之间设计得似分不分、似连不连，否则连接处在地震中很容易被破坏。

3.1.2　结构竖向布置原则

高层建筑结构竖向布置须考虑与高度相关的指标，如结构高宽比，还应注意结构的刚度、质量、体型与楼层承载力等指标沿高度的布置。有抗震设防要求的高层建筑结构，竖向布置应使体型规则、均匀，避免有较大的外挑和内收，结构的承载力和刚度宜自下而上逐渐减小。高层建筑宜设地下室，一定埋深的地下室可以保证上部结构的稳定，充分利用地下空间，同时还能补偿地基承载力。

3.1.2.1　最大适用高度

《高层建筑混凝土结构技术规程》(JGJ 3—2010)规定：钢筋混凝土高层建筑结构的最大适用高度应区分为A级和B级。B级高度高层建筑结构的抗震设计要求高于A级高度。

(1)A级高度钢筋混凝土乙类和丙类高层建筑的最大适用高度应符合表3-2的规定，B级高度钢筋混凝土乙类和丙类高层建筑的最大适用高度应符合表3-3的规定。平面和竖向均不规则的高层建筑结构，其最大适用高度宜适当降低。

(2)超过A级最大适用高度的框架结构、板柱-剪力墙结构以及9度抗震设防烈度的各类结构，因研究成果和工程经验不足，在B级高度高层建筑中未予列入。

表3-2　**A级高度钢筋混凝土高层建筑的最大适用高度**　(单位：m)

结构体系		非抗震设计	抗震设防烈度				
			6度	7度	8度		9度
					0.20g	0.30g	
框架		70	60	50	40	35	—
框架-剪力墙		150	130	120	100	80	50
剪力墙	全部落地剪力墙	150	140	120	100	80	60
	部分框支剪力墙	130	120	100	80	50	不应采用
筒体	框架-核心筒	160	150	130	100	90	70
	筒中筒	200	180	150	120	100	80
板柱-剪力墙		110	80	70	55	40	不应采用

注：①表中框架不含异形柱框架；

②部分框支剪力墙结构是指地面以上有部分框支剪力墙的剪力墙结构；

③甲类建筑，6度、7度、8度时宜按本地区抗震设防烈度高一度后对应本表相关数据，9度时应专门研究；

④框架结构、板柱-剪力墙结构以及9度抗震设防烈度的表列其他结构，当房屋高度超过本表数值时，结构设计应有可靠依据，并采取有效的加强措施。

民用钢结构房屋建筑的最大适用高度见表3-4，表内筒体不包括混凝土筒体。抗震设防烈度为6～8度且房屋高度超过表3-2规定的钢筋混凝土框架结构最大适用高度时，可在部分框架内设置钢支撑，成为钢支撑-混凝土框架结构，其适用的最大高度为表3-2规定的钢筋混凝土框架结构和框架-剪力墙结构两者最大适用高度的平均值。

表 3-3 **B级高度钢筋混凝土高层建筑的最大适用高度** （单位:m）

结构体系		非抗震设计	抗震设防烈度			
			6 度	7 度	8 度	
					0.20g	0.30g
框架-剪力墙		170	160	140	120	100
剪力墙	全部落地剪力墙	180	170	150	130	110
	部分框支剪力墙	150	140	120	100	80
筒体	框架-核心筒	220	210	180	140	120
	筒中筒	300	280	230	170	150

注:①部分框支剪力墙结构是指地面以上有部分框支剪力墙的剪力墙结构;

②甲类建筑,6 度、7 度时宜按本地区抗震设防烈度高一度后对应本表相关数据,8 度时应专门研究;

③当房屋高度超过表中数值时,结构设计应有可靠依据,并采取有效的加强措施。

表 3-4 **民用钢结构房屋建筑的最大适用高度** （单位:m）

结构类型	非抗震设计	抗震设防烈度				
		6 度、7 度(0.10g)	7 度(0.15g)	8 度		9 度
				0.20g	0.30g	
框架	110	110	90	90	70	50
框架-中心支撑	240	220	200	180	150	120
框架-偏心支撑 框架-屈曲约束支撑 框架-延性墙板	260	240	220	200	180	160
筒体(框筒、筒中筒、桁架筒、束筒)、巨型框架	360	300	280	260	240	180

混合结构房屋建筑的最大适用高度见表 3-5。

表 3-5 **混合结构房屋建筑的最大适用高度** （单位:m）

结构类型		非抗震设计	抗震设防烈度				
			6 度	7 度	8 度		9 度
					0.20g	0.30g	
框架-核心筒	钢框架-钢筋混凝土核心筒	210	200	160	120	110	70
	型钢(钢管)混凝土框架-钢筋混凝土核心筒	240	220	190	150	130	70
筒中筒	钢外筒-钢筋混凝土核心筒	280	260	210	160	140	80
	型钢(钢管)混凝土外筒-钢筋混凝土核心筒	300	280	230	170	150	90

3.1.2.2 高宽比限值

高层建筑的高宽比是对结构刚度、整体稳定、承载能力和经济合理性的宏观控制。结构设计满足承载力、稳定、抗倾覆、变形和舒适度等基本要求后,仅从结构安全角度考虑,高宽比限值不是必须满足的,高宽比主要影响结构的经济性。钢筋混凝土高层建筑结构、民用钢结构房屋建筑、混合结构房屋建筑适用的最大高宽比分别见表 3-6～表 3-8。从目前大多数高层建筑看,这一限值是各方面都可以接受的,也是比较经济合理的。高宽比超过这一限值的建筑是极个别的,如上海金茂大厦(88 层,高 420.5m)高宽比为 7.6,深圳地王大厦(69 层,高 384m)高宽比为 8.8。

表 3-6 钢筋混凝土高层建筑结构适用的最大高宽比

结构体系	非抗震设计	抗震设防烈度		
		6 度、7 度	8 度	9 度
框架	5	4	3	—
板柱-剪力墙	6	5	4	—
框架-剪力墙、剪力墙	7	6	5	4
框架-核心筒	8	7	6	4
筒中筒	8	8	7	5

表 3-7 民用钢结构房屋建筑适用的最大高宽比

抗震设防烈度	6 度、7 度	8 度	9 度
最大高宽比	6.5	6.0	5.5

表 3-8 混合结构房屋建筑适用的最大高宽比

结构类型	非抗震设计	抗震设防烈度		
		6 度、7 度	8 度	9 度
框架-核心筒	8	7	6	4
筒中筒	8	8	7	5

在复杂体型的高层建筑中，高宽比难以确定。一般情况下，可按所考虑方向的最小宽度计算高宽比，但对突出建筑物平面很小的局部结构(如楼梯间、电梯间等)，一般不应包含在计算宽度内；对于不宜采用最小宽度计算高宽比的情况，应由设计人员根据实际情况确定合理的计算方法；对带有裙房的高层建筑，当裙房的面积和刚度相对于其上部塔楼的面积和刚度较大时，计算高宽比的房屋高度和宽度可按裙房以上塔楼结构考虑。

3.1.2.3 结构的竖向体型与质量

由于竖向体型突变而使刚度变化的情况如下：

(1)建筑顶部内收形成塔楼。顶部小塔楼因鞭梢效应而放大地震作用，塔楼的质量和刚度越小，地震作用放大越明显。在可能的情况下，宜采用台阶形逐级内收的立面。

(2)楼层外挑内收。结构刚度和质量变化大，在地震作用下易形成较薄弱环节。《高层建筑混凝土结构技术规程》(JGJ 3—2010)规定：抗震设计时，当结构上部楼层收进部位到室外地面的高度 H_1 与房屋高度 H 之比大于 0.2 时，上部楼层收进后的水平尺寸 B_1 不宜小于下部楼层水平尺寸 B 的 75%[图 3-1(a)、(b)]；当结构上部楼层相对于下部楼层外挑时，上部楼层水平尺寸 B_1 不宜大于下部楼层水平尺寸 B 的 1.1 倍，且水平外挑尺寸 a 不宜大于 4m[图 3-1(c)、(d)]。

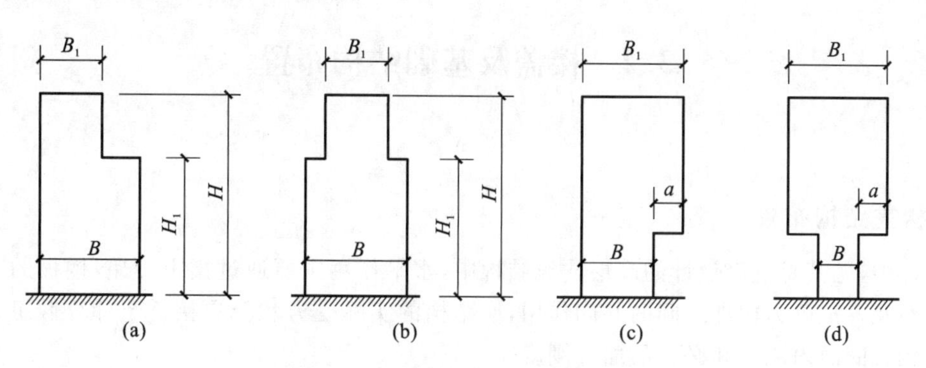

图 3-1 结构竖向收进和外挑示意

楼层质量是决定地震作用的关键因素，楼层质量分布不均匀将导致结构所受的地震作用不均匀。《高层建筑混凝土结构技术规程》(JGJ 3—2010)要求：楼层质量沿高度宜均匀分布，楼层质量不宜大于相邻下部楼层质量的1.5倍。结构设计人员往往很注意楼层侧向刚度和承载力的变化，而对楼层质量的变化不够注意。实际工程中对楼层荷载与相邻上、下层相比突然增加的楼层(如设置设备层或避难层等)也应予以足够的重视。质量较大的设备建议设置在地下室或房屋的裙房，避免在高层建筑的中、上部区域设置荷载很大的设备层。

3.1.2.4 结构体系的变化

抗侧力结构布置在下列情况下发生改变：

(1)剪力墙结构或框筒结构的底部大空间需要底层或底部若干层剪力墙不落地，可能产生刚度突变。这时应尽量增大其他落地剪力墙、柱或筒体的截面尺寸，并适当提高相应楼层混凝土强度等级，尽量减小刚度的变化。

(2)中部楼层部分剪力墙中断。如果建筑功能要求必须取消中间楼层的部分墙体，则取消的墙不宜多于1/3，不得超过半数，其余墙体应加强配筋。

(3)顶层设置空旷的大空间，取消部分剪力墙或内柱。由于顶层刚度削弱，高振型影响会使地震力加大。顶层取消的剪力墙也不宜多于1/3，不得超过半数。框架取消内柱后，全部剪力应由外柱承受，柱子箍筋全长加密配置。

(4)抗侧力结构构件截面尺寸改变(减小)较多，改变集中在某一楼层，并且混凝土强度改变也集中于该楼层，此时容易造成抗侧力刚度沿竖向突变。

3.1.2.5 竖向不规则结构的地震作用调整

竖向不规则的类型有侧向刚度不规则、竖向抗侧力构件不连续以及楼层承载力突变三种，详见表3-9。

表3-9 竖向不规则的类型

不规则类型	定义
侧向刚度不规则	该层的侧向刚度小于相邻上一楼层的70%，或小于其上相邻3个楼层侧向刚度平均值的80%；除顶层外，局部收进的水平尺寸大于相邻下一楼层的25%
竖向抗侧力构件不连续	竖向抗侧力构件(柱、抗震墙、抗震支撑)的内力由水平转换构件(梁、桁架等)向下传递
楼层承载力突变	抗侧力结构的层间受剪承载力小于相邻上一楼层的80%

对属于表3-9中竖向不规则类型的楼层，其对应于地震作用标准值的剪力应乘1.25的放大系数。这是对因竖向不规则引起的薄弱层，采取加大楼层地震剪力的办法予以加强。由于薄弱层的层间受剪承载力一般小于相邻上一层的80%，对薄弱层计算的楼层地震剪力直接乘1.25的放大系数并不会导致薄弱层的转移，调整后的楼层地震剪力还要满足楼层最小地震剪力要求。对于竖向不规则的薄弱层，最小剪力系数应放大1.15倍。

3.2 楼盖及基础结构布置

3.2.1 楼盖结构布置

在结构设计中，尤其是抗震设计的高层建筑结构中，水平作用主要通过楼板传递，楼板的“刚性”可以保证结构的整体性及各抗侧力构件之间的共同作用，使结构的实际受力状况更接近于计算假定。重要部位的楼板要求具有较大的面内刚度和必要的面外刚度。

与多层建筑相比，高层建筑对楼盖的水平刚度及整体性要求更高。因此，房屋高度超过50m时，框架-

剪力墙结构、筒体结构及复杂高层建筑结构应采用现浇楼盖，剪力墙结构和框架结构宜采用现浇楼盖。当房屋高度不超过 50m 时，剪力墙结构和框架结构可采用装配式楼盖，但应采取必要的构造措施。框架-剪力墙结构由于各片抗侧力结构刚度相差很大，当作为主要抗侧力结构的剪力墙间距较大时，水平荷载通过楼盖传递，楼盖变形更为显著，因而框架-剪力墙结构中的楼盖应有更好的水平刚度和整体性。所以，房屋高度不超过 50m 时，8 度、9 度抗震设计的框架-剪力墙结构宜采用现浇楼盖；6 度、7 度抗震设计的框架-剪力墙结构可采用装配整体式楼盖，但应符合有关构造要求。板柱-剪力墙结构应采用现浇楼盖。

高层建筑楼盖结构可根据结构体系和房屋高度按表 3-10 选型。

表 3-10 **普通高层建筑楼盖结构选型**

结构体系	高度	
	≤50m	>50m
框架	可采用装配式楼盖（灌板缝）	宜采用现浇楼盖
剪力墙	可采用装配式楼盖（灌板缝）	宜采用现浇楼盖
框架-剪力墙	宜采用现浇楼盖，可采用装配整体式楼盖（灌板缝加现浇面层）	应采用现浇楼盖
板柱-剪力墙	应采用现浇楼盖	—
框架-核心筒和筒中筒	应采用现浇楼盖	应采用现浇楼盖

高层建筑楼盖结构应满足以下构造要求：

(1)为了保证楼盖的平面内刚度，现浇楼盖的混凝土强度等级不宜低于 C20；同时由于楼盖结构中的梁和板为受弯构件，因此混凝土强度等级不宜高于 C40。

(2)房屋高度不超过 50m 的框架结构或剪力墙结构，当采用装配式楼盖时，应符合下列要求：①楼盖的预制板板缝上缘宽度不宜小于 40mm，板缝大于 40mm 时应在板缝内配置钢筋，并宜贯通整个结构单元。现浇板缝、板缝梁的混凝土强度等级宜高于预制板的混凝土强度等级，且不宜低于 C20。②预制板搁置在梁上或剪力墙上的长度分别不宜小于 35mm 或 25mm。③预制板板端宜预留胡子筋，其长度不宜小于 100mm。④预制板板孔堵头宜留出不小于 50mm 的空腔，并采用强度等级不低于 C20 的混凝土浇灌密实。

(3)房屋高度不超过 50m，6 度、7 度抗震设计的框架-剪力墙结构，当采用装配整体式楼盖时，除应符合上述第(2)条第①款的规定外，其楼盖每层宜设置钢筋混凝土现浇层。现浇层厚度不应小于 50mm，混凝土强度等级不应低于 C20，不宜高于 C40，并应双向配置直径不小于 6mm、间距不大于 200mm 的钢筋网，钢筋应锚固在梁或剪力墙内。

(4)房屋的顶层楼盖对于加强其顶部约束、提高抗风和抗震能力以及抵抗温度应力的不利影响等均有重要作用；转换层楼盖上部是剪力墙或较密的框架柱，下部转换为部分框架及部分落地剪力墙或较大跨度的框架，转换层上部抗侧力结构的剪力通过转换层楼盖传递到落地剪力墙和框支柱或数量较少的框架柱上，因而楼盖承受较大的内力；平面复杂或开洞过大的楼层以及作为上部结构嵌固部位的地下室楼层，其楼盖受力复杂，对其整体性要求更高。因此，上述楼层的楼盖应采用现浇楼盖。一般楼层现浇楼盖厚度不应小于 80mm，当板内预埋暗管时不宜小于 100mm；顶层楼盖厚度不宜小于 120mm，宜双层双向配筋。转换层楼盖厚度不宜小于 180mm，应双层双向配筋，且每层各方向的配筋率不宜小于 0.25%，楼盖中钢筋应锚固在边梁或墙体内；落地剪力墙和筒体外围的楼盖不宜开洞。楼盖边缘和较大洞口周边应设置边梁，其宽度不宜小于板盖厚度的 2 倍，纵向钢筋配筋率不应小于 1.0%，钢筋接头宜采用机械连接或焊接。与转换层相邻楼层的楼板也应适当加强。普通地下室顶板厚度不宜小于 160mm；作为上部结构嵌固部位的地下室楼层的顶楼盖应采用梁板结构，厚度不宜小于 180mm，混凝土强度等级不宜低于 C30，应采用双层双向配筋，且每层各方向的配筋率不宜小于 0.25%。

(5)采用预应力混凝土平板可以减小楼面结构的高度、压缩层高并减轻结构自重；大跨度平板可以增加楼层使用面积，可灵活改变楼层用途。因此，近年来预应力混凝土平板在高层建筑楼盖结构中应用比较广泛。板的厚度设计,应考虑刚度、抗冲切承载力、防火以及防腐蚀等要求。在初步设计阶段,现浇混凝土楼板厚度可按跨度的1/50～1/45采用,且不应小于150mm。

(6)现浇预应力楼盖与梁、柱、剪力墙等主要抗侧力构件相连,如果在不采取措施的情况下直接对楼盖施加预应力,不仅压缩了楼盖,对梁、柱、剪力墙也施加了附加侧向力,使其产生位移且不安全。为防止或减小主体结构刚度对施加楼盖预应力的不利影响,应采用合理的施加预应力方案。如采用板边留缝以张拉和锚固预应力钢筋,或在板中部预留后浇带,待张拉并锚固预应力钢筋后再浇筑混凝土。

3.2.2 基础结构布置

高层建筑上部结构荷载很大,因而基础埋置较深、面积较大、材料用量多、施工周期长,基础的经济技术指标对高层建筑的造价影响较大。因此,选择合理的高层建筑基础形式,并正确地进行地下室和基础的设计与施工是非常重要的。

3.2.2.1 高层建筑基础设计中应注意的主要因素

高层建筑的基础设计应考虑下列要求:

(1)基底压力不能超过地基承载力或桩承载力,不产生过大变形,更不能产生塑性流动。

(2)基础的总沉降量、沉降差异和倾斜应在许可范围内。高层建筑结构是整体空间结构,刚度较大,沉降差异产生的影响更为显著,因此应更加注意主楼和裙房的基础和地基设计。计算地基变形时,传至基础底的荷载应按长期效应组合,不应计入风荷载和地震作用。

(3)基础底板、侧墙和沉降缝的构造,都应满足地下室的防水要求。

(4)当基础埋深较大且地基软弱,但施工场地开阔时,可采用大开挖。但要采用护坡施工,应综合利用各种护坡措施,并且采用逆向或半逆向施工方法。

(5)如邻近建筑正在进行基础施工,必须采取有效措施防止对比邻房屋的影响,防止施工中因土体扰动使已建房屋下沉、倾斜和开裂。

(6)基础选型和设计应考虑综合效果,不仅要考虑基础本身的用料和造价,而且要考虑其使用功能及施工条件等因素。

3.2.2.2 高层建筑的基础埋置深度

高层建筑基础必须有足够的埋置深度,主要考虑以下因素:

(1)基础的埋置深度必须满足地基变形和稳定性要求,以保证高层建筑在风力和地震作用下的稳定性,减小建筑的整体倾斜,防止倾覆和滑移。当基础有足够的埋置深度时,就可以利用土的侧限形成嵌固条件,保证高层建筑的稳定。

(2)增加埋深,可以提高地基的承载力,减小基础沉降。其原因,一是埋置深度增加,挖去的土体多,地基的附加压力减小;二是埋置深度加大,地基承载力的深度修正也加大,承载力也增大;三是外墙土体的摩擦力,限制了基础在水平力作用下的摆动,使基础底面土反力分布趋于平缓。

(3)高层建筑宜设置地下室,设置多层地下室有利于建筑物抗震。地震实践证明,有地下室的建筑地震反应可降低20%～30%。当基础落在岩石上时,可不设地下室,但应采用地锚等措施。

基础的埋置深度一般是指从室外地面到基础底面的高度,但如果地下室周围无可靠侧限时,应从有侧限的地面算起。采用天然地基时,高层建筑基础的埋置深度不宜小于建筑高度的1/15;采用桩基时不宜小于建筑高度的1/18。桩基的埋置深度是指从室外地面至承台底面的高度,桩长不计在埋置深度内。抗震设防烈度为6度或非抗震设计的建筑,基础埋置深度可适当减小。

3.2.2.3 高层建筑基础的选型

高层建筑基础的选型应根据上部结构情况、工程地质情况、施工条件等因素综合考虑确定。以基础本身刚度为出发点,从小到大可供选择的基础有条形基础、交叉梁式基础、片筏基础、箱形基础等。工程中还常常选择桩基础和岩石锚杆基础,独立基础在高层建筑中除岩石地基外很少采用。

3.3　高层建筑结构的一般设计要求

3.3.1　结构计算分析方法及计算模型

高层建筑结构是由竖向抗侧力构件(框架、剪力墙、筒体等)通过水平楼板连接构成的大型空间结构体系。完全精确地按照三维空间结构进行分析十分困难,各种实用的分析方法都需要对计算模型进行不同程度的简化。高层建筑结构分析模型应根据结构实际情况确定,所选取的分析模型应能较准确地反映结构中各构件的实际受力状况。

高层建筑结构分析,可选择平面结构空间协同、空间杆系、空间杆-薄壁杆系、空间杆-墙板元及其他组合有限元等计算模型。实际工程中,结构设计人员应具有清晰的结构概念,能找出最直接的传力途径(竖向荷载和水平作用)并采用最基本的计算模型解决复杂的工程问题,避免被过于复杂的计算模型所困扰,被概念含糊不清的计算结果所左右。目前高层建筑结构分析的主要计算模型如表 3-11 所示。常用高层建筑结构的分析软件及计算模型将在本书第 11 章中详细介绍。

表 3-11　高层建筑结构分析的主要计算模型

序号	1	2	3	4	5
计算模型	平面结构空间协同	空间杆系	空间杆-薄壁杆系	空间杆-墙板元	其他组合有限元
代表性计算程序	TBDG	PKPM	TAT	SATWE、MIDAS	SAP 系列、ETABS、PMSAP、GSSAP、SYAAD

3.3.2　承载能力

高层建筑结构设计应保证结构在可能同时出现的各种外荷载作用下,各个构件及其连接均有足够的承载力,即保证结构安全。《建筑结构可靠性设计统一标准》(GB 50068—2018)规定构件按极限状态设计,承载力极限状态要求采用由荷载效应组合得到的构件最不利内力进行构件截面承载力计算。结构构件承载力计算的一般表达式如下。

持久、短暂设计状态:

$$\gamma_0 S_d \leqslant R_d \tag{3-1}$$

地震设计状态:

$$S_d \leqslant \frac{R_d}{\gamma_{RE}} \tag{3-2}$$

式中　γ_0——结构重要性系数,对于安全等级为一级的结构构件不应小于 1.1,对于安全等级为二级的结构构件不应小于 1.0;

R_d——构件承载力设计值;

S_d——作用组合的效应设计值,各种荷载效应组合的内容及要求详见第 2 章;

γ_{RE}——构件承载力抗震调整系数。

地震作用对结构是随机反复作用,由试验可知,在反复荷载作用下构件承载力会降低,构件的抗震受剪承载力就小于静力受剪承载力。但是考虑地震是一种偶然作用,作用时间短,地震作用下材料性能也与静力作用下不同,因此可靠度可略微降低。《建筑抗震设计规范(2016 年版)》(GB 50011—2010)通过引入构件承载力抗震调整系数 γ_{RE},对构件的抗震承载能力进行调整。钢筋混凝土构件、型钢(钢管)混凝土构件和钢构件的承载力抗震调整系数分别见表 3-12～表 3-14。

表 3-12 钢筋混凝土构件承载力抗震调整系数 γ_{RE}

构件类别	梁	轴压比小于0.15的柱	轴压比不小于0.15的柱	剪力墙		各类构件	节点
受力状态	受弯	偏压	偏压	偏压	局部承压	受剪、偏拉	受剪
γ_{RE}	0.75	0.75	0.80	0.85	1.0	0.85	0.85

表 3-13 型钢(钢管)混凝土构件承载力抗震调整系数 γ_{RE}

正截面承载力计算				斜截面承载力计算
型钢混凝土梁	型钢混凝土柱及钢管混凝土柱	剪力墙	支撑	各类构件及节点
0.75	0.80	0.85	0.80	0.85

表 3-14 钢构件承载力抗震调整系数 γ_{RE}

强度破坏(梁、柱、支撑、节点板件、螺栓、焊缝)	屈曲稳定(柱、支撑)
0.75	0.80

3.3.3 侧移及舒适度

结构的刚度要求用限制侧向变形的形式表达,我国现行规范主要限制层间位移,如式(3-3)所示。

$$\left(\frac{\Delta u}{h}\right)_{\max} \leqslant \left[\frac{\Delta u}{h}\right] \tag{3-3}$$

式中 Δu——荷载效应组合所得结构楼层层间位移;

h——该层层高;

$\frac{\Delta u}{h}$——层间转角,应取各楼层中最大的层间转角,即$(\Delta u/h)_{\max}$,验算是否满足要求。式(3-3)右端是限值。

3.3.3.1 使用阶段层间位移限制

在正常使用状态下,限制侧向变形的主要原因有:防止主体结构开裂、损坏;防止填充墙及装修开裂、损坏;避免过大侧移造成使用者产生不舒适感;避免过大侧移造成的附加内力(P-Δ 效应)。正常使用状态(风荷载和小震作用)下 $\Delta u/h$ 的限值按表 3-15 选用。

表 3-15 正常使用情况下 $\Delta u/h$ 的限值

材料	结构高度	结构类型	限值
钢筋混凝土结构	不大于 150m	框架	1/550
		框架-剪力墙、框筒	1/800
		剪力墙、筒中筒	1/1000
		框支层	1/1000
	不小于 250m	各种类型	1/500
钢结构		各种类型	1/250

注:高度在 150～250mm 之间的钢筋混凝土高层建筑,限值根据表 3-15 中的两类限值按线性插入法取用。

3.3.3.2 罕遇地震作用下层间位移限制

在罕遇地震作用下,高层建筑结构不能倒塌,这就要求建筑物有足够的刚度,使弹塑性变形在限定的范围内。罕遇地震作用下的弹塑性层间位移角限值按表 3-16 选用。对下列高层建筑结构应进行罕遇地震作用下的薄弱层弹塑性变形验算:

(1)7～9 度抗震设防楼层屈服强度系数小于 0.5 的钢筋混凝土框架结构。

(2)房屋高度大于 150m 的结构。

(3)甲类建筑和乙类建筑中的钢筋混凝土结构和钢结构。

(4)采用隔震和消能减震设计的结构。

表 3-16 罕遇地震作用下的弹塑性层间位移角限值

材料	结构类型	限值
钢筋混凝土结构	框架	1/50
	框架-剪力墙、框筒	1/100
	剪力墙、筒中筒	1/120
	框支层	1/120
钢结构	各种类型	1/70

在罕遇地震作用下,大多数结构已进入弹塑性状态,变形加大。结构弹塑性层间位移的限制是为了防止结构倒塌或出现严重破坏,结构顶点位移不必限制。罕遇地震作用仍按反应谱法、底部剪力法或振型分解反应谱法求出楼层层剪力 V_i,再根据构件实际配筋和材料强度标准值计算出楼层受剪承载力 V_y,将 V_y/V_i 定义为楼层屈服强度系数 ξ_y,具体说明见《建筑抗震设计规范(2016 年版)》(GB 50011—2010)。

3.3.3.3 舒适度要求

工程实例和研究表明,在超高层建筑中,必须考虑人体的舒适度,不能用水平位移控制来代替。风工程学者通过大量试验研究后认为,结构的风振加速度是衡量人体对风振反应的最好尺度。

高层建筑在风荷载作用下将产生振动,过大的振动加速度将使在高层建筑内居住的人们感觉不舒服,甚至不能忍受。表 3-17 为舒适度与风振加速度的关系。

表 3-17 舒适度与风振加速度关系

不舒适的程度	建筑物的加速度
无感觉	$<0.005g$
有感	$(0.005\sim0.015)g$
扰人	$(0.015\sim0.05)g$
十分扰人	$(0.05\sim0.15)g$
不能忍受	$>0.15g$

参照国外研究成果和有关标准,《高层建筑混凝土结构技术规程》(JGJ 3—2010)规定,高度超过 150m 的高层建筑结构应具有良好的使用条件,以满足舒适度要求,按 10 年一遇的风荷载取值计算的顺风向与横风向结构顶点最大加速度不应超过表 3-18 的限值。必要时,可通过专门风洞试验结果计算确定顺风向与横风向结构顶点最大加速度。

表 3-18 结构顶点风振加速度限值 a_{lim}

使用功能	$a_{lim}/(m/s^2)$
住宅、公寓	0.15
办公、旅馆	0.25

楼盖结构应具有适宜的舒适度,楼盖舒适度是指楼盖的竖向振动舒适度。人们有节奏的步行活动产生的重复分布于楼盖的作用步频通常为 3Hz,人员剧烈活动(如跳迪斯科)时的步频大约为 3Hz、6Hz、9Hz 或 10Hz。一般民用建筑的楼盖结构自振频率为 4～8Hz,轻型屋盖的自振频率通常大于 10Hz。楼盖自振频率在 8～15Hz 时,行走脉冲将引起不可接受的楼盖振动。对钢筋混凝土楼盖结构、钢-混凝土楼盖结构(不包括轻钢楼盖结构),楼盖的竖向自振频率不宜小于 3Hz;当不满足时应验算竖向振动加速度,竖向振动加速度峰值不应超过表 3-19 的限值。

表 3-19 **楼盖竖向振动加速度限值**

人员活动环境	竖向振动加速度限值/(m/s^2)	
	竖向自振频率不大于 2Hz	竖向自振频率不小于 4Hz
住宅、办公	0.07	0.05
商场及室内连廊	0.22	0.15

注:楼盖结构竖向自振频率为 2～4Hz 时,竖向振动加速度限值可按线性插值法选取。

3.3.4 抗震性能设计

抗震性能设计是解决复杂结构问题的基本方法,常用于复杂结构、超限建筑工程的结构设计。抗震性能设计着重于通过现有手段(计算措施及构造措施),采用包络设计的方法,解决工程设计中的复杂技术问题。抗震性能设计的抗震设防目标应不低于规范的基本抗震性能目标。

抗震性能设计的基本思路是“高延性,低弹性承载力”或“低延性,高弹性承载力”。提高结构或构件的抗震承载力和变形能力,都是提高结构抗震性能的有效途径,而仅提高抗震承载力需要以对地震作用的准确预测为基础。限于地震研究的现状,应以同时提高结构或构件的变形能力和抗震承载力作为抗震性能设计的首选。

抗震性能设计中的中震、大震设计要求,主要着眼点应是竖向抗侧力构件(如框架柱、剪力墙等)。对竖向构件的内力调整放大后,与之相连的水平构件(如框架梁、连梁等)一般不调整,更有利于达到抗震性能目标。

结构抗震性能设计应分析结构方案的特殊性,选用适宜的结构抗震性能目标,并采取满足预期抗震性能目标的措施。

结构抗震性能目标应综合考虑抗震设防类别、设防烈度、场地条件、结构的特殊性、建造费用、震后损失和修复难易程度等各项因素选定。结构抗震性能目标分为 A、B、C、D 四个等级,结构抗震性能分为 1、2、3、4、5 五个水准(表 3-20),每个性能目标均与一组在指定地震地面运动下的结构抗震性能水准相对应。结构抗震性能水准可按表 3-21 进行宏观判别。

表 3-20 **结构抗震性能水准**

地震类型	结构抗震性能目标			
	A	B	C	D
多遇地震	1	1	1	1
设防烈度地震	1	2	3	4
预估的罕遇地震	2	3	4	5

表 3-21 **各抗震性能水准结构预期的震后性能状况**

结构抗震性能水准	宏观损坏程度	损坏部位			继续使用的可能性
		关键构件	普通竖向构件	耗能构件	
1	完好、无损坏	无损坏	无损坏	无损坏	不需修理即可继续使用
2	基本完好、轻微损坏	无损坏	无损坏	轻微损坏	稍加修理即可继续使用
3	轻度损坏	轻微损坏	轻微损坏	轻度损坏,部分中度损坏	一般修理后才可继续使用
4	中度损坏	轻度损坏	部分构件中度损坏	中度损坏,部分比较严重损坏	修复或加固后才可继续使用
5	比较严重损坏	中度损坏	部分构件比较严重损坏	比较严重损坏	需排险大修

注:“关键构件”是指该构件的失效可能引起结构的连续破坏或危及生命安全的严重破坏;“普通竖向构件”是指除“关键构件”之外的竖向构件;“耗能构件”包括框架梁、剪力墙连梁及耗能支撑等。

A、B、C、D 四级抗震性能目标的结构，在小震作用下均应满足第 1 抗震性能水准，即满足弹性设计要求；在中震或大震作用下，四级抗震性能目标所要求的结构抗震性能水准有较大的区别。A 级抗震性能目标是最高等级，要求结构在中震作用下达到第 1 抗震性能水准，大震作用下达到第 2 抗震性能水准，即结构仍处于基本弹性状态；B 级抗震性能目标，要求结构在中震作用下满足第 2 抗震性能水准，大震作用下满足第 3 抗震性能水准，即结构仅有轻度损坏；C 级抗震性能目标，要求结构在中震作用下满足第 3 抗震性能水准，大震作用下满足第 4 抗震性能水准，即结构中度损坏；D 级抗震性能目标是最低等级，要求结构在中震作用下满足第 4 抗震性能水准，大震作用下满足第 5 抗震性能水准，即结构有比较严重的损坏，但不致倒塌或发生危及生命的严重破坏。

鉴于地震地面运动的不确定性以及对结构在强烈地震下非线性分析方法（计算模型及参数的选用等）存在不少经验因素，缺少从强震记录、设计施工资料到实际震害的验证，对结构抗震性能的判断难以十分准确，尤其是对于长周期的超高层建筑或特别不规则结构的判断难度更大，因此在结构抗震性能目标选用中宜偏于安全一些。例如：特别不规则的超限高层建筑或处于不利地段的特别不规则结构，可考虑选用 A 级抗震性能目标；房屋高度或不规则性超过《高层建筑混凝土结构技术规程》(JGJ 3—2010)适用范围很多时，可考虑选用 B 级或 C 级抗震性能目标；房屋高度或不规则性超过《高层建筑混凝土结构技术规程》(JGJ 3—2010)适用范围较多时，可考虑选用 C 级抗震性能目标；房屋高度或不规则性超过《高层建筑混凝土结构技术规程》(JGJ 3—2010)适用范围较少时，可考虑选用 C 级或 D 级抗震性能目标。以上仅仅是举例说明，实际工程情况复杂，需综合考虑各项因素，所选用的结构抗震性能目标需征得业主的认可。

不同抗震性能水准的结构可按下列规定设计：

(1)第 1 抗震性能水准的结构应满足弹性设计要求。在多遇地震作用下，其承载力和变形应符合《高层建筑混凝土结构技术规程》(JGJ 3—2010)的有关规定；在设防烈度地震作用下，结构构件的抗震承载力应符合下式规定：

$$\gamma_G S_{GE} + \gamma_{Eh} S_{Ehk}^* + \gamma_{Ev} S_{Evk}^* \leqslant \frac{R_d}{\gamma_{RE}} \tag{3-4}$$

式中 R_d，γ_{RE}——构件承载力设计值和构件承载力抗震调整系数；

γ_G——重力荷载分项系数；

S_{GE}——重力荷载代表值的效应；

γ_{Eh}——水平地震作用分项系数；

S_{Ehk}^*——水平地震作用标准值的构件内力，不需要考虑与抗震等级有关的增大系数；

γ_{Ev}——竖向地震作用分项系数；

S_{Evk}^*——竖向地震作用标准值的构件内力，不需要考虑与抗震等级有关的增大系数。

(2)第 2 抗震性能水准的结构，在设防烈度地震或预估的罕遇地震作用下，关键构件及普通竖向构件的抗震承载力宜符合式(3-4)的规定；耗能构件的受剪承载力宜符合式(3-4)的规定，其正截面承载力应符合下式规定：

$$S_{GE} + S_{Ehk}^* + 0.4S_{Evk}^* \leqslant R_k \tag{3-5}$$

式中 R_k——截面承载力标准值，按材料强度标准值计算。

(3)第 3 抗震性能水准的结构应进行弹塑性计算分析。在设防烈度地震或预估的罕遇地震作用下，关键构件及普通竖向构件的正截面承载力宜符合式(3-5)的规定，水平长悬臂结构和大跨度结构中的关键构件正截面承载力应符合式(3-6)的规定，其受剪承载力宜符合式(3-5)的规定；部分耗能构件进入屈服阶段，其受剪承载力应符合式(3-4)的规定。在预估罕遇地震作用下，结构薄弱层（部位）的层间位移角应满足式(3-7)的规定。

$$S_{GE} + 0.4S_{Ehk}^* + S_{Evk}^* \leqslant R_k \tag{3-6}$$

结构薄弱层（部位）的弹塑性层间位移应符合下式规定：

$$\Delta u_p \leqslant [\theta_p]h \tag{3-7}$$

式中 Δu_p——弹塑性层间位移。

$[\theta_p]$——弹塑性层间位移角限值，可按表 3-16 采用，对框架结构，当轴压比小于 0.40 时，可提高 10%；当柱子全高的箍筋构造采用比《高层建筑混凝土结构技术规程》(JGJ 3—2010)中框架柱箍筋最小配箍特征值大 30%时，可提高 20%，但累计不超过 25%。

h——层高。

(4)第 4 抗震性能水准的结构应进行弹塑性计算分析。在设防烈度地震或预估的罕遇地震作用下，关键构件的抗震承载力应符合式(3-4)的规定，水平长悬臂结构和大跨度结构中的关键构件正截面承载力应符合式(3-6)的规定；部分竖向构件以及大部分耗能构件进入屈服阶段，但钢筋混凝土竖向构件的受剪截面应符合式(3-8)的规定，钢-混凝土组合剪力墙的受剪截面应符合式(3-9)的规定。在预估罕遇地震作用下，结构薄弱层(部位)的层间位移角应满足式(3-7)的规定。

$$V_{GE} + V_{Ek}^{*} \leqslant 0.15 f_{ck} b h_0 \tag{3-8}$$

$$(V_{GE} + V_{Ek}^{*}) - (0.25 f_{ak} A_a + 0.5 f_{spk} A_{sp}) \leqslant 0.15 f_{ck} b h_0 \tag{3-9}$$

式中 V_{GE}——重力荷载代表值作用下的构件剪力，N；

V_{Ek}^{*}——地震作用标准值作用下的构件剪力，N，不需考虑与抗震等级有关的增大系数；

f_{ck}——混凝土轴心抗压强度标准值，N/mm²；

f_{ak}——剪力墙端部暗柱中型钢的强度标准值，N/mm²；

A_a——剪力墙端部暗柱中型钢的截面面积，mm²；

f_{spk}——剪力墙墙内钢板的强度标准值，N/mm²；

A_{sp}——剪力墙墙内钢板的截面面积，mm²。

(5)第 5 抗震性能水准的结构应进行弹塑性计算分析。在预估的罕遇地震作用下，关键构件的抗震承载力宜符合式(3-5)的规定；较多的竖向构件进入屈服阶段，但同一楼层的竖向构件不宜全部屈服；竖向构件的受剪截面应符合式(3-8)或式(3-9)的规定；允许部分耗能构件发生比较严重的破坏。

3.3.5 抗连续倒塌设计

结构连续倒塌是指因突发事件或严重超载而造成局部结构破坏失效，继而引起与失效破坏构件相连构件的连续破坏，最终导致相对于初始局部破坏更大范围的倒塌破坏。结构局部构件失效后，破坏范围可能沿水平方向和竖直方向发展，其中破坏沿竖向发展影响更为突出(如“9·11”事件中，美国纽约世界贸易中心双塔楼受飞机撞击的楼层结构丧失竖向承载力，上部结构的重力荷载对下部楼层产生巨大的冲击力，导致下部楼层乃至整个结构的连续倒塌)，因而高层建筑结构抗连续倒塌设计更显重要。造成结构连续倒塌的原因可能是爆炸、撞击、火灾、飓风、地震、设计施工失误、地基基础失效等偶然因素。当偶然因素导致局部结构破坏失效时，整体结构不能形成有效的多重荷载传递路径，破坏范围就可能沿水平方向或者竖直方向蔓延，最终导致结构发生大范围的倒塌甚至是整体倒塌。

安全等级为一级的高层建筑结构应满足抗连续倒塌概念设计的要求；有特殊要求时，可采用拆除构件方法进行抗连续倒塌设计。

抗连续倒塌概念设计应符合下列规定：

(1)采取必要的结构连接措施，增强结构的整体性。

(2)主体结构宜采用多跨规则的超静定结构。

(3)结构构件应具有适宜的延性，避免剪切破坏、压溃破坏、锚固破坏、节点先于构件破坏。

(4)结构构件应具有一定的反向承载能力。

(5)周边及边跨框架的柱距不宜过大。

(6)转换结构应具有整体多重传递重力荷载途径。

(7)钢筋混凝土结构梁柱宜刚接，梁板顶、底钢筋在支座处宜按受拉要求连续贯通。

(8)钢结构框架梁柱宜刚接。

(9)独立基础之间宜采用拉梁连接。

抗连续倒塌设计采用的拆除构件方法应符合下列规定：

(1)逐个分别拆除结构周边柱、底层内部柱以及转换桁架腹杆等重要构件。

(2)可采用弹性静力方法分析剩余结构的内力与变形。

(3)剩余结构构件承载力应符合下式要求：

$$R_d \geqslant \beta S_d \tag{3-10}$$

式中　S_d——剩余结构构件效应设计值；

R_d——剩余结构构件承载力设计值；

β——效应折减系数，对中部水平构件取 0.67，对其他构件取 1.0。

知识归纳

(1)高层建筑结构布置应符合以下原则：①平面布置应力求简单、规整、均匀、对称，长宽比不大，并尽量减小偏心扭转的影响。②结构竖向布置最基本的原则是规则、均匀，不同的结构体系有不同的适用高度。③高层建筑宜采用现浇整体式楼盖，注意洞口设置应满足规范要求。

(2) 高层建筑结构分析模型应根据结构实际情况确定，所选取的分析模型应能较准确地反映结构中各构件的实际受力状况，可选择平面结构空间协同、空间杆系、空间杆-薄壁杆系、空间杆-墙板元及其他组合有限元等计算模型。高层建筑结构计算包括承载力计算、层间侧移及舒适度计算。

(3) 高层建筑基础的选型应根据上部结构情况、工程地质情况、施工条件等因素综合考虑确定。以基础本身刚度为出发点，从小到大可供选择的基础有条形基础、交叉梁式基础、片筏基础、箱形基础等。

独立思考

3-1　在抗震结构中为什么要求平面布置简单、规则、对称，竖向布置刚度均匀？怎样布置可以使平面内刚度均匀，减小水平荷载引起的扭转？

3-2　沿竖向布置可能出现哪些刚度不均匀的情况？以框支剪力墙结构的布置为例，竖向刚度不均匀可能会出现什么后果？如何避免竖向刚度不均匀？

3-3　防震缝、伸缩缝和沉降缝在什么情况下设置？各种缝的特点和要求是什么？在高层建筑结构中，特别是抗震结构中，怎样处理好这三种缝？

4

框架结构设计

课前导读

◥ 内容提要

本章主要内容包括结构布置、框架结构的计算简图、竖向荷载和水平荷载作用下框架结构内力的简化计算、水平荷载作用下框架结构侧移的简化计算、荷载效应组合、构件设计及构造要求。本章的教学重点为竖向荷载和水平荷载作用下框架结构内力的简化计算，教学难点为水平荷载作用下框架结构侧移的简化计算。

◥ 能力要求

通过本章的学习，学生应能够熟练地进行简单框架结构设计。

4.1 结构布置

框架是由梁、柱组成的结构单元，全部竖向荷载和水平荷载由框架承担的结构体系称为框架结构。框架梁、柱可以分别采用钢、钢筋混凝土和型钢(钢骨)混凝土，框架柱也可以采用圆钢管混凝土或方钢管混凝土。

4.1.1 柱网

框架结构柱网的开间和进深应根据建筑方案功能要求，结合受力的合理性、方便施工、经济等因素确定，图 4-1 所示为一些框架结构的柱网布置示意图。

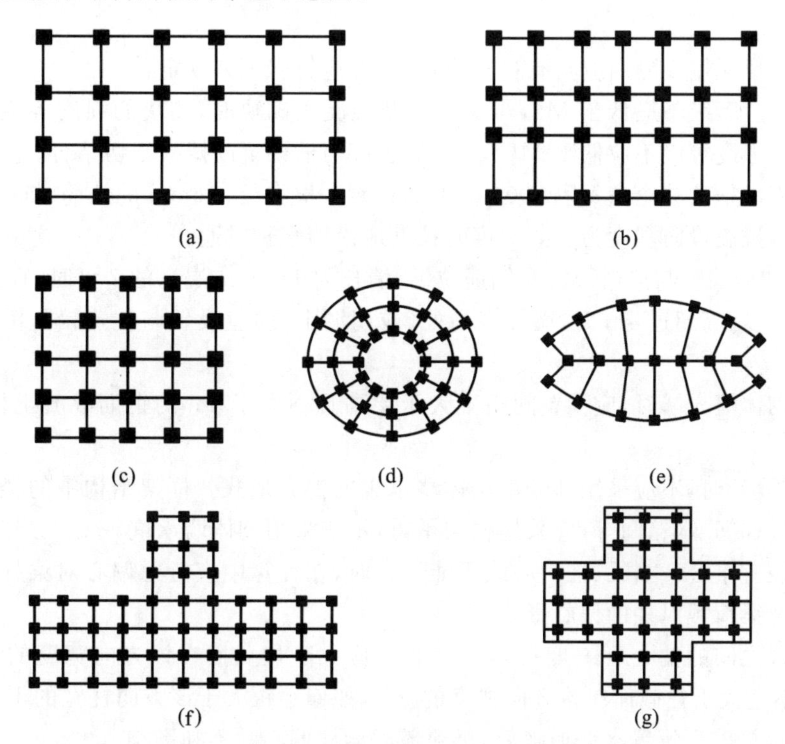

图 4-1 框架结构典型柱网布置

(a)矩形平面；(b)内廊式平面；(c)方形平面；(d)圆形平面；(e)鱼形平面；(f)T 形平面；(g)十字形平面

民用建筑柱网和层高根据建筑使用功能确定。目前，住宅、宾馆和办公楼柱网可划分为小柱网和大柱网两类。小柱网是指一个开间为一个柱距，柱距一般为 3.3m、3.6m、4.0m 等；大柱网是指两个开间为一个柱距，柱距通常为 6.0m、6.6m、7.2m、7.5m 等。常用的跨度(房屋进深)有 4.8m、5.4m、6.0m、6.6m、7.2m、7.5m 等。民用建筑层高为 2.8～4.8m，公共建筑层高可以更大。

工业建筑柱网尺寸和层高根据生产工艺要求确定，层高一般为 3.6～5.4m。常用的柱网有内廊式和等跨式两种。内廊式边跨跨度一般为 6～8m，中间跨跨度为 2～4m。等跨式的跨度一般为 6～12m。采用不等跨时，大跨内宜布置一道纵梁，以承托走道纵墙。

4.1.2 框架结构布置的一般要求

震害调查表明，单跨框架结构，尤其是多层及高层建筑结构中的单跨框架结构，震害比较严重。因此，抗震设计的框架结构不应采用冗余度低的单跨框架。单跨框架结构是指整栋建筑全部或绝大部分采用单跨框架的结构，不包括仅局部为单跨框架的框架结构。

主体结构除个别部位外，不应采用铰接。“个别部位”可理解为个别框架梁的梁端部位，即部分框架梁端出现的塑性铰应以不危及结构整体机制为前提。这里的“铰接”是指塑性铰，而不是滑动铰。

框架结构的填充墙及隔墙宜选用轻质墙体。抗震设计时，框架结构如采用砌体填充墙，其布置应符合下列规定：

(1)避免造成上、下层刚度变化过大。

(2)避免形成短柱。

(3)减小因侧向刚度偏心而造成的结构扭转。

抗震设计时，框架结构的楼梯间应符合下列规定：

(1)楼梯间的布置应尽量避免其造成的结构平面不规则。

(2)宜采用现浇钢筋混凝土楼梯，楼梯结构应有足够的抗倒塌能力。

(3)宜采取措施减小楼梯对主体结构的影响。

(4)当钢筋混凝土楼梯与主体结构整体连接时，应考虑楼梯对地震作用及其效应的影响，并应对楼梯构件进行抗震承载力验算。

抗震设计时，砌体填充墙及隔墙应具有自身稳定性，并应符合下列规定：

(1)砌体的砂浆强度等级不应低于 M5，当采用砖及混凝土砌块时，砌块的强度等级不应低于 MU5；采用轻质砌块时，砌块的强度等级不应低于 MU2.5。墙顶应与框架梁或楼板密切结合。

(2)砌体填充墙应沿框架柱全高每隔 500mm 左右设置 2 根直径为 6mm 的拉筋，抗震设防烈度为 6 度时拉筋宜沿墙全长贯通，抗震设防烈度为 7、8、9 度时拉筋应沿墙全长贯通。

(3)墙长大于 5m 时，墙顶与梁(板)宜有钢筋拉结；墙长大于 8m 或层高的 2 倍时，宜设置间距不大于 4m 的钢筋混凝土构造柱。墙高超过 4m 时，墙体半高处(或门洞上皮)宜设置与柱连接且沿墙全长贯通的钢筋混凝土水平系梁。

(4)楼梯间采用砌体填充墙时，应设置间距不大于层高且不大于 4m 的钢筋混凝土构造柱，并应采用钢丝网砂浆面层加强。

框架结构按抗震设计时，不应采用部分由砌体墙承重的混合形式。框架结构中的楼(电)梯间及局部突出屋顶的电梯机房、楼梯间、水箱间等，应采用框架承重，不应采用砌体墙承重。

框架梁、柱中心线宜重合。当梁、柱中心线不能重合时，在计算中应考虑偏心对梁柱节点核心区受力和构造的不利影响，以及梁荷载对柱的偏心影响。

对于梁、柱中心线之间的偏心距，9 度抗震设计时不应大于柱截面在该方向宽度的 1/4；非抗震设计和 6～8 度抗震设计时不宜大于柱截面在该方向宽度的 1/4，如偏心距大于该方向柱宽的 1/4 时，可采取增设梁的水平加腋(图 4-2)等措施。设置水平加腋后，仍须考虑梁柱偏心的不利影响。

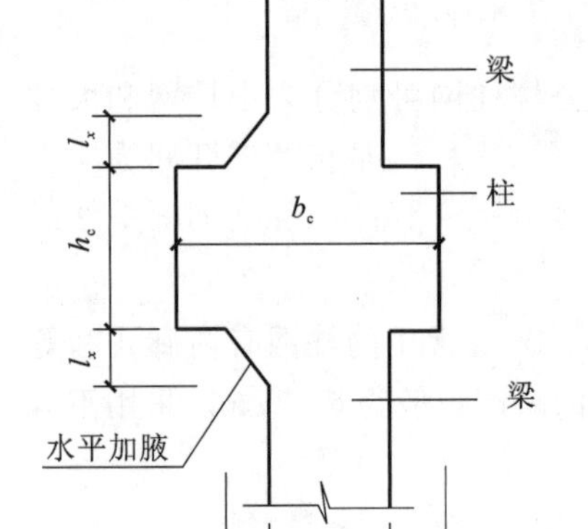

图 4-2 水平加腋梁平面图

(1)梁的水平加腋厚度可取梁截面高度，其水平尺寸宜满足下列要求：

$$b_x/l_x \leqslant \frac{1}{2}$$
$$b_x/b_b \leqslant \frac{2}{3} \tag{4-1}$$
$$b_x + b_b + x \geqslant \frac{b_c}{2}$$

式中 b_x——梁水平加腋宽度，mm；

l_x——梁水平加腋长度，mm；

b_b——梁截面宽度，mm；

b_c——沿偏心方向柱截面宽度，mm；

x——非加腋侧梁边到柱边的距离，mm。

(2)梁采用水平加腋时，框架节点有效宽度 b_j 宜符合下列要求：

当 $x=0$ 时，b_j 按下式计算：

$$b_j \leqslant b_b + b_x \tag{4-2}$$

当 $x \neq 0$ 时，b_j 取式(4-3)和式(4-4)两式计算结果中的较大值，且应满足式(4-5)的要求：

$$b_j \leqslant b_b + b_x + x \tag{4-3}$$

$$b_j \leqslant b_b + 2x \tag{4-4}$$

$$b_j \leqslant b_b + 0.5h_c \tag{4-5}$$

式中　h_c——柱截面高度，mm。

4.1.3　承重方案

在进行竖向荷载作用下框架结构的内力计算前，要先将楼面上的竖向荷载分配给支承它的框架梁。

楼面荷载的分配与楼盖的构造有关。当采用装配式或装配整体式楼盖时，板上荷载通过预制板的两端传递给它的支承结构。如果采用现浇楼盖，楼面上的恒荷载和活荷载根据每个区格板两个方向的边长之比沿单向或双向传递(图 4-3)。

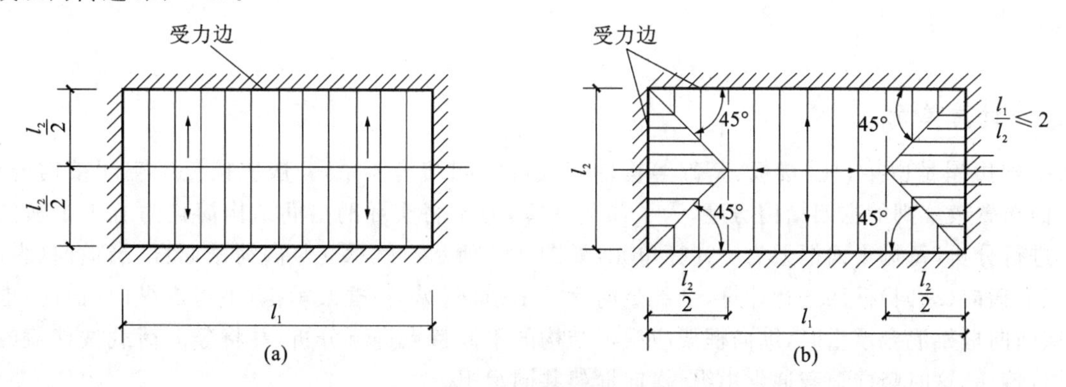

图 4-3　楼面荷载分配

(a)单向板荷载传递图；(b)双向板荷载传递图

将框架结构视为竖向承重结构有三种承重方案：

(1)横向框架承重。该方案沿结构横向布置主梁，纵向布置连系梁，楼板平行于长轴布置，如图 4-4(a)所示。横向框架往往跨数较少，由于竖向荷载主要由横向框架承受，横梁截面高度较大，主梁沿横向布置有利于提高结构的横向侧向刚度。另外，主梁沿横向布置还有利于室内的采光与通风，对预制楼板而言，传力明确。这种承重方案在实际结构中应用较多。

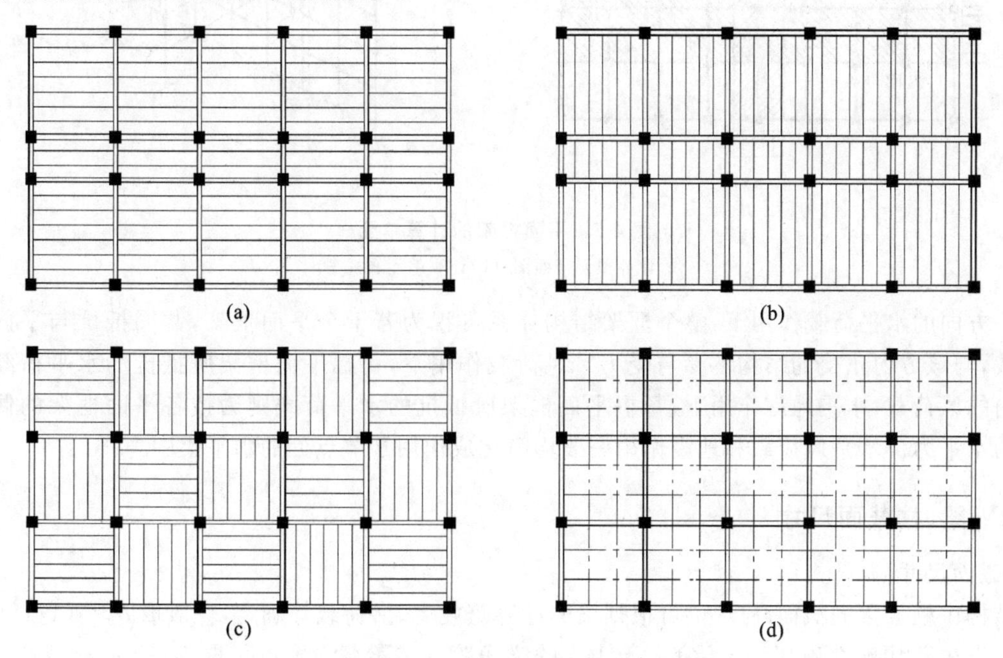

图 4-4　框架结构承重方案

(a)横向承重；(b)纵向承重；(c)，(d)纵、横向承重

(2)纵向框架承重。在纵向布置主梁,楼板平行于短轴布置,在横向布置连系梁,横向框架梁与柱必须形成刚接,如图 4-4(b)所示。该方案楼面荷载由纵向梁传至柱,所以横向梁的截面高度较小,有利于设备管线的穿行。当在房屋纵向需要较大空间时,纵向框架承重方案可获得较高的室内净高。利用纵向框架的刚度还可调整该方向的不均匀沉降。此外,该承重方案还具有传力明确的优点。纵向框架承重方案的缺点是房屋的横向刚度较小,实际结构中应用较少。

(3)纵、横向框架承重。房屋的纵向和横向都布置承重框架,楼盖常采用现浇双向板或井字梁楼盖,如图 4-4(c)、(d)所示。当柱网平面为正方形或接近正方形,或楼盖上有较大活荷载时,多采用这种承重方案。

4.2 框架结构的计算简图

4.2.1 计算单元

框架结构房屋是由梁、柱、楼板、基础等构件组成的空间结构体系,一般应按三维空间结构进行分析。但对于平面布置较规则的框架结构房屋,为了简化计算,通常将实际的空间结构简化为若干个横向或纵向平面框架进行分析,每榀平面框架为一计算单元,如图 4-5 所示。就承受竖向荷载而言,当横向(纵向)框架承重时,截取横向(纵向)框架进行计算,全部竖向荷载由横向(纵向)框架承担,不考虑纵向(横向)框架的作用。当纵、横向框架混合承重时,纵向框架应根据结构的不同特点进行分析,并将竖向荷载按楼盖的实际支承情况进行传递,这时竖向荷载通常由纵、横向框架共同承担。

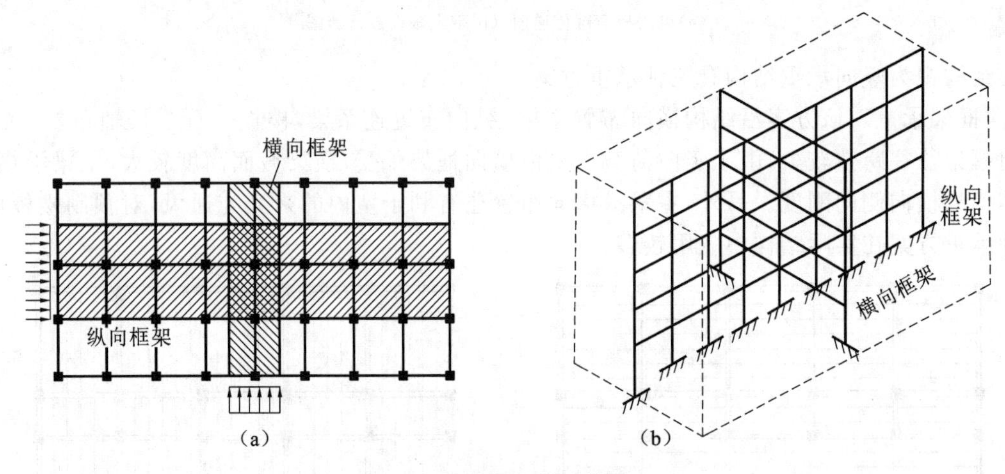

图 4-5 平面框架的计算单元

(a)计算单元平面图;(b)计算单元透视图

在某一方向的水平荷载作用下,整个框架结构体系可视为若干个平面框架,共同抵抗与平面框架平行的水平荷载,与该方向正交的结构不参与受力。风荷载作用下,每榀平面框架所抵抗的水平荷载可取计算单元范围内的风荷载;水平地震作用下,每榀平面框架所抵抗的水平荷载则为按各平面框架的侧向刚度比例所分配的水平力。水平风荷载和地震作用一般均简化成作用于节点处的水平集中力。

4.2.2 梁、柱截面尺寸

(1)梁截面尺寸。

框架结构中框架梁的截面高度 h_b 可根据梁的计算跨度 l_b、活荷载等确定,一般取 $h_b=(1/18\sim1/10)l_b$。为了防止梁发生剪切脆性破坏,h_b 不宜大于 1/4 的梁净跨。主梁截面宽度可取 $b_b=(1/3\sim1/2)h_b$,且不宜小于 200mm。为了保证梁的侧向稳定性,梁截面的高宽比(h_b/b_b)不宜大于 4。为了降低楼层高度,可将梁设计成宽度较大而高度较小的扁梁，扁梁的截面高度可按(1/18～1/15)l_b 估算。扁梁的截面宽度 b(肋宽)与其高度 h 的比值b/h 不宜超过 3。设计中，如果梁上作用的荷载较大，可选择较大的高跨比 h_b/l_b。当梁高较小或采用扁梁时，除应验算其承载力和受剪截面要求外，尚应验算竖向荷载作用下梁的挠度和裂缝宽度，以满足其正常使用要求。在挠度计算时，对现浇梁板结构，宜考虑梁受压翼缘的有利影响，并可将梁的合理起拱值从其计算所得挠度中扣除。

在结构内力与位移计算中，与梁一起现浇的楼板可作为框架梁的翼缘，每一侧翼缘的有效宽度可取至板厚的 6 倍；装配整体式楼盖视其整体性可取等于或小于 6 倍的板厚；无现浇面层的装配式楼盖，楼板的作用不予考虑。设计中，为简化计算，也可按下式近似确定梁截面惯性矩 I：

$$I = \beta I_0 \tag{4-6}$$

式中　I_0——按梁矩形净截面计算的梁截面惯性矩；

β——楼面梁刚度增大系数，应根据梁翼缘尺寸与梁截面尺寸的比例，取 β=1.3～2.0，当框架梁截面较小、楼板较厚时，宜取较大值，而梁截面较大、楼板较薄时，宜取较小值。通常，对现浇楼面的边框架梁可取 1.5，中框架梁可取 2.0；有现浇面层的装配式楼面梁的 β 值可适当减小。

当采用预制板楼盖时，为减小楼盖结构高度和增加建筑净空，梁的截面常为十字形或花篮形；也可采用图 4-6 所示的叠合梁。其中，预制梁做成 T 形截面，在预制梁和预制板安装就位后，再现浇部分混凝土，使后浇混凝土与预制梁形成整体。

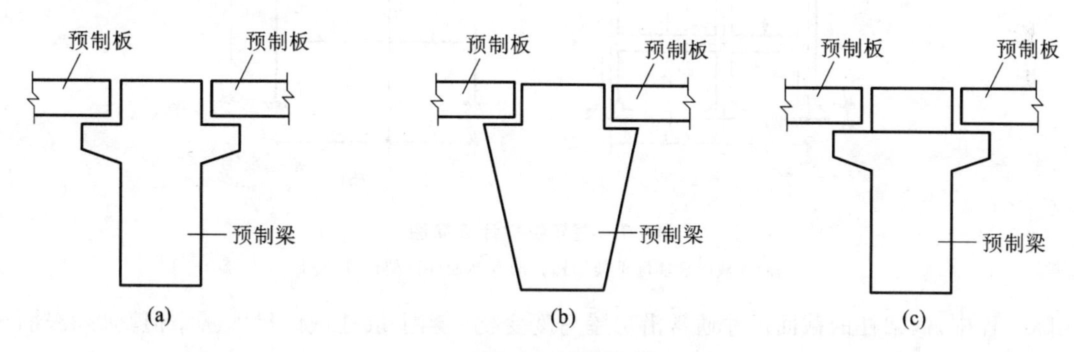

图 4-6　采用预制板时梁截面的形式

(a)十字形梁；(b)花篮形梁；(c)叠合梁

(2)柱截面尺寸。

框架柱的截面形式常为矩形或正方形。有时由于建筑上的需要，也可设计成圆形、八角形、T 形、L 形、十字形等，其中 T 形、L 形、十字形柱也称异形柱。构件的尺寸一般凭经验确定，如果选取不恰当，就无法满足承载力或变形限值的要求，造成设计返工。确定构件尺寸时，首先要满足构造要求并参照过去的经验初步选定尺寸，然后进行承载力的估算，并验算有关尺寸限值。楼盖部分构件的尺寸可按后面梁板结构的方法确定。柱的截面尺寸可先根据其所受的轴力按轴压比公式估算，再乘适当的放大系数(1.2～1.5)以考虑弯矩的影响，即

$$A_c \geqslant (1.2 \sim 1.5)N/f_c \tag{4-7}$$

$$N = 1.3N_v \tag{4-8}$$

式中　A_c——柱截面面积；

N——柱所承受的轴向压力设计值；

N_v——根据柱支承的楼面面积计算的由重力荷载产生的轴向力值；

1.3——重力荷载的荷载分项系数平均值；

f_c——混凝土轴心抗压强度设计值。

框架柱的截面宽度和高度均不宜小于 300mm，圆柱截面直径不宜小于 350mm，柱截面高宽比不宜大于 3。为避免柱产生剪切破坏，柱净高与截面长边之比宜大于 4，或柱的剪跨比宜大于 2。

4.2.3 计算简图

将复杂的空间框架结构简化为平面框架之后，应进一步将实际的平面框架转化为力学模型，在该力学模型上施加荷载，就成为框架结构的计算简图。

框架结构的计算简图中，梁、柱用其轴线表示，梁与柱之间的连接用节点表示，梁或柱的长度用节点间的距离表示，如图 4-7 所示。由图 4-7 可见，框架柱轴线之间的距离即框架梁的计算跨度；框架柱的计算高度应为各横梁形心轴线间的距离，当各层梁截面尺寸相同时，除底层柱外，柱的计算高度即各层层高。对于梁、柱、板均为现浇的情况，梁截面的形心线可近似取至板底。对于底层柱的下端，一般取至基础顶面；当设有整体刚度很大的地下室，且地下室结构的楼层侧向刚度不小于相邻上部结构楼层侧向刚度的 2 倍时，可取至地下室结构的顶板处。对斜梁或折线形横梁，当倾斜度不超过 1/8 时，在计算简图中可取为水平轴线。

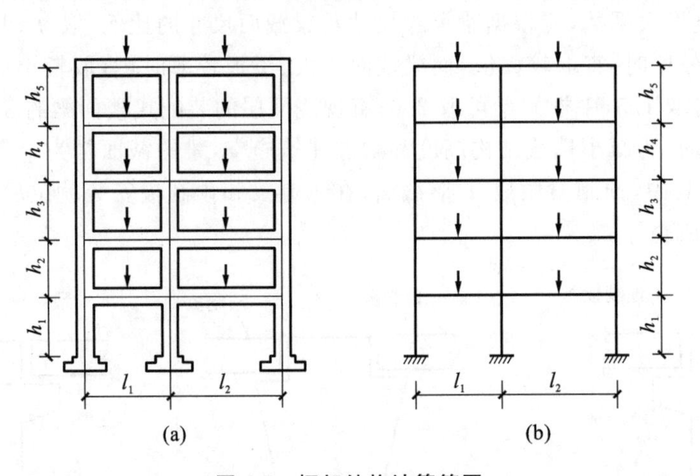

图 4-7 框架结构计算简图

(a)等截面柱实际框架结构；(b)等截面柱框架计算简图

在实际工程中，框架柱的截面尺寸通常沿房屋高度变化。当上层柱截面尺寸减小但其形心轴仍与下层柱的形心轴重合时，其计算简图与各层柱截面不变时的相同(图 4-7)。当上、下层柱截面尺寸不同且形心轴也不重合时，一般采取近似方法，即将顶层柱的形心线作为整个柱子的轴线，如图 4-8(b)所示。但是必须注意，在框架结构的内力和变形分析中，各层梁的计算跨度及线刚度仍应按实际情况取；另外，尚应考虑上、下层柱轴线不重合，由上层柱传来的轴力在变截面处所产生的力矩。此力矩应视为外荷载，与其他竖向荷载一起进行框架内力分析。

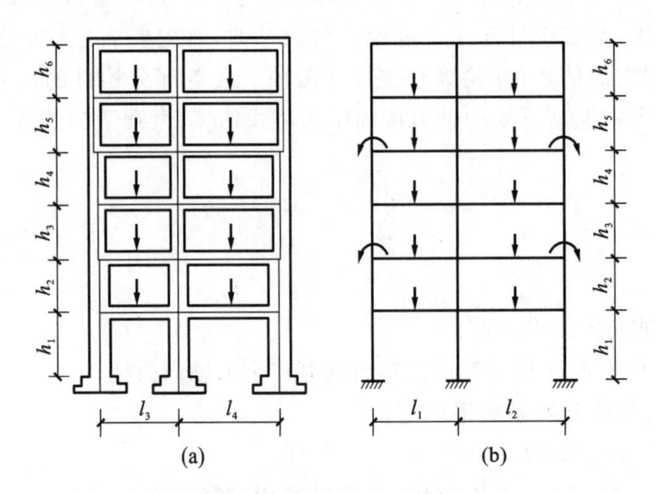

图 4-8 变截面柱框架结构计算简图

(a)变截面柱实际框架结构；(b)变截面柱框架计算简图

4.3　竖向荷载作用下框架结构内力的简化计算

在竖向荷载作用下，多、高层框架结构的内力可用力法、位移法等结构力学方法计算。工程设计中，如采用手算，可采用迭代法、分层法、弯矩二次分配法及系数法等简化方法计算。本节简要介绍后三种简化方法的基本概念和计算要点。

4.3.1　分层法

4.3.1.1　竖向荷载作用下框架结构的受力特点及内力计算假定

力法或位移法的精确计算结果表明，在竖向荷载作用下，框架结构的侧移对其内力的影响较小。另外，由影响线理论及精确计算结果可知，框架各层横梁上的竖向荷载只对本层横梁及与之相连的上、下层柱的弯矩影响较大，对其他各层梁、柱的弯矩影响较小。从弯矩分配法的过程可以看到，受荷载作用杆件的弯矩值通过弯矩的多次分配与传递，逐渐向左右上下衰减，在梁线刚度大于柱线刚度的情况下，柱中弯矩衰减得更快，因而对其他各层的杆端弯矩影响较小。

根据上述分析，计算竖向荷载作用下框架结构内力时，可采用以下两个简化假定：

(1)不考虑框架结构的侧移对其内力的影响。

(2)每层梁上的荷载仅对本层梁及其上、下柱的内力产生影响，对其他各层梁、柱内力的影响可忽略不计。

应当指出，上述假定中所指的内力不包括柱轴力，因为各层柱的轴力对下部均有较大影响，不能忽略。

4.3.1.2　计算要点及步骤

(1)将多层框架沿高度分成若干单层无侧移的敞口框架，每个敞口框架包括本层梁和与之相连的上、下层柱。梁上作用的荷载、各层柱高及梁跨度均与原结构相同，如图 4-9 所示。

(2)除底层柱的下端外，其他各柱的柱端应为弹性约束。为便于计算，均将其处理为固定端(图 4-9)。这样将使柱的弯曲变形有所减小，为消除这种影响，可把除底层柱以外的其他各层柱的线刚度均乘修正系数 0.9。

(3)用无侧移框架的计算方法(如弯矩分配法)计算各敞口框架的杆端弯矩，由此所得的梁端弯矩为其最终弯矩值。但是每一柱属于上、下两层，所以每一柱端的最终弯矩值需将上、下层计算所得的弯矩值相加。上、下层柱端弯矩值相加后，将引起新的节点不平衡弯矩，如欲进一步修正，可对这些不平衡弯矩再做一次弯矩分配。如用弯矩分配法计算各敞口框架的杆端弯矩，在计算每个节点周围各杆件的弯矩分配系数时，应采用修正后的柱线刚度计算；并且底层柱和各层梁的传递系数均取 1/2，其他各层柱的传递系数改用 1/3。

(4)杆端弯矩求出后，可用静力平衡条件计算梁端剪力及梁跨中弯矩，由逐层叠加柱上的竖向压力(包括节点集中力、柱自重等)和与之相连的梁端剪力，即得柱的轴力。

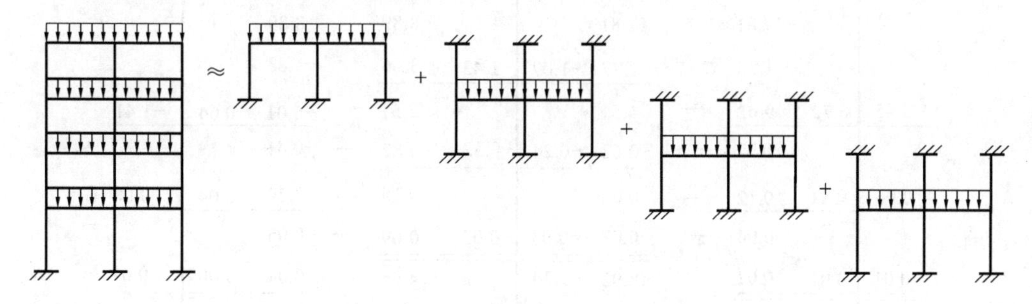

图 4-9　分层法计算简图

【典型例题】

【例 4-1】　如图 4-10 所示的两层两跨框架，试用分层法作弯矩图，图中括号内的数字表示梁柱相对线刚度值。

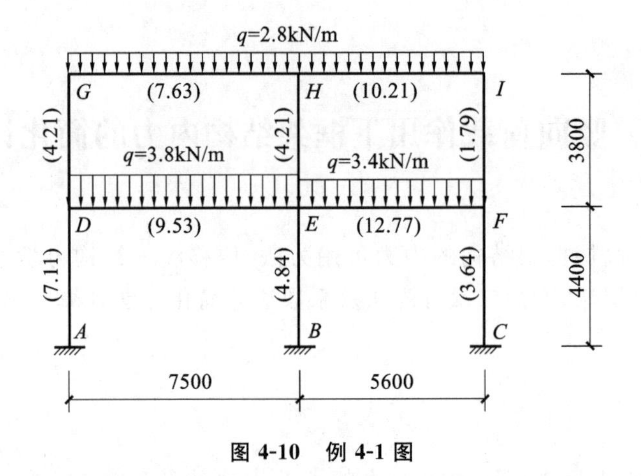

图 4-10 例 4-1 图

【解】 利用分层法，将框架分解为顶层和底层两个敞口框架，用弯矩分配法计算各节点弯矩，计算过程如图 4-11 及图 4-12 所示。

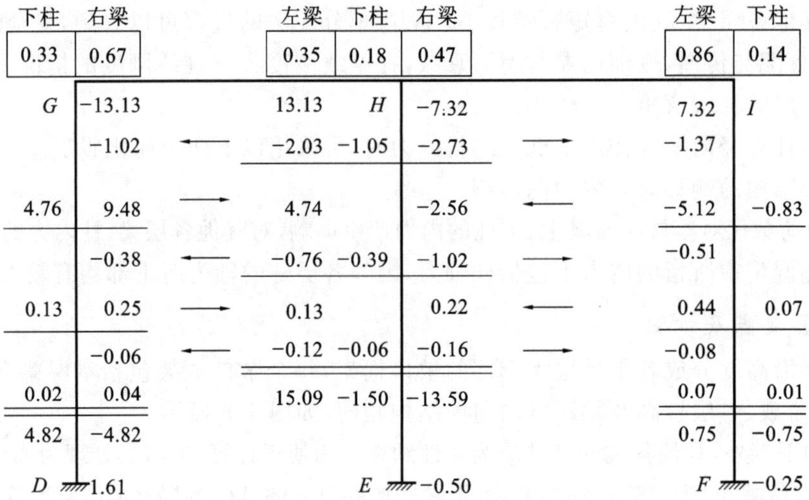

	G 下柱	G 右梁	H 左梁	H 下柱	H 右梁	I 左梁	I 下柱
分配系数	0.33	0.67	0.35	0.18	0.47	0.86	0.14
		−13.13	13.13		−7.32	7.32	
		−1.02	−2.03	−1.05	−2.73	−1.37	
	4.76	9.48	4.74		−2.56	−5.12	−0.83
		−0.38	−0.76	−0.39	−1.02	−0.51	
	0.13	0.25	0.13		0.22	0.44	0.07
		−0.06	−0.12	−0.06	−0.16	−0.08	
	0.02	0.04	15.09	−1.50	−13.59	0.07	0.01
	4.82	−4.82				0.75	−0.75
柱底	D 1.61			E −0.50			F −0.25

图 4-11 顶层框架弯矩分配过程

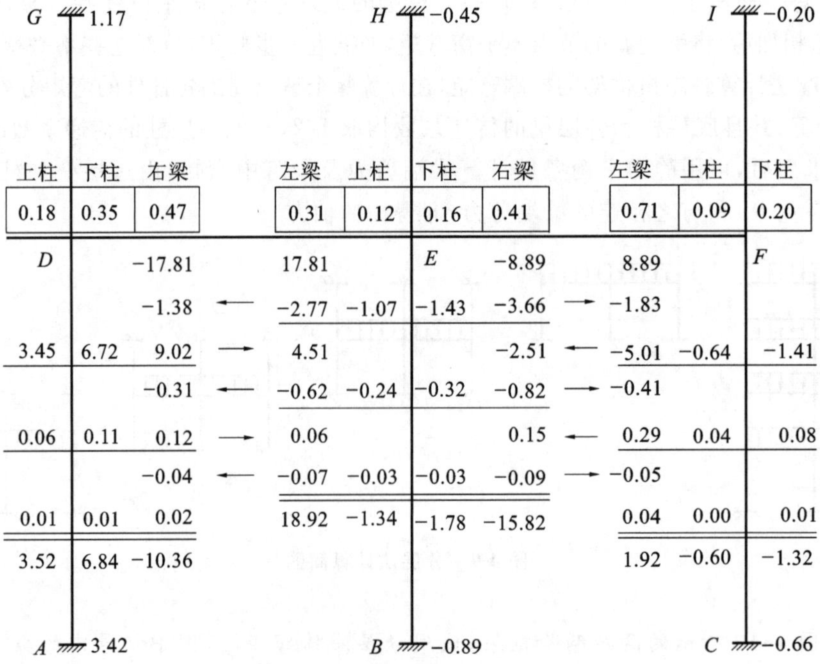

	D 上柱	D 下柱	D 右梁	E 左梁	E 上柱	E 下柱	E 右梁	F 左梁	F 上柱	F 下柱
柱顶	G 1.17				H −0.45				I −0.20	
分配系数	0.18	0.35	0.47	0.31	0.12	0.16	0.41	0.71	0.09	0.20
			−17.81	17.81			−8.89	8.89		
			−1.38	−2.77	−1.07	−1.43	−3.66	−1.83		
	3.45	6.72	9.02	4.51			−2.51	−5.01	−0.64	−1.41
			−0.31	−0.62	−0.24	−0.32	−0.82	−0.41		
	0.06	0.11	0.12	0.06			0.15	0.29	0.04	0.08
			−0.04	−0.07	−0.03	−0.03	−0.09	−0.05		
	0.01	0.01	0.02	18.92	−1.34	−1.78	−15.82	0.04	0.00	0.01
	3.52	6.84	−10.36					1.92	−0.60	−1.32
柱底		A 3.42				B −0.89				C −0.66

图 4-12 底层框架弯矩分配过程

(1)求各节点的分配系数,见表 4-1。

表 4-1 各节点分配系数计算

层次	节点	相对线刚度				相对线刚度总和	分配系数			
		左梁	右梁	上柱	下柱		左梁	右梁	上柱	下柱
顶层	*G*		7.63		4.21×0.9=3.79	11.42		0.668		0.332
	H	7.63	10.21		4.21×0.9=3.79	21.63	0.353	0.472		0.175
	I	10.21			1.79×0.9=1.61	11.82	0.864			0.136
底层	*D*		9.53	4.21×0.9=3.79	7.11	20.43		0.466	0.186	0.348
	E	9.53	12.77	4.21×0.9=3.79	4.84	30.93	0.308	0.413	0.123	0.156
	F	12.77		1.79×0.9=1.61	3.64	18.02	0.709		0.089	0.202

(2)固端弯矩:

$$M_{GH} = -M_{HG} = -\frac{1}{12} \times 2.8 \times 7.5^2 = -13.13(\text{kN} \cdot \text{m})$$

$$M_{HI} = -M_{IH} = -\frac{1}{12} \times 2.8 \times 5.6^2 = -7.32(\text{kN} \cdot \text{m})$$

$$M_{DE} = -M_{ED} = -\frac{1}{12} \times 3.8 \times 7.5^2 = -17.81(\text{kN} \cdot \text{m})$$

$$M_{EF} = -M_{FE} = -\frac{1}{12} \times 3.4 \times 5.6^2 = -8.89(\text{kN} \cdot \text{m})$$

最终的弯矩图是顶层和底层分层计算弯矩图的叠加。最后计算结果中个别节点弯矩可能不平衡,这是由计算误差累加所致。可将不平衡弯矩在各自节点上再次分配,得到分层法计算的杆端弯矩,如图 4-13 所示。为了了解分层法计算误差,图 4-13 还给出了考虑框架侧移时的杆端弯矩(括号内的数值,可视为精确值)。可以看出,用分层法计算所得的梁端弯矩误差较小,柱端弯矩误差较大。

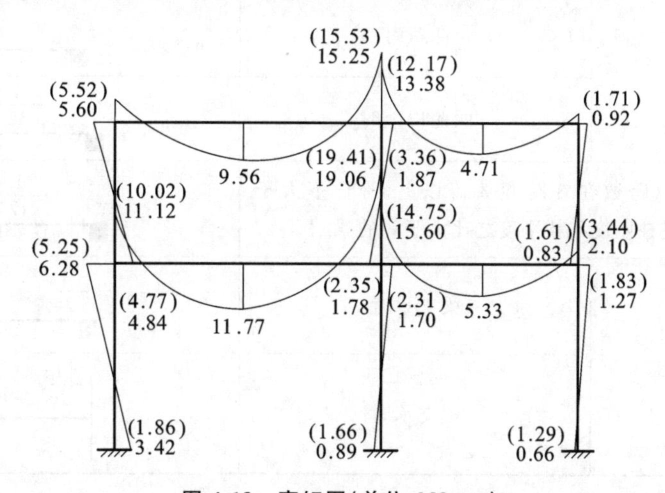

图 4-13 弯矩图(单位:kN·m)

4.3.2 弯矩二次分配法

计算竖向荷载作用下多层多跨框架结构的杆端弯矩时,如用无侧移框架的弯矩分配法,要考虑任一节点的不平衡弯矩对框架结构所有杆件的影响,计算相当繁复。根据在分层法中所作的分析可知,多层框架中某节点的不平衡弯矩对与其相邻的节点影响较大,对其他节点的影响较小,因而可假定某一节点的不平衡弯矩只对与该节点相交的各杆件的远端有影响,这样可将弯矩分配法的循环次数简化到弯矩二次分配和其间的一次传递,此法即为弯矩二次分配法。下面仅说明这种方法的具体计算步骤。

(1)根据各杆件的线刚度计算各节点的杆端弯矩分配系数,并计算竖向荷载作用下各跨梁的固端弯矩。

(2)计算框架各节点的不平衡弯矩，并对所有节点反号后的不平衡弯矩均进行第一次分配(其间不进行弯矩传递)。

(3)将所有杆端的分配弯矩同时向其远端传递(对于刚接框架，传递系数均取 1/2)。

(4)将各节点因传递弯矩而产生的新的不平衡弯矩反号后进行第二次分配，使各节点处于平衡状态。至此，整个弯矩分配和传递过程结束。

(5)将各杆端的固端弯矩、分配弯矩和传递弯矩叠加，即得各杆端弯矩。

4.3.3 系数法

(1)基本使用条件。

①两个相邻跨的跨长相差不超过短跨跨长的 20%；

②活荷载与永久荷载之比不大于 3；

③荷载均匀布置；

④框架梁截面为矩形。

(2)框架梁内力。

①弯矩。按系数法，框架梁的内力可以按式(4-9)计算：

$$M = \alpha w_u l_n^2 \tag{4-9}$$

式中 α——弯矩系数，查表 4-2 获得；

w_u—— 框架梁上永久荷载与活荷载设计值之和；

l_n——净跨跨长，求支座弯矩时用相邻两跨净跨跨长的平均值。

表 4-2 **弯矩系数 α 表**

正弯矩	端部无约束时		$\frac{1}{11}$ $\frac{1}{16}$
	端部有约束时		$\frac{1}{14}$ $\frac{1}{16}$
负弯矩	内支座	两跨时	$-\frac{1}{9}$ $-\frac{1}{9}$
		两跨以上时	$-\frac{1}{10}$ $-\frac{1}{11}$ $-\frac{1}{11}$ $-\frac{1}{11}$
	内支座(跨数在 3 跨和 3 跨以上，跨长不大于 3.048m 或柱刚度与梁刚度之比大于 8 的梁)		$-\frac{1}{12}$ $-\frac{1}{12}$ $-\frac{1}{12}$ $-\frac{1}{12}$
	外支座	梁支承时	$-\frac{1}{24}$
		柱支承时	$-\frac{1}{16}$

②剪力。按系数法，框架梁的剪力可按式(4-10)计算：

$$V = \beta \omega_u l_n \tag{4-10}$$

式中 β——剪力系数，按图 4-14 查用。

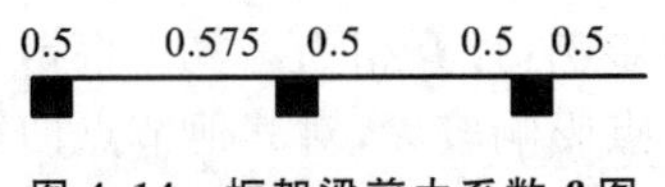

图 4-14 框架梁剪力系数 β 图

(3)框架柱内力。

①轴力。按系数法，框架柱的轴力可以按楼面单位面积上恒荷载与活荷载设计值之和乘该柱的负荷面

积计算，此时，可近似地将楼面板沿柱轴线之间的中线划分，且活荷载值可以按第 2 章规定折减。

②弯矩。框架柱在竖向荷载作用下的弯矩，可以按节点处框架梁的梁端弯矩最大差值平均分配给上柱和下柱的柱端。当横梁不在立柱形心线上时，要考虑由偏心引起的不平衡弯矩，并将这个弯矩也平均分配给上、下柱柱端。

系数法的优点是计算简便，而且不必事先假定梁和柱的截面尺寸就可以求得杆件的内力。

4.4 水平荷载作用下框架结构内力的简化计算

框架结构在水平荷载(如风荷载、水平地震作用等)作用下，一般都可归结为受节点水平力的作用，这时梁柱杆件的变形图如图 4-15 所示。由图 4-15 可见，框架的每个节点除产生相对水平位移 Δ_i 外，还产生转角 θ_i。越靠近底层，框架所受层间剪力越大，故各节点的相对水平位移和转角都具有越靠近底层越大的特点。柱上、下两段弯曲方向相反，柱中一般都有一个反弯点。梁和柱的弯矩图都是直线，梁中也有一个反弯点。如果能够求出各柱的剪力及其反弯点位置，则梁、柱内力均可方便地求得。因此，水平荷载作用下框架结构内力近似计算的关键：一是确定层间剪力在各柱间的分配；二是确定各柱的反弯点位置。

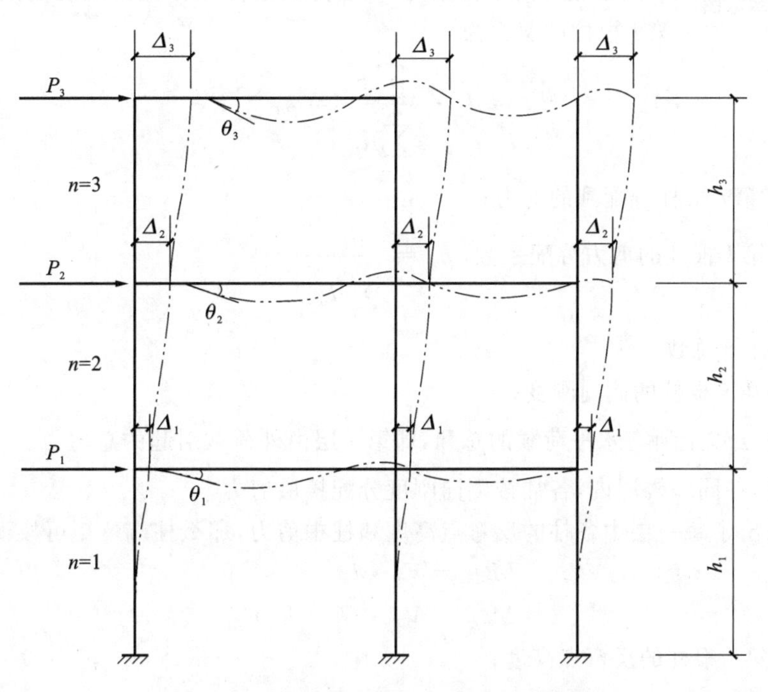

图 4-15 水平荷载作用下框架结构的变形图

水平荷载(风荷载或地震作用)作用下框架结构的内力和侧移可用结构力学方法计算，常用的方法有反弯点法、D 值法、门架法等。本节主要介绍反弯点法和 D 值法的相关内容。

4.4.1 反弯点法

为了方便地求得各柱的剪力和反弯点的位置，根据框架结构的受力特点，作如下假定。

(1)梁柱线刚度比为无穷大，各柱上下两端均不发生角位移。

如果框架横梁刚度为无穷大，在水平力的作用下，框架节点将只有侧移而没有转角。实际上，框架横梁刚度不会是无穷大，在水平力作用下，节点既有侧移又有转角。但是，当梁、柱的线刚度之比大于 3 时，柱子端部的转角就很小。此时忽略节点转角，对框架内力计算影响不大。

(2)不考虑框架梁的轴向变形，同一层各节点水平位移相等。

(3)底层柱的反弯点在距柱底 2/3 柱高处，其余各层柱的反弯点均在 1/2 柱高处。

当柱子端部转角为零时，反弯点的位置应该位于柱子高度的中间。而实际结构中，尽管梁、柱的线刚度之比大于 3，在水平力的作用下，节点仍然存在转角，那么反弯点的位置就不在柱子中间。尤其是底层柱子，由于柱子下端为嵌固端，无转角，当上端有转角时，反弯点必然上移，故将底层柱子的反弯点取在 2/3 处。上部各层，当节点转角接近时，柱子反弯点基本在柱子中间，因此将反弯点取在 1/2 处。

柱上下两端产生相对单位水平位移时，柱中所产生的剪力称为该柱的侧向刚度。反弯点法用侧向刚度 d 表示框架柱两端有相对单位侧移时柱中产生的剪力，它与柱两端的约束情况有关。由于反弯点法中假定梁柱线刚度比为无穷大，可近似认为节点无转角(图 4-16)，则根据两端无转角但有相对单位水平位移时杆件的杆端剪力方程，可得

$$d=\frac{V}{\delta}=\frac{12i_c}{h^2} \tag{4-11}$$

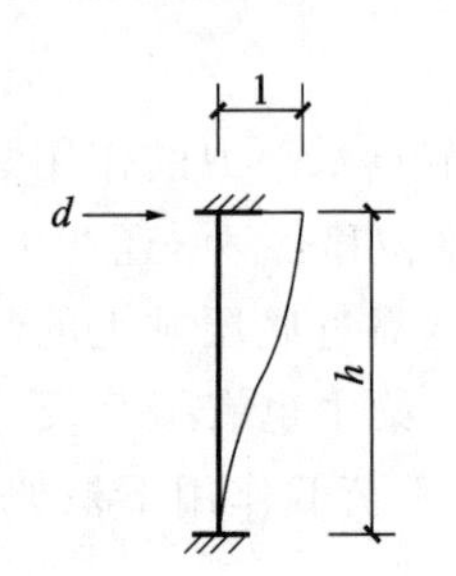

图 4-16 柱侧向刚度示意图

式中 d——柱的侧向刚度；

h——层高；

i_c——柱线刚度，$i_c=\frac{EI_c}{h}$；

EI_c——柱截面抗弯刚度。

根据力的平衡条件、变形协调条件和柱侧向刚度的定义，可以得出第 j 层第 i 根柱的剪力为

$$V_{ij}=d_{ij}\cdot\frac{\sum F}{\sum_{i=1}^{m}d_{ij}}=\rho_{ij}\sum F \tag{4-12}$$

式中 V_{ij}——第 j 层第 i 根柱分配到的剪力；

ρ_{ij}——第 j 层第 i 根柱的剪力分配系数，$\rho_{ij}=\frac{d_{ij}}{\sum_{i=1}^{m}d_{ij}}$；

m——第 j 层柱子总数；

d_{ij}——第 j 层第 i 根柱的侧向刚度；

$\sum F$——第 j 层以上所有水平荷载的总和，即第 j 层由外荷载引起的总剪力。

由上式可以看出，在同一楼层内，各柱按侧向刚度分配楼层剪力。

由于前面已经求出了每一层中各柱的反弯点高度和柱中剪力，那么柱端弯矩可按下式计算：

$$\left.\begin{aligned}&\text{柱下端弯矩：}\quad M_{ij\text{下}}=V_{ij}\cdot l_{ij}\\&\text{柱上端弯矩：}\quad M_{ij\text{上}}=V_{ij}\cdot(h_j-l_{ij})\end{aligned}\right\} \tag{4-13}$$

式中 l_{ij}——第 j 层第 i 根柱的反弯点高度；

h_j——第 j 层的柱高。

梁端弯矩可由节点平衡求出，如图 4-17 所示。

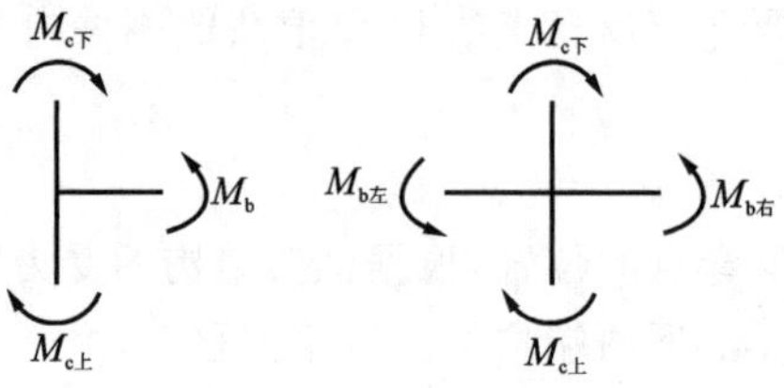

(a) (b)

图 4-17 节点弯矩

(a)边柱节点；(b)中柱节点

边柱节点梁端弯矩：

$$M_b = M_{c上} + M_{c下} \tag{4-14}$$

中柱节点梁端弯矩：

$$M_{b左} = (M_{c上} + M_{c下}) \cdot \frac{i_{b左}}{i_{b左} + i_{b右}} \tag{4-15}$$

$$M_{b右} = (M_{c上} + M_{c下}) \cdot \frac{i_{b右}}{i_{b左} + i_{b右}} \tag{4-16}$$

式中 $i_{b左}$，$i_{b右}$——节点左、右边梁的线刚度；

$M_{c上}$，$M_{c下}$——节点上、下端弯矩。

进一步，还可根据力的平衡条件，由梁两端的弯矩求出梁的剪力；由梁的剪力，根据节点的平衡条件，可求出柱的轴力。

综上所述，反弯点法的要点：一是确定反弯点高度，二是确定剪力分配系数 ρ_{ij}。

4.4.2 *D* 值法

反弯点法在考虑柱侧向刚度 d 时，假设节点转角为 0，亦即假设横梁的线刚度为无穷大。对于高层建筑，由于各种条件的限制，特别是在抗震设计时，根据强柱弱梁的原则，柱子截面往往较大，经常会有梁、柱相对线刚度比较接近的情况，甚至有时柱的线刚度反而比梁大。这样，采用上述假设将会产生较大误差。另外，反弯点法在确定反弯点高度 l_{ij} 时，假设柱上、下节点转角相等，这样误差也较大，特别是在最上和最下数层。此外，当上、下层的层高变化大，或者上、下层梁的线刚度变化较大时，用反弯点法计算框架在水平荷载作用下的内力时，其计算结果误差也较大。

考虑以上因素和多层框架结构受力变形特点，对反弯点法进行修正，从而形成了一种新的计算方法——D 值法。D 值法相对于反弯点法，一是修正了柱的侧向刚度，二是调整了反弯点高度。修正后的柱侧向刚度用 D 表示，故该方法称为"D 值法"。D 值法的计算步骤与反弯点法相同，计算简单、实用，精度比反弯点法高，因而在高层建筑结构设计中得到广泛应用。

D 值法也要解决两个主要问题：确定侧向刚度和反弯点高度。

(1)修正后柱的侧向刚度。考虑柱端约束条件的影响，修正后柱的侧向刚度 D 用下式计算：

$$D = \alpha \frac{12 i_c}{h^2} \tag{4-17}$$

式中 α——与梁、柱线刚度有关的修正系数，表 4-3 给出了各种情况下 α 的取值。

表 4-3 **柱侧向刚度修正系数 α**

楼层	边柱	中柱	α
一般层	i_{b2}, i_c, i_{b4} $K=\frac{i_{b2}+i_{b4}}{2i_c}$	i_{b1}, i_{b2}, i_c, i_{b3}, i_{b4} $K=\frac{i_{b1}+i_{b2}+i_{b3}+i_{b4}}{2i_c}$	$\alpha=\frac{K}{2+K}$
底层	i_{b1}, i_c $K=\frac{i_{b1}}{i_c}$	i_{b1}, i_{b2}, i_c $K=\frac{i_{b1}+i_{b2}}{i_c}$	$\alpha=\frac{0.5+K}{2+K}$

侧向刚度 D 值小于 d 值，梁刚度愈小，α 值也愈小，即柱的侧向刚度愈小。表 4-3 中，K 为梁柱线刚度比，中柱必须考虑与其相连的上、下、左、右四根梁的线刚度之和，边柱则令 $i_{b1}=i_{b3}=0$。

(2)同一楼层各柱剪力的计算。求出了 D 值以后，与反弯点法类似，假定同一楼层各柱的侧移相等，则可求出各柱的剪力：

$$V_{ij}=\frac{D_{ij}}{\sum_{i=1}^{m}D_{ij}}\sum F \tag{4-18}$$

式中　V_{ij}——第 j 层第 i 根柱分配到的剪力；

D_{ij}——第 j 层第 i 根柱的侧向刚度。

(3)各层柱的反弯点高度比。各层柱的反弯点高度比与柱两端的约束条件(或柱两端的转角大小)有关。因此，影响柱反弯点高度比的因素主要有三个：

①该层所在的楼层位置及梁柱线刚度比；

②上、下横梁相对线刚度比；

③上、下层层高的变化。

在 D 值法中，首先通过力学分析求出标准情况下的反弯点高度比 y_0(即规则框架柱下端到柱中反弯点的距离与柱全高的比值)，再根据上、下横梁线刚度比及上、下层层高变化，对 y_0 进行调整。反弯点高度比可表达为

$$y_h=(y_0+y_1+y_2+y_3)\cdot h \tag{4-19}$$

式中　y_0——标准反弯点高度比；

y_1——考虑上、下横梁线刚度不相等时引入的修正值；

y_2，y_3——考虑上、下层层高变化时引入的修正值；

h——该柱的高度(层高)。

为了方便使用，系数 y_0、y_1、y_2 和 y_3 已制成表格，可由附录 2～4 的表格确定其数值。

(4)弯矩图的绘制。当各层框架柱的侧向刚度 D 和各层柱反弯点高度比 y_h 确定后，与反弯点法一样，就可求出框架的弯矩图。

【典型例题】

【例 4-2】　求解图 4-18 所示的框架中各杆件的杆端弯矩。图中括号内数字为各杆的相对线刚度。

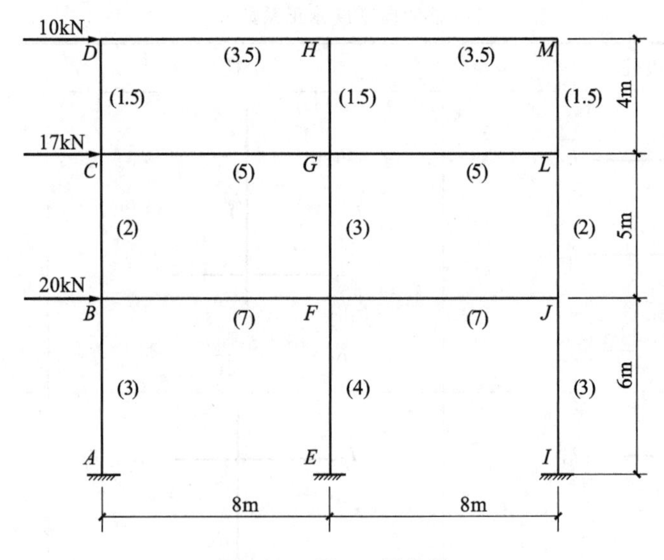

图 4-18　例 4-2 框架图

【解】　(1)求各层柱的 D 值及每根柱分配的剪力，见表 4-4。

表 4-4 各层柱 D 值及每根柱分配的剪力

层数	3	2	1
层剪力/kN	10	27	47
左边柱 D 值	$K=\frac{3.5+5}{2\times1.5}=2.83$ $D=\frac{2.83}{2+2.83}\times1.5i=0.88i$	$K=\frac{5+7}{2\times2}=3$ $D=\frac{3}{2+3}\times2i=1.2i$	$K=\frac{7}{3}=2.33$ $D=\frac{0.5+2.33}{2+2.33}\times3i=1.96i$
右边柱 D 值	$K=2.83$ $D=0.88i$	$K=\frac{5+7}{2\times2}=3$ $D=\frac{3}{2+3}\times2i=1.2i$	$K=\frac{7}{3}=2.33$ $D=\frac{0.5+2.33}{2+2.33}\times3i=1.96i$
中柱 D 值	$K=\frac{3.5+5+3.5+5}{2\times1.5}=5.67$ $D=\frac{5.67}{2+5.67}\times1.5i=1.11i$	$K=\frac{5+7+5+7}{2\times3}=4$ $D=\frac{4}{2+4}\times3i=2i$	$K=\frac{7+7}{4}=3.5$ $D=\frac{0.5+3.5}{2+3.5}\times4i=2.91i$
D 值之和	$2.87i$	$4.4i$	$6.83i$
左边柱剪力/kN	$V_3=\frac{0.88}{2.87}\times10=3.07$	$V_2=\frac{1.2}{4.4}\times27=7.36$	$V_1=\frac{1.96}{6.83}\times47=13.49$
右边柱剪力/kN	$V_3=\frac{0.88}{2.87}\times10=3.07$	$V_2=\frac{1.2}{4.4}\times27=7.36$	$V_1=\frac{1.96}{6.83}\times47=13.49$
中柱剪力/kN	$V_3=\frac{1.11}{2.87}\times10=3.87$	$V_2=\frac{2}{4.4}\times27=12.27$	$V_1=\frac{2.91}{6.83}\times47=20.02$

(2)计算反弯点高度比，见表 4-5。

表 4-5 计算反弯点高度比

层数	3 ($m=3,n=3$)	2 ($m=3,n=2$)	1 ($m=3,n=1$)
左边柱	$K=2.83, y_0=0.45$ $I=\frac{3.5}{5}=0.7, y_1=0.01$ $\alpha_2=\frac{5}{4}=1.25, y_2=0$ $y_h=0.45$	$K=3, y_0=0.5$ $I=\frac{5}{7}=0.71, y_1=0$ $\alpha_2=\frac{4}{5}=0.8, y_2=0$ $\alpha_3=\frac{6}{5}=1.2, y_3=0$ $y_h=0.5$	$K=2.33, y_0=0.55$ $\alpha_2=\frac{5}{6}=0.83, y_2=0$ $y_h=0.55$
右边柱	$K=2.83, y_0=0.45$ $I=\frac{3.5}{5}=0.7, y_1=0.01$ $\alpha_3=1.25, y_3=0$ $y_h=0.45$	$K=3, y_0=0.5$ $I=\frac{5}{7}=0.71, y_1=0$ $\alpha_2=0.8, y_2=0$ $\alpha_3=\frac{6}{5}=1.2, y_3=0$ $y_h=0.5$	$K=2.33, y_0=0.55$ $\alpha_2=0.83, y_2=0$ $y_h=0.55$
中柱	$K=5.67, y_0=0.45$ $I=\frac{2\times3.5}{2\times5}=0.7, y_1=0$ $\alpha_3=1.25, y_3=0$ $y_h=0.45$	$K=4, y_0=0.5$ $I=\frac{2\times5}{2\times7}=0.71, y_1=0$ $\alpha_2=0.8, y_2=0$ $\alpha_3=\frac{6}{5}=1.2, y_3=0$ $y_h=0.5$	$K=3.5, y_0=0.55$ $\alpha_2=0.83, y_2=0$ $y_h=0.55$

(3)求各柱的柱端弯矩。

$M_{CD}=3.07\times0.45\times4.0=5.53(\text{kN}\cdot\text{m})$，$M_{GH}=3.87\times0.45\times4.0=6.97(\text{kN}\cdot\text{m})$

$M_{LM}=3.07\times0.45\times4.0=5.53(\text{kN}\cdot\text{m})$，$M_{DC}=3.07\times(1-0.45)\times4.0=6.75(\text{kN}\cdot\text{m})$

$M_{HG}=3.87\times(1-0.45)\times4.0=8.51(\text{kN}\cdot\text{m})$，$M_{ML}=3.07\times(1-0.45)\times4.0=6.75(\text{kN}\cdot\text{m})$

$M_{BC}=7.36\times0.5\times5.0=18.40(\text{kN}\cdot\text{m})$，$M_{FG}=12.27\times0.5\times5.0=30.68(\text{kN}\cdot\text{m})$

$M_{JL}=7.36\times0.5\times5.0=18.40(\text{kN}\cdot\text{m})$，$M_{CB}=7.36\times0.5\times5.0=18.40(\text{kN}\cdot\text{m})$

$M_{GF}=12.27\times0.5\times5.0=30.68(\text{kN}\cdot\text{m})$，$M_{LJ}=7.36\times0.5\times5.0=18.40(\text{kN}\cdot\text{m})$

$M_{AB}=13.49\times0.55\times6=44.52(\text{kN}\cdot\text{m})$，$M_{EF}=20.02\times0.55\times6=66.07(\text{kN}\cdot\text{m})$

$M_{IJ}=13.49\times0.55\times6=44.52(\text{kN}\cdot\text{m})$，$M_{BA}=13.49\times(1-0.55)\times6=36.42(\text{kN}\cdot\text{m})$

$M_{FE}=20.02\times(1-0.55)\times6=54.05(\text{kN}\cdot\text{m})$，$M_{JI}=13.49\times(1-0.55)\times6=36.42(\text{kN}\cdot\text{m})$

(4)求出各横梁的梁端弯矩。

$M_{DH}=M_{DC}=6.75(\text{kN}\cdot\text{m})$，$M_{HD}=\dfrac{3.5}{3.5+3.5}\times8.51=4.255(\text{kN}\cdot\text{m})$

$M_{HM}=\dfrac{3.5}{3.5+3.5}\times8.51=4.255(\text{kN}\cdot\text{m})$，$M_{MH}=M_{ML}=6.75(\text{kN}\cdot\text{m})$

$M_{CG}=M_{CD}+M_{CB}=5.53+18.40=23.93(\text{kN}\cdot\text{m})$

$M_{GC}=\dfrac{5}{5+5}(M_{GH}+M_{GF})=0.5\times(6.97+30.68)=18.825(\text{kN}\cdot\text{m})$

$M_{GL}=\dfrac{5}{5+5}(M_{GH}+M_{GF})=0.5\times(6.97+30.68)=18.825(\text{kN}\cdot\text{m})$

$M_{LG}=M_{LM}+M_{LJ}=5.53+18.40=23.93(\text{kN}\cdot\text{m})$

$M_{BF}=M_{BC}+M_{BA}=18.40+36.42=54.82(\text{kN}\cdot\text{m})$

$M_{FB}=\dfrac{7}{7+7}(M_{FG}+M_{FE})=0.5\times(30.68+54.05)=42.365(\text{kN}\cdot\text{m})$

$M_{FJ}=\dfrac{7}{7+7}(M_{FG}+M_{FE})=0.5\times(30.68+54.05)=42.365(\text{kN}\cdot\text{m})$

$M_{JF}=M_{JL}+M_{JI}=18.40+36.42=54.82(\text{kN}\cdot\text{m})$

4.5 水平荷载作用下框架结构侧移的简化计算

框架侧移主要是由水平荷载引起的，本节介绍框架侧移的近似计算方法。由于设计时需要分别对层间位移及顶点侧移加以限制，因此需要计算层间位移及顶点侧移。

4.5.1 框架侧移的变形特点

一根悬臂柱在均布荷载作用下，可以分别计算剪力作用和弯矩作用引起的变形曲线，二者形状不同，如图 4-19 中虚线所示。由剪切引起的变形愈到底层，相邻两点间的相对变形愈大，当 q 向右时，曲线凹向左。由弯矩引起的变形愈到顶层，变形愈大，当 q 向右时，曲线凹向右。

对于框架结构，如果只考虑梁柱杆件弯曲变形产生的侧移，则侧移曲线如图 4-20(a)所示，它与悬臂柱剪切变形的曲线形状相似，可称为剪切型变形曲线。如果只考虑柱轴向变形，则侧移曲线如图 4-20(b)所示，它与悬臂柱弯曲变形形状相似，可称为弯曲型变形曲线。为了便于理解，可以把框架看成一根空腹的悬臂柱，它的截面高度为框架跨度。如果通过反弯点将某层切开，空腹悬臂柱的弯矩 M 和剪力 V 如图 4-21 所示。M 由柱轴向力 N_A、N_B 这一力偶组成，V 由柱截面剪力 V_A、V_B 组成。梁柱弯曲变形由剪力 V_A、V_B 引起，相当于悬臂柱的剪切变形，所以变形曲线呈剪切型。柱轴向变形由轴力产生，相当于弯矩 M 产生的变形，所以变形曲线呈弯曲型。

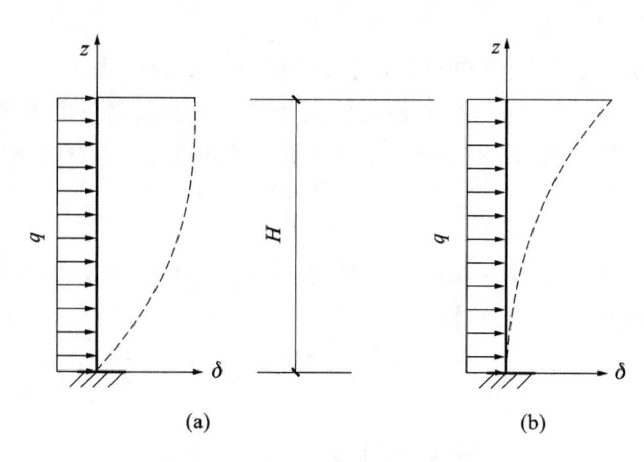

图 4-19 剪力和弯矩引起的侧移

(a)剪切变形;(b)弯曲变形

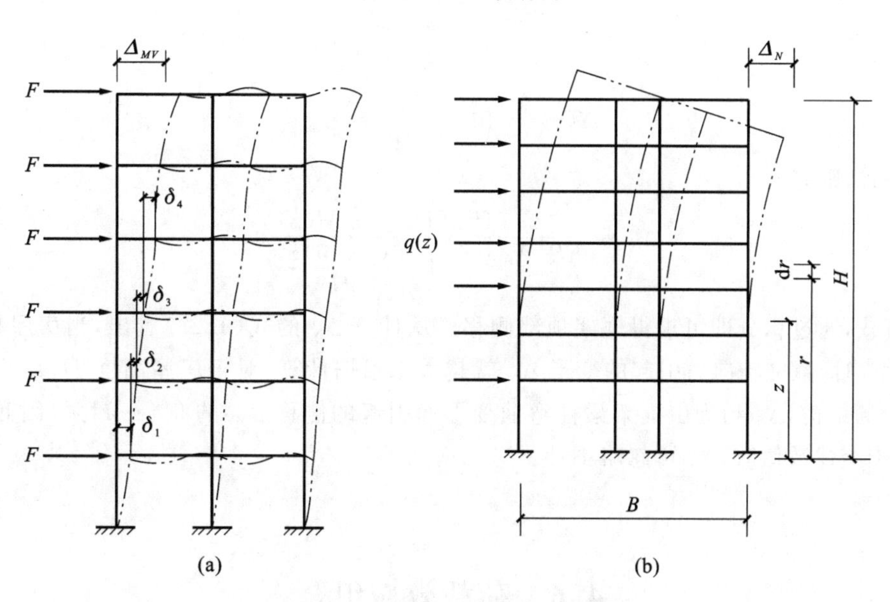

图 4-20 水平荷载作用下框架变形图

(a)梁柱弯曲产生的侧移;(b)轴向变形产生的侧移

4.5.2 框架侧移计算

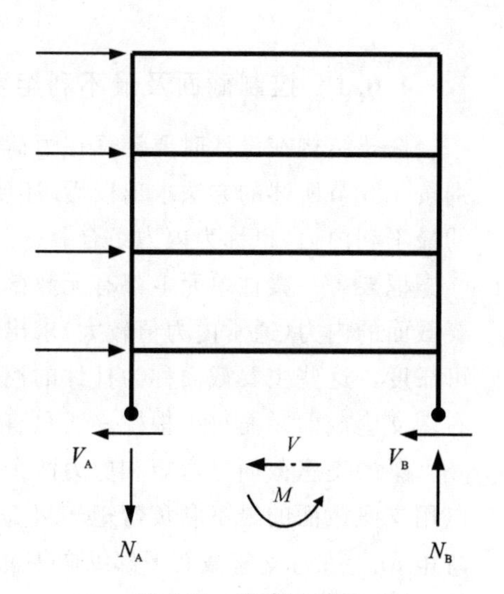

图 4-21 空腹悬臂柱

框架在水平荷载作用下的总侧移,可近似地看作由梁柱弯曲变形和柱轴向变形所引起侧移的叠加。

$$\Delta = \Delta_{MV} + \Delta_N \tag{4-20}$$

式中 Δ_{MV}——由框架梁柱弯曲变形引起的侧移;

Δ_N——由框架柱轴向变形引起的侧移。

(1)由框架梁柱弯曲变形引起的侧移 Δ_{MV}。

根据框架在水平荷载作用下的变形图[图 4-20(a)],有

$$\Delta_{MV} = \delta_1 + \cdots + \delta_i + \cdots + \delta_m \tag{4-21}$$

其中,第 i 层层间相对侧移 δ_i 为

$$\delta_i = \frac{V_i}{D_i} \tag{4-22}$$

式中 V_i——第 i 层的楼层剪力,等于第 i 层以上所有水平力之和;

D_i——第 i 层各柱抗侧移刚度之和。

(2)由柱轴向变形引起的侧移 Δ_N。

在水平荷载作用下，对于一般框架结构来讲，只有两根边柱轴力较大，一侧为拉力，另一侧为压力。中柱因柱子两边梁的剪力相近，轴力很小。这样，由柱轴向变形产生的侧移只需考虑两边柱的贡献。

在任意水平荷载 $q(z)$ 作用下，用单位荷载法可求出由柱轴向变形引起的框架顶点水平位移。

$$\Delta_N = 2\int_0^H \frac{\overline{N}N}{EA}\mathrm{d}z \tag{4-23}$$

式中 $\overline{N}$——单位水平集中力作用在第 j 层时边柱轴力，$\overline{N}=\pm(H-z)/B$，B 为两边柱之间的距离。

N——水平荷载 $q(z)$ 作用下边柱的轴力。

$$N = \pm\frac{M(z)}{B} \tag{4-24}$$

$$M(z) = \int_z^H q(\tau)\mathrm{d}\tau(\tau - z) \tag{4-25}$$

A——边柱截面面积。假定边柱截面沿高度直线变化，令

$$n = \frac{A_{顶}}{A_{底}} \tag{4-26}$$

$$A(z) = \left(1 - \frac{1-n}{H}z\right)A_{底} \tag{4-27}$$

整理上述公式，则有

$$\Delta_N = \frac{2}{EB^2A_{底}}\int_0^H \frac{(H_j - z)M(z)}{1 - \frac{(1-n)z}{H}}\mathrm{d}z \tag{4-28}$$

针对不同荷载，通过积分即可求得框架顶部侧移。从计算 Δ_N 的式(4-28)看出，当房屋越高(H 越大)、宽度越小(B 越小)时，由柱轴向力引起的变形 Δ_N 就越大。根据计算，对于房屋高度 H 大于 50m 或房屋的高宽比 $H/B>4$ 的结构，Δ_N 约为由框架梁柱弯曲变形而引起的侧移 Δ_{MV} 的 5%～11%，因此当房屋高度或高宽比 H/B 低于上述数值时，Δ_N 可忽略不计。

4.6 荷载效应组合

4.6.1 控制截面及最不利组合内力

框架结构在设计时要计算在恒荷载、楼面活荷载、屋面活荷载、风荷载作用下的内力。这些荷载效应分别按 4.5 节所述的方法求出以后，还要计算各主要截面可能发生的最不利内力。求解各主要截面可能发生的最不利内力，也称为内力组合。

框架每一梁柱单元上都有无数截面，而内力组合只需在每根杆件单元的几个主要截面进行。这几个主要截面的内力(通常内力值较大)求出后，按此内力进行杆件的截面设计和配筋便可以保证此杆件有足够的可靠度。这些主要截面称为杆件的控制截面。每一根梁一般有三个控制截面：左端支座截面、跨中截面和右端支座截面。而每一根柱一般只有两个控制截面——柱顶截面和柱底截面。

梁的支座截面有弯矩和剪力两个最不利内力，分别对应正截面受弯破坏和斜截面受剪破坏。因此，可以用支座截面的最不利负弯矩 $-M_{max}$ 进行支座截面上部纵向钢筋的配筋计算，可以用支座截面的最不利正弯矩 M_{max} 进行支座截面下部纵向钢筋的配筋计算；用支座截面可能的最不利剪力 V_{max} 进行支座截面的斜截面设计，以保证支座截面有足够的承载力。梁的跨中截面正弯矩 M_{max} 较大，可以用来进行梁的跨中正截面设计。

水平荷载的往复作用，有可能使梁的支座截面也出现正弯矩。而在邻跨的梁上如果有较大的活荷载，

也可能使跨中截面出现负弯矩。因此，亦应进行支座截面正弯矩和跨中截面负弯矩的组合。

根据竖向及水平荷载作用下框架的内力图，可知框架柱的弯矩在柱的两端最大，剪力和轴力在同一层柱内通常无变化或变化很小。因此，柱的控制截面为柱上、下端截面。柱属于偏心受力构件，随着截面上所作用的弯矩和轴力的不同组合，构件可能发生不同形态的破坏，故组合的不利内力类型有若干组。此外，同一柱端截面在不同内力组合时可能出现正弯矩或负弯矩，但框架柱一般采用对称配筋，所以只需选择绝对值最大的弯矩即可。综上所述，框架柱控制截面最不利内力组合一般有以下几种：

(1) $|M|_{max}$ 及相应的 N 和 V。

(2) N_{max} 及相应的 M 和 V。

(3) N_{min} 及相应的 M 和 V。

(4) $|V|_{max}$ 及相应的 N。

这四组内力组合的前三组用来计算柱正截面受压承载力，以确定纵向受力钢筋数量；第四组用于计算斜截面受剪承载力，以确定箍筋数量。

由结构分析所得内力是构件轴线处的内力值，而梁支座截面的最不利位置是柱边缘处，如图 4-22 所示。此外，不同荷载作用下构件内力的变化规律也不同。因此，内力组合前应将各种荷载作用下柱轴线处梁的弯矩值换算到柱边缘处的弯矩值(图 4-22)，然后进行内力组合。

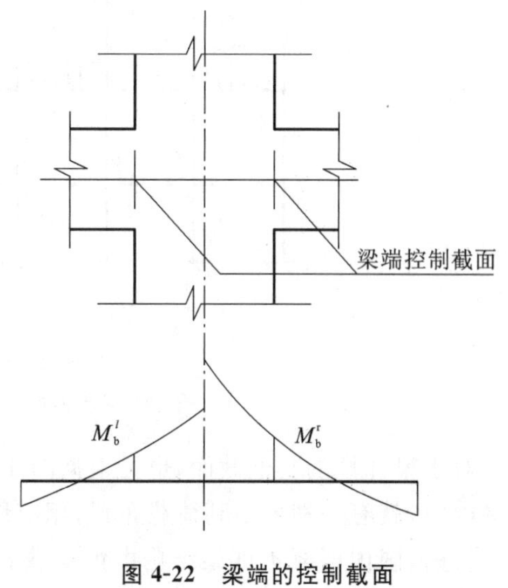

图 4-22　梁端的控制截面

4.6.2　竖向活荷载的最不利位置

永久荷载是长期作用于结构上的竖向荷载，结构内力分析时应按荷载的实际分布和数值作用于结构上，计算其效应。楼面活荷载是随机作用的竖向荷载，对于框架房屋某层的某跨梁来说，它具有不确定性。对于连续梁，应通过活荷载的不利布置确定其支座截面或跨中截面的最不利内力(弯矩或剪力)。对于多、高层框架结构，同样存在楼面活荷载不利布置问题，只是活荷载不利布置方式比连续梁更为复杂。一般来说，结构构件的不同截面或同一截面不同种类的最不利内力，有不同的活荷载最不利布置。因此，活荷载的最不利布置需要根据截面位置及最不利内力种类分别确定。设计中，一般按下述方法确定框架结构楼面活荷载的最不利布置。

(1)分层分跨组合法。这种方法是将楼面活荷载逐层逐跨单独作用在框架结构上，分别计算出结构的内力。然后，对结构上各个控制截面上的不同内力，按照不利与可能的原则进行挑选与叠加，得到控制截面的最不利内力。这种方法的计算工作量大，适用于计算机求解。

(2)最不利荷载布置法。对某一指定截面的某种最不利内力，可直接根据影响线原理确定产生此最不利内力的荷载位置，然后计算结构内力。图 4-23 为一无侧移的多层多跨框架某跨有活荷载时各杆的变形曲线示意图，其中圆点表示受拉纤维的一边。

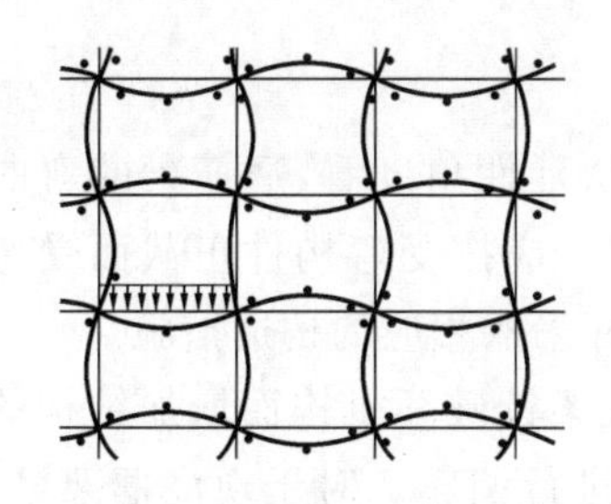

图 4-23　框架杆件的变形曲线

由图 4-23 可见，如果某跨有活荷载作用，则该跨跨中产生正弯矩，并在沿横向隔跨、竖向隔层和隔跨隔层的各跨跨中引起正弯矩，还在横向邻跨、竖向邻层和隔跨隔层的各跨跨中产生负弯矩。由此可知，如果要求某跨跨中产生最大正弯矩，则应在该跨布置活荷载，然后沿横向隔跨、竖向隔层的各跨也布置活荷载；如果要求某跨跨中产生最大负弯矩(绝对值)，则活荷载布置方式恰与上述相反。图 4-24(a)表示 B_1C_1、D_1E_1、A_2B_2、C_2D_2、B_3C_3、D_3E_3、A_4B_4 和 C_4D_4 跨的各跨跨中产生最大正弯矩时活荷载的不利布置方式。

另由图 4-23 可见，如果某跨有活荷载作用，则使该跨梁端产生负弯矩，并引起上、下邻层梁端负弯矩然后逐层相反，还引起横向邻跨近端梁端负弯矩和远端梁端正弯矩，然后逐层逐跨相反。按此规律，如果要求

图 4-24(b)中 BC 跨梁 B_2C_2 的左端 B_2 产生最大负弯矩(绝对值),则可按图 4-24(b)布置活荷载。按此图的活荷载布置计算得到 B_2 截面的负弯矩,即该截面的最大负弯矩(绝对值)。

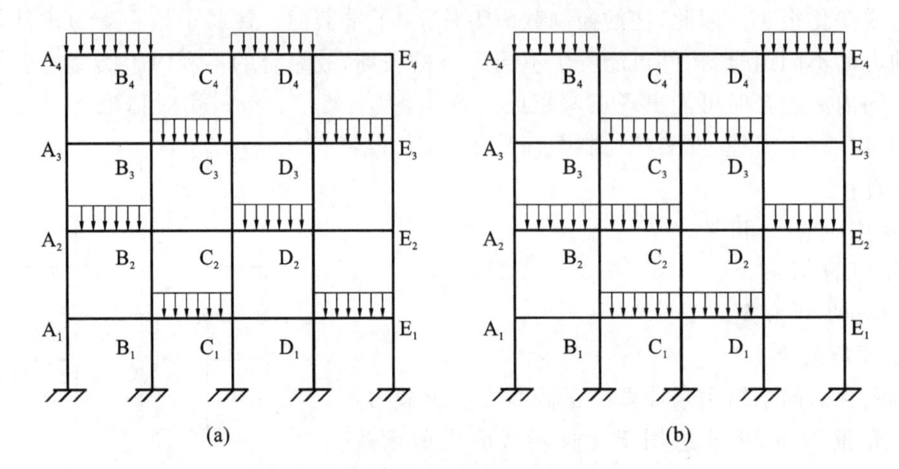

图 4-24 框架结构活荷载不利布置示例

(a)跨中最大正弯矩时活荷载布置;(b)支座最大负弯矩时活荷载布置

对于梁和柱的其他截面,也可根据图 4-23 的规律得到最不利荷载布置。一般来说,对应于一个截面的一种内力,就有一种最不利荷载布置,相应地需进行一次结构内力计算,这样计算工作量就很大。

目前,国内混凝土框架结构由恒荷载和楼面活荷载引起的单位面积重力荷载为 12～14kN/m²,其中活荷载部分为 2～3kN/m²,只占全部重力荷载的 15%～20%,活荷载不利分布的影响较小。因此,一般情况下,可以不考虑楼面活荷载不利布置的影响,而按活荷载满布各层各跨梁的情况计算内力。为了安全起见,实际设计中可将这样求得的梁跨中截面弯矩及支座截面弯矩乘 1.1～1.3 的放大系数,活荷载大时可选用较大的数值。但是,当楼面活荷载大于 4kN/m² 时,应考虑楼面活荷载不利布置引起的梁弯矩的增大。

风荷载和水平地震作用应考虑正、反两个方向的作用。如果结构对称,这两种作用均为反对称,只需要做一次内力计算,内力改变符号即可。

4.7 构件设计及构造要求

抗震等级为一级的框架梁、柱、节点核心区,混凝土的强度等级不应低于 C30,构造柱、芯柱、圈梁及其他各类构件不应低于 C20。

抗震设计时,框架柱的混凝土强度等级,9 度时不宜高于 C60,8 度时不宜高于 C70。强度等级过高的混凝土延性较弱,地震时容易发生脆性破坏。

4.7.1 框架梁

框架梁属受弯构件,破坏形态有两种形式——弯曲破坏和剪切破坏。从延性角度看,适筋梁的弯曲破坏延性最好,设计时必须保证框架梁是适筋梁。同时,要保证梁的强剪弱弯。应按受弯构件正截面受弯承载力计算所需要的纵筋数量,按斜截面受剪承载力计算所需要的箍筋数量,并采取相应的构造措施。

为了避免梁支座处抵抗负弯矩的钢筋过分拥挤,以及在抗震结构中形成梁铰破坏机构而增加结构的延性,可以考虑框架梁端塑性变形内力重分布,对竖向荷载作用下梁端负弯矩进行调整。对于现浇框架梁,梁端负弯矩调整系数可取 0.8～0.9;对于装配整体式框架梁,由于梁柱节点处钢筋焊接、锚固、接缝不密实等,受力后节点各杆件产生相对角变,其节点的整体性不如现浇框架,故其梁端负弯矩调整系数可取 0.7～0.8。框架梁端截面负弯矩调整后,梁跨中截面弯矩应按平衡条件相应增大。截面设计时,框架梁跨中截面正弯矩设计值不应小于竖向荷载作用下按简支梁计算的跨中截面弯矩设计值的50%。并应先对竖向荷载作用下的框架梁弯矩进行调整，再与水平荷载产生的框架梁弯矩进行组合。

4.7.1.1 承载力计算方法

(1)正截面受弯承载力。

①持久、短暂设计状态：

$$M_b \leqslant \alpha_1 f_c bx\left(h_{b0}-\frac{x}{2}\right)+A'_s f'_y(h_{b0}-a')=(A_s-A'_s)f_y\left(h_{b0}-\frac{x}{2}\right)+A'_s f_y(h_{b0}-a') \quad (4\text{-}29)$$

式中 M_b——组合的梁端截面弯矩设计值；

A_s，A'_s——受拉钢筋截面面积和受压钢筋截面面积；

a'——受压钢筋中心至受压截面边缘的距离；

α_1——矩形应力图的强度与受压区混凝土最大应力 f_c 的比值；

b，h_{b0}——梁截面的宽度和有效宽度；

x——梁截面受压区高度。

②地震设计状态。试验研究表明，在低周反复荷载作用下，构件的正截面承载力与一次加载时的正截面承载力没有太大差别。因此，对矩形截面框架梁，其正截面承载力仍可用非抗震设计的相应公式计算，但应考虑相应的承载力抗震调整系数，即

$$M_b \leqslant \frac{1}{\gamma_{RE}}\left[(A_s-A'_s)f_y\left(h_{b0}-\frac{x}{2}\right)+A'_s f_y(h_{b0}-a')\right] \quad (4\text{-}30)$$

式中 γ_{RE}——承载力抗震调整系数。

③为保证框架梁的延性，避免超筋，尚需满足下列限制条件。

a.不考虑地震作用时：

$$x \leqslant \xi_b h_{b0} \quad (4\text{-}31)$$

b.考虑地震组合时，为保证梁端塑性铰的延性，设计时要求梁端截面必须配置一定数量的受压钢筋，以形成双筋截面，并控制受压区高度。

一级抗震：

$$x \leqslant 0.25h_{b0}, \frac{A'_s}{A_s} \geqslant 0.5 \quad (4\text{-}32)$$

二级、三级抗震：

$$x \leqslant 0.35h_{b0}, \frac{A'_s}{A_s} \geqslant 0.3 \quad (4\text{-}33)$$

四级抗震同非抗震要求。

c.为避免少筋，跨中截面受拉钢筋最小配筋率为0.20%，支座截面最小配筋率为0.25%。

(2)斜截面受剪承载力。

试验研究表明，在低周反复荷载作用下，构件上出现两个不同方向的交叉斜裂缝，直接承受剪力的混凝土受压区因有斜裂缝通过，其受剪承载力比一次加载时的受剪承载力要低，梁的受压区混凝土不再完整，斜裂缝的反复张开与闭合，使骨料咬合作用变弱，严重时混凝土将剥落。根据试验资料，反复荷载作用下梁的受剪承载力比静荷载下低20%～40%。因此，抗震设计时，框架梁、柱、剪力墙和连梁等构件的斜截面混凝土受剪承载力取非抗震设计时混凝土相应受剪承载力的60%，箍筋部分的受剪承载力不予折减，同时应考虑相应的承载力抗震调整系数，并且要满足强剪弱弯的要求。因此，在抗震设计和非抗震设计时抗剪承载力有所不同。

①剪力设计值。为了保证框架梁塑性铰区的强剪弱弯，《建筑抗震设计规范(2016年版)》(GB 50011—2010)规定，一至三级抗震时应根据梁的受弯承载力计算其设计剪力。四级抗震时可直接取考虑地震作用组合的剪力计算值。

$$V=\frac{\eta_{vb}(M_b^l+M_b^r)}{l_n}+V_{Gb} \quad (4\text{-}34)$$

9度抗震设计的结构和一级抗震等级的结构还要满足

$$V=\frac{1.1(M_{bua}^{l}+M_{bua}^{r})}{l_{n}}+V_{Gb} \tag{4-35}$$

式中 M_b^l,M_b^r——梁左、右端逆时针或顺时针方向截面组合的弯矩设计值。当抗震等级为一级且梁两端弯矩均为负弯矩时,绝对值较小一端的弯矩应取零。

M_{bua}^l,M_{bua}^r——梁左、右端逆时针或顺时针方向实配的正截面抗震受弯承载力所对应的弯矩值,可根据实配钢筋(计入受压钢筋,包括有效翼缘宽度范围内的楼板钢筋)面积和材料强度标准值并考虑承载力抗震调整系数计算。

l_n——梁的净跨。

V_{Gb}——梁在重力荷载代表值(抗震设防烈度 9 度时还应包括竖向地震作用标准值)作用下,按简支梁分析的梁端截面剪力设计值。

η_{vb}——梁剪力增大系数,一、二、三级抗震分别取 1.3、1.2 和 1.1。

在塑性铰区以外,仍然按照组合得到的剪力计算箍筋用量。

②框架梁截面限制条件。试验表明,在一定范围内增加箍筋可以提高构件的受剪承载力。但作用在构件上的剪力最终要通过混凝土来传递。如果剪压比过大,混凝土就会过早地产生脆性破坏,而箍筋不能充分发挥作用。梁端塑性铰区的截面剪应力对梁的延性、耗能及保持梁的刚度和承载力有明显影响。根据反复荷载作用下配箍率较高的梁剪切试验资料,可知其极限剪压比平均值约为 0.24。当剪压比大于 0.30 时,即使增加配箍,也容易发生斜压破坏。设置剪压比限值,主要是防止发生剪切斜压破坏,其次是限制使用荷载下斜裂缝的宽度,同时也是梁的最大配箍条件。框架梁截面应该满足下列要求:

跨高比大于 2.5 的梁和连梁:

$$V\leqslant\frac{1}{\gamma_{RE}}(0.2f_{c}bh_{b0}) \tag{4-36}$$

跨高比不大于 2.5 的连梁:

$$V\leqslant\frac{1}{\gamma_{RE}}(0.15f_{c}bh_{b0}) \tag{4-37}$$

式中 V——梁计算截面的剪力设计值;

b——梁截面宽度;

h_{b0}——梁截面计算方向有效高度。

当不满足上述条件时,一般采用加大梁截面宽度或提高混凝土等级的方法。从强柱弱梁角度考虑,不宜采用加大梁高的做法。

③抗剪承载力验算公式按《混凝土结构设计规范(2015 年版)》(GB 50010—2010)的有关规定计算。

4.7.1.2 纵向钢筋的构造要求

(1)纵向钢筋配筋率。

①对于非抗震设计框架梁,当不考虑受压钢筋时,为防止超筋破坏,纵向受拉钢筋的最大配筋率$\frac{A_s}{bh}$应不超过$\rho_{max}=\xi_b\alpha_1 f_c/f_y$。对有地震作用组合的框架梁,为防止过高的纵向钢筋配筋率,使梁具有良好的延性,避免受压混凝土过早压碎,对其纵向受拉钢筋的配筋要严格限制。抗震设计时,梁端纵向受拉钢筋的配筋率不应大于 2.5%。

② 无地震组合的框架梁纵向受拉钢筋,必须考虑温度、收缩应力所需的钢筋数量,以防产生裂缝。因此,纵向受拉钢筋的最小配筋率不应小于 0.20%和 $45f_t/f_y$。抗震设计时,框架梁纵向受拉钢筋配筋率不应小于表 4-6 规定的数值。

(2)梁的纵向钢筋配置尚应满足下列要求:

①有地震组合的框架梁,为防止截面受压区混凝土过早被压碎导致承载力迅速降低,提高结构延性,在梁两端箍筋加密区范围内,纵向受压钢筋截面面积 A'应不小于《高层建筑混凝土结构技术规程》(JGJ 3—2010)的规定。

表 4-6　　　　框架梁纵向受拉钢筋最小配筋率

抗震等级	梁中位置	
	支座(取较大值)	跨中(取较大值)
一级	0.40%和 $80f_t/f_y$	0.30%和 $65f_t/f_y$
二级	0.30%和 $65f_t/f_y$	0.25%和 $55f_t/f_y$
三、四级	0.25%和 $55f_t/f_y$	0.20%和 $45f_t/f_y$

②梁截面上部和下部至少应各配置 2 根纵向钢筋，其截面面积不应小于梁支座处上部钢筋中较大截面面积的 1/4，且抗震等级为一、二级时，钢筋直径不应小于 14mm；三、四级时，钢筋直径不应小于 12mm。对于非抗震设计，当梁端实际受到部分约束但按简支计算时，应在支座区上部设置纵向构造钢筋，也可用梁上部架立钢筋取代该纵向钢筋，但其截面面积不应小于梁跨中下部纵向受力钢筋计算所需截面面积的 1/4，且不少于 2 根。该附加纵向钢筋自支座边缘向跨内的伸出长度不应小于 $0.2l_0$，l_0 为该跨梁的计算跨度。

③一、二、三级框架梁内贯通中柱的每根纵向钢筋的直径，对于框架结构，不应大于矩形截面柱在该方向截面尺寸的 1/20，或纵向钢筋所在位置圆形截面柱弦长的 1/20。高层框架梁宜采用直钢筋，不宜采用弯起钢筋。当梁扣除翼板厚度后的截面高度大于或等于 450mm 时，在梁的两侧沿高度各配置梁扣除翼板后截面面积的 0.10%的纵向构造钢筋，其间距不应大于 200mm。纵向构造钢筋的直径宜偏小取用，其长度贯通梁全长，伸入柱内长度按受拉锚固长度，如接头应按受拉搭接长度考虑。梁两侧纵向构造钢筋宜用拉筋连接，拉筋直径一般与箍筋相同，当箍筋直径大于 10mm 时，拉筋直径可采用 10mm；拉筋间距为非加密箍筋间距的 2 倍。

(3)梁支座截面负弯矩纵向受拉钢筋不宜在受拉区截断。如必须截断，应按以下规定进行：

①当 $V \leqslant 0.7f_tbh_0$ 时，应延伸至按正截面受弯承载力计算不需要该钢筋的截面以外不小于 $20d$ 处截断，且从该钢筋强度充分利用截面伸出的长度不应小于 $1.2l_a$。

②当 $V > 0.7f_tbh_0$ 时，应延伸至按正截面受弯承载力计算不需要该钢筋的截面以外不小于 h_0 且不小于 $20d$ 处截断，且从该钢筋强度充分利用截面伸出的长度不应小于 $1.2l_a + h_0$。

③若按上述规定确定的截断点仍位于与支座最大负弯矩对应的受拉区内，则应延伸至按正截面受弯承载力计算不需要该钢筋的截面以外不小于 $1.3h_0$ 且不小于 $20d$ 处截断，且从该钢筋强度充分利用截面伸出的长度不应小于 $1.2l_a + 1.7h_0$。

(4)纵向受拉钢筋锚固长度应满足的要求。

①非抗震设计时，受拉钢筋的最小锚固长度应取 l_a。钢筋接头可采用机械接头、搭接接头和焊接接头。受拉钢筋绑扎搭接接头的搭接长度应根据位于同一连接区段内搭接钢筋面积百分率按下式计算，且不应小于 300mm。

$$l_l = \xi_l l_a \tag{4-38}$$

式中 l_l——受拉钢筋的搭接长度；

l_a——受拉钢筋的锚固长度，应按《混凝土结构设计规范(2015 年版)》(GB 50010—2010)规定采用；

ξ_l——受拉钢筋搭接长度修正系数，应按《混凝土结构设计规范(2015 年版)》(GB 50010—2010)规定采用。

②有抗震设防要求时，框架梁纵向受拉钢筋的锚固和连接应符合下列要求。

a. 纵向受拉钢筋的最小锚固长度应按下列各式采用：

一、二级抗震：
$$l_{aE} = 1.15l_a \tag{4-39}$$

三级抗震：
$$l_{aE} = 1.05l_a \tag{4-40}$$

四级抗震：
$$l_{aE} = 1.00l_a \tag{4-41}$$

式中 l_{aE}——抗震设计时受拉钢筋的锚固长度。

b. 当采用搭接接头时，其搭接长度应不小于下式的计算值：

$$l_{lE} = \xi_l l_{aE} \tag{4-42}$$

式中 l_{lE}——抗震设计时受拉钢筋的搭接长度。

c.受拉钢筋直径大于28mm、受压钢筋直径大于32mm时，不宜采用搭接接头。

d.现浇钢筋混凝土框架梁纵向受拉钢筋的连接方法，应遵守下列规定：一级宜采用机械接头，二、三、四级可采用搭接或焊接接头。当采用焊接接头时，应检查钢筋的可焊性；位于同一连接区段内的受拉钢筋接头面积率不宜超过50%；当接头位置无法避开梁端、柱端箍筋加密区时，应采用机械接头，且钢筋接头面积率不应超过50%；钢筋机械接头、搭接接头及焊接接头尚应遵守有关规定。

4.7.1.3 箍筋的构造要求

(1)无地震组合梁中箍筋的间距应符合下列规定：

①梁中箍筋的最大间距宜符合表4-7的规定，当$V>0.7f_tbh_0$时，箍筋的配筋率($\rho_{sv}=A_{sv}/bs$，s为沿构件长度方向的箍筋间距)尚不应小于$0.24f_t/f_{yv}$。

表4-7 无地震组合梁箍筋的最大间距 (单位：mm)

h_b/mm	$V>0.7f_tbh_0$	$V\leqslant0.7f_tbh_0$
$h_b\leqslant300$	150	200
$300<h_b\leqslant500$	200	300
$500<h_b\leqslant800$	250	350
$h_b>800$	300	400

②当梁中配有计算需要的纵向受压钢筋时，箍筋应做成封闭式，箍筋的间距在绑扎骨架中不应大于$15d$(d为纵向受压钢筋的最小直径)，在焊接骨架中不应大于$20d$，同时在任何情况下均不应大于400mm。当一层内的纵向受压钢筋多于3根时，应设置复合箍筋；当一层内的纵向受压钢筋多于5根且直径大于18mm时，箍筋间距不应大于$10d$；当梁的宽度不大于400mm，且一层内的纵向受压钢筋不多于4根时，可不设置复合箍筋。

③在受压搭接长度范围内应配置箍筋，箍筋直径不宜小于搭接钢筋直径的1/4。箍筋间距，当受拉时不应大于搭接钢筋较小直径的5倍，且不应大于100mm；当受压时不应大于搭接钢筋较小直径的10倍，且不应大于200mm。当受压钢筋直径大于25mm时，应在搭接接头两端面外100mm范围内各设置2根箍筋。

④在采用绑扎骨架的钢筋混凝土梁中，承受剪力的钢筋，宜优先采用箍筋。当设置弯起钢筋时，弯起钢筋的弯终点外应留有锚固长度，其长度在受拉区不应小于$20d$，在受压区不应小于$10d$。梁底层钢筋中角部钢筋不应弯起，梁中弯起钢筋的弯起角宜取45°或60°，弯起钢筋不应采用浮筋。在梁的受拉区中，弯起钢筋的弯起点可设在按正截面受弯承载力计算不需要该钢筋截面之前，但弯起钢筋与梁中心线的交点应在不需要该钢筋截面之外。同时，弯起点与按计算充分利用该钢筋截面之间的距离，不应小于$h_0/2$。

(2)有地震组合框架梁中箍筋的构造要求，应符合下列规定：

①梁端箍筋加密区长度、箍筋最大间距和箍筋最小直径，应按表4-8的规定取用。当梁端纵向受拉钢筋配筋率大于2%时，表中箍筋最小直径应增大2mm。

表4-8 梁端箍筋加密区的构造要求

抗震等级	箍筋加密区长度	箍筋最大间距	箍筋最小直径
一级	$2h$和500mm两者中的较大值	纵向钢筋直径的6倍、梁高的1/4和100mm三者中的最小值	10mm
二级	$1.5h$和500mm两者中的较大值	纵向钢筋直径的8倍、梁高的1/4和100mm三者中的最小值	8mm
三级		纵向钢筋直径的8倍、梁高的1/4和150mm三者中的最小值	8mm
四级		纵向钢筋直径的8倍、梁高的1/4和150mm三者中的最小值	6mm

②第一个箍筋应设置在距构件节点边缘不大于50mm处。

③梁箍筋加密区长度内的箍筋肢距：一级抗震等级不宜大于200mm与20倍箍筋直径中的较大值；二、

三级抗震等级不宜大于 250mm 与 20 倍箍筋直径中的较大值，四级抗震等级不宜大于 300mm。

④ 沿梁全长箍筋的配筋率 ρ_{sv} 应符合下列规定：

一级抗震等级：

$$\rho_{sv} \geqslant 0.30 f_t / f_{yv} \tag{4-43}$$

二级抗震等级：

$$\rho_{sv} \geqslant 0.28 f_t / f_{yv} \tag{4-44}$$

三、四级抗震等级：

$$\rho_{sv} \geqslant 0.26 f_t / f_{yv} \tag{4-45}$$

⑤梁的箍筋应有 135°弯钩，弯钩端部直段长度不应小于 10 倍箍筋直径和 75mm 两者中的较大值。

4.7.2 框架柱

在国内外历次大地震中，由于钢筋混凝土柱破坏而造成的震害很多，房屋是否能够坏而不倒，很大程度上与柱的延性好坏有关。框架柱的破坏一般均发生在柱的上下端。由于在地震作用下柱端弯矩最大，因此常在柱端出现水平或斜向裂缝，严重时柱端混凝土被压碎，钢筋被压曲。震害表明，角柱的破坏比中柱和边柱严重。这是因为角柱在两个主轴方向的地震作用下，为双向偏心受压构件并受到扭矩的作用，而设计时往往对此考虑不周。短柱的剪切破坏在地震中是十分普遍的，其破坏是脆性的。为了保证延性，既要防止脆性的剪切破坏，也要避免几乎没有延性的小偏压破坏。

柱的轴压比是指柱考虑地震作用组合的轴向压力设计值与柱的全截面面积和混凝土轴心抗压强度设计值乘积之比。轴压比较小时，在水平地震作用下，柱将发生大偏心受压的弯曲型破坏，柱具有较好的位移延性；反之，柱将发生小偏心受压的压溃型破坏，柱几乎没有位移延性。因此，抗震设计时，柱的轴压比不宜超过表 4-9 的规定，表中数值适用于剪跨比大于 2、混凝土强度等级不高于 C60 的柱。

表 4-9 **柱轴压比限值**

结构类型	抗震等级			
	一级	二级	三级	四级
框架结构	0.65	0.75	0.85	0.90
框架-抗震墙、板柱-抗震墙、框架-核心筒及筒中筒	0.75	0.85	0.90	0.95
部分框支抗震墙	0.60	0.70	—	—

注：①表内数值适用于混凝土强度等级不高于 C60 的柱。当混凝土强度等级为 C65～C70 时，轴压比限值应比表中数值降低 0.05；当混凝土强度等级为 C75～C80 时，轴压比限值应比表中数值降低 0.10。

②表内数值适用于剪跨比大于 2 的柱。剪跨比不大于 2 且不小于 1.5 的柱，其轴压比限值应比表中数值减小 0.05；剪跨比小于 1.5 的柱，其轴压比限值应专门研究并采取特殊构造措施。

③当沿柱全高采用井字复合箍，箍筋间距不大于 100mm、肢距不大于 200mm、直径不小于 12mm，或当沿柱全高采用复合螺旋箍，箍筋螺距不大于 100mm、肢距不大于 200mm、直径不小于 12mm，或当沿柱全高采用连续复合螺旋箍，且箍筋螺距不大于 80mm、肢距不大于 200mm、直径不小于 10mm 时，轴压比限值可增加 0.10。

④当柱截面中部设置由附加纵向钢筋形成的芯柱，且附加纵向钢筋的截面面积不小于柱截面面积的 0.8%时，柱轴压比限值可增加 0.05。当本项措施与注③的措施共同采用时，柱轴压比限值可比表中数值增加 0.15，但箍筋的配箍特征值仍可按轴压比增加 0.10 的要求确定。

⑤调整后的柱轴压比限值不应大于 1.05。

4.7.2.1 抗震设计时框架柱弯矩剪力设计值

(1)强柱弱梁原则的实现。

在地震作用下，强柱弱梁的原则是形成梁铰机制的关键，通过增大柱端弯矩，使塑性铰出现在梁端，要求各节点处柱端的受弯承载力大于梁端的受弯承载力，因此应对考虑地震作用组合的柱端弯矩设计值进行调整。

一级框架结构及 9 度抗震设计时尚应符合下式的要求：

$$\sum M_c = 1.2\sum M_{bua} \tag{4-46}$$

其他情况：

$$\sum M_c = \eta_c \sum M_b \tag{4-47}$$

式中 $\sum M_c$——节点上、下柱端截面顺时针或逆时针方向组合弯矩设计值之和，上、下柱端的弯矩设计值，可按弹性分析的弯矩比例分配。

$\sum M_b$——节点左、右梁端截面逆时针或顺时针方向组合弯矩设计值之和。当抗震等级为一级且节点左、右梁端均为负弯矩时，绝对值较小的弯矩应取零。

$\sum M_{bua}$——节点左、右梁端逆时针或顺时针方向实配的正截面抗震受弯承载力所对应的弯矩值之和，可根据实际配筋(计入受压钢筋和梁有效翼缘宽度范围内的楼板钢筋)面积和材料强度标准值并考虑承载力抗震调整系数计算。

η_c——柱端弯矩增大系数，对框架结构，二、三级分别取1.5和1.3；对其他结构中的框架，一、二、三、四级分别取1.4、1.2、1.1和1.1。

为防止框架结构底层柱底过早出现塑性铰而影响结构整体变形能力，同时当梁端塑性铰出现后，塑性内力重分布使底层柱的弯矩有所增大，对于一、二、三级框架结构，底层柱下端截面的弯矩设计值，应按考虑地震作用组合的弯矩设计值分别乘增大系数1.7、1.5和1.3。

对于一、二、三级框架的角柱，其承受双向偏心受压作用，考虑受力的复杂性，对内力调整后的弯矩和剪力设计值，应乘不小于1.1的增大系数。

(2)强剪弱弯原则的实现。

为防止框架柱在弯曲破坏前发生脆性的剪切破坏，要求柱的受剪承载力大于柱受弯屈服时对应的剪力值，因此要对框架柱的剪力值作如下调整。

框架柱端部截面的剪力设计值，一、二、三、四级时应按下列公式计算：

一级框架结构及9度抗震设计时的框架：

$$V_c = \frac{1.2(M_{cua}^t + M_{cua}^b)}{H_n} \tag{4-48}$$

其他情况：

$$V_c = \frac{\eta_{vc}(M_c^t + M_c^b)}{H_n} \tag{4-49}$$

式中 V_c——柱端截面组合的剪力设计值；

H_n——柱的净高；

M_c^t,M_c^b——柱上、下端顺时针或逆时针方向截面组合的弯矩设计值(取调整增大后的弯矩设计值，增大系数包括角柱的增大系数)，且取顺时针方向之和及逆时针方向之和两者中的较大值；

M_{cua}^t,M_{cua}^b——柱上、下端顺时针或逆时针方向实配的正截面抗震受弯承载力所对应的弯矩值，可根据实配钢筋面积、材料强度标准值和重力荷载代表值产生的轴向压力设计值并考虑承载力抗震调整系数计算；

η_{vc}——柱端剪力增大系数，对框架结构，二、三级分别取1.3、1.2；对其他结构类型的框架，一、二级分别取1.4和1.2，三、四级均取1.1。

4.7.2.2 承载力计算方法

框架柱的正截面承载力可按照混凝土结构基本理论计算，框架柱的斜截面抗剪是由混凝土和箍筋共同承担的，试验证明，在反复荷载作用下，框架柱的斜截面破坏有斜拉、斜压和剪压等几种破坏形态。当配箍率满足一定要求时，可防止斜拉破坏；当截面尺寸满足一定要求时，可防止斜压破坏[见式(4-50)～式(4-52)]。而对于剪压破坏，则应通过配筋计算来防止。

当柱截面尺寸较小而所受剪力相对较大时，有可能由于柱腹部出现过大的主压应力而使混凝土压碎破坏，此时腹筋往往不能达到屈服强度，即发生剪切的斜压破坏，所以受剪截面应符合下列要求。

①持久、短暂设计状况：

$$V_c \leqslant 0.25\beta_c f_c b h_0 \tag{4-50}$$

②地震设计状况：

剪跨比大于2的柱：

$$V_c \leqslant \frac{1}{\gamma_{RE}}(0.2 f_c b h_0) \tag{4-51}$$

剪跨比不大于2的柱：

$$V_c \leqslant \frac{1}{\gamma_{RE}}(0.15 f_c b h_0) \tag{4-52}$$

式中 V_c——柱计算截面的剪力设计值。

研究表明，影响框架柱受剪承载力的主要因素除混凝土强度外，还有剪跨比、轴压比和配箍特征值等。剪跨比越大，受剪承载力越低。试验表明，轴压力在一定范围内对柱的抗剪起着有利的作用，它能阻滞斜裂缝的出现和开展，有利于骨料咬合，能增加混凝土剪压区的高度，从而提高混凝土抗剪能力。但是，轴压力对柱抗剪能力的提高是有限度的。当轴压比为0.3～0.5时，构件的抗剪能力达到最大值，之后再增大轴压力，混凝土内部将产生微裂缝，这会降低构件的抗剪能力。在一定范围内，配箍越多，受剪承载力越高。在反复荷载作用下，截面上混凝土反复开裂和剥落，混凝土咬合作用有所削弱，这将引起构件受剪承载力的降低。与单调加载相比，反复荷载作用下构件受剪承载力要降低10%～30%。

①框架柱受压时斜截面抗剪承载能力按下式验算：

持久、短暂设计状态：
$$V_c \leqslant \frac{1.75}{\lambda+1} f_t b h_0 + f_{yv}\frac{A_{sv}}{s}h_0 + 0.07N \tag{4-53}$$

地震设计状态：
$$V_c \leqslant \frac{1}{\gamma_{RE}}\left(\frac{1.05}{\lambda+1} f_t b h_0 + f_{yv}\frac{A_{sv}}{s}h_0 + 0.056N\right) \tag{4-54}$$

式中 N——考虑风荷载或地震作用组合的框架柱轴向压力设计值，当 $N>0.3f_cA$ 时，取 $0.3f_cA$；

λ——框架柱的剪跨比，当 $\lambda<1.0$ 时取 $\lambda=1.0$，当 $\lambda>3.0$ 时取 $\lambda=3.0$；

A_{sv}——配置在同一截面内箍筋各肢的全部截面面积，$A_{sv}=nA_{sv1}$；

n——同一截面内箍筋的肢数；

A_{sv1}——单肢箍筋的截面面积。

框架柱剪跨比 λ 定义为反弯点与柱端的距离（较大值）和柱截面高度的比值，如图4-25所示。框架柱一般为偏心受压构件，通常采用对称配筋。柱中纵筋数量应按偏心受压构件的正截面受压承载力计算确定；箍筋数量应按偏心受压构件的斜截面受剪承载力计算确定。

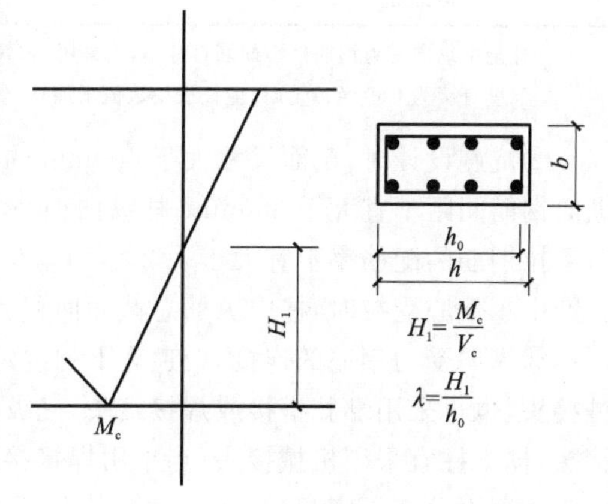

图4-25 框架柱剪跨比计算

②框架柱受拉时斜截面抗剪承载能力按下式验算：

持久、短暂设计状态：

$$V_c \leqslant \frac{1.75}{\lambda+1} f_t b h_0 + f_{yv}\frac{A_{sv}}{s}h_0 - 0.2N \tag{4-55}$$

地震设计状态：

$$V_c \leqslant \frac{1}{\gamma_{RE}}\left(\frac{1.05}{\lambda+1} f_t b h_0 + f_{yv}\frac{A_{sv}}{s}h_0 - 0.2N\right) \tag{4-56}$$

上式中右边括号内的计算值小于 $f_{yv}\frac{A_{sv}}{s}h_0$ 时，取其值为 $f_{yv}\frac{A_{sv}}{s}h_0$，且该值不应小于 $0.36f_tbh_0$。

对于框架柱的验算还有以下两个细节需要注意。

①柱截面最不利内力的选取。经内力组合后，每根柱上、下两端组合的内力设计值通常有6～8组，应从中挑选出一组最不利内力进行截面配筋计算。但是，由于 M 与 N 的相互影响，很难找出哪一组为最不利内

力。此时，可根据偏心受压构件的判别条件，将这几组内力分为大偏心受压组和小偏心受压组。对于大偏心受压组，按照“弯矩相差不多时，轴力越小越不利；轴力相差不多时，弯矩越大越不利”的原则比较，选出最不利内力组。对于小偏心受压组，按照“弯矩相差不多时，轴力越大越不利；轴力相差不多时，弯矩越大越不利”的原则比较，选出最不利内力组。

②框架柱的计算长度 l_0。《混凝土结构设计规范(2015 年版)》(GB 50010—2010)规定，框架柱的计算长度 l_0 主要用于计算轴心受压框架柱稳定系数 φ，以及计算偏心受压构件裂缝宽度的偏心距增大系数，对于一般多层房屋中梁柱为刚接的框架结构，各层柱的计算长度 l_0 按表 4-10 取用。

表 4-10 **框架结构各层柱的计算长度**

楼盖类型	柱的类别	计算长度 l_0
现浇楼盖	底层柱	$1.0H$
	其余各层柱	$1.25H$
装配式楼盖	底层柱	$1.25H$
	其余各层柱	$1.5H$

注：表中的 H 为柱的高度，其取值对底层柱为从基础顶面到一层楼盖顶面的高度；对其余各层柱为上下两层楼盖顶面之间的高度。

4.7.2.3 构造要求

(1)纵向钢筋。

①框架结构受到的水平荷载可能来自正、反两个方向，故柱的纵向钢筋宜采用对称配筋。全部纵向钢筋的配筋率，非抗震设计时不应大于 6%，抗震设计时不应大于 5%；全部纵向钢筋的配筋率，不应小于表 4-11 的规定值，且柱每一侧纵向钢筋配筋率不应小于 0.2%。对Ⅳ类场地上较高的高层建筑，最小配筋百分率应按表 4-11 中数值增加 0.1%采用。

表 4-11 **柱全部纵向受力钢筋最小配筋百分率** (单位：%)

柱类型	抗震等级				非抗震设计
	一级	二级	三级	四级	
框架中柱、边柱	0.9(1.0)	0.7(0.8)	0.6(0.7)	0.5(0.6)	0.5
框架角柱	1.1	0.9	0.8	0.7	0.5
框支柱	1.1	0.9	0.8	0.7	0.7

注：柱全部纵向受力钢筋最小配筋百分率，当采用 335MPa 级、400MPa 级钢筋时，应分别按表中数值增加 0.1%和 0.05%采用；当混凝土强度等级为 C60 及以上时，应按表中数值增加 0.1%采用。

②抗震设计时，截面尺寸大于 400mm 的柱，其纵向钢筋间距不宜大于 200mm；四级和非抗震设计时，柱纵向钢筋间距不宜大于 300mm；柱纵向钢筋净距均不应小于 50mm；一级且剪跨比不大于 2 的柱，其单侧纵向受拉钢筋的配筋率不宜大于 1.2%，且应沿柱全长采用复合箍筋；边柱、角柱及剪力墙柱考虑地震作用组合产生小偏心受拉时，柱内纵筋总截面面积宜比计算值增加 25%。

③纵向受力钢筋的连接，应遵守下列规定：框架柱，一、二级抗震等级及三级抗震等级的底层，宜采用机械接头，也可采用绑扎搭接或焊接接头，三级抗震等级的其他部位和四级抗震等级，可采用绑扎搭接或焊接接头；框支柱宜采用机械接头；当采用焊接接头时，应检查钢筋的可焊性；位于同一连接区段内的受拉钢筋接头面积百分率不宜超过 50%，当接头位置无法避开梁端、柱端箍筋加密区时，应采用满足等强度要求的机械接头，且钢筋接头面积百分率不应超过 50%；钢筋机械连接、绑扎搭接及焊接，尚应符合国家现行有关标准的规定。

(2)箍筋。

①抗震设计时，尚应符合以下规定：箍筋应为封闭式，其末端应做成 135°弯钩，弯钩末端平直段长度不应小于箍筋直径的 10 倍，且不应小于 75mm；箍筋加密区的箍筋肢距，一级不宜大于 200mm，二、三级不宜大于 250mm 和 20 倍箍筋直径两者中的较大值，四级不宜大于 300mm；每隔一根纵向钢筋宜在两个方向有

箍筋约束；采用拉筋组合箍时，拉筋宜紧靠纵向钢筋并勾住封闭箍筋；柱非加密区的箍筋，其体积配箍率不宜小于加密区的一半；其箍筋间距，不应大于加密区箍筋间距的 2 倍，且一、二级不应大于纵向钢筋直径的 10 倍，三、四级不应大于纵向钢筋直径的 15 倍。

②非抗震设计时，应符合以下规定：周边箍筋应为封闭式，箍筋间距不应大于 400mm，且不应大于构件截面的短边尺寸和最小纵向钢筋直径的 15 倍；箍筋直径不应小于最大纵向钢筋直径的 1/4，且不应小于 6mm；当柱中全部纵向受力钢筋的配筋率超过 3%时，箍筋直径不应小于 8mm，箍筋间距不应大于最小纵向钢筋直径的 10 倍，且不应大于 200mm。箍筋末端应做成 135°弯钩，弯钩末端平直段长度不应小于 10 倍箍筋直径；当柱每边纵筋多于 3 根时，应设置复合箍筋；当柱纵向钢筋采用搭接做法时，搭接长度范围内箍筋直径不应小于搭接钢筋较大直径的 1/4；在纵向受拉钢筋搭接长度范围内的箍筋间距不应大于搭接钢筋较小直径的 5 倍，且不应大于 100mm；在纵向受压钢筋搭接长度范围内的箍筋间距不应大于搭接钢筋较小直径的 10 倍，且不应大于 200mm；当受压钢筋直径大于 25mm 时，尚应在搭接接头端面外 100mm 的范围内各设置两道箍筋。

③柱箍筋应在下列范围内加密：

a. 底层柱的上端和其他各层柱的两端，应在矩形截面柱的长边尺寸(或圆形截面柱的直径)、柱净高的 1/6 和 500mm 三者中的最大值范围内；底层柱刚性地面上、下各 500mm 的范围内；底层柱柱根以上 1/3 柱净高的范围内；剪跨比不大于 2 的柱和因填充墙等形成的柱净高与截面高度之比不大于 4 的柱全高范围内；一、二级框架角柱的全高范围；需要提高变形能力的柱的全高范围。

b. 抗震设计时，柱箍筋在规定的范围内应加密，加密区的箍筋间距和直径，应符合下列要求：柱箍筋加密区的箍筋最小直径和最大间距，应符合表 4-12 的规定。

表 4-12　**柱端箍筋加密区的构造要求**

抗震等级	箍筋最大间距/mm	箍筋最小直径/mm
一级	6*d* 和 100 两者中的较小值	10
二级	8*d* 和 100 两者中的较小值	8
三级	8*d* 和 150(柱根 100)两者中的较小值	8
四级	8*d* 和 150(柱根 100)两者中的较小值	6(柱根 8)

注：*d* 为柱纵向钢筋直径(mm)；柱根是指框架柱底部嵌固部位。

④一级框架柱的箍筋直径大于 12mm 且肢距不大于 150mm，以及二级框架柱箍筋直径不小于 10mm 且肢距不大于 200mm 时，除柱根外最大间距应允许采用 150mm；三级框架柱的截面尺寸不大于 400mm 时，箍筋最小直径应允许采用 6mm；四级框架柱的剪跨比不大于 2 或柱中全部纵向钢筋的配筋率大于 3%时，箍筋直径不应小于 8mm；剪跨比不大于 2 的柱，箍筋间距不应大于 100mm。

⑤柱箍筋加密区箍筋的体积配筋率，应符合下列规定：

$$\rho_v \geqslant \lambda_v \frac{f_c}{f_{yv}} \tag{4-57}$$

式中　ρ_v——柱箍筋加密区的体积配筋率；

f_c——混凝土轴心抗压强度设计值，当混凝土强度等级低于 C35 时，应按 C35 取值；

f_{yv}——柱箍筋或拉筋抗拉强度设计值；

λ_v——最小配箍特征值。

对一、二、三、四级抗震等级的框架柱，其箍筋加密区范围内箍筋的体积配筋率分别不应小于0.8%、0.6%、0.4%和 0.4%。

剪跨比不大于 2 的柱宜采用复合螺旋箍或井字复合箍，其体积配筋率不应小于 1.2%；抗震设防烈度为 9 度时，体积配筋率不应小于 1.5%。

计算复合箍筋的体积配筋率时，可不扣除重叠部分的箍筋体积；计算符合螺旋箍筋的体积配筋率时，其非螺旋箍筋的体积应乘换算系数 0.8。

柱的箍筋体积配筋率 ρ_v 按下式计算：

$$\rho_v = \sum \frac{a_k l_k}{l_1 l_2 s} \tag{4-58}$$

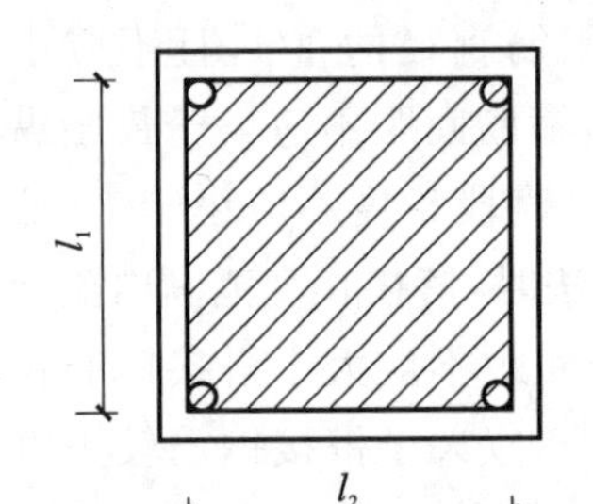

图 4-26 柱核芯

式中 a_k——箍筋单肢截面面积；

l_k——对应于 a_k 的箍筋单肢总长度，重叠段按一肢计算；

l_1，l_2——柱核芯混凝土面积的两个边长（图 4-26）；

s——箍筋间距。

当柱的纵向钢筋为每边 4 根及 4 根以上时，宜采用井字形箍筋。

4.7.3 框架节点

节点核心区是保证框架承载力和实现"强节点弱杆件"的关键，对抗震等级为一、二、三级框架的节点核心区，应进行抗震验算，四级框架节点核心区可不进行抗震验算，但应满足相应的构造要求。

4.7.3.1 框架梁柱节点抗震承载力主要影响因素

（1）梁板对节点区的约束作用。

试验表明，正交梁，即与框架平面垂直且与节点相交的梁，对节点区具有约束作用，能提高节点区混凝土的抗剪强度。但若正交梁与柱面交界处有竖向裂缝，则这种作用就被削弱。

四边有梁且带有现浇楼板的中柱节点，其混凝土的抗剪强度比不带楼板的节点有明显提高。一般认为，对这种中柱节点，当正交梁的截面宽度不小于柱宽的 1/2，且截面高度不小于框架梁截面高度的 3/4 时，在考虑了正交梁开裂等不利影响后，节点区的混凝土抗剪强度比不带正交梁及楼板时要提高 50%左右。试验还表明，对于三边有梁的边柱节点和两边有梁的角柱节点，正交梁和楼板的约束作用并不明显。

（2）轴压力对节点区混凝土抗剪强度和节点延性的影响。

当轴压力较小时，节点区混凝土的抗剪强度随着轴压力的增加而增加，当节点区被较多交叉斜裂缝分割成若干菱形块体时，轴压力的存在仍能提高其抗剪强度。但当轴压比大于 0.6～0.8 时，节点混凝土抗剪强度反而随轴压力的增加而下降。轴压力的存在会使节点区的延性降低。

（3）剪压比和配箍率对节点区混凝土抗剪强度的影响。

与其他混凝土构件类似，节点区的混凝土和钢筋是共同作用的。根据桁架模型或拉压杆模型，钢筋起拉杆的作用，混凝土则主要起压杆的作用。显然，节点破坏时可能是钢筋先坏，也可能是混凝土先坏。一般我们希望钢筋先坏，这就要求节点的尺寸不能过小，或节点区的配筋率不能过高。当节点区配箍率过高时，节点区混凝土将首先破坏，使箍筋不能充分发挥作用。因此，应对节点的最大配箍率加以限制。在设计中可采用限制节点水平截面上的剪压比来实现这一要求。试验表明，当节点水平截面上的剪压比大于 0.35 时，增加箍筋的作用已不明显，这时需增大节点水平截面的尺寸。

（4）梁纵筋滑移对结构延性的影响。

框架梁纵筋在中柱节点区通常以连续贯通的形式通过。在反复荷载作用下，梁纵筋在节点一边受拉屈服，而在另一边受压屈服。如此循环往复，将使纵筋的黏结迅速破坏，导致梁纵筋在节点区贯通滑移，使节点区受剪承载力降低，亦使梁截面后期受弯承载力和延性降低，节点的刚度和耗能能力明显下降。试验表明，边柱节点梁的纵筋锚固比中柱节点的好，滑移较小。

为防止梁纵筋滑移，最好采用直径不大于 1/25 柱宽的钢筋，即使梁纵筋在节点区有不小于其直径 25 倍的锚固长度，也可以将梁纵筋穿过柱中心轴后再弯入柱内，以改善其锚固性能。

4.7.3.2 节点核心区截面抗震受剪承载力验算

取某中间节点为隔离体，设梁端已出现塑性铰，f_{yk} 为钢筋标准强度，不计框架梁的轴力，且不计正交梁对节点受力的影响，则节点的受力如图 4-27(a)所示。设节点水平截面上的剪力为 V_j，则节点上半部的力可

合成 V_j：

$$V_j = D + T - V_c = f_{yk}A_s^b + f_{yk}A_s^t - V_c \tag{4-59}$$

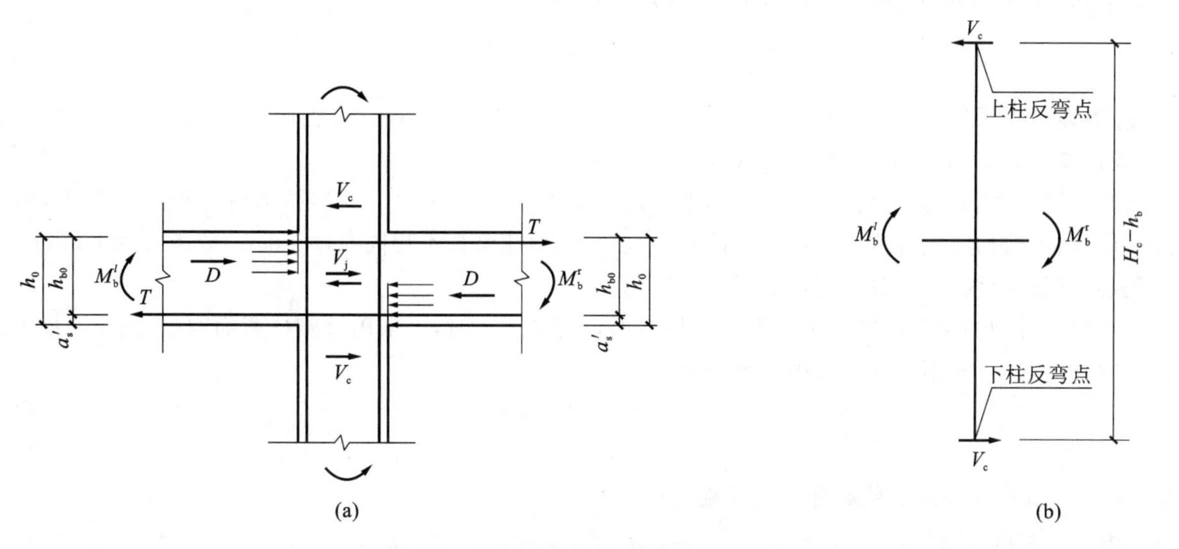

图 4-27　梁柱节点区受力图和计算简图

(a)受力图；(b)计算简图

取柱上、下反弯点之间部分为脱离体，如图 4-27(b)所示。由平衡条件得

$$V_c = \frac{M_b^l + M_b^r}{H_c - h_b} \tag{4-60}$$

式中　H_c——节点上柱和下柱反弯点之间的距离(通常为一层框架柱的高度)；

h_b——框架梁的截面高度。

从而得

$$V_c = \frac{M_b^l + M_b^r}{H_c - h_b} = \frac{(f_{yk}A_s^b + f_{yk}A_s^t)(h_{b0} - a'_s)}{H_c - h_b} \tag{4-61}$$

把式(4-61)代入式(4-59)，即得中间层节点的剪力设计值计算公式：

$$V_j = f_{yk}(A_s^b + A_s^t)\left(1 - \frac{h_{b0} - a'_s}{H_c - h_b}\right) \tag{4-62}$$

因为可取 $M_{bu} = f_{yk}A_s(h_{b0} - a'_s)$，故上式可以表示为

$$V_j = \frac{M_{bu}^l + M_{bu}^r}{h_{b0} - a'_s}\left(1 - \frac{h_{b0} - a'_s}{H_c - h_b}\right) \tag{4-63}$$

对于顶层节点，有

$$V_j = f_{yk}(A_s^b + A_s^t) \tag{4-64}$$

因为梁端弯矩可为逆时针或顺时针方向，二者的$(A_s^b + A_s^t)$是不同的，设计计算时应取其中较大值，且$(A_s^b + A_s^t)$应按实际配筋的面积计算。

《混凝土结构设计规范(2015 年版)》(GB 50010—2010)在引入了强度增大系数后，规定如下：

①设防烈度为 9 度的一级抗震等级框架和抗震等级为一级的框架结构，对于顶层中间节点和端节点，取

$$V_j = 1.15f_{yk}(A_s^b + A_s^t) \tag{4-65}$$

对于其他层的中间节点和端节点，取

$$V_j = 1.15f_{yk}(A_s^b + A_s^t)\left(1 - \frac{h_{b0} - a'_s}{H_c - h_b}\right) \tag{4-66}$$

②在其他情况下，可不按实际配筋求梁端极限弯矩，而直接按节点两侧梁端设计弯矩计算。对于顶层中间节点和端节点，取

$$V_j = \eta_{jb} \frac{M_b^l + M_b^r}{h_{b0} - a_s'} \tag{4-67}$$

对于其他层的中间节点和端节点，考虑柱剪力的影响，取

$$V_j = \eta_{jb} \frac{M_b^l + M_b^r}{h_{b0} - a_s'}\left(1 - \frac{h_{b0} - a_s'}{H_c - h_b}\right) \tag{4-68}$$

式中，η_{jb}为强节点系数，对于框架结构，一级宜取 1.5，二级宜取 1.35，三级宜取 1.2；对于其他结构中的框架，一级宜取 1.35，二级宜取 1.2，三级宜取 1.1。

同样，$(M_b^l + M_b^r)$有逆时针和顺时针方向两个值，应取其中较大值。四级抗震等级的框架节点，可不进行抗剪计算，仅按构造配置箍筋即可。在计算中，当节点两侧梁高不相同时，h_{b0}和h_b取各自的平均值。

核心区截面有效验算宽度，应按下列规定采用：

①当验算方向的梁截面宽度不小于该侧柱截面宽度的 1/2 时，可采用该侧柱截面宽度；当小于该侧柱截面宽度的 1/2 时，可采用下列二者中的较小值：

$$b_j = b_b + 0.5h_c \tag{4-69}$$

$$b_j = b_c \tag{4-70}$$

式中 b_j——节点核心区的截面有效验算宽度；

b_b——梁截面宽度；

h_c——验算方向的柱截面高度；

b_c——验算方向的柱截面宽度。

②当梁、柱的中线不重合且偏心距不大于柱截面宽度的 1/4 时，核心区截面有效验算宽度可采用上述规定①和下式计算结果中的较小值。

$$b_j = 0.5(b_b + b_c) + 0.25h_c - e \tag{4-71}$$

式中 e——梁与柱中线偏心距。

节点核心区的组合剪力设计值，应符合下式要求：

$$V_j \leqslant \frac{1}{\gamma_{RE}}(0.3\eta_j f_c h_j b_j) \tag{4-72}$$

式中 η_j——正交梁对节点的约束影响系数。楼板为现浇，梁柱中线重合，四侧各梁截面宽度不小于该侧柱截面宽度的 1/2，且正交方向梁高度不小于框架梁高度的 3/4 时，可采用 1.5；抗震设防烈度为 9 度的一级抗震等级结构宜采用 1.25；当不满足上述条件时，应取 1.0。

h_j——框架节点核心区的截面高度，可采用验算方向的柱截面高度 h_c。

γ_{RE}——承载力抗震调整系数，可采用 0.85。

b_j——节点核心区的截面宽度。

f_c——混凝土轴心抗压强度设计值。

节点核心区截面抗震受剪承载力，应采用下列公式验算：

①设防烈度为 9 度的一级抗震等级框架：

$$V_j \leqslant \frac{1}{\gamma_{RE}}\left(0.9\eta_j f_t b_j h_j + f_{yv} A_{svj} \frac{h_{b0} - a_s'}{s}\right) \tag{4-73}$$

②其他情况：

$$V_j \leqslant \frac{1}{\gamma_{RE}}\left(1.1\eta_j f_t b_j h_j + 0.05\eta_j N \frac{b_j}{b_c} + f_{yv} A_{svj} \frac{h_{b0} - a_s'}{s}\right) \tag{4-74}$$

式中 N——对应于组合剪力设计值的上柱组合轴向压力较小值，其取值不应大于柱的截面面积和混凝土轴心抗压强度设计值乘积的 50%，当 N 为拉力时，取 $N=0$；

f_{yv}——箍筋的抗拉强度设计值；

f_t——混凝土轴心抗拉强度设计值；

A_{svj}——核心区有效验算宽度范围内同一截面验算方向箍筋各肢的总截面面积；

s——箍筋间距；

h_{b0}——框架梁截面有效高度，节点两侧梁截面高度不等时取平均值。

梁宽大于柱宽的扁梁框架梁柱节点在进行受剪承载力验算时，要注意：

①扁梁框架的梁柱节点核心区应根据梁纵筋在柱宽范围内、外的截面面积比例，对柱宽以内和柱宽以外的范围分别验算受剪承载力。

②节点核心区验算除应符合一般梁柱节点的要求外，尚应符合下列要求：

a. 按式(4-72)验算核心区受剪承载力时，核心区有效宽度可取梁宽与柱宽的平均值。

b. 四边有梁的节点约束影响系数，验算柱宽范围内核心区的受剪承载力时可取 1.5，验算柱宽范围外核心区的受剪承载力时宜取 1.0。

c. 验算核心区受剪承载力时，在柱宽范围内的核心区，轴向力的取值可与一般梁柱节点相同；柱宽以外的核心区，可不考虑轴向压力对受剪承载力的有利作用。

对于圆柱的梁柱节点，当梁中线与柱中线重合时，其受剪水平截面应符合下式要求：

$$V_j \leqslant \frac{1}{\gamma_{RE}}(0.3\eta_j f_c A_j) \tag{4-75}$$

式中 A_j——节点核心区有效截面面积，当梁宽 b_b 不小于圆柱直径 D 的 1/2 时，可取为 $0.8D^2$；当梁宽 b_b 大于或等于柱直径的 2/5 且小于柱直径的 1/2 时，可取为 $0.8D(b_b+D/2)$。

圆柱框架的梁柱节点，当梁中线与柱中线重合时，其受剪承载力应符合下列规定：

①设防烈度为 9 度的一级抗震等级框架：

$$V_j \leqslant \frac{1}{\gamma_{RE}}\left(1.2\eta_j f_t A_j + 1.57 f_{yv} A_{sh}\frac{h_{b0}-a'_s}{s} + f_{yv}A_{svj}\frac{h_{b0}-a'_s}{s}\right) \tag{4-76}$$

②其他情况：

$$V_j \leqslant \frac{1}{\gamma_{RE}}\left(1.5\eta_j f_t A_j + 0.05\eta_j \frac{N}{D^2}A_j + 1.57 f_{yv} A_{sh}\frac{h_{b0}-a'_s}{s} + f_{yv}A_{svj}\frac{h_{b0}-a'_s}{s}\right) \tag{4-77}$$

式中 A_{sh}——单根圆形箍筋的截面面积；

A_{svj}——同一截面验算方向的拉筋和非圆形箍筋各肢的总截面面积；

D——圆柱截面直径；

N——轴向力设计值，按一般梁柱节点的规定取值。

4.7.3.3 梁柱节点区构造要求

梁柱节点处于剪压复合受力状态，为保证节点具有足够的受剪承载力，防止节点产生剪切脆性破坏，必须在节点内配置足够数量的水平箍筋。非抗震设计时，节点内的箍筋除应符合上述框架柱箍筋的构造要求外，其箍筋间距不宜大于 250mm；对四边有梁与之相连的节点，可仅沿节点周边设置矩形箍筋。一、二、三级抗震等级框架的节点区配箍特征值分别不宜小于 0.12、0.10 和 0.08，且箍筋体积配筋率分别不宜小于 0.6%、0.5%和 0.4%。当框架柱的剪跨比不大于 2 时，其节点区体积配箍率不宜小于节点区上、下柱端体积配箍率中的较大值。并且要注意，柱中的纵向受力钢筋不宜在节点处切断。

非抗震设计时，框架梁、柱的纵向钢筋在框架节点区的锚固和搭接，应符合下列要求(图 4-28)：

①顶层中节点柱纵向钢筋和边节点柱内侧纵向钢筋应伸至柱顶；当从梁底边计算的直线锚固长度不小于 l_a 时，可不必水平弯折，否则应向柱内或梁、板内水平弯折；当充分利用柱纵向钢筋的抗拉强度时，其锚固段弯折前的竖直投影长度不应小于 $0.5l_{ab}$，弯折后的水平投影长度不宜小于 12 倍的柱纵向钢筋直径。此处，l_{ab} 为钢筋基本锚固长度，应符合《混凝土结构设计规范(2015 年版)》(GB 50010—2010)的有关规定。

②顶层端节点处，在梁宽范围以内的柱外侧纵向钢筋可与梁上部纵向钢筋搭接，搭接长度不应小于 $1.5l_a$；在梁宽范围以外的柱外侧纵向钢筋可伸入现浇板内，其伸入长度与伸入梁内的相同。当柱外侧纵向钢筋的配筋率大于 1.2%时，伸入梁内的柱纵向钢筋宜分两批截断，其截断点之间的距离不宜小于 20 倍柱纵向钢筋直径。

③梁上部纵向钢筋伸入端节点的锚固长度，直线锚固时不应小于 l_a，且伸过柱中心线的长度不宜小于 5 倍梁纵向钢筋直径；当柱截面尺寸不足时，梁上部纵向钢筋应伸至节点对边并向下弯折，弯折水平段的投影

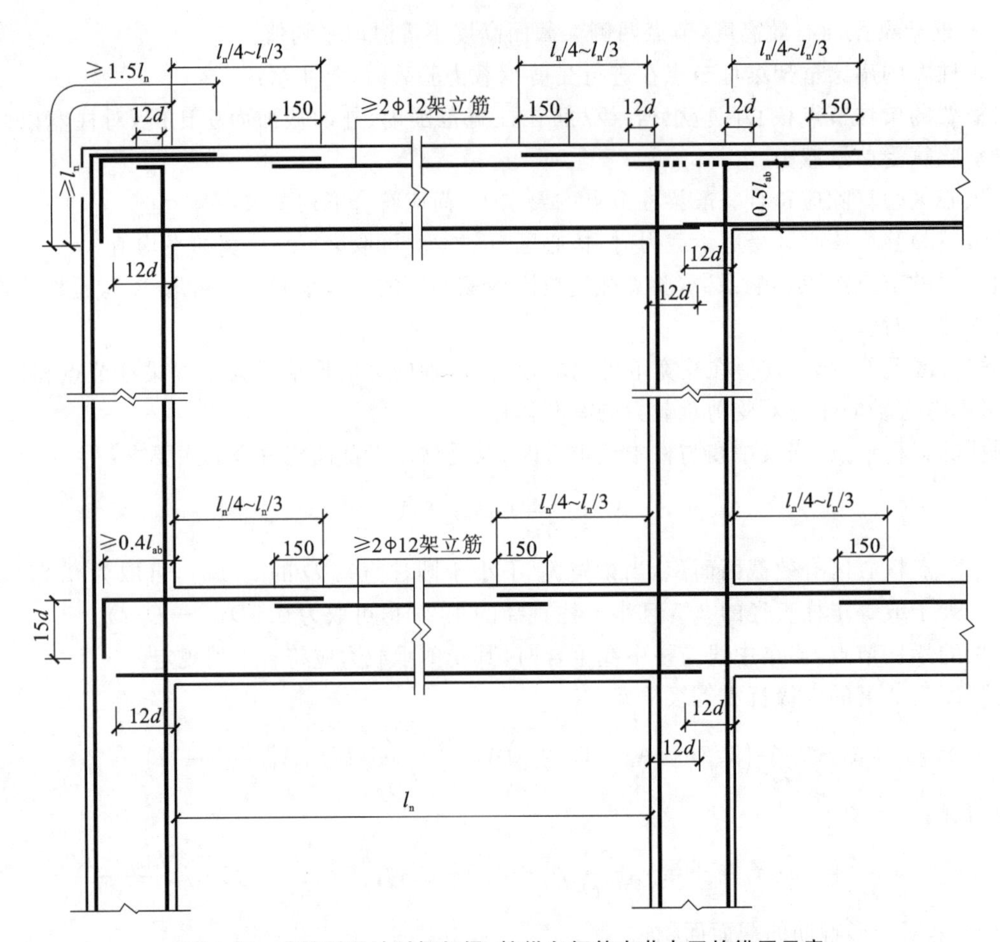

图 4-28 非抗震设计时框架梁、柱纵向钢筋在节点区的锚固示意

长度不应小于 0.4l_{ab}，弯折后的竖直投影长度不应小于 15 倍纵向钢筋直径。

④当计算中不利用梁下部纵向钢筋的强度时，其伸入节点内的锚固长度应取不小于 12 倍梁纵向钢筋直径。当计算中充分利用梁下部钢筋的抗拉强度时，梁下部纵向钢筋可采用直线方式或向上弯折 90°方式锚固于节点内，直线锚固时的锚固长度不应小于 l_a；弯折锚固时，弯折水平段的投影长度不应小于 0.4l_{ab}，弯折后竖直投影长度应不小于 15 倍纵向钢筋直径。另外，梁支座截面上部纵向受拉钢筋应向跨中延伸至(1/4～1/3)l_n(l_n 为梁的净跨)处，并与跨中的架立筋(不少于 2ϕ12)搭接，搭接长度可取 150mm，如图 4-28 所示。

抗震设计时，框架梁、柱的纵向钢筋在框架节点区的锚固和搭接，应符合下列要求(图 4-29)：

①顶层中节点柱纵向钢筋和边节点柱内侧纵向钢筋应伸至柱顶；当从梁底计算的直线锚固长度不小于 l_{aE}时，可不必水平弯折，否则应向柱内或梁、板内水平弯折，锚固段弯折前的竖直投影长度不应小于 0.5l_{abE}，弯折后的水平投影长度不宜小于 12 倍柱纵向钢筋直径。

②顶层端节点处，柱外侧纵向钢筋可与梁上部纵向钢筋搭接，搭接长度不应小于 1.5l_{aE}，且伸入梁内的柱外侧纵向钢筋截面面积不宜小于柱外侧全部纵向钢筋截面面积的 65%；在梁宽范围以外的柱外侧纵向钢筋可伸入现浇板内，其伸入长度与伸入梁内的相同。当柱外侧纵向钢筋的配筋率大于 1.2%时，伸入梁内的柱纵向钢筋宜分两批截断，其截断点之间的距离不宜小于 20 倍柱纵向钢筋直径。

③梁上部纵向钢筋伸入端节点的锚固长度，直线锚固时不应小于 l_{aE}，且伸过柱中心线的长度不应小于 5 倍梁纵向钢筋直径；当柱截面尺寸不足时，梁上部纵向钢筋应伸至节点对边并向下弯折，锚固段弯折前的水平投影长度不应小于 0.4l_{abE}，弯折后的竖直投影长度应取 15 倍梁纵向钢筋直径。

④梁下部纵向钢筋的锚固与梁上部纵向钢筋相同，但采用 90°弯折方式锚固时，竖直段应向上弯入节点内。

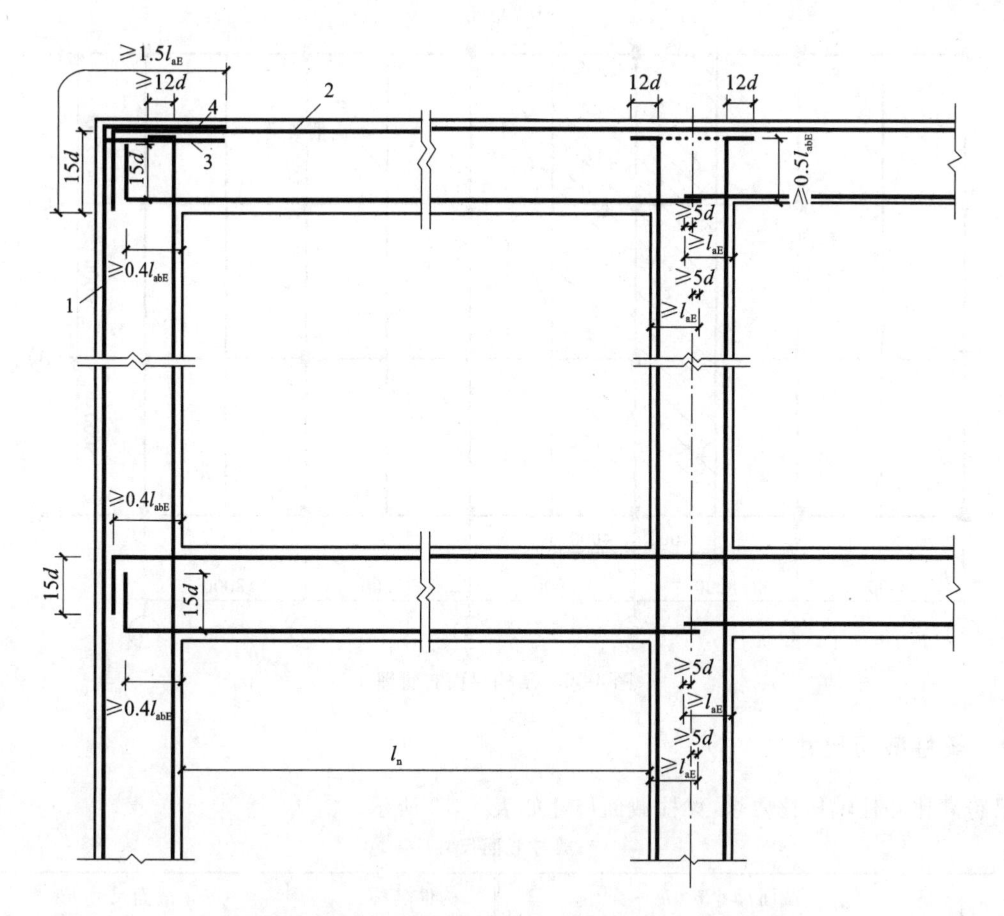

图 4-29 抗震设计时框架梁、柱纵向钢筋在节点区的锚固示意

1—柱外侧纵向钢筋；2—梁上部纵向钢筋；3—伸入梁内的柱外侧纵向钢筋；4—不能伸入梁内的柱外侧纵向钢筋，可伸入板内

4.8 框架结构设计实例

4.8.1 工程概况

某10层办公楼，层高3.6m，总高36m。采用现浇钢筋混凝土框架结构，抗震设防烈度为7度(0.1g)，设计地震分组为第三组，场地类别为Ⅱ类。混凝土强度等级：柱为C40，梁、板为C30。结构平面布置如图4-30所示。

主要荷载取值：

(1)建筑面层恒荷载标准值：屋面4kN/m^2，楼面2.3kN/m^2。

(2)活荷载标准值：不上人屋面0.5kN/m^2，楼面2.0kN/m^2。

(3)屋面女儿墙线荷载标准值：5kN/m。

(4)标准层框架梁线荷载标准值：8kN/m。

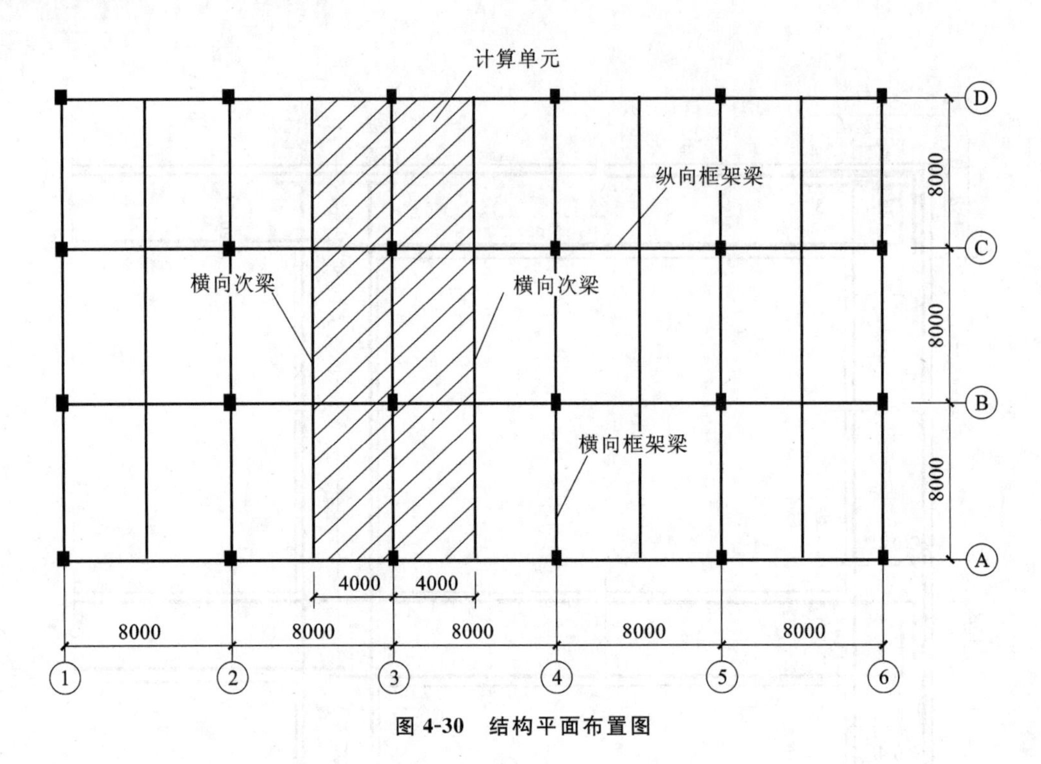

图 4-30 结构平面布置图

4.8.2 梁柱截面尺寸

根据梁跨高比和柱轴压比要求，梁柱截面尺寸如表 4-13 所示。

表 4-13 梁柱截面尺寸

构件名称	截面尺寸 $b \times h$	构件名称	截面尺寸 $b \times h$
横向框架梁	300mm×700mm	边柱	700mm×700mm
纵向框架梁	300mm×700mm	中柱	800mm×800mm(1～2 层)
横向次梁	250mm×600mm		700mm×700mm(3～10 层)

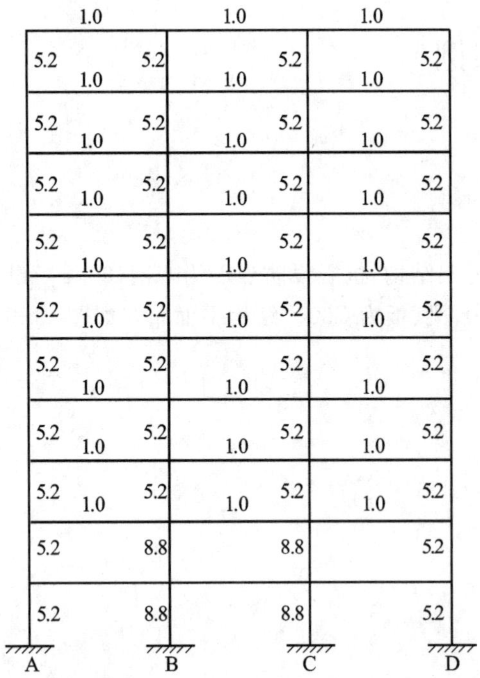

图 4-31 框架梁柱相对线刚度图

各梁柱构件的相对线刚度经计算后列于图 4-31。其中，在计算梁刚度时，采用梁刚度增大系数法近似考虑楼板作为梁的翼缘对其刚度的影响，取 $I=2I_0$（I_0 为不考虑楼板翼缘作用的梁截面惯性矩）。

4.8.3 竖向荷载作用下结构内力计算

由图 4-30 可以看出，结构和荷载在两个方向均对称于其中心线，可以选取典型横向框架（轴①、轴③）进行计算，这里仅给出轴③框架的内力计算。

说明：下文中所有计算表格及图解，凡未特别注明，力的单位均取 kN，尺寸单位均取 m，弯矩单位均取 kN·m。

计算单元内，区格板两个方向的边长之比 $l_{01}/l_{02}=2$，楼面恒荷载和活荷载沿板双向传递。此时，由板传递给框架梁的荷载为三角形或梯形。为简化计算，将梁上三角形或梯形荷载等效换算为均布线荷载，如图 4-32 所示。

用分层法计算框架内力。在计算过程中，除底层以外其他各层柱的线刚度均乘 0.9 的折减系数；除底层外，其他各层柱的弯矩传递系数均取为 1/3。由于结构和荷载对称，可在中

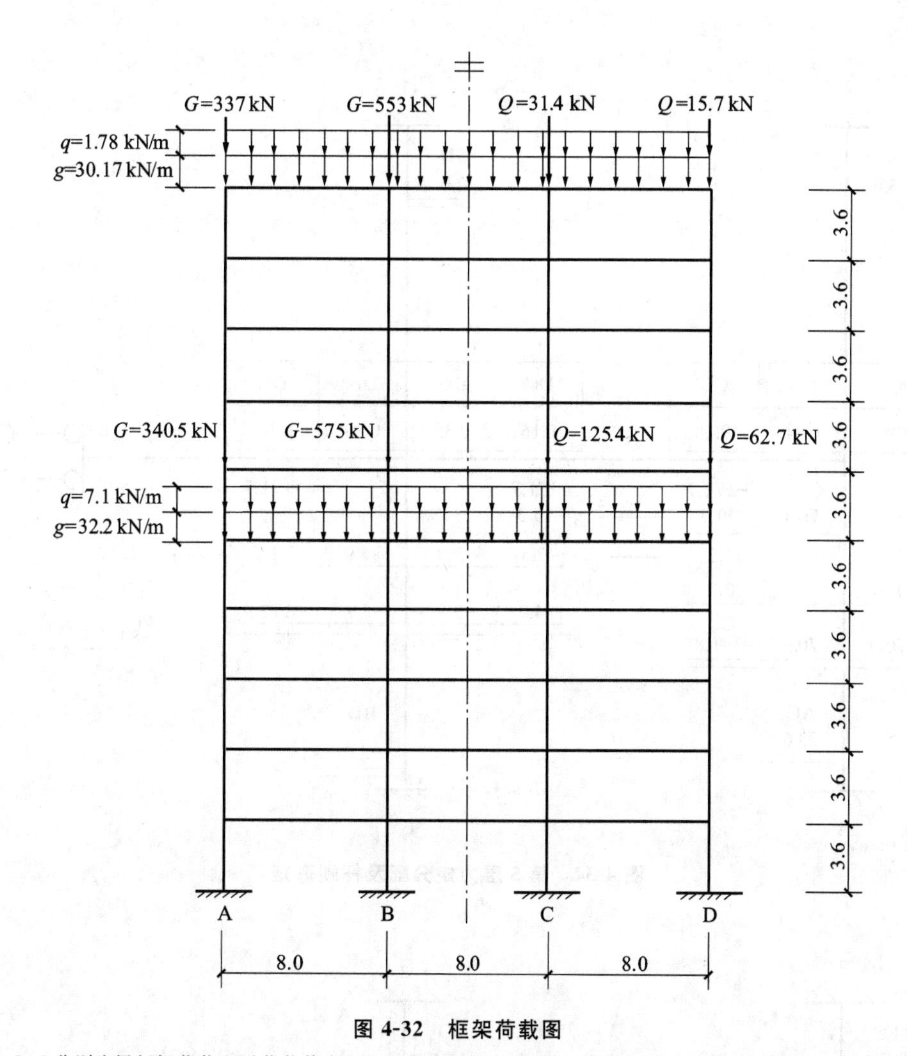

图 4-32 框架荷载图

（注：图中 G、Q 分别为梁板恒荷载和活荷载传来的柱顶集中荷载，除顶层外，标准层柱顶集中荷载、梁上均布荷载均相等。）

跨梁线刚度放大一倍后，仅计算半边框架。另外，考虑梁端塑性变形内力重分布而对梁端负弯矩进行调幅，调幅系数为 0.85。顶层、中间层（5 层）和底层的内力计算过程分别见图 4-33、图 4-34 和图 4-35。各层柱端弯矩叠加，不平衡弯矩进行再次分配，得到框架弯矩总图，如图 4-36 所示。

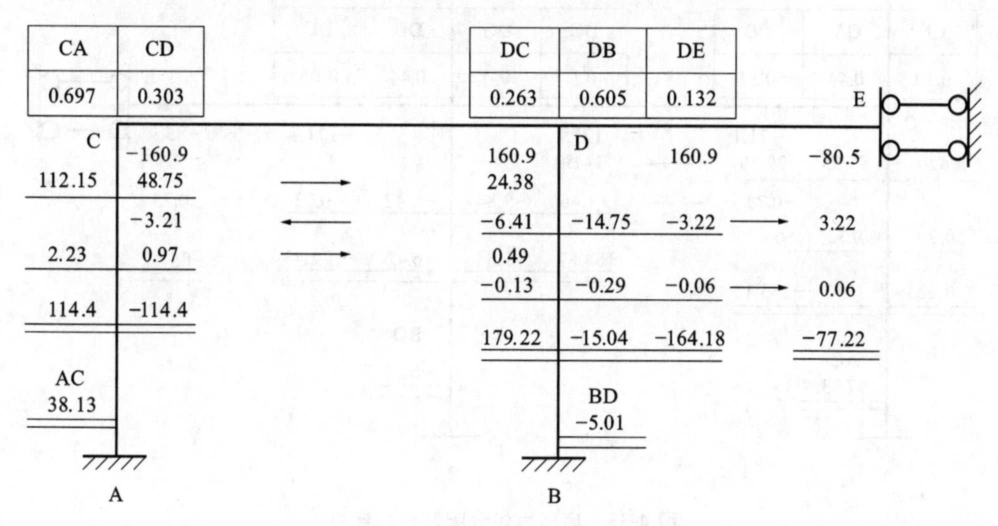

图 4-33 顶层力矩分配及杆端弯矩

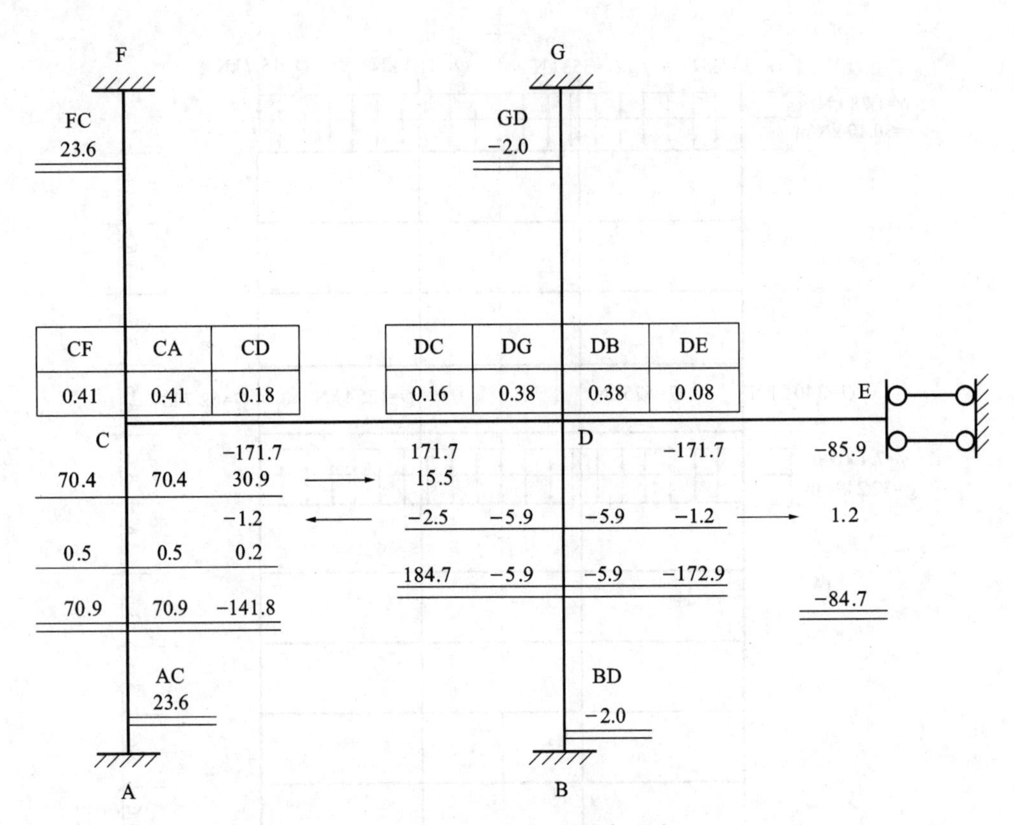

图 4-34　第 5 层力矩分配及杆端弯矩

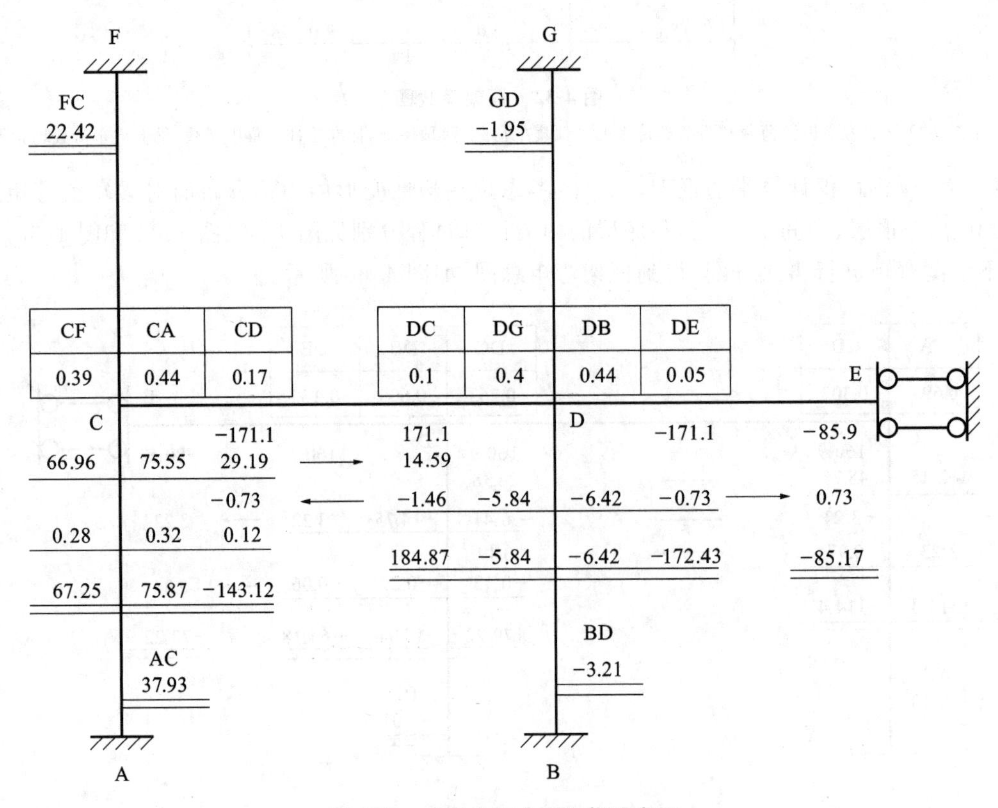

图 4-35　底层力矩分配及杆端弯矩

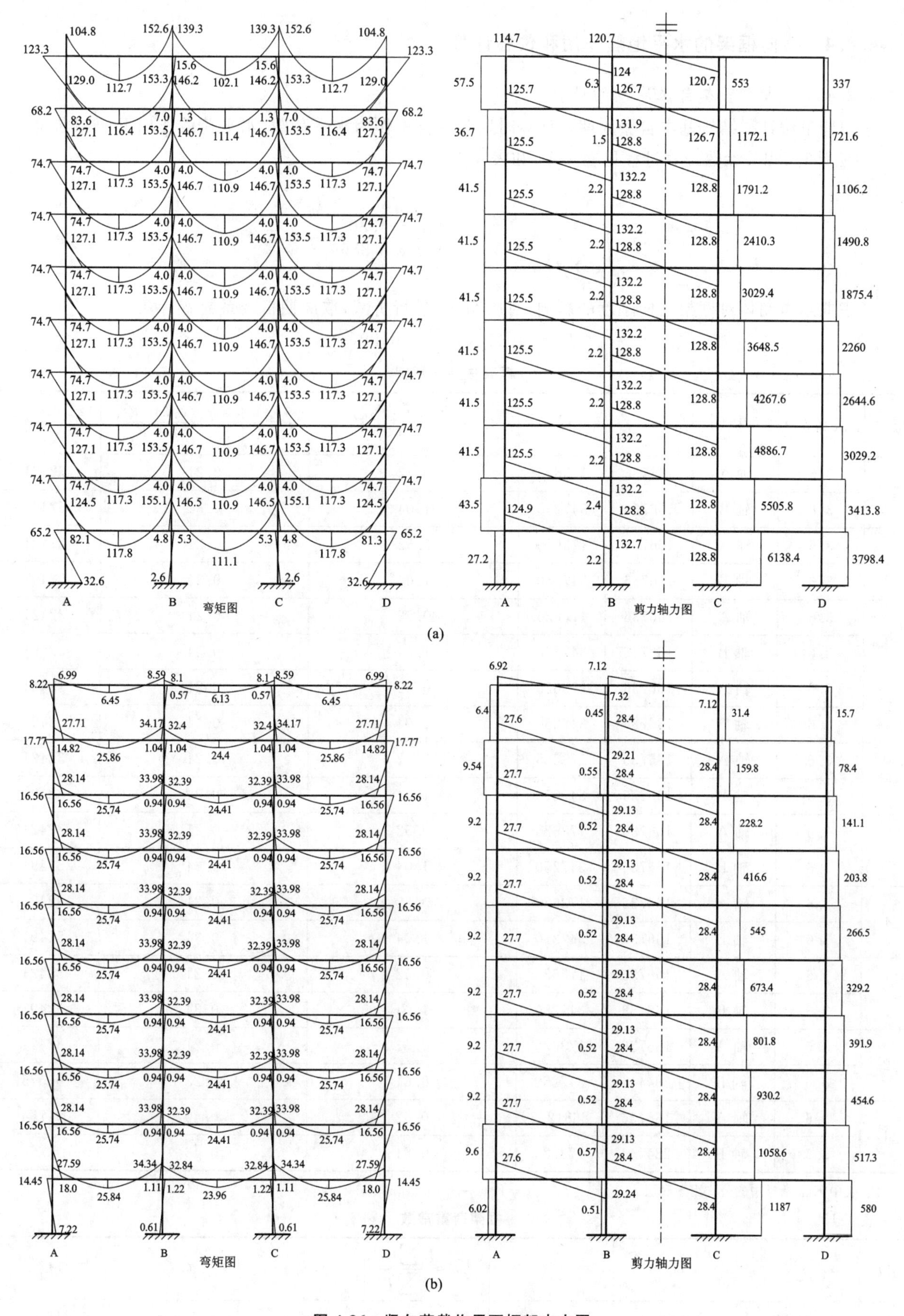

图 4-36 竖向荷载作用下框架内力图

(a)恒荷载作用下内力图;(b)活荷载作用下内力图

4.8.4 横向框架的水平地震作用和位移计算

4.8.4.1 结构基本自振周期的计算

采用能量法计算结构基本自振周期。计算时取各层自重作为水平荷载，水平荷载作用下的侧向位移利用 D 值法计算，相关参数计算过程见表 4-14 和表 4-15。

$$T_1 = 2\pi\sqrt{\frac{\sum_{i=1}^{10} G_i u_i^2}{g\sum_{i=1}^{10} G_i u_i}} = 2\pi \times \sqrt{\frac{4380}{9.8 \times 8869.3}} = 1.41(\text{s})$$

考虑非承重墙体对框架结构刚度的影响，对周期 T_1 进行折减，取周期折减系数 $\psi_T = 0.7$。

$$T_1 = 1.41 \times 0.7 = 0.99(\text{s})$$

表 4-14 框架柱侧向刚度

层数	层高 h_i	柱	i_c	$\sum i_b$	$K = \frac{\sum i_b}{2i_c}\left(或\frac{\sum i_b}{i_c}\right)$	$\alpha = \frac{K}{2+K}\left(或\frac{0.5+K}{2+K}\right)$	$D = \alpha\frac{12i_c}{h_i^2}$
10	3.6	轴 A	166736	173625	0.52	0.21	32421
	3.6	轴 B	166736	347250	1.04	0.34	52491
9	3.6	轴 A	166736	173625	0.52	0.21	32421
	3.6	轴 B	166736	347250	1.04	0.34	52491
8	3.6	轴 A	166736	173625	0.52	0.21	32421
	3.6	轴 B	166736	347250	1.04	0.34	52491
7	3.6	轴 A	166736	173625	0.52	0.21	32421
	3.6	轴 B	166736	347250	1.04	0.34	52491
6	3.6	轴 A	166736	173625	0.52	0.21	32421
	3.6	轴 B	166736	347250	1.04	0.34	52491
5	3.6	轴 A	166736	173625	0.52	0.21	32421
	3.6	轴 B	166736	347250	1.04	0.34	52491
4	3.6	轴 A	166736	173625	0.52	0.21	32421
	3.6	轴 B	166736	347250	1.04	0.34	52491
3	3.6	轴 A	166736	173625	0.52	0.21	32421
	3.6	轴 B	166736	347250	1.04	0.34	52491
2	3.6	轴 A	166736	173625	0.52	0.21	32421
	3.6	轴 B	284444	347250	0.61	0.23	60576
1	3.6	轴 A	166736	86812.5	0.52	0.40	61754
	3.6	轴 B	284444	173625	0.61	0.43	113251

注：表中 K、α 括号中的公式用于底层。

表 4-15 框架荷重常数

层数	$\sum D$	G_i	$\sum G_i$	$\Delta u_i = \frac{\sum G_i}{\sum D}$	u_i	$G_i u_i$	$G_i u_i^2$
10	169498	1868	1868	0.011	0.618	1154.41	713.4
9	169498	2198.5	4066.5	0.024	0.607	1334.5	810.0

续表

层数	$\sum D$	G_i	$\sum G_i$	$\Delta u_i = \frac{\sum G_i}{\sum D}$	u_i	$G_i u_i$	$G_i u_i^2$
8	169498	2198.5	6265	0.037	0.583	1281.7	747.2
7	169498	2198.5	8463.5	0.050	0.546	1200.4	655.4
6	169498	2198.5	10662	0.063	0.496	1090.5	540.9
5	169498	2198.5	12860.5	0.076	0.433	952.0	412.2
4	169498	2198.5	15059	0.089	0.357	784.9	280.2
3	169498	2198.5	17257.5	0.102	0.268	589.2	157.9
2	186950	2212	19469.5	0.104	0.166	367.2	61.0
1	349093	2225.5	21695	0.062	0.053	118.0	6.3

4.8.4.2 横向水平地震作用计算

本框架结构质量和刚度沿高度分布比较均匀，高度不超过 40m，并以剪切变形为主（高宽比小于 4），采用底部剪力法计算横向水平地震作用。

该工程地处 7 度抗震设防地区，设计基本地震加速度为 0.1g，场地类别为Ⅱ类，设计地震分组为第三组，根据《建筑抗震设计规范（2016 年版）》（GB 50011—2010）第 5.1.4 条规定，确定水平地震影响系数最大值 $\alpha_{\max}=0.08$，特征周期 $T_g=0.45$s，且 $T_1<5T_g$，则地震影响系数为

$$\alpha_1 = \left(\frac{T_g}{T_1}\right)^{0.9}\alpha_{\max} = \left(\frac{0.45}{0.99}\right)^{0.9}\times 0.08 = 0.039$$

结构等效总重力荷载代表值：

$$G_{eq} = 0.85\times\sum G_i = 0.85\times 21695 = 18441(\text{kN})$$

结构总水平地震作用标准值：

$$F_{Ek} = \alpha_1 G_{eq} = 0.039\times 18441 = 719.2(\text{kN})$$

$$\delta_{10} = 0.08T_1 + 0.01 = 0.0892$$

$$\Delta F_{10} = \delta_{10}F_{Ek} = 0.0892\times 719.2 = 64.2(\text{kN})$$

计算各层水平地震作用标准值，进而求出各楼层地震剪力及楼层层间位移，计算过程见表 4-16 和表 4-17。

水平地震作用下，框架结构内力采用 D 值法计算，具体计算过程及内力图见表 4-18 和图 4-37。

表 4-16 框架水平地震作用分配

层数	标高 H_i	G_i	G_iH_i	F_i	备注
10	36	1868	67248	104.0	$F_i = \frac{G_iH_i}{\sum_{i=1}^{10}G_iH_i}F_{Ek}(1-\delta_{10})$ $F_{Ek}=719.2$kN $\delta_{10}=0.0892$ $\Delta F_{10}=64.2$kN
9	32.4	2198.5	71231.4	110.1	
8	28.8	2198.5	63316.8	97.9	
7	25.2	2198.5	55402.2	85.7	
6	21.6	2198.5	47487.6	73.4	
5	18	2198.5	39573	61.2	
4	14.4	2198.5	31658.4	49.0	
3	10.8	2198.5	23743.8	36.7	
2	7.2	2212	15926.4	24.6	
1	3.6	2225.5	8011.8	12.4	

表 4-17　框架在水平地震作用下的侧移计算

层数	F_i	V_i	$\sum D$	Δu_i	u_i	$\frac{\Delta u_i}{h_i}$
10	104.0	168.1	169498	0.001	0.028	1/3600
9	110.1	278.3	169498	0.002	0.027	1/1800
8	97.9	376.2	169498	0.002	0.025	1/1800
7	85.7	461.9	169498	0.003	0.023	1/1200
6	73.4	535.3	169498	0.003	0.020	1/1200
5	61.2	596.5	169498	0.004	0.017	1/900
4	49.0	645.5	169498	0.004	0.014	1/900
3	36.7	682.2	169498	0.004	0.010	1/900
2	24.6	706.8	186950	0.004	0.006	1/900
1	12.4	719.2	349093	0.002	0.002	1/1800

注：$(\Delta u_i/h_i)_{max}=1/894<1/550$，$h_i$ 取值见表 4-14。

表 4-18　水平地震作用下框架内力计算

层数	V_i	柱	D_j	D_i	V_{ij}	K	$\alpha_1=\frac{i_1+i_2}{i_3+i_4}$
10	168.1	轴 A	31889	169498	31.6	0.52	1.0
		轴 B	52860		52.4	1.04	1.0
9	278.3	轴 A	31889	169498	52.4	0.52	1.0
		轴 B	52860		86.8	1.04	1.0
8	376.2	轴 A	31889	169498	70.8	0.52	1.0
		轴 B	52860		117.3	1.04	1.0
7	461.9	轴 A	31889	169498	86.9	0.52	1.0
		轴 B	52860		144.0	1.04	1.0
6	535.3	轴 A	31889	169498	100.7	0.52	1.0
		轴 B	52860		166.9	1.04	1.0
5	596.5	轴 A	31889	169498	112.2	0.52	1.0
		轴 B	52860		186.0	1.04	1.0
4	645.5	轴 A	31889	169498	121.4	0.52	1.0
		轴 B	52860		201.3	1.04	1.0
3	682.2	轴 A	31889	169498	128.3	0.52	1.0
		轴 B	52860		212.7	1.04	1.0
2	706.8	轴 A	31889	186950	120.6	0.52	1.0
		轴 B	61586		232.8	0.61	1.0
1	719.2	轴 A	62513	349093	128.8	0.52	1.0
		轴 B	112033		230.8	0.61	1.0

续表

层数	V_i	柱	$\alpha_2=\frac{h_t}{h}$	$\alpha_3=\frac{h_b}{h}$	y_0	y_1	y_2	y_3	y_h	M_{ij}^b	M_{ij}^t
10	168.1	轴 A	0	1	0.25	0	0	0	0.9	28.5	85.4
		轴 B	0	1	0.4	0	0	0	1.4	75.5	113.3
9	278.3	轴 A	1	1	0.35	0	0	0	1.3	66.0	122.5
		轴 B	1	1	0.45	0	0	0	1.6	140.6	171.8
8	376.2	轴 A	1	1	0.4	0	0	0	1.4	101.9	152.9
		轴 B	1	1	0.45	0	0	0	1.6	190.1	232.3
7	461.9	轴 A	1	1	0.45	0	0	0	1.6	140.8	172.1
		轴 B	1	1	0.5	0	0	0	1.8	259.3	259.3
6	535.3	轴 A	1	1	0.45	0	0	0	1.6	163.2	199.4
		轴 B	1	1	0.5	0	0	0	1.8	300.5	300.5
5	596.5	轴 A	1	1	0.45	0	0	0	1.6	181.8	222.2
		轴 B	1	1	0.5	0	0	0	1.8	334.8	334.8
4	645.5	轴 A	1	1	0.5	0	0	0	1.8	218.6	218.6
		轴 B	1	1	0.5	0	0	0	1.8	362.3	362.3
3	682.2	轴 A	1	1	0.5	0	0	0	1.8	231.0	231.0
		轴 B	1	1	0.5	0	0	0	1.8	382.9	382.9
2	706.8	轴 A	1	1	0.55	0	0	0	2.0	238.7	195.3
		轴 B	1	1	0.55	0	0	0	2.0	461.0	377.2
1	719.2	轴 A	1	0	0.75	0	0	0	2.7	347.7	115.9
		轴 B	1	0	0.75	0	0	0	2.7	623.2	207.7

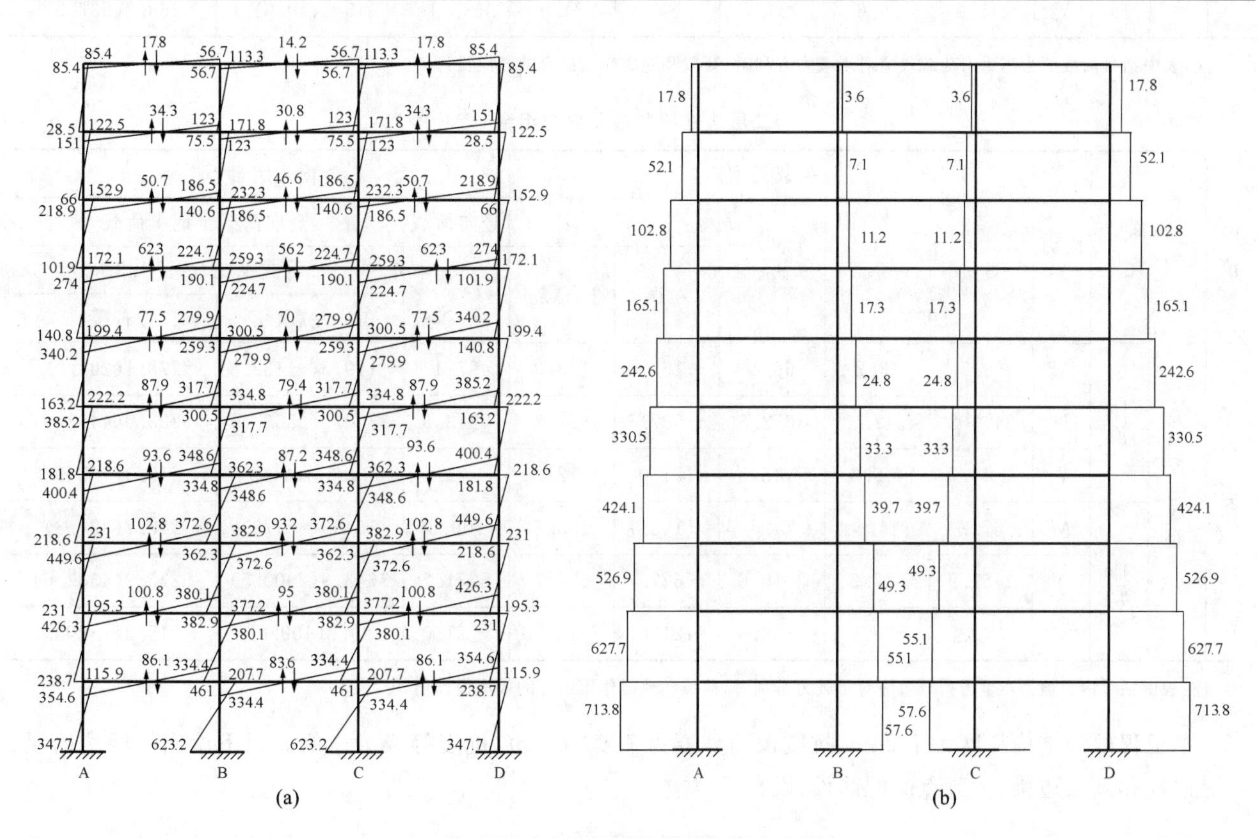

图 4-37 水平地震作用下框架内力图

(a)弯矩剪力图；(b)轴力图

4.8.5 框架梁柱内力组合

这里仅以底层框架梁和二层边柱为例进行梁柱内力组合，结果见表 4-19 和表 4-20。

表 4-19 **一层框架梁控制截面内力组合**

部位	截面位置		内力	荷载效应标准值类型					荷载组合效应设计值 S_d		
				S_{Gk}	S_{Qk}	S_{GE}	S_{Ek}		竖向荷载	竖向荷载＋地震荷载	
							左震	右震	$1.3S_{Gk}+1.5S_{Qk}$	1.2(或 1.0)$S_{GE}+1.3S_{Ek}$	
										左震	右震
边跨梁	梁支座边缘	左端	M	−84.7	−18.8	−94.1	324.5	−324.5	−138.3	308.9(327.7)	−534.8(−515.9)
			V	113.6	25.1	126.2	−86.1	86.1	185.4	39.5(14.3)	263.4(238.1)
		跨中	M	117.8	25.5	130.5	10.3	10.3	191.4	170.1(144.0)	170.1(144.0)
			V	—	—	—	—	—	—	—	—
		右端	M	107.2	23.8	119.1	300.0	−300.0	175.0	532.8(509.0)	−247.1(−270.9)
			V	119.8	26.4	133.0	−86.1	86.1	195.4	47.7(21.1)	271.6(245.0)
中跨梁	梁支座边缘	左端	M	−100.1	−22.6	−111.4	301.0	−301.0	−164.1	257.5(279.8)	−525.0(−502.7)
			V	115.9	25.6	128.7	−83.6	83.6	189.0	45.8(20.0)	263.1(237.4)
		跨中	M	111.1	24.0	123.1	0.0	0.0	180.4	147.7(123.1)	147.7(123.1)
			V	—	—	—	—	—	—	—	—
		右端	M	100.1	22.6	111.4	301.0	−301.0	164.1	525.0(502.7)	−257.6(−279.9)
			V	115.9	25.6	128.7	−84.0	84.0	189.1	45.3(19.6)	263.7(237.9)

注：表中括号内数值为当重力荷载效应对承载力有利时，荷载和地震作用组合的效应设计值。

表 4-20 **二层边柱控制截面内力组合**

部位	截面位置		内力	荷载类型					内力组合 S_d		
				S_{Gk}	S_{Qk}	S_{GE}	S_{Ek}		竖向荷载	竖向荷载＋地震荷载	
							左震	右震	$1.3S_{Gk}+1.5S_{Qk}$	1.2(或 1.0)$S_{GE}+1.3S_{Ek}$	
										左震	右震
边柱	控制截面	柱顶	M	59.5	13.2	66.1	−153.0	153.0	97.1	−119.5(−132.8)	278.1(264.9)
			N	3413.8	517.3	3672.5	−627.7	627.7	5213.9	3590.9(2856.4)	5223.0(4488.5)
			V	−43.5	−9.6	−48.3	121.0	−121.0	−71.0	99.3(109.0)	−215.3(−205.6)
		柱底	M	67.2	14.6	74.5	−195.7	195.7	109.3	−164.9(−179.8)	343.7(328.8)
			N	3457.9	517.3	3716.6	−627.7	627.7	5271.2	3643.9(2900.5)	5275.9(4532.6)
			V	−43.5	−9.6	−48.3	121.0	−121.0	−71.0	99.3(109.0)	−215.3(−205.6)

注：表中括号内数值为当重力荷载效应对承载力有利时，荷载和地震作用组合的效应设计值。

本工程框架结构高度大于 24m，抗震设防烈度为 7 度(0.1g)，抗震等级为二级。以下给出一层边跨梁、二层边柱和该层边梁、柱节点的配筋设计。

4.8.5.1 梁截面设计

根据内力组合结果，一层边跨梁最不利内力如表 4-21 所示。

表 4-21 一层边跨梁最不利内力

部位	截面位置	内力	
		M	V
边跨梁	左端	−534.8	263.4
	跨中	191.4	—
	右端	532.8	271.6

当梁下部受拉时，按T形截面设计，翼缘计算宽度取 $b_f'=b+12h_f=1.74$m，翼缘厚度 $h_f=0.12$m。当梁上部受拉时，按矩形截面设计。

材料强度设计值：混凝土强度C30，$f_c=14.3\text{N/mm}^2$；受力钢筋和箍筋均为HRB400，$f_y=360\text{N/mm}^2$。

(1)正截面受弯承载力计算。

一层边跨梁的正截面受弯承载力及纵向钢筋计算过程详见表4-22。依据《高层建筑混凝土结构技术规程》(JGJ 3—2010)第6.3.2条：

①抗震设计时，计入受压钢筋作用的梁端截面混凝土受压区高度与有效高度之比值，抗震等级为一级时不应大于0.25，为二、三级时不应大于0.35。

②抗震等级为二级时，纵向钢筋的最小配筋率 ρ_{min}，支座、跨中分别为0.3%和0.25%，$\rho>\rho_{min}$。

③抗震设计时，梁端截面的底面和顶面纵向钢筋截面面积的比值，除按计算确定外，在抗震等级为一级时不应小于0.5，为二、三级时不应小于0.3。

正截面受弯承载力及配筋计算均满足以上规范要求。

表 4-22 一层横向边跨梁正截面受弯承载力计算

截面位置			M/(kN·m)	$\alpha_s=\dfrac{M}{\alpha_1 f_c bh_0^2}$	$\xi=1-\sqrt{1-2\alpha_s}$	$\gamma_s=0.5(1+\sqrt{1-2\alpha_s})$	A_s/mm²	配筋	实配/mm²	ρ/%
边跨梁	支座	左端	401.1	0.211	0.240	0.880	1904.2	4Φ25	1964	0.94
		右端	399.6	0.211	0.239	0.880	1896.0	4Φ25	1964	0.94
	跨中		143.6	0.013	0.013	0.993	603.8	3Φ16	603	0.29

注：M为考虑承载力抗震调整系数($\gamma_{RE}=0.75$)的弯矩设计值。

(2)斜截面受剪承载力计算。

计算考虑地震组合的框架梁端剪力设计值 V_b：

$$V_b=\eta_{vb}\frac{M_b^l+M_b^r}{l_n}+V_{Gb}$$

$$=1.2\times\frac{308.9+532.8}{8}+143=269.26(\text{kN})$$

验算截面尺寸：

依据《混凝土结构设计规范(2015年版)》(GB 50010—2010)第11.3.3条：

$$\frac{1}{\gamma_{RE}}(0.2\beta_c f_c bh_0)=\frac{1}{0.85}\times0.2\times1.0\times14.3\times300\times665\times10^{-3}=671.3(\text{kN})>V_b \quad \text{(截面满足要求)}$$

配筋计算：

$$\gamma_{RE}V_b\leqslant\alpha_{cv}f_t bh_0+f_{yv}\frac{A_{sv}}{s}h_0$$

$$\frac{A_{sv}}{s}\geqslant\frac{\gamma_{RE}V_b-\alpha_{cv}f_t bh_0}{f_{yv}h_0}=\frac{0.85\times269.26\times1000-0.7\times1.43\times300\times665}{360\times665}=0.122$$

根据《高层建筑混凝土结构技术规程》(JGJ 3—2010)第6.3.2条：抗震等级为二级时，梁端箍筋直径不小于8mm，加密区箍筋最大间距取 $\min\{h_b/4,8d,100\}$。加密区：选配双肢箍Φ8@100$\left(\dfrac{A_{sv}}{s}=1.0\right)$；非加密区：选配双肢箍 ф 8@200 $\left(\frac{A_{sv}}{s}=0.5\right)$。

根据《高层建筑混凝土结构技术规程》(JGJ 3—2010)第 6.3.5 条(抗震等级二级)：

$$\rho_{sv} = \frac{A_{sv}}{bs} = 0.17\% > 0.28\frac{f_t}{f_{yv}} = 0.11\% \quad (满足要求)$$

框架梁截面配筋大样如图 4-38 所示。

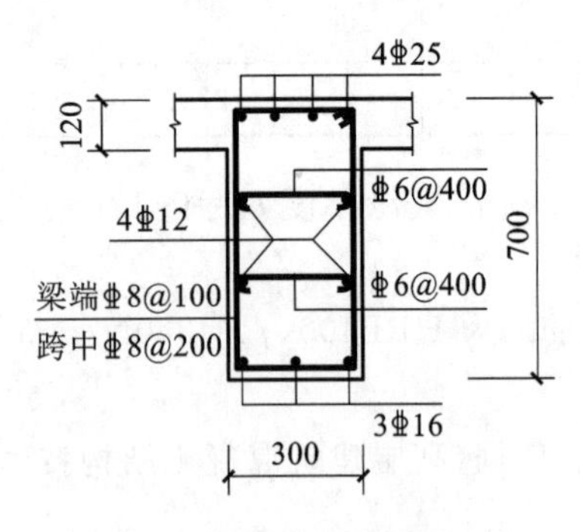

图 4-38 框架梁截面配筋大样

4.8.5.2 柱截面设计

柱截面设计，应以表 4-21 所列的集中组合内力分别计算，最后以最不利的一种情况来确定配筋。这里以柱底截面$|M|_{max}$对应的内力组合，取荷载分项系数为 1.2 的情形(弯矩最大，轴力最大)为例计算柱的配筋。

$$M = 343.7\text{kN}\cdot\text{m}$$

验算轴压比：

$$\frac{N}{f_c A} = \frac{5275.9}{19.1\times 1000\times 0.7\times 0.7} = 0.56 < 0.75 \quad (满足限值要求)$$

材料强度设计值：混凝土强度 C40，$f_c=19.1\text{N/mm}^2$；受力钢筋和箍筋均为 HRB400，$f_y=360\text{N/mm}^2$。

(1)正截面承载力计算。

根据抗震要求，$\sum M_c = \eta_c \sum M_b$，二级抗震等级，$\eta_c = 1.5$，$\sum M_b = 534.8\text{kN}\cdot\text{m}$。

$\sum M_c = 1.5\times 534.8 = 802.2(\text{kN}\cdot\text{m})$，二层柱下端取 $M_c = \frac{3}{4}\times 802.2 = 601.65(\text{kN}\cdot\text{m})$，柱的计算长度 $l_c = 3.6\text{m}$。

$e_0 = \frac{M}{N} = \frac{601.65}{5275.9} = 0.11(\text{m})$，取 $e_a = \frac{700}{30} = 23(\text{mm})$，$e_i = e_a + e_0 = 0.11\times 1000 + 23 = 133(\text{mm})$。

$$\eta_{ns} = 1 + \frac{1}{1300\frac{e_i}{h_0}}\left(\frac{l_c}{h}\right)^2\zeta_c = 1 + \frac{1}{1300\times\frac{133}{665}}\times\left(\frac{3600}{700}\right)^2\times 0.887 = 1.09$$

$$e_s = \eta_{ns} e_i + \frac{h}{2} - a_s = 460(\text{mm})$$

$$x = \frac{\gamma_{RE} N}{\alpha_1 f_c b} = \frac{0.8\times 5275.9\times 1000}{1.0\times 19.1\times 700} = 315.69(\text{mm}) < \xi_b h_0 = 0.53\times 665 = 352.45(\text{mm}) \quad (大偏心受压)$$

采用对称配筋：

$$A_s = A'_s = \frac{\gamma_{RE} N e_s - \alpha_1 f_c bx\left(h_0 - \frac{x}{2}\right)}{f_y(h_0 - a'_s)}$$

$$= \frac{0.8\times 5275.9\times 460\times 1000 - 19.1\times 700\times 315.69\times\left(665 - \frac{315.69}{2}\right)}{360\times(665-35)} < 0$$

《高层建筑混凝土结构技术规程》(JGJ 3—2010) 第 6.4.3 条：抗震等级二级边柱，纵向受力钢筋 HRB400，柱截面纵向钢筋最小总配筋率为 0.85%，且每一侧纵向钢筋配筋率不应小于 0.2%。

选配 5 ф 20(1570mm²)。最小配筋面积 $A_s = A'_s = 1300\text{mm}^2$，满足要求。

(2) 斜截面承载力设计。

$$V_c = 1.3\frac{M_c^t + M_c^b}{H_n} = 1.3\times\frac{333.6 + 602}{2.9} = 419(\text{kN})$$

剪跨比：

$$\lambda = \frac{H_n}{2h_0} = \frac{2.9}{2\times 0.665} = 2.18$$

$$V_c \leqslant \frac{1}{\gamma_{RE}}\left(\frac{1.05}{\lambda+1}f_t bh_0 + f_{yv}\frac{A_{sv}}{s}h_0 + 0.056N\right)$$

$$\frac{A_{sv}}{s} \geqslant \frac{V_c\gamma_{RE} - \frac{1.05}{\lambda+1}f_t b h_0 - 0.056N}{f_{yv}h_0}$$

$$= \frac{0.85\times 419000 - \frac{1.05}{2.18+1}\times 1.91\times 700\times 665 - 0.056\times 0.3\times 19.1\times 700\times 700}{360\times 665} < 0$$

根据《高层建筑混凝土结构技术规程》(JGJ 3—2010) 第 6.4.3 和 6.4.7 条,按最小配箍率配筋。抗震等级为二级,轴压比 0.56,λ_v 取 0.13,$\rho_v \geqslant \lambda_v \frac{f_c}{f_{yv}} = 0.69\%$。

柱端加密区:Φ10@100 双向五肢箍配置。根据《混凝土结构设计规范(2015 年版)》(GB 50010—2010)6.6.3:

体积配箍率:$\rho_v = \frac{n_1A_{s1}l_1 + n_1A_{s2}l_2}{A_{cor}s} = \frac{10\times 660\times 78.5}{660\times 660\times 100} = 1.2\%$。

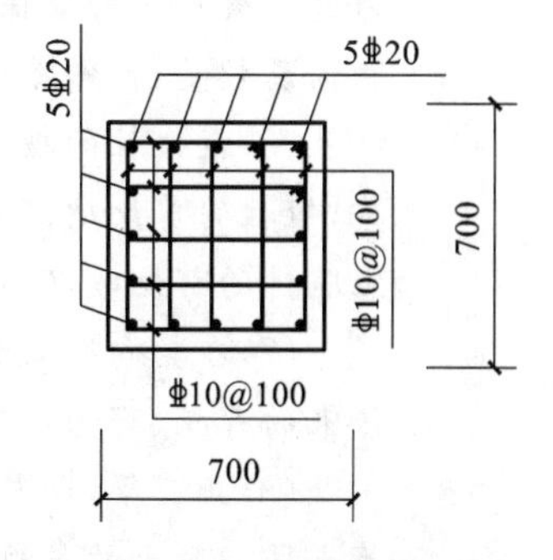

图 4-39 柱端截面配筋大样

式中 A_{cor}—— 方格网式间接钢筋内表面范围内的混凝土核心截面面积;

n_1, A_{s1}—— 方格网沿 l_1 方向的钢筋根数、单根钢筋的截面面积;

n_2, A_{s2}—— 方格网沿 l_2 方向的钢筋根数、单根钢筋的截面面积;

s—— 方格网式间接箍筋的间距。

柱端截面配筋大样如图 4-39 所示。

4.8.5.3 梁柱节点验算

节点左、右两侧梁端组合弯矩设计值之和:$\sum M_b = 534.8\text{kN}\cdot\text{m}$

节点上柱和下柱反弯点之间的距离:$H_c = 0.9 + 2.0 = 2.9(\text{m})$

根据《混凝土结构设计规范(2015 年版)》(GB 50010—2010)式(11.6.2-4):

$$V_j = \frac{\eta_{jb}\sum M_b}{h_{b0} - a_s'}\left(1 - \frac{h_{b0} - a_s'}{H_c - h_b}\right)$$

$$= \frac{1.35\times 534.8\times 10^6}{665 - 35}\times\left(1 - \frac{665-35}{2900-700}\right) = 817.8(\text{kN})$$

由于 $b_b < \frac{b_c}{2}$,$b_j = b_b + 0.5h_c = 300 + 0.5\times 700 = 650(\text{mm})$,$h_j = h_c = 700\text{mm}$;由于正交框架梁截面宽度均小于柱宽度的 1/2,则正交梁对节点的约束系数 $\eta_j = 1.0$。

(1)验算节点核心区受剪截面。

根据《混凝土结构设计规范(2015 年版)》(GB 50010—2010)式(11.6.3):

$$\frac{1}{\gamma_{RE}}(0.3\eta_j\beta_c f_c b_j h_j) = \frac{1}{0.85}\times(0.3\times 1.0\times 1.0\times 19.1\times 650\times 700)/1000 = 3067(\text{kN}) > V_j \quad (\text{满足要求})$$

(2)梁柱节点抗震受剪承载力。

根据《混凝土结构设计规范(2015 年版)》(GB 50010—2010)式(11.6.4-2):

$$\frac{1}{\gamma_{RE}}\left(1.1\eta_j f_t b_j h_j + 0.05\eta_j N\frac{b_j}{b_c} + f_{yv}A_{svj}\frac{h_{b0}-a_s'}{s}\right)$$

$$= \frac{1}{0.85}\times\left(1.1\times 1.0\times 1.91\times 650\times 700 + 0.05\times 1.0\times 4679.5\times\frac{650}{700} + 360\times 392.5\times\frac{665-35}{100}\right)/1000$$

$$= 2172(\text{kN}) > V_j \quad (\text{满足要求})$$

知识归纳

(1)框架结构是由梁、柱等线形构件通过节点连接在一起构成的,其基本的竖向承重单元和抗侧力单元为梁、柱通过节点连接形成的框架。

(2)框架结构有三种承重方案:横向框架承重、纵向框架承重和纵横向框架承重。

(3)在竖向荷载作用下，多、高层框架结构的内力可用力法、位移法等结构力学方法计算。在水平荷载作用下框架结构的内力和侧移可用反弯点法、D值法等计算。高层建筑框架结构在水平荷载作用下的总侧移可近似地看作梁柱弯曲变形和柱轴向变形引起侧移的叠加。

(4)框架结构在设计时不仅要计算在恒荷载、楼面活荷载、屋面活荷载、风荷载作用下的内力，还要求解各主要截面可能发生的最不利内力。求解各主要截面可能发生的最不利内力，也称为内力组合。

(5)框架梁的破坏形态有两种形式：弯曲破坏和剪切破坏。设计时必须保证框架梁为适筋梁。同时要保证梁符合强剪弱弯。应按受弯构件正截面受弯承载力计算所需要的纵筋数量，按斜截面受剪承载力计算所需要的箍筋数量，并采取相应的构造措施。

(6)框架柱的破坏一般均发生在柱的上、下端。一般角柱的破坏比中柱和边柱严重，短柱的剪切破坏在地震中是十分普遍的，其破坏是脆性的。为了保证延性，既要防止脆性的剪切破坏，也要避免几乎没有延性的小偏压破坏。

(7)在竖向荷载和地震作用下，框架节点主要承受柱传来的轴向力、弯矩、剪力和梁传来的弯矩、剪力。节点区的破坏形式为由主拉应力引起的剪切破坏。

(8)正交梁，即与框架平面垂直且与节点相交的梁，对节点区具有约束作用，能提高节点区混凝土的抗剪强度。

独立思考

4-1　在设计中如何体现“延性框架”？

4-2　为什么要对框架内力进行调整？怎样调整框架内力？

4-3　如何进行高层钢筋混凝土框架梁的抗弯承载力计算和抗剪计算？高层钢筋混凝土框架梁的构造措施有哪些？

4-4　限制高层钢筋混凝土框架柱的轴压比有何意义？

4-5　框架梁柱节点为什么要进行抗剪验算？

5 剪力墙结构设计

课前导读

◸ 内容提要

本章主要内容包括剪力墙结构的布置、剪力墙结构简化分析方法、整体剪力墙及整体小开口剪力墙的计算、联肢剪力墙的计算、壁式框架的计算、剪力墙截面设计及构造要求、剪力墙轴压比限值及边缘构件设计、连梁截面设计及构造要求。本章的教学重点为剪力墙结构的分析、双肢墙的内力和位移计算、壁式框架的内力和位移计算、剪力墙分类的判别，教学难点为剪力墙结构分类和分析方法、受力特点对比和计算参数判别。

◸ 能力要求

通过本章的学习，学生应掌握剪力墙结构的工作原理及特点，能够对各类剪力墙进行判断并掌握其分析及计算方法，能够独立地进行剪力墙设计及验算。

5.1 结构布置

5.1.1 承重方案

剪力墙结构体系是由钢筋混凝土墙体相互连接构成的承载墙结构体系，用于承担竖向重力荷载和风荷载及水平地震作用，同时也兼任建筑物的外围护墙和内部房间的分隔墙。工程设计中有以下几种常见的墙体承重方案：

(1)小开间横墙承重。每开间设置一道钢筋混凝土承重横墙，间距为2.7～3.9m，横墙上放置预制空心板。这种方案适用于住宅、旅馆等在使用上要求小开间的建筑。其优点是一次完成所有墙体，省去砌筑隔墙的工作量；采用跨度小的楼板可节约钢筋等。但此种方案的横墙数量多，墙体的承载力未充分利用，建筑平面布置不灵活，房屋自重及侧向刚度大，自振周期短，水平地震作用大。

(2)大开间横墙承重。每两开间设置一道钢筋混凝土承重横墙，间距一般为6～8m。楼盖多采用钢筋混凝土梁式板或无黏结预应力混凝土平板。其优点是使用空间大，建筑平面布置灵活；自重较轻，基础造价相对较低；横墙配筋率适当，结构延性增加。但这种方案的楼盖跨度大，楼盖材料用量增多。

(3)大间距纵、横墙承重。每两开间设置一道钢筋混凝土横墙，间距为8m左右。楼盖或采用钢筋混凝土双向板，或在每两道横墙之间布置一根进深梁，梁支承于纵墙上，形成纵、横墙混合承重。从使用功能、技术经济指标、结构受力性能等方面来看，大间距方案比小间距方案优越。因此，目前趋向于采用大间距、大进深、大模板、无黏结预应力混凝土楼板的剪力墙结构体系，以满足多种用途和灵活隔断等需要。

5.1.2 剪力墙的布置

剪力墙结构在布置时除了满足第3章中的一些原则外，还应注意：

(1)剪力墙宜沿主轴方向或其他方向双向或多向布置，不同方向的剪力墙宜分别联结在一起，应尽量拉通、对直，以具有较好的空间工作性能；抗震设计时，应避免仅单向有墙的结构布置形式，宜使两个方向侧向刚度相近，一般可控制两方向的主要设计指标，如自振周期及侧向位移等相差在20%以内。剪力墙墙肢截面宜简单、规则。

(2)剪力墙的侧向刚度及承载力均较大，为充分利用剪力墙的承载能力，减轻结构自重，增大结构的可利用空间，剪力墙不宜布置得太密，以使结构具有适宜的侧向刚度；若侧向刚度过大，不仅加大自重，还会使地震作用增大，对结构受力不利。

(3)剪力墙宜自下到上连续布置，避免刚度突变；允许沿高度改变墙厚和混凝土强度等级，或减少部分墙肢，使侧向刚度沿高度逐渐减小。剪力墙沿高度不连续，将造成结构沿高度刚度突变，对结构抗震不利。

(4)细高的剪力墙(高宽比大于3)容易设计成弯曲破坏的延性剪力墙，从而避免发生脆性的剪切破坏。因此，当剪力墙的长度很大时，为了满足每个墙段高宽比大于3的要求，可通过开设洞口将长墙分成长度较小、较均匀的若干独立墙段，同时要避免墙肢刚度相差过大。每个独立墙段可以是整截面墙，也可以是联肢墙，墙段之间宜采用弱连梁连接(如楼板或跨高比大于5的连梁)，因弱连梁对墙肢内力的影响可以忽略，可近似认为分成了若干独立墙段(图5-1)。此外，当墙段长度较小时，受弯产生的裂缝宽度较小，而且墙体的配筋能充分地发挥作用，因此墙段的长度不宜大于8m。

(5)剪力墙洞口的布置会极大地影响剪力墙的力学性能。为此规定剪力墙的门窗洞口宜上下对齐，成列布置，能形成明确的墙肢和连梁，这样应力分布比较规则，又与当前普遍应用的计算简图较为符合，使设计结果安全可靠。错洞剪力墙和叠合错洞墙都是开洞不规则的剪力墙，其应力分布比较复杂，容易形成剪力墙的薄弱部位，常规计算无法获得其实际应力，构造比较复杂，因此，宜避免使用错洞剪力墙和叠合错洞墙。

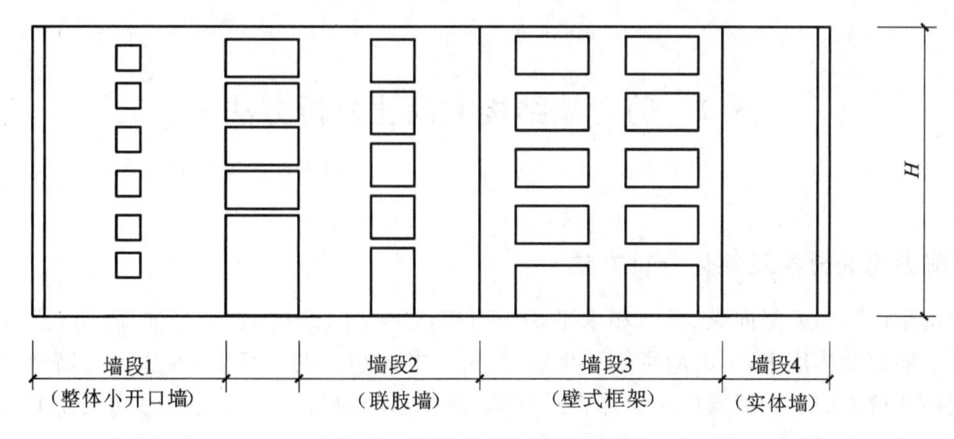

图 5-1 较长剪力墙划分示意图

图 5-2(a)所示为错洞剪力墙，其洞口错开，但洞口之间距离较大；图 5-2(b)、(c)所示为叠合错洞墙，其特点是洞口错开距离很小，甚至叠合，不仅墙肢不规则，而且洞口之间易形成薄弱部位，其受力比错洞墙更为不利。抗震设计时，一、二、三级抗震等级剪力墙的底部加强部位不宜采用错洞墙；其他情况如无法避免错洞墙，洞口错开的水平距离不宜小于 2m，且设计时应仔细计算分析，并在洞口周边采取有效构造措施；一、二、三级抗震等级的剪力墙均不宜采用叠合错洞墙，当无法避免叠合错洞墙布置时，应按有限元方法仔细计算分析并在洞口周边采取加强措施，如图 5-2(b)所示，或填充其他轻质材料将叠合洞口转化为计算上规则洞口的剪力墙或框架结构，如图 5-2(c)所示，图中阴影部分即为轻质材料填充。

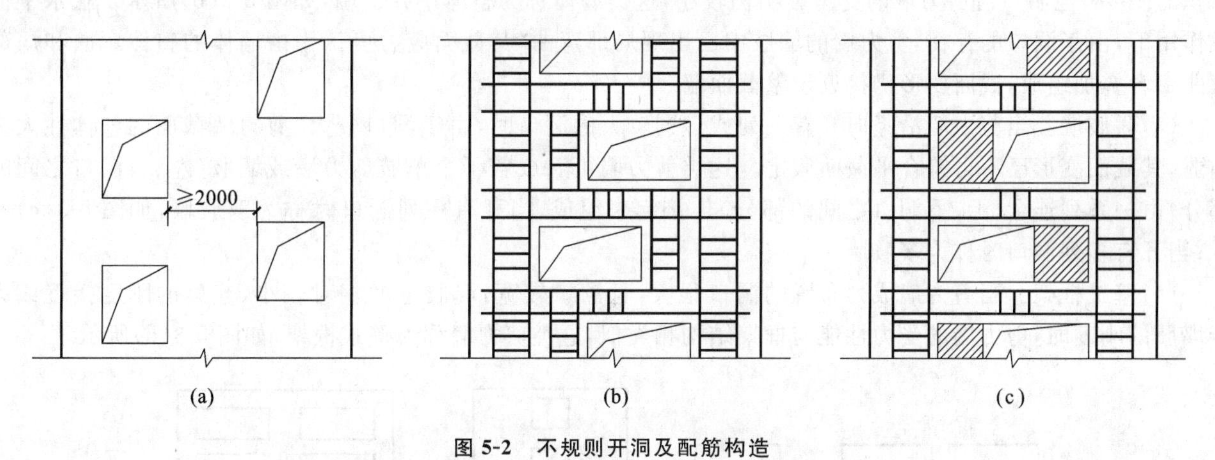

图 5-2 不规则开洞及配筋构造

(a)错洞剪力墙；(b)叠合错洞墙；(c)填充墙改造不规则开洞

(6)剪力墙的特点是平面内刚度及承载力大，而平面外刚度及承载力都相对很小。当剪力墙与平面外方向的梁连接时，会产生墙肢平面外弯矩，而一般情况下并不验算墙的平面外刚度及承载力。因此，应控制剪力墙平面外的弯矩。当剪力墙墙肢与其平面外方向的楼面梁连接，且梁截面高度大于墙厚时，可通过设置与梁相连的剪力墙、增设扶壁柱或暗柱、墙内设置与梁相连的型钢等措施来减小梁端部弯矩对墙的不利影响；除了加强剪力墙平面外的抗弯刚度和承载力外，还可采取减小梁端弯矩的措施。对截面较小的楼面梁可设计为铰接或半刚接，减小墙肢平面外的弯矩。

(7)短肢剪力墙是指截面厚度不大于 300mm，各墙肢截面高度与厚度之比的最大值大于 4 但不大于 8 的剪力墙，由于其有利于减轻结构自重和建筑布置，在住宅建筑中应用较多。但短肢剪力墙抗震性能较差，地震区应用经验不多，为安全起见，规定高层建筑结构不应采用全部为短肢剪力墙的剪力墙结构。当短肢剪力墙较多时，应布置筒体(或一般剪力墙)，形成短肢剪力墙与筒体(或一般剪力墙)共同抵抗水平力的剪力墙结构。短肢剪力墙结构的最大适用高度相较一般剪力墙结构应适当降低。

5.2 剪力墙结构的简化分析方法

5.2.1 剪力墙的分类及简化分析方法

剪力墙结构是由一系列竖向纵、横墙和水平楼板所组成的空间结构，承受竖向荷载以及风荷载和水平地震作用。在竖向荷载作用下，剪力墙主要产生压力，可不考虑结构的连续性，各片剪力墙承受的压力可近似按楼面传到该片剪力墙上的荷载以及墙体自重计算，或按总竖向荷载引起的剪力墙截面上的平均压应力乘该剪力墙的截面面积求得。

剪力墙结构中的墙体，一般由于门窗设置和设备管道布置的需要，都开有一定数量的孔洞，从而形成了各种类型的剪力墙，它们具有各自不同的受力特点，其内力、位移计算方法也不同。

根据洞口的有无、大小、形状和位置等，剪力墙可划分为以下几类：

(1)整截面墙。当剪力墙无洞口，或虽有洞口但墙面洞口的总面积不大于剪力墙墙面总面积的16%，且洞口间的净距及洞口至墙边的距离均大于洞口长边尺寸时，可忽略洞口的影响，这类墙体称为整截面墙，如图5-3(a)所示。

(2)整体小开口墙。当剪力墙的洞口稍大一些，且洞口沿竖向成列布置，洞口的面积超过剪力墙墙面总面积的16%，但洞口对剪力墙的受力影响仍较小，这类墙体称为整体小开口墙，如图5-3(b)所示。在水平荷载作用下，由于洞口的存在，剪力墙的墙肢中已出现局部弯曲，其截面应力可认为由墙体的整体弯曲和局部弯曲二者叠加组成，截面变形仍接近于整截面墙。

(3)联肢墙。当剪力墙沿竖向开有一列或多列较大的洞口时，由于洞口较大，剪力墙截面的整体性大为削弱，其截面变形已不再符合平截面假定。这类剪力墙可看成若干个单肢剪力墙或墙肢(左、右洞口之间的部分)由一系列连梁(上、下洞口之间的部分)连接起来组成，当开有一列洞口时称为双肢墙，如图5-3(c)所示；当开有多列洞口时称为多肢墙。

(4)壁式框架。当剪力墙成列布置的洞口很大，且洞口较宽，墙肢宽度相对较小，连梁的刚度接近或大于墙肢的刚度时，剪力墙的受力性能与框架结构相类似，这类剪力墙称为壁式框架，如图5-3(d)所示。

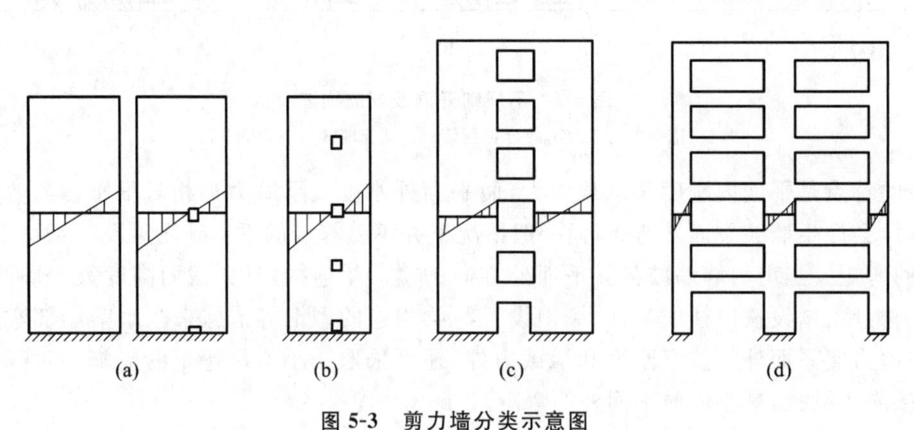

图5-3 剪力墙分类示意图

(a)整截面墙；(b)整体小开口墙；(c)联肢墙；(d)壁式框架

(5)特殊剪力墙。如错洞剪力墙和叠合错洞墙，这类剪力墙受力较复杂，一般得不到解析解，通常借助有限元法等数值计算方法进行计算分析。

根据剪力墙类型的不同，剪力墙简化分析时一般采用以下计算方法：

(1)材料力学分析法。对于整截面墙和整体小开口墙，在水平荷载作用下，其计算简图可近似看作一根竖向的悬臂杆件，故可按照材料力学中的有关公式进行内力和位移的计算。

(2)连梁连续化的分析方法。将每一楼层处的连梁假想为沿该楼层高度上均匀分布的连续连杆，根据力法原理建立微分方程进行剪力墙内力和位移的求解。该法比较适合用于联肢墙的计算，可以得到解析解，具有计算简便、实用等优点。

(3)带刚域框架的计算方法。将剪力墙简化为一个等效的多层框架，由于墙肢和连梁的截面高度较大，节点区也较大，计算时将节点区内的墙肢和连梁视为刚度无限大，从而形成带刚域的框架。可按照 D 值法进行结构的内力和位移简化计算，也可按照矩阵位移法利用计算机进行较精确的计算。该法比较适合用于壁式框架、联肢墙的计算。

5.2.2 平面协同工作分析方法

5.2.2.1 基本假定

剪力墙结构体系是空间结构体系，这种结构体系的精确分析是十分复杂的。实用上为了简化计算，剪力墙结构体系在水平荷载作用下的内力和位移计算通常采用下列三项基本假定。

(1)楼层(板)在其自身平面内刚度无限大。楼盖在其自身平面内刚度很大，可视作无限大；而在平面外，由于刚度很小，可忽略不计。根据钢筋混凝土楼盖类型，当其横向剪力墙最大间距不超过建筑物宽度的某一倍数(见第1章)时，通常认为可以采用上述刚性楼盖的假定。在水平荷载作用下各片剪力墙通过楼层连在一起共同变形，在楼层处有相同的水平位移，楼盖在自身平面内只做刚体运动，并将水平荷载通过楼层有效地传递给各片剪力墙。因此，结构上总水平荷载可按照剪力墙的等效刚度比分配给各片剪力墙。

(2)各片剪力墙在自身平面内的刚度很大，而平面外的刚度很小，可忽略不计。根据这项假定，剪力墙结构在水平外荷载作用下，各墙片只承受在其自身平面内的水平(剪)力，可以把不同方向的剪力墙结构分开，作为平面结构来处理，即将空间结构沿两个正交主轴划分为若干个平面剪力墙，每个方向的水平荷载由该方向的剪力墙承受，垂直于水平荷载方向的各片剪力墙不参加工作。在每个方向，各片剪力墙承担的水平荷载按楼盖水平位移线性分布的条件分配。当横向的水平荷载作用时，可只考虑横墙的抵抗作用，而不计纵墙的作用；反之亦然。需要指出的是，这里所谓"不计"另一方向剪力墙的影响，并非完全不计，而是将其影响体现在与它相交的另一方向剪力墙结构端部存在的翼缘上，将翼缘部分作为剪力墙的一部分来处理。

(3)水平荷载作用点与结构刚度中心重合，结构不发生扭转。结构无扭转，则可按同一楼层各片剪力墙水平位移相等的条件进行水平荷载的分配，即水平荷载按各片剪力墙的侧向刚度分配。

当剪力墙各墙段错开距离 d 不大于实体连接墙厚度 t 的8倍，并且不大于2.5m[图5-4(a)]时，整片墙可以作为整体平面剪力墙考虑；计算所得的内力应乘增大系数1.2，等效刚度应乘折减系数0.8。当折线形剪力墙的各墙段总转角不大于15°时，可按平面剪力墙考虑[图5-4(b)]。除上述两种情况外，对平面为折线形的剪力墙，不应将连续折线形剪力墙作为平面剪力墙计算；当将折线形(包括正交)剪力墙分为小段进行内力及位移计算时，应考虑在剪力墙转角处的竖向变形协调。

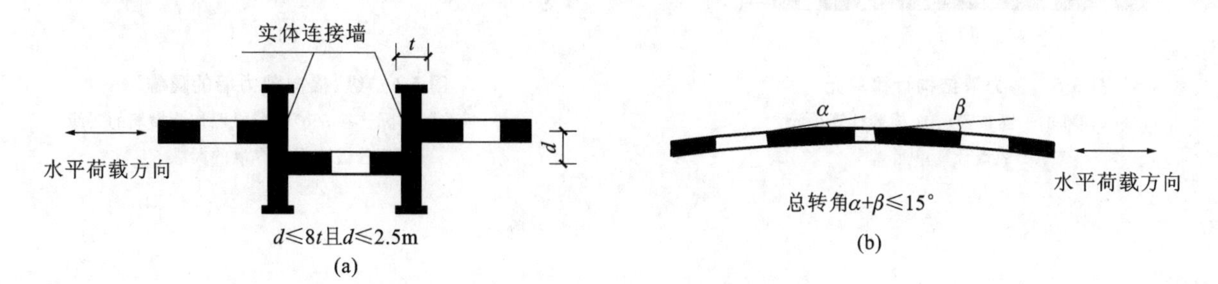

图5-4 不在同一平面内的剪力墙

(a)墙段错开；(b)折线形墙段

当剪力墙结构各层的刚度中心与各层水平荷载的合力作用点不重合时，应考虑结构扭转的影响。实际工程设计时，当房屋的体型比较规则，结构布置和质量分布基本对称时，为简化计算，通常不考虑扭转影响。

5.2.2.2 剪力墙结构简化计算时的计算单元

采用平面单元简化计算剪力墙结构的内力和位移时，适当考虑纵、横墙的共同工作，即纵墙的一部分可作为横墙的有效翼缘，横墙的一部分也可作为纵墙的有效翼缘。根据前面的假定，各片剪力墙只承受其自身平面内的水平荷载，这样可以将纵、横两个方向的剪力墙分开，把空间剪力墙结构简化为平面结构，即将空间结构沿两个正交的主轴划分为若干个平面抗侧力剪力墙，每个方向的水平荷载由该方向的各片剪力墙承受，垂直于水平荷载方向的各片剪力墙不参加工作，如图 5-5 所示。对于有斜交的剪力墙，可近似地将其刚度转换到主轴方向上再进行荷载的分配计算。

考虑纵、横向剪力墙的共同工作时，每一侧有效翼缘的宽度（图 5-6）可取翼缘厚度的 6 倍、墙间距的一半和高度的 1/20 三者中的最小值，且不大于至洞口边缘的距离，装配整体式剪力墙有效翼缘宽度宜适当折减后取用。

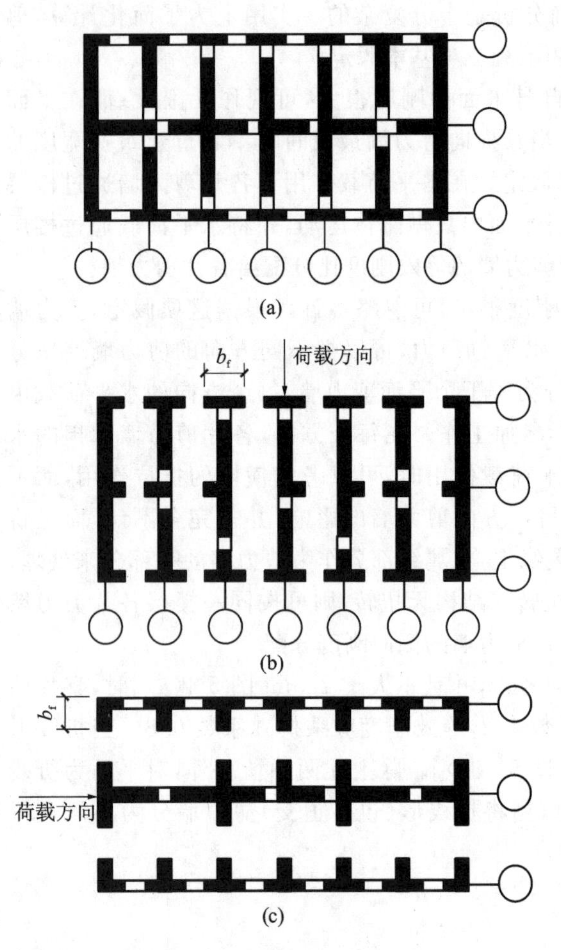

图 5-5 剪力墙结构计算单元

(a)纵、横墙的平面布置；(b) 横墙计算单元；(c)纵墙计算单元

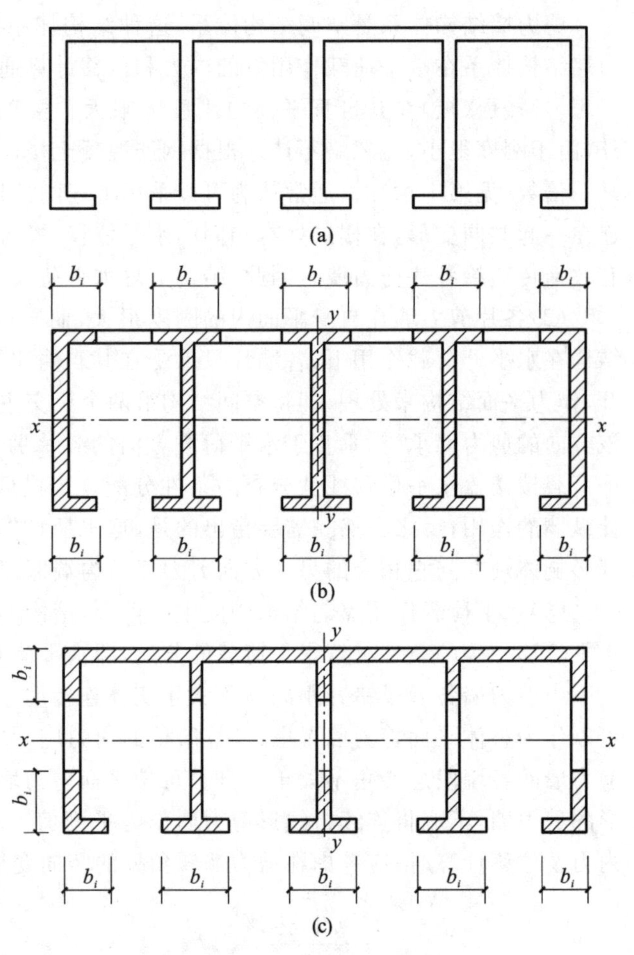

图 5-6 纵、横向剪力墙的翼缘

(a)纵、横墙的实际连接；(b)部分纵墙作为横墙的翼缘；(c)部分横墙作为纵墙的翼缘

5.3 整体剪力墙及整体小开口剪力墙的计算

对于整体剪力墙（又称整截面墙），在水平荷载作用下，根据其变形特征（截面变形后仍符合平截面假定），可视为一整体悬臂弯曲杆件，用材料力学中悬臂梁的内力和变形基本公式进行计算。

5.3.1 整体剪力墙的计算

5.3.1.1 内力计算

整截面墙的内力可按上端自由、下端固定的悬臂构件计算，用材料力学公式计算其任意截面的弯矩和剪力。总水平荷载可以按各片剪力墙的等效抗弯刚度分配，然后进行单片剪力墙的计算。

剪力墙的等效抗弯刚度（或等效惯性矩）就是将考虑墙的弯曲、剪切和轴向变形之后的顶点位移，按顶点位移相等的原则，折算成一个用截面弯曲刚度表达的等效竖向悬臂杆的刚度。

对梁、柱等简单的构件，很容易确定其刚度，如截面的弯曲刚度 EI、剪切刚度 GA、轴向刚度 EA 等。高层建筑中的剪力墙等构件，通常用位移的大小来间接反映结构刚度的大小。在相同的水平荷载作用下，位移小的结构刚度大；反之，位移大的结构刚度小。这种用位移大小来间接反映结构刚度的量称为等效刚度。如果剪力墙在某一水平荷载作用下的顶点位移为 Δ，而某一竖向悬臂受弯构件在相同的水平荷载作用下也有相同的水平位移 Δ_{eq}，则可以认为该剪力墙与竖向悬臂受弯构件具有相同的刚度，故可采用竖向悬臂受弯构件的刚度作为该剪力墙的等效刚度，它综合反映了剪力墙截面的弯曲变形、剪切变形和轴向变形等的影响。如图 5-7 所示，计算等效刚度时，先计算剪力墙在水平荷载作用下的顶点位移，再按顶点位移相等的原则折算即可求得。

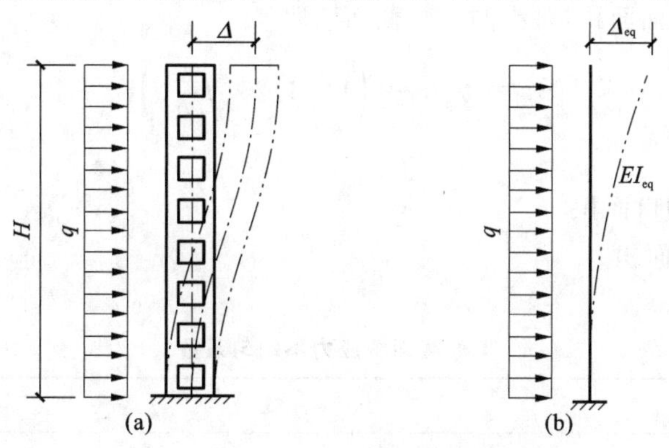

图 5-7 等效刚度计算图

(a) 剪力墙；(b)折算竖向悬臂杆

5.3.1.2 位移计算

整截面墙的位移，如墙顶端处的侧向位移，同样可以用材料力学的公式计算，但由于剪力墙的截面高度较大，故应考虑剪切变形对位移的影响。当开洞时，还应考虑洞口对位移增大的影响。

在水平荷载作用下，整截面墙考虑弯曲变形和剪切变形的顶点位移计算公式如下：

$$\Delta=\begin{cases}\dfrac{11}{60}\dfrac{V_0H^3}{EI_w}\left(1+\dfrac{3.64\mu EI_w}{H^2GA_w}\right) & \text{（倒三角荷载）}\\ \dfrac{1}{8}\dfrac{V_0H^3}{EI_w}\left(1+\dfrac{4\mu EI_w}{H^2GA_w}\right) & \text{（均布荷载）}\\ \dfrac{1}{3}\dfrac{V_0H^3}{EI_w}\left(1+\dfrac{3\mu EI_w}{H^2GA_w}\right) & \text{（顶部集中荷载）}\end{cases} \tag{5-1}$$

式(5-1)中，V_0 为基底总剪力，即全部水平力之和；G 为剪切弹性模量；括号中后一项反映了剪切变形的影响。为了计算、分析方便，常将上式写成如下形式：

$$\Delta=\begin{cases}\dfrac{11}{60}\dfrac{V_0H^3}{EI_{eq}} & \text{（倒三角荷载）}\\ \dfrac{1}{8}\dfrac{V_0H^3}{EI_{eq}} & \text{（均布荷载）}\\ \dfrac{1}{3}\dfrac{V_0H^3}{EI_{eq}} & \text{（顶部集中荷载）}\end{cases} \tag{5-2}$$

式中 EI_{eq}——等效刚度。

如果取 $G=0.4E$，则近似可取

$$EI_{eq}=\frac{E_cI_w}{1+\frac{9\mu I_w}{A_wH^2}} \tag{5-3}$$

式中 E——混凝土的弹性模量。

I_{eq}——等效惯性矩。

H——剪力墙的总高度。

μ——截面剪应力不均匀系数，对矩形截面取 1.20，I 形截面为全面积与腹板面积的比值，T 形截面的 μ 值如表 5-1 所示。

I_w——剪力墙的截面惯性矩，取有洞口和无洞口截面的惯性矩沿竖向的加权平均值：

$$I_w=\frac{\sum I_ih_i}{\sum h_i} \tag{5-4}$$

I_i——剪力墙沿高度方向各段横截面惯性矩（有洞口时要扣除洞口的影响）。

h_i——相应各段的高度。

A_w——剪力墙折算截面面积，对小洞口整截面墙取

$$A_w=\gamma_0A=\left(1-1.25\sqrt{\frac{A_{op}}{A_f}}\right)A \tag{5-5}$$

A——墙截面毛面积。

A_{op}——剪力墙立面洞口面积。

A_f——剪力墙立面总面积。

γ_0——洞口削弱系数。

表 5-1 **T 形截面剪应力不均匀系数**

h_w/t	B/t					
	2	4	6	8	10	12
2	1.383	1.496	1.521	1.511	1.483	1.445
4	1.441	1.876	2.287	2.682	3.061	3.424
6	1.362	1.097	2.033	2.367	2.698	3.026
8	1.313	1.572	1.838	2.106	2.374	2.641
10	1.283	1.489	1.707	1.927	2.148	2.370
12	1.264	1.432	1.614	1.800	1.988	2.178
15	1.245	1.374	1.579	1.669	1.820	1.973
20	1.228	1.317	1.422	1.534	1.648	1.763
30	1.214	1.264	1.328	1.399	1.473	1.549
40	1.208	1.240	1.284	1.334	1.387	1.442

注：B 为翼缘宽度；t 为剪力墙厚度；h_w 为剪力墙截面高度。

【典型例题】

【例 5-1】 某高层剪力墙结构中的一单肢实体墙，高度 $H=33\text{m}$，全高截面相等，混凝土强度等级为 C25（$E_c=2.8\times10^4\text{N/mm}^2$），墙肢截面惯性矩 $I_w=4.2\text{m}^4$，矩形截面面积 $A_w=1.5\text{m}^2$，试计算该墙肢的等效刚度 EI_{eq}。

【解】 根据题意，代入公式得

$$EI_{eq}=\frac{E_cI_w}{1+\frac{9\mu I_w}{H^2A_w}}=\frac{2.8\times10^7\times4.2}{1+\frac{9\times1.2\times4.2}{1.5\times33^2}}=1144.22\times10^5(\text{kN}\cdot\text{m}^2)$$

5.3.2 整体小开口剪力墙的计算

整体小开口剪力墙是指门窗洞口沿竖向成列布置，洞口的总面积虽超过墙总面积的16%，但仍属于洞口很小的开孔剪力墙。通过试验发现，整体小开口剪力墙在水平荷载作用下的受力性能接近整体剪力墙，其截面在受力后基本保持平面，正应力分布图形也大体保持直线，各墙肢中仅有少量的局部弯矩，如图5-8所示；沿墙肢高度方向，大部分楼层中的墙肢没有反弯点。在整体上，该剪力墙仍类似于竖向悬臂杆件，为利用材料力学公式计算内力和侧移提供了前提，再考虑局部弯曲应力的影响进行修正，则可解决整体小开口剪力墙的内力和侧移计算。

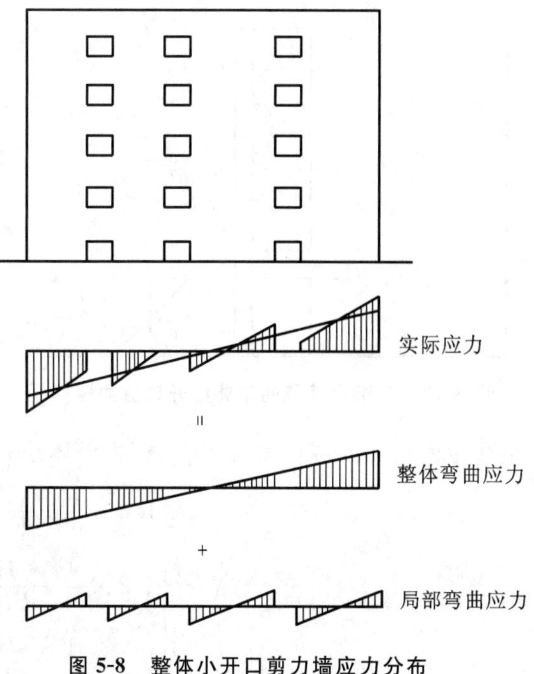

图5-8 整体小开口剪力墙应力分布

首先将整体小开口剪力墙作为一个悬臂杆件，按材料力学公式算出标高 x 处的总弯矩 $M_p(x)$、总剪力 $V_p(x)$ 和基底剪力 V_0。

整体小开口剪力墙在水平荷载作用下，截面上的正应力不再符合直线分布，墙肢水平截面内的正应力可以看成剪力墙整体弯曲所产生的正应力与各墙肢局部弯曲所产生的正应力之和，墙肢中存在局部弯矩。如果外荷载对剪力墙截面上的弯矩用 $M_p(x)$ 表示，那么它将在剪力墙中产生整体弯曲弯矩 $M_u(x)$ 和局部弯曲弯矩 $M_l(x)$。

$$M_p(x) = M_u(x) + M_l(x) \tag{5-6}$$

分析发现，局部弯曲弯矩在总弯矩中所占的比重较小，一般不会超过15%。

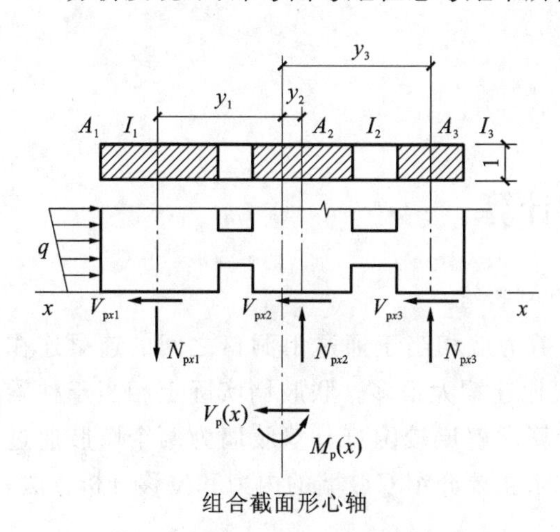

图5-9 整体小开口剪力墙计算简图

因此，可以按以下简化方法计算墙肢弯矩、墙肢轴力、墙肢剪力、连梁内力、位移和等效刚度等。

(1)墙肢弯矩。

$$M_j(x) = 0.85M_p(x)\frac{I_j}{I} + 0.15M_p(x)\frac{I_j}{\sum I_j} \tag{5-7}$$

式中 I——剪力墙组合截面的惯性矩。

(2)由于局部弯曲并不在各墙肢中产生轴力，故各墙肢的轴力等于整体弯曲在各墙肢中所产生正应力的合力。

$$N_{ij} = \bar{\sigma}_{ij}A_j \tag{5-8}$$

式中 $\bar{\sigma}_{ij}$——第 i 层第 j 墙肢截面上正应力的平均值，等于该墙肢截面形心处的正应力，按式(5-9)计算。

$$\bar{\sigma}_{ij} = 0.85M_p(x)\frac{y_j}{I} \tag{5-9}$$

式中 y_j——第 j 墙肢形心轴至组合截面形心轴的距离，见图5-9。

墙肢轴力按下式计算：

$$N_j = 0.85M_p(x)\frac{A_jy_j}{I} \tag{5-10}$$

(3)墙肢剪力可以按墙肢截面面积和惯性矩的平均值分配。

$$V_j(x) = \frac{1}{2}V_p(x)\left(\frac{A_j}{\sum A_j} + \frac{I_j}{\sum I_j}\right) \tag{5-11}$$

式中 $V_p(x)$——外荷载对于剪力墙截面的总剪力。

有了墙肢的内力后，按照上、下层墙肢的轴力差即可计算连梁的剪力，进而计算连梁的端部弯矩。

需要注意的是，当整体小开口剪力墙中有个别细小的墙肢(图 5-10)时，由于细小墙肢中存在反弯点，需对细小墙肢的内力进行修正，修正后细小墙肢弯矩为

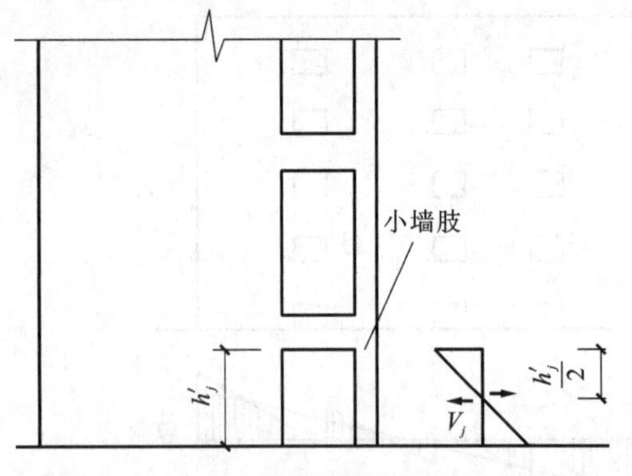

图 5-10 有细小墙肢的整体小开口剪力墙

$$M_j'(x)=M_j(x)+V_j(x)\frac{h_j'}{2} \tag{5-12}$$

式中 h_j'——细小墙肢的高度，即洞口净高。

(4)连梁内力。墙肢内力求得后，可按下式计算连梁的弯矩和剪力：

$$\left.\begin{aligned}V_{bij}&=N_{ij}-N_{(i-1)j}\\M_{bij}&=\frac{1}{2}l_{0bj}V_{bij}\end{aligned}\right\} \tag{5-13}$$

式中 l_{0bj}——连梁的净跨，即洞口的宽度。

(5)位移和等效刚度。试验研究和有限元分析表明，由于洞口的削弱，整体小开口剪力墙的位移比按材料力学计算的组合截面构件的位移增大 20%，因而整体小开口剪力墙考虑弯曲和剪切变形后的顶点位移可按下式计算：

$$\Delta=\begin{cases}1.2\times\dfrac{11}{60}\dfrac{V_0H^3}{EI}\left(1+\dfrac{3.64\mu EI}{H^2GA_w}\right) & (\text{倒三角荷载})\\1.2\times\dfrac{1}{8}\dfrac{V_0H^3}{EI}\left(1+\dfrac{4\mu EI}{H^2GA_w}\right) & (\text{均布荷载})\\1.2\times\dfrac{1}{3}\dfrac{V_0H^3}{EI}\left(1+\dfrac{3\mu EI}{H^2GA_w}\right) & (\text{顶部集中荷载})\end{cases} \tag{5-14}$$

取 $G=0.4E$，则整体小开口剪力墙的等效刚度可统一为如下公式：

$$EI_{eq}=\frac{0.8EI}{1+\dfrac{9\mu I}{H^2A_w}} \tag{5-15}$$

故整体小开口剪力墙的顶点位移仍可按式(5-2)计算。

5.4 联肢剪力墙的计算

剪力墙上开有一列或多列洞口，且洞口尺寸相对较大，此时剪力墙相当于通过由洞口之间的连梁连在一起的一系列墙肢来受力，故称联肢墙。联肢墙的墙肢刚度一般比连梁大很多。联肢墙实际上相当于柱梁刚度比很大的一种框架，属于高次超静定结构，用一般的解法计算求解比较困难。双肢墙为两个墙肢通过连梁连接在一起，为简化计算可采用连续化的分析方法求解。本节主要介绍双肢墙的内力和位移分析方法。

5.4.1 双肢墙计算

双肢墙的计算简图如图 5-11(a)所示，墙肢可以为矩形、I 形、T 形或 L 形截面，其均以墙肢截面的形心线作为墙肢的轴线，连梁一般取矩形截面。利用连续化分析方法计算双肢墙的内力和位移时基本假定如下：

(1)每一楼层处的连梁简化为沿该楼层均匀连续分布的连杆。即将墙肢仅在楼层标高处由连梁连接在一起的结构，变为墙肢在整个高度上由连续连杆连接在一起的连续结构，如图 5-11(b)所示，从而为建立微分方程提供条件。

(2)忽略连梁的轴向变形，故两墙肢在同一标高处的水平位移相等。同时还假定，在同一标高处两墙肢的转角和曲率亦相同。

(3)每层连梁的反弯点在梁的跨度中央。

(4)沿竖向墙肢和连梁的刚度及层高均不变。即层高 h、惯性矩 I、截面面积 A 等参数沿高度均为常数，

从而使建立的微分方程为常系数微分方程，便于求解。当沿高度方向截面尺寸或层高有变化时，可取几何平均值进行计算。若截面或层高不是很规则，则本方法不适用。

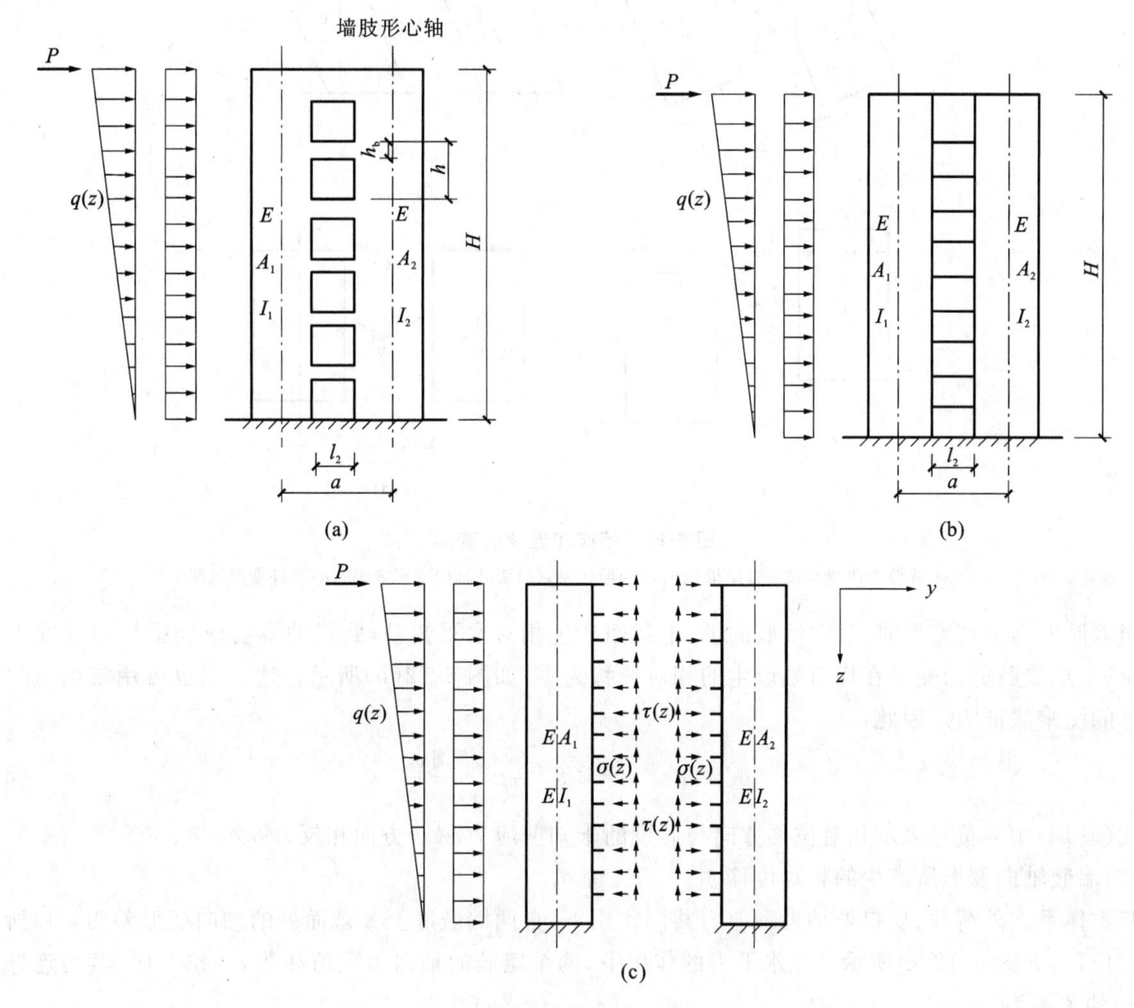

图 5-11　双肢墙的计算简图

(a)双肢墙计算单元；(b)连梁采用连续化分布的连杆代替；(c)连杆作用以未知力代替后的双肢墙计算简图

本方法适用于层数较多的双肢剪力墙计算，剪力墙的层数愈少，计算误差愈大。

将连续化后的连梁沿其跨度中央切开，可得到力法求解时的基本体系，如图 5-11(c)所示。由于梁的跨中为反弯点，故在切开后的截面上只有剪力集度 $\tau(z)$ 和轴力集度 $\sigma(z)$，取 $\tau(z)$ 为多余未知力，根据变形连续条件，基本体系在外荷载、切口处轴力和剪力共同作用下，切口处沿未知力 $\tau(z)$ 方向的相对位移应为零，即

$$\delta_1 + \delta_2 + \delta_3 = 0 \tag{5-16}$$

该相对位移由下面几部分组成。

(1)墙肢弯曲和剪切变形所产生的相对位移 δ_1。

在墙肢弯曲变形时，连杆要跟随墙肢相应转动，如图 5-12(a)所示。假设墙肢的侧移曲线为 y_m，则相应的墙肢转角为

$$\theta_m = \frac{dy_m}{dz} \tag{5-17}$$

式中　θ_m——由于墙肢弯曲变形所产生的转角，规定以顺时针方向为正，两墙肢的转角相等。

由墙肢弯曲变形产生的相对位移[以位移方向与剪应力 $\tau(z)$ 方向相同为正，以下规定相同]：

$$\delta_{1m} = -2c\theta_m = -2c\frac{dy_m}{dz} \tag{5-18}$$

式中　c——两墙肢轴线间距离的一半。

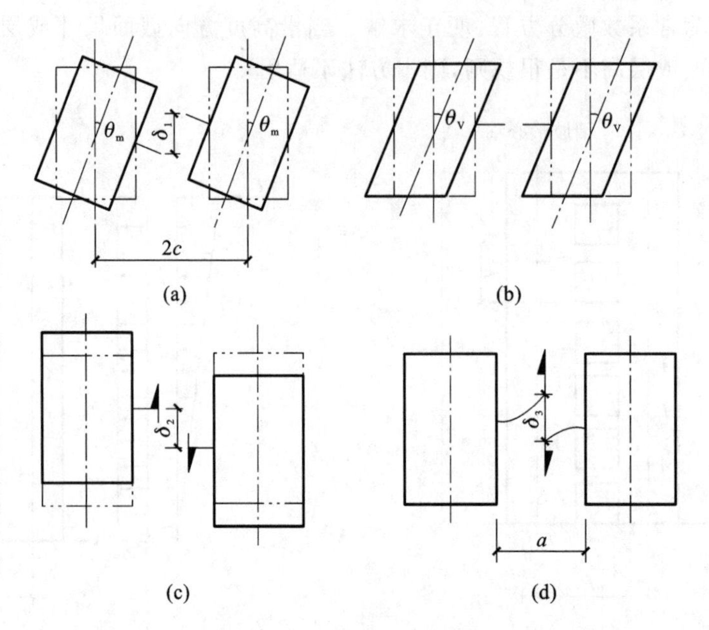

图 5-12 墙肢和连梁的变形

(a) 墙肢弯曲变形效果；(b)墙肢剪切变形效果；(c)墙肢轴向变形效果；(d)连杆变形效果

当墙肢发生剪切变形时，只在墙肢的上、下截面产生相对水平错动，此错动不会使连梁切口处发生相对竖向位移，故墙肢剪切变形在切口处产生的相对位移为零，如图 5-12(b)所示。这一点也可用结构力学中位移计算的图乘法证明。因此，

$$\delta_1 = \delta_{1m} = -2c\theta_m = -2c\frac{\mathrm{d}y_m}{\mathrm{d}z} \tag{5-19}$$

式(5-19)中的负号表示相对位移方向与假设的未知剪应力 $\tau(z)$方向相反。

(2)墙肢轴向变形所产生的相对位移 δ_2。

基本体系在外荷载、切口处轴力和剪力共同作用下，自两墙肢底至 z 截面处的轴向变形差为切口所产生的相对位移，如图 5-12(c)所示。在水平力的作用下，两个墙肢的轴向力数值相等，一拉一压，其与连杆剪应力 $\tau(z)$的关系为

$$N(z) = \int_0^z \tau(z)\mathrm{d}z \tag{5-20}$$

其中，坐标原点取在剪力墙的顶点处。

由轴向力产生的连杆切口相对位移为

$$\begin{aligned}\delta_2 &= \int_z^H \frac{N(z)\mathrm{d}z}{EA_1} + \int_z^H \frac{N(z)\mathrm{d}z}{EA_2} \\ &= \frac{1}{E}\left(\frac{1}{A_1}+\frac{1}{A_2}\right)\int_z^H N(z)\mathrm{d}z \\ &= \frac{1}{E}\left(\frac{1}{A_1}+\frac{1}{A_2}\right)\int_z^H\int_0^z \tau(z)\mathrm{d}z\mathrm{d}z\end{aligned} \tag{5-21}$$

(3)连杆弯曲和剪切变形所产生的相对位移 δ_3。

连杆是连续分布的，取微段高度 dz 进行分析，如图 5-12(d)所示。该连杆的截面面积为$(A_L/h)\mathrm{d}z$，惯性矩为$(I_L/h)\mathrm{d}z$，切口处剪力为 $\tau(z)\mathrm{d}z$，连杆总长度为 l_b，则

①连杆弯曲变形产生的相对位移 δ_{3m}：顶部集中力作用下的悬臂杆件，顶点侧移为 $\Delta_m = \dfrac{PH^3}{3EI}$，则有

$$\delta_{3m} = 2\frac{\tau(z)\mathrm{d}z\left(\frac{l_b}{2}\right)^3}{3E\frac{I_L}{h}\mathrm{d}z} = 2\frac{\tau(z)h\left(\frac{l_b}{2}\right)^3}{3EI_L} \tag{5-22}$$

②连杆剪切变形产生的相对位移 δ_{3V}：在顶部集中力作用下，由剪切变形产生的顶点侧移为 $\Delta_V=\dfrac{\mu PH}{GA}$，则有

$$\delta_{3V}=2\frac{\mu\tau(z)\mathrm{d}z\left(\frac{l_b}{2}\right)}{G\frac{A_L}{h}\mathrm{d}z}=2\frac{\mu\tau(z)h\left(\frac{l_b}{2}\right)}{GA_L} \tag{5-23}$$

那么

$$\delta_3=\delta_{3m}+\delta_{3V}=\frac{2\tau(z)h\left(\frac{l_b}{2}\right)^3}{3EI_L}\left[1+\frac{3\mu EI_L}{A_L G\left(\frac{l_b}{2}\right)^2}\right] \tag{5-24}$$

式中 μ——截面剪应力不均匀系数，矩形截面取 $\mu=1.2$。

根据基本体系在连梁切口处的变形连续条件 $\delta_1+\delta_2+\delta_3=0$，将式(5-19)、式(5-21)和式(5-24)代入式(5-16)中，得

$$-2c\theta_m+\frac{1}{E}\left(\frac{1}{A_1}+\frac{1}{A_2}\right)\int_z^H\int_0^z\tau(z)\mathrm{d}z\mathrm{d}z+\frac{2\tau(z)h\left(\frac{l_b}{2}\right)^3}{3EI_L}\left[1+\frac{3\mu EI_L}{A_L G\left(\frac{l_b}{2}\right)^2}\right]=0 \tag{5-25}$$

引入新符号 $m(z)=2c\tau(z)$，并针对不同的水平荷载，式(5-25)通过两次微分、整理可以得到：

$$m''(z)-\frac{\alpha^2}{H^2}m(z)=\begin{cases}-\dfrac{\alpha_1^2}{H^2}V_0\left[1-\left(1-\dfrac{z}{H}\right)^2\right] & \text{(倒三角荷载)}\\ -\dfrac{\alpha_1^2}{H^2}V_0\dfrac{z}{H} & \text{(均布荷载)}\\ -\dfrac{\alpha_1^2}{H^2}V_0 & \text{(顶部集中荷载)}\end{cases} \tag{5-26}$$

式中 $m(z)$——连杆两端对剪力墙中心约束弯矩之和；

α_1——连梁与墙肢刚度比(或为不考虑墙肢轴向变形时剪力墙的整体工作系数)，$\alpha_1^2=\dfrac{6H^2}{h\sum I_i}D$；

D——连梁的刚度系数，$D=\dfrac{\tilde{I}_L c^2}{a^3}$；

$\tilde{I}_L$——连梁的等效惯性矩，$\tilde{I}_L=\dfrac{I_L}{1+\dfrac{3\mu EI_L}{A_L G l_b^2}}$，实际上是把连梁弯曲变形和剪切变形都按弯曲变形来表示的一种折算惯性矩；

α——考虑墙肢轴向变形的整体参数，$\alpha^2=\alpha_1^2+\dfrac{3H^2D}{hcS}$；

S——双肢组合截面形心轴的面积矩，$S=\dfrac{2cA_1A_2}{A_1+A_2}$；

H,h——剪力墙总高度和层高。

式(5-26)为双肢墙的基本微分方程，可以看出，S 愈大，α 愈小，双肢墙整体性愈差。

对式(5-26)作如下代换：$m(z)=\Phi(z)V_0\dfrac{\alpha_1^2}{\alpha^2}$，$\xi=\dfrac{z}{H}$，则其变为

$$\Phi''(\xi)-\alpha^2\Phi(\xi)=\begin{cases}-\alpha^2[1-(1-\xi)^2] & \text{(倒三角荷载)}\\ -\alpha^2\xi & \text{(均布荷载)}\\ -\alpha^2 & \text{(顶部集中荷载)}\end{cases} \tag{5-27}$$

微分方程的解由通解和特解两部分组成。式(5-27)的通解为

$$\Phi=C_1\mathrm{ch}(\alpha\xi)+C_2\mathrm{sh}(\alpha\xi) \tag{5-28}$$

其特解为

$$\Phi_t=\begin{cases}1-(1-\xi)^2-\dfrac{2}{\alpha^2} & (\text{倒三角荷载})\\ \xi & (\text{均布荷载})\\ 1 & (\text{顶部集中荷载})\end{cases} \tag{5-29}$$

引入边界条件：

①墙顶部：$z=0,\xi=0$，剪力墙顶部弯矩为零，即

$$\theta'_m=-\frac{d^2y_m}{dz^2}=0 \tag{5-30}$$

②墙底部：$z=H,\xi=1$，剪力墙底部转角为零，即

$$\theta_m=0 \tag{5-31}$$

即可求得针对不同水平荷载时方程的解。

由式(5-27)～式(5-29)可知，Φ 为 α 和 ξ 两个变量的函数，为便于应用，根据荷载类型、参数 α 和 ξ，将 Φ 值表格化，可供使用时查取。也可将上述公式进行编程直接计算求得。

以上利用连续化方法，根据连杆切口处相对竖向位移为零，可求得 $\tau(z)$。还可以利用切口处相对水平位移为零的条件，求得 $\sigma(z)$，然后利用双肢墙的特点，通过双肢墙的平衡以求得墙肢及连梁内力。

5.4.1.1 连梁内力计算

在分析过程中，曾将连梁离散化，那么连梁的内力就是一层之间连杆内力的组合。连梁内力计算简图如图 5-13 所示。

(1)第 j 层连梁的剪力。取楼面处高度 ξ，查表可得到 $m_j(\xi)$，则第 j 层连梁的剪力为

$$V_{bj}=m_j(\xi)\frac{h}{2c} \tag{5-32}$$

(2)第 j 层连梁端部弯矩为

$$M_{bj}=V_{bj}\frac{l_n}{2} \tag{5-33}$$

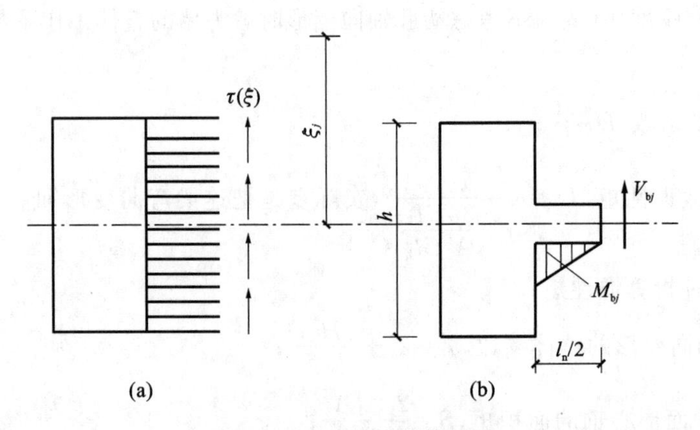

图 5-13 连梁内力计算简图

(a)连杆剪力；(b)连梁剪力、弯矩

5.4.1.2 墙肢内力计算

墙肢内力计算简图如图 5-14 所示。

(1)墙肢轴力。墙肢轴力等于截面以上所有连梁剪力之和，一拉一压，大小相等。

$$N_1=N_2=\sum_{s=j}^{n}V_{Ls} \tag{5-34}$$

(2)墙肢弯矩、剪力的计算。墙肢弯矩、剪力可以按已求得的连梁内力，结合水平荷载进行计算，也可以根据上述基本假定，按墙肢刚度简单分配。

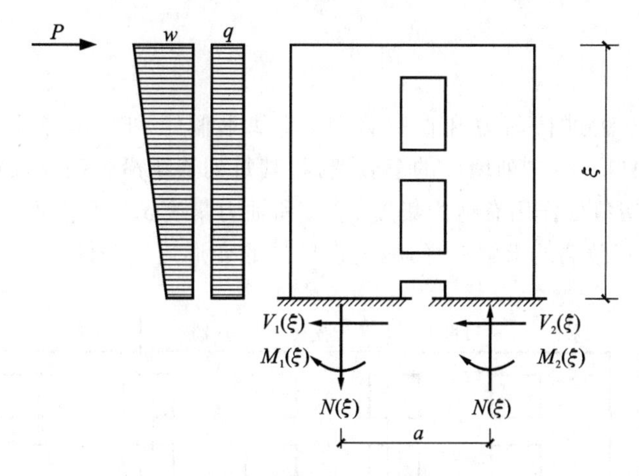

图 5-14 墙肢内力计算简图

墙肢弯矩：

$$\begin{cases} M_1 = \dfrac{I_1}{I_1 + I_2} M_j \\ M_2 = \dfrac{I_2}{I_1 + I_2} M_j \end{cases} \tag{5-35}$$

式中 M_j——剪力墙截面弯矩，$M_j = M_{pj} - N_1 \times 2c$，即

$$M_j = M_{pj} - \sum_{s=j}^{n} m_j(\xi) h \tag{5-36}$$

墙肢剪力：

$$V_i = \frac{\widetilde{I}_i}{\sum \widetilde{I}_i} V_{pj} \tag{5-37}$$

式中 M_{pj}，V_{pj}——剪力墙计算截面上由外荷载产生的总弯矩和总剪力。

$\widetilde{I}_i$——考虑剪切变形后，墙肢的折算惯性矩。

$$\widetilde{I}_i = \frac{I_i}{1 + \dfrac{12\mu E I_i}{G A_i h^2}} \tag{5-38}$$

双肢墙的位移由弯曲变形和剪切变形两部分组成，并以弯曲变形为主。如果其位移以弯曲变形的形式来表示，相应惯性矩即为等效惯性矩。对应三种水平荷载的等效惯性矩为

$$I_{eq} = \begin{cases} \sum I_i / [(1 - T) + T\psi_\alpha + 3.64\gamma^2] & \text{（均布荷载）} \\ \sum I_i / [(1 - T) + T\psi_\alpha + 4\gamma^2] & \text{（倒三角荷载）} \\ \sum I_i / [(1 - T) + T\psi_\alpha + 3\gamma^2] & \text{（顶部集中荷载）} \end{cases} \tag{5-39}$$

式中 T——轴向变形影响系数，$T = \dfrac{\alpha_1^2}{\alpha^2}$。

γ——墙肢剪切变形系数，可由下式计算而得：

$$\gamma^2 = \frac{\mu E (I_1 + I_2)}{H^2 G (A_1 + A_2)} \tag{5-40}$$

ψ_α——α 的函数，可以按下式编程计算：

$$\psi_\alpha = \begin{cases} \dfrac{8}{\alpha^2}\left(\dfrac{1}{2} + \dfrac{1}{\alpha^2} - \dfrac{1}{\alpha^2 \mathrm{ch}\alpha} - \dfrac{\mathrm{sh}\alpha}{\alpha \mathrm{ch}\alpha}\right) & \text{（均布荷载）} \\ \dfrac{60}{11} \times \dfrac{1}{\alpha^2}\left(\dfrac{2}{3} + \dfrac{2\mathrm{sh}\alpha}{\alpha^3 \mathrm{ch}\alpha} - \dfrac{2}{\alpha^2 \mathrm{ch}\alpha} - \dfrac{\mathrm{sh}\alpha}{\alpha \mathrm{ch}\alpha}\right) & \text{（倒三角荷载）} \\ \dfrac{3}{\alpha^2}\left(1 - \dfrac{\mathrm{sh}\alpha}{\alpha \mathrm{ch}\alpha}\right) & \text{（顶部集中荷载）} \end{cases} \tag{5-41}$$

有了等效惯性矩以后，就可以按照整体悬臂墙来计算双肢墙顶点位移。

5.4.2 多肢墙计算

多肢墙仍采用连续化方法进行内力和位移计算，其基本假定和基本体系的取法均与双肢墙类似。图 5-15(a)所示为有 m 列洞口、$m+1$ 列墙肢的多肢墙，将其每列连梁沿全高连续化[图 5-15(b)]，并将每列连梁从其反弯点处切开，则切口处作用有剪力集度 $\tau_j(z)$ 和轴力集度 $\sigma_j(z)$，从而可得到多肢墙用力法求解的基本体系[图 5-15(c)]。同双肢墙的求解一样，根据切口处的变形连续条件，可建立微分方程。

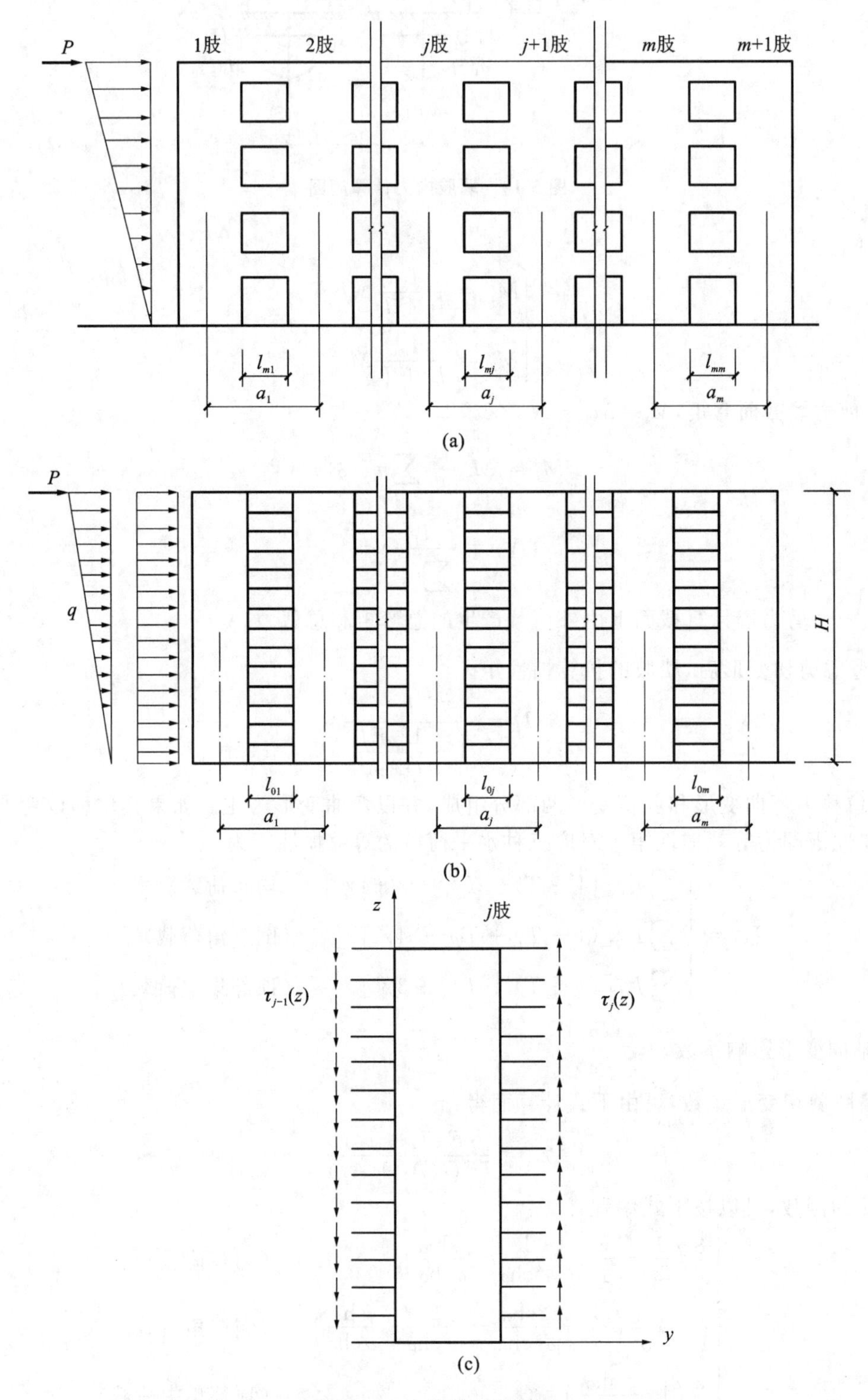

图 5-15 多肢墙计算简图

(a)多肢墙；(b)连梁连续化后的多肢墙；(c)墙肢受力示意图

对于开有任意列孔洞的剪力墙，直接解微分方程组较冗繁。可先将各墙肢合并在一起(将各种连梁和墙肢刚度叠加)，设各列连梁切口处未知力之和为未知力，在求出 $m(z)$ 后再按一定比例分配到各列连杆，进而分别求得连梁和墙肢的内力。这种近似解法将多肢墙的计算结果表示为与双肢墙类似的形式，并且可以利用同样的数表，所以计算起来比较方便。

5.5　壁式框架的计算

当剪力墙的洞口尺寸较大，连梁的线刚度又大于或接近于墙肢的线刚度时，剪力墙的受力性能接近于框架。但由于墙肢和连梁的截面高度较大，节点区也较大，故计算时应将节点视为墙肢和连梁的刚域，因此，壁式框架的梁、柱实际上都是一种在端部带有刚域的杆件。按带刚域的框架(即壁式框架)进行分析，在水平荷载作用下，常用的分析方法有矩阵位移法和 D 值法等，本节采用 D 值法作为求解思路。

5.5.1　计算简图

壁式框架的梁柱轴线取连梁和墙肢各自截面的形心线，如图 5-16(a)所示。为简化计算，一般认为楼层层高与上下连梁的间距相等，计算简图如图 5-16(b)所示。在梁柱相交的节点区，梁柱的弯曲刚度可认为是无穷大的，从而形成图 5-17 所示的刚域。

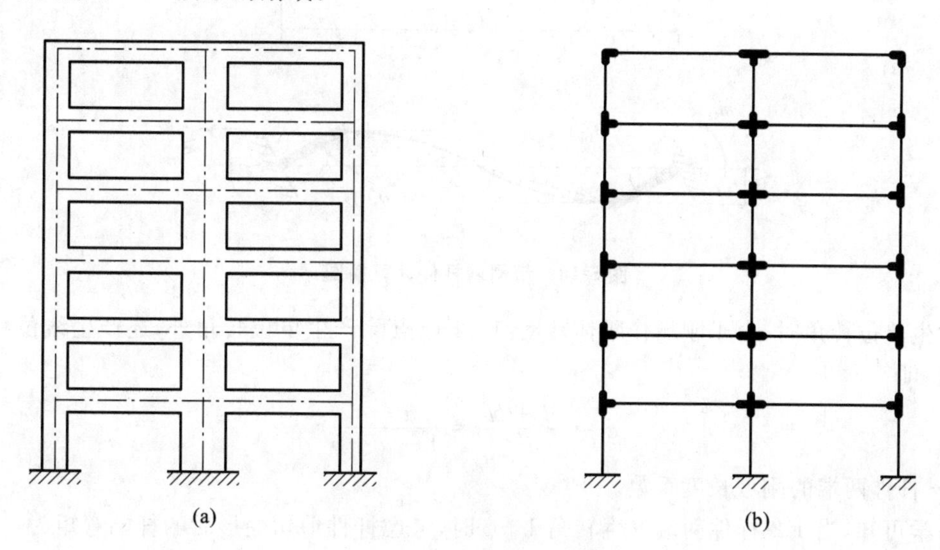

图 5-16　壁式框架计算简图

(a) 壁式框架立面图；(b)壁式框架的杆系体系

刚域的长度可按下式计算：

$$\begin{cases} l_{b1} = a_1 - h_b/4 \\ l_{b2} = a_2 - h_b/4 \\ l_{c1} = c_1 - h_c/4 \\ l_{c2} = c_2 - h_c/4 \end{cases} \tag{5-42}$$

当按上式计算的刚域长度小于零时，可不考虑刚域的影响。

壁式框架与一般框架的区别主要有两点：其一是梁柱杆端均有刚域，从而使杆件的刚度增大；其二是梁柱截面高度较大，需考虑杆件剪切变形的影响。

带刚域杆件考虑剪切变形的刚度系数。图 5-18 所示为一带刚域杆件，当两端均产生单位转角 $\theta=1$ 时所需的杆端弯矩称为杆端的转动刚度系数。现推导如下：

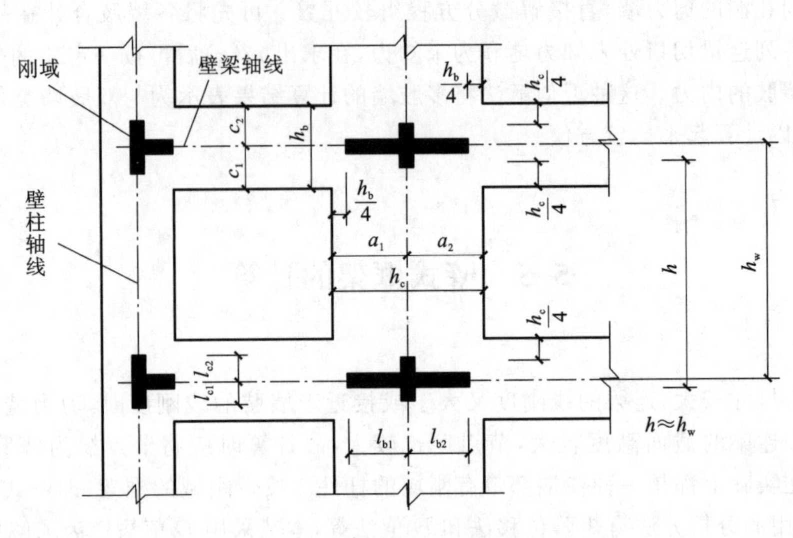

图 5-17 刚域示意图

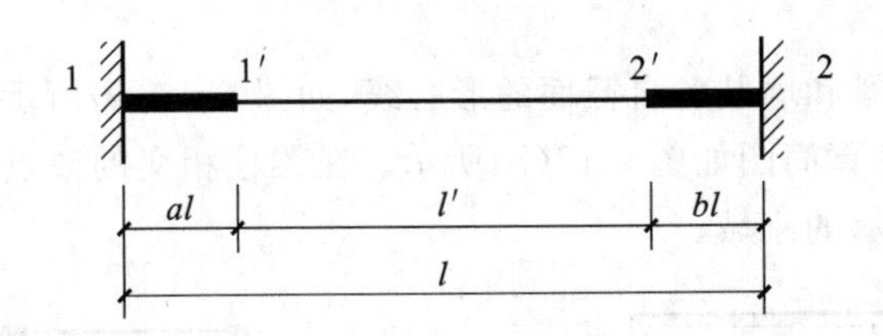

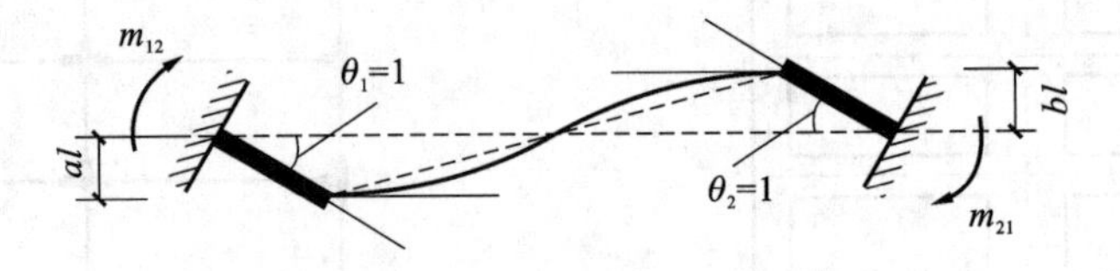

图 5-18 带刚域杆件计算简图

当杆端发生单位转角时，由于刚域作刚体转动，1′、2′两点除产生单位转角外，还产生线位移 al 和 bl，使杆发生弦转角，即

$$\varphi = \frac{al + bl}{l'} = \frac{a + b}{1 - a - b} \tag{5-43}$$

式中 a,b——杆件两端的刚域长度系数。

由结构力学可知，当 1′2′杆件两端发生转角 $1+\varphi$ 时，考虑杆件剪切变形后的杆端弯矩为

$$S_{1'2'} = S_{2'1'} = \frac{6EI_0}{l} \frac{1}{(1-a-b)^2(1+\beta)} \tag{5-44}$$

1′2′杆件相应的杆端剪力为

$$V_{1'2'} = V_{2'1'} = -\frac{12EI_0}{l^2} \frac{1}{(1-a-b)^3(1+\beta)} \tag{5-45}$$

根据刚域段的平衡条件，如图 5-18 所示，可得到杆端 1、2 的弯矩，即杆端的转动刚度系数为

$$m_{12} = \frac{6EI(1+a-b)}{l(1-a-b)^3(1+\beta)} = 6ci \tag{5-46}$$

$$m_{21} = \frac{6EI(1-a+b)}{l(1-a-b)^3(1+\beta)} = 6c'i \tag{5-47}$$

式中 β——考虑杆件剪切变形影响的系数。

$$\beta = \frac{12\mu EI}{GA(l')^2} \tag{5-48}$$

对比带有刚域的直杆和两端固支的均质直杆，可以看出二者线刚度的变化，可以定义式(5-46)和

式(5-47)中的 $c=\frac{1}{1+\beta}\left(\frac{l}{l'}\right)$ 为刚域影响系数，该系数实质上包含了刚域和杆件剪切两个因素的影响。

5.5.2 内力计算

5.5.2.1 带刚域柱的侧移刚度 D 值

带刚域柱的侧移刚度可按下式计算：

$$D=\alpha k_c\frac{12}{h^2} \tag{5-49}$$

式中 α——柱侧移刚度的修正系数，由梁柱刚度比按表5-2中的规定计算。

k_c——考虑刚域和剪切变形影响后的柱线刚度，取 $k_c=\frac{EI}{h}=c\frac{EI_0}{h}$；$EI$ 为带刚域柱的等效刚度，按下式计算：

$$EI=EI_0\eta_v\left(\frac{l}{l'}\right)^3$$

$$\eta_v=\frac{1}{1+\beta} \tag{5-50}$$

将表5-2中 i_1、i_2、i_3、i_4 用 k_1、k_2、k_3、k_4 来代替；k_1、k_2、k_3、k_4 分别为上、下层带刚域梁按等效刚度计算的线刚度。

表5-2 **壁式框架柱侧移刚度修正系数 α 的计算**

楼层	计算简图	梁柱刚度比 K	α
一般层	① $k_2=ci_2$，$k_c=\frac{c+c'}{2}i_c$，$k_4=ci_4$，h ② $k_1=c'i_1$，$k_2=ci_2$，$k_c=\frac{c+c'}{2}i_c$，$k_3=c'i_3$，$k_4=ci_4$	①情况：$K=\frac{k_2+k_4}{2k_c}$ ②情况：$K=\frac{k_1+k_2+k_3+k_4}{2k_c}$	$\alpha=\frac{K}{2+K}$
底层	① $k_2=ci_2$，$k_c=\frac{c+c'}{2}i_c$，h ② $k_1=c'i_1$，$k_2=ci_2$，$k_c=\frac{c+c'}{2}i_c$	①情况：$K=\frac{k_2}{k_c}$ ②情况：$K=\frac{k_1+k_2}{k_c}$	$\alpha=\frac{0.5+K}{2+K}$

5.5.2.2 带刚域柱反弯点高度比的修正

壁柱反弯点高度比按下式计算：

$$y=a+sy_n+y_1+y_2+y_3 \tag{5-51}$$

式中 a——柱子下端刚域长度系数；

s——壁柱扣除刚域部分柱子净高与层高的比值；

y_1——上、下梁刚度变化修正值；

y_n——标准反弯点高度比；

y_2——上层层高变化的修正值；

y_3——下层层高变化的修正值。

D 值和反弯点高度确定后，就可以将层剪力按各壁柱 D 值的比例分配，继而求解壁式框架的内力，具体的计算步骤与普通框架的 D 值法计算步骤相同，详见第 4 章。

5.5.3 位移计算

壁式框架的侧移也由两部分组成，即梁柱弯曲变形产生的侧移和柱轴向变形产生的侧移。柱轴向变形产生的侧移很小，可以忽略不计。

层间侧移：

$$\delta_j = \frac{V_j}{\sum D_{ji}} \tag{5-52}$$

顶点侧移：

$$\Delta = \sum \delta_j \tag{5-53}$$

5.6 剪力墙分类的判别方法

5.6.1 各类剪力墙的受力特点

(1)整截面墙受力特点。

如同一个整体的悬臂墙。在墙肢的整个高度上，弯矩图既不突变，也无反弯点，变形以弯曲型为主。

(2)整体小开口剪力墙受力特点。

弯矩图在连系梁处发生突变，但在整个墙肢高度上没有或仅仅在个别楼层中才出现反弯点。整个剪力墙的变形仍以弯曲型为主。

(3)双肢及多肢剪力墙(又称联肢墙)受力特点。

与整体小开口剪力墙相似。

(4)壁式框架受力特点。

柱的弯矩图在楼层处有突变，而且在大多数楼层中都出现反弯点。整个剪力墙的变形以剪切型为主，与框架结构的受力相似。

5.6.2 剪力墙类型的判别方法

剪力墙的分类界限根据整体性系数 α(也称连梁与墙肢刚度比，表示连梁与墙肢刚度相对大小的一个系数)、墙肢惯性矩的比值 I_n/I 与 ζ 之间的关系确定。其中，I 为剪力墙对组合截面形心的惯性矩，$I=\sum_{j=1}^{m+1} I_j+\sum_{j=1}^{m} A_j y_j$；$I_n$ 为扣除墙肢惯性矩后剪力墙的惯性矩，$I_n=I-\sum_{j=1}^{m+1} I_j$；$\zeta$ 为系数，按表 5-3 取用。双肢墙计算示意图如图 5-19 所示。

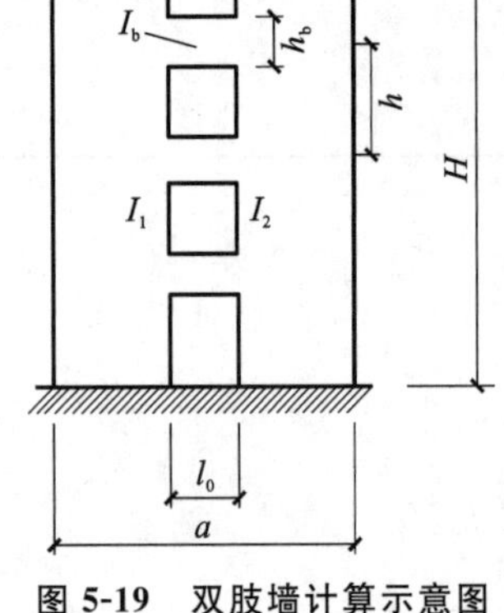

图 5-19 双肢墙计算示意图

(1)整体性系数 α。

双肢墙：

$$\alpha=H\sqrt{\frac{12I_b a^2}{Th(I_1+I_2)l_0^3}} \tag{5-54}$$

多肢墙：

$$\alpha = H\sqrt{\frac{12}{Th\sum_{j=1}^{m+1} I_j}\sum_{j=1}^{m}\frac{I_{bj}a_j^2}{l_{bj}^3}} \tag{5-55}$$

式中 T——考虑墙肢轴向变形的影响系数，$T=\sum_{i=1}^{m+1}A_i y_i^2/I$，墙肢为3～4肢可近似取0.8，5～7肢可近似取0.85，8肢及以上可近似取0.9；

I_{bj}——第j列连梁的折算惯性矩，$I_{bj}=\dfrac{I_{bj0}}{1+\dfrac{30\mu I_{bj0}}{A_{bj}l_{bj}^2}}$；

I_1，I_2——墙肢1、2的截面惯性矩；

m——洞口列数；

h——层高；

H——剪力墙总高度；

a_j——第j列洞口两侧墙肢轴线距离；

l_{bj}—第j列连梁计算跨度，取为洞口宽度加梁高的一半；

I_j——第j墙肢的截面惯性矩；

I_{bj0}——第j连梁截面惯性矩(刚度不折减)；

μ——截面形状系数，矩形截面$\mu=1.2$，I形截面μ等于墙全截面面积除以腹板毛截面面积，T形截面按表5-1取值；

A_{bj}——第j列连梁的截面面积。

表5-3 **系数ζ的数值**

α	层数n					
	8	10	12	16	20	≥30
10	0.886	0.948	0.975	1.000	1.000	1.000
12	0.886	0.924	0.950	0.994	1.000	1.000
14	0.853	0.908	0.934	0.978	1.000	1.000
16	0.844	0.896	0.923	0.964	0.988	1.000
18	0.836	0.888	0.914	0.952	0.978	1.000
20	0.831	0.880	0.906	0.945	0.970	1.000
22	0.827	0.875	0.901	0.940	0.965	1.000
24	0.824	0.871	0.897	0.936	0.960	0.989
26	0.822	0.867	0.894	0.932	0.955	0.986
28	0.820	0.864	0.890	0.929	0.952	0.982
≥30	0.818	0.861	0.887	0.926	0.950	0.979

(2)分类界限。

①当$\alpha\geqslant10$且$\dfrac{I_n}{I}\leqslant\zeta$时，按整体小开口剪力墙计算。

②当$\alpha\geqslant10$但$\dfrac{I_n}{I}>\zeta$时，按壁式框架计算。

③当$1<\alpha<10$时，按联肢墙计算。

④当$\alpha\leqslant1$时，认为连梁约束作用很小，按独立墙肢计算。

【典型例题】

【例5-2】 高层剪力墙结构的某片剪力墙，共13层，总高度35.7m，如图5-20所示。首层层高3.3m，二层至十三层层高均为2.7m，墙厚度各层均为180mm。混凝土强度等级，首层至三层为C30，四层至九层为C25，十层至十三层为C20。试判断剪力墙类别。

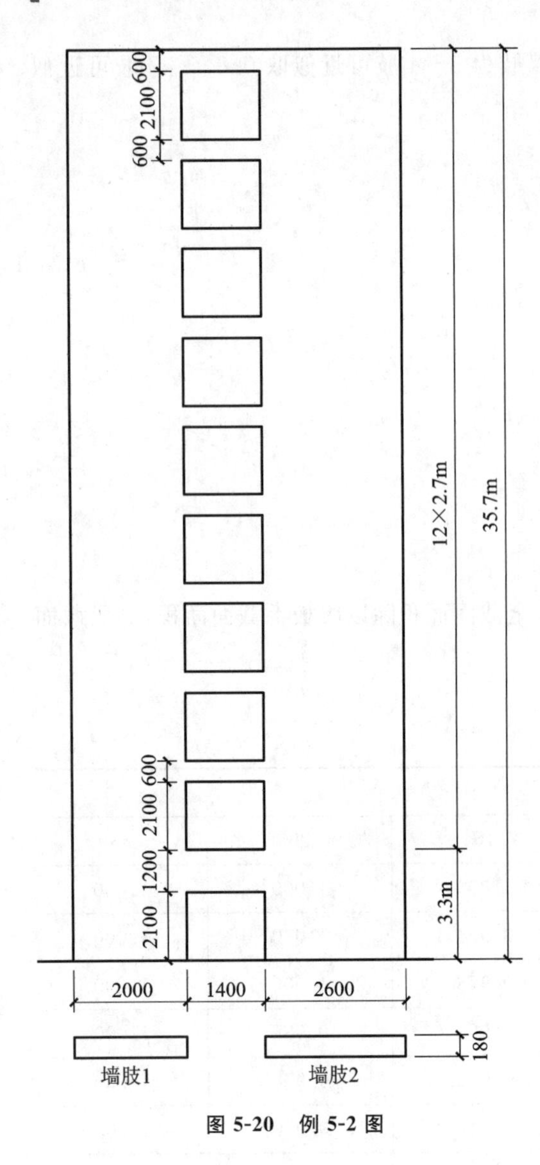

图 5-20 例 5-2 图

【解】 二层至十三层的计算：

连梁：截面尺寸为 180mm×600mm。

$$I_{b0}=\frac{b_w h_b^3}{12}=\frac{0.18\times0.6^3}{12}=3.24\times10^{-3}(\mathrm{m}^4)$$

①连梁的折算惯性矩。

$$I_b=\frac{I_{b0}}{1+\dfrac{30\mu I_{b0}}{A_b l_b^2}}=\frac{3.24\times10^{-3}}{1+\dfrac{30\times1.2\times3.24\times10^{-3}}{0.18\times0.6\times1.4^2}}=2.09\times10^{-3}(\mathrm{m}^4)$$

墙肢：

$$I_1=\frac{b_w h_w^3}{12}=\frac{0.18\times2^3}{12}=0.12(\mathrm{m}^4)$$

$$A_1=0.18\times2=0.36(\mathrm{m}^2)$$

$$I_2=\frac{0.18\times2.6^3}{12}=0.264(\mathrm{m}^4)$$

$$A_2=0.18\times2.6=0.468(\mathrm{m}^2)$$

②剪力墙对组合截面形心的惯性矩。

形心对左墙边距离：$x=\dfrac{0.18\times2\times1+0.18\times2.6\times4.7}{0.18\times(2+2.6)}=3.09(\mathrm{m})$

墙肢 1 至形心距离 $a_1=2.09\mathrm{m}$，墙肢 2 至形心距离 $a_2=1.61\mathrm{m}$，则

$I=I_1+A_1a_1^2+I_2+A_2a_2^2=0.12+0.36\times2.09^2+0.264+0.468\times1.61^2=3.170(\mathrm{m}^4)$

$I_n=I-(I_1+I_2)=3.170-(0.12+0.264)=2.786(\mathrm{m}^4)$

③剪力墙整体性系数 α 计算。

墙肢 1 与墙肢 2 形心之间的距离：$2c=2.09+1.61=3.70(\mathrm{m})$，将 $T=0.77087$ 代入式(5-54)，得出 $\alpha=14.123>10$。

$$I_n/I=2.786/3.170=0.879<0.948$$

故二层至十三层剪力墙属于整体小开口剪力墙。

首层计算同理。

5.7 剪力墙的截面设计及构造要求

5.7.1 墙肢正截面抗弯承载力

在正常使用及风荷载作用下，剪力墙应当处于弹性工作阶段，不出现裂缝或仅有微小裂缝。因此，采用弹性方法计算结构内力及位移，限制结构变形并选择控制截面进行抗弯和抗剪承载力计算，满足截面尺寸的最小要求及配筋构造要求，就可以保证剪力墙的安全。在地震作用下，以小震作用进行弹性计算及截面设计；在中震作用下，剪力墙将进入塑性阶段，此时其应当具有延性和耗散地震能量的能力，因此应当按照抗震等级进行剪力墙构造及截面验算，以满足延性剪力墙要求。钢筋混凝土剪力墙应进行平面内的偏心受压或偏心受拉、斜截面抗剪承载力计算以及平面外轴心受压承载力验算。在集中荷载作用下，墙内无暗柱时还应进行局部受压承载力计算。一般情况下主要验算剪力墙平面内的承载力，当平面外有较大弯矩时，

还应验算平面外的受弯承载力。

矩形、T形、工字形截面偏心受压剪力墙的正截面承载力可按《混凝土结构设计规范(2015 年版)》(GB 50010—2010)的有关规定计算,也可按下述方法计算。

墙肢在轴力、弯矩和剪力共同作用下属于偏心受压或偏心受拉构件,和柱截面一样,墙肢破坏形态也分为大偏压、小偏压、大偏拉和小偏拉四种情况。其正截面承载力计算方法与偏心受压或偏心受拉柱相同,区别在于剪力墙截面的宽度和高度相差较大,是一种片状结构。墙肢内的竖向分布筋对正截面抗弯有一定的作用,应予以考虑。另外,剪力墙的墙肢除在端部配置竖向抗弯钢筋外,还在端部以外配置竖向和横向分布钢筋,竖向分布钢筋参与抵抗弯矩,横向分布钢筋抵抗剪力。大量试验表明,剪力墙腹部内的竖向分布钢筋发挥了一定的抵抗弯矩作用,大偏压计算时考虑中和轴以下受拉钢筋全部屈服;在受压区内的腹部分布钢筋,当墙体发生破坏时,其受压应力小,为了使设计偏于安全,可以不考虑竖向分布钢筋在受压区所起的作用。

5.7.1.1 偏心受压正截面承载力计算

剪力墙正截面承载力计算简图(偏心受压)如图 5-21 所示,分析图中工字形截面的两个基本平衡关系($\sum N=0,\sum M=0$),可得两个基本公式:

$$N \leqslant A'_s f'_y - A_s \sigma_s - N_{sw} + N_c \tag{5-56}$$

$$N\left(e_0 + h_{w0} - \frac{h_w}{2}\right) \leqslant A'_s f'_y (h_{w0} - a'_s) - M_{sw} + M_c \tag{5-57}$$

当 $x>h'_f$ 时,中和轴在腹板中,以上两式中的 N_c 和 M_c 由下列公式计算:

$$N_c = \alpha_1 f_c b_w x + \alpha_1 f_c (b'_f - b_w) h'_f \tag{5-58}$$

$$M_c = \alpha_1 f_c b_w x\left(h_{w0} - \frac{x}{2}\right) + \alpha_1 f_c (b'_f - b_w) h'_f \left(h_{w0} - \frac{h'_f}{2}\right) \tag{5-59}$$

当 $x \leqslant h'_f$ 时,中和轴在翼缘中,N_c、M_c 由下列公式计算:

$$N_c = \alpha_1 f_c b'_f x \tag{5-60}$$

$$M_c = \alpha_1 f_c b'_f x\left(h_{w0} - \frac{x}{2}\right) \tag{5-61}$$

当 $x \leqslant \xi_b h_{w0}$ 时,剪力墙为大偏压状态,受拉、受压的端部钢筋全部屈服,基本公式[式(5-56)和式(5-57)]中的 σ_s、N_{sw} 和 M_{sw} 由下列公式计算:

$$\sigma_s = f_y \tag{5-62}$$

$$N_{sw} = (h_{w0} - 1.5x) b_w f_{yw} \rho_w \tag{5-63}$$

$$M_{sw} = \frac{1}{2}(h_{w0} - 1.5x)^2 b_w f_{yw} \rho_w \tag{5-64}$$

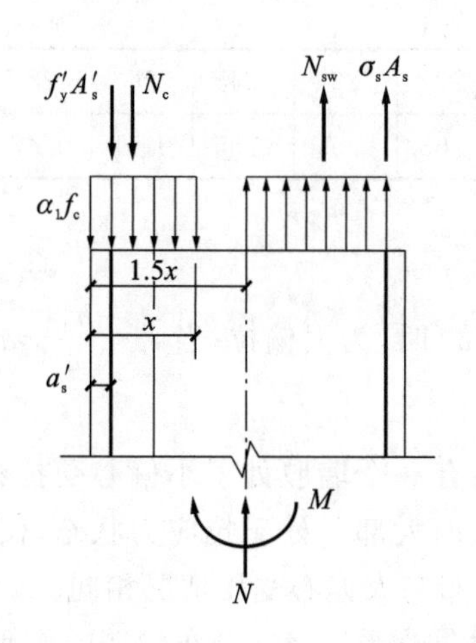

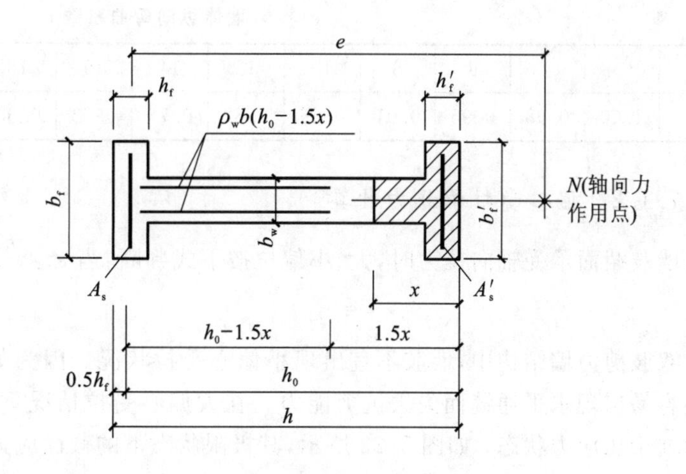

图 5-21 剪力墙正截面承载力计算简图(偏心受压)

当$x>\xi_b h_{w0}$时，剪力墙为小偏压状态，受压的端部钢筋全部屈服，而受拉的端部钢筋和分布钢筋没有屈服，基本公式[式(5-56)和式(5-57)]中的σ_s、N_{sw}和M_{sw}由下列公式计算：

$$\sigma_s=\frac{f_y}{\xi_b-0.8}\left(\frac{x}{h_{w0}}-\beta_1\right) \tag{5-65}$$

$$N_{sw}=0 \tag{5-66}$$

$$M_{sw}=0 \tag{5-67}$$

$$\xi_b=\frac{\beta_1}{1+\frac{f_y}{E_s\varepsilon_{cu}}} \tag{5-68}$$

式中 a_s'——剪力墙受压区端部钢筋合力点到受压区边缘的距离；

b_f'——T形或I形截面受压区翼缘宽度；

e_0——偏心距，$e_0=M/N$；

f_y，f_y'——剪力墙端部受拉、受压钢筋强度设计值；

f_{yw}——剪力墙墙体竖向分布钢筋强度设计值；

f_c——混凝土轴心抗压强度设计值；

h_f'——T形或I形截面受压区翼缘的高度；

h_{w0}——剪力墙截面有效高度，$h_{w0}=h_w-a_s'$（当$h_w/b_w\geqslant4$时，a_s'取图5-21中约束边缘构件阴影区长度的1/2，当$h_w/b_w<4$时，a_s'按柱取值）；

ρ_w——剪力墙竖向分布钢筋配筋率；

ξ_b——界限相应受压区高度；

α_1——受压区混凝土矩形应力图的应力与混凝土轴心抗压强度设计值的比值，混凝土强度等级不超过C50时取1.0，混凝土强度等级为C80时取0.94，混凝土强度等级在C50和C80之间时可按线性内插法取值；

β_1——混凝土强度影响系数，应按《混凝土结构设计规范(2015年版)》(GB 50010—2010)第6.2.6条的规范采用；

ε_{cu}——混凝土极限压应变，应按《混凝土结构设计规范(2015年版)》(GB 50010—2010)的有关规定采用。

地震设计状况时，式(5-56)、式(5-57)右端均应除以承载力抗震调整系数γ_{RE}，γ_{RE}取0.85。

墙体平面外的承载力还应满足：

$$N\leqslant\varphi(\alpha_1 f_c b_w h_w+A_s f_y+A_s' f_y') \tag{5-69}$$

式中 N——墙肢截面纵向轴力设计值；

φ——剪力墙在平面外的纵向弯曲系数，由表5-4查得。

表5-4 **墙体纵向弯曲系数φ**

h/b_w	<4	4	6	8	10	12	14	16	18	20	22	24	26	28	30
φ	1.00	0.98	0.96	0.91	0.86	0.82	0.77	0.72	0.68	0.63	0.59	0.55	0.51	0.47	0.44

5.7.1.2 偏心受拉承载力计算

当墙肢截面承受轴向拉力时，大、小偏拉按下式判断：当$e_0\geqslant\frac{h_w}{2}-a_s$时，为大偏拉；当$e_0<\frac{h_w}{2}-a_s$时，为小偏拉。

在双肢剪力墙结构中，墙肢不宜出现小偏心受拉状况。因为如果有一个墙肢处于小偏心受拉状态，该墙肢很容易出现水平通缝而失去抗剪能力。在大偏心受拉情况下，截面大部分处于拉应力状态，仅有小部分截面处于压应力状态，如图5-22所示，其极限状态下的截面应力分布与大偏心受压情况相同。计算时考虑在受压区高度1.5倍之外的竖向分布钢筋参与工作，承受拉力，同时忽略受压竖向分布钢筋的作用。大偏心受拉情况下的计算公式与大偏心受压相似，只是轴力的方向与大偏心受压相反。

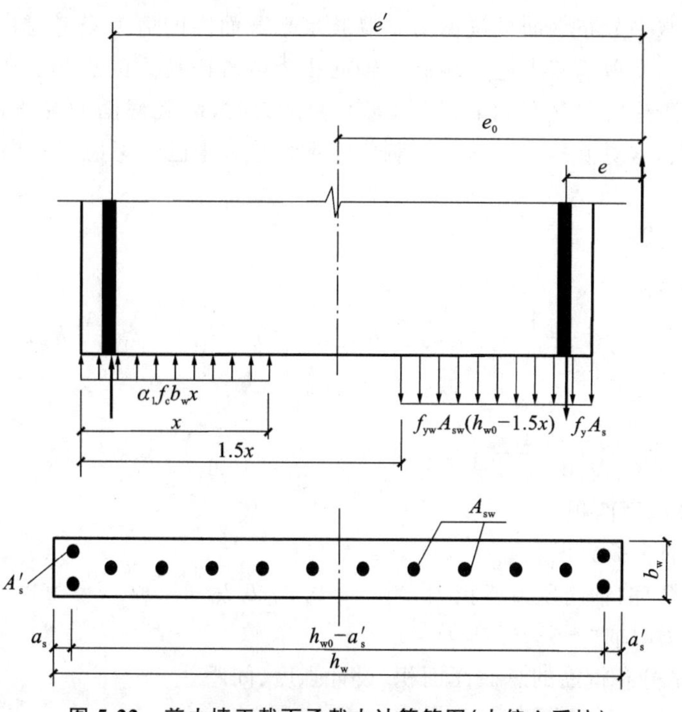

图 5-22 剪力墙正截面承载力计算简图(大偏心受拉)

若考虑墙肢内一般为对称配筋,即 $A_s=A_s'$,则承载力计算的基本公式为

$$N=f_{yw}A_{sw}\frac{h_{w0}-1.5x}{h_{w0}}-\alpha_1 f_c b_w x$$

$$N\cdot e=\alpha_1 f_c b_w x\left(h_{w0}-\frac{x}{2}\right)+A_s' f_y'(h_{w0}-a_s')-f_{yw}A_{sw}\frac{(h_{w0}-1.5x)^2}{2h_{w0}} \tag{5-70}$$

式中,$e=e_0-\frac{h_w}{2}+a_s$,若墙肢内竖向分布钢筋的配筋率已知,则由基本公式可解得受压区高度 x 及端部钢筋面积 $A_s'=A_s$。采用对称配筋时,按下列近似公式校核其承载力:

$$N\leqslant\frac{1}{\frac{1}{N_{0u}}+\frac{e_0}{M_{wu}}} \tag{5-71}$$

式中,$N_{0u}=2A_s f_y+A_{sw}f_{yw}$,$M_{wu}=A_s f_y(h_{w0}-a_s')+0.5h_{w0}A_{sw}f_{yw}$。

还需注意,在内力组合中考虑地震作用时,承载力验算公式[式(5-71)]应考虑承载力抗震调整系数,即在式(5-71)的右边乘 $1/\gamma_{RE}$。

5.7.2 墙肢斜截面抗剪承载力

斜裂缝出现后墙肢的剪切破坏形式有三种:第一种是剪拉破坏,当水平分布钢筋(简称腹筋)没有或很少时发生。斜裂缝一出现就很快形成一条主裂缝,使墙肢劈裂而丧失承载能力。第二种是剪压破坏,当腹筋配置合适时,腹筋可以抵抗斜裂缝的开展。随着斜裂缝的进一步扩展,混凝土受剪区域逐渐减小,最后在压、剪应力的共同作用下剪压区混凝土被压碎。剪力墙水平分布钢筋的计算主要依据这种破坏形式。第三种是当剪力墙截面过小或混凝土等级过低时,即使在墙肢中配置了较多的腹筋,混凝土也在腹筋应力还没有充分发挥作用时就已发生剪压破坏,在设计时对剪压比的限制就是为了防止这种形式的破坏。

剪力墙中斜裂缝分两种:一是弯剪斜裂缝,先是弯曲受拉边缘出现水平裂缝,然后斜向发展形成斜裂缝;二是腹剪斜裂缝,腹板中部主拉应力超过混凝土的抗拉强度后开裂,然后裂缝斜向构件边缘发展。试验表明,钢筋混凝土剪力墙的抗剪性能主要与墙体水平抗剪钢筋数量、混凝土强度等级和墙体的剪跨比有关。在水平荷载和竖向荷载共同作用下的剪力墙,其受剪破坏的主要形态与受弯梁相似。

剪力墙中的竖向、水平分布钢筋对斜裂缝的开展都有约束作用。但是在设计中,常将二者的功能分开:

竖向分布钢筋抵抗弯矩，水平分布钢筋抵抗剪力。墙肢水平截面内的剪力只考虑由混凝土和水平分布钢筋共同承担，剪力墙的斜截面受剪承载力还受墙肢内轴向压力或轴向拉力的影响。轴向压力的存在会增大截面的受压区范围，这对混凝土抗剪是有利的；当轴向力为拉力时，墙肢截面的受压区范围会缩小，轴向拉力的存在会使截面裂缝扩大，这对混凝土抗剪是不利的。下列公式中已经考虑了轴向力 N 对混凝土抗剪能力的影响。

斜截面抗剪承载力公式：

①持久、短暂设计状况：

$$V_w \leqslant \frac{1}{\lambda - 0.5}\left(0.5 f_t b_w h_{w0} \pm 0.13 N \frac{A_w}{A}\right) + f_{yh} \frac{A_{sh}}{s} h_{w0} \tag{5-72}$$

②地震设计状况：

$$V_w \leqslant \frac{1}{\gamma_{RE}}\left[\frac{1}{\lambda - 0.5}\left(0.4 f_t b_w h_{w0} \pm 0.1 N \frac{A_w}{A}\right) + 0.8 f_{yh} \frac{A_{sh}}{s} h_{w0}\right] \tag{5-73}$$

式中 A——混凝土计算截面面积。

A_w——墙肢截面的腹板面积。

N——与剪力相对应的轴向压力或拉力，当 $N > 0.2 f_c b_w h_w$ 时，取 $N = 0.2 f_c b_w h_w$。当 N 为压力时取“+”，为拉力时取“−”。

A_{sh}，f_{yh}，s——水平分布钢筋的总截面面积、设计强度、间距。

λ——截面剪跨比，按 $\lambda = \frac{M_w}{V_w h_w}$ 计算。当 $\lambda < 1.5$ 时，取 $\lambda = 1.5$；当 $\lambda > 2.2$ 时，取 $\lambda = 2.2$。

当轴向拉力使得式(5-72)和式(5-73)右边第一项小于0时，即不考虑混凝土的作用，则式(5-72)和式(5-73)分别变为 $V_w \leqslant f_{yh} \frac{A_{sh}}{s} h_{w0}$（无地震组合）和 $V_w \leqslant \frac{1}{\gamma_{RE}}\left(0.8 f_{yh} \frac{A_{sh}}{s} h_{w0}\right)$（有地震组合）。

5.7.3 施工缝的抗滑移验算

按一级抗震等级设计的剪力墙，要防止水平施工缝处发生滑移。考虑了摩擦力的有利影响后，要验算水平施工缝的竖向钢筋是否足以抵抗水平剪力，已配置的端部和竖向分布钢筋不够时，可设置附加插筋，附加插筋在上、下层剪力墙中都要有足够的锚固长度。

《高层建筑混凝土结构技术规程》(JGJ 3—2010)给出的水平施工缝处抗滑移能力验算公式如下：

$$V_{wj} \leqslant \frac{1}{\gamma_{RE}}(0.6 f_y A_s + 0.8N) \tag{5-74}$$

式中 V_{wj}——水平施工缝处考虑地震作用组合的剪力设计值；

A_s——水平施工缝处剪力墙腹板内竖向分布钢筋、竖向插筋和边缘构件(不包括两侧翼墙)纵向钢筋的总截面面积；

f_y——竖向钢筋抗拉强度设计值；

N——水平施工缝处考虑地震作用组合的不利轴向力设计值，压力取正值，拉力取负值。

5.7.4 构造要求

5.7.4.1 剪力墙的厚度和混凝土强度等级

剪力墙的厚度和混凝土强度等级一般根据结构的刚度和承载力要求确定，此外墙厚还应考虑平面外稳定、开裂、减轻自重、轴压比的要求等因素。《高层建筑混凝土结构技术规程》(JGJ 3—2010)规定了剪力墙截面的最小厚度，见表5-5，其目的是保证剪力墙外平面的刚度和稳定性能。当墙平面外有与其相交的剪力墙时，可视为剪力墙的支承，有利于保证剪力墙外平面的刚度和稳定性能，因而可在层高及无支长度二者中取较小值计算剪力墙的最小厚度。无支长度是指沿剪力墙长度方向没有平面外横向支承墙的长度。

剪力墙结构的混凝土强度等级不应低于C20，带有筒体和短肢剪力墙的剪力墙结构，其混凝土强度等级不应低于C25，为了保证剪力墙的承载能力及变形性能，混凝土强度等级不宜太低。

表 5-5 剪力墙截面最小厚度

抗震等级	剪力墙部位	最小厚度(二者中取较大值)			
		有端柱或翼墙		无端柱或翼墙	
一、二级	底部加强部位	$H/16$	200mm	$h/12$	200mm
	其他部位	$H/20$	160mm	$h/15$	180mm
三、四级	底部加强部位	$H/20$	180mm	$H/20$	180mm
	其他部位	$H/25$	160mm	$H/25$	160mm
非抗震设计	所有部位	$H/25$	160mm	$H/25$	160mm

注:①表内 H 为层高或无支长度,二者中取较小值;h 为层高。

②若剪力墙的截面厚度不满足表 5-5 的要求,应进行墙体的稳定计算。

③在剪力墙井筒中,分隔电梯井或管道井的墙肢截面厚度可适当减小,但不应小于 160mm。

5.7.4.2 墙肢分布钢筋配筋要求

高层剪力墙结构的竖向和水平分布钢筋不应单排配置。剪力墙厚度,不大于 400mm 时,可采用双排配筋;大于 400mm 但不大于 700mm 时,宜采用三排配筋;大于 700mm 时,宜采用四排配筋。各排分布钢筋间拉筋的间距不应大于 600mm,直径不应小于 6mm。

剪力墙竖向、水平分布钢筋的配筋,应符合下列要求:

(1)一、二、三级抗震时剪力墙竖向和水平分布钢筋的配筋率均不应小于 0.25%,四级抗震和非抗震设计时均不应小于 0.20%;直径不应小于 8 mm,间距不应大于 300mm。

(2)部分框支剪力墙结构的落地剪力墙底部加强部位墙板的竖向及水平分布钢筋配筋率均不应小于 0.3%,钢筋间距不应大于 200mm。

(3)竖向和水平分布钢筋的直径不宜大于墙厚的 1/10。

5.7.4.3 剪力墙的底部加强部位

通常剪力墙的底部截面弯矩最大,可能出现塑性铰,底部截面钢筋屈服以后,由于钢筋和混凝土的黏结力破坏,钢筋屈服的范围扩大而形成塑性铰区。同时,塑性铰区也是剪力最大的部位,斜裂缝常常在这个部位出现,且分布在一定的范围,反复荷载作用下形成交叉裂缝,可能出现剪切破坏。在塑性铰区要采取加强措施,故此部位称为剪力墙的底部加强部位。

抗震设计时,为保证剪力墙出现塑性铰后具有足够的延性,该范围内应当加强构造措施,提高其抗剪破坏的能力。《高层建筑混凝土结构技术规程》(JGJ 3—2010)规定,一般剪力墙结构底部加强部位的高度应从地下室顶板算起,可取墙肢总高度的 1/10 和底部两层高度二者中的较大值;部分框支剪力墙结构底部加强部位的高度可取为框支层加上框支层以上两层的高度且不宜小于墙肢总高度的 1/10。当结构计算嵌固端位于地下一层底板或以下时,底部加强部位宜向下延伸到计算嵌固端。

5.7.4.4 剪力墙内力设计值的调整

一级抗震等级的剪力墙,应按照设计意图控制塑性铰的出现部位,在其他部位则应保证不出现塑性铰,因此,一级抗震等级的剪力墙各截面的内力设计值,应符合下列规定:

(1)底部加强部位应按截面组合的弯矩设计值采用。

(2)底部加强部位以上部位的弯矩设计值可按墙肢组合弯矩计算值的 1.2 倍采用,剪力设计值可按组合剪力设计值的 1.3 倍采用。

特一级剪力墙应符合下列规定:

(1)底部加强部位的弯矩设计值应乘 1.1 的增大系数,其他部位的弯矩设计值应乘 1.3 的增大系数。

(2)底部加强部位的剪力设计值,应按考虑地震作用组合的剪力计算值的 1.9 倍采用,其他部位的剪力设计值,应按考虑地震作用组合的剪力计算值的 1.4 倍采用。

对于双肢剪力墙,如果有一个墙肢出现小偏心受拉,该墙肢可能会出现水平通缝而失去受剪承载力,则由荷载产生的剪力将全部转移给另一个墙肢,导致其受剪承载力不足,因此在双肢墙中墙肢不宜出现小偏心受拉。当墙肢出现大偏心受拉时,该墙肢会出现裂缝,使其刚度降低,剪力将在两墙肢中重分配,此时,可将另一墙肢按弹性计算的弯矩设计值和剪力设计值乘增大系数1.25，以提高其承载力。

抗震设计时，为了体现强剪弱弯的原则，剪力墙底部加强部位的剪力设计值要乘增大系数，剪力墙底部加强区内的剪力设计值，一、二、三级抗震时应按下式调整，四级抗震及无地震作用组合时可不调整。

$$V = \eta_{vw} V_w \tag{5-75}$$

设防烈度为9度一级抗震等级时，剪力墙底部加强部位尚应符合：

$$V = 1.1 \frac{M_{wua}}{M_w} V_w \tag{5-76}$$

式中 M_{wua}——剪力墙底部按实配钢筋计算的考虑承载力抗震调整系数的正截面抗弯承载力值；

M_w, V_w——考虑地震作用组合的剪力墙墙肢底部加强部位截面的弯矩设计值、剪力设计值；

η_{vw}——剪力墙剪力增大系数，抗震等级为一级取1.6，二级取1.4，三级取1.2。

【典型例题】

【例5-3】 某20层双肢剪力墙，层高均为3.3m，具体尺寸如图5-23所示。已知：$G=0.425E$，墙肢 $A_1=A_2=1.5\text{m}^2$，$I_1=I_2=4.5\text{m}^4$，连梁高 $h_b=0.5\text{m}$，$E=3.0\times10^7\text{kN/m}^2$，墙肢 $h_{w0}=5.7\text{m}$，墙和连梁均厚0.25m。

有一矩形截面剪力墙，已知墙底 $0.5h_{w0}$ 处的内力设计值：弯矩值 $M=16250\text{kN}\cdot\text{m}$，剪力值 $V=2600\text{kN}$，轴力 $N=3000\text{kN}$。

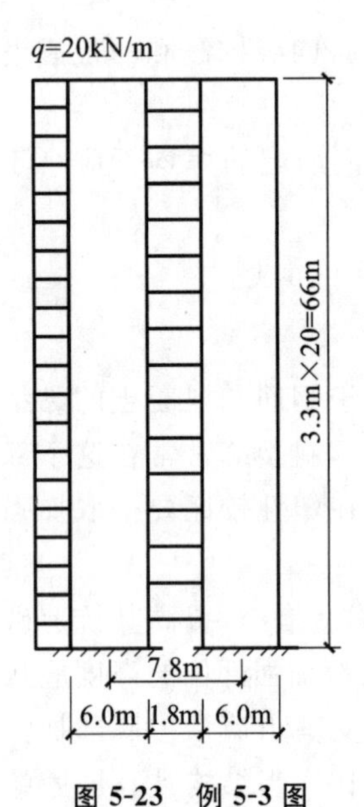

图5-23 例5-3图

(1)按剪压比要求，求截面承载力 $[V]$。

(2)根据受剪承载力的要求确定水平分布钢筋，求 A_{sh}/s。

【解】 (1)计算截面承载力。

①确定剪跨比。

$$\lambda = \frac{M}{Vh_{w0}} = \frac{16250\times10^6}{2600\times10^3\times5700} = 1.1$$

②确定剪力设计值。

二级抗震：$V_w = 1.4V = 1.4\times2600 = 3640(\text{kN})$

③验算剪压比。因 $\lambda=1.1<1.5$，$V\leqslant\frac{1}{\gamma_{RE}}(0.15\beta_c f_c b_w h_{w0})$，则

$$\begin{aligned}[V] &= \frac{1}{\gamma_{RE}}(0.15\beta_c f_c b_w h_{w0})\\ &= \frac{1}{0.85}\times0.15\times1\times14.3\times250\times5700\\ &= 3596\times10^3(\text{N}) = 3596\text{kN} < V_w = 3640\text{kN}\end{aligned}$$

因 $\frac{3640-3596}{3596}=1.2\%$，基本满足要求。

(2)水平分布钢筋采用HPB300级钢筋。

$$V_w \leqslant \frac{1}{\gamma_{RE}}\left[\frac{1}{\lambda-0.5}\left(0.4f_t b_w h_{w0} - 0.1N\frac{A_w}{A}\right) + 0.8f_{yh}\frac{A_{sh}}{s}h_{w0}\right]$$

因 $\lambda=1.1<1.5$，取 $\lambda=1.5$；$A_w=A$，取 $\frac{A_w}{A}=1.0$；$0.2f_c b_w h_w = 0.2\times14.3\times250\times6000 = 4290\times10^3(\text{N}) > N=3000\times10^3\text{N}$，取 $N=3000\times10^3\text{N}$。

$$\begin{aligned}&\frac{1}{\gamma_{RE}}\left[\frac{1}{\lambda-0.5}\left(0.4f_t b_w h_{w0} - 0.1N\frac{A_w}{A}\right) + 0.8f_{yh}\frac{A_{sh}}{s}h_{w0}\right]\\ &= \frac{1}{0.85}\times\left[\frac{1}{1.5-0.5}\times(0.4\times1.43\times250\times5700 - 0.1\times3000\times10^3\times1) + 0.8\times270\times\frac{A_{sh}}{s}\times5700\right]\\ &= 606000 + 1448471\frac{A_{sh}}{s}\end{aligned}$$

$$V_w = 3640\times10^3\text{kN} \leqslant 606000 + 1448471\frac{A_{sh}}{s}$$

求得 $\frac{A_{sh}}{s}=2.09\text{mm}$。

5.8 剪力墙轴压比限值及边缘构件设计

5.8.1 轴压比限值

当偏心受压剪力墙轴力较大时，受压区高度增大，与钢筋混凝土柱相同，其延性降低。研究表明，剪力墙的边缘构件（暗柱、明柱、翼柱）有横向钢筋的约束，可改善混凝土的受压性能，增大延性。为了保证在地震作用下钢筋混凝土剪力墙具有足够的延性，《高层建筑混凝土结构技术规程》(JGJ 3—2010) 规定，抗震设计时，重力荷载代表值作用下，一、二、三级抗震等级剪力墙墙肢的轴压比不宜超过表 5-6 的限值。

表 5-6 剪力墙墙肢轴压比限值

抗震等级	一级(9 度)	一级(6、7、8 度)	二、三级
轴压比限值	0.4	0.5	0.6

注：墙肢轴压比是指重力荷载代表值作用下墙肢承受的轴压力设计值与墙肢全截面面积和混凝土轴心抗压强度设计值乘积之比值。

延性不仅与轴压比有关，而且与截面的形状有关。在相同轴压力作用下，带翼缘的剪力墙延性较好，一字形截面剪力墙最为不利，表 5-6 没有区分工字形、T 形和一字形截面，因此，设计时应从严掌握一字形截面剪力墙墙肢轴压比。

5.8.2 边缘构件设计

对延性要求比较高的剪力墙，在可能出现塑性铰的部位应设置约束边缘构件，其他部位可设置构造边缘构件。约束边缘构件的截面尺寸及配筋要求都比构造边缘构件高，其长度及箍筋配置量都需要通过计算确定。

《高层建筑混凝土结构技术规程》(JGJ 3—2010)规定，剪力墙两端和洞口两侧应设置边缘构件，并应符合下列要求：

(1)一、二、三级抗震等级剪力墙底层墙肢底截面的轴压比大于表 5-7 的规定值，以及部分框支剪力墙结构的剪力墙，应在底部加强部位及相邻的上一层设置约束边缘构件。

(2)除上述第(1)条所列部位外，剪力墙应设置构造边缘构件。

(3)B 级高度高层建筑的剪力墙，宜在约束边缘构件层与构造边缘构件层之间设置 1～2 层过渡层，过渡层边缘构件的箍筋配置要求可低于约束边缘构件，但应高于构造边缘构件。

表 5-7 剪力墙可不设约束边缘构件的最大轴压比

抗震等级或设防烈度	一级(9 度)	一级(6、7、8 度)	二、三级
轴压比	0.1	0.2	0.3

剪力墙的约束边缘构件包括暗柱、端柱和翼墙(图 5-24)，应符合下列要求：

(1)约束边缘构件沿墙肢的长度 l_c 和箍筋配箍特征值 λ_v 应符合表 5-8 的要求，其体积配箍率 ρ_v 应按 $\rho_v=\lambda_v \frac{f_c}{f_{yv}}$ 计算，可计入箍筋、拉筋及符合构造要求的水平分布钢筋，计入的水平分布钢筋的体积配箍率不应大于总体积配箍率的 30%。

(2)剪力墙约束边缘构件(图 5-24 中的阴影部分)的竖向钢筋除应满足正截面受压(受拉)承载力计算要求外，其配筋率在一、二、三级时分别不应小于 1.2%、1.0%和 1.0%，并分别不应少于 8ϕ16、6ϕ16 和 6ϕ14 (ϕ表示钢筋直径)。

(3)约束边缘构件内箍筋或拉筋沿竖向的间距，一级不宜大于 100mm，二、三级不宜大于 150mm；箍筋、拉筋沿水平向的肢距不宜大于 300mm，且不应大于竖向钢筋间距的 2 倍。

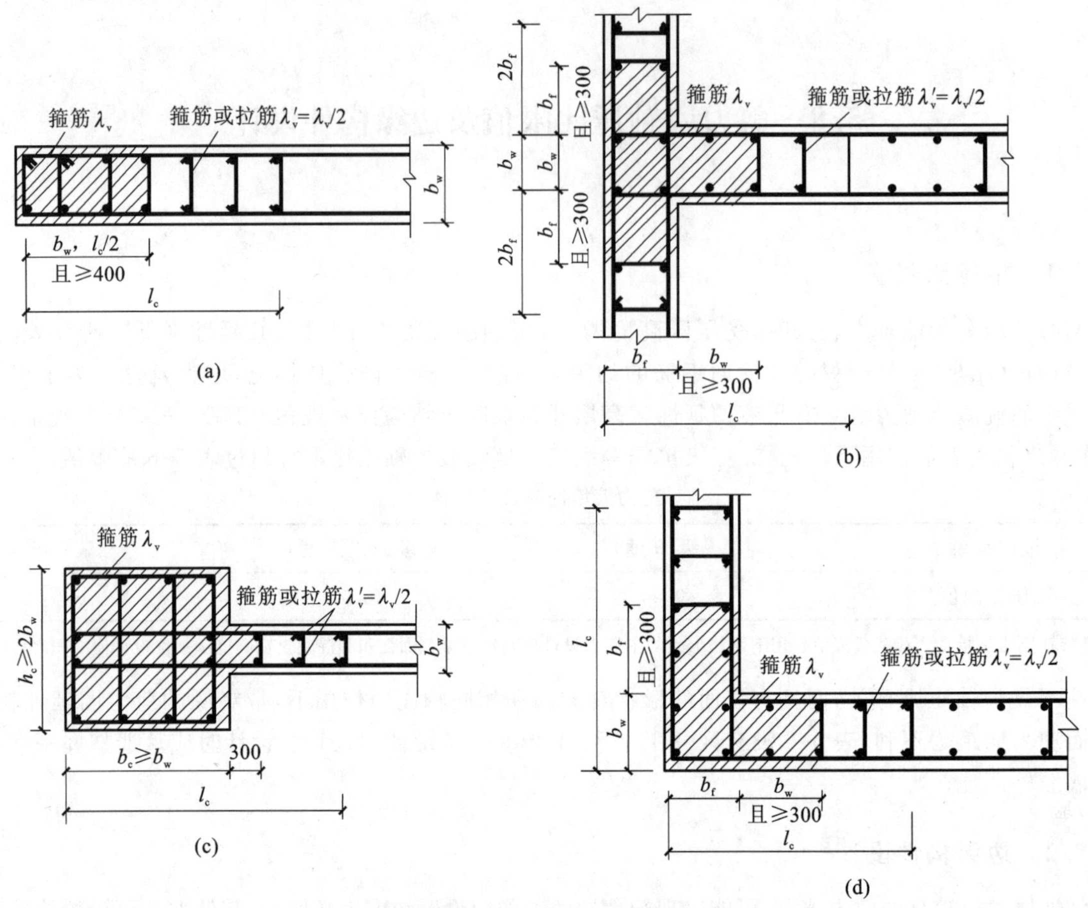

图 5-24　剪力墙的约束边缘构件

(a)暗柱；(b)有翼墙；(c)有端柱；(d)有一侧翼墙

表 5-8　　**约束边缘构件沿墙肢的长度 l_c 及其配箍特征值 λ_v**

项目	一级(9 度)		一级(6、7、8 度)		二、三级	
	$\mu_N\leqslant 0.2$	$\mu_N>0.2$	$\mu_N\leqslant 0.3$	$\mu_N>0.3$	$\mu_N\leqslant 0.4$	$\mu_N>0.4$
l_c(暗柱)	$0.20h_w$	$0.25h_w$	$0.15h_w$	$0.20h_w$	$0.15h_w$	$0.20h_w$
l_c(翼墙和端柱)	$0.15h_w$	$0.20h_w$	$0.10h_w$	$0.15h_w$	$0.10h_w$	$0.15h_w$
λ_v	0.12	0.20	0.12	0.20	0.12	0.20

注：①μ_N 为墙肢在重力荷载代表值作用下的轴压比，h_w 为墙肢的长度。

②剪力墙的翼墙长度小于翼墙厚度的 3 倍或端柱截面边长小于 2 倍剪力墙墙厚时，按无翼墙、无端柱查表。

③l_c 为约束边缘构件沿墙肢的长度(图 5-24)。对暗柱，不应小于墙厚和 400mm 二者中的较大值；有翼墙或端柱时，不应小于翼墙厚度或端柱沿墙肢方向截面高度加 300mm。

剪力墙的构造边缘构件的范围，宜按图 5-25 的阴影部分采用。构造边缘构件的配筋应满足受弯承载力要求，并应符合表 5-9 的要求。

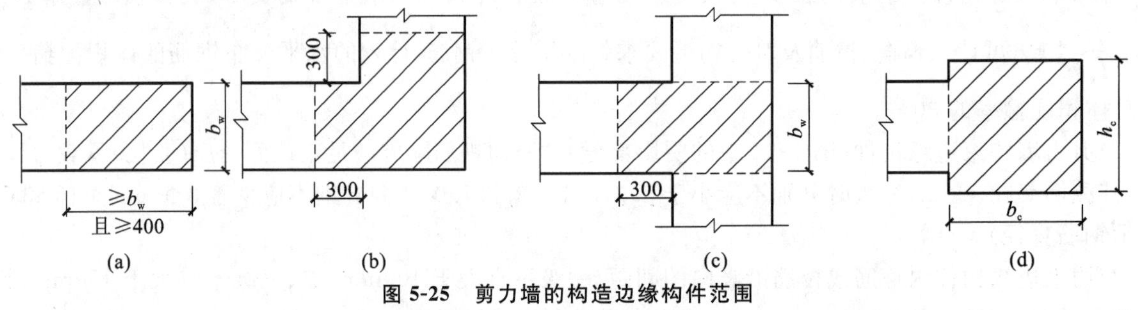

图 5-25　剪力墙的构造边缘构件范围

(a)暗柱；(b)有一侧翼墙；(c)有翼墙；(d)有端柱

表 5-9　　剪力墙构造边缘构件的最小配筋要求

抗震等级	底部加强部位			其他部位		
	纵向钢筋最小量（取两者中较大值）	箍筋		纵向钢筋最小量（取两者中较大值）	箍筋	
		最小直径/mm	沿竖向最大间距/mm		最小直径/mm	沿竖向最大间距/mm
一级	$0.010A_c$，6ϕ16	8	100	$0.008A_c$，6ϕ14	8	150
二级	$0.008A_c$，6ϕ14	8	150	$0.006A_c$，6ϕ12	8	200
三级	$0.006A_c$，6ϕ12	6	150	$0.005A_c$，4ϕ12	6	200
四级	$0.005A_c$，4ϕ12	6	200	$0.004A_c$，4ϕ12	6	250

注：①A_c 为构造边缘构件的截面面积，即图 5-25 中的阴影部分面积。

②其他部位的转角处宜采用箍筋。

【典型例题】

【例 5-4】 有一矩形截面剪力墙，总高 $H=50$mm，$b_w=250$mm，$h_w=6000$mm，抗震等级为二级。纵筋 HRB400 级，$f_y=360\text{N/mm}^2$；箍筋 HPB300 级，$f_y=270\text{N/mm}^2$；C30，$f_c=14.3\text{N/mm}^2$，$f_t=1.43\text{N/mm}^2$，$\xi_b=0.55$；竖向分布钢筋为双排ϕ10@200mm，墙肢底部截面作用有考虑地震作用组合的弯矩设计值 $M=18000\text{kN}\cdot\text{m}$，轴力设计值 $N=3200\text{kN}$。

(1)验算轴压比。

(2)计算纵向钢筋(对称配筋)。

【解】 (1)轴压比。

$$\frac{N}{f_c b_w h_w}=\frac{3200\times 10^3}{14.3\times 250\times 6000}=0.149<0.6\text{，满足要求}$$

(2)纵向钢筋配筋范围沿墙腹方向的长度：

$$\left.\begin{aligned}&b_w=250\text{mm}\\&\frac{l_c}{2}=\frac{0.2h_w}{2}=\frac{0.2\times 6000}{2}=600(\text{mm})\\&400\text{mm}\end{aligned}\right\}\text{取最大值 }600\text{mm}$$

剪力墙截面有效高度 $h_{w0}=h_w-a_s'=6000-300=5700(\text{mm})$。

①剪力墙竖向分布钢筋配筋率计算。

$$\rho_w=\frac{nA_{sv}}{bs}=\frac{2\times 78.5}{250\times 200}=0.314\%$$

满足《高层建筑混凝土结构技术规程》(JGJ 3—2010)第 7.2.18 条第一款 $\rho_w>\rho_{w\min}=0.25\%$的规定。

②配筋计算。

假定 $x<\xi_b h_{w0}$，即 $\sigma_s=f_y$。因 $A_s=A_s'$，故 $A_s'f_y-A_s\sigma_s=0$

$$N\leqslant\frac{1}{\gamma_{RE}}(A_s'f_y'-A_s\sigma_s-N_{sw}+N_c)$$

$$N_c=\alpha_1 f_c b_w x=1.0\times 14.3\times 250x=3575x$$

$$N_{sw}=(h_{w0}-1.5x)b_w f_{yw}\rho_w=(5700-1.5x)\times 250\times 270\times 0.314\%=1208115-317.9x$$

合并三式得：

$$3200\times 10^3=\frac{1}{0.85}\times(0-1208115+317.9x+3575x)$$

$$x=1009\text{mm}<\xi_b h_{w0}=0.55\times 5700=3135(\text{mm})$$

故原假定符合。

$$M_c = \alpha_1 f_c b_w x\left(h_{w0} - \frac{x}{2}\right)$$
$$= 1.0 \times 14.3 \times 250 \times 1009 \times \left(5700 - \frac{1009}{2}\right) = 18741 \times 10^6 (\mathrm{N \cdot mm})$$
$$M_{sw} = \frac{1}{2}(h_{w0} - 1.5x)^2 b_w f_{yw} \rho_w$$
$$= \frac{1}{2} \times (5700 - 1.5 \times 1009)^2 \times 250 \times 270 \times 0.314\% = 1857 \times 10^6 (\mathrm{N \cdot mm})$$
$$e_0 = \frac{M}{N} = \frac{18000 \times 10^6}{3200 \times 10^3} = 5625(\mathrm{mm})$$
$$N\left(e_0 + h_{w0} - \frac{h_w}{2}\right) = \frac{A'_s f'_y (h_{w0} - a'_s) - M_{sw} + M_c}{\gamma_{RE}}$$
$$A_s = A'_s = \frac{\gamma_{RE} N(e_0 + h_{w0} - h_w/2) + M_{sw} - M_c}{f'_y (h_{w0} - a'_s)}$$
$$= \frac{0.85 \times 3200 \times 10^3 \times (5625 + 5700 - 6000/2) + 1857 \times 10^6 - 18741 \times 10^6}{360 \times (5700 - 300)}$$
$$= 2963(\mathrm{mm}^2)$$

纵向钢筋最小截面面积 $A_{smin} = 1\% \times (250 \times 600) = 1500(\mathrm{mm}^2)$，并不应小于 6ф14。

取 HRB400 级 6ⅲ25，$A_s = 2945\mathrm{mm}^2$。

5.9 连梁截面设计及构造要求

墙肢之间的连梁是剪力墙的重要组成部分，对剪力墙结构的抗震性能影响较大，同时连梁本身的受力状态也是十分复杂的。连梁的特点是跨高比小，在侧向力作用下，连梁比较容易出现剪切斜裂缝。按照延性剪力墙的强墙弱梁要求，连梁应先于墙肢屈服，即连梁应首先形成塑性铰耗散地震能量；同时，连梁应设计为强剪弱弯，使连梁的抗剪承载力大于其抗弯承载力，避免连梁过早出现脆性的剪切破坏，使连梁成为延性连梁。这样，当连梁屈服后，仍可以吸收地震能量，同时又能继续起到约束墙肢的作用，使联肢墙的刚度和承载力维持在一定水平。

《高层建筑混凝土结构技术规程》(JGJ 3—2010)规定，剪力墙开洞形成的跨高比小于 5 的连梁，竖向荷载作用下的弯矩所占比例较小，水平荷载作用下产生的反弯使其对剪切变形十分敏感，容易出现剪切裂缝。因此，对剪力墙开洞形成的跨高比小于 5 的连梁，应按本节的方法计算；否则，宜按框架梁设计。

剪力墙中的连梁受到弯矩、剪力、轴力的共同作用，可能发生正截面受弯破坏，也可能发生斜截面受剪破坏。因此，连梁截面承载力计算包括正截面受弯和斜截面受剪两部分。一般情况下，连梁轴力较小，多按受弯构件设计。

5.9.1 连梁的配筋计算

5.9.1.1 抗弯承载力

连梁的正截面受弯承载力可按一般受弯构件的要求计算。由于连梁通常都采用对称配筋($A_s = A'_s$)，故持久、短暂设计状况时其正截面抗弯承载力可按下式计算：

$$M \leqslant f_y A_s (h_{b0} - a'_s) \tag{5-77}$$

地震设计状况时

$$M \leqslant \frac{1}{\gamma_{RE}} f_y A_s (h_{b0} - a'_s) \tag{5-78}$$

式中 M——连梁的弯矩设计值；

A_s——受力纵向钢筋截面面积；

h_{b0}——连梁截面有效高度；

a_s'——受压区纵向钢筋合力点至受压边缘的距离；

γ_{RE}——承载力抗震调整系数，取 $\gamma_{RE}=0.75$。

在抗震设计中，要求做到强墙弱梁，即连梁端部塑性铰要早于剪力墙出现，为做到这一点，可以将连梁端部弯矩进行塑性调幅。方法是将弯矩较大的几层连梁端部弯矩均取为连梁最大弯矩的80%。为了保持平衡，可将弯矩较小的连梁端部弯矩相应提高。

5.9.1.2 抗剪承载力

多数情况下，连梁的跨高比都比较小，属于深梁。但是，其受力特点与竖向荷载作用下的深梁却大不相同。在水平荷载作用下，连梁两端作用着符号相反的弯矩，剪切变形较大，容易出现剪切裂缝。尤其是在地震反复荷载作用下，斜裂缝会很快扩展到对角，形成交叉的对角剪切破坏。而跨高比小于2.5的连梁抗剪承载力更低。连梁斜截面抗剪承载力公式为

持久、短暂设计状况：

$$V_b \leqslant 0.7f_t b_b h_{b0} + f_{yv}\frac{A_{sv}}{s}h_{b0} \tag{5-79}$$

地震设计状况：

当 $l_n/h_b>2.5$

$$V_b \leqslant \frac{1}{\gamma_{RE}}\left(0.42f_t b_b h_{b0} + f_{yv}\frac{A_{sv}}{s}h_{b0}\right) \tag{5-80}$$

当 $l_n/h_b \leqslant 2.5$

$$V_b \leqslant \frac{1}{\gamma_{RE}}\left(0.38f_t b_b h_{b0} + 0.9f_{yv}\frac{A_{sv}}{s}h_{b0}\right) \tag{5-81}$$

当连梁不满足式(5-77)、式(5-78)或式(5-80)、式(5-81)的要求时，可作如下处理：减小连梁截面高度，加大连梁截面宽度；对连梁的弯矩设计值进行调幅，以降低其剪力设计值；当连梁破坏对承受竖向荷载无大影响时，可考虑在大震作用下该连梁不参与工作，按独立墙肢进行第二次多遇地震作用下结构内力分析，墙肢应按两次计算所得的较大内力进行配筋设计；采用斜向交叉配筋方式配筋。

5.9.1.3 剪压比限制

连梁对剪力墙结构的抗震性能有较大的影响。研究表明，若连梁截面的平均剪应力过大，箍筋就不能充分发挥作用，连梁就会发生剪切破坏，尤其在连梁跨高比较小的情况下。为此，应限制连梁截面的平均剪应力。为了避免连梁中斜裂缝过早出现，体现强剪弱弯原则，连梁截面尺寸应符合下列要求。

持久、短暂设计状况：

$$V_b \leqslant 0.25\beta_c f_c b_b h_{b0} \tag{5-82}$$

地震设计状况：

当 $l_n/h_b>2.5$

$$V_b \leqslant \frac{1}{\gamma_{RE}}(0.2\beta_c f_c b_b h_{b0}) \tag{5-83}$$

当 $l_n/h_b \leqslant 2.5$

$$V_b \leqslant \frac{1}{\gamma_{RE}}(0.15\beta_c f_c b_b h_{b0}) \tag{5-84}$$

5.9.2 连梁的剪力设计值

同样考虑强剪弱弯的要求，保证连梁在塑性铰的转动过程中不发生剪切破坏，连梁的剪力设计值应按下列规定计算。

(1)持久、短暂设计状况。无地震作用组合及有地震作用组合的四级抗震时，连梁的剪力设计值取考虑水平荷载作用组合的剪力设计值。

(2)地震设计状况。有地震作用组合的一、二、三级抗震时，连梁的剪力设计值应按下式调整：

$$V_b = \eta_{vb}\frac{M_b^l + M_b^r}{l_n} + V_{Gb} \tag{5-85}$$

设防烈度为 9 度的一级抗震等级结构尚应符合

$$V_b = 1.1\frac{M_{bua}^l + M_{bua}^r}{l_n} + V_{Gb} \tag{5-86}$$

式中 l_n——连梁的净跨；

V_{Gb}——在重力荷载代表值(设防烈度为 9 度时还应包括竖向地震作用标准值)作用下，按简支梁计算的梁端截面剪力设计值；

M_b^l，M_b^r——梁左、右端顺时针或逆时针方向考虑地震作用组合的弯矩设计值，对一级抗震等级且两端均为负弯矩时，绝对值较小一端的弯矩应取为零；

M_{bua}^l，M_{bua}^r——梁左、右端顺时针或逆时针方向实配的抗震受弯承载力所对应的弯矩值，应按实配钢筋面积(计入受压钢筋)和材料强度标准值考虑承载力抗震调整系数计算；

η_{vb}——连梁剪力的增大系数，抗震等级为一级取 1.3，二级取 1.2，三级取 1.1。

5.9.3 构造要求

一、二级抗震等级的各类剪力墙结构中的连梁，当跨高比 $l_0/h \leqslant 2$，且连梁截面宽度不小于 200mm 时，除配置普通箍筋外，宜另设斜向交叉构造钢筋(图 5-26)，以提高其抗震性能和抗剪性能。

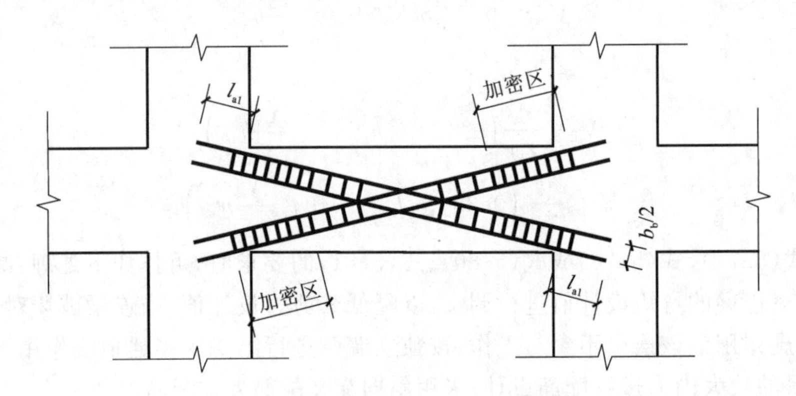

图 5-26 连梁斜向交叉构造钢筋

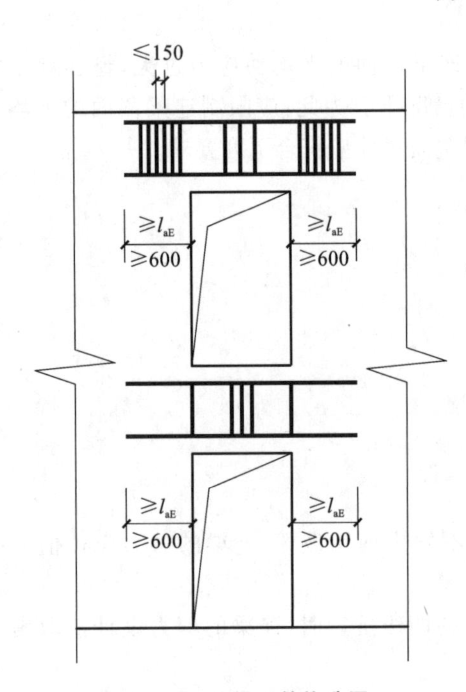

图 5-27 连梁配筋构造图

连梁顶面、底面纵向受力钢筋伸入墙内的锚固长度，抗震设计时不应小于 l_{aE}，非抗震设计时不应小于 l_a，且不应小于 600mm。

抗震设计时，沿连梁全长箍筋的构造应按框架梁梁端加密区箍筋的构造要求采用；非抗震设计时，沿连梁全长的箍筋直径不应小于 6mm，间距不应大于 150mm。

顶层连梁纵向钢筋伸入墙体的长度范围内应配置间距不大于 150mm 的构造箍筋，箍筋直径应与该连梁的箍筋直径相同(图 5-27)。

墙体水平分布钢筋应作为连梁的腰筋在连梁范围内拉通连续配置；当连梁截面高度大于 700mm 时，其两侧面沿梁高范围设置的腰筋直径不应小于 8mm，间距不应大于 200mm；对跨高比不大于 2.5 的连梁，梁两侧腰筋的面积配筋率不应小于 0.3%。

穿过连梁的管道宜预埋套管，洞口上、下的有效高度不宜小于梁高的 1/3，且不宜小于 200mm，洞口处宜配置补强钢筋，被洞口削弱的截面应进行承载力计算(图 5-28)。

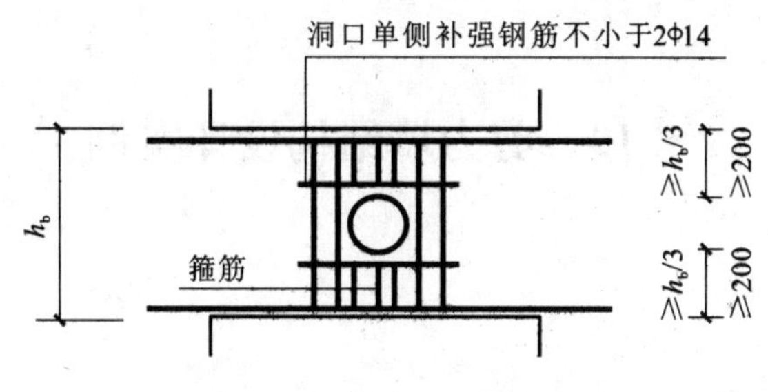

图 5-28 连梁洞口的补强

【典型例题】

【例 5-5】 已知连梁的截面尺寸 $b=160\text{mm}$，$h=900\text{mm}$，连梁净跨 $l_n=900\text{mm}$。混凝土强度等级为C30，纵筋HRB400，箍筋HPB300，抗震等级二级。由楼层荷载传到连梁上的剪力 V_{Gb} 很小，略去不计。由地震作用产生的连梁剪力设计值 $V=150\text{kN}$。求：

(1)连梁的纵向钢筋截面面积。

(2)连梁所需箍筋的 A_{sv}/s。

【解】 (1)连梁纵筋。

$$M_b = V\frac{l_n}{2} = 150\times 10^3 \times \frac{900}{2} = 67.5\times 10^6(\text{N}\cdot\text{mm}) = 67.5\text{kN}\cdot\text{m}$$

$$M \leqslant \frac{1}{\gamma_{RE}} f_y A_s (h - a_s - a_s')$$

取 $a_s=a_s'=35\text{mm}$。

$$A_s=\frac{\gamma_{RE}M}{f_y(h-a_s-a_s')}=\frac{0.75\times 67.5\times 10^6}{360\times(900-35-35)}=169(\text{mm}^2)$$

选用 2Φ14，$A_s=308\text{mm}^2$。

(2)连梁箍筋。

①应用《高层建筑混凝土结构技术规程》(JGJ 3—2010)式(7.2.21)

$$V_b = \frac{1.2(M_b^l + M_b^r)}{l_n} = \frac{1.2\times(2\times 67.5\times 10^6)}{900} = 180\times 10^3(\text{N})$$

$$\frac{l_n}{h} = \frac{900}{900} = 1.0 < 2.5$$

查表得 $\gamma_{RE}=0.85$，取 $\beta_c=1.0$，$h_0=865\text{mm}$，应用《高层建筑混凝土结构技术规程》(JGJ 3—2010)式(7.2.22-3)：

$$\frac{1}{\gamma_{RE}}(0.15\beta_c f_c b_b h_{b0}) = \frac{1}{0.85}\times(0.15\times 1.0\times 14.3\times 160\times 865)$$
$$= 349\times 10^3(\text{N}) > V_b = 180\times 10^3\text{N}，满足要求$$

②应用《高层建筑混凝土结构技术规程》(JGJ 3—2010)式(7.2.23-3)：

$$\frac{A_{sv}}{s} = \frac{\gamma_{RE}V_b - 0.38 f_t b_b h_{b0}}{0.9 f_{yv} h_{b0}}$$
$$= \frac{0.85\times 180\times 10^3 - 0.38\times 1.43\times 160\times 865}{0.9\times 270\times 865} = 0.370(\text{mm})$$

③根据《高层建筑混凝土结构技术规程》(JGJ 3—2010)规定，箍筋最小直径为8mm，双肢箍筋最大间距：

$$s = \frac{h_b}{4} = \frac{900}{4} = 225(\text{mm})，8d = 8\times 14 = 112(\text{mm}) 及 100\text{mm}，$$

$$\frac{A_{sv}}{s} = \frac{2\times 50.3}{100} = 1.006(\text{mm}) > 0.370\text{mm}，满足要求$$

5.10 剪力墙结构设计实例

5.10.1 工程概况

某高层住宅为现浇剪力墙结构，地上15层，地下2层，地上部分剪力墙厚度为180mm，平面布置如图5-29所示，墙体混凝土强度等级为C30，抗震设防烈度为7度，Ⅱ类场地，设计地震分组为第一组，设计抗震等级为二级，计算水平地震作用下结构横向剪力墙的内力，并验算JLQ5的截面承载力，墙内纵向钢筋和水平钢筋采用HRB400级热轧钢筋。

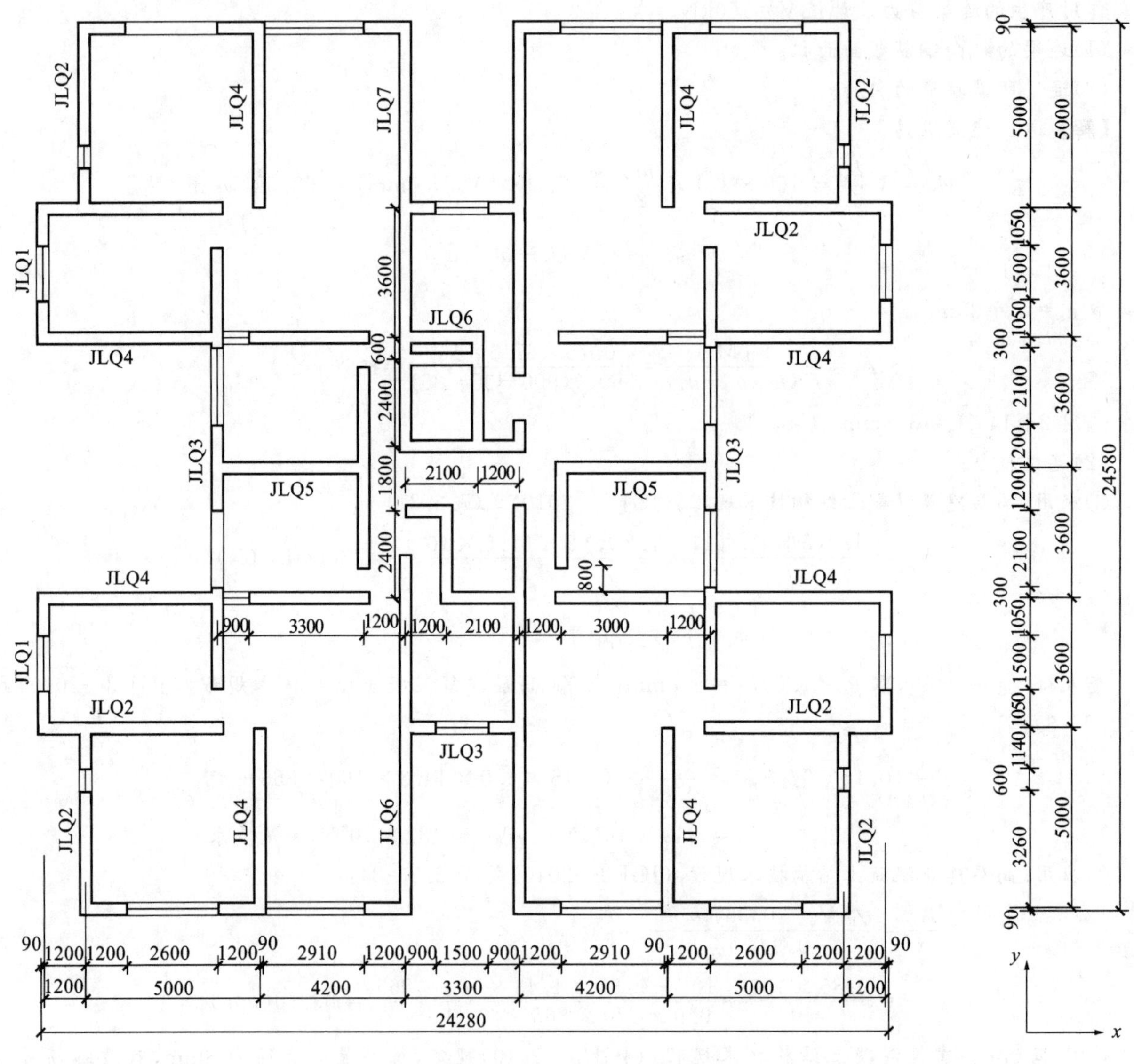

图5-29 某高层住宅平面布置

5.10.2 截面特征计算及平面剪力墙类别判定

本例中，JLQ2、JLQ5、JLQ6为实体墙，JLQ1、JLQ3、JLQ4和JLQ7在x方向的截面特征值及剪力墙的类别判别见表5-10～表5-15。

表 5-10　　各片剪力墙截面特征

墙号	各墙肢截面面积/m²			各墙肢截面惯性矩/m⁴			组合截面惯性矩/m⁴
	A_1	A_2	A_3	I_1	I_2	I_3	
JLQ1	0.2322	0.2322	0.2322	0.0322	0.0322	0.0322	7.6988
	$\sum A_j=0.6966$			$\sum I_j=0.0966$			
JLQ3	0.1782	0.1782	—	0.01455	0.01455	—	0.5818
	$\sum A_j=0.3564$			$\sum I_j=0.0291$			
JLQ4	0.9324	0.5940	—	2.0849	0.5391	—	12.2102
	$\sum A_j=1.5264$			$\sum I_j=2.6240$			
JLQ7	0.3312	0.1152	—	0.09344	0.00393	—	0.5262
	$\sum A_j=0.4464$			$\sum I_j=0.09737$			

表 5-11　　**JLQ1 墙截面特征计算**

洞口	l_{bj}/m	$\frac{h_b}{l_{bj0}}$	$\frac{1}{1+3\left(\frac{h_b}{l_{bj0}}\right)^2}$	I_{bj}/m⁴	l_{bj}^3/m³	a_j/m	a_j^2/m²	$\sum_{j=1}^{k}\frac{I_{bj}a_j^2}{l_{bj}^3}$
1	3.25	0.5	0.571	0.02229	34.328	3.89	15.1321	0.01904
2	3.56	0.447	0.625	0.02356	45.118	4.20	17.64	

表 5-12　　**JLQ3 墙截面特征计算**

洞口	l_{bj}/m	$\frac{h_b}{l_{bj0}}$	$\frac{1}{1+3\left(\frac{h_b}{l_{bj0}}\right)^2}$	I_{bj}/m⁴	l_{bj}^3/m³	a_j/m	a_j^2/m²	$\sum_{j=1}^{k}\frac{I_{bj}a_j^2}{l_{bj}^3}$
1	2.15	0.867	0.307	0.01573	9.938	2.49	6.2001	0.009813

表 5-13　　**JLQ4 墙截面特征计算**

洞口	l_{bj}/m	$\frac{h_b}{l_{bj0}}$	$\frac{1}{1+3\left(\frac{h_b}{l_{bj0}}\right)^2}$	I_{bj}/m⁴	l_{bj}^3/m³	a_j/m	a_j^2/m²	$\sum_{j=1}^{k}\frac{I_{bj}a_j^2}{l_{bj}^3}$
1	1.10	0.444	0.633	0.000687	1.331	5.14	26.4196	0.01364

表 5-14　　**JLQ7 墙截面特征计算**

洞口	l_{bj}/m	$\frac{h_b}{l_{bj0}}$	$\frac{1}{1+3\left(\frac{h_b}{l_{bj0}}\right)^2}$	I_{bj}/m⁴	l_{bj}^3/m³	a_j/m	a_j^2/m²	$\sum_{j=1}^{k}\frac{I_{bj}a_j^2}{l_{bj}^3}$
1	1.30	0.444	0.633	0.00198	2.197	2.24	5.0176	0.004522

表 5-15　　**剪力墙的类别判别**

墙号	$\sum I_j$/m⁴	I/m⁴	$I_n=I-\sum I_j$/m⁴	$\sum_{j=1}^{k}\frac{I_{bj}a_j^2}{l_{bj}^3}$	α	$\frac{I_n}{I}$	剪力墙类型判别
JLQ1	0.09660	7.6988	7.6022	0.01904	43>10	$0.987>\xi=0.916$	壁式框架
JLQ3	0.02910	0.5815	0.5524	0.009813	52>10	$0.950>\xi=0.916$	壁式框架
JLQ4	2.6240	12.2102	9.5862	0.01364	7.1<10	$0.785<\xi=0.969$	双肢墙
JLQ7	0.09737	0.5262	0.4288	0.004522	20>10	$0.815<\xi=0.896$	整体小开口剪力墙

5.10.3 剪力墙刚度计算

5.10.3.1 各片剪力墙等效刚度计算

(1)实体墙,见表 5-16。

表 5-16 JLQ2、JLQ5、JLQ6 的等效刚度(按整体墙计算)

墙号	H/m	$b\times h$/(m×m)	A_w/m²	I_w/m⁴	μ	E_c/(×10⁷kN/m²)	E_cI_{eq}/(×10⁷kN·m²)
JLQ2	42	0.18×5.18	0.9324	2.0849	1.2	3.0	6.1702
JLQ5	42	0.18×4.38	0.7884	1.2604	1.2	3.0	3.7445
JLQ6	42	0.18×2.28	0.4104	0.1778	1.2	3.0	0.5320

(2)整体小开口剪力墙 JLQ7 的刚度计算。

A_w 和 I_w 按有洞段和无洞端沿竖向取加权平均值:

$$A_w=\frac{0.4464\times2.2\times15+0.18\times3.48\times0.6\times15}{42}=0.4850(\mathrm{m}^2)$$

$$I_w=\frac{0.5262\times2.2\times15+\frac{1}{12}\times0.18\times3.48^3\times0.6\times15}{42}=0.5489(\mathrm{m}^4)$$

$$EI_{eq}=\frac{E_cI_w}{1+\frac{9\mu I_w}{A_wH^2}}=\frac{3\times10^7\times0.5489}{1+\frac{9\times1.2\times0.5489}{0.4850\times42^2}}=1.6354\times10^7(\mathrm{kN\cdot m^2})$$

(3)双肢墙 JLQ4。

$$D=\frac{2a^2I_b}{l_b^3}=\frac{2\times5.14^2\times0.000687}{1.1^3}=0.02727$$

$$\alpha_1^2=\frac{6H^2D}{h(I_1+I_2)}=\frac{6\times42^2\times0.02727}{2.8\times(2.0849+0.5391)}=39.28$$

$$\tau=\frac{\alpha_1^2}{\alpha^2}=\frac{39.28}{7.1^2}=0.779$$

$$\gamma^2=\frac{2.5\mu(I_1+I_2)}{H^2(A_1+A_2)}=\frac{2.5\times1.2\times(2.0849+0.5391)}{42^2\times(0.9324+0.5940)}=0.002924$$

$$\psi_\alpha=\frac{60}{11}\times\frac{1}{\alpha^2}\times\left(\frac{2}{3}+\frac{2\mathrm{sh}\alpha}{\alpha^3\mathrm{ch}\alpha}-\frac{2}{\alpha^2\mathrm{ch}\alpha}-\frac{\mathrm{sh}\alpha}{\alpha\mathrm{ch}\alpha}\right)=0.05749$$

$$EI_{eq}=\frac{E_c\sum I_j}{1+\tau(\psi_\alpha-1)+3.64\gamma^2}=28.4776\times10^7(\mathrm{kN\cdot m^2})$$

5.10.3.2 总框架、总剪力墙刚度与刚度特征值

总壁式框架剪切刚度见表 5-17,总剪力墙刚度见表 5-18。

表 5-17 总壁式框架剪切刚度

楼层	h/m	C_{fi}/(×10⁵kN) JLQ1(4 片)	C_{fi}/(×10⁵kN) JLQ3(2 片)	总壁式框架各层剪切刚度/(×10⁵kN)	总框架剪切刚度 C_f/(×10⁵kN)
15	2.35	11.9476	5.6790	11.9476×4+5.6790×2=59.1484	$\frac{59.1484\times2.35+83.4388\times2.8\times13+81.906\times3.05}{2.35+2.8\times13+3.05}$=81.9613
2~14	2.80	17.0430	7.6334	17.0430×4+7.6334×2=83.4388	
1	3.05	16.7680	7.4170	16.7680×4+7.4170×2=81.9060	

表 5-18 总剪力墙的刚度

墙号	类型	数量	E_cI_{eq}/($\times10^7$kN·m^2)	总剪力墙的等效刚度/($\times10^7$kN·m^2)
JLQ2	实体墙	4	6.1702	6.1702×4+3.7445×2+0.5320×3+1.6354×2+28.4776×4=150.9470
JLQ5		2	3.7445	
JLQ6		3	0.5320	
JLQ7	整体小开口剪力墙	2	1.6354	
JLQ4	实体墙	4	28.4776	

为了简化计算，本例假定连梁与总剪力之间的连接为铰接，则结构刚度特征值：

$$\lambda = H\sqrt{\frac{C_f}{E_cI_{eq}}} = 42\times\sqrt{\frac{81.9613\times10^5}{150.9470\times10^7}} = 3.09$$

5.10.4 水平地震作用计算

5.10.4.1 重力荷载代表值计算

$$G_{1\sim14}=1840+1688+137+8+59+1814+243+48+0.5\times948=6311(\text{kN})$$

$$G_{15}=6270\text{kN}$$

5.10.4.2 结构基本自振周期计算

将电梯间、水箱质点的重力荷载代表值折算到顶层，并将各质点重力荷载代表值转化为均布荷载：

$$G_{en} = 3397\text{kN}$$

$$q=\frac{\sum_{i=1}^{15}G_i}{H}=\frac{6311\times14+6270}{42}=2253.0(\text{kN/m})$$

均布荷载作用下结构顶点位移为

$$u_q=\frac{1}{\lambda^4}\left[\frac{\lambda\text{sh}\lambda+1}{\text{ch}\lambda}(\text{ch}\lambda-1)-\lambda\text{sh}\lambda+\frac{\lambda^2}{2}\right]\frac{qH^4}{E_cI_{eq}}=0.133\text{m}$$

集中荷载作用下结构顶点位移：

$$u_{Gen}=\frac{1}{\lambda^3}(\lambda-\text{th}\lambda)\frac{G_{en}H^3}{E_cI_{eq}}=0.012\text{m}$$

$$u_T=u_q+u_{Gen}=0.133+0.012=0.145(\text{m})$$

结构基本自振周期为

$$T_1=1.7\psi_T\sqrt{u_T}=1.7\times0.9\times\sqrt{0.145}=0.58(\text{s})$$

5.10.4.3 地震作用计算

采用底部剪力法计算地震作用。根据场地类别、抗震设防烈度和设计分组查表得 $T_g=0.35$s，$\alpha_{max}=0.08$，取 $\xi=0.05$，则 $\eta_2=1.0$，$\gamma=0.9$。

$$\alpha=\left(\frac{T_g}{T}\right)^{\gamma}\eta_2\alpha_{max}=\left(\frac{0.35}{0.58}\right)^{0.9}\times1\times0.08=0.0508$$

$$G_{eq}=0.85G_E=0.85\times\sum_{j=1}^{17}G_j=0.85\times(6311\times14+6270+1894+911)=82815(\text{kN})$$

结构总水平地震作用标准值为

$$F_{Ek}=\alpha_1G_{eq}=0.0508\times82815=4207(\text{kN})$$

因为

$$T_1=0.58\text{s}>1.4T_g=1.4\times0.35=0.49(\text{s})$$

$$\delta_n=0.08T_1+0.07=0.08\times0.58+0.07=0.1164$$

所以

$$\Delta F_n = \delta_n F_{Ek} = 0.1164 \times 4207 = 489.7(\text{kN})$$

各质点水平地震作用标准值计算见表 5-19。

表 5-19 各质点水平地震作用标准值计算

质点	重力荷载代表值 G_i/kN	距结构底部高度 H_i/m	G_iH_i/(kN·m)	F_i/kN	F_iH_i/(kN·m)
17	911	50.0	45550.0	75.2	3760.00
16	1894	46.9	88828.6	146.6	6875.54
15	6270	42.0	263424.0	434.5	18249.00
14	6311	39.2	247391.2	418.2	16393.44
13	6311	36.4	229720.4	379.1	13799.24
12	6311	33.6	212049.6	349.9	11756.64
11	6311	30.8	194378.8	320.8	9880.64
10	6311	28.0	176708.0	291.6	8164.80
9	6311	25.2	159037.2	262.4	6612.48
8	6311	22.4	141366.4	233.2	5223.68
7	6311	19.6	123695.6	204.1	4000.36
6	6311	16.8	106024.8	175.0	2940.00
5	6311	14.0	88354.0	145.8	2041.20
4	6311	11.2	70683.2	116.6	1305.92
3	6311	8.40	53012.4	87.5	735.00
2	6311	5.60	35341.6	58.3	326.48
1	6311	2.80	17670.8	29.2	81.76
	$\sum G_i = 97429$		$\sum G_iH_i = 2253236.6$		$\sum F_iH_i = 112146.18$

注：$F_i = \dfrac{G_iH_i}{\sum\limits_{i=1}^{17} G_iH_i} F_{Ek}(1-\delta_n)$。

将电梯机房和水箱间质点的地震作用移至主体顶层，并附加一弯矩 M_1。

$$F_e = F_{16} + F_{17} = 146.6 + 75.2 = 221.8(\text{kN})$$

$$M_1 = 146.6 \times 4.9 + 75.2 \times (4.9 + 3.1) = 1320(\text{kN}\cdot\text{m})$$

再按照结构底部弯矩等效原则，将 $F_1 \sim F_{15}$ 和附加弯矩 M_1 转化为等效倒三角形分布荷载，$F_e + \Delta F_n =$ 221.8+489.7=711.5(kN)，作用于房屋顶部。

$$q_{max} = 3 \times \frac{M_1 + \sum\limits_{i=1}^{15} F_iH_i}{H^2} = 3 \times \frac{1320 + 112146.18}{42^2} = 193(\text{kN/m})$$

5.10.5 结构水平位移验算

结构在水平地震作用下的位移验算见表 5-20。

表 5-20 结构在水平地震作用下的位移验算

楼层	H_i/m	$\xi = \frac{H_i}{42}$	水平地震作用下			
			倒三角荷载作用下 y_i/m	顶部集中荷载作用下 y_i/m	总位移 y_i/m	$\Delta u = y_i - y_{i-1}$/m
15	42.0	1.0000	0.00739	0.00248	0.00987	0.00068

续表

楼层	H_i/m	$\xi=\frac{H_i}{42}$	水平地震作用下			
			倒三角荷载作用下 y_i/m	顶部集中荷载作用下 y_i/m	总位移 y_i/m	$\Delta u=y_i-y_{i-1}$/m
14	39.2	0.9333	0.00693	0.00226	0.00919	0.00069
13	36.4	0.8667	0.00646	0.00204	0.00850	0.00072
12	33.6	0.8000	0.00596	0.00182	0.00778	0.00075
11	30.8	0.7333	0.00543	0.00160	0.00703	0.00077
10	28.0	0.6667	0.00487	0.00139	0.00626	0.00079
9	25.2	0.6000	0.00428	0.00119	0.00547	0.00082
8	22.4	0.5333	0.00366	0.00099	0.00465	0.00081
7	19.6	0.4667	0.00304	0.00080	0.00384	0.00079
6	16.8	0.4000	0.00243	0.00062	0.00305	0.00076
5	14.0	0.3333	0.00183	0.00046	0.00229	0.00076
4	11.2	0.2667	0.00127	0.00026	0.00153	0.00058
3	8.4	0.2000	0.00077	0.00018	0.00095	0.00049
2	5.6	0.1333	0.00037	0.00009	0.00046	0.00034
1	2.8	0.0667	0.00010	0.00002	0.00012	0.00012

水平地震作用下：

$$\frac{\Delta u}{h}=\frac{0.00082}{2.8}=\frac{1}{3415}<\left[\frac{\Delta u}{h}\right]=\frac{1}{1000}$$

满足要求。

5.10.6 刚重比和剪重比验算

5.10.6.1 刚重比验算

地震作用的倒三角分布荷载额最大值 $q=174.2\text{kN/m}$，在此荷载作用下结构顶点质心的弹性水平位移已求出，其值 $u=0.00987\text{m}$。

结构中一个主轴方向的弹性等效侧向刚度，可按倒三角分布荷载作用下结构顶点位移相等的原则，将结构的侧向刚度折算为竖向悬臂受弯构件的等效侧向刚度（EJ_d）。

$$EJ_d=\frac{11qH^4}{120u}=\frac{11\times 174.2\times 42^4}{120\times 0.00987}=5.0343\times 10^9(\text{kN}\cdot\text{m}^2)$$

$$\frac{EJ_d}{H^2\sum_{i=1}^{n}G_i}=\frac{5.0343\times 10^9}{42^2\times 127984}=22.30>2.7$$

不考虑重力二阶效应。

5.10.6.2 剪重比验算

要求的楼层最小地震剪力系数值 $\lambda=0.016$，地震作用下底部的总剪力标准值 $V_{\text{Ek1}}=F_{\text{Ek}}=4207\text{kN}$，底层的重力荷载代表值 $\sum_{i=1}^{n}G_i=97429\text{kN}$，剪重比为

$$\frac{V_{\text{Ek1}}}{\sum_{i=1}^{n}G_i}=\frac{4207}{97429}=0.043>0.016$$

故结构水平地震剪力不必调整。

5.10.7 水平地震作用下结构内力设计值计算

5.10.7.1 总剪力墙、总框架内力设计值计算

(1)倒三角荷载作用下[$q_{max}=1.3\times174.2=226.5(kN/m)$]:

$$V_w=\frac{1}{\lambda^2}\left[1+\left(\frac{\lambda^2}{2}-1\right)ch(\lambda\xi)-\left(\frac{\lambda^2 sh\lambda}{2}-sh\lambda+\lambda\right)\frac{sh(\lambda\xi)}{ch\lambda}\right]q_{max}H$$

$$=\frac{1}{3.09^2}\times\left[1+\left(\frac{3.09^2}{2}-1\right)\times ch(3.09\xi)-\left(\frac{3.09^2\times sh3.09}{2}-sh3.09+3.09\right)\times\frac{sh(3.09\xi)}{ch3.09}\right]\times226.5\times42$$

$$=996.3\times[1+3.7741\times ch(3.09\xi)-4.0391\times sh(3.09\xi)]$$

$$V_f=\frac{1}{2}(1-\xi^2)q_{max}H-V_w=\frac{1}{2}(1-\xi^2)\times226.5\times42-V_w$$

$$=4756.5(1-\xi^2)-V_w$$

$$M_w=\frac{1}{\lambda^2}\left[\left(\frac{\lambda^2 sh\lambda}{2}-sh\lambda+\lambda\right)\frac{ch(\lambda\xi)}{ch\lambda}-\left(\frac{\lambda^2}{2}-1\right)sh(\lambda\xi)-\lambda\xi\right]q_{max}H^2$$

$$=\frac{1}{3.09^2}\times\left[\left(\frac{3.09^2\times sh3.09}{2}-sh3.09+3.09\right)\times\frac{ch(3.09\xi)}{ch3.09}-\left(\frac{3.09^2}{2}-1\right)\times sh(3.09\xi)-3.09\xi\right]\times226.5\times42^2$$

$$=41845.6\times[4.0391\times ch(3.09\xi)-3.7741\times sh(3.09\xi)-3.09\xi]$$

(2)顶部集中荷载作用下[$F=1.3\times711.5=925.0(kN)$]:

$$V_w=[ch(\lambda\xi)-th\lambda sh(\lambda\xi)]F=[ch(3.09\xi)-th3.09\times sh(3.09\xi)]\times925.0$$

$$=925.0\times[ch(3.09\xi)-0.9959\times sh(3.09\xi)]$$

$$V_f=F-V_w=925.0-V_w$$

$$M_w=\frac{1}{\lambda}[th\lambda ch(\lambda\xi)-sh(\lambda\xi)]FH$$

$$=\frac{1}{3.09}\times[0.9959\times ch(3.09\xi)-sh(3.09\xi)]\times925.0\times42$$

$$=12572.8\times[0.9959\times ch(3.09\xi)-sh(3.09\xi)]$$

故总剪力墙-总框架各层内力计算如表5-21所示。

表5-21 水平地震作用下总剪力墙-总框架各层内力设计值计算

楼层	H_i/m	$\xi=\frac{H_i}{42}$	倒三角荷载作用下			顶部集中荷载作用下			总内力		
			V_w/kN	M_w/(kN·m)	V_f/kN	V_w/kN	M_w/(kN·m)	V_f/kN	V_w/kN	M_w/(kN·m)	V_f/kN
15	42.0	1.000	−1727.8	0.0	1727.8	83.7	0.0	841.3	−1644.1	0.0	2569.1
14	39.2	0.933	−1147.0	−12343.4	1763.0	85.5	240.4	839.5	−1061.5	−12103.0	2602.5
13	36.4	0.867	−658.0	−20160.3	1839.1	91.0	486.8	834.0	−567.0	−19673.5	2673.1
12	33.6	0.800	−238.6	−23947.6	1950.9	100.5	754.9	824.5	−138.1	−23201.7	2775.4
11	30.8	0.733	127.8	−24362.1	2073.1	114.1	1053.9	810.9	241.9	−23308.2	2884.0
10	28.0	0.667	465.3	−21911.5	2184.1	132.5	1396.2	792.5	588.8	−20515.3	2976.6
9	25.2	0.600	762.9	−16577.6	2281.3	156.7	1800.3	768.3	919.6	−14777.5	3049.6
8	22.4	0.533	1059.2	−8656.6	2346.0	187.5	2280.1	737.5	1246.7	−6376.5	3083.5
7	19.6	0.467	1358.1	1712.0	2361.1	226.2	2857.1	698.8	1584.3	4569.1	3059.9

续表

楼层	H_i/m	$\xi=\frac{H_i}{42}$	倒三角荷载作用下			顶部集中荷载作用下			总内力		
			V_w/kN	M_w/(kN·m)	V_f/kN	V_w/kN	M_w/(kN·m)	V_f/kN	V_w/kN	M_w/(kN·m)	V_f/kN
6	16.8	0.400	1673.0	14867.6	2322.5	274.8	3557.5	650.2	1947.8	18425.1	5972.7
5	14.0	0.333	2016.1	30831.5	2213.0	334.9	4407.1	590.1	1351.0	35238.6	2803.1
4	11.2	0.267	2402.4	49816.3	2015.1	409.2	5444.4	515.8	2811.6	55260.7	2530.8
3	8.4	0.200	2849.3	72538.2	1716.9	501.1	6715.0	423.9	3350.4	79253.2	2140.8
2	5.6	0.133	3375.2	99457.9	1297.2	614.3	8272.2	310.7	3989.5	107730.1	1607.9
1	2.8	0.067	4001.1	131169.2	734.0	753.5	1177.8	171.5	4754.6	141347.0	905.5
	0.0	0	4756.5	169018.6	0.0	925.0	12521.3	0.0	5681.5	181539.9	0.0

5.10.7.2 剪力墙内力设计值计算

根据各片剪力墙的等效刚度与总剪力墙等效刚度的比值，将总剪力墙内力分配给各片剪力墙，见表5-22和表5-23。

表5-22 各片剪力墙等效刚度比

墙编号	JLQ2	JLQ5	JLQ6	JLQ7	JLQ4	总剪力墙
等效刚度/($\times10^7$kN·m^2)	6.1702	3.7445	0.5320	1.6354	28.4776	150.947
等效刚度比	0.04083	0.02481	0.00352	0.01083	0.18866	

表5-23 水平地震作用下各片剪力墙分配的内力设计值

楼层	ξ	总剪力墙内力		JLQ2（实体墙）		JLQ5（实体墙）		JLQ6（实体墙）		JLQ7（整体小开口剪力墙）		JLQ4（双肢墙）	
		V_w/kN	M_w/(kN·m)	V_w/kN	M_w/(kN·m)	V_w/kN	M_w/(kN·m)	V_w/kN	M_w/(kN·m)	V_w/kN	M_w/(kN·m)	V_w/kN	M_w/(kN·m)
15	1.000	−1644.1	0.0	−67.1	0.0	−40.8	0.0	−5.8	0.0	−17.8	0.0	−310.2	0.0
14	0.933	−1061.5	−12103.0	−43.3	−494.2	−26.3	−300.3	−3.7	−42.6	−11.5	−131.1	−200.3	−2283.4
13	0.867	−567.0	−19673.5	−23.2	−803.3	−14.1	−488.1	−2.0	−69.3	−6.1	−213.1	−107.0	−3711.6
12	0.800	−138.1	−23201.7	−5.6	−947.3	−3.4	−575.6	−0.5	−81.7	−1.5	−251.3	−26.1	−4377.2
11	0.733	241.9	−23308.2	9.9	−951.7	6.0	−578.3	0.9	−82.0	2.6	−252.4	45.6	−4397.3
10	0.667	588.8	—20515.3	24.0	−837.6	14.6	−509.0	2.1	−72.2	6.4	−222.2	111.1	−3870.4
9	0.600	919.6	−14777.5	37.5	−603.4	22.8	−366.6	3.2	−52.0	10.0	−160.0	173.5	−2787.9
8	0.533	1246.7	−6376.5	50.9	−260.4	30.9	−158.2	4.4	−22.4	13.5	−69.1	235.2	−1203.0
7	0.467	1584.3	4569.1	64.7	186.6	39.3	113.4	5.6	16.1	17.2	49.5	298.9	862.0
6	0.400	1947.8	18425.1	79.5	752.3	48.3	457.1	6.9	64.9	21.1	199.5	367.5	3476.1
5	0.333	1351.0	35238.6	55.2	1438.8	33.5	874.3	4.8	124.0	14.6	381.6	254.9	6648.1
4	0.267	2811.6	55260.7	114.8	2256.3	69.8	1371.0	9.9	194.5	30.4	598.5	530.4	10425.5
3	0.200	3350.4	79253.2	136.8	3235.9	83.1	1966.3	11.8	279.0	36.3	858.3	632.1	14951.9
2	0.133	3989.5	107730.1	162.9	4398.6	99.0	2672.8	14.0	379.2	43.2	1166.7	752.7	20324.4
1	0.067	4754.6	141347.0	194.1	5771.2	118.0	3506.8	16.7	497.5	51.5	1530.8	897.0	26666.5

5.10.8 竖向荷载作用下结构内力设计值计算

以实体墙 JLQ5 为例。

5.10.8.1 荷载(标准值)计算

(1)恒荷载。

屋面:5.555×3.6=20.00(kN/m)

楼面:将隔墙重力化为楼面均布荷载,即

$$\frac{(3.6\times2.8+3\times2.8)\times1.2}{4.2\times3.6}=1.47(\mathrm{kN/m})$$

$$(4.255+1.47)\times3.6=20.61(\mathrm{kN/m})$$

墙自重: 5.004×2.8=14.01(kN/m)

(2)活荷载。

屋面: 0.5×3.6=1.80(kN/m) (活荷载)

0.45×3.6=1.62(kN/m) (雪荷载)

楼面活荷载: 2.0×3.6=7.2(kN/m)

5.10.8.2 内力计算

实体墙 JLQ5 在非地震作用下墙体的轴力计算见表 5-24。

表 5-24 **JLQ5 在非地震作用下墙体的轴力计算**

楼层		楼(屋)面恒荷载/kN	墙自重/kN	轴力/kN	1.5 倍楼(屋)面活荷载/kN	轴力/kN
15	顶	51.60		51.60	6.50	6.50
	底		61.36	112.96		
14	顶	53.17		166.13	26.01	32.57
	底		61.36	227.49		
13	顶	53.17		280.66	26.01	58.52
	底		61.36	342.02		
12	顶	53.17		395.19	26.01	84.53
	底		61.36	456.55		
11	顶	53.17		506.72	26.01	110.54
	底		61.36	571.08		
10	顶	53.17		624.25	26.01	136.55
	底		61.36	685.61		
9	顶	53.17		736.98	26.01	162.56
	底		61.36	798.34		
8	顶	53.17		851.51	26.01	188.57
	底		61.36	912.87		
7	顶	53.17		966.04	26.01	214.58
	底		61.36	1027.40		
6	顶	53.17		1080.57	26.01	240.59
	底		61.36	1141.93		
5	顶	53.17		1195.10	26.01	266.60
	底		61.36	1256.46		
4	顶	53.17		1309.63	26.01	292.61
	底		61.36	1370.99		

续表

楼层		楼(屋)面恒荷载/kN	墙自重/kN	轴力/kN	1.5倍楼(屋)面活荷载/kN	轴力/kN
3	顶	53.17		1424.16	26.01	318.62
	底		61.36	1485.22		
2	顶	53.17		1538.69	26.01	344.63
	底		61.36	1600.05		
1	顶	53.17		1653.22	26.01	370.64
	底		61.36	1714.58		

5.10.9 内力组合

实体墙 JLQ5 的内力组合见表 5-25。

表 5-25 **JLQ5 内力组合表**

楼层		非地震作用时			地震作用时		
		S_{Gk}(①)	$1.5S_{Qk}$(②)	1.3×①+②	$1.2S_{GE}$	$1.3S_{Ehk}$	
		N/kN	N/kN	N/kN	N/kN	M/(kN·m)	V/kN
15	顶	51.60	6.50	73.58	64.43		−40.8
	底	112.96		153.30	138.07		−26.3
14	顶	166.13	32.51	231.87	213.03	−300.3	−26.3
	底	227.49		305.50	286.67	−488.1	−14.1
13	顶	280.66	58.52	395.31	361.63	−488.1	−14.1
	底	342.02		468.94	435.27	−575.6	−3.4
12	顶	395.19	84.53	558.76	510.23	−575.6	−3.4
	底	456.55		638.39	583.87	−578.3	6.0
11	顶	509.72	110.54	722.20	658.83	−578.3	6.0
	底	571.08		795.84	732.47	−509.0	14.6
10	顶	624.25	136.55	885.65	807.43	−509.0	14.6
	底	685.61		959.28	881.07	−366.6	22.8
9	顶	736.98	162.56	1046.94	956.03	−366.6	22.8
	底	798.34		1120.57	1029.67	−158.2	30.9
8	顶	851.51	188.57	1210.38	1104.63	−158.2	30.9
	底	912.87		1284.01	1178.27	113.4	39.3
7	顶	966.04	214.58	1373.83	1253.23	113.4	39.3
	底	1027.40		1447.46	1326.87	457.1	48.3
6	顶	1080.57	240.59	1537.27	1401.83	457.1	48.3
	底	1141.93		1610.91	1475.47	874.3	58.3
5	顶	1195.10	266.60	1700.72	1550.43	874.3	58.3
	底	1256.46		1774.35	1624.07	1371.0	69.8
4	顶	1309.63	292.61	1864.12	1699.03	1371.0	69.8
	底	1370.99		1937.80	1772.67	1966.3	83.1
3	顶	1424.16	318.62	2027.61	1847.63	1966.3	83.1
	底	1485.52		2101.24	1921.27	2672.8	99.0

续表

楼层		非地震作用时			地震作用时		
		S_{Gk}(①)	$1.5S_{Qk}$(②)	1.3×①+②	$1.2S_{GE}$	$1.3S_{Ehk}$	
		N/kN	N/kN	N/kN	N/kN	M/(kN·m)	V/kN
2	顶	1538.69	344.63	2119.06	1996.23	2672.8	99.0
	底	1600.05		2264.69	2069.87	3506.8	118.0
1	顶	1653.22	370.64	2354.50	2144.83	3506.8	118.0
	底	1714.58		2428.14	2218.47	4504.0	141.0

注：$1.3S_{Ehk}$栏内力为左向水平地震作用下的内力，右向水平地震作用下内力数值与其相同，符号相反。

5.10.10 截面配筋

以实体墙 JLQ5 为例。

5.10.10.1 验算截面尺寸

其中 $M=4504.0\text{kN}\cdot\text{m}$，$N=2218.47\text{kN}$，$V=141.0\text{kN}$，抗震等级为二级，增大系数 $\eta_{vw}=1.4$，

$$h_{w0}=h_w-a=5180-180=5000(\text{mm})$$

$$\frac{1}{\gamma_{RE}}(0.15\beta_c f_c b_w h_{w0})=\frac{1}{0.85}\times 0.15\times 14.3\times 180\times(5180-180)$$

$$=2271.2\times 10^3(\text{N})=2271.2\text{kN}>1.4\times 141.0=197.4(\text{kN})$$

故满足要求。

5.10.10.2 正截面偏心受压承载力计算

$$h_{w0}=h_w-a=5180-180=5000(\text{mm})$$

取墙体分布筋为双排φ8@200，$\frac{5180-480\times 2}{200}=21.1$，可布置 21×2=42(根)。

$$A_{sw}=50.3\times 42=2112.6(\text{mm})$$

$$\rho_w=\frac{2112.6}{(5180-360\times 2)\times 180}=0.0026>\rho_{min}=0.002$$

$$x=\frac{\gamma_{RE}N+A_{sw}f_{yw}}{\alpha_1 f_c b_w h_{w0}+1.5A_{sw}f_{yw}}h_{w0}$$

$$=\frac{0.85\times 2218.47\times 10^3+2112.6\times 300}{1.0\times 14.3\times 180\times 5000+1.5\times 2112\times 300}\times 5000=912(\text{mm})<\xi_b h_{w0}=0.55\times 5000=2750(\text{mm})$$

属于大偏心受压。

$$M_{sw}=\frac{1}{2}(h_{w0}-1.5x)^2\frac{A_{sw}f_{yw}}{h_{w0}}=\frac{1}{2}\times(5000-1.5\times 912)^2\times\frac{2112.6\times 360}{5000}=1003.2\times 10^6(\text{N}\cdot\text{mm})$$

$$M_c=\alpha_1 f_c b_w x\left(h_{w0}-\frac{x}{2}\right)=1.0\times 14.3\times 180\times 912\times\left(5000-\frac{912}{2}\right)=10667\times 10^6(\text{N}\cdot\text{mm})$$

$$A_s=A_s'=\frac{\gamma_{RE}N\left(e_0+h_{w0}-\frac{h_w}{2}\right)+M_{sw}-M_c}{f_y'(h_{w0}-a_s')}$$

$$=\frac{0.85\times\left[4504\times 10^6+2218.47\times 10^3\times\left(5000-\frac{5180}{2}\right)\right]+1003.2\times 10^6-10667\times 10^6}{360\times(5000-180)}<0$$

按构造要求，取 $0.005A_c$ 与 4Φ12 中的较大值。

$$0.005A_c=0.005\times 180\times 480=432(\text{mm}^2)$$

故选 4Φ12，箍筋取Φ8@150。

5.10.10.3 斜截面抗剪承载力计算

剪压比：$\lambda=\frac{M}{Vh_{w0}}=\frac{4504.0\times10^6}{141.0\times10^3\times5000}=6.4>2.2$，取 $\lambda=2.2$。

$$0.2f_c b_w h_w=0.2\times14.3\times180\times5180=2666.7\times10^3(\text{N})>N=2218.47\times10^3\text{N}$$

取 $N=2218.47\times10^3$N，取水平分布钢筋为双排Φ8@200。

$$\frac{1}{\gamma_{RE}}\left[\frac{1}{\lambda-0.5}\left(0.4f_t b_w h_{w0}+0.1N\frac{A_w}{A}\right)+0.8f_{yh}\frac{A_{sh}}{s}h_{w0}\right]$$

$$=\frac{1}{0.85}\times\left[\frac{1}{2.2-0.5}\times\left(0.4\times1.43\times180\times5000+0.1\times2218.47\times10^3\times\frac{180\times5180}{180\times5180}\right)+\right.$$

$$\left.0.8\times360\times\frac{2\times50.3}{200}\times5000\right]$$

$$=1503.9\times10^3(\text{N})>V=141.0\times10^3\text{N}$$

经计算，各层配筋列于表5-26中。

表5-26 配筋情况

楼层	分布钢筋	端柱钢筋
3～15层	Φ8@200双排	4Φ12 箍筋 Φ8@200
1、2层		4Φ12 箍筋 Φ8@150

知识归纳

(1)剪力墙的墙体承重方案：小开间横墙承重，大开间横墙承重和大间距纵、横墙承重。

(2) 根据洞口的有无、大小、形状和位置等，剪力墙可划分为整截面墙、整体小开口墙、联肢墙、壁式框架和特殊剪力墙。

(3) 根据剪力墙类型的不同，简化分析时一般采用以下计算方法：材料力学分析法、连梁连续化的分析方法和带刚域框架的计算方法。

(4) 剪力墙结构体系在水平荷载作用下的内力和位移简化计算通常采用下列三项基本假定：一是楼层(板)在其自身平面内刚度无限大；二是各片剪力墙在自身平面内的刚度很大，而平面外的刚度很小，可忽略不计；三是水平荷载作用点与结构刚度中心重合，结构不发生扭转。

(5)按墙面开洞情况，各类剪力墙的受力特点不同，如整截面墙的受力特点：如同一个整体的悬臂墙，在墙肢的整个高度上，弯矩图既不突变也无反弯点，变形以弯曲型为主。整体小开口剪力墙的受力特点：弯矩图在连系梁处发生突变，但在整个墙肢高度上没有或仅仅在个别楼层中才出现反弯点，整个剪力墙的变形仍以弯曲型为主。双肢及多肢剪力墙的受力特点：如同柱梁线刚度比很大的框架，但墙肢弯矩图和变形特征与整体小开口墙相似。壁式框架是一种梁柱单元带刚域的框架，柱的弯矩图在楼层处有突变，而且在大多数楼层中都出现反弯点，整个剪力墙的变形以剪切型为主，与框架的受力特征相似。

(6) 墙肢可能发生弯曲破坏、剪切破坏以及滑移破坏，应通过采取一定的构造措施防止发生脆性破坏。连梁截面高度较大，易发生剪切破坏。剪力墙结构为实现延性结构，要对底部加强部位和其他可能的塑性铰区进行内力调整或采取加强措施。

独立思考

5-1 水平荷载作用下，剪力墙计算截面是如何选取的？水平剪力在各剪力墙上按照什么规律分配？

5-2 为什么要区分整截面墙、整体小开口墙、多肢墙和壁式框架等的计算方法？它们各自的特点是什么？各种计算方法的适用条件是什么？这些适用条件的物理意义是什么？

5-3 墙肢斜截面承载力计算的思路是什么？

5-4 墙肢正截面偏心受拉承载力计算公式在什么情况下不安全的程度最大？为什么？

5-5 为什么要进行墙肢和连梁的内力调整？

5-6 为什么不能对墙肢的轴力进行调整？

5-7 延性性能有哪些影响？连梁延性的设计要点是什么？

5-8 高墙与矮墙的主要区别是什么？

6

框架-剪力墙结构设计

课前导读

◹ 内容提要

本章主要内容包括框架-剪力墙结构的特点以及结构布置，框架-剪力墙结构内力计算方法以及两者之间的协同工作机理，框架-剪力墙结构的截面设计和构造要求等。本章的教学重点为框架与剪力墙的协同工作机理，教学难点为框架-剪力墙结构的内力计算方法。

◹ 能力要求

通过本章的学习，学生应能在理解框架-剪力墙结构协同工作基本假定和计算简图的基础上，掌握框架-剪力墙结构的内力计算方法，并掌握框架-剪力墙结构布置要求。

6.1 概　　述

6.1.1 框架-剪力墙结构的特点

框架和剪力墙共同承担竖向荷载和水平力，称为框架-剪力墙结构。该结构是一种双重抗侧力结构。剪力墙的刚度大，承担大部分的地震层剪力；框架的刚度小，承担小部分的地震层剪力。在罕遇地震作用下，剪力墙的连梁往往先屈服，使剪力墙的刚度降低，由剪力墙承担的一部分层剪力转移到框架。如果框架具有足够大的承载力和延性，则双重抗侧力结构的优势可以充分发挥，避免结构体系在罕遇地震作用下遭受严重破坏甚至倒塌。因此，抗震设计的框架-剪力墙结构，在多遇地震作用下各层框架设计采用的地震层剪力不应过小。

框架-剪力墙结构既有框架结构布置灵活、延性好的特点，又有剪力墙结构刚度大、承载力大的特点；既具有较大的抗侧刚度，又可形成较大的使用空间。因此，框架-剪力墙结构广泛应用于高层建筑中。

6.1.2 框架-剪力墙结构的布置原则

(1)框架和剪力墙都主要在自身平面内抵抗水平力。抗震设计时，框架-剪力墙结构应设计成双向抗侧力体系，结构的两个主轴方向都要布置剪力墙。

(2)框架-剪力墙结构布置的关键是剪力墙的数量和位置。剪力墙的数量多，有利于增大结构刚度，减小结构的水平位移，但布置剪力墙过多会使得地震作用相应增加，使得绝大部分地震力被剪力墙吸收，而框架的作用不能充分发挥。另外，布置剪力墙过多会使得墙体材料增加，给基础设计带来困难。通常，剪力墙的数量以使结构的层间位移角不超过规范规定的限值为宜。剪力墙的数量也不能过少。在规定的水平力作用下，底层剪力墙部分承担的倾覆力矩应大于结构总倾覆力矩的50%。

(3)框架-剪力墙结构中，剪力墙的布置应尽可能符合下列要求：

①剪力墙宜均匀布置在建筑物的周边、楼梯间、电梯间、平面形状变化及竖向荷载较大的部位。

②平面形状凹凸较大时，宜在凸出部分的端部附近布置剪力墙。

③纵、横向剪力墙尽可能组成L形、T形和井筒等形式，使一个方向的墙成为另一个方向墙的翼墙，以增大抗侧、抗扭刚度。

④剪力墙宜贯通建筑物的全高，侧向刚度沿高度连续均匀，避免突变；剪力墙开洞时，洞口宜上下对齐。

⑤抗震设计时，剪力墙的布置宜使结构两个主轴方向的侧向刚度接近。

⑥剪力墙的间距不宜过大，若剪力墙间距过大，在水平力作用下，两道墙之间的楼板可能在其自身平面内产生弯曲变形，过大的变形将对框架柱产生不利影响。因此，要限制剪力墙的间距，不要超过表6-1规定的限值。当剪力墙之间的楼板开有较大洞口时，开洞对楼盖平面刚度有削弱作用，此时剪力墙间距还要适当减小。一旦剪力墙间距超过表6-1中所列的值，在结构计算时应计入楼盖变形的影响。

⑦房屋较长时，刚度较大的纵向剪力墙不宜布置在房屋的端开间，以避免由于端部剪力墙的约束作用而造成楼盖梁板开裂。这种现象在工程中常常见到，应予以重视。

表6-1　　**剪力墙的间距限值**　　(单位：m)

楼盖形式	非抗震设计(取两者中较小值)	抗震设防烈度(取两者中较小值)		
		6、7度	8度	9度
现浇	$5.0B$，60	$4.0B$，50	$3.0B$，40	$2.0B$，30
装配整体式	$3.5B$，60	$3.0B$，40	$2.5B$，30	—

注：①表中B为楼面宽度，单位为m。

②装配整体式楼盖应设置钢筋混凝土现浇层。

③现浇层厚度大于60mm的叠合楼板可作为现浇板考虑。

6.1.3 板柱-剪力墙结构的布置

板柱-剪力墙结构中的板柱框架比梁柱框架更弱，因此高层板柱-剪力墙结构应同时布置筒体或两个主轴方向的剪力墙，以形成双向抗侧力体系，且应避免结构刚度偏心。

抗震设计时，房屋的周边应设置框架梁，房屋的顶层及地下室一层顶板宜采用梁板结构。当楼板有较大开洞(如楼梯、电梯间等)时，洞口周边宜设置框架梁或边梁。

板柱-剪力墙结构与框架-剪力墙结构中剪力墙的布置要求相同。

6.2 框架-剪力墙结构的设计方法和协同工作性能

6.2.1 框架-剪力墙结构的设计方法

在实际工程中，由于使用功能及建筑布置要求不同，框架-剪力墙结构中的钢筋混凝土剪力墙数量会有较大变化，由此引起结构受力及变形性能发生改变。在结构抗震设计中，剪力墙数量用结构底层框架部分承受的倾覆力矩与结构总倾覆力矩的比值来反映，该比值大，说明剪力墙数量偏少。因此，按下述规定的设计方法进行框架-剪力墙结构的设计。

(1)当框架部分承担的倾覆力矩不大于结构总倾覆力矩的10%时，表明结构中框架承担的地震作用较小，绝大部分地震作用由剪力墙承担，其工作性能接近于纯剪力墙结构。此时结构中的剪力墙抗震等级可按剪力墙结构的规定执行；其最大适用高度可按剪力墙结构的要求执行；其中的框架部分应按框架-剪力墙结构的框架设计，并应对框架部分承受的剪力进行调整。

(2)当框架部分承受的倾覆力矩大于结构总倾覆力矩的10%但不大于50%时，属于一般框架-剪力墙结构，按框架-剪力墙结构的有关规定设计。

(3)当框架部分承受的倾覆力矩大于结构总倾覆力矩的50%但不大于80%时，表明结构中剪力墙的数量偏少，框架承担较大的地震作用。此时框架部分的抗震等级和轴压比宜按框架结构的规定执行，剪力墙部分的抗震等级和轴压比按框架-剪力墙结构的规定采用。其最大适用高度不宜再按框架-剪力墙结构的要求执行，但可比框架结构的要求适当提高，提高的幅度可视剪力墙承担的倾覆力矩来确定。

(4)当框架部分承受的倾覆力矩大于结构总倾覆力矩的80%时，表明结构中剪力墙的数量极少。此时框架部分的抗震等级和轴压比应按框架结构的规定执行，剪力墙部分的抗震等级和轴压比按框架-剪力墙结构的规定采用；其最大适用高度宜按框架结构的要求执行。

在上述第(3)、(4)种情况下，为避免剪力墙过早破坏，其位移相关控制指标应按框架-剪力墙结构采用。对于第(4)种情况，如果最大层间位移角不能满足框架-剪力墙结构的限值要求，可按结构抗震性能设计方法进行分析。

6.2.2 框架与剪力墙的协同工作性能

框架-剪力墙结构是由框架和剪力墙组成的结构体系。本节对框架与剪力墙的协同工作性能进行分析。

在水平荷载作用下，框架和剪力墙是变形性能不同的两种结构，当用平面内刚度很大的楼盖将二者连接在一起时，框架与剪力墙在楼盖处的变形必须协调一致。

在水平荷载作用下，单独剪力墙的变形曲线以弯曲变形为主，单独框架的总体变形曲线以整体剪切变形为主。但是，在框架-剪力墙结构中，框架与剪力墙用平面内刚度很大的楼盖连接在一起，两者在楼盖处的变形必须协调一致，故其变形曲线介于弯曲型与整体剪切型之间。图6-1绘出了三种侧移曲线及其相互关系。由图6-1可知，在结构的底部，框架的侧移减小；在结构的上部，剪力墙的侧移减小，层间位移沿建筑高度比较均匀[图 6-1(c)中的实线]，改善了框架结构和剪力墙结构的抗震性能，也有利于避免小震作用下非结构构件的破坏。

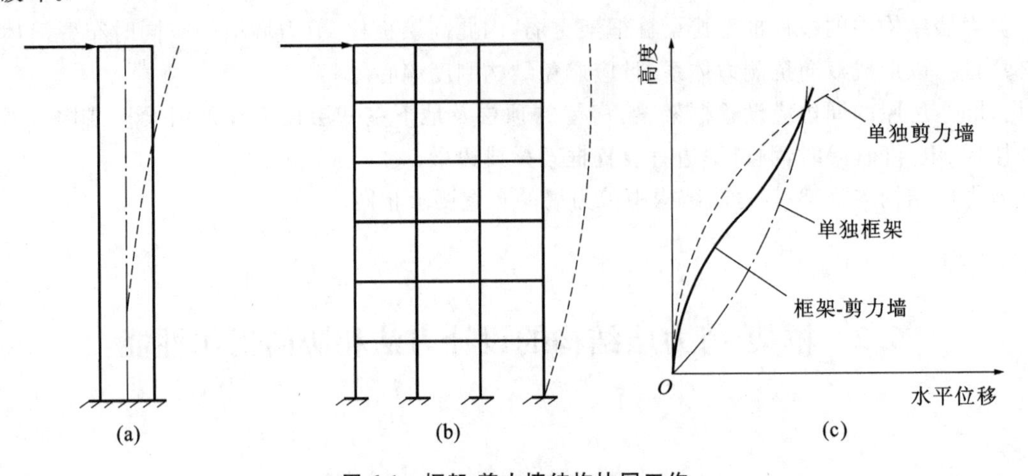

图 6-1 框架-剪力墙结构协同工作

(a)剪力墙变形；(b)框架变形；(c)三种侧移曲线

6.3 框架-剪力墙结构的内力计算

框架-剪力墙结构是由两种变形性质不同的抗侧力单元(即框架和剪力墙)通过楼板协调变形而共同抵抗竖向荷载及水平荷载的结构。框架-剪力墙结构的剪力墙可以分散布置在结构平面内，也可以集中布置在楼梯、电梯间，形成井筒。

在竖向荷载作用下，按各自的承载面积计算每榀框架和每榀剪力墙的竖向荷载，分别计算内力。

在水平荷载作用下，因为框架与剪力墙的变形性质不同，不能直接把总水平剪力按抗侧刚度的比例分配到每榀结构上，而必须采用协同工作方法得到侧移和各自的水平层剪力及内力，这种方法简称框架-剪力墙协同工作计算方法。

6.3.1 简化假定和计算简图

在采用协同工作方法计算框架-剪力墙结构的内力时，一般采用如下假定：

(1)楼板在自身平面内的刚度为无限大。这保证了楼板将整个结构单元内的所有框架和剪力墙连为整体，不产生相对变形。现浇楼板和装配整体式楼板均可采用刚性楼板的假定。此外，剪力墙的间距宜满足表 6-1 的要求。

(2)房屋的刚度中心与作用在结构上的水平荷载(风荷载或水平地震作用)的合力作用点重合，在水平荷载作用下房屋不产生绕竖轴的扭转。

除了上述基本简化假定以外，该方法将结构单元内所有剪力墙综合在一起，形成一榀假想的总剪力墙，总剪力墙的弯曲刚度等于各榀剪力墙弯曲刚度之和；将结构单元内所有框架综合起来形成一榀假想的总框架，总框架的剪切刚度等于各榀框架剪切刚度之和；将剪力墙间的连梁以及剪力墙与框架柱之间的连梁综合在一起，合成总连梁。

协同工作计算方法的思路：计算在总水平荷载作用下的总框架层剪力 V_f、总剪力墙的总层剪力 V_w 和总弯矩 M_w、总连梁的梁端弯矩 M_i 和剪力 V_i，然后将 V_f 分配到每根框架柱，将 V_w、M_w 分配到每片剪力墙，将 M_i 和 V_i 分配到每根连梁，这样就可以得到每一杆件截面设计需要的内力。

协同工作计算方法有两种计算简图：

(1)铰接体系。如图 6-2(a)所示的框架-剪力墙结构，墙肢之间没有连梁，或者有连梁而连梁很小($\alpha\leqslant1$)，墙肢与框架在每层楼板标高处的侧移相等，得到图 6-2(b)所示的计算简图，总框架与总剪力墙之间为铰接连杆。

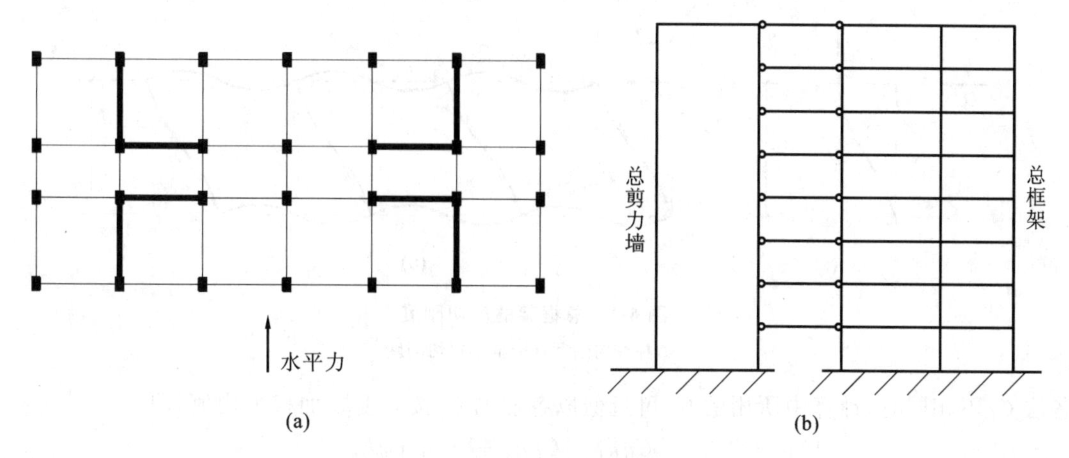

图 6-2 框架-剪力墙铰接体系

(a)结构平面；(b)计算简图

(2)刚接体系。图 6-3(a)与图 6-2(a)所示的结构平面不同，墙肢之间有连梁($\alpha \geqslant 1$)，并且墙肢与框架柱有连梁(图中用符号"//"标明者)相连，这些连梁会对墙肢和框架柱起作用，需要采用图 6-3(b)所示的刚接体系计算简图。图中的总连梁刚度为所有连梁刚度之和。

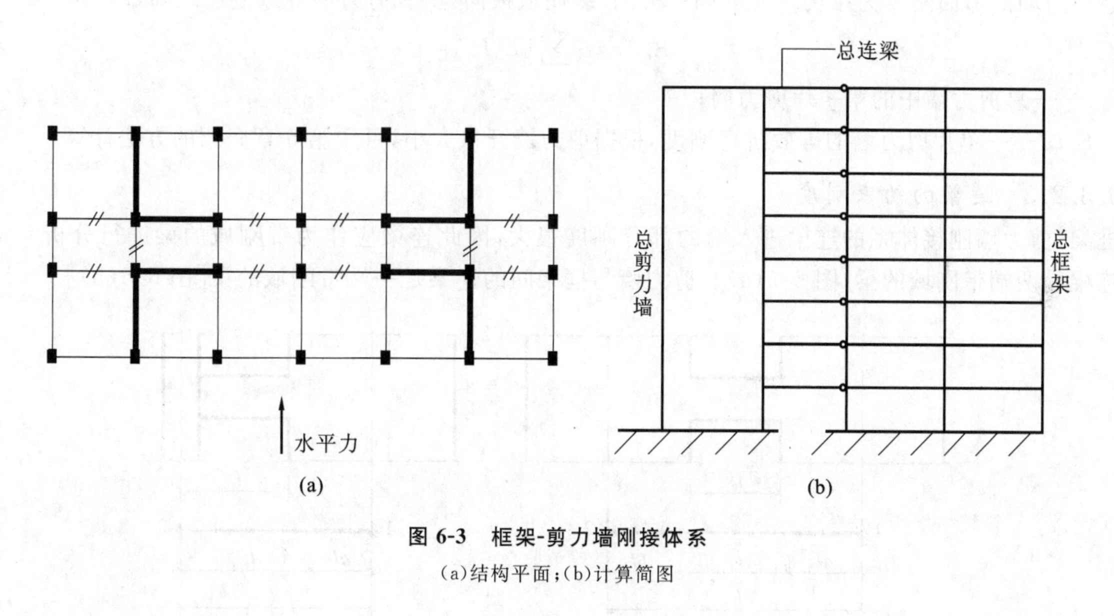

图 6-3 框架-剪力墙刚接体系

(a)结构平面；(b)计算简图

6.3.2 基本计算参数

框架-剪力墙结构分析时，要涉及总框架的剪切刚度、总剪力墙的弯曲刚度以及连梁的约束刚度计算问题。采用连续化方法计算时，假定这些结构参数沿房屋高度不变；如有变化，可取沿高度的加权平均值，仍近似按参数沿高度不变来计算。

6.3.2.1 总框架的剪切刚度

框架柱的侧向刚度定义为使框架柱两端产生单位相对侧移所需施加的水平剪力[图 6-4(a)]，用符号 D 表示同层各柱侧向刚度的总和。总框架的剪切刚度 C_{fi} 定义为使总框架在楼层间产生单位剪切变形($\theta=1$)所需施加的水平剪力[图 6-4(b)]，则 C_{fi} 与 D 的关系为

$$C_{fi} = Dh = h\sum D_{ij} \tag{6-1}$$

式中 D_{ij}——第 i 层第 j 根柱的侧向刚度；

D——同一层内所有框架柱的 D_{ij} 之和；

h——层高。

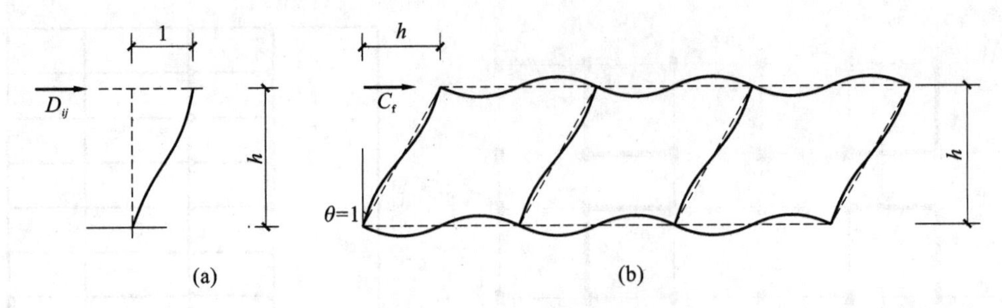

图 6-4　总框架的剪切刚度

(a)柱侧向刚度；(b)框架剪切刚度

当各层 C_{fi} 不相同时，计算中所用的 C_f 可近似以各层的 C_{fi} 按高度取加权平均值，即

$$C_f = \frac{C_{f1}h_1 + C_{f2}h_2 + \cdots + C_{fn}h_n}{h_1 + h_2 + \cdots + h_n} \tag{6-2}$$

需要指出的是，式(6-2)所表示的总框架的剪切刚度，仅考虑了框架梁、柱弯曲变形的影响，并没有将柱的轴向变形考虑在内。

6.3.2.2　总剪力墙的弯曲刚度

总剪力墙的弯曲刚度为结构单元内同一方向(纵向或横向)所有剪力墙等效刚度之和，即

$$E_c I_w = \sum (E_c I_{eq})_j \tag{6-3}$$

式中　j——总剪力墙中的第 j 片剪力墙；

$E_c I_{eq}$——单片剪力墙的等效抗弯刚度，根据剪力墙开口大小，可用第 5 章介绍的方法计算。

6.3.2.3　连梁的约束刚度

框架-剪力墙刚接体系的连梁进入墙的部分刚度很大，因此连梁应作为带刚域的梁进行分析。剪力墙间的连梁是两端带刚域的梁[图 6-5(a)]，剪力墙与框架间的连梁是一端带刚域的梁[图 6-5(b)]。

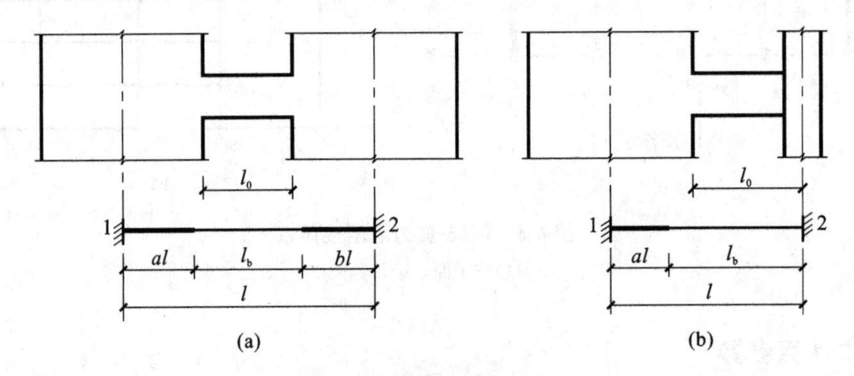

图 6-5　连梁的计算简图

(a)两端带刚域的连梁；(b)一端带刚域的连梁

在水平荷载作用下，根据刚性楼板假定，同层框架与剪力墙的水平位移相同，同时假定同层所有节点的转角 θ 也相同，则两端带刚域连梁的杆端转动刚度为

$$\left.\begin{aligned} S_{12} &= \frac{6EI_0}{l}\,\frac{1+a-b}{(1-a-b)^3(1+\beta)} \\ S_{21} &= \frac{6EI_0}{l}\,\frac{1-a+b}{(1-a-b)^3(1+\beta)} \end{aligned}\right\} \tag{6-4}$$

上式中令 $b = 0$，可得一端带刚域连梁的杆端转动刚度为

$$\left.\begin{aligned} S_{12} &= \frac{6EI_0}{l}\frac{1+a}{(1-a)^3(1+\beta)} \\ S_{21} &= \frac{6EI_0}{l}\frac{1}{(1-a)^3(1+\beta)} \end{aligned}\right\} \tag{6-5}$$

式中 a,b——两端的刚域长度系数；

β——考虑杆件剪切变形影响的系数。

当采用连续化方法计算框架-剪力墙结构的内力时，应将 S_{12} 和 S_{21} 转化为沿层高 h 的线约束刚度 C_{12} 和 C_{21}，其值为

$$\left.\begin{aligned} C_{12} &= \frac{S_{12}}{h} \\ C_{21} &= \frac{S_{21}}{h} \end{aligned}\right\} \tag{6-6}$$

单位高度上连梁两端约束刚度之和为

$$C_b = C_{12} + C_{21}$$

当第 i 层的同一层内有 s 根刚接连梁时，总连梁两端的线约束刚度之和为

$$C_{bi} = \sum_{j=1}^{s}(C_{12} + C_{21})_j \tag{6-7}$$

上式适用于两端与墙连接的连梁，对一端与墙、另一端与柱连接的连梁，应令与柱连接端的 C_{21} 为零。

当各层总连梁的 C_{bi} 不同时，可近似地以各层的 C_{bi} 按高度取加权平均值，即

$$C_b = \frac{C_{b1}h_1 + C_{b2}h_2 + \cdots + C_{bn}h_n}{h_1 + h_2 + \cdots + h_n} \tag{6-8}$$

6.3.3 框架-剪力墙铰接体系结构分析

当框架-剪力墙结构采用连续化方法进行内力计算时，把总连梁分散到全高，成为连续杆件，然后将连杆切开，分成总剪力墙及总框架两个基本体系。

框架-剪力墙铰接体系的计算简图如图 6-6(a)所示，在任意水平荷载 $q(x)$ 作用下，总框架与总剪力墙之间存在连续的相互作用力 $q_f(x)$，如图 6-6(b)所示。

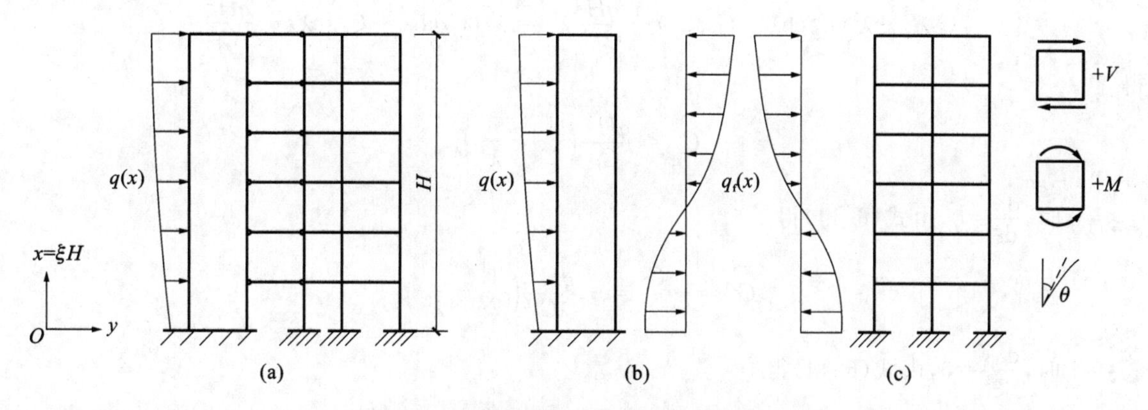

图 6-6 铰接体系协同工作计算简图

(a)铰接体系；(b)总剪力墙；(c)总框架

以总剪力墙为隔离体，采用图 6-6(c)所示的正负号规定，根据材料力学方法可得如下微分方程：

$$E_c I_w \frac{d^4 y}{dx^4} = q(x) - q_f(x)$$

式中，$q_f(x)$ 表示框架与剪力墙间的相互作用力，可表示为

$$q_f(x) = -\frac{dV_f}{dx} = -C_f\frac{d^2 y}{dx^2} \tag{6-9}$$

将式(6-9)代入微分方程，并引入 $\xi = x/H$，则得

$$\frac{d^4 y}{d\xi^4} - \lambda^2 \frac{d^2 y}{d\xi^2} = \frac{q(\xi) H^4}{E_c I_w} \tag{6-10}$$

式中 λ——框架-剪力墙铰接体系的刚度特征值，按下式确定：

$$\lambda = H\sqrt{\frac{C_f}{E_c I_w}} \tag{6-11}$$

λ是一个与框架和剪力墙的刚度比有关的参数，对框架-剪力墙结构的受力和变形特征有重要影响。

式(6-10)是四阶常系数线性微分方程，其一般解为

$$y = C_1 + C_2\xi + C_3 \mathrm{sh}(\lambda\xi) + C_4 \mathrm{ch}(\lambda\xi) + y_1 \tag{6-12}$$

式中，C_1、C_2、C_3、C_4 是四个任意常数，由框架-剪力墙结构的边界条件确定；y_1 是式(6-10)的任意特解，视具体荷载而定。

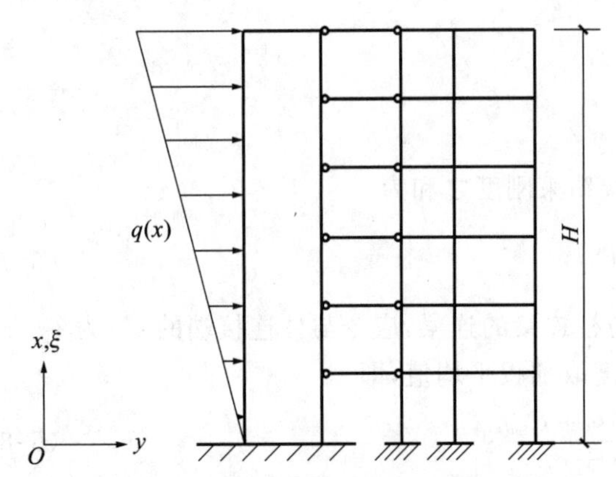

图 6-7 倒三角形分布荷载作用下协同工作计算简图

位移 y 求出后，框架-剪力墙结构任意截面总剪力墙的弯矩 M_w、剪力 V_w 就可以确定：

$$\left.\begin{aligned} M_w &= E_c I_w \frac{d^2 y}{dz^2} = \frac{E_c I_w}{H^2} \cdot \frac{d^2 y}{d\xi^2} \\ V_w &= -E_c I_w \frac{d^3 y}{dz^3} = -\frac{E_c I_w}{H^3} \cdot \frac{d^3 y}{d\xi^3} \end{aligned}\right\} \tag{6-13}$$

在此仅给出铰接体系在倒三角形分布荷载作用下的内力和侧移计算过程。

在倒三角水平分布荷载作用下(图 6-7)，$q(x) = q\dfrac{x}{H} = q\xi$，相应的特解 $y_1 = -\dfrac{qH^2}{6C_f}\xi^3$，代入式(6-12)得

$$y = C_1 + C_2\xi + C_3 \mathrm{sh}(\lambda\xi) + C_4 \mathrm{ch}(\lambda\xi) - \frac{qH^2}{6C_f}\xi^3 \tag{6-14}$$

式中的积分常数按下列边界条件确定：

①$\xi=1$ 时，$V_w + V_f = 0$，即 $\lambda^2 \dfrac{dy}{d\xi} = \dfrac{d^3 y}{d\xi^3}$，将式(6-14)代入得

$$C_2\lambda^2 + \lambda^3(C_3 \mathrm{ch}\lambda + C_4 \mathrm{sh}\lambda) - \frac{qH^2}{2C_f}\lambda^2 = \lambda^3(C_3 \mathrm{ch}\lambda + C_4 \mathrm{sh}\lambda) - \frac{qH^2}{C_f}$$

由此得

$$C_2 = \frac{qH^2}{C_f}\left(\frac{1}{2} - \frac{1}{\lambda^2}\right)$$

②$\xi=0$ 时，$\dfrac{dy}{d\xi}=0$，由式(6-14)得

$$C_3 = -\frac{C_2}{\lambda} = -\frac{qH^2}{\lambda C_f}\left(\frac{1}{2} - \frac{1}{\lambda^2}\right)$$

③$\xi=1$ 时，$\dfrac{d^2 y}{d\xi^2}=0$，由式(6-14)得

$$C_4 = \frac{qH^2}{C_f} \cdot \frac{1}{\lambda^2 \mathrm{ch}\lambda}\left[1 + \left(\frac{1}{2} - \frac{1}{\lambda}\right)\mathrm{sh}\lambda\right]$$

④$\xi=0$ 时，$y=0$，由式(6-14)得

$$C_1 = -C_4 = -\frac{qH^2}{C_f} \cdot \frac{1}{\lambda^2 \mathrm{ch}\lambda}\left[1 + \left(\frac{1}{2} - \frac{1}{\lambda}\right)\mathrm{sh}\lambda\right]$$

将上面求得的积分常数代入式(6-14)，得倒三角形分布荷载作用下的侧移计算公式为

$$y = \frac{qH^4}{E_c I_w} \cdot \frac{1}{\lambda^2}\left\{\left(\frac{1}{\lambda^2} + \frac{\mathrm{sh}\lambda}{2\lambda} - \frac{\mathrm{sh}\lambda}{\lambda^3}\right)\left[\frac{\mathrm{ch}(\lambda\xi) - 1}{\mathrm{ch}\lambda}\right] + \left(\frac{1}{2} - \frac{1}{\lambda^2}\right)\left[\xi - \frac{\mathrm{sh}(\lambda\xi)}{\lambda}\right] - \frac{\xi^3}{6}\right\} \tag{6-15}$$

将式(6-15)代入式(6-13)，可得倒三角形分布荷载作用下总剪力墙的弯矩 M_w、剪力 V_w 的计算公式：

$$M_{\mathrm{w}}=\frac{E_{\mathrm{c}} I_{\mathrm{w}}}{H^{2}} \cdot \frac{\mathrm{d}^{2} y}{\mathrm{d} \xi^{2}}=\frac{q H^{2}}{\lambda^{2}}\left[\left(1+\frac{\lambda \operatorname{sh} \lambda}{2}-\frac{\operatorname{sh} \lambda}{\lambda}\right) \frac{\operatorname{ch}(\lambda \xi)}{\operatorname{ch} \lambda}-\xi-\left(\frac{\lambda}{2}-\frac{1}{\lambda}\right) \operatorname{sh}(\lambda \xi)\right] \tag{6-16}$$

$$V_{\mathrm{w}}=-\frac{E_{\mathrm{c}} I_{\mathrm{w}}}{H^{3}} \cdot \frac{\mathrm{d}^{3} y}{\mathrm{d} \xi^{3}}=-\frac{q H}{\lambda^{2}}\left[\left(\lambda+\frac{\lambda^{2} \operatorname{sh} \lambda}{2}-\operatorname{sh} \lambda\right) \frac{\operatorname{sh}(\lambda \xi)}{\operatorname{ch} \lambda}-\left(\frac{\lambda^{2}}{2}-1\right) \operatorname{ch}(\lambda \xi)-1\right] \tag{6-17}$$

上述公式中，y、M_{w}、V_{w} 各函数的自变量为 λ 和 ξ，为使用方便，已将公式分别制成曲线，分别见图 6-8、图 6-9、图 6-10，图中纵坐标的值分别是位移系数 $y(\xi)/f_{\mathrm{H}}$、弯矩系数 $M_{\mathrm{w}}(\xi)/M_0$、剪力系数 $V_{\mathrm{w}}(\xi)/V_0$。f_{H}、M_0、V_0 分别是静定悬臂墙的顶点位移、底截面弯矩、底截面剪力，其值已示于图中。使用时根据该结构的 λ 值和所求截面的坐标 ξ 从曲线中查出系数，即可求得该结构的侧移及总剪力墙的内力。

总框架的剪力 $V_{\mathrm{f}}(\xi)$ 可由外荷载的总剪力 $V_{\mathrm{q}}(\xi)$ 减去总剪力墙剪力 $V_{\mathrm{w}}(\xi)$ 得到，即

$$V_{\mathrm{f}}=V_{\mathrm{q}}(\xi)-V_{\mathrm{w}}(\xi) \tag{6-18}$$

铰接体系在顶部集中荷载、均布荷载作用下的计算公式及系数曲线图的确定方法与在倒三角形分布荷载作用下的确定方法完全相同。如有需要，可参考文献[33]。

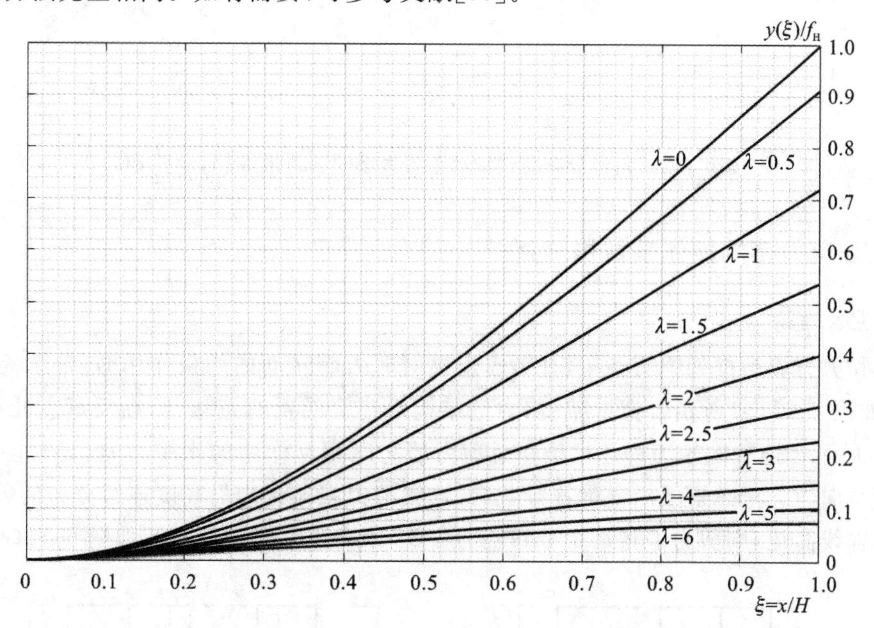

图 6-8　倒三角形分布荷载作用下剪力墙的位移系数 $\left(f_{\mathrm{H}}=\dfrac{11qH^4}{120EI_{\mathrm{w}}}\right)$

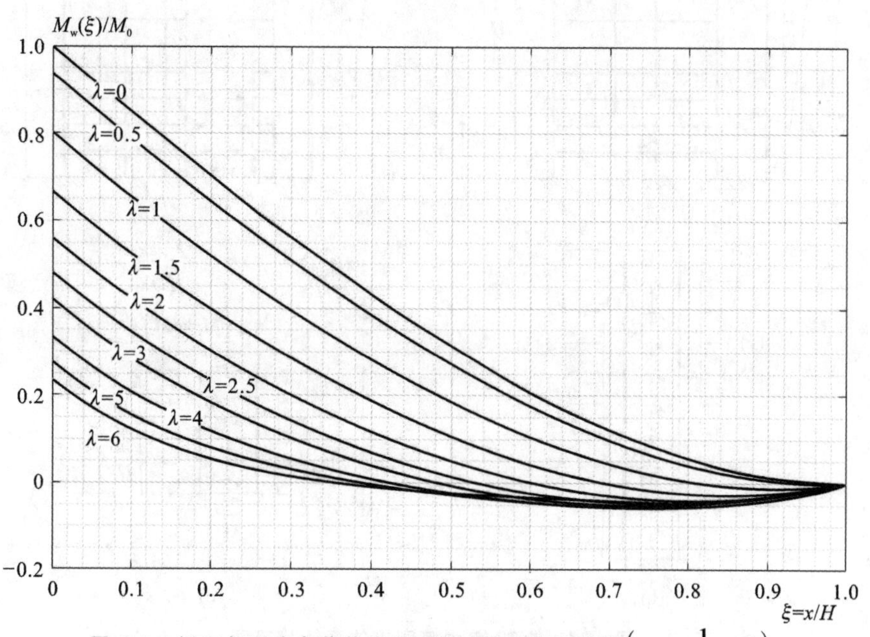

图 6-9　倒三角形分布荷载作用下剪力墙的弯矩系数 $\left(M_0=\dfrac{1}{3}qH^2\right)$

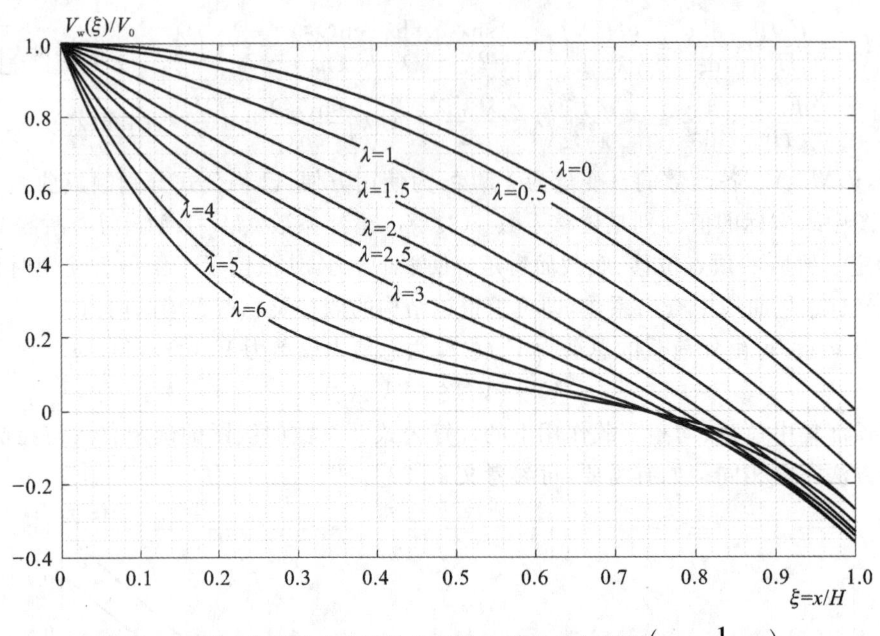

图 6-10 倒三角形分布荷载作用下剪力墙的剪力系数$\left(V_0=\frac{1}{2}qH\right)$

6.3.4 框架-剪力墙刚接体系结构分析

6.3.4.1 基本微分关系

当剪力墙间和剪力墙与框架间有连梁，并考虑连梁对剪力墙转动的约束作用时，框架-剪力墙结构可按刚接体系计算，如图 6-11(a)所示。把框架-剪力墙结构沿连梁的反弯点切开，在反弯点处有轴力和剪力存在，如图 6-11(b)所示。连梁的轴力即总框架与总剪力墙之间相互作用的水平力 $q_f(x)$，连梁的剪力即两者之间相互作用的竖向力。把总连梁沿高度连续化后，连梁剪力就转化为沿高度连续分布的剪力 $v(x)$。将分布剪力向剪力墙轴线简化，则剪力墙将产生分布轴力 $v(x)$和线约束弯矩 $m(x)$，如图 6-11(c)所示。

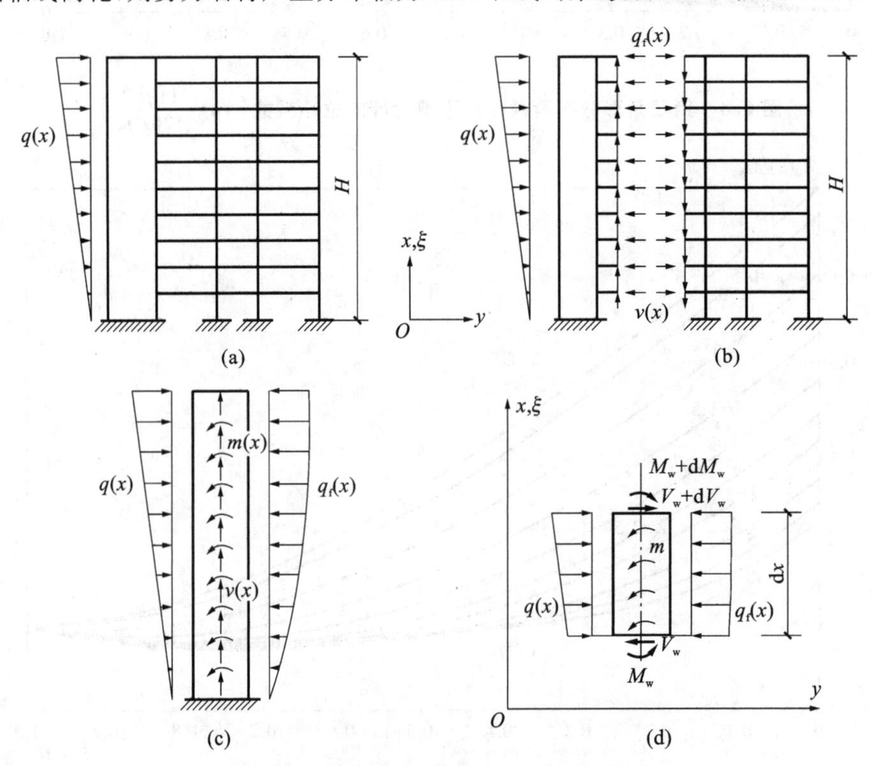

图 6-11 框架-剪力墙刚接体系计算简图

(a)刚接体系；(b)总剪力墙和总框架；(c)总剪力墙；(d)总剪力墙 dx 微段

(1)平衡条件。

在框架-剪力墙结构任意高度 x 处存在如下平衡关系

$$q(x) = q_w(x) + q_f(x) \tag{6-19}$$

式中,$q(x)$、$q_w(x)$、$q_f(x)$分别为结构 x 高度处的外荷载、总剪力墙承受的荷载和总框架承受的荷载。

(2)总剪力墙内力与位移的微分关系。

总剪力墙的受力情况如图 6-11(c)所示。从图中截取高度为 dx 的微段,两个横截面上的内力如图 6-11(d)所示(图中未画出分布轴力),由该微段水平方向力的平衡条件,可得关系式

$$dV_w + q(x)dx - q_f(x)dx = 0$$

将式(6-19)代入上式得

$$\frac{dV_w}{dx} = -q_w(x) \tag{6-20}$$

微段上所有力对截面下边缘形心的力矩之和为零,即

$$dM_w + (V_w + dV_w)dx + [q(x) - q_f(x)]dx \cdot \frac{dx}{2} - m(x)dx = 0$$

略去上式中的二阶微量,得

$$\frac{dM_w}{dx} = -V_w + m(x) \tag{6-21}$$

将式(6-13)中 M_w 的计算结果代入式(6-21),得

$$V_w = -E_c I_w \frac{d^3 y}{dx^3} + m(x) \tag{6-22}$$

式(6-22)即为框架-剪力墙刚接体系中剪力墙剪力的表达式。

(3)总连梁内力与位移的微分关系。

由杆端转动刚度的定义,总连梁的约束刚度 C_b 可写成

$$C_b = \sum \frac{S_{ij}}{h} = \sum \frac{M_{ij}}{\theta h} \tag{6-23}$$

式中,S_{ij}、M_{ij} 分别表示第 i 层第 j 根连梁与剪力墙刚接端的转动刚度与弯矩,注意这并不包括连梁与框架柱刚接端的转动刚度与弯矩。

总连梁的线约束 $m(x)$可表示为

$$m(x) = \sum \frac{M_{ij}}{h} = C_b \theta = C_b \frac{dy}{dx} \tag{6-24}$$

6.3.4.2 基本方程及其解

将式(6-22)代入式(6-20),并利用式(6-24)得

$$q_w(x) = E_c I_w \frac{d^4 y}{dx^4} - C_b \frac{d^2 y}{dx^2} \tag{6-25}$$

根据框架剪切刚度的定义,当楼层间的剪切角为 θ 时,楼层剪力 V_i 为

$$V_i = C_f \theta = C_f \frac{dy}{dx}$$

将上式对 x 求一次微分,得

$$-q_f(x) = \frac{dV_f}{dx} = C_f \frac{d^2 y}{dx^2} \tag{6-26}$$

将式(6-25)及式(6-26)代入式(6-19)得

$$E_c I_w \frac{d^4 y}{dx^4} - (C_b + C_f) \frac{d^2 y}{dx^2} = q(x)$$

引入无量纲坐标 $\xi = x/H$,上式整理后得

$$\frac{d^4 y}{d\xi^4} - \lambda^2 \frac{d^2 y}{d\xi^2} = \frac{q(\xi) H^4}{E_c I_w} \tag{6-27}$$

式中 λ——框架-剪力墙刚接体系的刚度特征值，按下式计算：

$$\lambda = H\sqrt{\frac{C_b + C_f}{E_c I_w}} \tag{6-28}$$

与铰接体系的刚度特征值[式(6-11)]相比，上式仅在根号内分子项多了一项 C_b，当 $C_b=0$ 时，上式就变为式(6-11)，C_b 反映了连梁对剪力墙的约束作用。另外，在结构抗震计算中，式中的连梁刚度 C_b 可予以折减，折减系数不宜小于 0.5。

式(6-27)即为框架-剪力墙刚接体系的微分方程，与式(6-10)在形式上完全相同。与式(6-27)对应的框架-剪力墙结构的内力和侧移为

$$\left.\begin{aligned} y &= C_1 + C_2\xi + C_3\,\mathrm{sh}(\lambda\xi) + C_4\,\mathrm{ch}(\lambda\xi) + y_1 \\ M_w &= E_c I_w \frac{\mathrm{d}^2 y}{\mathrm{d}z^2} = \frac{E_c I_w}{H^2}\cdot\frac{\mathrm{d}^2 y}{\mathrm{d}\xi^2} \\ V_w &= -E_c I_w \frac{\mathrm{d}^3 y}{\mathrm{d}z^3} + m = -\frac{E_c I_w}{H^3}\cdot\frac{\mathrm{d}^3 y}{\mathrm{d}\xi^3} + m \\ m &= C_b \frac{\mathrm{d}y}{\mathrm{d}z} = \frac{C_b}{H}\cdot\frac{\mathrm{d}y}{\mathrm{d}\xi} \end{aligned}\right\} \tag{6-29}$$

与铰接体系相同，总框架的剪力可由外荷载总剪力减去总剪力墙的剪力得到。

将本节框架-剪力墙刚接体系与 6.3.3 节中铰接体系的相应公式进行比较，可以发现：

①关于结构体系的侧移 y 以及总剪力墙弯矩 M_w，刚接体系与铰接体系具有完全相同的表达式。因而 6.3.3节铰接体系所推导的相应公式，对于刚接体系也完全适用，但各式中的结构刚度特征值 λ 的计算并不相同。

②总剪力墙剪力的表达式不同。刚接体系中总剪力墙剪力的表达式比铰接体系中多了一项总连梁的线约束弯矩 m。

③由式(6-29)，在此仅给出框架-剪力墙刚接体系在倒三角形水平分布荷载作用下 m 的表达式：

$$m = \frac{qH^3 C_b}{E_c I_w}\cdot\frac{1}{\lambda^2}\left\{\left(\frac{1}{\lambda} + \frac{\mathrm{sh}\lambda}{2} - \frac{\mathrm{sh}\lambda}{\lambda^2}\right)\frac{\mathrm{sh}\lambda}{\mathrm{ch}\lambda} + \left(\frac{1}{2} - \frac{1}{\lambda^2}\right)[1 - \mathrm{ch}(\lambda\xi)] - \frac{\xi^2}{2}\right\} \tag{6-30}$$

式中的 λ 需按式(6-28)计算。

6.4 框架-剪力墙结构的位移和内力分布规律

框架-剪力墙结构在水平荷载作用下协同工作的位移曲线及内力分布情况受刚度特征值 λ 的影响很大。当框架的剪切刚度 $C_f=0$ 时，如果不考虑连梁的约束作用，则 $\lambda=0$，此时框架-剪力墙结构就成为无框架的纯剪力墙结构体系，其侧移曲线与悬臂梁的变形曲线相同；当剪力墙的弯曲刚度 $E_c I_w=0$ 时，$\lambda=\infty$，此时结构变为纯框架结构体系，其侧移曲线呈剪切型。当 λ 介于 0 与 ∞ 之间时，框架-剪力墙结构的侧移曲线介于弯曲型和剪切型之间，属于弯剪型。

图 6-12(a)给出了不同 λ 值框架-剪力墙结构的位移曲线形状。当 λ 较小时，剪力墙承受的水平荷载较大，侧移曲线以弯曲型为主；$\lambda \leqslant 1$ 时，框架的作用已经很小，框架-剪力墙结构基本上为弯曲型变形。$\lambda \geqslant 6$ 时，剪力墙的作用很小，框架-剪力墙基本上为整体剪切型变形。二者比例相当($1<\lambda<6$)时，框架-剪力墙结构变形曲线为弯剪型，下部楼层剪力墙的作用大，略带弯曲型；上部楼层剪力墙的作用减小，略带剪切型；侧移曲线中部有反弯点，层间变形最大值在反弯点附近。

图 6-12(b)、(c)、(d)所示为水平荷载作用下框架与剪力墙之间的剪力分配情况，均布荷载作用下总剪力沿高度分布见图 6-12(b)，图 6-12(c)中的阴影线表示剪力墙的剪力分布特征，图 6-12(d)中的阴影线表示框架的剪力分布特征。总框架与总剪力墙之间的剪力分配与刚度特征值 λ 有很大关系。由于剪力墙刚度

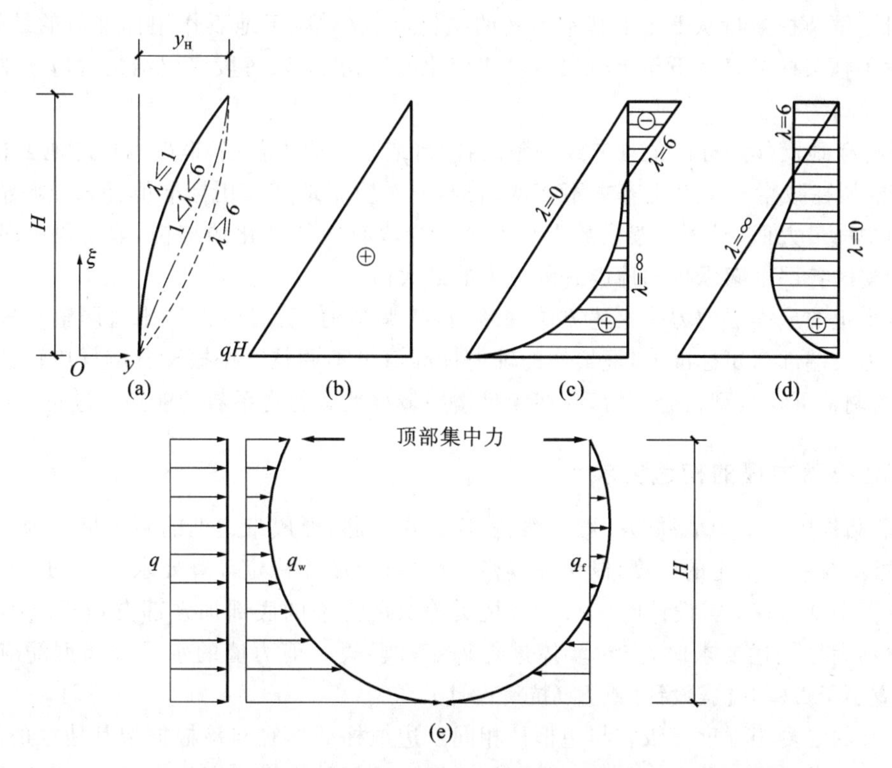

图 6-12 框架-剪力墙结构侧移曲线及剪力分配

(a)框架-剪力墙结构侧移曲线;(b)V_q 图;(c)V_w 图;(d)V_f 图;(e)框架-剪力墙结构荷载分配

比框架大得多,通常剪力墙承担大部分剪力,而框架承担小部分剪力。就剪力分配比例而言,特别要注意的是各层的分配比例都在变化。分配后剪力的主要特征是:剪力墙下部承受了很大的剪力,向上迅速减小,到顶部时剪力墙承担负剪力;而框架的剪力分布特征是中间某层最大,向上、向下都逐渐减小。

图 6-12(e)为框架与剪力墙之间的荷载分配关系图。在均匀水平荷载作用下,剪力墙下部承受的荷载大于外荷载,而框架下部承受的荷载与外荷载的作用方向相反,在框架与剪力墙的顶部有相互作用的集中力。

由图 6-12(a)可见,弯曲型变形为主的剪力墙与剪切型变形为主的框架由于楼板的作用变形协调,剪力墙下部变形加大,上部变形减小,而框架正好相反。变形协调造成了上述荷载分配与剪力分配的特征。

6.5 框架-剪力墙结构的截面设计和构造要求

框架-剪力墙结构中,框架梁、柱和剪力墙的截面设计及构造要求,除应满足框架结构(见第 4 章)和剪力墙结构(见第 5 章)的要求外,尚应满足下述有关规定。

6.5.1 框架设计部分的调整

为了实现多道抗震防线,多遇地震作用下,框架-剪力墙结构框架部分的楼层地震剪力标准值不应过小;若按整体结构计算、按侧向刚度分配的框架承担的楼层地震剪力标准值过小,则需要调整框架的楼层地震剪力标准值。

对于框架-剪力墙结构,框架部分承担的地震总剪力满足式(6-31)要求的楼层,其框架总剪力不必调整;不满足该式要求的楼层,其框架总剪力应按 $0.2V_0$ 和 $1.5V_{f,max}$ 两者中的较小值采用。

$$V_f \geqslant 0.2V_0 \tag{6-31}$$

式中 V_0——对于框架柱数量从下至上基本不变的结构，应取对应于地震作用标准值的结构底部总剪力；对于框架柱数量从下至上分段有规律变化的结构，应取每段底层结构对应于地震作用标准值的总剪力。

V_f——对应于地震作用标准值且未经调整的各层(或某一段内各层)框架承担的地震总剪力。

$V_{f,max}$，对于框架柱数量从下至上基本不变的结构，取对应于地震作用标准值且未经调整的各层框架承担的地震总剪力中的最大值；对于框架柱数量从下至上分段有规律变化的结构，取每段中对应于地震作用标准值且未经调整的各层框架承担的地震总剪力中的最大值。

各层框架所承担的地震层剪力按上述方法调整后，按调整前、后层剪力的比值调整每根框架柱和与之相连框架梁的剪力及端部弯矩标准值，框架柱的轴力标准值可不调整。按振型分解反应谱法计算地震作用时，框架层剪力的调整可在振型组合之后，并在满足楼层最小地震剪力系数的前提下进行。

6.5.2 带边框剪力墙的构造要求

框架-剪力墙结构中的剪力墙周边一般与梁、柱连接在一起，形成带边框的剪力墙。为了使墙板与边框能整体工作，墙板本身应有一定的厚度，以保证其稳定性(符合墙体稳定计算要求)。一般情况下，剪力墙的截面厚度不应小于 160mm；抗震设计时，一、二级抗震等级剪力墙的底部加强部位均不应小于 200mm。当剪力墙截面厚度不满足上述要求时，应对墙体进行稳定性验算。剪力墙的水平分布钢筋应全部锚入边框内，锚固长度不应小于 l_a(非抗震设计)或 l_{aE}(抗震设计)。

带边框剪力墙的混凝土强度等级宜与边框柱相同。边框柱截面宜与该榀框架其他柱的相同，且应符合一般框架柱的构造配筋规定。剪力墙底部加强部位边框柱的箍筋宜沿全高加密；当带边框剪力墙上的洞口紧邻边框柱时，边框柱的箍筋宜沿全高加密。

与剪力墙重合的框架梁可保留，亦可做成宽度与墙厚相同的暗梁，暗梁截面高度可取墙厚的 2 倍或与该片框架梁截面等高。暗梁的配筋可按构造配置且应符合一般框架梁相应抗震等级的最小配筋要求。

带边框剪力墙宜按 I 字形截面计算其正截面承载力，端部的纵向受力钢筋应配置在边框柱截面内。

6.5.3 板柱-剪力墙的构造要求

板柱-剪力墙的结构布置，应符合下列要求：

(1)抗震墙厚度不应小于 180mm，且不宜小于层高或无支长度的 1/20；房屋高度大于 12m 时，墙厚不应小于 200mm。

(2)房屋的周边应采用有梁框架，楼、电梯洞口周边宜设置边框梁。

(3)抗震设防烈度为 8 度时宜采用有托板或柱帽的板柱节点，托板或柱帽根部的厚度(包括板厚)不宜小于柱纵筋直径的 16 倍，托板或柱帽的边长不宜小于 4 倍板厚和柱截面对应边长之和。

(4)房屋的地下一层顶板，宜采用梁板结构。

板柱-剪力墙结构的抗震计算，应符合下列要求：

(1)房屋高度大于 12m 时，抗震墙应承担结构的全部地震作用；房屋高度不大于 12m 时，抗震墙宜承担结构的全部地震作用。各层板柱和框架部分应能承担不小于本层地震剪力的 20%。

(2)板柱结构在地震作用下按等代平面框架分析时，其等代梁的宽度宜采用垂直于等代平面框架方向两侧柱距各 1/4。

(3)板柱节点应进行冲切承载力的抗震验算，应计入不平衡弯矩引起的冲切，节点处地震作用组合的不平衡弯矩引起的冲切反力设计值应乘增大系数，一、二、三级抗震等级板柱的增大系数可分别取 1.7、1.5、1.3。

板柱-剪力墙结构的板柱节点构造应符合下列要求：

(1)无柱帽平板应在柱上板带中设构造暗梁，暗梁宽度可取柱宽及柱两侧各不大于 1.5 倍板厚。暗梁支座上部钢筋截面面积应不小于柱上板带钢筋截面面积的 50%，暗梁下部钢筋不宜少于上部钢筋的 1/2；箍筋直径不应小于 8mm，间距不宜大于板厚的 3/4，肢距不宜大于 2 倍板厚，暗梁两端应加密。

(2)无柱帽柱上板带的板底钢筋,宜在距柱面 2 倍板厚以外连接,采用搭接时钢筋端部宜有垂直于板面的弯钩。

(3)沿两个主轴方向通过柱截面的板底连续钢筋的总截面面积,应符合式(6-32)的要求:

$$A_s \geqslant N_G / f_y \tag{6-32}$$

式中 A_s——板底连续钢筋总截面面积;

N_G——在本层楼板重力荷载代表值(抗震设防烈度为 8 度时尚宜计入竖向地震)作用下的柱轴压力设计值;

f_y——楼板钢筋的抗拉强度设计值。

6.5.4 剪力墙的竖向和水平分布钢筋

在框架-剪力墙结构中,剪力墙是主要的抗侧力构件,承受较大的水平剪力。为使剪力墙具有足够的承载力和良好的延性,剪力墙竖向和水平分布钢筋的配筋率在抗震设计时均不应小于 0. 25%,非抗震设计时均不应小于 0.2% ,并应至少双排布置。各排分布钢筋之间应设置拉筋,拉筋直径不应小于 6mm,间距不应大于 600mm。

6.6 框架-剪力墙结构设计实例

6.6.1 工程概况

某框架-剪力墙结构共 12 层,底层层高 6m,标准层层高 3m,顶层层高 3.6m。底层自重为 6827.4kN,2～10 层自重为 5509.5kN,11 层自重为 5789.8kN,顶层自重为 4443.7kN。结构平面布置如图 6-13 所示(仅画出一半,另一半与其对称)。抗震设防烈度为 8 度,I_1 类场地,设计地震分组为第二组,结构基本自振周期为1.58s。计算沿短轴方向水平地震作用下框架及剪力墙的内力,并进行侧移验算。

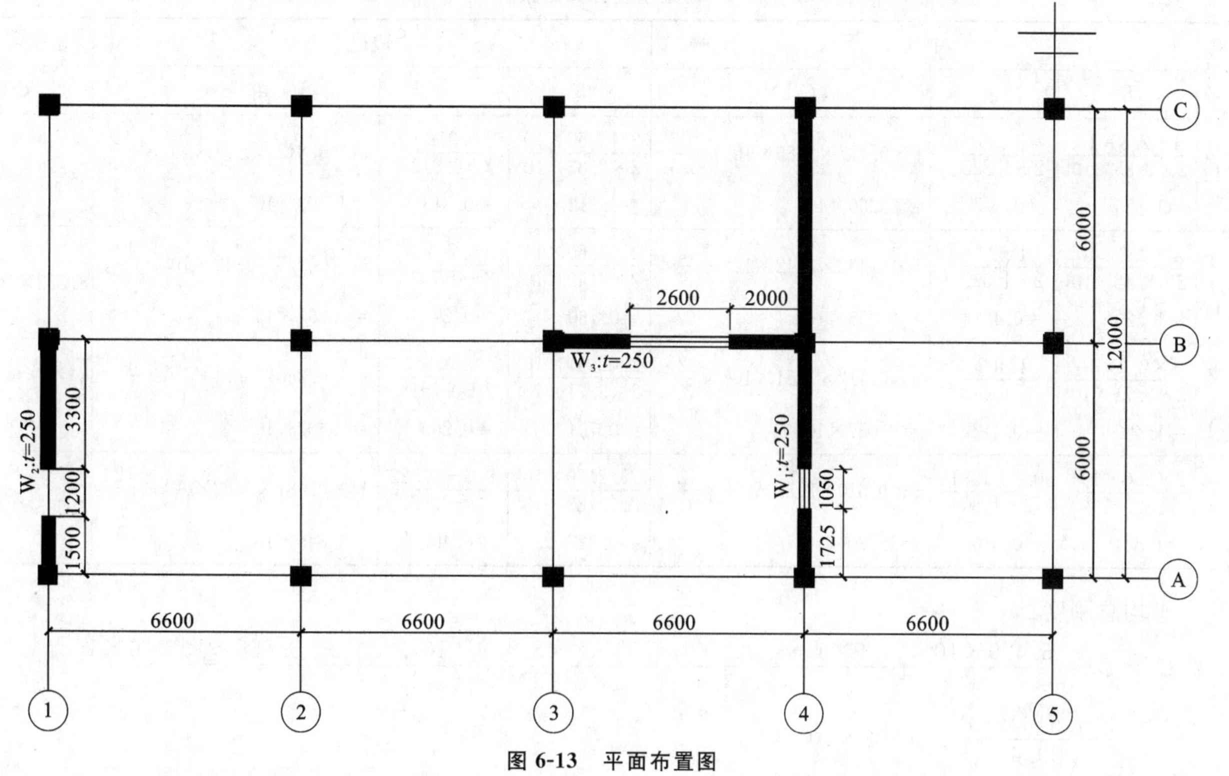

图 6-13 平面布置图

6.6.2 框架梁、柱截面特性计算

柱的截面特性计算结果列于表 6-2 中。

表 6-2 **柱截面特性计算结果**

楼层号	截面尺寸/(cm×cm)	混凝土强度等级	I_c/cm^4	$\frac{I_c}{h}/\text{cm}^3$	$i_c=E\frac{I_c}{h}/(\text{kN}\cdot\text{m})$
12	45×45	C30	3.42×10^5	950	2.85×10^4
4～11	45×45	C30	3.42×10^5	1140	3.42×10^4
2～3	45×45	C40	3.42×10^5	1140	3.71×10^4
1	50×50	C40	5.21×10^5	868	2.82×10^4

梁截面尺寸($b\times h$)为 25cm×55cm,混凝土强度等级为 C30。

$$I_b=25\times55^3\times\frac{1.5}{12}=5.20\times10^5(\text{cm}^4)\quad(1.5\text{ 为考虑 T 形截面惯性矩的增大系数})$$

$$i_b=E_c\frac{I_b}{l}=3\times10^4\times\frac{5.20\times10^5}{600}=2.60\times10^4(\text{kN}\cdot\text{m})$$

6.6.3 框架刚度计算

采用 D 值法计算,由结构平面布置图可知,中柱 5 根,边柱 14 根。

标准层:
$$\alpha=\frac{K}{2+K},\quad K=\frac{\sum i_b}{2i_c}$$

底层:
$$\alpha=\frac{0.5+K}{2+K},\quad K=\frac{\sum i_b}{i_c}$$

框架刚度:
$$C_f=Dh=\frac{\sum 12\alpha i_c}{h}$$

计算结果列于表 6-3 中。

表 6-3 **框架刚度计算结果**

楼层号	中柱			边柱			总刚度
	K	α	C/kN	K	α	C/kN	C_f/kN
12	$\frac{4\times2.6\times10^4}{2\times2.85\times10^4}=1.825$	$\frac{1.825}{2+1.825}=0.477$	$5\times0.477\times2.85\times10^4\times\frac{12}{3.6}=2.266\times10^5$	$\frac{2\times2.60\times10^4}{2\times2.85\times10^4}=0.912$	$\frac{0.912}{2+0.912}=0.313$	$14\times0.313\times2.85\times10^4\times\frac{12}{3.6}=4.163\times10^5$	6.429×10^5
4～11	$\frac{4\times2.6\times10^4}{2\times3.42\times10^4}=1.520$	$\frac{1.520}{2+1.520}=0.432$	$5\times0.432\times3.42\times10^4\times\frac{12}{3}=2.955\times10^5$	$\frac{2\times2.60\times10^4}{2\times3.42\times10^4}=0.760$	$\frac{0.760}{2+0.760}=0.275$	$14\times0.275\times3.42\times10^4\times\frac{12}{3}=5.267\times10^5$	8.222×10^5
2～3	$\frac{4\times2.6\times10^4}{2\times3.71\times10^4}=1.402$	$\frac{1.402}{2+1.402}=0.412$	$5\times0.412\times3.71\times10^4\times\frac{12}{3}=3.057\times10^5$	$\frac{2\times2.60\times10^4}{2\times3.71\times10^4}=0.701$	$\frac{0.701}{2+0.701}=0.260$	$14\times0.260\times3.71\times10^4\times\frac{12}{3}=5.402\times10^5$	8.459×10^5
1	$\frac{2\times2.6\times10^4}{2.82\times10^4}=1.844$	$\frac{0.5+1.844}{2+1.844}=0.610$	$5\times0.610\times2.82\times10^4\times\frac{12}{6}=1.720\times10^5$	$\frac{2\times2.60\times10^4}{2\times2.82\times10^4}=0.922$	$\frac{0.5+0.922}{2+0.922}=0.487$	$14\times0.487\times2.82\times10^4\times\frac{12}{6}=3.845\times10^5$	5.565×10^5

平均总刚度:

$$C_f=Dh=\frac{6.429\times10^5\times3.6\times1+8.222\times10^5\times3\times8+8.459\times10^5\times3\times2+5.565\times10^5\times6\times1}{3.6\times1+3\times8+3\times2+6\times1}$$

$$=\frac{304.616\times10^5}{39.6}=76.92\times10^4(\text{kN})$$

6.6.4 剪力墙刚度计算

结构剪力墙总高度为 39.6m，根据《建筑抗震设计规范(2016 年版)》(GB 50011—2010)，剪力墙抗震等级为一级，底部加强部位的高度取底部两层高度 9m 与墙体总高度的 1/10(约 4m)两者中的较大值。对一级抗震墙，底部加强部位的墙厚不应小于 200mm 且不宜小于层高的 1/16，非加强部位墙体厚度不应小于 160mm 且不宜小于层高的 1/20。因此，底部加强层剪力墙墙厚为 250mm，加强部位以上的剪力墙厚度取 200mm，剪力墙混凝土强度等级与柱相同。剪力墙截面见图 6-14。

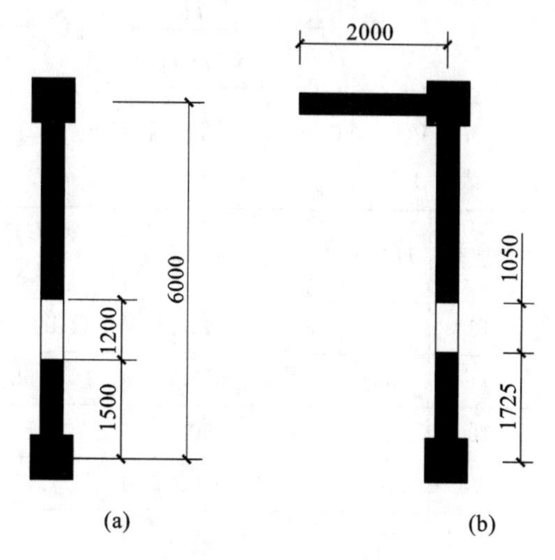

图 6-14 剪力墙截面

(a) W_2；(b) W_1

剪力墙 W_2：

首层：$I_w=5.72\text{m}^4$，$E_cI_w=3.25\times5.72\times10^7=18.59\times10^7$ (kN·m²)；

2～3 层：$I_w=4.18\text{m}^4$，$E_cI_w=3.25\times4.18\times10^7=13.585\times10^7$ (kN·m²)；

4～12 层：$I_w=4.18\text{m}^4$，$E_cI_w=3.0\times4.18\times10^7=12.540\times10^7$ (kN·m²)。

平均：
$$E_cI_w=\frac{18.59\times6\times1+13.585\times3\times2+12.540\times3\times8+12.540\times3.6\times1}{6+3\times2+3\times8+3.6}\times10^7$$
$$=13.615\times10^7(\text{kN}\cdot\text{m}^2)$$

剪力墙 W_1：有效翼缘宽度取 6 倍墙厚。

首层：$I_w=8.92\text{m}^4$，$E_cI_w=8.92\times10^3\times3.25\times10^4=28.99\times10^7$ (kN·m²)；

2～3 层：$I_w=6.70\text{m}^4$，$E_cI_w=6.70\times10^3\times3.25\times10^4=21.775\times10^7$ (kN·m²)；

4～12 层：$I_w=6.70\text{m}^4$，$E_cI_w=6.70\times10^3\times3\times10^4=20.1\times10^7$ (kN·m²)。

平均：
$$E_cI_w=\frac{28.99\times6\times1+21.775\times3\times2+20.1\times3\times8+20.1\times3.6\times1}{6+3\times2+3\times8+3.6}\times10^7$$
$$=21.701\times10^7(\text{kN}\cdot\text{m}^2)$$

W_1、W_2 各两片，总剪力墙刚度：

$$\sum E_cI_w=(13.615+21.701)\times10^7\times2=70.632\times10^7(\text{kN}\cdot\text{m}^2)$$

6.6.5 地震作用计算

查表 2-9，由 I_1 类场地与设计地震分组为第二组可知，$T_g=0.3\text{s}$。查表 2-8，由抗震设防烈度为 8 度，可得 $\alpha_{max}=0.16$。

按铰接体系(不考虑连系梁的约束弯矩)计算地震作用。已知结构基本自振周期为 1.58s。考虑周期修正后的计算周期为

$$T_1=0.8\times1.58=1.264(\text{s})$$

阻尼比为 0.05。由地震反应谱曲线可知

$$\alpha_1=\left(\frac{T_g}{T}\right)^{0.9}\eta_2\alpha_{max}=\left(\frac{0.3}{1.264}\right)^{0.9}\times0.16=0.0438$$

由式(2-15)，结构底部总剪力为

$$F_{Ek}=\alpha_1G_{eq}=0.0438\times0.85\times66646.4=2481.25(\text{kN})$$

由于 $T_1=1.264\text{s}>1.4T_g=1.4\times0.3=0.42(\text{s})$，查表 2-12，采用式(2-17)计算顶部附加地震作用。

$$\Delta F_n=\delta_n\cdot F_{Ek}=(0.08T_1+0.07)\cdot F_{Ek}=(0.08\times1.264+0.07)\times2481.25=424.59(\text{kN})$$

由式(2-16)计算沿高度分布的各层水平地震作用：

$$F_i=\frac{G_iH_i}{\sum\limits_{i=1}^{n}G_iH_i}\cdot F_{\mathrm{Ek}}(1-\delta_n)=\frac{(F_{\mathrm{Ek}}-\Delta F_n)\cdot G_iH_i}{\sum G_iH_i}=2056.66\cdot\frac{G_iH_i}{\sum G_iH_i}$$

F_i、V_i、F_iH_i 的计算结果见表 6-4，其中顶部地震作用为 $F_{12}+\Delta F_n$。

表 6-4　　F_i、V_i、F_iH_i 计算值

楼层号	H_i/m	h_i/m	G/kN	G_iH_i/ ($\times10^5$kN·m)	$\frac{G_iH_i}{\sum G_iH_i}$	F_i/kN	V_i/kN	F_iH_i/ ($\times10^3$kN·m)	u_i/ mm	$\frac{\Delta u}{h}$
12	39.6	3.6	4443.7	1.76	0.120	671.39	671.39	26.59	26.63	1/1028
11	36	3	5789.8	2.08	0.142	292.05	963.41	10.51	23.13	1/1057
10	33	3	5509.5	1.82	0.124	255.03	1218.44	8.42	21.14	1/1020
9	30	3	5509.5	1.65	0.112	230.35	1448.79	6.91	18.2	1/1127
8	27	3	5509.5	1.49	0.102	209.78	1658.57	5.66	15.54	1/1094
7	24	3	5509.5	1.32	0.090	185.10	1843.67	4.42	12.8	1/1020
6	21	3	5509.5	1.16	0.079	162.48	2006.15	3.41	9.86	1/1304
5	18	3	5509.5	0.99	0.067	137.80	2143.95	2.48	7.56	1/1234
4	15	3	5509.5	0.83	0.057	117.23	2261.18	1.76	5.13	1/1470
3	12	3	5509.5	0.66	0.045	92.55	2353.73	1.11	3.09	1/4054
2	9	3	5509.5	0.50	0.034	69.93	2423.66	0.63	2.35	1/2272
1	6	6	6827.4	0.41	0.028	57.59	2481.25	0.35	1.03	1/5825
$\sum$			66646.4	14.67	1	2481.28		72.25		

按基底弯矩相等，将水平地震作用换算成倒三角形分布荷载。水平地震作用计算结果列于表 6-5。

表 6-5　　水平地震作用计算结果

荷载形式	计算结果
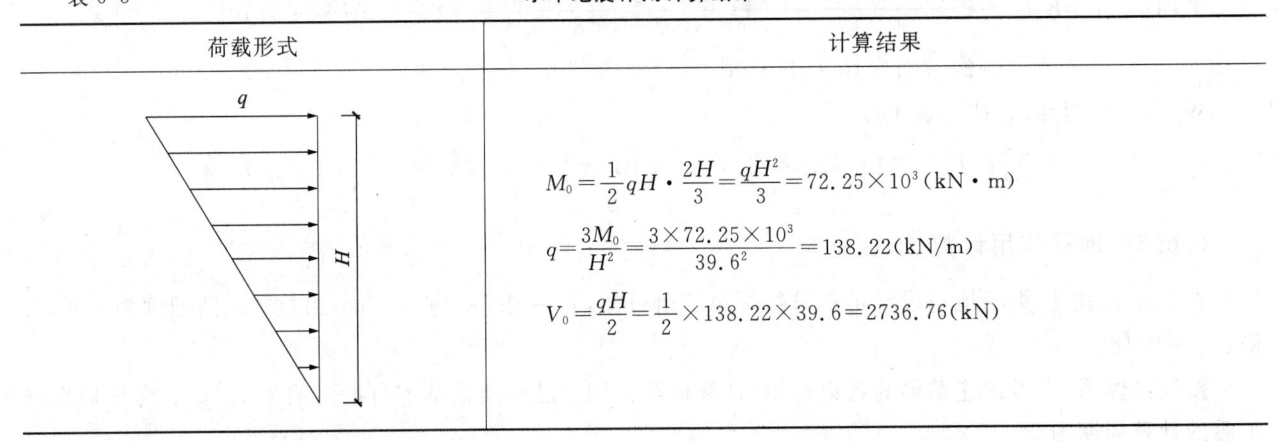	$M_0=\frac{1}{2}qH\cdot\frac{2H}{3}=\frac{qH^2}{3}=72.25\times10^3(\mathrm{kN\cdot m})$ $q=\frac{3M_0}{H^2}=\frac{3\times72.25\times10^3}{39.6^2}=138.22(\mathrm{kN/m})$ $V_0=\frac{qH}{2}=\frac{1}{2}\times138.22\times39.6=2736.76(\mathrm{kN})$

6.6.6 水平位移验算

在倒三角形水平荷载作用下框架-剪力墙结构的侧移计算结果见表 6-4。由表 6-4 可知，各层层间位移角均小于 1/800，满足弹性层间位移角限值的要求。

6.6.7 框架-剪力墙协同工作计算

由 λ 值及荷载类型查图线计算内力：

$$\lambda=H\sqrt{\frac{C_{\mathrm{f}}}{E_{\mathrm{c}}I_{\mathrm{w}}}}=39.6\times\sqrt{\frac{76.92\times10^4}{70.632\times10^7}}=1.307$$

各层剪力墙底截面内力 M_w、V_w，倒三角形分布荷载作用下的系数查图 6-9 及图 6-10。

表 6-6 中框架层剪力按下式计算，系数 $\frac{V'_f}{V_0}$ 由下式中括号内数据计算所得：

$$V'_f = \left(\frac{V'_f}{V_0}\right) \times V_0 = V - V_w = \frac{qH(1-\xi^2)}{2} - V_w = \left[(1-\xi^2) - \frac{V_w}{V_0}\right] \times V_0$$

各层总框架柱剪力 V_f 应由上、下楼层处 V'_f 值的平均值计算：

$$V_{fi} = (V'_{fi-1} + V'_{fi})/2$$

计算结果见表 6-6，表中数值单位：M 为 kN · m，V 为 kN。

表 6-6 **框架层剪力计算结果**

楼层号	标高 x/m	$\xi=\frac{x}{H}$	$\frac{M_w}{M_0}$	$M_w \times 10^3$	$\frac{V_w}{V_0}$	$V_w \times 10^3$	$\frac{V'_f}{V_0}$	$V'_f \times 10^3$	$V_f \times 10^3$
12	39.6	1.0	0	0	−0.2367	−0.648	0.2367	0.648	0.650
11	36	0.910	−0.0202	−1.459	−0.0660	−0.181	0.2379	0.651	0.654
10	33	0.833	−0.0201	−1.452	0.0663	0.181	0.2398	0.656	0.658
9	30	0.768	−0.0059	0.426	0.1844	0.505	0.2410	0.660	0.659
8	27	0.682	0.0215	1.553	0.2944	0.806	0.2405	0.658	0.654
7	24	0.606	0.0609	4.400	0.3958	1.083	0.2370	0.649	0.639
6	21	0.530	0.1114	8.048	0.4895	1.340	0.2296	0.628	0.611
5	18	0.455	0.1714	12.383	0.5754	1.575	0.2176	0.594	0.571
4	15	0.379	0.2417	17.462	0.6566	1.797	0.1998	0.547	0.514
3	12	0.303	0.3209	23.185	0.7327	2.005	0.1755	0.480	0.437
2	9	0.227	0.4085	29.514	0.8045	2.202	0.1440	0.394	0.341
1	6	0.152	0.5029	36.335	0.8718	2.386	0.1051	0.288	0.144
	0		0.7164	51.759	1	2.737	0	0	—

知识归纳

(1)框架-剪力墙结构是高层建筑主要结构形式之一，它发挥了框架和剪力墙各自的优点，且具有协同工作性能，这种结构的侧移曲线一般呈弯剪型。

(2)框架-剪力墙刚接体系与铰接体系在使用连续化方法进行内力计算时，具有完全相同的表达式，但这两种类型框架-剪力墙的刚度特征值并不相同。考虑连梁的约束作用时，结构刚度特征值增大。

(3)在框架-剪力墙结构中，剪力墙下部承担的剪力很大，向上迅速减小，到顶部时承担负剪力；而框架承担的剪力分布特征是中间某层最大，向上、向下都逐渐减小。框架与剪力墙之间的剪力分配与刚度特征值有很大关系。

(4)框架与剪力墙之间的连梁刚度一般很大，计算时常将连梁的刚度乘折减系数，使连梁内力减小，其实质是塑性调幅。连梁内力减小后，剪力墙和框架的内力将增大。但连梁的刚度折减系数不宜小于 0.5，否则连梁将过早屈服，影响正常使用。

独立思考

6-1 什么是框架-剪力墙结构？为什么框架和剪力墙两者可以协同工作？

6-2 框架-剪力墙结构协同工作计算的基本假定是什么？建立微分方程的基本未知量是什么？

6-3 框架-剪力墙结构协同工作计算的目的是什么？总剪力在各榀抗侧力结构间的分配与纯剪力墙结构、纯框架结构有什么根本区别？

6-4 求解微分方程的边界条件是什么？

6-5 当框架或剪力墙沿高度方向的刚度变化时，怎样确定 λ 值？

6-6 D 值和 C_f 值的物理意义有什么不同？它们有什么关系？

6-7 什么是框架-剪力墙结构的刚度特征值 λ？它对结构的内力分配、侧移变形有什么影响？

6-8 如何区分框架-剪力墙铰接体系和框架-剪力墙刚接体系？两者在计算内容和计算步骤上有什么不同？

7

简体结构设计

课前导读

◹ 内容提要

本章主要内容包括筒体结构分类、受力特点、布置原则、简化计算方法、截面设计及构造要求等基本知识。本章的教学重点为筒体结构的布置、截面设计及构造要求，教学难点为筒体结构的简化计算方法。

◹ 能力要求

通过本章的学习，学生应了解筒体结构的布置原则、受力特点、计算方法及构造要求等基本知识，能在筒体结构方案选择、分析及设计等工程实践中具有初步应用的能力。

7.1 概 述

高层建筑随着层数、高度的增加，其承受的水平地震作用增加显著，此时框架、剪力墙、框架-剪力墙等结构体系往往不能满足要求。在1963年建造的芝加哥Dewitt-Chestnut公寓大厦中，美国工程师Fazlur Khan创造了高效的筒体结构，为高层建筑提供了一种理想、高效的结构形式。

由一个或几个筒体作为主要抗侧力构件而形成的高层建筑结构，称为筒体结构。筒体的基本形式有实腹筒、框筒和桁架筒等。由剪力墙围成的筒体称为实腹筒，见图7-1(a)；在实腹筒的墙体上开出许多规则排列的窗洞所形成的开孔筒体称为框筒，它实际上是由密排柱和刚度很大的窗裙梁形成的密柱深梁框架围成的，见图7-1(b)；四壁由稀柱浅梁和支撑斜杆形成的桁架组成的筒体称为桁架筒，见图7-1(c)。

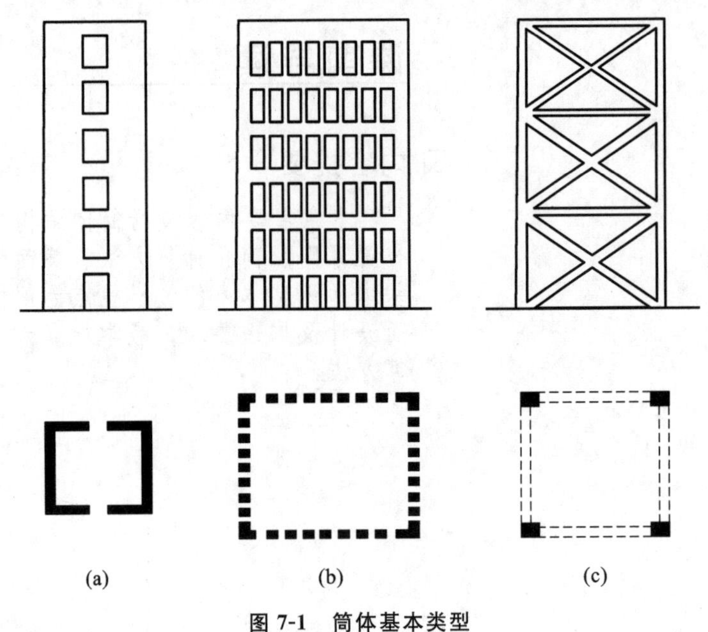

图7-1 筒体基本类型

(a)实腹筒；(b)框筒；(c)桁架筒

筒体结构主要包括框筒结构、桁架筒结构、筒中筒结构、束筒结构和框架-核心筒结构等，可以是钢筋混凝土结构、钢结构或钢-混凝土组合结构。

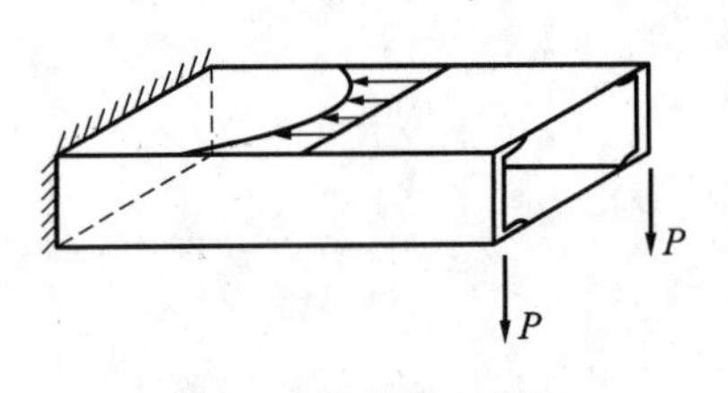

图7-2 箱形梁受力图

实腹筒体结构实际上是一个箱形梁。图7-2所示为箱形梁的受力图。上面薄板中的拉应力实际上是由槽钢传到板边的剪应力引起的，因此这个拉应力在薄板宽度上的分布并不是均匀的，而是两边大、中间小。对于宽度较大的箱形梁，正应力两边大、中间小的这种不均匀现象称为剪力滞后。剪力滞后与梁宽、荷载、弹性模量及侧板和翼缘的相对刚度等因素有关。对于宽度较大的箱形梁，忽略剪力滞后作用将使得对梁的强度估计过高，是不合适的。

框筒为空间结构，如同一箱形截面悬臂柱，沿四周布置的框架都参与抵抗水平力，楼层剪力由平行于水平力作用方向的腹板框架抵抗，倾覆力矩由腹板框架和垂直于水平力作用方向的翼缘框架共同抵抗。框筒结构的四榀框架位于建筑物周边，形成抗侧、抗扭刚度及承载力都很大的外筒，使建筑材料得以充分利用。但由于联系柱子的窗裙梁会产生沿着水平方向的剪切变形，从而使柱之间的轴力传递减弱，在翼缘框架中远离腹板框架的各柱轴力愈来愈小，在腹板框架中远离翼缘框架的各柱轴力的递减速度比按直线规律递减得快(图7-3)，这种剪力滞后现象使得参与受力的翼缘框架柱轴力不均匀，腹板框架柱轴力不按线性分布，楼板产生翘曲，从而引起内部间隔和次要结构的变形，使结构的空间作用变小。如何避免剪力滞后成为框筒结构设计的主要问题。

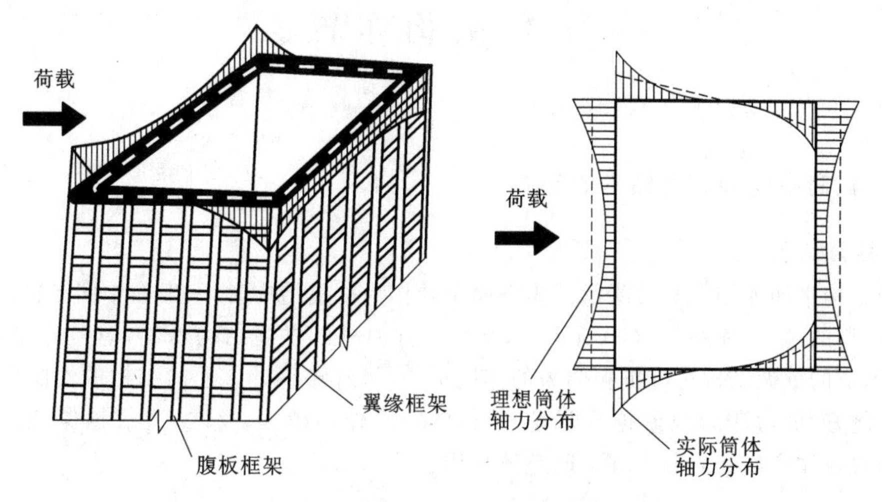

图 7-3 框筒结构的剪力滞后现象

桁架筒结构采用稀柱浅梁和支撑斜杆组成桁架，布置在建筑物的周边。桁架筒一般为钢结构。钢桁架筒结构的柱距大，支撑斜杆沿建筑物水平方向可跨越一个面的边长，沿竖向跨越数个楼层，形成巨型桁架，四片桁架围成桁架筒，两个相邻立面的支撑斜杆相交在角柱上，保证了从一个立面到另一个立面支撑的传力路线连续，形成整体悬臂结构。水平力通过支撑斜杆的轴力传至柱和基础。桁架筒结构的刚度大，比框筒结构更能充分利用建筑材料，改善了筒体结构的工作效能，适用于更高的建筑。如 1969 年建成的芝加哥约翰汉考克中心大厦(100 层，高 344m)，采用钢桁架筒结构，用钢量仅为 $145kg/m^2$，相当于 40 层钢框架结构的用钢量。由于桁架筒的优越性，国内外已建造了钢筋混凝土桁架筒体及组合桁架筒体。例如，香港中银大厦采用钢斜撑、钢梁及钢骨混凝土柱组成的空间桁架体系，结构受力合理，用钢量仅为 $140kg/m^2$ 左右。

剪力滞后使外框筒不能充分发挥效能，Fazlur Khan 将框架-剪力墙共同工作的原理应用于筒体结构，提出了筒中筒结构，即将框筒作为外筒，用楼(电)梯间、管道竖井等服务设施集中在建筑平面的中心做成内筒，通过刚性楼板使内、外筒共同工作的结构体系。采用钢筋混凝土结构时，一般外筒采用框架筒，内筒为剪力墙围成的井筒；采用钢结构时，外筒采用钢框筒，内筒一般采用钢框筒或钢支撑框架。One Shell 大厦(50 层，高 217.6m)是 Fazlur Khan 早期设计的筒中筒结构，为轻骨料钢筋混凝土结构，1969 年竣工，曾经是世界上最高的钢筋混凝土建筑。

两个或两个以上的框筒排列在一起，即为束筒结构。束筒中相邻筒体之间具有共同筒壁，每个单元筒又能单独形成一个筒体结构。因此，沿房屋高度方向，可以中断某些单元筒，导致房屋的侧向刚度及水平承载力沿高度变化。最著名的束筒结构是 1973 年建成的芝加哥 Willis 大厦(109 层，高 443m)。

筒中筒结构的外框筒采用深梁密柱的框筒时，影响对外视线，景观较差，建筑外形比较单调。加大外框筒的柱距，减小梁高，周边形成稀柱框架，外框架与内筒一起组成了框架-核心筒结构，这类结构具有建筑平面布置灵活，便于设置大房间，侧向刚度和水平承载力较大等优点，广泛用于写字楼、多功能建筑。如上海金茂大厦(88 层，高 420.5m)、上海环球金融中心(101 层，高 492m)等均采用这种结构形式。框架-核心筒结构可采用钢筋混凝土结构，或钢结构，或钢-混凝土混合结构，可以在周边或角部设置巨型柱，也可设置伸臂桁架将所有外围框架柱与核心筒连为一体。虽然框架-核心筒结构也为筒体结构，但这种结构形式与框筒结构、筒中筒结构、束筒结构的组成和传力体系有很大区别，需要了解它们的异同，掌握各自不同的受力特点和设计要求。

筒体结构在现代高层建筑中应用广泛，其不仅能充分发挥建筑材料的作用，使高层、超高层建筑建设在技术和经济上可行，还具有造型美观、使用灵活、受力合理以及整体性好等优点，适用于百米以上的高层建筑和超高层建筑。目前，全世界最高的 100 幢高层建筑中绝大多数均采用筒体结构，我国百米以上的高层建筑中约有一半采用钢筋混凝土筒体结构，所用形式大多为筒中筒结构和框架-核心筒结构。

7.2 结构布置

7.2.1 框筒、筒中筒和束筒结构的布置

7.2.1.1 框筒结构

典型的框筒结构平面如图7-4(a)所示。当框筒单独作为承重结构时，一般在中间布置柱子，承受竖向荷载，以减小楼盖结构的跨度，如图7-4(b)所示，水平力全部由外围框筒结构承受，中间的柱子仅承受竖向荷载，这些柱子所形成的框架结构对抵抗侧向力的作用很小，可忽略不计。框筒结构的性能以正多边形最佳，且边数越多性能越好，剪力滞后现象越不明显，结构的空间作用越大；反之，边数越少，结构的空间作用越小。结构平面布置应注意使其充分发挥空间整体作用。

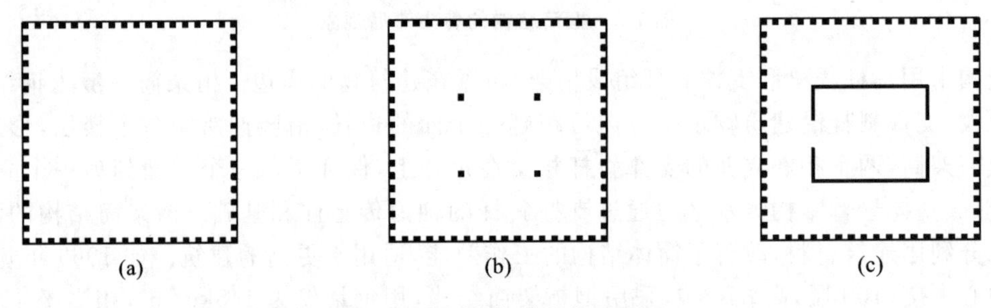

图7-4 典型的框筒结构平面图

框筒结构布置应注意以下方面：

①框筒结构平面形状以采用圆形和正多边形最为有利，也可采用椭圆形或矩形等其他形状。当采用矩形平面时，其平面尺寸应尽量接近正方形，长宽比不宜大于2。若长宽比过大，可以增加横向加劲框架的数量，形成束筒结构。三角形平面宜切角，外筒的切角长度不宜小于相应边长的1/8，其角部可设置刚度较大的角柱或角筒，以避免角部应力过分集中；内筒的切角长度不宜小于相应边长的1/10，切角处的筒壁宜适当加厚。

②框筒结构为保证翼缘框架在抵抗侧向力中的作用，充分发挥筒的空间工作性能，一般要求框筒的开洞率即洞口面积与墙面面积之比，不宜大于60%，且洞口高宽比宜尽量和层高与柱距之比相近。当矩形框筒的长宽比不大于2以及墙面开洞率不大于50%时，外框筒的柱距可适当放宽。若密柱深梁的效果不足，可以沿结构高度，选择适当的楼层，设置整层高的环向桁架，以减弱剪力滞后影响。

③框筒结构的柱截面宜做成正方形、矩形或T形。若为矩形截面，由于梁、柱的弯矩主要在框架平面内，框架平面外的柱弯矩较小，故矩形的长边应与腹板框架或翼缘框架方向一致。筒体的角部是联系结构两个方向协同工作的重要部位，其受力很大，通常要采取措施予以加强。内筒角部通常可以采用局部加厚等措施加强；外筒可以加大角柱截面尺寸，采用L形、槽形角柱等予以加强，以承受较大的轴力，并减小压缩变形，通常角柱面积宜取中柱面积的1.5～2.0倍，角柱面积过大，会加重剪力滞后现象，使角柱产生过大的轴力，特别当重力荷载不足以抵消拉力时，角柱将承受拉力。

④外框筒宜采用密柱深梁，一般情况下，柱距为1.0～3.0m，不宜大于4.0m；框筒梁的截面高度可取柱净距的1/4左右。

⑤由于框筒结构柱距较小，在底层往往因设置出入通道而要求加大柱距，因此，当相邻层的柱不贯通时，应设置转换梁等构件(见第9章9.2节)。转换结构的主要功能是将上部柱荷载传至下部大柱距的柱子上，内筒一般应一直贯通到基础底板。

⑥框筒结构中楼盖构件(包括楼板和梁)的高度不宜太大，要尽量减少楼盖构件与柱子之间的弯矩传

递,可将楼盖做成平板或密肋楼盖,采用钢楼盖时可将楼板梁与柱的连接处理成铰接;框筒或束筒结构可设置内柱,以减小楼盖梁的跨度,内柱只承受竖向荷载而不参与抵抗水平荷载。

7.2.1.2 筒中筒结构

把核心筒结构布置于框筒结构的中间,便构成筒中筒结构,如图7-4(c)所示。筒中筒结构平面可以为正方形、矩形、圆形、三角形或其他形状。建筑布置时一般把楼梯间、电梯间等服务性设施全部布置在核心筒内,而在内、外筒之间则提供环形的开阔空间,以满足建筑自由分隔、灵活布置的要求。因此,筒中筒结构常用于供出租的商务办公中心,以便于满足各承租客户的不同要求。

筒中筒结构由实腹筒、框筒或桁架筒组成,一般实腹筒在内,框筒或桁架筒在外,由内、外筒共同抵抗水平力作用。筒中筒结构是高层建筑中一种高效、经济的全三维抗侧力结构体系。筒中筒结构的布置除应符合高层建筑结构的一般布置原则外,应主要考虑如何合理布置以减小剪力滞后影响,充分发挥材料性能,高效而充分发挥所有柱子的作用。

筒中筒结构布置应注意以下方面:

(1)筒中筒结构的高宽比不应小于3,且宜大于4,其适用高度不宜低于80m,以充分发挥筒体结构的作用。

(2)筒中筒结构的内筒宜居中,面积不宜太小,内筒的宽度可为高度的1/15～1/12,也可为外筒边长的1/3～1/2,其高宽比一般约为12,不宜大于15;如有另外的角筒或剪力墙,内筒平面尺寸还可适当减小。内筒应贯通建筑物的全高,竖向刚度宜均匀变化;筒中筒结构的内、外筒间距通常为10.0～12.0m,宜采用预应力混凝土楼盖。

(3)筒中筒结构采用普通梁板体系时,楼面梁的布置方式一般沿内、外筒单向布置。外端与框筒柱一一对应;内端支承在内筒墙上,最好在平面外有墙相接,以增强内筒在支承处的平面外抵抗力;角区楼板的布置,宜使角柱承受较大竖向荷载,以平衡角柱中的拉力和双向受力。筒中筒结构梁板式楼盖的典型布置方式如图7-5所示。

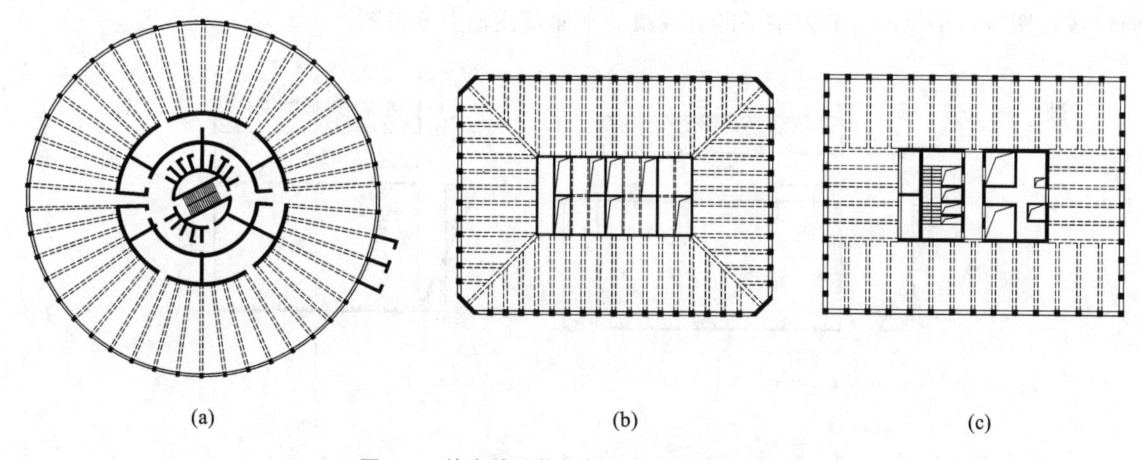

图7-5 筒中筒结构梁板式楼盖布置示意图

筒体结构层数很多,降低层高具有重要意义。因此,除普通梁板体系外,常用的楼板体系还有扁梁梁板体系、密肋楼盖、平板体系等,均可降低梁板高度,从而使楼层高度降低。

7.2.1.3 束筒结构

束筒可看作在框筒中间加了几道框架隔板,可减小翼缘框架的剪力滞后影响,而其水平刚度作用得到充分发挥,使翼缘框架中各柱的轴力分布比较均匀。束筒结构中的每一个框筒,可以是方形、矩形或三角形等,多个框筒可以组成不同的平面形状,其中任一个筒可根据需要在任何高度中止。芝加哥西尔斯大厦50层及以下为9个框筒组成的束筒,51～66层为7个框筒,67～91层为5个框筒,91层以上为2个框筒,如图7-6(a)所示,成束筒结构的刚度和承载能力比筒中筒结构又有提高,沿高度方向还可以逐渐减少筒的个数,这样可以分段减小建筑平面尺寸,结构刚度逐渐变化,而又不打乱每个框筒中梁、柱和楼板的布置;框筒每条边由间距为 4.57m 的钢柱和桁架梁组成，每边各有 4 个腹板框架和 4 个翼缘框架，其优点在于腹板框架间距减小，可减小翼缘框架的剪力滞后影响，使得翼缘框架中各柱所受轴力比较均匀，如图 7-6(b)所示。

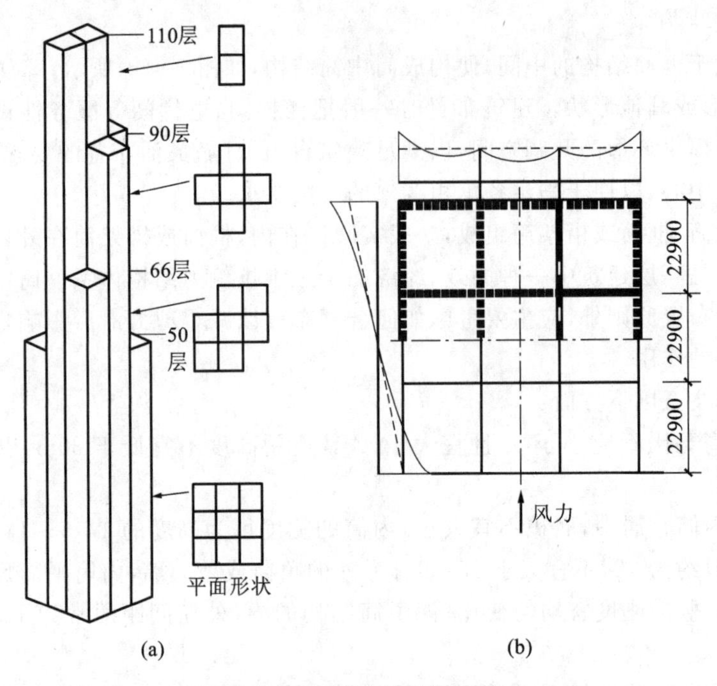

图 7-6 西尔斯大厦结构示意图

(a)筒体沿高度变化；(b)平面及柱轴力图

束筒结构平面布置可以根据需要和建筑平面而变化。如长方形建筑长边长度超过 2 倍的宽度 B 时，剪力滞后现象严重，如图 7-7(a)所示，可以用 2～3 个正方形框筒平行排列，也可以由三角形、矩形或其他形状的框筒组成。图 7-7(b)、(c)、(d)列举了部分成束筒平面及柱轴力分布图。

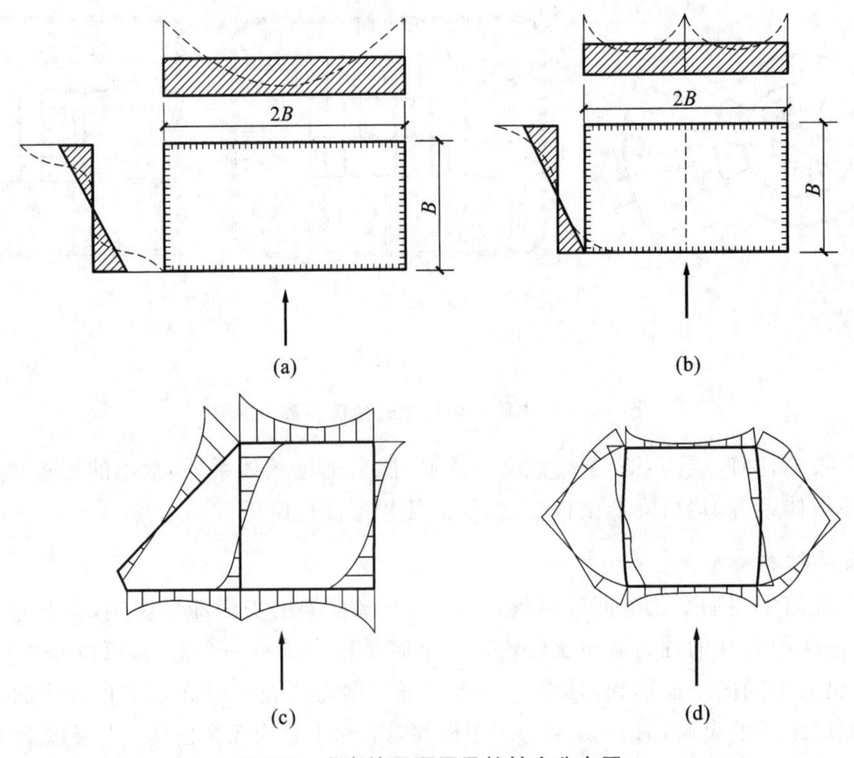

图 7-7 成束筒平面图及柱轴力分布图

7.2.2 框架-核心筒结构的布置

7.2.2.1 框架-核心筒结构的受力特点

由外围周边框架与内筒一起组成的结构称为框架-核心筒结构[图 7-8(a)],这是目前高层建筑中广为应用的一种体系,它与筒中筒结构[图 7-8(b)]在平面形式上可能相似,但受力性能却有很大区别。

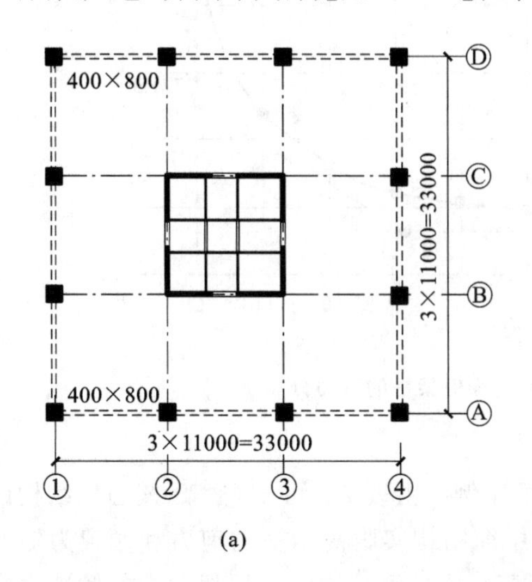

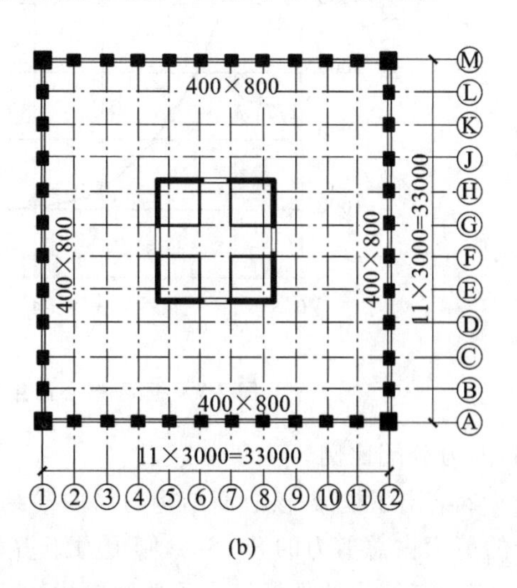

图 7-8 框架-核心筒结构和筒中筒结构

对图 7-8(b)所示结构的外围框筒部分,由于空间作用,在水平荷载作用下其翼缘框架柱承受很大的轴力;当柱距加大,裙梁的跨高比加大时,剪力滞后现象加重,柱轴力将随着框架柱距的加大而减小,即对柱距较大的"稀柱筒体",翼缘框架柱仍然会产生一些轴力,存在一定的空间作用。但当柱距增大到与普通框架相似时,除角柱外,翼缘框架其他柱的轴力将很小,翼缘框架已不能抵抗倾覆力矩,周边框架不能起到空间结构的作用,通常可忽略其沿翼缘框架传递轴力的作用,按平面结构进行分析。

框架-核心筒结构因为有实腹筒存在,《高层建筑混凝土结构技术规程》(JGJ 3—2010)将其归入筒体结构,但就其受力性能来说,框架-核心筒结构更接近于框架-剪力墙结构,与筒中筒结构有很大的区别。

图 7-8 所示的框架-核心筒结构和筒中筒结构的平面尺寸、结构高度、所受水平荷载均相同,两个结构楼板均采用平板。下面为两个结构受力与变形方面的对比结果。

(1)翼缘框架柱轴力。

图 7-9 为框架-核心筒结构与筒中筒结构翼缘框架柱的轴力分布,框架-核心筒结构的翼缘框架柱轴力小,柱数量又较少,翼缘框架承受的总轴力要比框筒小得多,轴力形成的抗倾覆力矩也小得多;框架-核心筒结构主要由①、④轴两片框架(腹板框架)和实腹筒协同工作抵抗侧力,角柱作为①、④轴两片框架的边柱其上轴力较大;同时,①、④轴框架侧向刚度、抗弯和抗剪能力也比框筒的腹板框架小得多。因此,框架-核心筒结构的抗侧刚度小得多。

(2)结构的基本自振周期与顶点位移。

表 7-1 为框架-核心筒结构与筒中筒结构的基本自振周期与顶点位移计算结果。与筒中筒结构相比,框架-核心筒结构的自振周期长,顶点位移及层间位移都大,说明框架-核心筒结构的侧向刚度远小于筒中筒结构。

表 7-1 框架-核心筒结构与筒中筒结构的基本自振周期与顶点位移

结构体系	周期/s	顶点位移		最大层间位移角
		u_t/mm	u_t/H	$\Delta u/h$
筒中筒	3.87	70.78	1/2642	1/2106
框架-核心筒	6.65	219.49	1/852	1/647

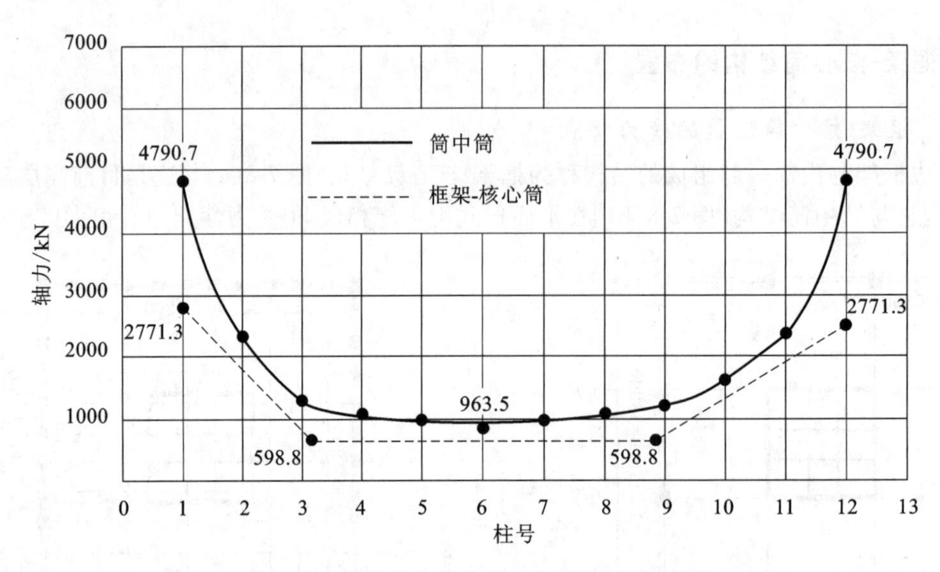

图 7-9 框架-核心筒结构与筒中筒结构翼缘框架柱的轴力分布

(3)内力分配比例。

表 7-2 给出了框架-核心筒结构与筒中筒结构的内力分配比例。由表 7-2 可知,框架-核心筒结构的实腹筒承受的剪力占总剪力的 80.6%,倾覆力矩占 73.6%,比筒中筒结构实腹筒承受的剪力和倾覆力矩所占比例都大;筒中筒结构的外框筒承受的倾覆力矩占 66.0%,而框架-核心筒结构的外框架承受的倾覆力矩仅占 26.4%。上述比较说明,框架-核心筒结构中实腹筒为主要抗侧力部分,而筒中筒结构中抵抗剪力以实腹筒为主,抵抗倾覆力矩则以外框筒为主。

表 7-2 框架-核心筒结构与筒中筒结构内力分配比例 (单位:%)

结构体系	基本剪力		倾覆力矩	
	实腹筒	周边框架	实腹筒	周边框架
筒中筒	72.6	27.4	34.0	66.0
框架-核心筒	80.6	19.4	73.6	26.4

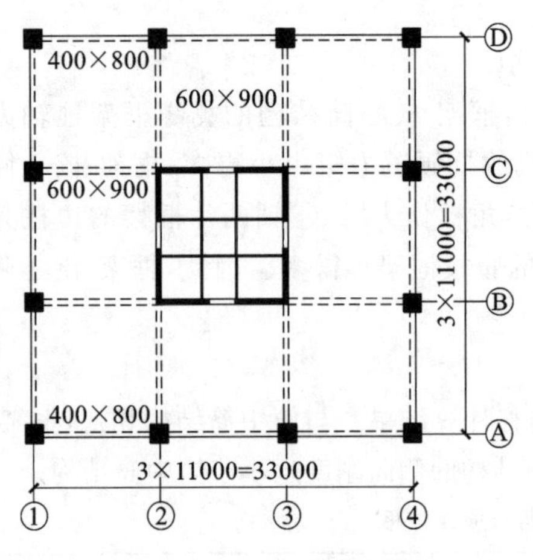

图 7-10 框架-核心筒结构的梁板楼盖

(4)楼盖体系的影响。

图 7-8 所示框架-核心筒结构的楼板是平板,基本不传递弯矩和剪力,翼缘框架中间两根柱子的轴力是通过角柱传过来的,轴力不大。提高中间柱子的轴力,从而提高其抗倾覆力矩能力的方法之一是在楼板中设置连接外柱与内筒的楼面梁,如图 7-10 所示,所加楼面梁使②、③轴形成带有剪力墙的框架。

图 7-11 为楼盖采用平板与梁板布置的框架-核心筒翼缘框架的轴力分布,采用平板楼盖的框架-核心筒结构翼缘框架中间柱的轴力很小,而采用梁板楼盖的框架-核心筒结构翼缘框架②、③轴柱的轴力反而比角柱大;在这种体系中,主要抗侧力单元与荷载方向平行,其中②、③轴框架-剪力墙的侧向刚度大大超过①、④轴框架,它们边柱的轴力也相应增大。也就是说,梁板楼盖的框架-核心筒结构传力体系与框架-剪力墙结构类似。

表 7-3 给出了采用平板楼盖和梁板楼盖的框架-核心筒结构侧向位移和内力分配比例。由表 7-3 可知,在楼板中增加楼面梁后增大了结构的侧向位移,周期缩短,顶点位移和层间位移减小。由于翼缘框架柱承受了较大的轴力,周边框架承受的倾覆力矩加大,核心筒承受的倾覆力矩减小;由于楼面大梁使核心筒反弯,核心筒承受的剪力略有增加,而周边框架承受的剪力则减小。

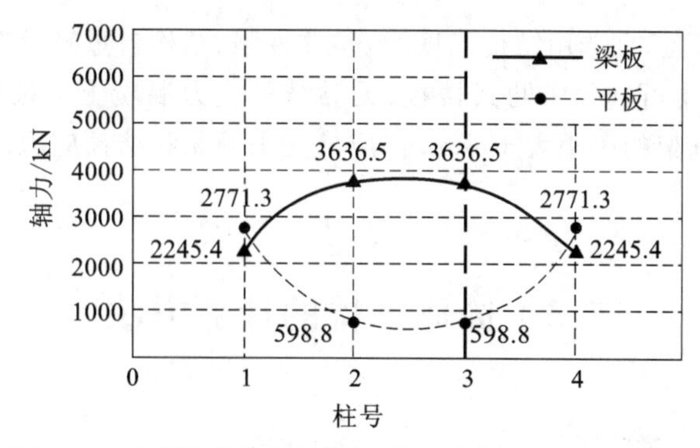

图 7-11 不同楼盖类型的框架-核心筒翼缘框架轴力分布

表 7-3 不同楼盖类型的框架-核心筒结构侧向位移和内力分配比例

楼盖类型	周期/s	顶点位移		最大层间位移角	基本剪力/%		倾覆力矩/%	
		u_t/mm	u_t/H	$\Delta u/h$	实腹筒	周边框架	实腹筒	周边框架
平板楼盖	6.65	219.49	1/852	1/647	80.6	19.4	73.6	26.4
梁板楼盖	5.14	132.17	1/1415	1/1114	85.8	14.2	54.4	45.6

采用平板楼盖时，框架虽然也具有空间作用，使翼缘框架柱产生轴力，但是柱数量少，轴力也小，远远不能达到周边框筒所起的作用。增加楼面大梁可使翼缘框架中间柱的轴力提高，从而充分发挥周边柱的作用；但是当周边柱与内筒相距较远时，楼面梁的跨度大，梁高较大，为了保持楼层的净空，需加大层高，对于高层建筑，加大层高并不经济。采用平板楼盖，同时使翼缘框架中间柱承受大的轴力，发挥周边柱的作用，可以采用框架-核心筒-伸臂结构。

7.2.2.2 框架-核心筒结构的布置原则

框架-核心筒结构可以做成钢筋混凝土结构、钢结构或钢-混凝土混合结构，可以在一般的高层建筑中应用，也可以在超高层建筑中应用。在钢筋混凝土框架-核心筒结构中，外框架由钢筋混凝土梁和柱组成，核心筒采用钢筋混凝土实腹筒；在钢结构中，外框架由钢梁、钢柱组成，内部采用有支撑的钢框架筒。由于框架-核心筒结构的柱数量少，内力大，通常柱的截面都很大，为减小柱截面，常采用钢、钢骨混凝土或钢管混凝土等构件做成框架的柱和梁，与钢筋混凝土或钢骨混凝土实腹筒结合，就形成了钢-混凝土混合结构。

框架-核心筒结构布置除须符合高层建筑结构的一般布置原则外，还应遵循以下原则。

(1)核心筒是框架-核心筒结构中的主要抗侧力部分，其承载力和延性要求都应更高，抗震时要采取提高延性的各种构造措施。核心筒宜贯通建筑物全高，且其宽度不宜小于筒体总高的1/12，当筒体结构设置角筒、剪力墙或增强结构整体刚度的构件时，核心筒的宽度可适当减小。

(2)框架-核心筒结构的周边柱间必须设置框架梁。框架可以布置成方形、矩形、圆形或其他多种形状，框架-核心筒结构对形状没有限制，框架柱距大，布置灵活，有利于建筑立面多样化。结构平面布置尽可能规则、对称，以减小扭转影响，质量分布宜均匀，内筒尽可能居中；核心筒与外柱之间的距离一般以12～15m为宜，如果距离很大，则需要另设内柱，或采用预应力混凝土楼盖，否则楼层梁太大，不利于减小层高。沿竖向结构刚度应连续，避免刚度突变。

(3)框架-核心筒结构内力分配的特点是框架承受的剪力和倾覆力矩都较小。抗震设计时，为实现双重抗侧力结构体系，对钢筋混凝土框架-核心筒结构要求外框架构件的截面不宜过小，框架承担的剪力和弯矩需调整；对钢-混凝土混合结构，要求外框架承受的层剪力应达到总层剪力的20%～25%；由于外钢框架柱截面小，钢框架-钢筋混凝土核心筒结构要达到这个比例比较困难，因此这种结构的总高度不宜太大；如果采用钢骨混凝土、钢管混凝土柱，则较容易达到双重抗侧力结构体系的要求。

(4)非地震区的抗风设计时，采用伸臂加强结构对增大侧向刚度是有利的，抗震结构则应进行仔细的方案比较，不设伸臂就能满足侧移要求时就不必设置伸臂，必须设置伸臂时，必须处理好框架柱与核心筒的内力突变问题，要避免柱出现塑性铰或剪力墙破坏等导致薄弱层形成的潜在危险。

(5)框架-核心筒结构的楼盖，宜选用结构高度小、整体性强、结构自重轻及有利于施工的楼盖结构形式，因此宜选用现浇梁板式楼板，也可选用密肋式楼板、无黏结预应力混凝土平板以及预制预应力薄板加现浇层的叠合楼板。当内筒与外框架的中距大于 8m 时，应优先采用无黏结预应力混凝土楼盖。

7.3 筒体结构的计算方法

筒体结构为空间受力体系，而且由于薄壁筒和框筒都有剪力滞后现象，其受力情况非常复杂，应该按照空间结构的计算方法求其内力和位移。精确的空间计算工作量很大，在工程应用中都要作一些简化。由于简化的方法和程度不同，框筒结构和筒中筒结构的计算方法有很多种，各有特点。本节主要介绍几种筒体结构的简化计算方法，适用于方案阶段估算截面尺寸。

7.3.1 等效槽形截面近似计算法

矩形框筒的翼缘框架由于存在剪力滞后效应，在水平荷载作用下，翼缘框架的中间柱轴力较小。为了简化计算，将矩形框筒简化为两个槽形竖向结构，如图 7-12 所示。

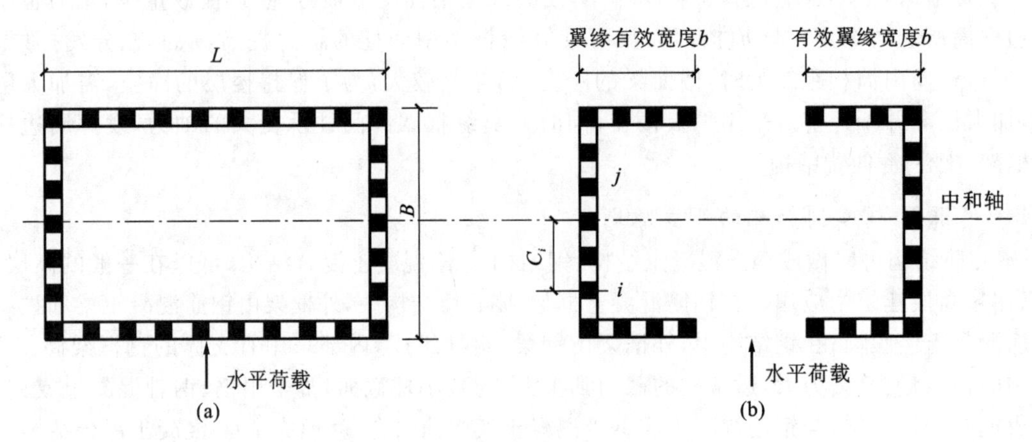

图 7-12 框筒结构的等效槽形截面

等效槽形截面的翼缘有效宽度取下列三者中的最小值：框筒腹板框架宽度 B 的 1/2；框筒翼缘框架宽度 L 的 1/3；框筒总高度的 1/10。

7.3.1.1 内力的简化计算

将双槽形截面作为等效截面，利用材料力学公式可以求出整体弯曲应力和剪切应力。单根柱子范围内的弯曲正应力合成柱的轴力，层高范围内的剪切应力构成裙梁的剪力，因此其第 i 个柱内轴力及第 j 个梁内剪力可由下列公式初步估算：

$$N_{ci} = \frac{M_p C_i}{I_e} A_{ci} \tag{7-1}$$

$$V_{bj} = \frac{V_p S_j}{I_e} h \tag{7-2}$$

$$I_e = \sum_{i=1}^{m} I_{ci} + \sum_{i=1}^{m} A_{ci} C_i^2 \tag{7-3}$$

式中 M_p，V_p—— 水平荷载产生的楼层总弯矩和总剪力；

I_e——框筒简化槽形截面对框筒中和轴的惯性矩；

S_j——第 j 根梁以外各柱截面面积对框筒中和轴的面积矩；

h——层高(若梁所在处上、下层的层高不同，则取平均值)；

I_{ci},A_{ci}——等效槽形截面第 i 根柱的惯性矩和截面面积；

C_i——各柱中心至槽形截面形心的距离。

各柱受到的剪力 V_{ci} 可近似按壁式框架的抗侧刚度 D 进行分配得到：

$$V_{ci} = \frac{D_i}{\sum D_i} V_p \tag{7-4}$$

柱端弯矩可近似按下式确定：

$$M_{ci} = \frac{h}{2} V_{ci} \tag{7-5}$$

同理，根据梁的剪力，假定反弯点在梁净跨度的中点，可求得柱边缘处梁端截面的弯矩。

7.3.1.2 位移的近似计算

位移计算，只考虑弯曲变形，则框筒顶点位移可近似按以下公式计算：

$$\Delta = \begin{cases} \dfrac{11}{60} \dfrac{V_0 H^3}{EI_e} & \text{（倒三角形分布荷载）} \\ \dfrac{1}{8} \dfrac{V_0 H^3}{EI_e} & \text{（均布荷载）} \\ \dfrac{1}{3} \dfrac{V_0 H^3}{EI_e} & \text{（顶部集中荷载）} \end{cases} \tag{7-6}$$

式中 V_0——底部截面的剪力。

7.3.2 空间杆系-薄壁柱矩阵位移法

空间杆系-薄壁柱矩阵位移法是将框筒的梁、柱简化为空间杆件单元(图 7-13)，每个结点有 6 个自由度，单元刚度矩阵为 12 阶；将内筒简化为薄壁杆件单元(图 7-14)，考虑其截面翘曲变形，每个杆端有 7 个自由度，比普通空间杆件单元增加了双力矩所产生的扭转角，单元刚度矩阵为 14 阶；外筒与内筒通过楼板连接协同工作，通常假定楼板为平面内无限刚性板，忽略其平面外刚度。楼板的作用只是保证内外筒具有相同的水平位移，而楼板与筒之间不传递楼板平面外的弯矩。此方法的优点是可以分析梁柱为任意布置时一般的空间结构，可以分析平面为非对称的结构和荷载，并可获得薄壁柱(内筒)受约束扭转引起的翘曲应力。本方法需通过计算机实现。

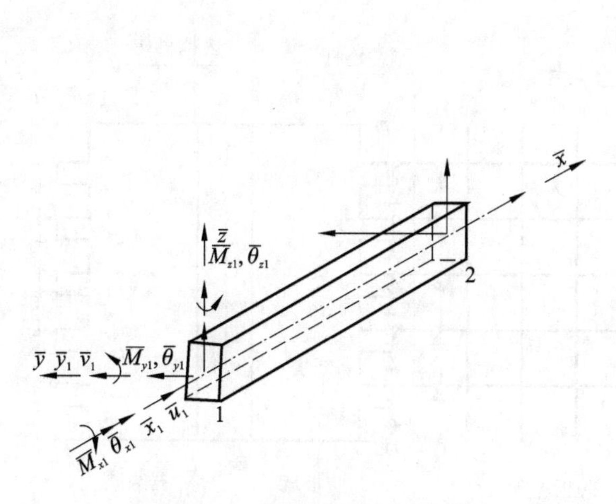

图 7-13 一般的空间杆件单元

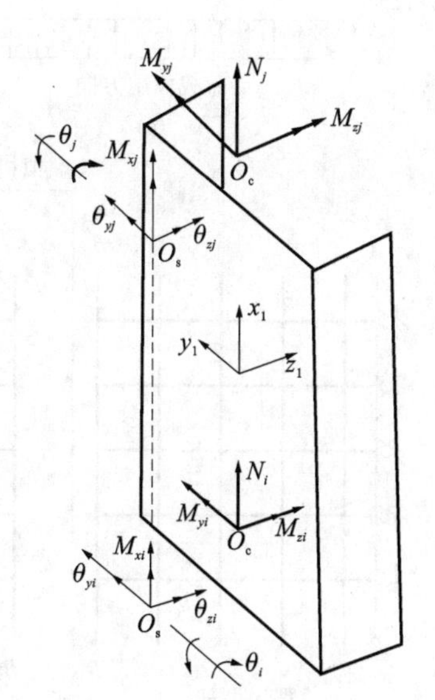

图 7-14 空间开口薄壁杆件单元

7.3.3 平面展开矩阵位移法

对矩形平面的框筒或筒中筒结构，在水平荷载作用下，可以把腹板框架和翼缘框架组成的空间受力体系展开成等效的平面框架(图 7-15)，这样就可以利用平面框架分析程序，计算比较简便。

通过对矩形平面的框筒或筒中筒结构受力性能的分析可知，在侧向力作用下，筒体结构的腹板部分主要抗剪，翼缘部分的轴力形成弯矩作用主要抗弯；筒体结构的各榀平面单元主要在其自身平面内受力，而在平面外的受力则很小。因此，可采用如下两点基本假定：

①对筒体结构的各榀平面单元，可略去其平面外的刚度，而仅考虑在其自身平面内的刚度。因此，可忽略外筒的梁柱构件各自的扭转作用。

②楼盖结构在其自身平面内的刚度可视为无穷大，因此，在对称侧向力作用下，在同一楼层标高处内外筒的侧移量应相等，楼盖结构在其平面外的刚度则可忽略不计。

对于图 7-15(a)所示的筒中筒结构，在对称侧向力作用下，整个结构不发生整体扭转；与筒中筒结构的主要受力作用相比，内、外筒各榀平面结构在自身平面外的作用以及外筒的梁柱构件各自的扭转作用均小得多，可忽略不计。另外，由于楼盖结构平面外的刚度小，可略去它对内、外筒壁的变形约束作用。因此，可进一步把内、外筒分别展开到同一平面内，分别展开成带刚域的平面壁式框架和带门洞的墙体，并相互由简化成楼盖连杆的楼面体系相连。由于大部分筒中筒结构在双向都轴对称，因此可取其 1/4 进行计算，在对称荷载作用下，翼缘框架在自身平面内没有水平位移，因此可把翼缘框架绕角柱转 90°，使其与腹板框架处于同一平面内，以形成等效平面框架体系进行内力和位移的计算，而对称轴上的有关边界条件则需按筒中筒结构的变形及其受力特点来确定。

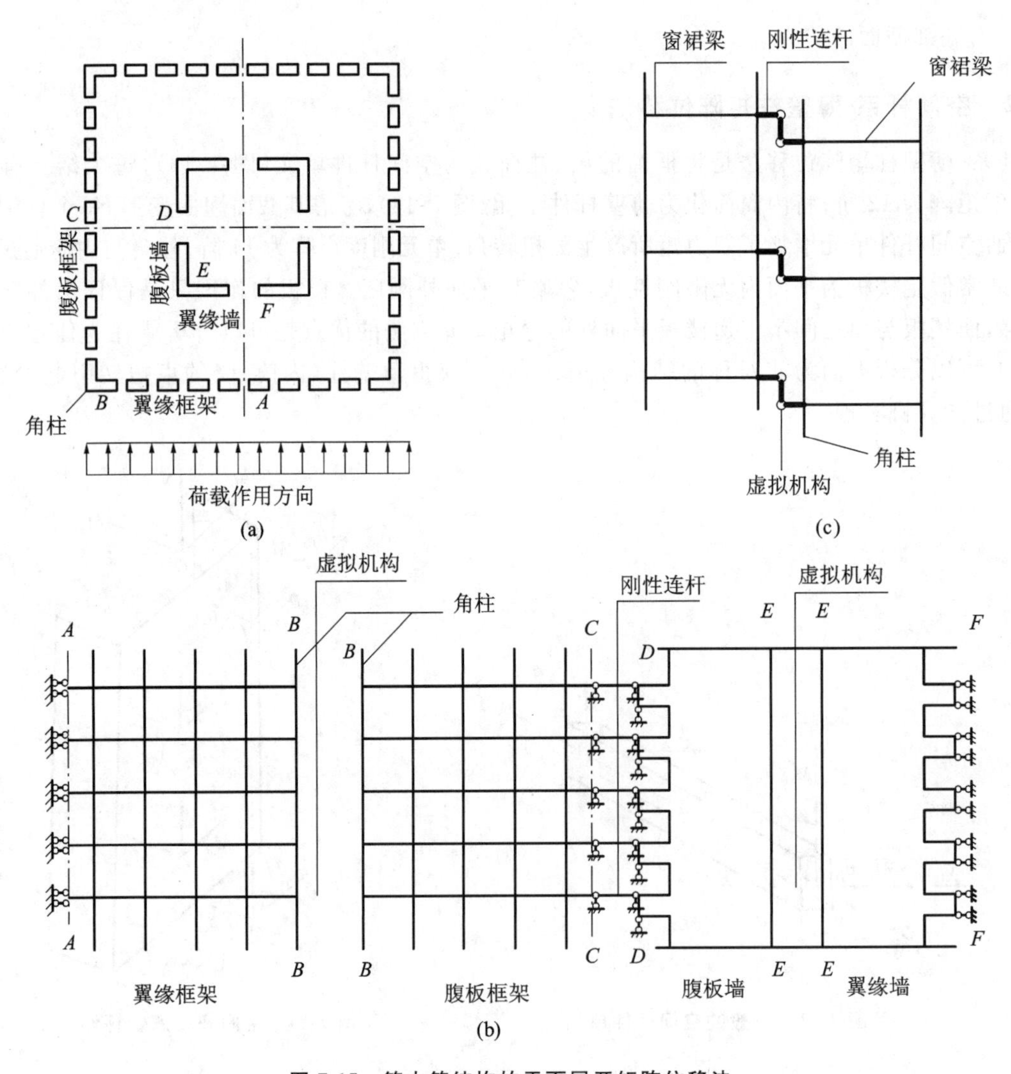

图 7-15 筒中筒结构的平面展开矩阵位移法

在对称侧向力作用下，在翼缘框架的对称轴，即 $A—A$ 轴处，框架平面内既不产生水平位移，也不产生转角，只会出现竖向位移。因此，在各层的梁柱节点上，力学模式中应有两个约束。在内筒翼缘墙的对称轴，即 $F—F$ 轴处，同样亦应设置图 7-15(b)所示的约束。在对称侧向力作用下的腹板框架对称轴，即 $C—C$ 轴处，由于腹板框架的变形及其受力情况都是反对称的，因此，在对称轴 $C—C$ 处，柱的轴向力应为零，但在此处会产生腹板框架平面内的侧向位移与相应的转角，故在各层的相应节点上，应设置一个竖向约束。同理，在内筒腹板墙的对称轴 $D—D$ 处，亦应设立相应的竖向约束。由于楼盖结构在其自身平面内的刚度为无限大，且忽略了筒壁的出平面的作用，所以，作用在结构某层上的侧向力，其荷载作用点可简化到该层外筒的腹板框架或内筒的腹板墙上的任一节点。基于同样的理由，把楼盖结构简化成轴向刚度无穷大、与内外筒以铰相连的连杆，以保证内外筒结构的侧向位移在各楼层处相同。

由于翼缘框架和腹板框架间的公用角柱为双向弯曲，故在等效平面框架中，须将角柱展开成属于两榀正交平面壁式框架的两根边柱(以下简称"虚拟角柱")。角柱分开后，在每一楼层处用一个仅能传递竖向剪力的虚拟机构[图 7-15(c)]将它们连接起来，以保证两个虚拟角柱的竖向变形一致，而相互之间又不传递水平力及弯矩。同样，在内筒展开成平面结构时，在两相邻筒壁之间，亦在每一楼层处设置虚拟单元，以保证两相邻筒壁在原交接面上的竖向变形一致，而相互之间又不传递水平力。

将实际角柱分为两个虚拟角柱后，虚拟角柱进行弯曲刚度计算时，惯性矩可取各自方向上的值。若角柱为圆形或矩形截面，截面的两个形心主惯性轴分别位于翼缘框架和腹板框架内，两个角柱各采用相应的主惯性轴的惯性矩；若角柱截面的两个形心轴不在翼缘框架和腹板框架平面内，则在翼缘框架和腹板框架中角柱都不是平面弯曲，而是斜弯曲，两个角柱惯性矩的取值需再作适当的简化假定，如 L 形截面角柱，可分别取 L 形截面的一个肢作为矩形截面来计算。计算角柱的轴向刚度时，角柱的截面面积可按任选比例分给两个角柱，例如翼缘框架和腹板框架的角柱截面面积可各取原角柱截面面积的 1/2，计算后，将翼缘框架和腹板框架角柱的轴力叠加，作为原角柱的轴力。

把筒中筒这一空间结构简化成平面结构后，可利用分析平面结构的方法和计算机程序进行计算，如矩阵位移法，可使计算工作量大为减少。

7.3.4 等效弹性连续体能量法

等效弹性连续体是将框筒结构连续化，即把空间杆系折合成等效的连续体，按连续体计算，最后把连续体结果转换为框架杆件的内力。对连续体的计算可用能量法，也可用有限条法。

等效弹性连续体能量法基于楼板在其平面内刚度为无限大和框筒结构的筒壁在其自身平面外的作用很小，只考虑其平面内作用的基本假定，把框筒结构简化成由四榀等效的正交异性弹性板所组成的实腹筒体，用能量法求解。

在实际工程中，梁和柱的间距沿建筑物高度方向常常保持不变。为了在分析中简化公式推导，同时假定梁与柱的横截面沿建筑物高度方向保持不变。于是由密排柱和窗裙梁所组成的每榀框架都可用一榀等厚的正交异性弹性板来等效，从而把框筒结构等效成一个无孔实腹筒体(图 7-16)，并可利用能量法求解。等效正交异性弹性板的刚度特征值可通过弹性板与实际结构的变形等效条件导出。

假设层高相等，各层柱距均匀，梁柱截面尺寸不变，在轴向力作用下，框筒与等效板的荷载变形关系相等，则对于每个开间(图 7-17)，应满足下式：

$$AE = dtE_{\rm eq} \tag{7-7}$$

式中 A—— 每根柱的截面面积；

E——材料的弹性模量；

d——柱距；

t——等效板厚；

$E_{\rm eq}$——等效板的竖向弹性模量。

若取等效板的截面面积 dt 和柱子截面面积 A 相等，则

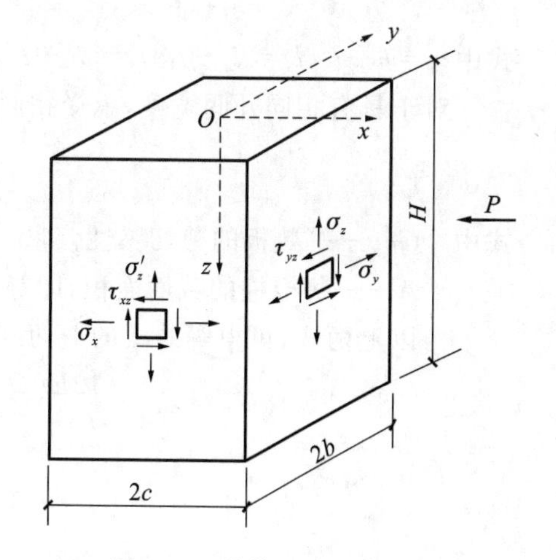

图 7-16 等效无孔实腹筒体

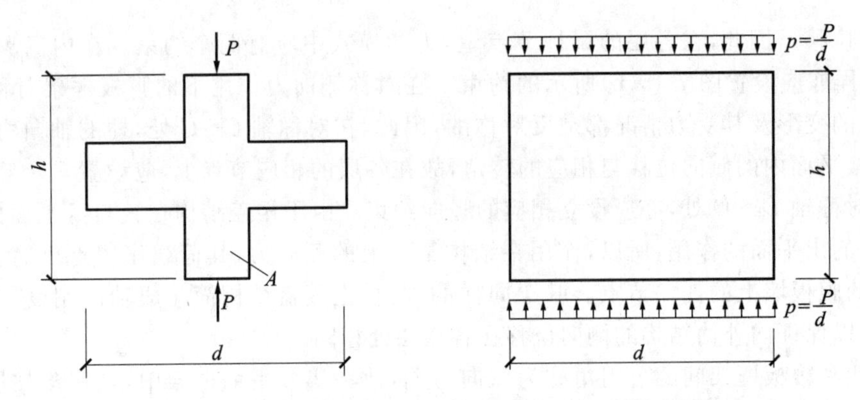

图 7-17 等效正交异性弹性板的刚度特征值计算示意图

$$E_{eq} = E \tag{7-8}$$

等效墙板的剪切模量,可根据壁式框架与等效板在承受相同剪力 V 时,两者具有相同水平位移来确定。对图 7-18 所示的壁式框架,其受力与变形特性可取一个梁柱单元来研究,假设柱的反弯点在层高的中点,梁的反弯点都在梁跨中。由于柱间距很小,窗裙梁截面较大,相对于柱层高与梁跨度来说,梁柱节点区可视为刚域,其宽度等于柱宽,其高度等于梁高。

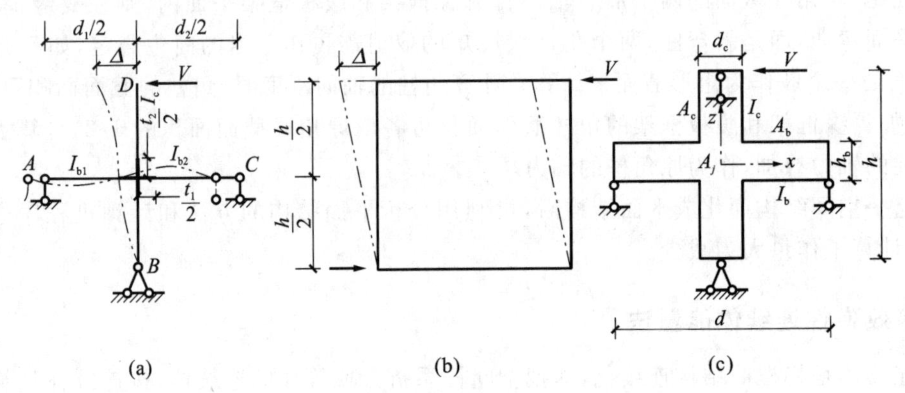

图 7-18 等效单元剪切模量计算示意图

框架梁柱单元上的受力及边界约束条件如图 7-18(a)所示。如果水平剪力值为 V,作用于节点 D,最终的水平位移是 Δ,可得出剪力与位移之间的关系为

$$V\frac{h}{2} = \frac{6EI_c}{e^2}\left(1+\frac{t_2}{e}\right)\frac{\Delta}{1+\dfrac{2\dfrac{I_c}{e}\left(1+\dfrac{t_2}{e}\right)^2}{\dfrac{I_{b1}}{l_1}\left(1+\dfrac{t_1}{l_1}\right)^2+\dfrac{I_{b2}}{l_2}\left(1+\dfrac{t_1}{l_2}\right)^2}} \tag{7-9}$$

式中,$e=h-t_2$,$l_1=d_1-t_1$,$l_2=d_2-t_2$。

对于具有相同开间宽度,承受相同剪力 V 的等效板,其荷载与位移间的关系为

$$\Delta = \frac{V}{GA}h \tag{7-10}$$

式中 G——等效板的剪切弹性模量;

A——每根柱的截面面积,即等效板的截面面积。

由以上两式,可得等效板的剪切刚度为

$$GA = \frac{12EI_c}{e^2}\left(1+\frac{t_2}{e}\right)\frac{1}{1+\dfrac{2I_c\left(1+\dfrac{t_2}{e}\right)^2}{e\left[\dfrac{I_{b1}}{l_1}\left(1+\dfrac{t_1}{l_1}\right)^2+\dfrac{I_{b2}}{l_2}\left(1+\dfrac{t_1}{l_2}\right)^2\right]}} \tag{7-11}$$

若设其中一根梁的惯性矩为零,即可用于边柱。

在实际工程中，一般常有 $I_{b1}=I_{b2}=I_b, d_1=d_2=d, l_1=l_2=l=d-t_1$，则

$$GA=\frac{12EI_c}{e^2}\left(1+\frac{t_2}{e}\right)\frac{1}{1+\dfrac{l}{e}\dfrac{I_c\left(1+\dfrac{t_2}{e}\right)^2}{I_b\left(1+\dfrac{t_1}{l}\right)^2}} \tag{7-12}$$

等效板的总剪切刚度 GA 等于各单独柱的等效剪切刚度之和。

由此，可将实际为深梁密柱的框筒结构等效为厚度为 t、等效弹性模量为 E、等效剪切模量为 G 的封闭实腹筒，并根据能量法进一步求解。

【典型例题】

【例 7-1】 某框筒结构的平面如图 7-19(a)所示。层高 3m，共 25 层，总高度 75m。混凝土柱采用 C30 级，建筑从下至上承受水平均布荷载，设计值 $q=0.60\text{kN/m}^2$，混凝土弹性模量为 3.0×10^4MPa，梁截面尺寸为 300mm×600mm，求底层各柱的轴力和梁剪力。

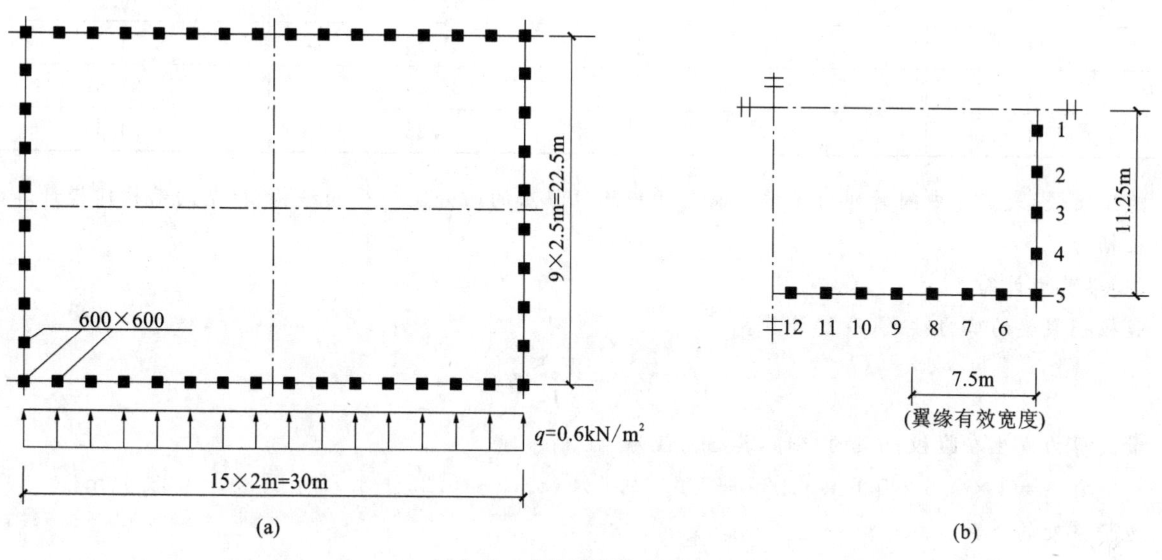

图 7-19　框筒结构平面图

【解】 (1)确定等效槽形截面的翼缘有效宽度 b。

$$b=\min\left\{\frac{B}{2},\frac{L}{3},\frac{H}{10}\right\}=\min\left\{\frac{22.5}{2},\frac{30}{3},\frac{75}{10}\right\}=7.5(\text{m})$$

翼缘框架在有效宽度 $b=7.5$m 范围内有 4 个柱子(含角柱)，见图 7-19(b)。

(2)求各主要参数。

各柱截面面积：　$A_c=0.6\times0.6=0.36(\text{m}^2)$

各柱惯性矩：　$I_c=\frac{1}{12}bh^3=\frac{1}{12}\times0.6\times0.6^3=0.0108(\text{m}^4)$

等效槽形截面惯性矩：

$$I_e=2[I_c\times(8+8)+2\times A_c\times(4\times11.25^2+8.75^2+6.25^2+3.75^2+1.25^2)]$$
$$=2\times[0.0108\times(8+8)+2\times0.36\times(4\times11.25^2+8.75^2+6.25^2+3.75^2+1.25^2)]=918.3(\text{m}^4)$$

(3)底层各柱轴力计算。

外荷载在底层产生的弯矩和剪力：

$$M_p=\frac{0.6\times30\times75^2}{2}=50625(\text{kN}\cdot\text{m})$$

$$V_p=0.6\times30\times75=1350(\text{kN})$$

底层各柱轴力按下式计算：

$$N_{ci}=\frac{M_pC_iA_{ci}}{I_e}$$

结果列于表 7-4。

表 7-4 底层各柱轴力 (单位:kN)

柱号	C_i	等效槽形截面法	平面展开矩阵位移法	空间结构计算
1	1.25	24.81	9.8	8.31
2	3.75	74.42	32.52	28.91
3	6.25	124.03	68.16	58.35
4	8.75	173.64	156.56	111.21
5	11.25	223.26	396.64	388.75
6	11.25	223.26	162.33	191.09
7	11.25	223.26	93.45	105.72
8	11.25	223.26	60.79	67.64
9	11.25	0	42.49	46.94
10	11.25	0	31.66	34.78
11	11.25	0	25.32	27.82
12	11.25	0	22.38	24.63

为了比较,表 7-4 中同时列出了按平面展开矩阵位移法的四分之一平面结构、按空间结构建模计算的底层各柱轴力。

(4)梁剪力计算。

腹板框架梁的剪力按式(7-2)计算:

$$V_{bj} = \frac{V_p S_j}{I_e} h$$

最大剪力发生在腹板框架的中部,其 S_{max} 值为

$$S_{max} = 4 \times 0.6 \times 0.6 \times 11.25 + 0.6 \times 0.6 \times (8.75 + 6.25 + 3.75 + 1.25) = 23.4(m^3)$$

边跨梁处的 S 为

$$S = 4 \times 0.6 \times 0.6 \times 11.25 = 16.2(m^3)$$

腹板框架中部梁剪力 $V_{中}$ 及边跨梁剪力 $V_{边}$ 分别为

$$V_{中} = \frac{1350 \times 23.4 \times 3}{918.3} = 103.20(kN)$$

$$V_{边} = \frac{1350 \times 16.2 \times 3}{918.3} = 71.45(kN)$$

按平面结构计算,腹板框架中部梁剪力 $V_{中}$=73.43kN,边跨梁剪力 $V_{边}$=60.85kN;

按空间结构计算,腹板框架中部梁剪力 $V_{中}$=56.32kN,边跨梁剪力 $V_{边}$=57.54kN。

由上述例题可以看出:对矩形平面的框筒结构,按等效槽形截面法得到的计算结果与按平面结构、空间结构分析所得结果相差较大,等效槽形截面法为粗略计算法,仅供初步估算之用。当对称荷载作用于矩形框筒结构时,分别采用平面结构、空间结构分析,其内力分析结果较接近,但对于梁柱任意布置的一般筒体结构,建议采用空间结构,利用有限元分析程序进行计算与设计(具体见第 11 章)。

7.4 筒体结构的截面设计及构造要求

筒体结构由梁、柱(框筒)和剪力墙(实腹筒)组成,其截面设计和构造措施等有关要求可参见框架和剪力墙的相应要求。本节仅针对筒体结构的特点,就主要问题作简要补充。

7.4.1 混凝土强度等级

混凝土筒体结构应采用现浇混凝土结构。由于筒体结构层数多、重量大，混凝土强度等级不宜低于C30，以免柱截面尺寸过大，影响建筑的有效使用面积。

7.4.2 外框架或外框筒

设计恰当的框架-核心筒结构可以形成外周框架与核心筒协同工作的双重抗侧力结构体系。实际工程中，由于外周框架柱的柱距过大、梁高过小，造成其刚度过低、核心筒刚度过高，结构底部剪力主要由核心筒承担，在强烈地震作用下，核心筒墙体可能损伤严重，经内力重分布后，外周框架会承担较大的地震作用。因此，《高层建筑混凝土结构技术规程》(JGJ 3—2010)规定，抗震设计时，框架-核心筒结构和筒中筒结构，如果各层框架按侧向刚度承担的地震剪力不小于结构底部总地震剪力的20%，则框架地震剪力可不调整；否则，框架柱的地震剪力应按下述规定调整：

(1)框架部分分配的楼层地震剪力标准值的最大值不宜小于结构底部总地震剪力标准值的10%。

(2)当框架部分分配的地震剪力标准值的最大值小于结构底部总地震剪力标准值的10%时，各层框架部分承担的地震剪力标准值应增大到结构底部总地震剪力标准值的15%。此时，各层核心筒墙体的地震剪力标准值宜乘增大系数1.1，但可不大于结构底部总地震剪力标准值，墙体的抗震构造措施应按抗震等级提高一级后采用，已为特一级的可不再提高。

(3)当框架部分分配的地震剪力标准值小于结构底部总地震剪力标准值的20%，而其最大值不小于结构底部总地震剪力标准值的10%时，应按结构底部总地震剪力标准值的20%和框架部分楼层地震剪力标准值中最大值的1.5倍二者中的较小值调整。

框架柱的地震剪力按上述方法调整后，框架柱端弯矩及与之相连的框架梁端弯矩、剪力应相应调整。有加强层时，框架部分分配的楼层地震剪力标准值的最大值不应包括加强层及其上、下层的框架剪力。

筒体结构的楼盖主梁不宜搁置在核心筒或内筒的连梁上，以免使连梁产生较大剪力和扭矩，从而导致脆性破坏。支承楼盖梁的内筒或核心筒部位宜设置配筋暗柱，暗柱宽度宜大于或等于$3b_b$(b_b为梁宽度)。梁端纵向钢筋锚入墙体不能满足水平锚固长度要求(非抗震设计大于或等于$0.4l_a$，抗震设计大于或等于$0.4l_{aE}$)时，宜在内筒或核心筒墙体的梁支承部位设置配筋壁柱。

框筒的角柱应按双向偏心受压构件计算。在地震作用下，角柱不允许出现小偏心受拉，当出现大偏心受拉时，应考虑偏心受压与偏心受拉的最不利情况；如角柱为非矩形截面，尚应进行弯矩(双向)、剪力和扭矩共同作用下的截面验算。筒体角部应加强抗震构造措施，沿角部全高范围设置约束边缘构件。

框筒的中柱宜按双向偏心受压构件计算。当楼盖结构为有梁体系时，应考虑楼盖梁的弹性嵌固影响。

筒体结构的大部分水平剪力由核心筒或内筒承担，框架柱或框筒柱所受剪力远小于框架结构中的柱剪力，剪跨比明显增大，因此其轴压比限值可比框架结构适当放宽。抗震设计时，框筒柱和框架柱的轴压比限值可按框架-剪力墙结构的规定采用。

为避免框筒梁和内筒连梁在地震作用下产生脆性破坏，外框筒梁和内筒连梁的截面尺寸应符合下列规定：

①持久、短暂设计状况：

$$V_b \leqslant 0.25\beta_c f_c b_b h_{b0} \tag{7-13}$$

②地震设计状况：

当跨高比大于2.5时

$$V_b \leqslant \frac{1}{\gamma_{RE}}(0.20\beta_c f_c b_b h_{b0}) \tag{7-14}$$

当跨高比不大于2.5时

$$V_b \leqslant \frac{1}{\gamma_{RE}}(0.15\beta_c f_c b_b h_{b0}) \tag{7-15}$$

式中 V_b——外框筒梁或内筒连梁剪力设计值；

b_b，h_{b0}——外框筒梁或内筒连梁截面的宽度和有效高度。

在水平地震作用下，框筒梁和内筒连梁的端部反复承受正、负弯矩和剪力，而一般的弯起钢筋无法承担正、负剪力，因此需要加强其箍筋配筋构造要求；同时，由于框筒梁高度较大、跨度较小，应重视其纵向钢筋和腰筋的配置。

外框筒梁和内筒连梁的构造配筋应符合：非抗震设计时，箍筋直径不应小于 8mm，箍筋间距不应大于 150mm；抗震设计时，箍筋直径不应小于 10mm，箍筋间距沿梁长不变，且不应大于 100mm，当梁内设置交叉暗撑时，箍筋间距不应大于 200mm。框筒梁上、下纵向钢筋的直径均不应小于 16mm，腰筋的直径不应小于 10mm，腰筋间距不应大于 200mm。

研究表明，跨高比较小的框筒梁和内筒连梁增设交叉暗撑对提高其抗震性能有较好的作用，但交叉暗撑的施工有一定难度。跨高比不大于 2 的框筒梁和内筒连梁宜增配对角斜向钢筋；跨高比不大于 1 的框筒梁和内筒连梁宜采用交叉暗撑，要求梁的截面宽度不宜小于 400mm，全部剪力应由暗撑承担。如图 7-20 所示，每根暗撑应由不少于 4 根纵向钢筋组成，纵筋直径不应小于 14mm，其总面积 A_s 应按下列公式计算。

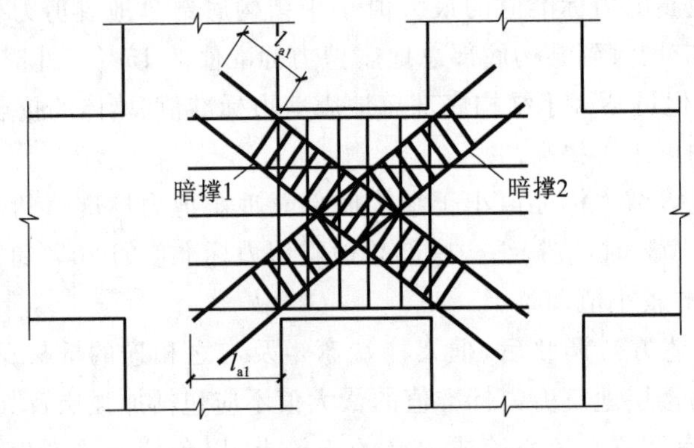

图 7-20 梁内交叉暗撑的配筋

持久、短暂设计状况：

$$A_s \geqslant \frac{V_b}{2f_y\sin\alpha} \tag{7-16}$$

地震设计状况：

$$A_s \geqslant \frac{\gamma_{RE}V_b}{2f_y\sin\alpha} \tag{7-17}$$

式中 α——暗撑与水平线间的夹角。

两个方向暗撑的纵向钢筋应采用矩形箍筋或螺旋箍筋绑成一体，箍筋直径不应小于 8mm，间距不应大于 150mm；纵筋伸入竖向构件的长度不应小于 l_{a1}，非抗震设计时 l_{a1} 可取 l_a，抗震设计时 l_{a1} 宜取 $1.15l_a$，其中 l_a 为钢筋的锚固长度。为方便施工，交叉暗撑的箍筋可不设加密区。

7.4.3 核心筒或内筒

核心筒或内筒中剪力墙截面形状宜简单，截面形状复杂的墙体应按应力分布配置受力钢筋。核心筒和内筒由若干墙肢和连梁组成，墙肢宜均匀、对称布置，其角部附近不宜开洞，当不可避免时，筒角内壁至洞口的距离不应小于 500mm 和开洞墙截面厚度二者中的较大值；为防止核心筒或内筒中出现小墙肢等薄弱环节，核心筒或内筒的外墙不宜在水平方向连续开洞，洞间墙肢的截面高度不宜小于 1.2m，对个别无法避免的小墙肢，当洞间墙肢的截面高度与厚度之比小于 4 时，宜按框架柱进行设计，以加强其抗震能力。筒体墙应进行墙体稳定验算，且外墙厚度不应小于 200mm，内墙厚度不应小于 160mm，必要时可设置扶壁柱或扶壁墙以增强墙体的稳定性。

筒体墙的加强部位高度、轴压比限制、边缘构件的设置以及配筋设计，应符合《高层建筑混凝土结构技术规程》(JGJ 3—2010)的有关规定。抗震设计时,框架-核心筒结构的核心筒和筒中筒结构的内筒应设置约束边缘构件或构造边缘构件,其底部加强部位在重力荷载作用下的墙体轴压比不宜超过轴压比限值。框架-核心筒结构的核心筒角部边缘构件应按下列要求予以加强:底部加强部位约束边缘构件沿墙肢的长度应取墙肢截面高度的 1/4,约束边缘构件范围内应主要采用箍筋;底部加强部位以上墙体按一般剪力墙的规定设置边缘构件(见第 5 章 5.8 节)。

计算核心筒墙肢正截面(压、弯)承载力时宜考虑墙身分布钢筋与翼缘的作用,按双向偏心受压计算。计算核心筒墙肢斜截面受剪承载力时,仅考虑与剪力作用方向平行的肋部的面积,不考虑翼缘部分的作用。

墙肢应进行墙身平面外正截面受弯承载力校核,以验算竖向分布钢筋的配筋量。此时,墙身轴向力取竖向荷载作用产生的轴向力与风荷载、地震作用产生的轴向力的组合计算,偏心距不应小于墙厚的 1/10。

筒体墙的水平、竖向配筋不应少于两排,其最小配筋率与剪力墙规定相同,但框架-核心筒结构抗震设计时底部加强部位主要墙体的水平和竖向分布钢筋的配筋率均不宜小于 0.30%;抗震设计时,核心筒和内筒的连梁宜配置对角斜向钢筋或交叉暗撑,以提高连梁的抗震延性。

核心筒结构墙肢间连梁的截面限制条件、配筋计算及构造要求与外框筒的设计要求一致。

7.4.4 板

筒体结构的双向楼板在竖向荷载作用下,四周外角要上翘,但受剪力墙的约束,加上楼板混凝土收缩和温度变化影响,楼板外角可能产生斜裂缝。为防止这类裂缝出现,筒体结构的楼板外角顶面与底面宜设置双层双向钢筋(图 7-21),单层单向配筋率不宜小于 0.3%,钢筋的直径不应小于 8mm,间距不应大于 150mm,配筋范围不宜小于外框架(或外筒)至内筒外墙中距的 1/3 且不宜小于 3m。

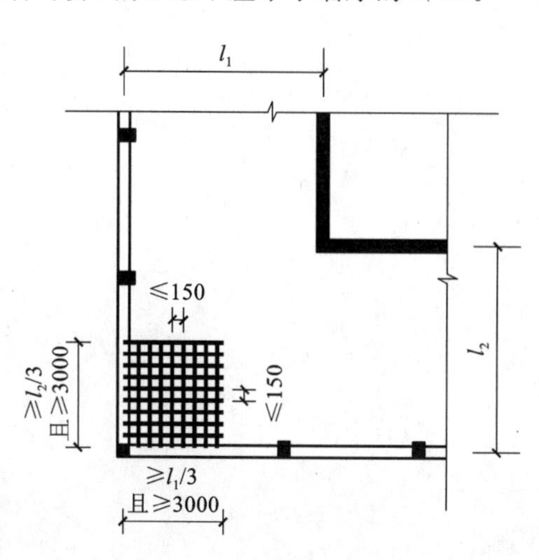

图 7-21 板角配筋示意图

知识归纳

(1)筒体的基本形式有实腹筒、框筒和桁架筒等。筒体结构主要包括框筒结构、筒中筒结构、桁架筒结构、束筒结构和框架-核心筒结构等。

(2)框筒与筒中筒结构具有剪力滞后现象,结构布置上应注意减小剪力滞后效应。

(3)框架-核心筒结构的受力性能更接近于框架-剪力墙结构。

(4)筒体结构为空间受力体系,简化计算方法有空间杆系-薄壁柱矩阵位移法、平面展开矩阵位移法、等效弹性连续体能量法等,适用于方案阶段估算截面尺寸。

(5)框架-核心筒结构和筒中筒结构的截面设计与构造措施等应符合《高层建筑混凝土结构技术规程》(JGJ 3—2010)的有关规定。如混凝土强度等级、各层框架的地震剪力调整、框筒梁和内筒连梁的截面限制条件及配筋构造、核心筒或内筒的墙体配筋、板配筋应满足构造要求。

独立思考

7-1 什么是剪力滞后现象?从结构布置上如何减小框筒和筒中筒结构的剪力滞后效应?

7-2 简述筒中筒结构和框架-核心筒结构的受力性能的不同,并说明原因。

7-3 简述筒体结构平面展开矩阵位移法中虚拟机构的作用和传力机理,各榀平面结构之间的联系或边界约束条件如何确定。

7-4 在等效弹性连续体能量法中,如何将框筒结构等效为实腹筒?

7-5 筒体结构窗裙梁设计与普通框架梁设计相比有何特点?

7-6 简述筒体结构的主要设计要点和构造措施。

8

高层建筑钢-混凝土混合结构设计

课前导读

◹ 内容提要

本章主要内容包括钢-混凝土混合结构体系的主要类型及结构布置、混合结构的计算分析及概念设计、型钢混凝土构件设计和钢管混凝土构件设计及其构造要求。本章的教学重点为型钢混凝土梁、柱承载力计算和钢管混凝土柱承载力计算，教学难点为构件承载力计算过程中的抗震设计方法。

◹ 能力要求

通过本章的学习，学生应熟练掌握钢-混凝土混合结构体系与结构布置，了解混合结构的计算分析，可以进行一般的型钢混凝土构件设计和钢管混凝土构件设计，了解型钢混凝土构件和钢管混凝土构件的构造要求。

8.1 钢-混凝土混合结构体系的主要类型及结构布置

近些年，钢-混凝土混合结构体系作为一种新型结构体系，由于其在降低结构自重、减小结构断面尺寸、加快施工进度等方面优势明显，在我国得到迅速发展。目前，高度在150～200m之间采用钢-混凝土混合结构体系的建筑有上海金茂大厦、国际航运金融大厦、世界金融大厦等，同时一些高度超过300m的高层建筑也采用或部分采用了钢-混凝土混合结构。在工程实际中，高层建筑结构使用最多的还是框架-核心筒及筒中筒混合结构体系，故本章仅列出上述两种结构体系。

8.1.1 钢-混凝土混合结构体系的主要类型

本章所讲的高层建筑钢-混凝土混合结构体系（图8-1），是指由外围钢框架或型钢混凝土、钢管混凝土框架与钢筋混凝土核心筒所组成的框架-核心筒结构，以及由外围钢框筒或型钢混凝土、钢管混凝土框筒与钢筋混凝土核心筒所组成的筒中筒结构。

型钢混凝土（钢管混凝土）框架可以是型钢混凝土梁与型钢混凝土柱（钢管混凝土柱）组成的框架，也可以是钢梁与型钢混凝土柱（钢管混凝土柱）组成的框架，外周的筒体可以是框筒、桁架筒或交叉网格筒。为减小柱子尺寸或增加延性而在混凝土柱中设置构造型钢，当框架梁仍为钢筋混凝土梁时，该体系不宜视为混合结构；此外，局部构件采用型钢梁柱（型钢混凝土梁柱）的体系也不应视为混合结构。

8.1.1.1 框架-核心筒混合结构体系

框架-核心筒结构应用较为广泛，当外围框架分别为钢框架、型钢混凝土框架、钢管混凝土框架时，与钢筋混凝土核心筒分别组成钢框架-钢筋混凝土核心筒混合结构、型钢混凝土框架-钢筋混凝土核心筒混合结构及钢管混凝土框架-钢筋混凝土核心筒混合结构，如图8-1所示。

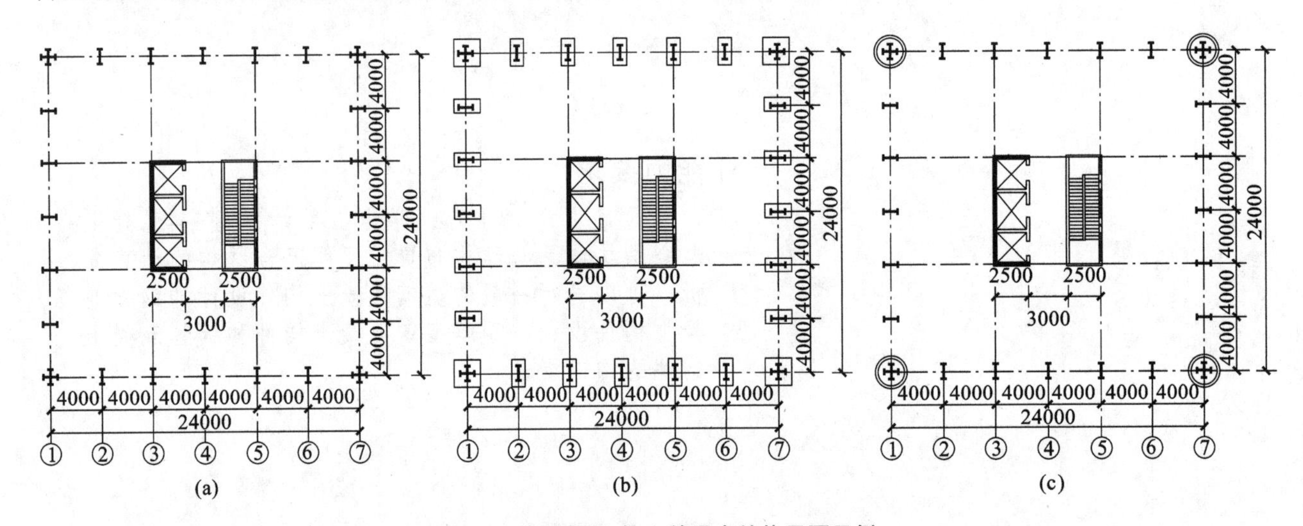

图8-1 高层框架-核心筒混合结构平面示例

(a)钢框架-钢筋混凝土核心筒高层混合结构平面示意图；(b)型钢混凝土框架-钢筋混凝土核心筒高层混合结构平面示意图；(c)主框架为钢管混凝土框架、次框架为钢框架-钢筋混凝土核心筒高层混合结构平面示意图

框架-核心筒结构除应符合高层建筑的一般布置原则外，还应符合以下有关要求：

(1)框架-核心筒结构，核心筒宜贯通建筑物全高。核心筒的宽度不宜小于筒体总高的1/12，当筒体结构设置角筒、剪力墙或增强结构整体刚度的构件时，核心筒的宽度可适当减小。

(2)抗震设计时，核心筒墙体设计尚应符合下列规定：

①底部加强部位主要墙体的水平和竖向分布钢筋的配筋率均不宜小于0.30%。

②底部加强部位约束边缘构件沿墙肢的长度宜取墙肢截面高度的 1/4，约束边缘构件范围内应主要采用箍筋。

③底部加强部位以上宜设置约束边缘构件。

(3)框架-核心筒结构的周边柱间必须设置框架梁。

(4)当内筒偏置、长宽比大于 2 时，宜采用框架-双筒结构。

(5)当框架-双筒结构的双筒间楼板开洞时，其有效楼板宽度不宜小于楼板典型宽度的 50%，洞口附近楼板应加厚，并应采用双层双向配筋，每层单向配筋率不应小于 0.25%；双筒间楼板宜按弹性板进行细化分析。

8.1.1.2 筒中筒混合结构体系

筒中筒混合结构体系可分为钢外筒-钢筋混凝土核心筒和型钢混凝土(钢管混凝土)外筒-钢筋混凝土核心筒。如图 8-2 所示。

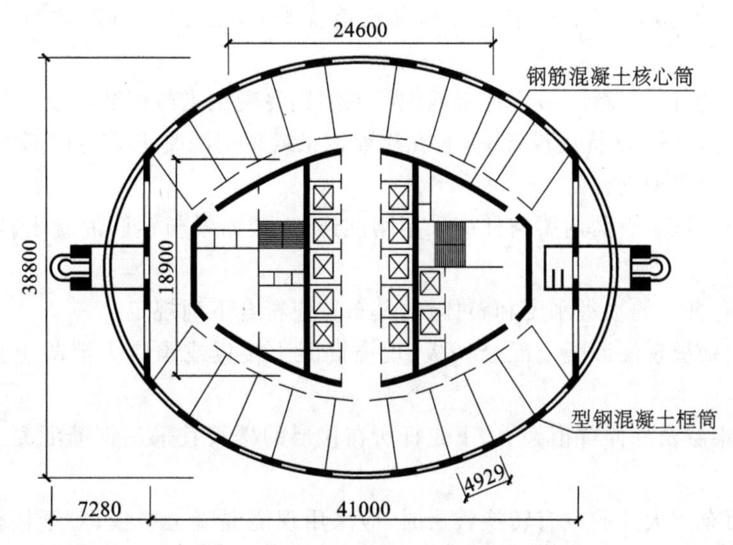

图 8-2 高层筒中筒混合结构平面示例

筒中筒结构除应符合高层建筑的一般布置原则外，还应符合以下有关要求：

(1)筒中筒结构的平面外形宜选用圆形、正多边形、椭圆形或矩形等，内筒宜居中。矩形平面的长宽比不宜大于 2。内筒的宽度可为高度的 1/12、1/15，如有另外的角筒或剪力墙时，内筒平面尺寸可适当减小。内筒宜贯通建筑物全高，竖向刚度宜均匀变化。

(2)三角形平面宜切角，外筒的切角长度不宜小于相应边长的 1/8，其角部可设置刚度较大的角柱或角筒；内筒的切角长度不宜小于相应边长的 1/10，切角处的筒壁宜适当加厚。

(3)外框筒应符合下列规定：

① 柱距不宜大于 4m，框筒柱的截面长边应沿筒壁方向布置，必要时可采用 T 形截面。

② 洞口面积不宜大于墙面面积的 60%，洞口高宽比宜与层高和柱距之比相近。

③ 外框筒梁的截面高度可取柱净距的 1/4。

④ 角柱截面面积可取中柱的 1～2 倍。

(4)外框筒梁和内筒连梁的构造配筋应符合下列要求：

①非抗震设计时，箍筋直径不应小于 8mm；抗震设计时，箍筋直径不应小于 10mm。

②非抗震设计时，箍筋间距不应大于 150mm；抗震设计时，箍筋间距沿梁长不变，且不应大于 100mm，当梁内设置交叉暗撑时，箍筋间距不应大于 200mm。

③框筒梁上、下纵向钢筋的直径均不应小于 16mm，腰筋的直径不应小于 10mm，腰筋间距不应大于 200mm。

8.1.2 钢-混凝土混合结构体系的结构布置

8.1.2.1 一般原则

(1)混合结构的平面布置应符合下列规定：

①平面宜简单、规则、对称并具有足够的整体抗扭刚度，平面宜采用方形、矩形、多边形、圆形、椭圆形等规则、对称的形状，并尽量使结构的抗侧力中心与水平合力中心重合，建筑的开间、进深宜统一。

②筒中筒结构体系中，当外围钢框架柱采用H形截面柱时，宜将柱截面强轴方向布置在外围筒体平面内；角柱宜采用十字形、方形或圆形截面。

③楼盖主梁不宜搁置在核心筒或内筒的连梁上。

(2)混合结构的竖向布置应符合下列规定：

①结构的侧向刚度和承载力沿竖向宜均匀变化，无突变，构件截面宜由下至上逐渐减小。

②混合结构的外围框架柱沿高度宜采用同类结构构件；当采用不同类型结构构件时，应设置过渡层，且单柱的抗弯刚度变化不宜超过30%。

③对于刚度变化较大的楼层，应采取可靠的过渡加强措施。

④钢框架部分采用支撑时，宜采用偏心支撑和耗能支撑，支撑宜双向连续布置；框架支撑宜延伸至基础。

(3)混合结构为8、9度抗震设计时，应在楼面钢梁或型钢混凝土梁与钢筋混凝土筒体交接处及钢筋混凝土筒体四角墙内设置型钢柱；7度抗震设计时，宜在楼面钢梁或型钢混凝土梁与钢筋混凝土筒体交接处及钢筋混凝土筒体四角墙内设置型钢柱。

(4)混合结构中，外围框架平面内梁与柱应采用刚性连接；楼面梁与钢筋混凝土筒体及外围框架柱的连接可采用刚接或铰接。

(5)楼盖体系应具有良好的水平刚度和整体性，其布置应符合下列规定：

①楼面宜采用压型钢板现浇混凝土混合楼板、现浇混凝土楼板或预应力混凝土叠合楼板，楼板与钢梁应可靠连接。

②机房设备层，避难层及外伸臂桁架上、下弦杆所在楼层的楼板宜采用钢筋混凝土楼板，并应采取加强措施。

③对于建筑物楼面有较大开洞或有转换楼层时，应采用现浇混凝土楼板；对于楼板大开洞部位，宜采取设置刚性水平支撑等加强措施。

(6)当侧向刚度不足时，混合结构可设置刚度适宜的加强层。加强层宜采用伸臂桁架，必要时可配合布置周边带状桁架。加强层设计应符合下列规定：

①伸臂桁架和周边带状桁架宜采用钢桁架。

②伸臂桁架应与核心筒墙体刚接，上、下弦杆均应延伸至墙体内且贯通，墙体内宜设置斜腹杆或暗撑；外伸臂桁架与外围框架柱宜采用铰接或半刚接，周边带状桁架与外框架柱的连接宜采用刚性连接。

③核心筒墙体与伸臂桁架连接处宜设置构造型钢柱，型钢柱宜至少延伸至伸臂桁架高度范围以外的上、下各一层。

④当布置有外伸桁架加强层时，应采取有效措施减小由于外框柱与钢筋混凝土筒体竖向变形差异引起的桁架杆件内力。

8.1.2.2 混合结构高层建筑的最大适用高度及最大高宽比

混合结构高层建筑适用的最大高度应符合表3-5的规定。

混合结构高层建筑适用的最大高宽比见表8-1。

表8-1 **混合结构高层建筑适用的最大高宽比**

结构体系	非抗震设计	抗震设防烈度		
		6度、7度	8度	9度
框架-核心筒结构	8	7	6	4
筒中筒结构	8	8	7	5

8.2　钢-混凝土混合结构的计算分析方法及概念设计

8.2.1　钢-混凝土混合结构的计算分析方法

目前，不同的结构采用不同的分析方法在各国抗震规范中均有体现，振型分解反应谱法和底部剪力法仍是基本方法。高层建筑结构主要采用振型分解反应谱法（包括不考虑扭转耦联和考虑扭转耦联两种方式），对质量和刚度不对称、不均匀的结构以及高度超过100m的高层建筑结构应采用考虑扭转耦联振动影响的振型分解反应谱法。底部剪力法的应用范围较小，高度不超过40m、以剪切变形为主且质量和刚度沿高度分布比较均匀的高层建筑结构，可采用底部剪力法。弹性时程分析法作为补充计算方法，在高层建筑结构分析中已得到比较普遍的应用，规范规定7～9度抗震设防的甲类高层建筑结构和复杂高层建筑结构等，应采用弹性时程分析法进行多遇地震下的补充计算。钢-混凝土混合结构在具体计算分析中，应该注意下列相关规定。

（1）弹性分析时，宜考虑钢梁与现浇混凝土楼板的共同作用，梁的刚度可取钢梁刚度的1.5～2倍，但应保证钢梁与楼板有可靠连接。弹塑性分析时，可不考虑楼板与梁的共同作用。

（2）结构弹性阶段的内力和位移计算中，构件刚度取值应符合下列规定。

①型钢混凝土构件、钢管混凝土柱的刚度可按下列公式计算：

$$EI = E_c I_c + E_a I_a \tag{8-1}$$

$$EA = E_c A_c + E_a A_a \tag{8-2}$$

$$GA = G_c A_c + G_a A_a \tag{8-3}$$

式中　$E_c I_c, E_c A_c, G_c A_c$——组合构件截面上钢筋混凝土部分的截面弯曲刚度、轴向刚度及剪切刚度；

$E_a I_a, E_a A_a, G_a A_a$——组合构件截面上型钢、钢管部分的截面弯曲刚度、轴向刚度及剪切刚度。

②无端柱型钢混凝土剪力墙可近似按相同截面的混凝土剪力墙计算其轴向刚度、弯曲刚度和剪切刚度，可不计端部型钢对截面刚度的提高作用。

③有端柱型钢混凝土剪力墙可按H形混凝土截面计算其轴向刚度和弯曲刚度，端柱内型钢可折算为等效混凝土面积计入H形截面的翼缘面积，墙的抗剪刚度可不计入型钢作用。

④ 钢板混凝土剪力墙可将钢板折算为等效混凝土面积计算其轴向刚度、抗弯刚度和剪切刚度。

（3）计算竖向荷载作用时，宜考虑钢柱、型钢混凝土（钢管混凝土）柱与钢筋混凝土核心筒竖向变形差异引起的结构附加内力，计算竖向变形差异时宜考虑混凝土收缩、徐变、沉降及施工调整等因素的影响。

（4）当混凝土筒体先于外围框架结构施工时，应考虑施工阶段混凝土筒体在风力及其他荷载作用下的不利受力状态；应验算浇筑混凝土之前外围型钢结构在施工荷载及可能的风荷载作用下的承载力、稳定性及变形，并据此确定钢结构安装与浇筑楼层混凝土的间隔层数。

（5）混合结构在多遇地震作用下的阻尼比可取为0.04。风荷载作用下楼层位移验算和构件设计时，阻尼比可取为0.02～0.04。

（6）结构内力和位移计算时，设置伸臂桁架的楼层以及楼板开大洞的楼层应考虑楼板平面内变形的不利影响。

（7）组合结构构件的承载力设计应满足下列公式。

①非抗震设计：

$$\gamma_0 S \leqslant R \tag{8-4}$$

②抗震设计：

$$S \leqslant R/\gamma_{RE} \tag{8-5}$$

式中 γ_0——构件的重要性系数，安全等级为一级的结构构件不应小于 1.1，安全等级为二级的结构构件不应小于 1.0；

S——作用组合的效应设计值，应按《建筑结构荷载规范》(GB 50009—2012)、《建筑抗震设计规范(2016 年版)》(GB 50011—2010)的规定计算；

R——构件承载力设计值；

γ_{RE}——承载力抗震调整系数，其值应按表 8-2 的规定采用。

表 8-2 **承载力抗震调整系数**

构件类型	组合结构构件									钢构件	
	梁	柱、支撑				剪力墙	各类构件		节点	梁、柱、支撑	柱、支撑
受力特性	受弯	偏压轴压比小于 0.15	偏压轴压比不小于 0.15	轴压	偏拉、轴拉	偏压、偏拉	局压	受剪	受剪	强度	稳定
γ_{RE}	0.75	0.75	0.80	0.80	0.85	0.85	1.0	0.85	0.85	0.75	0.80

注：对于圆形钢管混凝土偏心受压，γ_{RE}柱取 0.8。

(8)混合结构的抗震设计，应根据抗震设防烈度、结构类型及房屋高度采用不同的抗震等级，并应符合相应的计算和构造规定。丙类建筑混合结构的抗震等级应按表 8-3 确定。

表 8-3 **混合结构抗震等级**

结构类型		抗震设防烈度						
		6 度		7 度		8 度		9 度
房屋高度/m		≤150	>150	≤130	>130	≤100	>100	≤70
钢框架-钢筋混凝土核心筒	钢筋混凝土核心筒	二	一	一	特一	一	特一	特一
型钢(钢管)混凝土框架-钢筋混凝土核心筒	钢筋混凝土核心筒	二	二	二	一	一	特一	特一
	型钢(钢管)混凝土框架	三	二	二	一	一	一	一
房屋高度/m		≤180	>180	≤150	>150	≤120	>120	≤90
钢外筒-钢筋混凝土核心筒	钢筋混凝土核心筒	二	一	一	特一	一	特一	特一
型钢混凝土(钢管混凝土)外筒-钢筋混凝土核心筒	钢筋混凝土核心筒	二	二	二	一	一	特一	特一
	型钢(钢管)混凝土外筒	三	二	二	一	一	一	一

注：钢结构构件抗震等级，抗震设防烈度为 6、7、8、9 度时应分别取四、三、二、一级。

8.2.2 钢-混凝土混合结构的概念设计

建筑结构抗震概念设计是指一些在计算中或在规范中难以做出具体规定的问题，必须由工程师运用"概念"进行分析，做出判断，以便采取相应的措施。建筑结构抗震概念设计的一般原则：(1)选择工程场址时，应选择对建筑抗震有利的地段，避开对建筑抗震不利的地段；(2)结构平面布置应力求对称，竖向布置应使其刚度、强度变化均匀，避免出现薄弱层，并应尽可能降低房屋的重心，符合一定的高宽比要求；(3)在确定建筑结构体系时，需要在结构刚度、承载力及延性之间寻求一种较好的匹配关系；(4)设计多道抗震防线，当第一道防线的抗侧力构件在强烈地震袭击下遭到破坏后，后备的第二道乃至第三道防线的抗侧力构件立即接替；(5)结构的整体性是保证结构各部件在地震作用下协调工作的必要条件。

钢-混凝土混合结构的概念设计主要包括下列四个方面。

（1）钢框架地震剪力调整。

在地震作用下，钢-混凝土混合结构体系中，由于钢筋混凝土核心筒的侧向刚度较钢框架大得多，因而承担了绝大部分的地震力。但钢筋混凝土剪力墙的弹性极限变形值很小，在钢筋混凝土核心筒墙体达到规范限定的变形时，有些部位的墙体已经开裂，而此时钢框架尚处于弹性阶段，地震作用在核心筒墙体和钢框架之间再分配，钢框架承受的地震力会增加，大于弹性分析的结果。而钢框架是重要的承重构件，它的破坏以及竖向承载力降低将会危及整个结构的安全，因此抗震设计时，有必要对钢框架承受的地震力进行调整，以使钢框架能适应强震时的大变形且保有一定的安全度。《高层建筑混凝土结构技术规程》（JGJ 3—2010）第 9.1.11 条已规定了各层框架部分承担的最大地震剪力不宜小于结构底部总地震剪力标准值的 10％；小于 10％时应增大到结构底部总地震剪力标准值的 15％。一般情况下，15％的结构底部剪力是钢框架分配的楼层最大剪力的 1.5 倍，故钢框架承担的地震剪力可采用与型钢混凝土框架相同的方式调整。

（2）结构竖向刚度或抗侧力承载力突变。

国内外的震害表明，结构竖向刚度或抗侧力承载力变化过大，会导致薄弱层变形以及构件应力过于集中，造成严重震害。

刚度变化较大的楼层，是指上、下层侧向刚度变化明显的楼层，如转换层、加强层、空旷的顶层、顶部突出部分、型钢混凝土框架与钢框架的交接层及邻近楼层等。竖向刚度变化较大时，不但刚度变化的楼层受力增大，而且其上、下邻近楼层的内力也会增大，所以采取加强措施时应包括相邻楼层在内。

对于型钢混凝土与钢筋混凝土交接的楼层及相邻楼层的柱子，应设置剪力栓钉，以加强连接；另外，钢-混凝土混合结构的顶层型钢混凝土柱也需设置栓钉，因为一般来说，顶层柱子的弯矩较大。

（3）保证钢筋混凝土筒体的承载力及延性。

钢（型钢混凝土）框架-混凝土筒体结构体系中的混凝土筒体在底部一般承担了 85％以上的水平剪力及大部分的倾覆力矩，所以必须保证混凝土筒体具有足够的延性；配置了型钢的混凝土筒体墙在弯曲时，能避免发生平面外的错断及筒体角部混凝土的压溃，同时也能减少由钢柱与混凝土筒体之间竖向变形差异产生的不利影响。而筒中筒体系的混合结构，内筒结构底部承担的剪力及倾覆力矩的比例有所减小，但考虑此种体系的高度均很高，在大震作用下很有可能出现角部受拉，为延缓核心筒弯曲铰及剪切铰的出现，筒体的角部也宜布置型钢。

型钢柱可设置在核心筒的四角、核心筒剪力墙的大开口两侧及楼面钢梁与核心筒的连接处。试验表明，钢梁与核心筒的连接处，存在部分弯矩及轴力，而核心筒剪力墙的平面外刚度又较小，很容易出现裂缝，因此楼面梁与核心筒剪力墙刚接时，在筒体剪力墙中宜设置型钢柱，其也能方便钢结构的安装；楼面梁与核心筒剪力墙铰接时，应采取措施保证墙上的预埋件不被拔出。混凝土筒体的四角受力较大，设置型钢柱后核心筒剪力墙开裂后的承载力下降不多，能防止结构的迅速破坏。因为核心筒剪力墙的塑性铰一般出现在高度的 1/10 范围内，所以在此范围内，核心筒剪力墙四角的型钢柱宜设置栓钉。

（4）设置伸臂桁架加强层。

设置伸臂桁架的目的主要是将筒体剪力墙的部分弯曲变形转换成框架柱的轴向变形，以减小水平荷载作用下结构的侧移，所以必须保证伸臂桁架与剪力墙刚接且宜深入并贯通抗侧力墙体，同时应布置周边带状桁架以保证各柱子受力均匀。外柱承受的轴向力要能够传至基础，故外柱必须上下连续，不得中断。由于外柱与混凝土内筒轴向变形不一致，二者的竖向变形差异会使伸臂桁架产生很大的附加内力，因而伸臂桁架宜分段拼装。在设置多道伸臂桁架时，下层伸臂桁架可在施工上层伸臂桁架时予以封闭；仅设一道伸臂桁架时，可在主体结构完成后再进行封闭，形成整体。在施工期间，可采取斜杆上设长圆孔、斜杆后装等措施使伸臂桁架的杆件能适应外围构件与内筒在施工期间的竖向变形差异。在高抗震设防烈度区，当在较高的不规则高层建筑中设置加强层时，还宜采取进一步的性能设计要求和措施。为保证结构在中震或大震作用下的安全，可以要求其杆件和相邻杆件在中震下不屈服，或者选择更高的性能设计要求。

8.3 钢-混凝土混合结构构件的主要类型

钢与混凝土混合结构构件具有承载力大、延性性能好、刚度大的特点。目前，国内高层建筑中大量采用混合结构构件，尤其是由型钢混凝土（钢管混凝土）柱和钢梁构成的外框架（外筒）与钢筋混凝土核心筒组成的框架-核心筒、筒中筒结构体系，更彰显了其固有的优良结构特性，提高了结构抗震性能，增加了使用面积，满足了工程的需要。

8.3.1 型钢混凝土构件

型钢混凝土构件是指在型钢周围配置钢筋并浇筑混凝土的结构构件，又称钢骨混凝土构件（steel reinforced concrete，SRC）。与钢筋混凝土构件相比，型钢混凝土构件的承载力和刚度大大提高，相同荷载作用下构件截面小，不仅可增大建筑使用面积，还可减轻结构自重，抗震性能也优于钢筋混凝土构件，可在高层建筑的重要部位采用。与钢结构相比，型钢混凝土构件的外包混凝土可以防止内部型钢板材局部屈曲，使钢材的强度得到充分发挥，而且增强了结构的耐久性和耐火性。

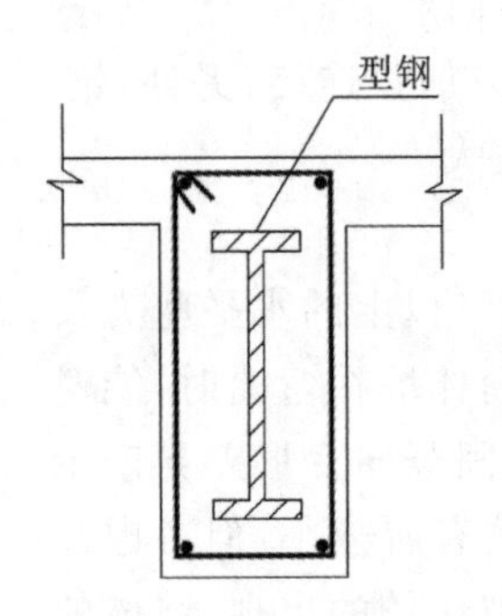

图 8-3 型钢混凝土梁

（1）型钢混凝土梁。

型钢混凝土梁是在钢筋混凝土梁中设置型钢，其中型钢骨架一般采用实腹轧制工字钢或由钢板拼焊成工字形截面。常见的型钢混凝土梁截面形式如图 8-3 所示。

（2）型钢混凝土柱。

型钢混凝土柱是在钢筋混凝土柱中增设了型钢，以共同受力，其中型钢骨架一般采用实腹轧制工字钢或由钢板拼焊成工字形截面，常见的截面形式有 H 形截面、带翼缘十字形截面、方形截面、圆形截面、带翼缘 T 形截面，如图 8-4 所示。

（3）型钢混凝土剪力墙。

型钢混凝土剪力墙是在钢筋混凝土剪力墙内配置型钢的剪力墙，通常在墙的两端、纵横墙交接处、洞口两侧设置型钢暗柱，或在端柱内设置型钢芯柱，如图 8-5 所示。型钢混凝土剪力墙可以有效提高剪力墙的抗侧力和延性，减小墙体厚度，增加使用空间。

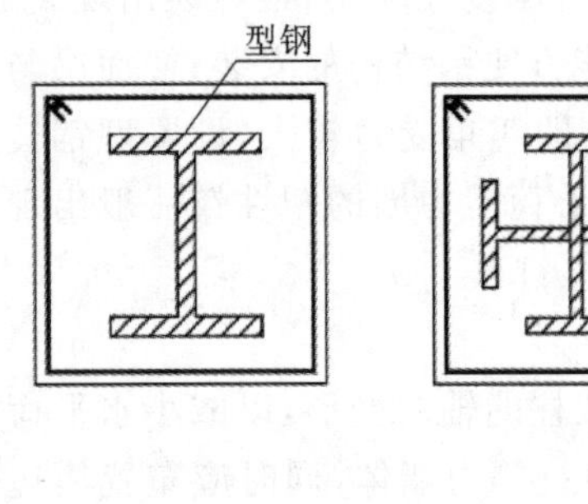

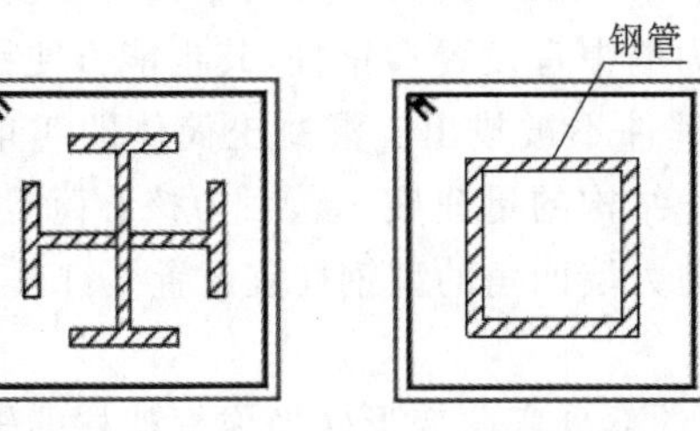

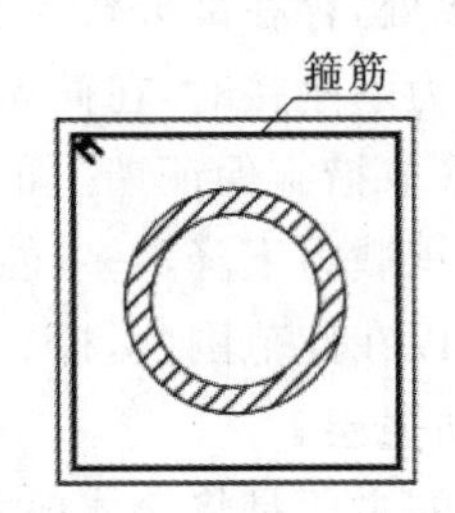

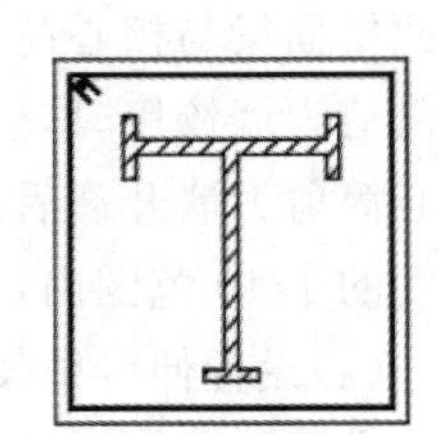

图 8-4 型钢混凝土柱截面形式

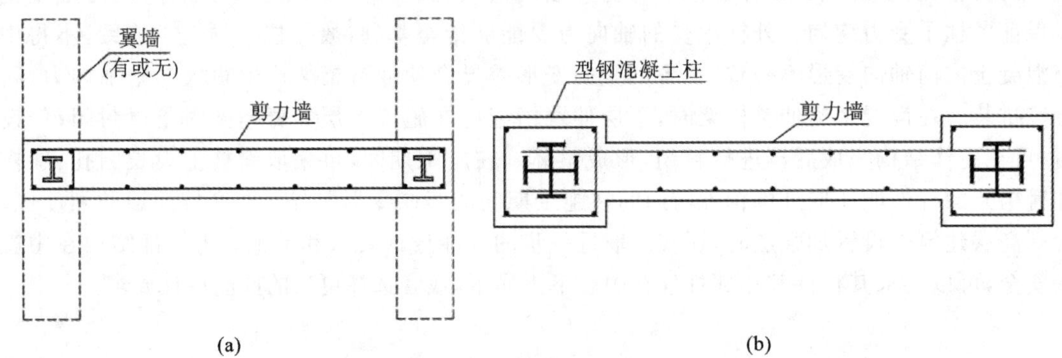

图 8-5 型钢混凝土剪力墙

8.3.2　钢管混凝土构件

钢管混凝土构件(concrete filled steel tube,CFST)是指在钢管内充填浇筑混凝土的构件,此时钢管内一般不再配置钢筋。钢管混凝土柱截面形式主要有圆形、方形和矩形,如图 8-6 所示。

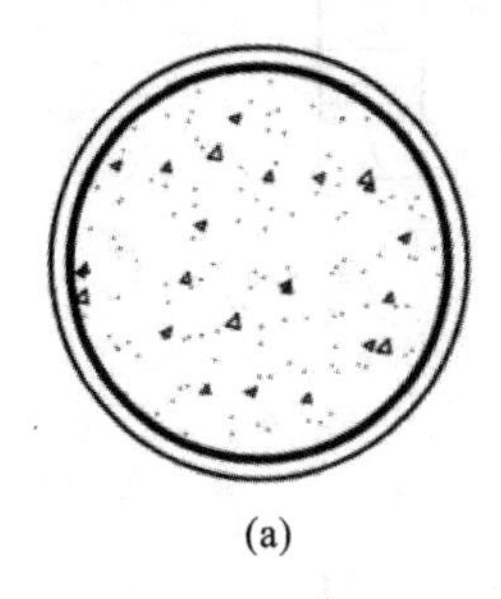
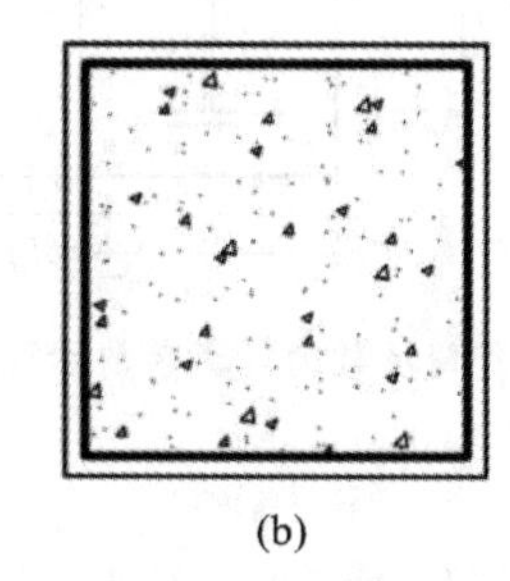
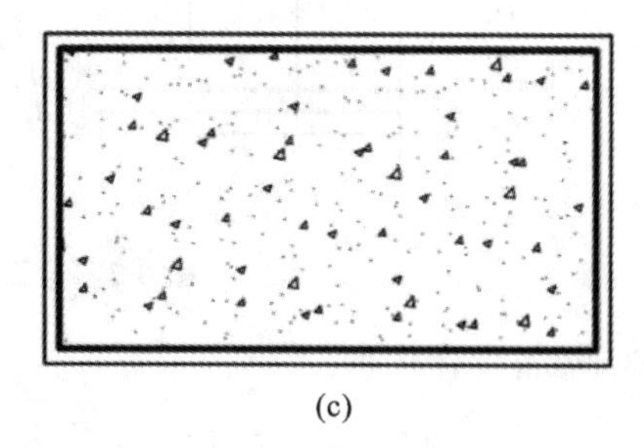

(a)　　(b)　　(c)

图 8-6　钢管混凝土柱的截面形式

(a)圆管;(b)方管;(c)矩形管

钢管混凝土柱截面形式对于混凝土抗压强度的提高有较大影响。圆钢管对混凝土的约束作用较大,混凝土填充于圆钢管内,构件受压时混凝土处于三向受压应力状态,可显著提高其抗压强度和变形能力;方钢管、矩形钢管对混凝土的约束作用比较小,一般不考虑对混凝土抗压强度的提高作用。钢管混凝土结构中混凝土可增强钢管的稳定性,使钢材的强度能够充分发挥。因此,钢管混凝土柱是一种比较理想的受压构件形式,具有良好的抗震性能。

8.4　型钢混凝土构件设计及构造要求

8.4.1　型钢混凝土梁设计

8.4.1.1　正截面受弯承载力

(1)型钢混凝土框架梁和转换梁正截面受弯承载力应按下列基本假定计算:

①截面应保持平面。

②不考虑混凝土的抗拉强度。

③受压边缘混凝土极限压应变 ε_{cu} 取 0.003,相应的最大压应力取混凝土轴心抗压强度设计值 f_c 乘受压区混凝土压应力影响系数 α_1,当混凝土强度等级不超过 C50 时,α_1 取为 1.0;当混凝土强度等级为 C80 时,α_1 取为 0.94;其余情况按线性内插法确定。受压区应力图简化为等效的矩形应力图,其高度取按平截面假定所确定的中和轴高度乘受压区混凝土应力图形影响系数 β_1:当混凝土强度等级不超过 C50 时,β_1 取为 0.8;当混凝土强度等级为 C80 时,β_1 取为 0.74;其余情况按线性内插法确定。

④型钢腹板的应力图形为拉压梯形应力图形,计算时简化为等效矩形应力图形。

⑤钢筋、型钢的应力等于钢筋、型钢应变与其弹性模量的乘积,其绝对值不应大于其相应的强度设计值;纵向受拉钢筋和型钢受拉翼缘的极限拉应变取 0.01。

(2)正截面受弯承载力计算(图 8-7)。

型钢截面为充满型、实腹型钢的型钢混凝土框架梁和转换梁,计算时把型钢翼缘作为纵向受力钢筋考虑,破坏时下、上翼缘分别达到屈服强度 f_a 和 f'_a。此时,型钢腹板受弯承载力为 M_{aw},轴向承载力为 N_{aw}。型钢混凝土梁正截面受弯承载力应符合下列规定(图 8-7):

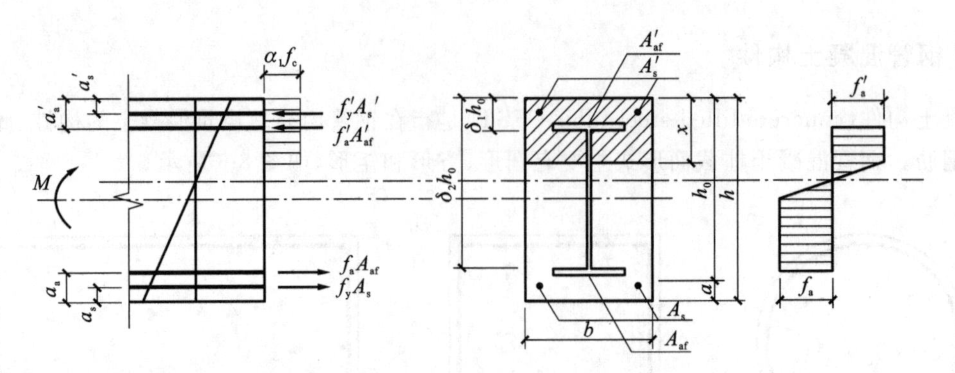

图 8-7 梁正截面受弯承载力计算参数示意

①持久、短暂设计状态：

$$M \leqslant \alpha_1 f_c bx\left(h_0 - \frac{x}{2}\right) + f'_y A'_s(h_0 - a'_s) + f'_a A'_{af}(h_0 - a'_a) + M_{aw} \tag{8-6}$$

$$\alpha_1 f_c bx + f'_y A'_s + f'_a A'_{af} - f_y A_s - f_a A_{af} + N_{aw} = 0 \tag{8-7}$$

②地震设计状态：

$$M \leqslant \frac{1}{\gamma_{RE}}\left[\alpha_1 f_c bx\left(h_0 - \frac{x}{2}\right) + f'_y A'_s(h_0 - a'_s) + f'_a A'_{af}(h_0 - a'_a) + M_{aw}\right] \tag{8-8}$$

$$\alpha_1 f_c bx + f'_y A'_s + f'_a A'_{af} - f_y A_s - f_a A_{af} + N_{aw} = 0$$

$$h_0 = h - a \tag{8-9}$$

当 $\delta_1 h_0 < 1.25x$，$\delta_2 h_0 > 1.25x$ 时，M_{aw}、N_{aw} 应按下列公式计算：

$$M_{aw} = \left[0.5(\delta_1^2 + \delta_2^2) - (\delta_1 + \delta_2) + 2.5\frac{x}{h_0} - \left(1.25\frac{x}{h_0}\right)^2\right] t_w h_0^2 f_a \tag{8-10}$$

$$N_{aw} = \left[2.5\frac{x}{h_0} - (\delta_1 + \delta_2)\right] t_w h_0 f_a \tag{8-11}$$

根据平截面假定，混凝土等效受压区高度的计算公式如下：

$$x \leqslant \xi_b h_0 \tag{8-12}$$

$$x \geqslant a'_a + t'_f \tag{8-13}$$

$$\xi_b = \frac{\beta_1}{1 + \dfrac{f_y + f_a}{2 \times 0.003 E_s}} \tag{8-14}$$

式中 M——弯矩设计值；

M_{aw}——型钢腹板承受的轴向合力对型钢受拉翼缘和纵向受拉钢筋合力点的力矩；

N_{aw}——型钢腹板承受的轴向合力；

α_1——受压区混凝土压应力影响系数；

β_1——受压区混凝土应力图形影响系数；

f_c——混凝土轴心抗压强度设计值；

f_a，f'_a——型钢抗拉、抗压强度设计值；

f_y，f'_y——钢筋抗拉、抗压强度设计值；

A_s，A'_s——受拉、受压钢筋的截面面积；

A_{af}，A'_{af}——型钢受拉、受压翼缘的截面面积；

b，h——梁截面宽度和高度；

h_0——梁截面有效高度；

t_w——型钢腹板厚度；

t'_f——型钢受压翼缘厚度；

ξ_b——相对界限受压区高度；

E_s——钢筋弹性模量；

x——混凝土等效受压区高度；

a_s',a_a'——受压区钢筋、型钢翼缘合力点至截面受压边缘的距离；

a——型钢受拉翼缘与受拉钢筋合力点至截面受拉边缘的距离；

δ_1——型钢腹板上端至截面上边的距离与 h_0 的比值,$\delta_1 h_0$ 为型钢腹板上端至截面上边的距离；

δ_2——型钢腹板下端至截面上边的距离与 h_0 的比值,$\delta_2 h_0$ 为型钢腹板下端至截面上边的距离；

γ_{RE}——承载力抗震调整系数,其值应按表 8-2 的规定采用。

8.4.1.2 斜截面受剪承载力

(1)斜截面受剪承载力计算公式。

型钢混凝土构件的受剪承载力计算采用叠加方法,受剪承载力等于型钢部分与钢筋混凝土部分受剪承载力之和。型钢混凝土梁在斜截面受剪的过程中,型钢腹板先屈服,然后混凝土被压碎而达到极限状态,同时箍筋屈服。

型钢截面为充满型、实腹型钢的型钢混凝土框架梁和转换梁,其斜截面受剪承载力计算公式可采用钢筋混凝土部分和型钢部分承载力叠加的形式表达。

①一般框架梁和转换梁。

a. 持久、短暂设计状态：

$$V_b \leqslant 0.8 f_t b h_0 + f_{yv} \frac{A_{sv}}{s} h_0 + 0.58 f_a t_w h_w \tag{8-15}$$

b. 地震设计状态：

$$V_b \leqslant \frac{1}{\gamma_{RE}} \left(0.5 f_t b h_0 + f_{yv} \frac{A_{sv}}{s} h_0 + 0.58 f_a t_w h_w \right) \tag{8-16}$$

式中 f_{yv}——箍筋的抗拉强度设计值；

A_{sv}——配置在同一截面内箍筋各肢的全部截面面积；

s——沿构件长度方向箍筋的间距；

f_t——混凝土抗拉强度设计值。

②集中荷载作用下框架梁和转换梁。

集中荷载对支座截面或节点边缘所产生的剪力值占总剪力 75%以上的梁。

a. 持久、短暂设计状态：

$$V_b \leqslant \frac{1.75}{\lambda+1} f_t b h_0 + f_{yv} \frac{A_{sv}}{s} h_0 + \frac{0.58}{\lambda} f_a t_w h_w \tag{8-17}$$

b. 地震设计状态：

$$V_b \leqslant \frac{1}{\gamma_{RE}} \left(\frac{1.05}{\lambda+1} f_t b h_0 + f_{yv} \frac{A_{sv}}{s} h_0 + \frac{0.58}{\lambda} f_a t_w h_w \right) \tag{8-18}$$

式中 λ——计算截面剪跨比,可取 $\lambda = a/h$,a 为计算截面至支座截面或节点边缘的距离,计算截面取集中荷载作用点处的截面。当 $\lambda < 1.5$ 时,取 $\lambda = 1.5$；当 $\lambda > 3$ 时,取 $\lambda = 3$。

(2)截面限制条件。

型钢混凝土梁的剪切破坏形式与剪跨比相关,存在剪压破坏和斜压破坏两种形式。

防止剪压破坏由受剪承载力计算来保证,防止斜压破坏由截面限制条件来保证。通过集中荷载作用下斜截面受剪承载力试验,建立了控制斜压破坏的截面限制条件,即给出了型钢混凝土梁受剪承载力的上限,此条件对均布荷载是偏于安全的。考虑转换梁的重要性,对型钢混凝土转换梁的受剪截面限制条件适当加严。

① 型钢混凝土框架梁的受剪截面限制条件。

a. 持久、短暂设计状态：

$$V_b \leqslant 0.45 \beta_c f_c b h_0 \tag{8-19}$$

$$\frac{f_a t_w h_w}{\beta_c f_c b h_0} \geqslant 0.10 \tag{8-20}$$

式中 h_w——型钢腹板高度。

β_c——混凝土强度影响系数，当混凝土强度等级不超过C50时，取$\beta_c=1.0$；当混凝土强度等级为C80时，取$\beta_c=0.8$；其余按线性内插法确定。

b. 地震设计状态：

$$V_b \leqslant \frac{1}{\gamma_{RE}}(0.36\beta_c f_c b h_0) \tag{8-21}$$

$$\frac{f_a t_w h_w}{\beta_c f_c b h_0} \geqslant 0.10$$

②型钢混凝土转换梁的受剪截面限制条件。

a. 持久、短暂设计状态：

$$V_b \leqslant 0.4\beta_c f_c b h_0 \tag{8-22}$$

$$\frac{f_a t_w h_w}{\beta_c f_c b h_0} \geqslant 0.10$$

b. 地震设计状态：

$$V_b \leqslant \frac{1}{\gamma_{RE}}(0.3\beta_c f_c b h_0) \tag{8-23}$$

$$\frac{f_a t_w h_w}{\beta_c f_c b h_0} \geqslant 0.10$$

8.4.2 型钢混凝土柱设计

8.4.2.1 柱的轴压比

轴压比是影响柱延性的主要因素之一。随着轴压比的增大，柱延性降低。规定型钢混凝土柱的轴压比限值是保证其延性和耗能能力的必要条件。型钢混凝土柱的轴压比n可按下式计算：

$$n = \frac{N}{f_c A_c + f_a A_a} \tag{8-24}$$

式中 n——柱轴压比；

N——考虑地震作用组合的柱轴向压力设计值。

为了保证型钢混凝土柱的延性，考虑地震作用组合的框架柱和转换柱，其轴压比应按式(8-25)计算，且不宜大于表8-4规定的限值。

表8-4 型钢混凝土框架柱和转换柱的轴压比限值

结构类型	柱类型	抗震等级		
		一级	二级	三级
框架-筒体结构	框架柱	0.70	0.80	0.90
	转换柱	0.60	0.70	0.80
筒中筒结构	框架柱	0.70	0.80	0.90
	转换柱	0.60	0.70	0.80

注：①剪跨比不大于2的柱，其轴压比限值应比表中数值减小0.05。

②当混凝土强度等级采用C65～C70时，柱轴压比限值应比表中数值减小0.05；当混凝土强度等级采用C75～C80时，柱轴压比限值应比表中数值减小0.10。

8.4.2.2 正截面受压承载力

型钢混凝土框架柱和转换柱正截面受压承载力计算的基本假定应采用型钢混凝土框架梁和转换梁正截面受弯承载力计算的基本假定。

(1)型钢混凝土轴心受压柱的正截面受压承载力。

型钢混凝土轴心受压柱由截面内混凝土、纵向钢筋、型钢共同承受轴向压力，并在承载力计算公式中考虑了柱的稳定系数。

型钢混凝土柱中的箍筋和横向钢筋对核心混凝土有约束作用，并且有助于混凝土和型钢的变形协调。但是，矩形箍筋对提高混凝土的承载力作用不明显，所以在计算正截面承载力时不考虑。由于混凝土对型钢的约束，试验中均未发现型钢有局部屈曲现象，因此在设计中可以不予考虑。

①持久、短暂设计状态：

$$N \leqslant 0.9\varphi(f_c A_c + f'_y A'_s + f'_a A'_a) \tag{8-25}$$

②地震设计状态：

$$N \leqslant \frac{1}{\gamma_{RE}} \cdot 0.9\varphi(f_c A_c + f'_y A'_s + f'_a A'_a) \tag{8-26}$$

式中 N——轴向压力设计值；

A_c，A'_s，A'_a——混凝土、钢筋、型钢的截面面积；

f_c，f'_y，f'_a——混凝土、钢筋、型钢的抗压强度设计值；

φ——轴心受压柱稳定系数，应按表 8-5 采用。

表 8-5 型钢混凝土柱轴心受压稳定系数 φ

l_0/i	≤28	35	42	48	55	62	69	76	83	90	97	104
φ	1.00	0.98	0.95	0.92	0.87	0.81	0.75	0.70	0.65	0.60	0.56	0.52

注：①l_0 为构件的计算长度。

②i 为截面的最小回转半径，$i=\sqrt{\dfrac{E_c I_c + E_a I_a}{E_c A_c + E_a A_a}}$。

(2)型钢混凝土偏心受压柱的正截面受压承载力。

配置充满型、实腹型钢的型钢混凝土框架柱和转换柱的正截面偏心受压承载力计算公式，是在基本假定的基础上，采用极限平衡方法，并在将型钢腹板应力图形简化为拉压矩形应力图的情况下，做出的简化计算，如图 8-8 所示。

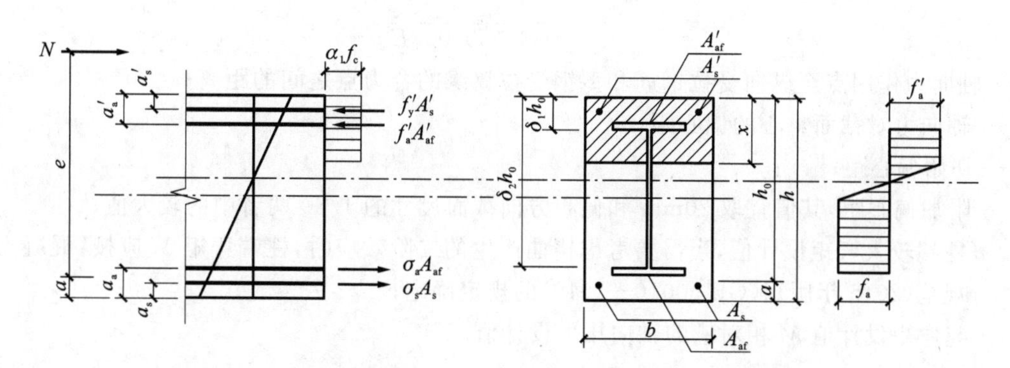

图 8-8 型钢混凝土偏心受压框架柱和转换柱的承载力计算参数示意

①持久、短暂设计状态：

$$N \leqslant \alpha_1 f_c bx + f'_y A'_s + f'_a A'_{af} - \sigma_s A_s - \sigma_a A_{af} + N_{aw} \tag{8-27}$$

$$Ne \leqslant \alpha_1 f_c bx\left(h_0 - \frac{x}{2}\right) + f'_y A'_s (h_0 - a'_s) + f'_a A'_{af}(h_0 - a'_a) + M_{aw} \tag{8-28}$$

②地震设计状态：

$$N \leqslant \frac{1}{\gamma_{RE}}(\alpha_1 f_c bx + f'_y A'_s + f'_a A'_{af} - \sigma_s A_s - \sigma_a A_{af} + N_{aw}) \tag{8-29}$$

$$Ne \leqslant \frac{1}{\gamma_{RE}}\left[\alpha_1 f_c bx\left(h_0 - \frac{x}{2}\right) + f'_y A'_s (h_0 - a'_s) + f'_a A'_{af}(h_0 - a'_a) + M_{aw}\right] \tag{8-30}$$

$$h_0 = h - a \tag{8-31}$$

$$e = e_i + \frac{h}{2} - a \tag{8-32}$$

$$e_i = e_0 + e_a \tag{8-33}$$

$$e_0 = \frac{M}{N} \tag{8-34}$$

其中型钢腹板承受的轴向承载力 N_{aw}、受弯承载力 M_{aw} 应按式(8-35)～式(8-38)计算：

当 $\delta_1 h_0 < \frac{x}{\beta_1}$，$\delta_2 h_0 > \frac{x}{\beta_1}$ 时，有

$$N_{aw} = \left[\frac{2x}{\beta_1 h_0} - (\delta_1 + \delta_2)\right] t_w h_0 f_a \tag{8-35}$$

$$M_{aw} = \left[0.5(\delta_1^2 + \delta_2^2) - (\delta_1 + \delta_2) + \frac{2x}{\beta_1 h_0} - \left(\frac{x}{\beta_1 h_0}\right)^2\right] t_w h_0^2 f_a \tag{8-36}$$

当 $\delta_1 h_0 < \frac{x}{\beta_1}$，$\delta_2 h_0 < \frac{x}{\beta_1}$ 时，有

$$N_{aw} = (\delta_2 - \delta_1) t_w h_0 f_a \tag{8-37}$$

$$M_{aw} = [0.5(\delta_1^2 - \delta_2^2) + (\delta_2 - \delta_1)] t_w h_0^2 f_a \tag{8-38}$$

上述承载力计算公式中，柱截面受拉或受压较小边的钢筋应力 σ_s 和型钢翼缘应力 σ_a 可按下列规定计算：

当 $x \leqslant \xi_b h_0$ 时，为大偏心受压构件，$\sigma_s = f_y$，$\sigma_a = f_a$；

当 $x > \xi_b h_0$ 时，为小偏心受压构件，有

$$\sigma_s = \frac{f_y}{\xi_b - \beta_1}\left(\frac{x}{h_0} - \beta_1\right) \tag{8-39}$$

$$\sigma_a = \frac{f_a}{\xi_b - \beta_1}\left(\frac{x}{h_0} - \beta_1\right) \tag{8-40}$$

型钢混凝土柱截面受压界限破坏时的相对受压区高度 ξ_b 可按下式计算：

$$\xi_b = \frac{\beta_1}{1 + \frac{f_y + f_a}{2 \times 0.003 E_s}} \tag{8-41}$$

式中 e——轴向力作用点至纵向受拉钢筋和型钢受拉翼缘的合力点之间的距离；

e_0——轴向力对截面重心的偏心距；

e_i——初始偏心距；

e_a——附加偏心距，其值宜取 20mm 和偏心方向截面尺寸的 1/30 两者中的较大值；

M——柱端较大弯矩设计值，当需要考虑挠曲产生的二阶效应时，柱端弯矩 M 应按《混凝土结构设计规范(2015 年版)》(GB 50010—2010)的规定确定；

N——与弯矩设计值 M 相对应的轴向压力设计值。

8.4.2.3 斜截面受剪承载力

(1)斜截面受剪承载力计算。

型钢混凝土柱的斜截面受剪承载力可由钢筋混凝土和型钢两部分的斜截面受剪承载力组成，压力对受剪承载力具有有利影响，拉力对受剪承载力具有不利影响。计算公式中型钢部分对受剪承载力的贡献只考虑型钢腹板部分的受剪承载力。由此建立了型钢混凝土框架柱和转换柱在偏心受压、偏心受拉时的斜截面承载力计算公式。

型钢混凝土柱的剪切破坏形态主要分为剪切斜压破坏和剪切黏结破坏。当剪跨比 $\lambda < 1.5$ 时，往往发生剪切斜压破坏；剪跨比 λ 在 1.5～2.5 之间时，往往发生剪切黏结破坏；剪跨比 $\lambda > 2.5$ 时，型钢混凝土柱多发生正截面弯曲破坏。

型钢混凝土柱的受剪破坏过程与钢筋混凝土柱存在明显的不同。钢筋混凝土柱受剪破坏过程较快，出

现斜裂缝后，斜裂缝数量较少且很快形成主斜裂缝导致构件破坏；而实腹式型钢混凝土柱，由于型钢的存在，破坏过程较为缓慢，很难形成主斜裂缝，具有一定的延性。

在反复荷载作用下型钢混凝土柱的滞回曲线呈明显纺锤形，滞回环饱满，且骨架曲线下降平缓，说明型钢混凝土柱受剪性能优越，在地震作用下其耗能性能明显好于钢筋混凝土柱。

①型钢混凝土偏心受压框架柱和转换柱，其斜截面受剪承载力计算公式如下。

a. 持久、短暂设计状态：

$$V_c \leqslant \frac{1.75}{\lambda+1} f_t b h_0 + f_{yv}\frac{A_{sv}}{s}h_0 + \frac{0.58}{\lambda} f_a t_w h_w + 0.07N \tag{8-42}$$

b. 地震设计状态：

$$V_c \leqslant \frac{1}{\gamma_{RE}}\left(\frac{1.05}{\lambda+1} f_t b h_0 + f_{yv}\frac{A_{sv}}{s}h_0 + \frac{0.58}{\lambda} f_a t_w h_w + 0.056N\right) \tag{8-43}$$

②型钢混凝土偏心受拉框架柱和转换柱，其斜截面受剪承载力计算公式如下。

a. 持久、短暂设计状态：

$$V_c \leqslant \frac{1.75}{\lambda+1} f_t b h_0 + f_{yv}\frac{A_{sv}}{s}h_0 + \frac{0.58}{\lambda} f_a t_w h_w - 0.2N \tag{8-44}$$

当 $V_c \leqslant f_{yv}\frac{A_{sv}}{s}h_0 + \frac{0.58}{\lambda} f_a t_w h_w$ 时，应取 $V_c = f_{yv}\frac{A_{sv}}{s}h_0 + \frac{0.58}{\lambda} f_a t_w h_w$。

b. 地震设计状态：

$$V_c \leqslant \frac{1}{\gamma_{RE}}\left(\frac{1.05}{\lambda+1} f_t b h_0 + f_{yv}\frac{A_{sv}}{s}h_0 + \frac{0.58}{\lambda} f_a t_w h_w - 0.2N\right) \tag{8-45}$$

当 $V_c \leqslant \frac{1}{\gamma_{RE}}\left(f_{yv}\frac{A_{sv}}{s}h_0 + \frac{0.58}{\lambda} f_a t_w h_w\right)$时，应取 $V_c = \frac{1}{\gamma_{RE}}\left(f_{yv}\frac{A_{sv}}{s}h_0 + \frac{0.58}{\lambda} f_a t_w h_w\right)$。

③框架柱的破坏形态与剪跨比有关，当剪跨比为 1.5～2.0 时，将出现黏结破坏，黏结破坏时的承载力值与型钢翼缘宽度有关，因此剪跨比不大于 2.0 的框架柱，其偏心受压构件斜截面受剪承载力宜取两种剪切破坏状态下受剪承载力的较小值。

$$V_c \leqslant \frac{1}{\gamma_{RE}}\left(\frac{1.05}{\lambda+1} f_t b h_0 + f_{yv}\frac{A_{sv}}{s}h_0 + \frac{0.58}{\lambda} f_a t_w h_w + 0.056N\right)$$

$$V_c \leqslant \frac{1}{\gamma_{RE}}\left(\frac{4.2}{\lambda+1.4} f_t b_0 h_0 + f_{yv}\frac{A_{sv}}{s}h_0 + \frac{0.58}{\lambda-0.2} f_a t_w h_w\right) \tag{8-46}$$

式中 f_{yv}——箍筋的抗拉强度设计值。

A_{sv}——配置在同一截面内箍筋各肢的全部截面面积。

s——沿构件长度方向箍筋的间距。

λ——柱的计算剪跨比，其值取上、下端较大弯矩设计值 M 与对应的剪力设计值 V 和柱截面有效高度 h_0 的比值，即 $M/(Vh_0)$；当框架结构中框架柱的反弯点在柱层高范围内时，柱剪跨比也可采用 1/2 柱净高与柱截面有效高度 h_0 的比值。当 $\lambda<1$ 时，取 $\lambda=1$；当 $\lambda>3$ 时，取 $\lambda=3$。

N——柱的轴向压力设计值，当 $N>0.3f_cA_c$ 时，取 $N=0.3f_cA_c$。

b_0——型钢截面外侧混凝土的宽度，取柱截面宽度与型钢翼缘宽度之差。

(2)截面限制条件。

①型钢混凝土框架柱的受剪截面限制条件。

a. 持久、短暂设计状态：

$$V_c \leqslant 0.45\beta_c f_c b h_0 \tag{8-47}$$

$$\frac{f_a t_w h_w}{\beta_c f_c b h_0} \geqslant 0.10$$

b. 地震设计状态：

$$V_c \leqslant \frac{1}{\gamma_{RE}}(0.36\beta_c f_c b h_0) \tag{8-48}$$

$$\frac{f_a t_w h_w}{\beta_c f_c b h_0} \geqslant 0.10$$

②型钢混凝土转换柱的受剪截面限制条件。

a. 持久、短暂设计状态：

$$V_c \leqslant 0.40\beta_c f_c b h_0 \tag{8-49}$$

$$\frac{f_a t_w h_w}{\beta_c f_c b h_0} \geqslant 0.10$$

b. 地震设计状态：

$$V_c \leqslant \frac{1}{\gamma_{RE}}(0.30\beta_c f_c b h_0) \tag{8-50}$$

$$\frac{f_a t_w h_w}{\beta_c f_c b h_0} \geqslant 0.10$$

8.4.3 型钢混凝土梁柱节点设计

型钢混凝土的梁柱节点是梁和柱的重叠区域，是保证结构承载力和刚度的重要部位。型钢混凝土框架梁柱节点的连接构造应做到构造简单、传力明确，便于混凝土浇捣和配筋。梁柱连接可采用型钢混凝土柱与钢梁的连接、型钢混凝土柱与型钢混凝土梁的连接、型钢混凝土柱与钢筋混凝土梁的连接。

在各种结构体系中，型钢混凝土柱与钢梁、型钢混凝土梁或钢筋混凝土梁的连接，其柱内型钢宜采用贯通型，柱内型钢的拼接构造应符合钢结构的连接规定。当钢梁采用箱形等空腔截面时，钢梁与柱型钢连接所形成的节点区混凝土不连续部位，宜采用同等强度等级的自密实低收缩混凝土填充。

8.4.3.1 受剪承载力计算

型钢混凝土梁柱节点的受剪承载力由混凝土、箍筋和型钢三部分的受剪承载力组成。由于型钢约束作用，混凝土所承担的受剪承载力增大。同时为安全起见，不考虑轴压力对混凝土受剪承载力的有利影响。

基于型钢混凝土柱与各种不同类型的梁形成的节点，其梁端内力传递到柱的途径有差异，本节给出了不同的梁柱节点受剪承载力计算公式。

(1)一级抗震等级的框架结构和9度抗震设防烈度一级抗震等级的各类框架。

①型钢混凝土柱与钢梁连接的梁柱节点：

$$V_j \leqslant \frac{1}{\gamma_{RE}}\left[1.7\phi_j \eta_j f_t b_j h_j + f_{yv}\frac{A_{sv}}{s}(h_0 - a'_s) + 0.58 f_a t_w h_w\right] \tag{8-51}$$

②型钢混凝土柱与型钢混凝土梁连接的梁柱节点：

$$V_j \leqslant \frac{1}{\gamma_{RE}}\left[2.0\phi_j \eta_j f_t b_j h_j + f_{yv}\frac{A_{sv}}{s}(h_0 - a'_s) + 0.58 f_a t_w h_w\right] \tag{8-52}$$

③型钢混凝土柱与钢筋混凝土梁连接的梁柱节点：

$$V_j \leqslant \frac{1}{\gamma_{RE}}\left[1.0\phi_j \eta_j f_t b_j h_j + f_{yv}\frac{A_{sv}}{s}(h_0 - a'_s) + 0.3 f_a t_w h_w\right] \tag{8-53}$$

(2)其他各类框架。

①型钢混凝土柱与钢梁连接的梁柱节点：

$$V_j \leqslant \frac{1}{\gamma_{RE}}\left[1.8\phi_j \eta_j f_t b_j h_j + f_{yv}\frac{A_{sv}}{s}(h_0 - a'_s) + 0.58 f_a t_w h_w\right] \tag{8-54}$$

②型钢混凝土柱与型钢混凝土梁连接的梁柱节点：

$$V_j \leqslant \frac{1}{\gamma_{RE}}\left[2.3\phi_j \eta_j f_t b_j h_j + f_{yv}\frac{A_{sv}}{s}(h_0 - a'_s) + 0.58 f_a t_w h_w\right] \tag{8-55}$$

③型钢混凝土柱与钢筋混凝土梁连接的梁柱节点：

$$V_j \leqslant \frac{1}{\gamma_{RE}}\left[1.2\phi_j \eta_j f_t b_j h_j + f_{yv}\frac{A_{sv}}{s}(h_0 - a'_s) + 0.3 f_a t_w h_w\right] \tag{8-56}$$

式中 h_j——节点截面高度，可取受剪方向的柱截面高度。

b_j——节点有效截面宽度。

η_j——梁对节点的约束影响系数，对两个正交方向有梁约束，且节点核心区内配有十字形型钢的中间节点，当梁的截面宽度均大于柱截面宽度的 1/2，且正交方向梁截面高度不小于较高框架梁截面高度的 3/4 时，可取 $\eta_j=1.3$，但 9 度抗震设防烈度宜取 $\eta_j=1.25$；其他情况的节点，可取 $\eta_j=1$。

ϕ_j——节点位置影响系数，中柱中间节点取 1，边柱节点及顶层中间节点取 0.6，顶层边节点取 0.3。

8.4.3.2 截面限制条件

型钢混凝土梁柱节点的截面限制条件是防止因混凝土截面过小，造成节点核心区混凝土承受过大的斜压应力，致使节点发生斜压破坏，混凝土被压碎。

考虑地震作用组合的框架梁柱节点，其核心区的受剪水平截面应符合下式规定：

$$V_j \leqslant \frac{1}{\gamma_{RE}}(0.36\eta_j f_c b_j h_j) \tag{8-57}$$

上式中框架梁柱节点有效截面宽度 b_j 应按下列公式计算：

(1)型钢混凝土柱与钢梁节点。

$$b_j = b_c/2$$

(2)型钢混凝土柱与型钢混凝土梁节点。

$$b_j = (b_b + b_c)/2$$

(3)型钢混凝土柱与钢筋混凝土梁节点。

①梁柱轴线重合时：

当 $b_b > b_c/2$

$$b_j = b_c$$

当 $b_b \leqslant b_c/2$

$$b_j = \min\{b_b + 0.5h_c, b_c\}$$

式中 b_c——柱截面宽度。

h_c——柱截面高度。

b_b——梁截面宽度。

②梁柱轴线不重合，且偏心距不大于柱截面宽度的 1/4 时：

$$b_j = \min\{0.5b_c + 0.5b_b + 0.25h_c - e_0, b_b + 0.5h_c, b_c\}$$

8.4.4 型钢混凝土构件的构造要求

8.4.4.1 型钢混凝土梁构造要求

(1)型钢混凝土框架梁截面宽度不宜小于 300mm；型钢混凝土托柱转换梁截面宽度，不应小于其所托柱在梁宽度方向的截面宽度。托墙转换梁截面宽度不宜大于转换柱相应方向的截面宽度，且不宜小于其上墙体截面厚度的 2 倍和 400mm 二者中的较大值。

(2)型钢混凝土框架梁和转换梁中纵向受拉钢筋不宜超过两排，其配筋率不宜小于 0.3%，直径宜取 16～25mm，净距不宜小于 30mm 和 1.5d(d 为纵筋最大直径)；梁的上部和下部纵向钢筋伸入节点的锚固构造要求应符合《混凝土结构设计规范(2015 年版)》(GB 50010—2010)的规定。

(3)型钢混凝土框架梁和转换梁的腹板高度大于或等于 450mm 时，在梁的两侧沿高度方向每隔 200mm 应设置一根纵向腰筋，且每侧腰筋截面面积不宜小于梁腹板截面面积的 0.1%。

(4)考虑地震作用组合的型钢混凝土框架梁和转换梁应采用封闭箍筋，其末端应有 135°弯钩，弯钩端头平直段长度不应小于 10 倍箍筋直径。

(5)考虑地震作用组合的型钢混凝土框架梁，梁端应设置箍筋加密区，其加密区长度、加密区箍筋最大间距和箍筋最小直径应符合表 8-6 的要求。非加密区的箍筋间距不宜大于加密区箍筋间距的 2 倍。

表 8-6　抗震设计型钢混凝土梁箍筋加密区的构造要求

抗震等级	箍筋加密区长度	加密区箍筋最大间距/mm	箍筋最小直径/mm
一级	$2h$	100	12
二级	$1.5h$	100	10
三级	$1.5h$	150	10
四级	$1.5h$	150	8

注:①h 为梁高。

②当梁跨度小于 4 倍的梁截面高度时,梁全跨应按箍筋加密区配置。

③一级抗震等级框架梁箍筋直径大于 12mm、二级抗震等级框架梁箍筋直径大于 10mm,箍筋数量不少于 4 肢且肢距不大于 150mm 时,箍筋加密区最大间距应允许适当放宽,但不得大于 150mm。

(6)非抗震设计时,型钢混凝土框架梁应采用封闭箍筋,其箍筋直径不应小于 8mm,箍筋间距不应大于 250mm。

(7)梁端设置的第一个箍筋距节点边缘不应大于 50mm。沿梁全长箍筋的面积配筋率应符合下列规定:

①持久、短暂设计状况:

$$\rho_{sv} \geqslant 0.24 f_t / f_{yv} \tag{8-58}$$

②地震设计状况:

一级抗震等级　$$\rho_{sv} \geqslant 0.30 f_t / f_{yv} \tag{8-59}$$

二级抗震等级　$$\rho_{sv} \geqslant 0.28 f_t / f_{yv} \tag{8-60}$$

三、四级抗震等级　$$\rho_{sv} \geqslant 0.26 f_t / f_{yv} \tag{8-61}$$

③箍筋的面积配筋率应按下式计算:

$$\rho_{sv} = \frac{A_{sv}}{bs} \tag{8-62}$$

(8)型钢混凝土框架梁和转换梁的箍筋肢距,可按《混凝土结构设计规范(2015 年版)》(GB 50010—2010)的规定适当放松。

(9)型钢混凝土托柱转换梁,在离柱边 1.5 倍梁截面高度范围内应设置箍筋加密区,其箍筋直径不应小于 12mm,间距不应大于 100mm,加密区箍筋的面积配筋率应符合下列公式的规定:

①持久、短暂设计状况:

$$\rho_{sv} \geqslant 0.9 f_t / f_{yv} \tag{8-63}$$

②地震设计状况:

一级抗震等级　$$\rho_{sv} \geqslant 1.2 f_t / f_{yv} \tag{8-64}$$

二级抗震等级　$$\rho_{sv} \geqslant 1.1 f_t / f_{yv} \tag{8-65}$$

三、四级抗震等级　$$\rho_{sv} \geqslant 1.0 f_t / f_{yv} \tag{8-66}$$

(10)型钢混凝土托柱转换梁与托柱截面中线宜重合,在托柱位置宜设置正交方向楼面梁或框架梁,且在托柱位置的型钢腹板两侧应对称设置支承加劲肋。

(11)型钢混凝土托墙转换梁与转换柱截面中线宜重合;托墙转换梁的梁端以及托墙设有门洞的门洞边,在离柱边和门洞边 1.5 倍梁截面高度范围内应设置箍筋加密区,其箍筋直径、箍筋面积配筋率宜符合上述型钢混凝土梁构造要求第(5)条、第(7)条、第(9)条的规定。在托墙门洞边位置,型钢腹板两侧应对称设置支承加劲肋。

(12)当转换梁处于偏心受拉状态时,其支座上部纵向钢筋应至少有 50%沿梁全长贯通,下部纵向钢筋应全部直通到柱内;沿梁高应配置间距不大于 200mm、直径不小于 16mm 的腰筋。

(13)配置桁架式型钢的型钢混凝土框架梁,其压杆的长细比不宜大于 120。

(14)对于配置实腹式型钢的托墙转换梁、托柱转换梁、悬臂梁和大跨度框架梁等主要承受竖向重力荷载的梁,型钢上翼缘应设置栓钉。

(15)在型钢混凝土梁上开孔时，其孔位宜设置在剪力较小截面附近，且宜采用圆形孔。当孔洞位于离支座 1/4 跨度以外时，圆形孔的直径不宜大于梁高的 2/5，且不宜大于型钢截面高度的 7/10；当孔洞位于离支座 1/4 跨度以内时，圆形孔的直径不宜大于梁高的 3/10，且不宜大于型钢截面高度的 1/2。孔洞周边宜设置钢套管，管壁厚度不宜小于梁型钢腹板厚度，套管与梁型钢腹板连接的角焊缝高度宜取腹板厚度的 70%；腹板孔周围两侧宜各焊上厚度稍小于腹板厚度的环形补强板，其环板宽度可取 75～125mm；且孔边应加设构造箍筋和水平筋(图 8-9)。

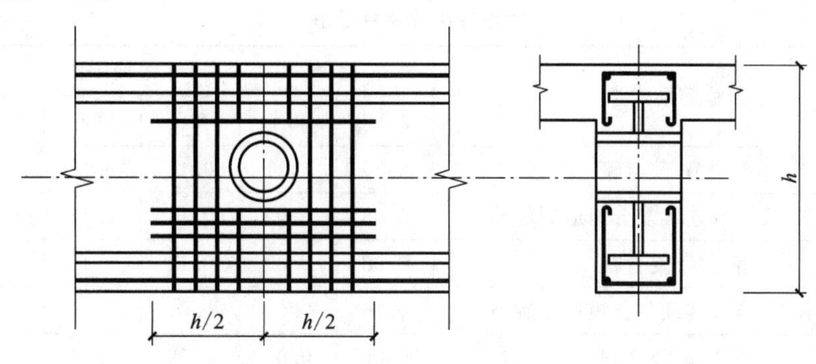

图 8-9 圆形孔孔口加强措施

(16)型钢混凝土框架梁的圆形孔孔洞截面处，应进行受弯承载力和受剪承载力计算。受弯承载力应按本章型钢混凝土框架梁受弯承载力公式计算，计算中应扣除孔洞面积。受剪承载力应符合下列公式的规定：

①持久、短暂设计状况：

$$V_b \leqslant 0.8 f_t b h_0 \left(1 - 1.6 \frac{D_h}{h}\right) + 0.58 f_a t_w (h_w - D_h)\gamma + \sum f_{yv} A_{sv} \tag{8-67}$$

②地震设计状况：

$$V_b \leqslant \frac{1}{\gamma_{RE}} \left[0.6 f_t b h_0 \left(1 - 1.6 \frac{D_h}{h}\right) + 0.58 f_a t_w (h_w - D_h)\gamma + 0.8 \sum f_{yv} A_{sv}\right] \tag{8-68}$$

式中 γ——孔边条件系数，孔边设置钢套管时取 1.0，孔边不设钢套管时取 0.85；

D_h——圆形孔洞直径；

$\sum f_{yv} A_{sv}$——加强箍筋的受剪承载力。

8.4.4.2 *型钢混凝土柱构造要求*

(1)考虑地震作用组合的型钢混凝土框架柱应设置箍筋加密区，加密区的箍筋最大间距和箍筋最小直径应符合表 8-7 的规定。

表 8-7 **抗震设计型钢混凝土柱柱端箍筋加密区的构造要求**

抗震等级	加密区箍筋最大间距/mm	箍筋最小直径/mm
一级	100	12
二级	100	10
三、四级	150(柱根 100)	8

注：①底层柱的柱根是指地下室的顶面或无地下室情况的基础顶面。

②二级抗震等级框架柱的箍筋直径大于 10mm，且箍筋采用封闭复合箍、螺旋箍时，除柱根外加密区箍筋最大间距应允许采用 150mm。

(2)考虑地震作用组合的型钢混凝土框架柱，其箍筋加密区应为下列范围：

①柱上、下两端的范围，取截面长边尺寸、柱净高的 1/6 和 500mm 中的最大值；

②底层柱下端不小于 1/3 柱净高的范围；

③刚性地面上、下各 500mm 的范围；

④一、二级框架角柱的全高范围。

(3)考虑地震作用组合的型钢混凝土框架柱箍筋加密区箍筋的体积配筋率应符合下式规定：

$$\rho_v \geqslant 0.85\lambda_v \frac{f_c}{f_{yv}} \tag{8-69}$$

式中 ρ_v——柱箍筋加密区箍筋的体积配筋率；

f_c——混凝土轴心抗压强度设计值，当混凝土强度等级低于C35时，按C35取值；

f_{yv}——箍筋及拉筋抗拉强度设计值；

λ_v——最小配箍特征值，按表8-8采用。

表8-8 柱箍筋最小配箍特征值 λ_v

抗震等级	箍筋形式	轴压比						
		≤0.3	0.4	0.5	0.6	0.7	0.8	0.9
一级	普通箍、复合箍	0.10	0.11	0.13	0.15	0.17	0.20	0.23
	螺旋箍、复合或连续复合矩形螺旋箍	0.08	0.09	0.11	0.13	0.15	0.18	0.21
二级	普通箍、复合箍	0.08	0.09	0.11	0.13	0.15	0.17	0.19
	螺旋箍、复合或连续复合矩形螺旋箍	0.06	0.07	0.09	0.11	0.13	0.15	0.17
三、四级	普通箍、复合箍	0.06	0.07	0.09	0.11	0.13	0.15	0.17
	螺旋箍、复合或连续复合矩形螺旋箍	0.05	0.06	0.07	0.09	0.11	0.13	0.15

注：①普通箍是指单个矩形箍筋或单个圆形箍筋；螺旋箍是指单个螺旋箍筋；复合箍是指由多个矩形或多边形、圆形箍筋与拉筋组成的箍筋；复合螺旋箍是指矩形、多边形、圆形螺旋箍筋与拉筋组成的箍筋；连续复合矩形螺旋箍是指全部螺旋箍为同一根钢筋加工而成的箍筋。

②在计算复合螺旋箍筋的体积配筋率时，非螺旋箍筋的体积应乘换算系数0.8。

③对一、二、三、四级抗震等级的柱，其箍筋加密区的箍筋体积配筋率分别不应小于0.8%、0.6%、0.4%和0.4%。

④混凝土强度等级高于C60时，箍筋宜采用复合箍、复合螺旋箍或连续复合矩形螺旋箍。当轴压比不大于0.6时，其加密区的最小配箍特征值宜按表中数值增加0.02；当轴压比大于0.6时，宜按表中数值增加0.03。

(4)考虑地震作用组合的型钢混凝土框架柱非加密区箍筋的体积配筋率不宜小于加密区的一半；箍筋间距不应大于加密区箍筋间距的2倍。一、二级抗震等级，箍筋间距尚不应大于10倍纵向钢筋直径；三、四级抗震等级，箍筋间距尚不应大于15倍纵向钢筋直径。

(5)考虑地震作用组合的型钢混凝土框架柱，应采用封闭复合箍筋，其末端应有135°弯钩，弯钩端头平直段长度不应小于10倍箍筋直径。截面中纵向钢筋在两个方向宜有箍筋或拉筋约束。当部分箍筋采用拉筋时，拉筋宜紧靠纵向钢筋并勾住封闭箍筋。在符合箍筋配筋率计算和构造要求的情况下，对箍筋加密区内的箍筋肢距可按《混凝土结构设计规范(2015年版)》(GB 50010—2010)的规定适当放松，但应配置不少于两道封闭复合箍筋或螺旋箍筋(图8-10)。

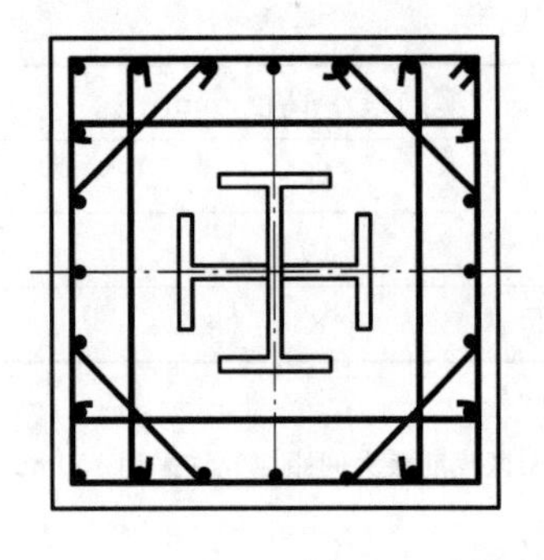

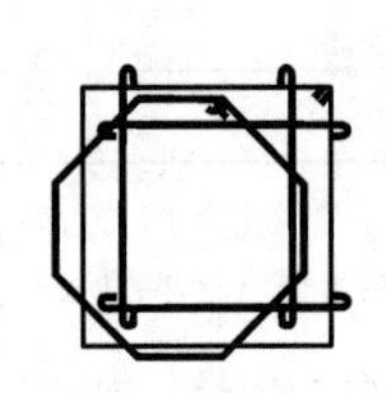

图8-10 箍筋配置

(6)型钢混凝土转换柱箍筋应采用封闭复合箍或螺旋箍，箍筋直径不应小于12mm，箍筋间距不应大于100mm和6倍纵筋直径两者中的较小值并沿全高加密，箍筋末端应有135°弯钩，弯钩端头平直段长度不应小于10倍箍筋直径。

(7)考虑地震作用组合的型钢混凝土转换柱，其箍筋最小配箍特征值 λ_v 应按表8-8的数值增大0.02，且箍筋体积配筋率不应小于1.5%。

(8)考虑地震作用组合的剪跨比不大于2的型钢混凝土框架柱，箍筋宜采用封闭复合箍或螺旋箍，箍筋间距不应大于100mm并沿全高加密；其箍筋体积配筋率不应小于1.2%；9度抗震设防烈度时，不应小于1.5%。

(9)非抗震设计时，型钢混凝土框架柱和转换柱应采用封闭箍筋，其箍筋直径不应小于8mm，箍筋间距不应大于250mm。

8.4.4.3 型钢混凝土梁柱节点构造要求

(1)型钢混凝土梁柱节点核心区的箍筋最小直径宜采用考虑地震作用组合的型钢混凝土框架柱设置箍筋加密区的相关规定。对一、二、三级抗震等级的框架节点核心区,其箍筋最小体积配筋率分别不宜小于0.6%、0.5%、0.4%;且箍筋间距不宜大于柱端加密区间距的1.5倍,箍筋直径不宜小于柱端箍筋加密区的箍筋直径;柱纵向受力钢筋不应在各层节点中切断。

(2)型钢柱的翼缘与竖向腹板间连接焊缝宜采用坡口全熔透焊缝或部分熔透焊缝。在节点区及梁翼缘上下各500mm范围内,应采用坡口全熔透焊缝;在高层建筑底部加强区,应采用坡口全熔透焊缝;焊缝质量等级应为一级。

(3)型钢柱沿高度方向,对应于钢梁或型钢混凝土梁内型钢的上、下翼缘处或钢筋混凝土梁的上、下边缘处,应设置水平加劲肋,加劲肋形式宜便于混凝土浇筑;对于钢梁或型钢混凝土梁,水平加劲肋厚度不宜小于梁端型钢翼缘厚度,且不宜小于12mm;对于钢筋混凝土梁,水平加劲肋厚度不宜小于型钢柱腹板厚度。加劲肋与型钢翼缘的连接宜采用坡口全熔透焊缝,与型钢腹板的连接可采用角焊缝,焊缝高度不宜小于加劲肋厚度。

8.5 钢管混凝土柱设计及构造要求

8.5.1 钢管混凝土柱设计

本节简单介绍圆形钢管混凝土柱的正截面受压承载力计算。

8.5.1.1 圆形钢管混凝土轴心受压柱的正截面受压承载力

钢管混凝土柱承载力的计算采用基于实验的极限平衡理论。计算公式是在总结国内外试验资料的基础上,用极限平衡法推导得出的,见式(8-70)~式(8-73)。这些公式对于钢管与核心混凝土同时受载、仅核心混凝土直接受载,以及钢管在弹性极限内预先受载,然后与核心混凝土共同受载等加载方式均适用。

(1)持久、短暂设计状态。

当$\theta \leqslant [\theta]$时:

$$N \leqslant 0.9\varphi_l f_c A_c(1+\alpha\theta) \tag{8-70}$$

当$\theta > [\theta]$时:

$$N \leqslant 0.9\varphi_l f_c A_c(1+\sqrt{\theta}+\theta) \tag{8-71}$$

(2)地震设计状态。

当$\theta \leqslant [\theta]$时:

$$N \leqslant \frac{1}{\gamma_{RE}}[0.9\varphi_l f_c A_c(1+\alpha\theta)] \tag{8-72}$$

当$\theta > [\theta]$时:

$$N \leqslant \frac{1}{\gamma_{RE}}[0.9\varphi_l f_c A_c(1+\sqrt{\theta}+\theta)] \tag{8-73}$$

式中 N——圆形钢管混凝土柱的轴向压力设计值;

α——与混凝土强度等级有关的系数,按表8-9取值;

$[\theta]$——与混凝土强度等级有关的套箍指标界限值,按表8-9取值;

φ_l——考虑长细比影响的承载力折减系数,按式(8-74)~式(8-76)计算。

式中,θ为圆形钢管混凝土框架柱和转换柱的套箍指标,宜取0.5~2.5,$\theta=\frac{f_a A_a}{f_c A_c}$,其中$A_a$和$f_a$分别为

钢管的横截面面积和抗压强度设计值，A_c 和 f_c 分别为钢管内的核心混凝土横截面面积和抗压强度设计值；系数 α 的取值，主要与混凝土强度等级有关；系数 φ_l 考虑了长细比对承载力的影响；公式右端的系数 0.9，是按《混凝土结构设计规范（2015 年版）》(GB 50010—2010)的规定，为提高安全度而引入的附加系数。

表 8-9 **系数 α、套箍指标界限值[θ]**

混凝土等级	≤C50	C55～C80
α	2.00	1.80
$[\theta]=\frac{1}{(\alpha-1)^2}$	1.00	1.56

圆形钢管混凝土轴心受压柱考虑长细比影响的承载力折减系数 φ_l 应按下列公式计算：

当 $L_e/D>4$ 时：

$$\varphi_l = 1 - 0.115\sqrt{L_e/D-4} \tag{8-74}$$

当 $L_e/D\leqslant 4$ 时：

$$\varphi_l = 1 \tag{8-75}$$

$$L_e = \mu L \tag{8-76}$$

式中 L——柱的实际长度；

D——钢管的外直径；

L_e——柱的等效计算长度；

μ——考虑柱端约束条件的计算长度系数，根据梁柱刚度的比值，按《钢结构设计标准》(GB 50017—2017)确定。

8.5.1.2 圆形钢管混凝土偏心受压框架柱和转换柱的正截面受压承载力

圆形钢管混凝土偏心受压构件正截面承载力计算原理与轴心受压构件相同，其承载力计算公式采用双系数乘积对轴心受压构件承载力计算公式进行修正得到，而双系数乘积规律是根据试验结果确定的。

(1)持久、短暂设计状态。

当 $\theta\leqslant[\theta]$时：

$$N \leqslant 0.9\varphi_l\varphi_e f_c A_c(1+\alpha\theta) \tag{8-77}$$

当 $\theta>[\theta]$时：

$$N \leqslant 0.9\varphi_l\varphi_e f_c A_c(1+\sqrt{\theta}+\theta) \tag{8-78}$$

(2)地震设计状态。

当 $\theta\leqslant[\theta]$时：

$$N \leqslant \frac{1}{\gamma_{RE}}[0.9\varphi_l\varphi_e f_c A_c(1+\alpha\theta)] \tag{8-79}$$

当 $\theta>[\theta]$时：

$$N \leqslant \frac{1}{\gamma_{RE}}[0.9\varphi_l\varphi_e f_c A_c(1+\sqrt{\theta}+\theta)] \tag{8-80}$$

其中，$\varphi_l\varphi_e$ 应符合下式规定：

$$\varphi_l\varphi_e \leqslant \varphi_0 \tag{8-81}$$

式中 φ_e——考虑偏心率影响的承载力折减系数。

8.5.1.3 影响圆形钢管混凝土偏心受压柱的正截面受压承载力的因素

影响圆形钢管混凝土偏心受压柱正截面受压承载力的因素有偏心率、长细比、柱身弯矩分布梯度。

(1)圆形钢管混凝土框架柱和转换柱考虑偏心率影响的承载力折减系数 φ_e，应按下列公式计算：

当 $e_0/r_c\leqslant 1.55$ 时：

$$\varphi_e = \frac{1}{1+1.85\frac{e_0}{r_c}} \tag{8-82}$$

当 $e_0/r_c>1.55$ 时：

$$\varphi_e=\frac{1}{3.92-5.16\varphi_l+\varphi_l\dfrac{e_0}{0.3r_c}} \tag{8-83}$$

$$e_0=\frac{M}{N} \tag{8-84}$$

式中 e_0——柱端轴向压力偏心距之较大值；

r_c——核心混凝土横截面的半径；

M——柱端较大弯矩设计值；

N——轴向压力设计值。

(2)圆形钢管混凝土偏心受压框架柱和转换柱考虑长细比影响的承载力折减系数 φ_l 应按下列公式计算：

当 $L_e/D>4$ 时：

$$\varphi_l=1-0.115\sqrt{L_e/D-4}$$

当 $L_e/D\leqslant4$ 时：

$$\varphi_l=1$$

$$L_e=\mu kL \tag{8-85}$$

式中 k——考虑柱身弯矩分布梯度影响的等效长度系数。

(3)圆形钢管混凝土框架柱和转换柱考虑柱身弯矩分布梯度影响的等效长度系数 k,应按下列公式计算。框架有无侧移示意图如图 8-11 所示。

①无侧移。

$$k=0.5+0.3\beta+0.2\beta^2 \tag{8-86}$$

$$\beta=M_1/M_2 \tag{8-87}$$

式中 β——柱两端弯矩设计值中绝对值较小者 M_1 与较大者 M_2 的比值。单向压弯时,$\beta\geqslant0$;双曲压弯时,$\beta<0$。

②有侧移。

当 $e_0/r_c\leqslant0.8$ 时：

$$k=1-0.625\frac{e_0}{r_c} \tag{8-88}$$

当 $e_0/r_c>0.8$ 时：

$$k=0.5 \tag{8-89}$$

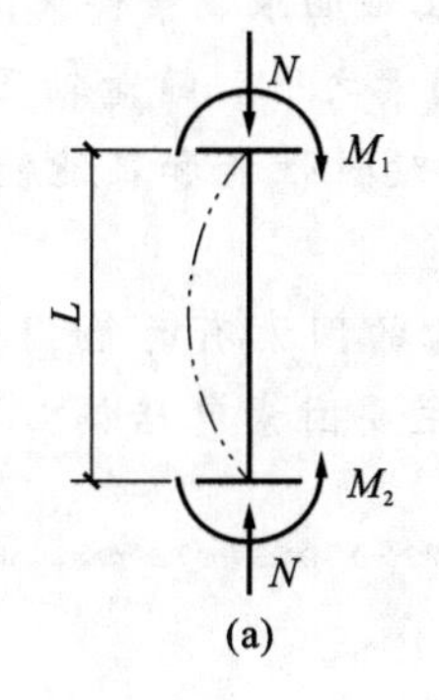

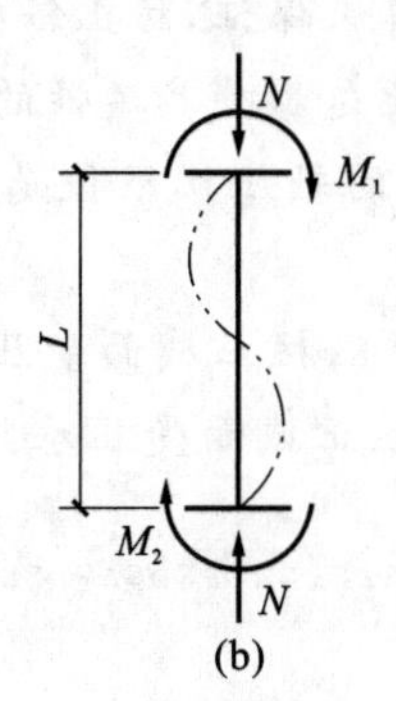

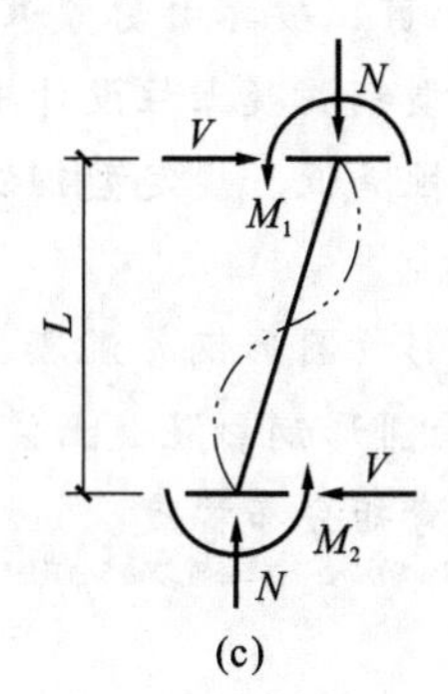

图 8-11 框架有无侧移示意图

(a)无侧移单向压弯($\beta\geqslant0$);(b)无侧移双向压弯($\beta<0$);(c)有侧移双向压弯($\beta<0$)

8.5.2 钢管混凝土柱的构造要求

(1)圆形钢管混凝土柱与钢梁、型钢混凝土梁或钢筋混凝土梁的连接宜采用刚性连接,圆形钢管混凝土柱与钢梁也可采用铰接连接。对于刚性连接，柱内或柱外应设置与梁上、下翼缘位置对应的水平加劲肋，设置在柱内的水平加劲肋应留有混凝土浇筑孔；设置在柱外的水平加劲肋应形成加劲环肋。加劲肋的厚度与钢梁翼缘厚度相等，且不宜小于12mm。

(2)圆形钢管混凝土柱的直径大于或等于2000mm时，宜采取在钢管内设置纵向钢筋和构造箍筋形成芯柱等有效构造措施，减少钢管内混凝土收缩对其受力性能的影响。

(3)焊接圆形钢管的焊缝应采用坡口全熔透焊缝。

(4)圆形钢管混凝土框架柱和转换柱的钢管外直径不宜小于400mm，壁厚不宜小于8mm。

(5)圆形钢管混凝土框架柱和转换柱的钢管外直径与钢管壁厚之比 D/t 应满足 $D/t \leqslant 135 \times (235/f_{ak})$，其中 f_{ak} 为钢管的抗拉强度标准值。

(6)圆形钢管混凝土框架柱和转换柱的等效计算长度与钢管外直径之比 L_e/D 不宜大于20。

知识归纳

(1)高层建筑钢-混凝土混合结构体系主要包括钢框架-钢筋混凝土核心筒混合结构体系、型钢混凝土框架-钢筋混凝土核心筒混合结构体系、钢管混凝土框架-钢筋混凝土核心筒混合结构体系、钢外筒-钢筋混凝土核心筒、型钢混凝土(钢管混凝土)外筒-钢筋混凝土核心筒等，混合结构体系具有降低结构自重、减小结构断面尺寸、加快施工进度等方面的优点。

(2)钢-混凝土混合结构抗震设计时需保证不同结构体系刚度协调，形成多道设防体系。平面布置宜简单、规则、对称，具有足够的整体抗扭刚度，竖向布置应尽量保证结构的侧向刚度和承载力沿竖向均匀变化，无突变，楼盖体系应具有良好的水平刚度和整体性。

(3)高层钢-混凝土混合结构抗震设计主要采用振型分解反应谱法和弹性时程分析法。规范规定7～9度抗震设防烈度的甲类高层建筑结构和复杂高层建筑结构等应采用弹性时程分析法进行多遇地震下的补充计算。

(4)钢-混凝土组合结构构件的主要类型包括型钢混凝土构件和钢管混凝土构件，具有承载力高、延性性能好、刚度大的特点。

(5)型钢混凝土梁的剪切破坏形式与剪跨比相关，存在剪压破坏和斜压破坏两种形式。防止剪压破坏由受剪承载力计算来保证，防止斜压破坏由截面限制条件来保证。

(6)型钢混凝土柱设计中，轴压比是影响其延性的主要因素之一。随着轴压比的增大，其延性降低。规定型钢混凝土柱的轴压比限值是保证其延性性能和耗能能力的必要条件。

(7)影响圆形钢管混凝土轴心受压柱正截面受压承载力的因素有套箍指标、长细比。影响圆形钢管混凝土偏心受压柱正截面受压承载力的主要因素包括偏心率、长细比、柱身弯矩分布梯度。

独立思考

8-1 高层建筑钢-混凝土混合结构体系的主要类型有哪些？

8-2 型钢混凝土构件截面承载力计算方法与钢筋混凝土构件有何异同？

8-3 型钢混凝土梁在构造上应满足哪些要求？

8-4 影响型钢混凝土梁抗剪性能的因素有哪些？

8-5 型钢混凝土柱在构造上应满足哪些要求?

8-6 型钢混凝土柱的受剪破坏有哪些特征?与钢筋混凝土柱有哪些不同之处?

8-7 与钢筋混凝土构件相比,钢管混凝土构件有什么优点?

8-8 影响钢管混凝土柱轴心受压承载力的因素有哪些?

8-9 钢管混凝土柱的长细比是如何定义的?

9

复杂高层结构设计

课前导读

内容提要

本章主要内容是复杂高层结构的定义、类型和计算分析方法，包括带转换层结构、带加强层结构、连体结构、错层结构及其他复杂高层建筑结构。本章的教学重点为复杂高层建筑结构的受力特点和结构分析方法，教学难点为复杂高层建筑结构的计算分析方法。

能力要求

通过本章的学习，学生应了解复杂高层结构的概念、主要结构形式和适用范围，掌握复杂高层建筑结构的结构布置、分析方法及设计要求。

9.1　概　　述

近年来，国内外高层建筑蓬勃发展，一批现代高层建筑以全新的面貌呈现在人们面前，建筑向着造型新颖、体型复杂、内部空间多变的综合性方向发展。这一发展虽然为人们提供了良好的生活环境和工作条件，体现了建筑设计的创新和人性化理念；但同时也使建筑结构受力复杂，抗震性能变差，容易形成抗震薄弱部位，结构分析和设计方法复杂化。因此，从结构受力和抗震性能方面来说，工程设计中不宜采用复杂高层结构，但在实际工程中往往会遇到这些复杂结构。结构工程师们经过长年的研究和工程实践，发挥创造才能，尽可能地解决关键技术和结构难题，陆续产生了能适应建筑创新需求的多种复杂高层建筑结构体系，如带转换层结构、带加强层结构、错层结构、连体结构以及竖向体型收进结构、悬挑结构等。为了使读者对这些复杂结构有所了解，本章简要介绍其受力特点和设计计算方法。

9.1.1　复杂高层结构的定义、适用范围及特殊要求

(1)复杂高层结构的定义。

复杂高层结构是指建筑平面布置或竖向布置不规则、传力途径复杂的结构，包括带转换层结构、带加强层结构、错层结构、连体结构、竖向体型收进结构、悬挑结构等。

平面不规则结构可归纳为三种类型——平面形状不规则，抗侧力结构布置不规则，楼盖连接比较薄弱，典型体系如错层结构、连体结构等。这类结构体系在地震作用下扭转效应较大，部分楼盖整体性及承载力较差，结构某些部位存在应力集中，非线性变形较大，易形成薄弱部位。竖向不规则结构是指沿竖向刚度发生突变的结构，典型体系如带转换层结构、带加强层结构、错层结构、连体结构、竖向体型收进结构及悬挑结构等。竖向刚度突变会使薄弱楼层变形过分集中，出现严重的震害甚至倒塌。

(2)复杂高层结构的适用范围及特殊要求。

鉴于复杂高层结构属于不规则结构，在地震作用下易形成敏感的薄弱部位，需要限制复杂高层结构在地震区的适用范围。

①带转换层结构、带加强层结构、错层结构、连体结构等在地震作用下受力复杂，容易形成抗震薄弱部位。9 度抗震设计时，这些结构目前尚缺乏研究和工程实践经验，为了确保安全，不应采用。

②多种复杂结构同时在一个工程中采用，在比较强烈的地震作用下，易形成多处薄弱部位，发生严重震害。为了保证结构设计的安全，相关规范规定：7 度和 8 度抗震设计的高层建筑不宜同时采用超过两类本章介绍的复杂高层结构。当必须同时采用两种以上的复杂高层结构时，必须采取有效的加强措施。

③错层结构的适用高度应严格限制。错层结构竖向布置不规则，错层附近竖向抗侧力结构较易形成薄弱部位，楼盖体系刚度也因错层受到较大削弱，按目前的研究成果和震害经验来看，对错层结构的抗震性能还较难把握。因此，相关规范规定：剪力墙结构和框架-剪力墙结构在 7 度和 8 度抗震设计时，错层高层建筑的房屋高度分别不宜大于 80m 和 60m。

④抗震设计时，B 级高度的高层建筑不宜采用连体结构。震害表明，连体位置越高，越容易塌落；房屋越高，连体结构的地震反应越大。因此，有必要对连体结构的适用高度加以限制。

⑤抗震设计时，对于 B 级高度的底部带转换层筒中筒结构，当外筒框支层以上采用由剪力墙构成的壁式框架时，其最大适用高度应根据表 3-3 中的数值适当降低。研究表明，这种结构其转换层上、下刚度和内力传递途径的突变比较明显，因此，应适当降低其最大适用高度。降低的幅度，可考虑抗震设防烈度、转换层位置等因素，一般可降低 10%～20%。

⑥严格按“三水准”抗震设计原则设计，结构计算内容要包含不同水准地震作用下主要抗侧力构件的性状；有条件时，进行性能化抗震设计。

⑦重视复杂结构的静力和动力计算分析。进行结构计算分析时：a. 应采用不少于两个不同的三维空间分析程序进行整体内力、位移计算并相互校核；b. 计算结构的扭转效应时宜考虑平扭转耦联，振型数不应小于 15，多塔楼结构的振型数不应小于塔楼数的 9 倍，且计算振型数应使振型参与质量不小于总质量的 90%；c. 对受力复杂部位，应在整体分析的基础上进行局部内力或应力分析，并按应力进行配筋设计；d. 应采用弹性时程分析法进行补充计算；e. 宜采用弹塑性静力或动力分析方法验算薄弱层的弹塑性变形。

⑧在结构平面、竖向布置以及构件强度设计等方面，应重视已发生的震害现象和结构抗震概念设计。对震害后果严重和受力与变形复杂的重点部位应采取加强措施，对柱、剪力墙、梁、板等结构构件需保证一定的截面尺寸和配筋指标，必要时宜采用抗震性能突出的钢结构或型钢混凝土结构。

9.1.2 复杂高层结构体系的类型和特点

本节主要介绍带转换层结构、带加强层结构、错层结构、连体结构以及竖向体型收进结构、悬挑结构等复杂结构体系。这些体系可采用钢筋混凝土结构、钢结构或钢-混凝土混合结构。

(1)带转换层结构。

多功能的高层建筑，往往需要沿建筑物的竖向划分不同用途的区段，如：下部楼层用于商业、文化娱乐，需要尽可能大的室内空间，要求大柱网、墙体少；中部楼层作为办公用房，需要中等大小的室内空间，可以在柱网中布置一定数量的墙体；上部楼层作为旅馆、住宅等用房，要求柱网小或布置较多的墙体。为了满足上述使用功能要求，结构设计时，下部楼层可采用大柱网框架结构，中部楼层可采用框架-剪力墙结构，上部楼层则可采用剪力墙结构。这类建筑的竖向结构构件不能上下直接连续贯通落地时，必须在两种结构体系转换的楼层设置结构转换层，形成带转换层高层建筑结构(图 9-1)。一般来说，当高层建筑上部楼层的竖向结构体系与下部楼层差异较大，下部楼层竖向结构轴线距离扩大或上、下部结构轴线错位时，就必须在结构体系改变的楼层设置结构转换层，在结构转换层布置转换结构构件。转换层包括水平结构构件及其下的竖向结构构件。

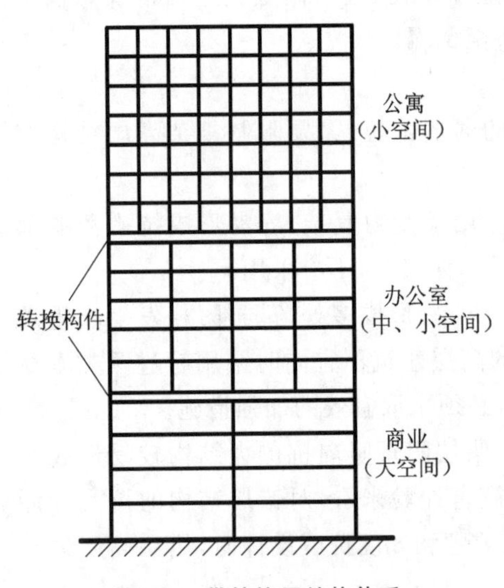

图 9-1 带转换层结构体系

带转换层结构的侧向刚度在转换层楼盖处发生突变。震害表明：在地震作用下，常因转换层以下刚度太弱、侧移过大、延性差以及强度不足而引起结构体系破坏，甚至引起整栋建筑物倒塌。为了改善结构的受力性能，提高建筑物的抗震能力，在结构平面布置中将一部分剪力墙落地，而另一部分剪力墙在下部改为框架，形成部分框支剪力墙结构。这样，下部框架可以形成较大空间，落地剪力墙可以增强和保证结构的抗震能力，通过转换层处刚性楼盖调整和传递内力，构成了框支剪力墙和落地剪力墙协同工作的体系。

(2)带加强层结构。

高层建筑框架-核心筒、筒中筒结构中，当侧向刚度不能满足设计要求时，可沿建筑竖向利用建筑避难层、设备层空间，在核心筒与外围框架(外筒)之间设置适宜刚度的水平伸臂构件，加强核心筒与框架柱间的联系，必要时可设置刚度较大的周边水平环带构件，加强外周框架角柱与翼柱间的联系，形成带加强层的高层建筑结构(图 9-2)。加强层的设置可使周边框架柱有效地发挥作用，以增加整体结构抗侧力刚度。同时在风荷载作用下，设置加强层能有效减小结构水平位移。

带加强层结构体系对抗风是十分有效的，但是在加强层及其附近楼层，结构的刚度和内力均发生突变，加强层相邻楼层往往成为薄弱层，对抗震十分不利。带加强层结构的抗震性能取决于加强层的设置位置和数量、伸臂结构的形式和刚度以及周边带状桁架设置的合理性和有效性。

(3)错层结构。

近年来，错层结构时有出现，一般为高层商品住宅楼。建筑设计时为了获得多样变化的住宅室内空间，常将同一套单元内的几个房间设在不同高度的几个层面上形成错层结构。相邻楼盖结构高差超过梁高范

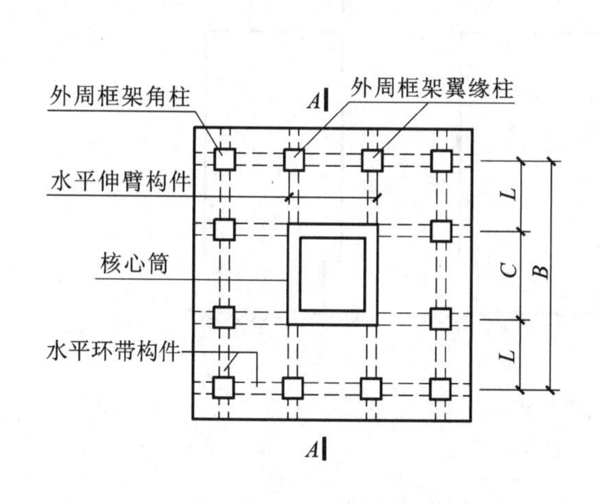

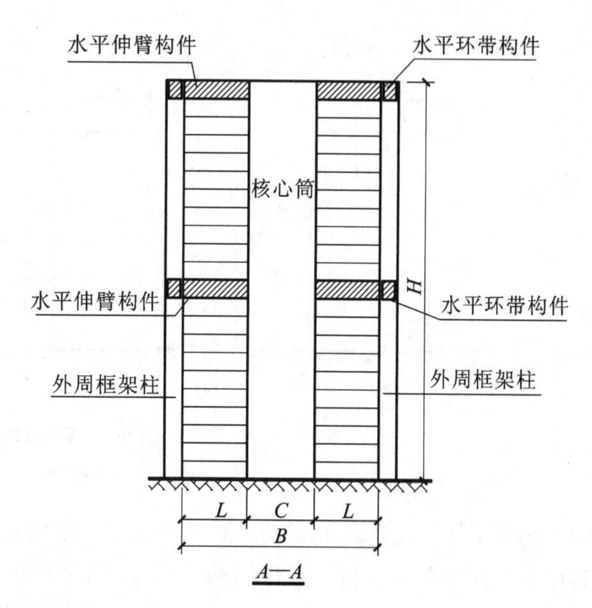

图 9-2　带加强层结构体系

围的，宜按错层结构设计。

错层结构属于竖向布置不规则结构，错层附近的竖向抗侧力构件受力复杂，难免会形成众多应力集中部位，对结构抗震不利。首先，由于楼板分成数块，且相互错置，削弱了楼板协同结构整体受力的能力；其次，由于楼板错层，在一些部位形成短柱，使应力集中，对结构抗震不利。剪力墙结构错层后，会使部分剪力墙的洞口布置不规则，形成错洞剪力墙或叠合错洞剪力墙；框架和框架-剪力墙结构错层则更为不利，可能形成许多短柱与长柱混合的不规则体系。因此，抗震设计的高层建筑应尽量避免采用错层结构。

(4)连体结构。

在高层建筑设计中，常通过设置架空连接体将两幢或几幢建筑物连成一体，形成高层建筑连体结构。连体结构是近十几年发展起来的一种新型结构形式，一方面通过设置连接体将不同建筑物连在一起，使其在功能上取得联系；另一方面连体结构具有独特的外形，带来强烈的视觉效果。如吉隆坡双子塔、巴黎新凯旋门、苏州东方之门等建筑，它们凭借极富个性的独特形体，均已成为区域性的标志建筑。连体结构由塔楼及连接体组成，连接体沿建筑物竖向可布置一个或数个；连接体的跨度可达几米到几十米；连接体与高层建筑主体结构的连接一般为刚性连接，有些架空连廊也可做成滑动连接。

连体结构通过连接体将不同结构连在一起，体型比一般结构复杂，因此连体结构的受力比一般单体结构或多塔楼结构更为复杂。连体结构的特点：①扭转效应显著。这主要是因为连体部分的存在，使得与其连接的两个塔不能独立自由振动，每个塔的振动都要受另一个塔的约束。两个塔可以同向平动，也可以相向振动。而对于连体结构，相向振动是最不利的。②连接体部分受力复杂。连体结构要协调两个塔的内力和变形，受力复杂。连体部分跨度都比较大，除要承受水平地震作用所产生的较大内力外，竖向地震作用的影响也较明显。③需重视连接体两端结构连接方式。连接体部分是连体结构的关键部位，其连接方式一般根据建筑方案与布置来确定，可以采用刚性连接、铰接、滑动连接等，每种连接的处理方式不同，均应进行详细的分析与设计。

(5)竖向体型收进结构、悬挑结构。

体型收进是高层建筑中常见的现象，主要表现形式有结构上部的收进和带裙房的结构在裙房顶的收进，如图 9-3(a)所示。多塔结构即典型的体型收进结构，在多个高层建筑的底部有一个连成整体的大裙房，形成大底盘，结构在大底盘上一层突然收进为两个或多个塔楼，形成多塔结构。多个塔楼仅通过一个地下室连为一体，地上无裙房或有局部小裙房但不连为一体，地下室顶层又作为上部结构的嵌固端时，不属于多塔结构。

大底盘多塔楼高层建筑结构在大底盘上一层突然收进，侧向刚度和质量发生突变，属于竖向不规则结

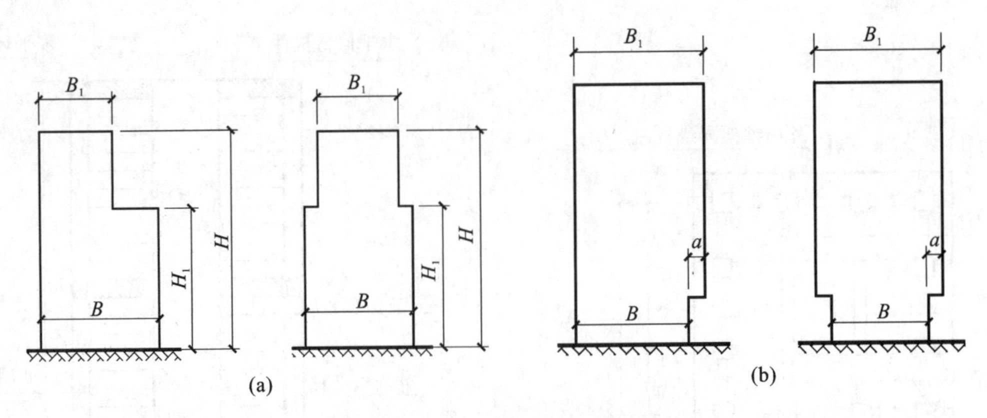

图 9-3 竖向体型收进结构、悬挑结构

(a) 体型收进结构;(b) 体型悬挑结构

构。另外,由于大底盘上有两个或多个塔楼,结构振型复杂,并会产生复杂的扭转振动,引起结构局部应力集中,对结构抗震不利。如果结构布置不当,竖向刚度突变、扭转振动反应及高振型的影响将会加剧。

悬挑结构与体型收进结构相反,其结构的上部体型大于下部体型,同样属于竖向不规则的结构,如图 9-3(b)所示。悬挑结构体型不规则,悬挑部分的结构一般竖向刚度较差,结构冗余度低,因此需要采取措施降低结构自重、增加结构冗余度,并进行竖向地震作用的验算。此外,还应提高悬挑关键构件的承载力和采取抗震措施,防止相关部位在竖向地震作用下引起结构倒塌。悬挑结构上下层楼板承受较大的面内作用,因此在结构分析时应考虑楼板内的变形,分析模型应包含竖向振动的质量,保证分析结果可以反映结构的竖向振动反应。

9.2 带转换层高层建筑结构

9.2.1 转换层的分类及主要结构形式

(1)从转换层的转换功能来看,可分为以下几种。

①上层和下层结构形式的转换。转换层将上部剪力墙转换为下部框架结构,用下部框架柱支承上部剪力墙,以创造一个较大的内部自由空间。这种转换层广泛用于剪力墙结构和框架-剪力墙结构中,形成带托墙转换层的剪力墙结构(部分框支剪力墙结构)。这种转换层也称为第Ⅰ类转换层。

②上层和下层柱网与轴线的转换。转换层上、下层的结构形式没有改变,在房屋下部通过托柱转换层将外框筒转变为稀柱框架的筒体结构,使下部柱的柱距扩大,形成大柱网。这种转换层常用于框架-核心筒结构和外围密柱框架的筒中筒结构在底部形成大入口的情况,形成带托柱转换层的筒体结构。这种转换层也称为第Ⅱ类转换层。

③结构形式和结构轴线位置的同时转换。上部楼层剪力墙结构通过转换层改变为框架的同时,柱网轴线与上部楼层的轴线错开,形成上、下结构错位的布置,而且上、下部轴线也不一定对齐,需要设置转换层来实现力的传递。实际工程中带转换层高层建筑结构多为这种情况,这种类型的转换层称为第Ⅲ类转换层。

(2)从转换层的结构形式来看,可分为以下几种。

①梁式转换。梁式转换具有传力路径清晰快捷、工作可靠、构造简单、施工方便等优点,一般应用于底部大空间剪力墙结构体系中,是目前国内应用最广的转换层结构形式,如图 9-4(a)、(f)所示。转换梁可沿纵向或横向平行布置,转换层上部的竖向抗侧力构件(墙、柱)宜直接落在转换层的主要转换构件上。宜在托柱位置设置正交方向的框架梁或楼面梁,避免转换梁承受过大的扭矩作用。

②桁架转换。当底部大空间楼层柱距较大时，转换梁高度常达到楼层的整个高度，且不能开洞，因而该层将无法利用，桁架转换可解决这一问题。桁架转换具有传力明确、传力途径清楚等优点，但其构造和施工较为复杂，特别是节点处的设计和施工。这种转换层有桁架式、空腹桁架式等，如图 9-4(b)、(c)所示。

③板式转换。当上部剪力墙布置复杂，上、下轴线错位较多，用转换梁结构难以直接承托时，需采用厚板式转换结构，如图 9-4(g)所示。板式转换结构具有上部墙体及下部柱网布置灵活，不受结构轴网限制等优点。其劣势在于，结构构件尺寸超大、自重大，结构层间刚度大，材料消耗大，工程造价较高等。

④箱形转换。当转换层上、下板厚较大，与中间托梁一起共同工作时，可形成箱形转换结构，如图 9-4(d)所示。箱形转换层是利用原有的上、下层楼板和剪力墙经过加强后组成的，其平面内刚度较单层梁板结构大得多，改善了带转换层高层建筑结构的整体受力性能。箱形转换层结构受力合理，建筑空间利用充分，实际工程中也有一定应用。箱形转换层可用于上、下层结构形式转换，柱网尺寸扩大及轴线错位等。

⑤斜柱转换。当上层结构在下层两柱之间增加一根柱时，可采用斜柱外加环梁的转换方式，采用此转换可避免采用耗材较大的梁式、板式转换，且当转换层为结构避难层时方便管道通过。

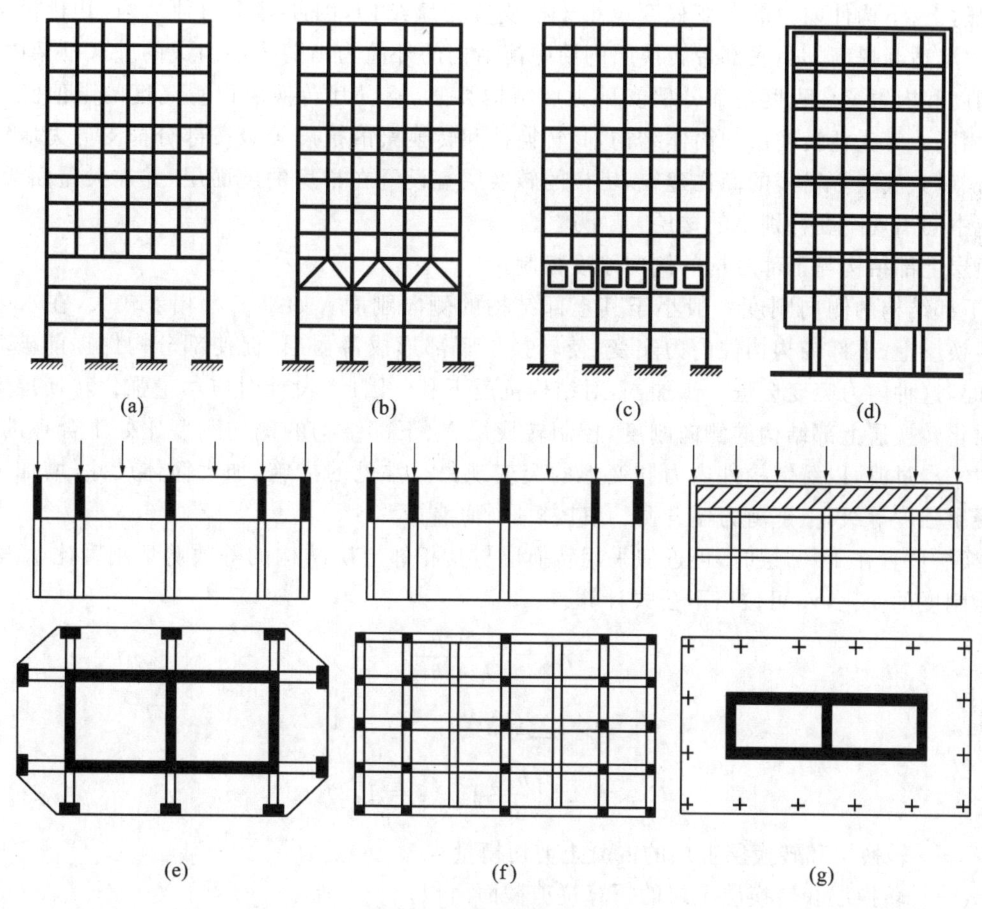

图 9-4 转换层结构形式

9.2.2 带转换层结构的布置

由于转换层刚度较其他楼层刚度大得多，质量也相对较大，加剧了结构沿高度方向刚度和质量的不均匀性；同时，转换层上、下部的竖向承重构件不连续，墙、柱截面突变，导致传力路线曲折、变形和应力集中。因此，带转换层高层建筑结构的抗震性能较差，设计时应采取措施，尽量减少转换，调整布置，使水平转换结构传力直接，尽量强化转换层下部主体结构刚度，弱化转换层上部主体结构刚度，使转换层上下部主体结构的刚度、质量及变形特征尽量接近，通过合理的结构布置改善其受力和抗震性能。

(1)底部转换层的设置高度。

带转换层的底层大空间剪力墙结构于 20 世纪 80 年代开始在我国应用。近几十年来，这种结构迅速发展，在地震区许多工程的转换层设置位置已经较高。目前底部带转换层的大空间剪力墙结构一般可做到3～6层，有些工程已做到7～10层。

国内有关单位研究了转换层设置高度对框支剪力墙结构抗震性能的影响。研究结果表明：转换层位置较高时，更易使框支剪力墙结构在转换层附近的刚度、内力发生突变，形成薄弱层，其抗震设计概念与底层框支剪力墙结构有一定差别。转换层位置较高时，转换层下部的落地剪力墙及框支结构易开裂和屈服，转换层上部几层墙体易破坏。总之，转换层位置越高，这种结构的抗震性能就越差。因此，底部大空间部分框支剪力墙高层建筑结构在地面以上的大空间层数，在抗震设防烈度为7度和8度时分别不宜超过5层和3层，6度时其层数可适当提高。对部分框支剪力墙结构，当转换层的位置设置在3层及3层以上时，其框支柱、剪力墙底部加强部位的抗震等级宜按A、B级高度高层建筑结构抗震等级的规定提高一级采用，已为特一级时可不提高。

另外，对托柱转换层结构，考虑其刚度变化、受力情况与框支剪力墙结构不同，对转换层位置未作限制。一般认为，对于底部带转换层的框架-核心筒结构和外筒为密柱框架的筒中筒结构，由于其转换层上、下部刚度突变不明显，上、下构件内力的突变程度也小于框支剪力墙结构，因此对这两种结构，其转换层位置可比部分框支剪力墙适当提高。当底部带转换层的筒中筒结构的外筒为由剪力墙组成的壁式框架时，其转换层上、下部的刚度和内力突变程度与部分框支剪力墙结构类似，所以其转换层设置高度的限值宜与部分框支剪力墙结构相同。带托柱转换层的筒体结构，其转换柱和转换梁的抗震等级按部分框支剪力墙结构中的框支框架采用。对大底盘多塔楼的商住建筑，塔楼的转换层宜设置在裙房的屋面层，并加大屋面梁、板尺寸和厚度，以避免中间出现刚度特别小的楼层，减小震害。

(2)转换层上部结构与下部结构的侧向刚度控制。

转换层下部结构的侧向刚度一般小于其上部结构的侧向刚度。如果二者相差较大，在水平荷载作用下，会导致转换层上、下部结构构件内力突变，使转换层下部形成薄弱层，促使部分构件提前破坏。当转换层位置较高时，这种内力突变会进一步加剧，对结构抗震不利。因此，设计时应尽量强化转换层下部结构的侧向刚度，弱化转换层上部结构的侧向刚度，控制转换层上、下部结构的侧向刚度比处于合理的范围内，使其尽量接近、平滑过渡，以缓解构件内力和变形的突变现象。常见的措施：加大筒体尺寸，增加下部筒壁厚度，提高混凝土强度等级，上部剪力墙开洞、开口、短肢、薄墙等。

①当转换层设置在1～2层时，可近似采用转换层与其相邻上层结构的等效剪切刚度比γ_{e1}表示转换层上、下部结构刚度的变化，γ_{e1}可按以下公式计算：

$$\gamma_{e1}=\frac{G_1A_1h_2}{G_2A_2h_1} \tag{9-1}$$

$$A_i=A_{wi}+\sum_j C_{i,j}A_{ci,j}\quad(i=1,2) \tag{9-2}$$

$$C_{i,j}=2.5\left(\frac{h_{ci,j}}{h_i}\right)\quad(i=1,2) \tag{9-3}$$

式中 G_1，G_2——转换层和转换层上层的混凝土剪切模量；

A_1，A_2——转换层和转换层上层的折算抗剪截面面积；

A_{wi}——第i层全部剪力墙在计算方向的有效截面面积(不包括翼缘面积)；

$A_{ci,j}$——第i层第j根柱的截面面积；

h_i——第i层的层高；

$h_{ci,j}$——第i层第j根柱沿计算方向的截面高度；

$C_{i,j}$——第i层第j根柱截面面积折算系数，当值大于1时取1。

γ_{e1}宜接近于1，非抗震设计时，γ_{e1}不应小于0.4，即$0.4\leqslant\gamma_{e1}\leqslant1.0$；抗震设计时，$\gamma_{e1}$不应小于0.5，即$0.5\leqslant\gamma_{e1}\leqslant1.0$。

②当转换层设置在3层及3层以上时，按式(9-4)计算的转换层与其相邻上层的侧向刚度比γ_1不应小于0.6。这是为了防止出现下述不利情况：转换层下部楼层侧向刚度较大，而转换层本层的侧向刚度较小，这时等效侧向刚度比γ_1虽能满足限值要求，但转换层本身过于柔软，形成竖向严重不规则结构。

$$\gamma_1 = \frac{V_i/\Delta_i}{V_{i+1}/\Delta_{i+1}} = \frac{V_i\Delta_{i+1}}{V_{i+1}\Delta_i} \tag{9-4}$$

式中 V_i, V_{i+1}——第 i 层及第 $i+1$ 层的地震剪力标准值；

Δ_i, Δ_{i+1}——第 i 层及第 $i+1$ 层的地震作用标准值作用下的层间位移。

③当转换层设置在第 2 层以上时，宜采用图 9-5 所示的计算模型按式(9-5)计算转换层下部结构与上部结构的等效侧向刚度比 γ_{e2}：

$$\gamma_{e2} = \frac{\Delta_2/H_2}{\Delta_1/H_1} = \frac{\Delta_2 H_1}{\Delta_1 H_2} \tag{9-5}$$

式中 H_1——转换层及其下部结构的高度；

H_2——转换层上部若干层结构的高度，其值应等于或接近于高度 H_1 且不大于 H_1；

Δ_1——转换层及其下部结构的顶部在单位水平力作用下的侧向位移；

Δ_2——转换层上部若干层结构的顶部在单位水平力作用下的侧向位移。

按式(9-5)确定的 γ_{e2} 值宜接近于 1，非抗震设计时，γ_{e2} 不应小于 0.5，即 $0.5 \leqslant \gamma_{e2} \leqslant 1.0$；抗震设计时，$\gamma_{e2}$ 不应小于 0.8，即 $0.8 \leqslant \gamma_{e2} \leqslant 1.0$。

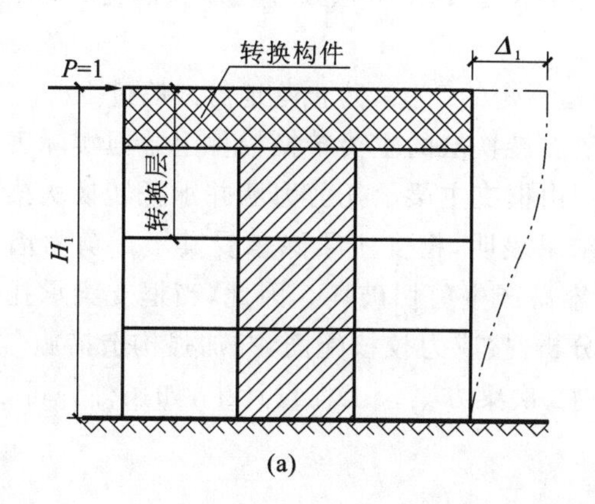

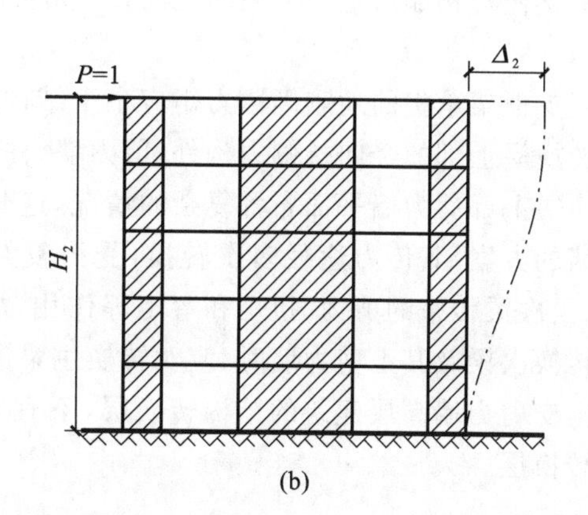

图 9-5 转换层上、下部结构等效侧向刚度计算模型

(a)转换层及其下部结构；(b) 转换层上部结构

应当指出，式(9-5)是用转换层上、下层间侧移角比(Δ_i/H_i)来描述转换层上、下部结构的侧向刚度变化情况。此法考虑了抗侧力构件的布置问题(如在结构单元内，抗侧力构件的位置不同，其对楼层侧向刚度的贡献不同)及构件的弯曲、剪切和轴向变形对侧向刚度的影响，是一个较合理的方法；而式(9-1)仅考虑了层间竖向构件的数量以及构件的剪切变形。但是，按式(9-5)计算 γ_{e2} 时，要求 H_2 不大于 H_1，这对于底部大空间只有一层的情况是难以满足的，所以只能用式(9-1)来确定 γ_{e1}。当然，H_2 接近 H_1 时，也可用式(9-5)确定底层大空间剪力墙的等效侧向刚度比。

(3)转换构件的布置。

转换层结构中转换构件的布置必须与相邻层柱网统一考虑。当扩大底层入口时，上、下过渡层柱列的疏密不一，应将转换构件布置在平面周边柱列或角筒上；当内部要求尽量敞开自由空间时，转换构件可沿横向或纵向平行布置；当需要纵、横向同时转换时，转换构件可采用双向布置、间隔布置并与相邻层错开布置、顺建筑平面柱网变化而合理布置、相邻层互相垂直布置等；围绕巨大芯筒在底层四周自由敞开时，转换构件应布置在两个方向的剪力墙上，并向两端悬挑，必要的话可沿对角线布置；建筑平面及芯筒为圆形时，可放射性布置。

厚板转换层的板厚很大，质量相对集中，导致结构沿竖向质量和刚度严重不均匀，对结构抗震不利，一般非抗震设计或 6 度抗震设计时可用。

采用空腹桁架转换层时，空腹桁架宜满层设置。空腹桁架的上下弦杆宜考虑楼板作用，并应加强与框架柱的锚固连接。

(4)部分框支剪力墙和筒体结构的布置。

为了防止转换层下部结构在地震中出现严重破坏甚至倒塌,应按下述原则布置落地剪力墙(筒体)和框支柱:

①框支剪力墙结构要有足够数量的剪力墙上下贯通落地并按刚度比要求增加落地剪力墙厚度;带转换层筒体结构的内筒应全部上下贯通落地并按刚度比要求增加筒体底部墙体厚度。

②框支柱周围楼板不应错层布置,以防框支柱产生剪切破坏。

③落地剪力墙和筒体的洞口宜布置在墙体的中部,以便使落地剪力墙各墙肢受力(剪力、弯矩、轴力)比较均匀。

④框支梁上一层墙体内不宜设边门洞,也不宜在框支中柱上方设置门洞。试验研究和计算分析结果表明,这些门洞使框支梁的剪力大幅度增加,墙肢应力集中,很容易发生破坏。

⑤落地剪力墙的间距宜符合以下规定:a. 非抗震设计时,L 不宜大于 $3B$ 和 36m。b. 抗震设计时,当底部框支层为 1～2 层时,L 不宜大于 $2B$ 和 24m;当底部框支层为 3 层及 3 层以上时,L 不宜大于 $1.5B$ 和 20m。其中,B 为落地墙之间楼盖的平均宽度。

⑥框支柱与相邻落地剪力墙的距离,1～2 层框支层时不宜大于 12m,3 层及 3 层以上框支层时不宜大于 10m。

⑦框支框架承担的地震倾覆力矩应小于结构总地震倾覆力矩的 50%,防止落地剪力墙过少。

⑧转换层上部的竖向抗侧力构件(剪力墙、柱)宜直接落在转换层的主要转换构件上。但实际工程中会遇到转换层上部剪力墙平面布置复杂的情况,这时一般采用由框支主梁承托剪力墙并承托转换次梁及次梁上剪力墙的方案,其传力途径多次转换,受力复杂。试验结果表明,框支主梁除承受其上部剪力墙的作用外,还承受次梁传来的剪力、扭矩和弯矩等作用,故框支柱容易产生剪切破坏。因此,当框支梁承托剪力墙并承托转换次梁及其上剪力墙时,应对转换主梁进行应力分析,按应力校核配筋,并加强构造措施。B 级高度部分框支剪力墙高层建筑的结构转换层,不宜采用框支主、次梁方案。工程设计中,如条件许可,也可采用箱形转换层。

9.2.3 梁式转换层结构设计

9.2.3.1 整体结构计算分析

带转换层的高层建筑结构在整体计算分析时应符合下列要求:

(1)根据带转换层结构的实际情况,确定能较好反映结构中各构件实际受力变形状态的计算模型,选取合适的三维空间分析软件进行结构整体分析。梁、柱可采用杆单元模型,转换梁也可按一般杆单元模型处理,剪力墙可采用壳单元。整体结构计算分析程序可采用 SATWE、ETABS 等。

(2)对于部分框支剪力墙结构,在转换层以下,一般落地剪力墙的刚度远远大于框支柱的刚度,所以按计算结果,落地剪力墙几乎承受全部地震剪力,框支柱承受的剪力非常小。实际工程中转换层楼面会有显著的平面内变形,从而使得框支柱承受的剪力显著增加。此外,地震时落地剪力墙出现裂缝甚至屈服后刚度下降,也会导致框支柱承受的剪力增加。因此,按转换层位置的不同以及框支柱数目,框支柱承受的地震剪力标准值应按下列规定调整:

①每层框支柱的数目不多于 10 根时,当底部框支层为 1～2 层时,每根柱所承受的剪力应至少取结构基底剪力的 2%;当底部框支层为 3 层及 3 层以上时,每根柱所承受的剪力应至少取结构基底剪力的 3%。

②每层框支柱的数目多于 10 根时,当底部框支层为 1～2 层时,每层框支柱所承受的剪力之和应至少取结构基底剪力的 20%;当底部框支层为 3 层及 3 层以上时,每层框支柱所承受的剪力之和应取结构基底剪力的 30%。

框支柱剪力调整后,应相应调整框支柱的弯矩及柱端框架梁的剪力和弯矩,框支梁的剪力、弯矩及框支柱的轴力可不调整。

9.2.3.2 转换层构件局部应力精细分析

(1)转换梁的受力机理。

梁式转换层结构通过转换梁将上部墙(柱)承受的力传至下部框支柱,如图9-6(a)所示。图9-6(b)、(c)、(d)分别为竖向荷载作用下转换层(包括转换梁及其上部剪力墙)的竖向压应力σ_y、水平应力σ_x和剪应力τ的分布图。可见,在转换梁与上部墙体的界面上,竖向压应力σ_y在支座处最大,在跨中截面处最小;转换梁中的水平应力σ_x为拉应力;转换梁最大剪应力τ_{max}发生在端部。形成这种受力状态的主要原因:①拱的传力作用,即上部墙体上的竖向荷载传到转换梁上,很大一部分荷载沿拱轴线直接传至支座,转换梁为拱的拉杆;②上部墙体与转换梁作为一个整体共同弯曲变形构件,转换梁处于整体弯曲的受拉区,上部剪力墙由于参与受力共同作用而使转换梁承受的弯矩大大减小。因此,转换梁一般为偏心受力构件。

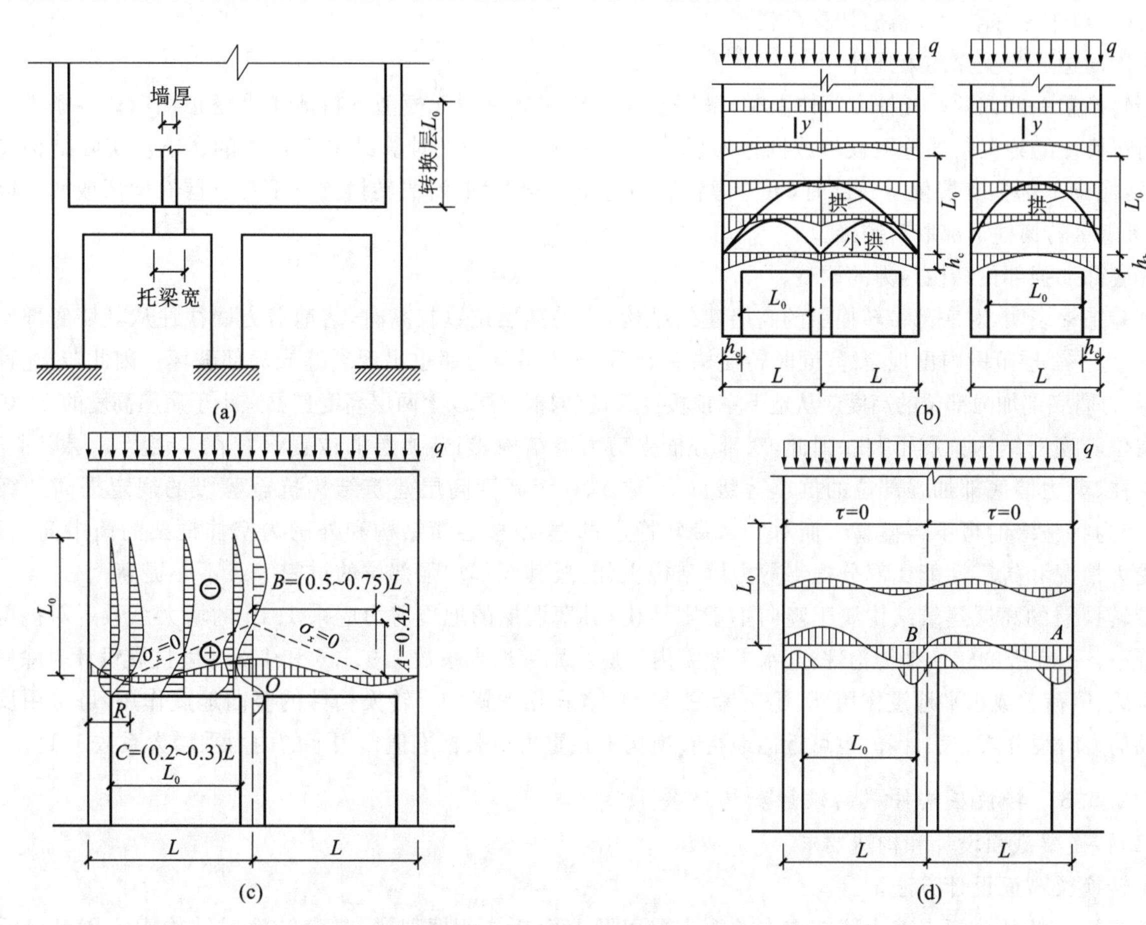

图9-6 框支剪力墙转换层应力分布

(a)梁式转换层结构;(b)竖向压应力σ_y分布图;(c)水平应力σ_x分布图;(d)剪应力τ分布图

(2)转换层构件局部补充计算。

在上述整体空间分析基础上,考虑转换梁与上部墙体的共同工作,将转换梁以及上部至少2层结构和下部1~2层框支柱取出,合理确定其荷载和边界条件,以壳单元模拟转换梁进行有限元分析。可全部采用高精度平面有限元法;或上部墙体和转换梁采用高精度平面有限元法,下部结构采用杆系有限元法;或采用分区混合有限元法。

①有限元分析范围。

研究表明,计算模型中上部墙体参加工作的层数与转换梁的跨度有关。一般取参加计算的上部墙体高度与转换梁净跨相等。实际工程中转换梁的跨度为6~12m,而高层建筑结构标准层常用层高为2.8~3.2m,则托墙形式的梁式转换层结构内力有限元分析可取其上部墙体3~4层,可将这部分墙体连同转换梁视作倒T形深梁。转换梁下部结构层数对其控制截面的内力影响不大,一般情况下,转换梁下部结构可取一层。

②单元网格的划分。

分析表明，远离转换梁的墙体对转换梁的应力分布和内力大小影响很小，可考虑网格划分粗些；为较精确模拟墙体和转换梁之间较为复杂的相互作用关系，可考虑将转换梁附近墙体的网格划分细些；墙体开洞部位由于应力集中，网格也应划分细些；转换梁、柱由于尺寸相对较小，应力变化幅度大，为提高其应力和内力的计算精度，必须对其网格划分得相对细些。一般转换梁网格宜沿截面高度方向至少等分为6～8个网格。

③计算荷载。

转换层构件的有限元分析荷载可直接取用整体结构空间分析的内力计算结果。竖向荷载主要是指重力荷载，7度(0.15g)、8度抗震设计时转换构件应考虑竖向地震作用的影响。水平荷载主要包括风荷载和水平地震作用。可直接取用上述荷载组合的结构整体分析计算得到的最大组合内力(包括弯矩最大、轴力最大和剪力最大三组内力)作为有限元分析的计算荷载。

④侧向边界与支撑约束条件。

当转换梁一侧或两端支撑在筒体上时，采用空间三维实体有限元模型分析能正确模拟侧向边界条件。下部结构转换柱的约束条件选取铰接或固接对转换梁的应力及内力的计算结果有较大的影响。实际结构设计时，当转换梁下部框支层仅有一层时，可考虑将转换柱下部取为固接；当转换梁下部框支层有两层或两层以上时，可考虑将转换柱下部取为铰接。

⑤底部加强部位结构内力的调整。

试验结果表明，对底部带转换层的高层建筑结构，当转换层位置较高时，落地剪力墙往往从其墙底部到转换层以上1～2层范围内出现裂缝，同时转换构件上部1～2层剪力墙也出现裂缝或局部破坏。因此，对这种结构，其剪力墙底部加强部位的高度应从地下室顶板算起，宜取框支层以上两层高度且不宜小于房屋高度的1/10。

高位转换对结构抗震不利。因此，对部分框支剪力墙结构，当转换层的位置设置在3层及3层以上时，其框支柱、剪力墙底部加强部位的抗震等级尚宜按A、B级高度高层建筑结构抗震等级的规定提高一级采用，已经为特一级时可不再提高。而对底部带转换层的框架-核心筒结构和外围为密柱框架的筒中筒结构，因其受力情况和抗震性能比部分框支剪力墙结构更佳，故其底部加强部位的抗震等级不必提高。

带转换层的高层建筑结构属于竖向不规则结构，其薄弱层的地震剪力应乘1.15的增大系数。对抗震等级为特一、一、二级的转换结构构件，其水平地震内力应分别乘增大系数1.9、1.6和1.3；8度抗震设计时除考虑竖向荷载、风荷载或水平地震作用外，还应考虑竖向地震作用的影响。转换构件的竖向地震作用，可采用反应谱法或动力时程分析方法计算，也可近似地将转换构件在重力荷载标准值作用下的内力乘增大系数1.1。

9.2.3.3 转换层构件截面设计和构造要求

(1)转换梁截面设计和构造要求。

①转换梁截面设计方法。

转换梁包括部分框支剪力墙结构中的框支梁以及上面托柱的框架梁，是带转换层结构中应用最广泛的转换结构构件。结构分析和试验研究表明，转换梁受力复杂，且对结构来说非常重要，因此对转换梁的配筋提出了比一般框架梁更高的要求。

当转换梁承托上部剪力墙且满跨不开洞，或仅在各跨墙体中部开洞时，转换梁与上部墙体共同工作，其受力特征和破坏形态表现为深梁，可采用深梁截面设计方法进行配筋计算，并采取相应的构造措施。

当转换梁承托上部普通框架柱，或承托的上部墙体为小墙肢时，在转换梁的常用尺寸范围内，其受力性能与普通梁相同，可按普通梁截面设计方法进行配筋计算。当转换梁承托上部斜杆框架时，转换梁产生轴向拉力，此时应按偏心受拉构件进行截面设计。

②转换梁截面尺寸。

转换梁和转换柱截面中线宜重合。转换梁截面高度不宜小于计算跨度的1/8。托柱转换梁的截面宽度不应小于其上所托柱在梁宽方向的截面宽度。框支梁截面宽度不宜大于框支柱相应方向的截面宽度，不宜小于其上墙体截面厚度的2倍和400mm两者中的较大值；转换梁可采用加腋梁，提高其抗剪承载力。

为避免梁产生受剪脆性破坏，转换梁截面组合的最大剪力设计值V应符合下列要求：

持久、短暂设计状态：

$$V \leqslant 0.2\beta_c f_c b h_0 \tag{9-6}$$

地震设计状态：

$$V \leqslant 0.15\beta_c f_c b h_0 / \gamma_{RE} \tag{9-7}$$

式中 b,h_0——转换梁截面宽度和有效高度；

f_c——混凝土轴心抗压强度设计值；

β_c——混凝土强度影响系数；

γ_{RE}——承载力抗震调整系数，$\gamma_{RE}=0.85$。

③转换梁构造要求。

转换梁上、下部纵向钢筋的最小配筋率，非抗震设计时均不应小于 0.30%；抗震设计时，对特一、一和二级抗震等级，分别不应小于 0.60%、0.50%和 0.40%。

转换梁支座处(离柱边 1.5 倍梁截面高度范围内)箍筋应加密，加密区箍筋直径不应小于 10mm，间距不应大于 100mm。加密区箍筋最小面积配筋率，非抗震设计时不应小于 $0.9f_t/f_{yv}$；抗震设计时，对特一、一和二级抗震等级，分别不应小于 $1.3f_t/f_{yv}$、$1.2f_t/f_{yv}$ 和 $1.1f_t/f_{yv}$。其中，f_t、f_{yv} 分别为混凝土抗拉强度设计值和箍筋抗拉强度设计值。对托柱转换梁的托柱部位和框支梁上部的墙体开洞部位，梁的箍筋应满足上述规定。当框支梁上部的墙体开有门洞或梁上托柱时，该部位框支梁的箍筋也应满足上述规定。当洞口靠近框支梁端部且梁的受剪承载力不满足要求时，可采取框支梁加腋或增大框支墙洞口连梁刚度等措施。

偏心受拉的转换梁其支座上部应至少有 50%的纵向钢筋沿梁全长贯通，下部纵向钢筋应全部直通到柱内；沿梁腹板高度应配置间距不大于 200mm、直径不小于 16mm 的腰筋。

转换梁不宜开洞。若必须开洞时，洞口位置宜远离框支柱边，且距离不宜小于梁截面高度；被洞口削弱的截面应进行承载力计算，因开洞形成的上、下弦杆应增加纵向钢筋和抗剪箍筋的配置。

转换梁纵向钢筋接头宜采用机械连接，同一连接区段内接头钢筋截面面积不宜超过全部纵筋截面面积的 50%，接头部位应避开上部墙体开洞部位、梁上托柱部位及受力较大部位。框支剪力墙结构中的框支梁上、下纵向钢筋和腰筋应在节点区可靠锚固。如图 9-7 所示，水平段应伸至柱边，且非抗震设计时不应小于 $0.4l_{ab}$，抗震设计时不应小于 $0.4l_{abE}$，梁上部第一排纵向钢筋应向柱内弯曲锚固，且应延伸过梁底不小于 l_a(非抗震设计)或 l_{aE}(抗震设计)；当梁上部配置多排纵向钢筋时，其内排钢筋锚入柱内的长度可适当减小，但水平段长度和弯下段长度之和不应小于钢筋锚固长度 l_a(非抗震设计)或 l_{aE}(抗震设计)。

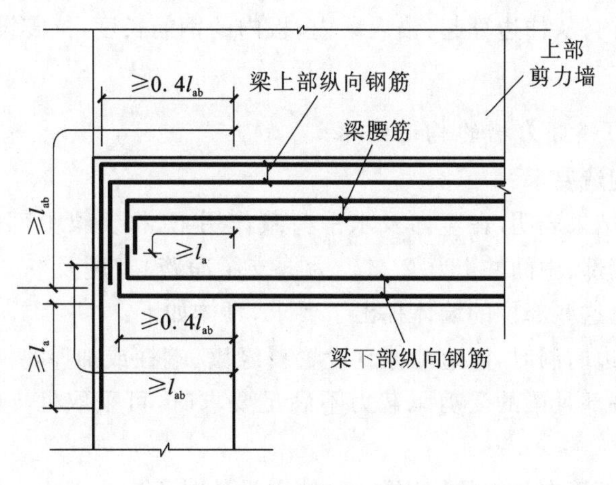

图 9-7 框支梁主筋和腰筋的锚固

(2)转换柱截面设计和构造要求。

①转换柱截面设计。

转换柱应按偏心受力构件计算其纵向受力钢筋和箍筋数量。为提高转换柱的抗震可靠性，其截面组合的内力设计值除应按框架柱的要求调整外，对一、二级抗震等级的转换柱，由地震作用产生的轴力值应分别乘增大系数 1.5、1.2，但计算柱轴压比时不宜考虑该增大系数；同时，为推迟转换柱的屈服，以免影响整个结构的变形能力，与转换构件相连的一、二级抗震等级转换柱的上端和底层柱下端截面的弯矩组合值应分别乘增大系数 1.5、1.3，剪力设计值也应按相应的规定调整，转换角柱的弯矩设计值和剪力设计值应在上述调整的基础上乘增大系数 1.1。

②转换柱截面尺寸。

转换柱包括部分框支剪力墙结构中的框支柱和框架-核心筒、框架-剪力墙结构中支承托柱转换梁的柱，是带转换层结构的重要构件。其受力性能与普通框架大致相同，但受力较大，破坏后果严重。计算分析和试验研究结果表明，随着地震作用的增大，落地剪力墙逐渐开裂且刚度降低，转换柱承受的地震作用逐渐增大。因此，对转换柱的构造配筋提出了比框架柱更高的要求。

转换柱的截面尺寸主要由轴压比控制且应满足剪压比要求。柱截面宽度，非抗震设计时不宜小于 400mm，抗震设计时不应小于 450mm；柱截面高度，非抗震设计时不宜小于框支转换梁跨度的 1/15，抗震设计时不宜小于框支转换梁跨度的 1/12。

转换柱的轴压比不宜超过表 9-1 规定的限值。抗震等级一、二级柱端截面的组合剪力设计值应符合式(9-6)和式(9-7)的要求，但其中 b、h_0 应取框支转换柱的截面宽度和截面有效高度。

表 9-1 **转换柱轴压比限值**

轴压比	一级抗震设计			二级抗震设计		
	≤C60	C65～C70	C75～C80	≤C60	C65～C70	C75～C80
$N_{max}/(f_c A_c)$	0.60	0.55	0.50	0.70	0.65	0.60

③转换柱构造要求。

转换柱内全部纵向钢筋配筋率，非抗震设计时不应小于 0.7%；抗震设计时，对于一、二级抗震等级，分别不应小于 1.1%和 0.9%。纵向钢筋间距均不应小于 80mm，且抗震设计时不宜大于 200mm，非抗震设计时不宜大于 250mm。抗震设计时柱内全部纵向钢筋配筋率不宜大于 4.0%。

抗震设计时，转换柱箍筋应采用复合螺旋箍或井字复合箍，箍筋直径不应小于 10mm，间距不应大于 100mm 和 6 倍纵向钢筋直径两者中的较小值，并应沿柱全高加密；抗震设计时，转换柱的箍筋配箍特征值应比普通框架柱要求的数值增加 0.02，且箍筋体积配筋率不应小于 1.5%。非抗震设计时，转换柱宜采用复合螺旋箍或井字复合箍，其箍筋体积配筋率不应小于 0.8%，箍筋直径不宜小于 10mm，间距不宜大于 150mm。

部分框支剪力墙结构中的转换柱在上部墙体范围内的纵向钢筋应伸入上部墙体内不少于一层，其余柱纵筋应锚入转换层梁内或板内；从柱边算起，锚入梁内、板内的钢筋长度，抗震设计时不应小于 l_{aE}，非抗震设计时不应小于 l_a。

9.2.3.4 转换层上、下部剪力墙的构造要求

(1)框支梁上部墙体的构造要求。

试验研究及有限元分析结果表明，在竖向及水平荷载作用下，框支梁上部的墙体在多个部位有较大应力集中，包括边柱上墙体的端部、中间柱上 $0.2l_n$(l_n 为框支梁净跨)宽度及 $0.2l_n$ 高度范围内。这些部位的剪力墙容易发生破坏，因此对这些部位的墙体提出了要求，具体如下：

①当梁上部的墙体开有边门洞时，洞边墙体宜设置翼缘墙、端柱或加厚，并应按约束边缘构件的要求进行配筋设计；当洞口靠近梁端部且梁的受剪承载力不满足要求时，可采取框支梁加腋或增大框支墙洞口连梁刚度等措施。

②框支梁上部墙体竖向钢筋在梁内的锚固长度，抗震设计时不应小于 l_{aE}，非抗震设计时不应小于 l_a。

③框支梁上部一层墙体的配筋宜按下列公式计算：

柱上墙体的端部竖向钢筋面积：

$$A_s = h_c b_w(\sigma_{01} - f_c)/f_y \tag{9-8}$$

柱边 $0.2l_n$ 宽度范围内竖向分布钢筋面积：

$$A_{sw} = 0.2l_n b_w(\sigma_{02} - f_c)/f_{yw} \tag{9-9}$$

框支梁上 $0.2l_n$ 高度范围内水平分布钢筋面积：

$$A_{sh} = 0.2l_n b_w \sigma_{x,max}/f_{yh} \tag{9-10}$$

式中 l_n——框支梁净跨度，mm；

h_c——框支柱截面高度，mm；

b_w——墙肢截面厚度，mm；

σ_{01}——柱上墙体 h_c 范围内考虑风荷载、地震作用组合的平均压应力设计值，N/mm^2；

σ_{02}——柱边墙体 $0.2l_n$ 范围内考虑风荷载、地震作用组合的平均压应力设计值，N/mm^2；

$\sigma_{x,max}$——框支梁与墙体交接面上考虑风荷载、地震作用组合的水平拉应力设计值，N/mm^2。

有地震作用组合时，式(9-8)、式(9-9)和式(9-10)中，σ_{01}、σ_{02}、$\sigma_{x,max}$均应乘 γ_{RE}，$\gamma_{RE}=0.85$。

④框支梁与其上部墙体的水平施工缝处宜按式(9-11)验算其抗滑移力。

$$V_{wj} \leqslant \frac{1}{\gamma_{RE}}(0.6f_y A_s + 0.8N) \tag{9-11}$$

式中 V_{wj}——剪力墙水平施工缝处剪力设计值；

A_s——水平施工缝处剪力墙腹板竖向钢筋和边缘构件中的竖向钢筋总面积(不包括两侧翼墙)，以及在墙体中有足够锚固长度的附加竖向插筋面积；

f_y——竖向钢筋抗拉强度设计值；

N——水平施工缝处考虑地震作用组合的轴向力设计值，压力取正值，拉力取负值。

(2)剪力墙底部加强部位的构造要求。

试验结果表明，对底部带转换层的高层建筑结构，当转换层位置较高时，落地剪力墙往往从其墙底部到转换层以上1～2层范围内出现裂缝，同时转换构件上部1～2层剪力墙也出现裂缝或局部破坏。因此，对这种结构，其剪力墙底部加强部位的高度应从地下室顶板算起，宜取至转换层以上两层高度且不宜小于房屋高度的1/10。

落地剪力墙几乎承受全部地震剪力，为了保证其抗震承载力和延性，在截面设计时，特一、一、二、三级抗震等级落地剪力墙底部加强部位的弯矩设计值应分别按墙底截面有地震作用组合时的弯矩值分别乘增大系数1.8、1.5、1.3、1.1取用；其剪力设计值应取地震作用组合剪力设计值乘增大系数1.9、1.6、1.4、1.2。落地剪力墙的墙肢不宜出现偏心受拉。部分框支剪力墙结构，剪力墙底部加强部位墙体的水平和竖向分布钢筋的最小配筋率，抗震设计时不应小于0.3%，非抗震设计时不应小于0.25%；抗震设计时钢筋间距不应大于200mm，钢筋直径不应小于8mm。

部分框支剪力墙结构剪力墙底部加强部位，墙体两端宜设置翼墙或端柱，抗震设计时尚应设置约束边缘构件。部分框支剪力墙结构的落地剪力墙基础应有良好的整体性和抗转动能力。

9.2.3.5 转换层楼板的构造要求

部分框支剪力墙结构中，框支转换层楼板是重要的传力构件，不落地剪力墙的剪力需要通过转换层楼板传递到落地剪力墙，为保证楼板能够可靠地传递面内相当大的剪力和弯矩，对转换层楼板的截面尺寸要求、抗剪截面验算、楼板平面内受弯承载力验算以及构造配筋要求做出了规定。

转换层楼板混凝土强度等级不应低于C30。部分框支剪力墙结构中，框支转换层楼板厚度不宜小于180mm，应双层双向配筋，且每层每方向的配筋率不宜小于0.25%，楼板中钢筋应锚固在边梁或墙体内；与转换层相邻层的楼板也应适当加强，楼板厚度不宜小于150mm，宜双层双向配筋，每层每方向贯通钢筋配筋率不宜小于0.25%，且需在楼板边缘结合纵向框架梁或底部外纵墙予以加强；落地剪力墙和筒体外围的楼板不宜开洞。楼板边缘和较大洞口周边应设置边梁，其宽度不宜小于板厚的2倍，全截面纵向钢筋配筋率不应小于1.0%。

部分框支剪力墙结构中，抗震设计的矩形平面建筑框支转换层楼板，其截面设计值应符合下列要求：

$$V_f \leqslant \frac{1}{\gamma_{RE}}(0.1\beta_c f_c b_f t_f) \tag{9-12}$$

部分框支剪力墙结构的框支转换层楼板与落地剪力墙交接截面的受剪承载力，应按下列公式验算：

$$V_f \leqslant \frac{1}{\gamma_{RE}}(f_y A_s) \tag{9-13}$$

式中 b_f, t_f——框支转换层楼板的验算截面宽度和厚度；

V_f——由不落地剪力墙传到落地剪力墙处按刚性楼板计算的框支层楼板组合的剪力设计值，抗震设防烈度为8度时应乘增大系数2.0，抗震设防烈度为7度时应乘增大系数1.5，验算落地剪力墙时可不考虑此增大系数；

β_c——混凝土强度影响系数；

A_s——穿过落地剪力墙的框支转换层楼盖（包括梁和板）内全部钢筋的截面面积；

γ_{RE}——承载力抗震调整系数，可取0.85。

部分框支剪力墙结构中，当抗震设计的矩形平面建筑框支转换层楼板平面较长或不规则，或各剪力墙内力相差较大时，可采用简化方法验算楼板平面内的受弯承载力。

9.2.4 厚板转换层结构设计

当转换层上、下柱网轴线错开较多，难以用梁直接承托时，需要做成厚板，形成带厚板转换层结构。厚板转换层一方面给上部结构的布置带来方便，另一方面也使板的传力途径变得不清楚，因而使结构受力非常复杂，结构计算相对困难，往往需要在柱与柱、柱与墙之间加强配筋。从抗剪和抗冲切角度考虑，转换层板的厚度往往很大（一般为2.0～2.8m），其自身质量也很大，易引起强烈的地震反应。厚板的混凝土用量也很大，且大体积混凝土对施工提出了更高的要求。因此，带厚板转换层结构材料用量和造价都较高，结构设计和施工都比较复杂，而且抗震设计上问题较多，采用这种结构时要慎重对待。

9.2.4.1 整体结构计算分析

带厚板转换层的高层建筑可采用三维空间结构分析程序（如TBSA、SDTB、ETS4、TAT等）进行整体结构内力分析。由于在杆系分析模型中不能直接考虑板厚的作用，故可将实体厚板转化为等效交叉梁系。图9-8(a)为厚板的实际结构平面，其计算简图如图9-8(b)所示，梁截面高度可取转换板厚度，梁截面宽度可取支承柱的柱网间距，即每一侧的宽度取其间距的一半，如图9-8(c)所示，但不应超过板厚的6倍。

带厚板转换层的高层建筑也可采用组合有限元法进行结构整体内力分析，即梁、柱构件划分为杆系单元，剪力墙划分为墙单元，厚板可划分为实体单元或厚板单元。此法可一次求得结构整体内力和厚板局部应力，但单元数目很大，计算工作量也很大。

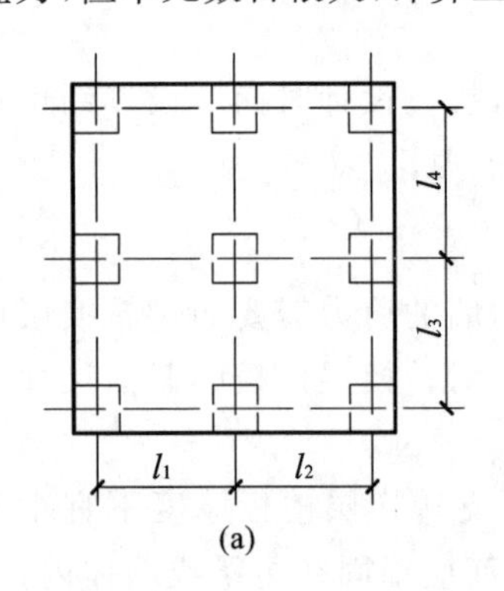

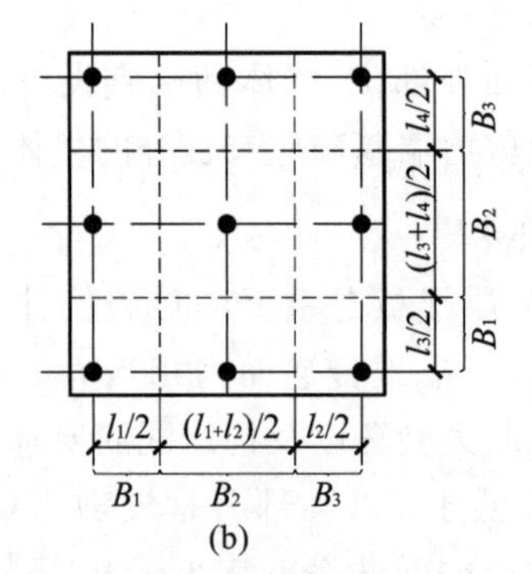

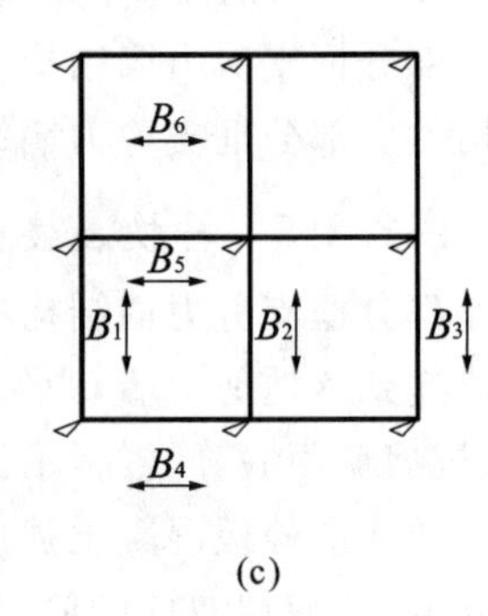

图9-8 转换厚板的计算简图

(a)实际结构平面；(b)计算简图；(c)梁截面宽度取值

9.2.4.2 厚板局部应力计算方法

当采用三维空间结构分析程序进行整体结构内力分析时，实体厚板被转化为等效交叉梁系，由整体分析可得到交叉梁系的弯矩和剪力，此时还应采用实体三维单元对厚板进行局部应力的补充计算。对厚板来讲，剪切变形不宜忽略，故应采用厚板理论进行分析，一般采用八节点等参单元。

9.2.4.3 截面设计及构造要求

(1)转换厚板的厚度可由受弯、受剪、受冲切承载力计算确定。实际工程中转换厚板的厚度可达2.0～2.8m，为柱距的1/5～1/3。从实际工程厚板位移、内力等直线图上可以看出，位移和内力在板上的分布是极不均匀的，在有较大荷载作用的区域内力很大，但在另一些荷载作用较小的区域中内力则相应较小。在这些内力较小的区域，转换厚板可局部做成薄板，薄板与厚板交界处可加腋；转换厚板亦可局部做成夹心板。

(2)厚板在上部集中力和支座反力作用下应按《混凝土结构设计规范(2015年版)》(GB 50010—2010)进行抗冲切验算并配置必需的抗冲切钢筋。抗冲切钢筋可做成直钩形，兼作架立筋。

(3)转换厚板宜按整体计算时所划分的等效交叉梁系的剪力和弯矩设计值进行截面设计，并按有限元分析结果进行配筋校核。受弯纵向钢筋可沿转换板上、下部双层双向配置，每一方向总配筋率不宜小于0.6%。转换板内暗梁抗剪箍筋的面积配筋率不宜小于0.45%。

(4)为防止转换厚板的板端沿厚度方向产生层状水平裂缝，宜在厚板外周边配置钢筋骨架网进行加强，其直径不小于16mm，间距不小于200mm，应双向配置。

(5)与转换厚板相邻的上、下一层的楼板应适当加强，楼板厚度不宜小于150mm。

(6)与转换厚板连接的上、下部剪力墙与柱的纵向钢筋均应在转换厚板内可靠锚固。

(7)为提高钢筋混凝土板受冲切承载力而配置的箍筋或弯起钢筋，应符合下列构造要求：①按计算所需的箍筋及相应的架立钢筋应配置在冲切破坏锥体范围内，并布置在柱边向外不小于$1.5h_0$的范围内；箍筋宜为封闭式，箍筋直径不应小于6mm，其间距不应大于$h_0/3$。②按计算所需的弯起钢筋应配置在冲切破坏锥体范围内，弯起角度可根据板的厚度在30°～45°之间选取；弯起钢筋的倾斜段应与冲切破坏斜截面相交，其交点应在离柱边以外$h/3$～$h/2$的范围内，弯起钢筋直径不应小于12mm，且每一方向不应少于3根。③为提高钢筋混凝土板的受冲切承载力，当有可靠依据时，也可配置工字钢、槽钢、抗剪锚栓、扁钢U形箍等。

9.2.5 桁架结构转换层设计

9.2.5.1 桁架转换层的主要结构形式

抗震设计时应避免高位转换，当建筑功能不得已需要进行高位转换时，转换结构应优先选择不致引起框支柱(边柱)柱顶弯矩过大、柱剪力过大的结构形式，此时采用桁架转换层结构是一种有效的方法。转换桁架可采用等节间空腹桁架、不等节间空腹桁架、混合空腹桁架、斜杆桁架、迭层桁架等形式，如图9-9所示。

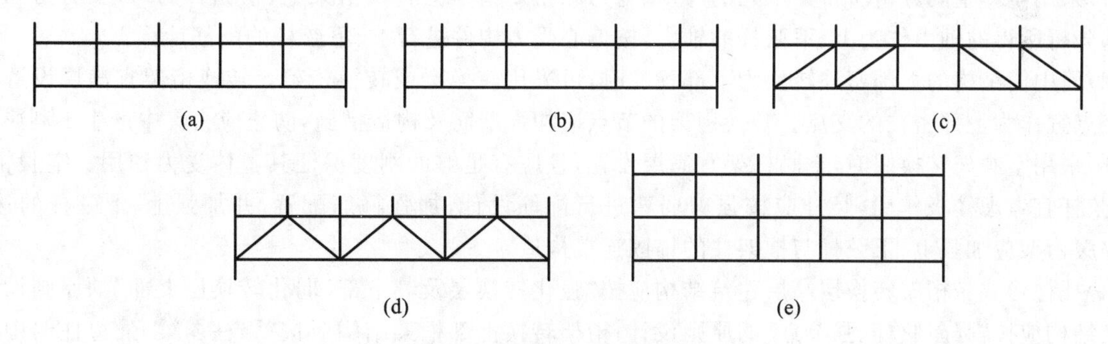

图9-9 转换桁架的结构形式

(a)等节间空腹桁架；(b)不等节间空腹桁架；(c)混合空腹桁架；(d)斜杆桁架；(e)迭层桁架

当采用空腹桁架、斜杆桁架或迭层桁架做转换构件时，桁架下弦宜施加预应力，形成预应力混凝土桁架转换构件，以减小因桁架下弦轴向变形过大对竖向荷载作用下桁架及带桁架转换层高层建筑结构内力的影响，提高转换桁架的抗裂度和刚度。必要时桁架上、下弦杆可同时采用预应力混凝土，以改善上弦节点的受力状态，提高节点的抗剪承载力。采用转换桁架将框架-核心筒结构、筒中筒结构的上部密柱转换为下部稀柱时，转换桁架宜满层设置，其斜杆的交点宜为上部密柱的支点。采用空腹桁架转换层时，空腹桁架宜满层设置，且应有足够的刚度保证其整体受力作用。空腹桁架的竖腹杆宜与上部密柱的位置重合。当桁架高度超过层高时，转换构件宜采用迭层桁架。

9.2.5.2 结构内力分析

目前，工程设计中应用的高层建筑结构分析程序大多采用楼盖在自身平面内刚度为无穷大的假定，因而采用这种程序无法直接计算位于楼盖平面内杆件(梁单元)的轴力和轴向变形。在带斜腹杆的桁架转换结构中,不仅斜腹杆内有较大的轴力和轴向变形,与之相连的上、下弦杆(位于楼盖平面内的梁单元)也存在较大的轴力和轴向变形。因此,进行上、下弦杆的截面配筋计算时,不仅应考虑弯矩、剪力和扭矩的作用,还应计及轴力的影响。实际工程设计中,可采用下述简化方法计算。

(1)将转换桁架置于整体空间结构中进行整体分析,这样腹杆作为柱单元,上、下弦杆作为梁单元,按空间协同工作或三维空间结构分析程序计算其内力和位移。计算时,转换桁架按杆件的实际布置参与整体分析,其中上、下弦杆的轴向刚度和弯曲刚度中应计入楼板作用(上、下弦杆每侧有效翼缘宽度可取 6 倍楼板厚度,且不大于相邻弦杆间距的 1/2),由此可求得上、下弦杆的弯矩、剪力和扭矩以及腹杆内力。

(2)将整体分析得到的转换桁架上部柱下端截面内力(M_c^b,V_c^b,N_c^b)和下部柱上端截面内力(M_c^t,V_c^t,N_c^t)作为转换桁架的外荷载,如图 9-10 所示,采用考虑杆件轴向变形的杆系有限元程序计算各种工况下转换桁架上、下弦杆的轴力,对各种工况进行组合,即得上、下弦杆的轴力设计值。

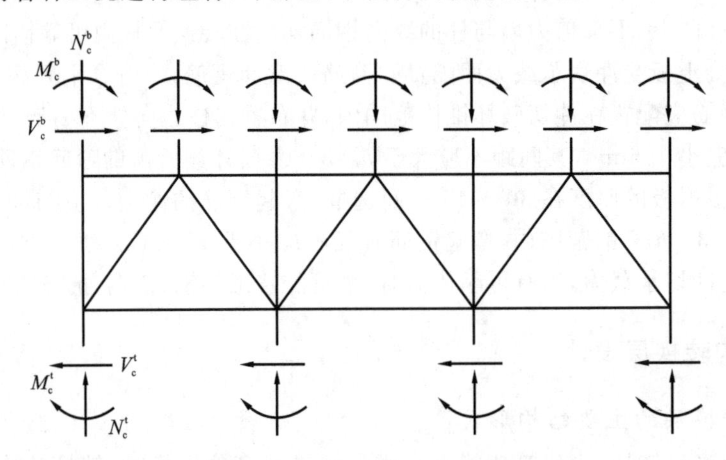

图 9-10　转换桁架局部计算简图

9.2.5.3　*截面设计与构造要求*

(1)采用整体空间分析所得梁单元的弯矩、剪力和扭矩值作为转换桁架上、下弦杆的弯矩、剪力和扭矩,将局部分析所得的轴力作为上、下弦杆的轴力,按偏心受力构件进行上、下弦杆的配筋计算。

(2)筒中筒结构的上部密柱转换为下部稀柱时,可采用转换梁或转换桁架。转换桁架宜满层设置,其斜杆的交点宜作为上部密柱的支点。转换桁架的节点应加强配筋及构造措施,防止应力集中产生不利影响。

(3)采用空腹架转换层时,空腹桁架宜满层设置,且应有足够的刚度保证其整体受力作用。空腹桁架的上、下弦杆宜考虑楼板作用,竖杆应按强剪弱弯进行配筋设计,加强箍筋配置,并加强上、下弦杆的连接构造。空腹桁架应加强上、下弦杆与框架柱的锚固连接构造。

(4)托柱形式带桁架转换层高层建筑结构应按"强化转换层及其下部、弱化转换层上部"的原则设计;桁架转换结构应按"强斜腹杆、强节点"的原则设计;桁架转换上部框架结构应按"强柱弱梁、强边柱弱中柱"的原则设计。试验结果表明,满足上述原则设计的带桁架转换层高层建筑结构具有较好的延性,能够满足工程抗震的要求。

(5)转换桁架上部框架结构按"强柱弱梁、强边柱弱中柱"的原则设计,确保塑性铰在梁端出现,使柱比梁具有更大的安全储备。上部结构的柱按普通钢筋混凝土框架结构设计方法确定截面尺寸,满足轴压比要求、抗剪要求及构造要求。为满足"强边柱弱中柱"原则,中柱截面尺寸一般较小。如果由于构造要求而不能加大中柱刚度时,可以采用内埋型钢的方法。上部结构梁的截面设计同普通钢筋混凝土框架结构,应尽量使其先屈服,满足"强柱弱梁"的要求。

(6)满足转换层上、下层等效剪切刚度(等效侧向刚度)比要求的带桁架转换层结构,转换桁架上层是结构的薄弱层,破坏比较严重。设计时应尽可能避免转换桁架上层的边柱柱底出现塑性铰,同时应加强上层柱与转换桁架的连接构造,以保证桁架转换层结构有更好的延性。与转换桁架相连的一、二级抗震等级下部柱上端截面及一、二级抗震等级上部柱下截面的弯矩组合值分别乘增大系数 1.5、1.3,且应根据放大后的弯矩设计值配筋。对于薄弱层柱的混凝土应进行特别约束，其箍筋间距不得大于 100mm，箍筋直径不得小于 10mm，且箍筋接头应焊接或作 135°弯钩，必要时可采用内埋型钢的方法来提高柱截面的抗弯承载力。

(7)转换桁架下层柱的轴压比必须严格控制，宜符合表 9-2 的要求。当很难满足轴压比的要求时，转换桁架下层柱可采用高强混凝土柱、钢骨混凝土柱等来调整截面尺寸、刚度及延性。

表 9-2　转换桁架下层柱的轴压比

轴压比	抗震设计			非抗震设计
	一级	二级	三级	
$N_{max}/(f_c bh_0)$	0.70	0.75	0.80	0.85

9.2.6　箱形转换层结构设计

9.2.6.1　箱形转换层结构设计方法

(1)箱形梁做转换结构时，一般宜沿建筑周边环通构成“箱子”，满足箱形梁构造要求。

(2)箱形转换结构可根据转换层上、下部竖向结构布置情况沿单向或双向布置主梁(主肋)。主梁腹板截面宽度一般由剪压比(同框支梁)控制计算确定，且不宜小于 400mm；截面高度可取跨度的 1/8～1/5。

(3)带箱形转换层的高层建筑结构宜根据其主梁的布置方式采用墙板模型或梁模型将箱形梁离散后参与三维整体分析。

(4)箱形转换层宜采用板单元或组合有限元方法进行局部应力分析。

(5)箱形转换层顶、底板设计应以箱形整体模型分析结果为依据，除进行局部受弯设计外，还应按偏心受拉或偏心受压构件进行配筋设计。

(6)箱形转换层的腹板(肋梁)设计，应对梁元模型计算结果和墙(壳)元模型计算结果进行比较和分析，综合考虑纵向钢筋和腹部钢筋的配置。

9.2.6.2　箱形转换层结构构造要求

(1)箱形梁混凝土强度等级、开洞构造要求、纵向钢筋及箍筋构造要求同框支梁。

(2)箱形梁腰筋构造同转换梁。

(3)箱形转换构件设计时要具有足够的平面刚度，保证其整体受力作用，箱形转换结构上、下楼板厚度均不宜小于 180mm；应根据转换柱的布置和建筑功能要求设置双向横隔板，横隔板宜按深梁设计。箱形转换层的顶、底板，除产生局部弯曲外，还会产生因箱形结构整体变形引起的整体弯曲，截面承载力设计时，要同时考虑这两种弯曲变形在截面内产生的拉、压应力。

(4)箱形梁纵向钢筋边支座构造、锚固要求同框支梁，所有纵向钢筋(包括梁翼缘柱外部分)均以柱内边起计锚固长度。

(5)分析表明，箱形转换层整体性较好，可使框支柱受力更均匀。框支柱设计应考虑箱形转换层(顶、底板，腹板)的空间整体作用，使设计更为合理，减少不必要的浪费。

9.3　带加强层高层建筑结构

9.3.1　加强层的主要结构形式和作用

当框架-核心筒结构的高度较大、高宽比较大或侧向刚度不足时，可沿竖向利用建筑避难层、设备层设置适宜刚度的水平伸臂构件，形成带加强层的高层建筑结构。必要时，加强层也可同时设置周边水平环带构件。加强层是水平伸臂构件、环向构件、腰桁架、帽桁架等加强构件所在层的总称。水平伸臂构件、环向构件、腰桁架和帽桁架等构件的作用不同，不一定同时设置，但如果设置，一般在同一层，具有三者之一时，都可简称为加强层。水平加强层利用自身刚度，强制协调周边柱变形，形成空间抗力来抵抗倾覆力矩，这比单独利用内筒来抵抗倾覆力矩要有效得多。

9.3.1.1 水平伸臂构件

在框架-核心筒结构中，采用刚度很大的斜腹杆桁架、实体梁、整层或跨若干层高的箱形梁、空腹桁架等水平伸臂构件，在平面内将内筒和外柱连接，如图 9-11 所示。沿建筑高度可根据控制结构整体侧移的需要设置一道、两道或几道水平伸臂构件，通常水平伸臂构件高度取一层楼高，需要更大刚度时，也可设置两层楼高的水平伸臂构件。由于水平伸臂构件的刚度很大，在结构产生侧移时，其将使外柱拉伸或压缩，承受较大轴力，增大了外柱抵抗的倾覆力矩，同时使内筒反弯，减小侧移。沿结构高度设置一个加强层，相当于在内筒结构上施加一个反向力矩，可以减小内筒的弯矩。

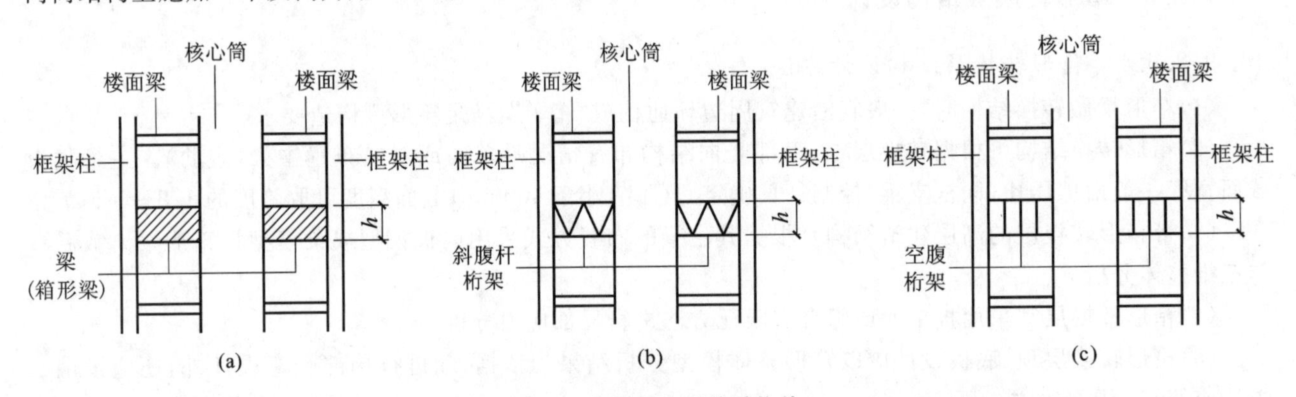

图 9-11 加强层水平伸臂构件

(a)箱形梁；(b)斜腹杆桁架；(c)空腹桁架

在水平地震作用下，这种结构的变形和破坏容易集中在加强层附近，形成薄弱层。伸臂加强层的上、下相邻层柱弯矩和剪力均发生突变，使这些柱子容易出现塑性铰或产生脆性剪切破坏。加强层的上、下相邻层柱子内力突变程度与伸臂刚度有关，伸臂刚度越大，内力突变越大；同时加强层与其相邻上、下层的侧向刚度相差越大，柱子越容易出现塑性铰或产生剪切破坏。因此，设计时应尽可能采用桁架、空腹桁架等整体刚度大而杆件刚度不大的伸臂构件，桁架上、下弦杆与柱相连，可减小不利影响。另外，加强层的整体刚度应适当，以减小对结构抗震的不利影响。

9.3.1.2 环向构件

加强层采用的周边水平环向构件一般可归纳为开孔梁、斜腹杆桁架和空腹桁架三种基本形式，如图 9-12 所示。考虑建筑外围需要有窗洞采光通风，且加强层常常与设备层、避难层结合在一起，更需要对外开敞以便遇到意外灾难时进行救援，因此环向构件很少采用实腹梁，多数情况下采用斜腹杆桁架和空腹桁架。

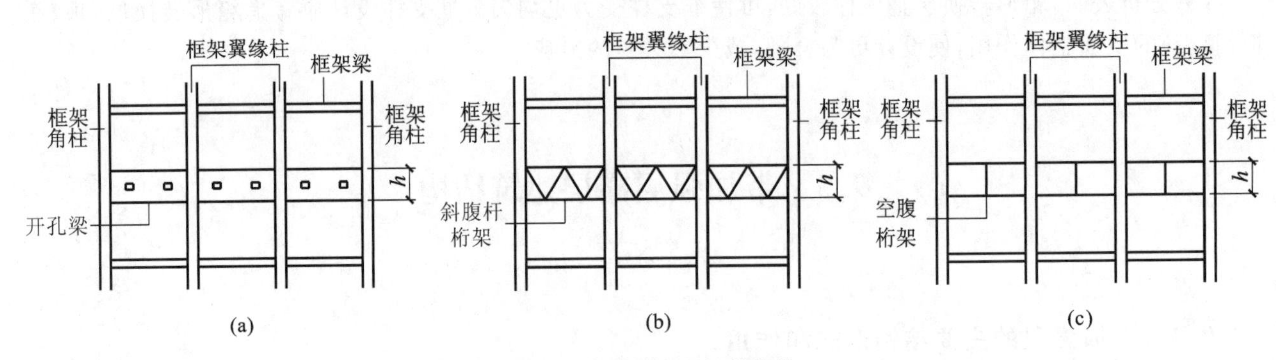

图 9-12 加强层水平环带构件

(a)开孔梁；(b)斜腹杆桁架；(c)空腹桁架

环向构件的作用：①环向构件相当于在结构上加了一道“箍”，可加强结构外圈各竖向构件的联系，加强结构的整体性，类似于砌体结构中的圈梁。②它们的刚度很大，也可协调周圈各竖向构件的变形，减小竖向变形差，使竖向构件受力均匀。在框架-核心筒结构中，环向桁架可加强深梁的作用，减小剪力滞后效应，也可以加强外圈柱子的联系，减小稀柱之间的剪力滞后效应并增大翼缘框架柱的轴向力，从而减小侧移，但其作用不如设置伸臂时直接。③在框架-核心筒-伸臂结构中，环向桁架的作用是使相邻框架柱轴力均匀化。通常伸臂只和一根柱子相连，环向桁架将伸臂产生的轴力分散给其他柱子，使较多的柱子共同承受轴力，因此环向桁架常常和伸臂结合使用。环梁本身对减小侧移也有一定作用，设置环向桁架可以减小伸臂的刚度，环向桁架与伸臂结合有利于减小框架柱和内筒的内力突变。

9.3.1.3 腰桁架和帽桁架

在筒中筒结构或框架-筒体结构中，重力荷载作用、温度差别或徐变差别等，常常会导致内筒和外柱的竖向变形不同。内、外构件的竖向变形差异随着结构高度的加大而累积，在较高的高层建筑中不容忽视。同时，内、外构件竖向变形差会使楼盖大梁产生变形和相应的内力，如果变形引起的内力较大，会减弱楼盖构件承受使用荷载和地震作用的能力，甚至较早出现裂缝。为了减小内、外构件竖向变形差带来的不利影响，在内筒和外柱之间设置刚度很大的桁架（或大梁），可以缩小上述各种因素引起的内、外构件竖向变形差，减小楼盖大梁的变形。

一般在高层建筑高度较大时，需要设置腰桁架和帽桁架，限制内、外构件竖向变形差。如果仅仅考虑减小重力荷载、温度、徐变产生的竖向变形差，在30～40层的结构中，一般在顶层设置一道桁架效果最为明显，称其为帽桁架。当结构高度很大时，除设置帽桁架外，可同时在中间某层设置一道或几道桁架，称其为腰桁架。

伸臂与腰桁架、帽桁架可采用相同的结构形式，但两者的作用不同。在较高的高层建筑结构中，如果将减小侧移的伸臂结构与减小竖向变形差的帽桁架或腰桁架结合使用，则可在顶部及(0.5～0.6)H(H为结构总高度)处设置两道伸臂，综合效果较好。

本节仅介绍带伸臂加强层高层建筑结构的设计方法。

9.3.2 伸臂加强层的结构布置

9.3.2.1 沿平面布置

水平伸臂构件的刚度比较大，是连接内筒和外围框架的重要构件。伸臂桁架会使得核心筒墙体承受很大的剪力，上、下弦杆的拉力也需要可靠地传递到核心筒上，因此在设计中应尽量要求伸臂构件贯通核心筒，以保证其与核心筒的可靠连接。伸臂构件在平面上宜置于核心筒的转角或T字节点处（图9-13），避免核心筒墙体因承受很大的平面外弯矩和局部应力集中而破坏。水平伸臂构件与周边框架外柱的连接宜采用铰接或半刚接，也可采用刚接。当水平伸臂构件与外柱为刚接时，整个结构截面可看作保持平截面假定。

9.3.2.2 沿竖向布置

高层建筑设置伸臂加强层的主要目的在于增大整体结构刚度，减小结构的侧移。因此，有关加强层的合理位置和数量的研究，一般都是以减小侧移为目标函数进行分析和优化的。加强层位置和数量要合理、效率要高。经过大量的研究分析，得到如下结论：①当设置一个加强层时，其最佳位置在底部固定端以上0.6～0.67房屋高度之间，即大约在结构的2/3高度处。②当设置两个加强层时，可分别设置在顶层和1/2房屋高度附近，这样可以获得较好的效果。③设置多个加强层时结构侧移会进一步减小，但侧移减小量并不与加强层数量成正比，当设置的加强层数量多于4个时，进一步减小侧移的效果就不明显。因此，加强层不宜多于4个，且应合理设计加强层的刚度和设置位置。设置多个加强层时，宜沿竖向从顶层向下均匀布置。框架-核心筒结构两个主轴方向较均匀时宜在两个主轴方向都设置刚度较大的水平外伸构件。

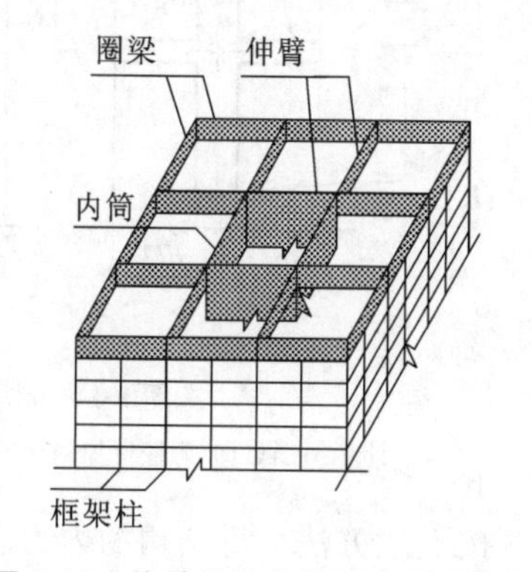

图9-13 伸臂构件的平面布置示意图

9.3.3 结构内力分析

9.3.3.1 整体分析及构件局部应力精细分析

带加强层高层建筑结构应按实际结构的构成采用空间协同的方法分析计算，其水平伸臂构件作为整体结构中的构件参与整体结构计算。上、下弦杆按梁，竖向腹杆按柱，斜腹杆按斜柱处理。计算时，对设置水平伸臂桁架的楼层，宜考虑楼板平面内变形，以便得到伸臂桁架上、下弦杆的轴力及腹杆的轴力。在结构整体分析后，应取整体分析中的内力和变形作为边界条件，对伸臂加强层再做一次单独分析。

采用振型分解反应谱法计算带加强层高层建筑结构的地震作用时，应取 9 个以上的振型，并应进行弹性和弹塑性时程分析的补充计算和校核，其中场地地震动参数应由当地地震部门专门研究后确定。

在重力荷载作用下，应进行较精确的施工模拟计算，并应计入竖向温度变形的影响。加强层构件一端连接内筒，另一端连接外框柱。外框柱的轴向压缩变形和竖向温度变形均大于核心筒的相应变形，分析时如果按一次加载的模式计算，则内、外竖向构件会产生很大的竖向变形差，从而使伸臂构件在内筒墙端部产生很大的负弯矩，使截面设计和配筋构造变得困难。因此，应考虑竖向荷载在实际施工过程中的分层施加情况，按分层加载、考虑施工过程的方法计算。另外，应注意在施工顺序（伸臂桁架斜腹杆滞后连接）和连接构造（设置后浇块）上采取措施，减小外框架和核心筒的竖向变形差。综上所述，应在结构分析时进行合理的模拟，反映这些影响。

9.3.3.2 近似分析方法

在初步设计阶段，为了确定加强层的数量和位置，可采用近似分析方法。该法采用下列假定：①结构为线弹性；②外框柱仅承受轴力；③伸臂与筒体、筒体与基础均为刚性连接；④筒体、柱以及伸臂的截面特性沿高度为常数。

根据上述假定，对于带两个伸臂加强层的高层建筑结构，均布水平荷载作用下的计算简图如图 9-14 所示，坐标原点取在结构顶点。如取静定的内筒为基本体系，则该结构为两次超静定结构。在每一个伸臂加强层位置，其变形协调方程表示筒体的转角等于相应伸臂的转角。筒体的转角以其弯曲变形描述，而伸臂的转角则以柱的轴向变形和伸臂的弯曲变形描述。

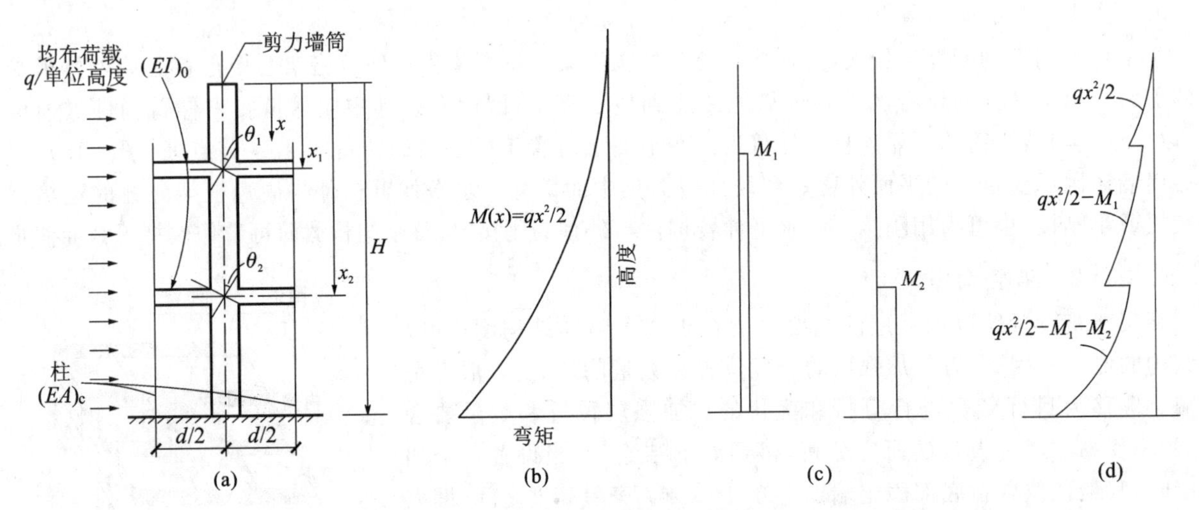

图 9-14 带两个伸臂加强层高层建筑结构的计算简图及核心筒弯矩图

(a)计算简图；(b) 无伸臂加强层的核心筒弯矩图；(c) 伸臂加强层对内筒的约束弯矩；(d) 带伸臂加强层的核心筒弯矩图

按上述方法可得结构的内力和位移如下。

(1)内力。

伸臂加强层对内筒的约束弯矩为：

$$M_1 = \frac{q}{6EI} \cdot \frac{s_1(H^3 - x_1^3) + s(H - x_2)(x_2^3 - x_1^3)}{s_1^2 + s_1 s(2H - x_1 - x_2) + s^2(H - x_2)(x_2 - x_1)} \tag{9-14}$$

$$M_2=\frac{q}{6EI}\cdot\frac{s_1(H^3-x_2^3)+s[(H-x_1)(H^3-x_2^3)-(H-x_2)(H^3-x_1^3)]}{s_1^2+s_1s(2H-x_1-x_2)+s^2(H-x_2)(x_2-x_1)}\tag{9-15}$$

式中：$s=\frac{1}{EI}+\frac{2}{d^2(EA)_c}$，$s_1=\frac{d}{12(EI)_0}$。

在求得伸臂的约束弯矩 M_1 和 M_2 后，内筒任意截面 x 处的弯矩 $M(x)$（图 9-14）可写为

$$M(x)=\frac{qx^2}{2}-M_1-M_2\tag{9-16}$$

式中，M_1 仅对 $x\geqslant x_1$ 区段有效，M_2 仅对 $x\geqslant x_2$ 区段有效。

由于伸臂作用而产生的柱轴力为

在 $x_1<x<x_2$ 区段：

$$N=\pm M_1/d\tag{9-17}$$

在 $x\geqslant x_2$ 区段：

$$N=\pm(M_1+M_2)/d\tag{9-18}$$

伸臂中的最大弯矩为

在加强层 1 处：

$$M_{max}=M_1b/d\tag{9-19}$$

在加强层 2 处：

$$M_{max}=M_2b/d\tag{9-20}$$

式(9-14)～式(9-20)中 EI，H——筒体的抗弯刚度及高度；

q——水平均布荷载集度；

x_1，x_2——自筒体顶部向下至伸臂加强层 1、2 的距离；

M_1，M_2——两个伸臂作用于筒体的约束弯矩；

$(EA)_c$——外框柱的轴向刚度；

$(EI)_0$——伸臂的有效抗弯刚度，设伸臂加强层的实际抗弯刚度为 $(EI')_0$（图 9-15），考虑筒体的宽柱效应，则有效抗弯刚度为

$$(EI)_0=\left(1+\frac{a}{b}\right)^3(EI')_0\tag{9-21}$$

式中，a、b 的意义见图 9-15。

(2)结构顶点位移。

$$u_t=\frac{qH^4}{8EI}-\frac{1}{2EI}[M_1(H^2-x_1^2)+M_2(H^2-x_2^2)]\tag{9-22}$$

式中，等号右侧第一项为筒体单独承受全部水平荷载作用时的顶点位移；第二项表示伸臂约束弯矩 M_1 和 M_2 所减小的顶点位移。

另外，由式(9-22)还可得到使结构顶点位移最小时伸臂加强层的最佳位置，即将式(9-22)右侧第二项分别对 x_1 及 x_2 求导。

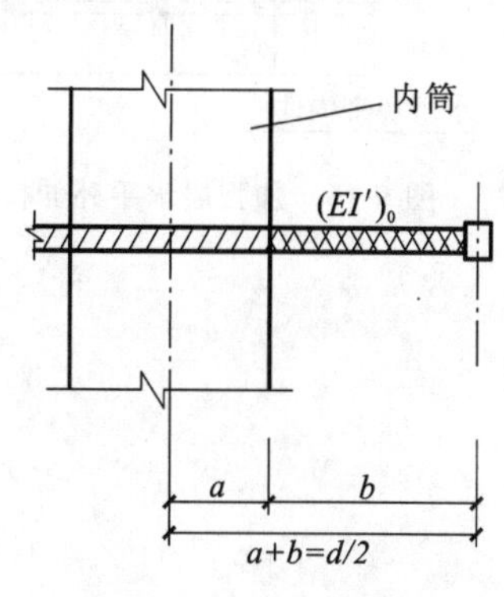

图 9-15 加强层简图

9.3.4 构造要求

(1)对带加强层的高层建筑结构，为避免在加强层附近形成薄弱层，使结构在罕遇地震作用下能呈现“强柱弱梁”“强剪弱弯”的延性机制，加强层及其相邻的框架柱和核心筒剪力墙的抗震等级应提高一级，一级提高至特一级，若原抗震等级为特一级则不再提高；对加强层及其上、下相邻一层的框架柱，箍筋应全柱段加密；轴压比限值应按其他楼层框架柱的数值减小 0.05 采用。

(2)加强层水平伸臂构件中梁（箱形梁）的构造要求：实体截面梁一般仅适用于非地震区；混凝土强度等级不应低于 C30；梁上、下主筋最小配筋率为 0.3%，至少应有 50%沿梁全长贯通，且不宜有接头；若需设接头，宜采用机械连接（A 级），同一连接区段内接头钢筋截面面积不宜超过全部纵筋截面面积的 50%；梁腹筋应沿梁全高配置，且不小于 2ф12@200，应按充分受拉要求锚固于柱、核心筒；梁箍筋宜全梁段加密，直径不

小于 10mm，间距不大于 150mm，最小面积配箍率为 $0.5f_c/f_w$；梁上、下纵筋进入核心筒支座均按受拉锚固，顶层梁上部纵筋至少应有 50%贯穿核心筒拉通；顶层梁下部纵筋及其他层梁上、下部纵筋至少应有 4 根贯穿核心筒拉通；梁上、下纵筋进入框架柱均按充分受拉锚固。当斜腹桁架和空腹桁架作为加强层水平外伸构件时，其构造要求同其作为转换结构时的要求，其上、下弦主筋进入核心筒支座的贯通构造要求同实体梁。

(3)加强层区间筒体构造要求：抗震等级为一、二级时，加强层区间筒体墙身竖向分布钢筋、水平分布钢筋的最小配筋率分别为 0.4%和 0.3%，非抗震设计时为 0.25%，且钢筋间距不应大于 200mm，直径不应小于 10mm。加强层区间核心筒剪力墙应设置约束边缘构件，其构造要求同带转换层高层建筑结构底部加强区设置的约束边缘构件要求，即应按《高层建筑混凝土结构技术规程》(JGJ 3—2010)第 7.2.15 条的规定设置约束边缘构件。

(4)抗震等级为特一、一、二级时柱纵向钢筋的最小总配筋率分别为 1.4%、1.2%、1.0%，非抗震设计时为 0.6%。纵筋钢筋间距不宜大于 200mm 且不应小于 80mm，总配筋率不宜大于 5%。箍筋应全柱段加密，应采用复合螺旋箍或井字复合箍，箍筋直径不应小于 10mm，间距不应大于 200mm。抗震设计时体积配箍率分别不应小于 1.6%(特一级)、1.5%(一级、二级)，非抗震设计时不应小于 1.0%。

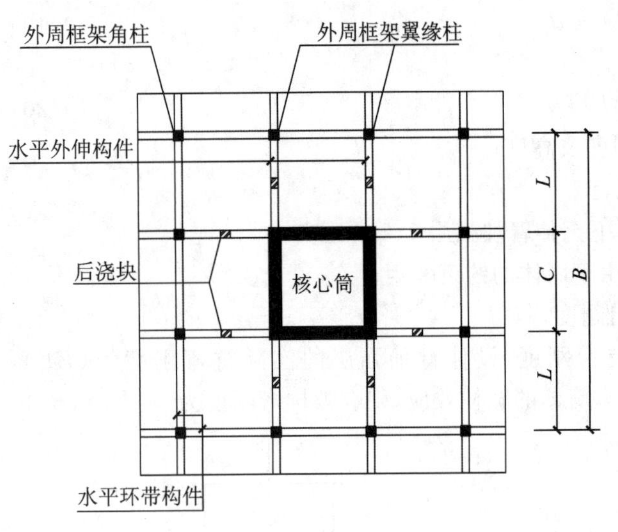

图 9-16 加强层水平外伸构件后浇块示意图

(5)加强层区间楼板构造要求：加强层区间楼板混凝土强度等级不宜低于 C30，并应采用双层双向配筋，每层每方向贯通钢筋配筋率不宜小于 0.25%，且在楼板边缘、孔洞边缘应结合边梁设置予以加强。

(6)加强层水平伸臂构件设置后浇块：由于加强层的伸臂构件强化了内筒与周边框架的联系，内筒与周边框架的竖向变形差将产生很大的次应力，因此需要采取有效措施减小这些竖向变形差。为消除施工阶段重力荷载作用下竖向构件轴向变形对加强层水平伸臂构件的不利影响，加强层水平伸臂构件一般宜设置后浇块(图 9-16)，待主体结构施工完成后再行封闭。在施工程序及连接构造上采取减小结构竖向温度变形及轴向变形的措施时，结构分析模型应能反映施工措施的影响。

9.4 连体结构

9.4.1 连体结构的形式及适用范围

连体结构是指除裙楼以外，两个或两个以上塔楼之间带有连接体的结构。目前，从形式和连接方式上看，连体结构主要有凯旋门式和架空的连廊式两种形式。

(1)凯旋门式，也称强连接方式。当连接体结构包含多层楼盖，且连体结构有足够的刚度，足以协调两塔之间的内力和变形时，可设计成图 9-17(a)所示的强连接结构。即在两个主体结构(塔楼)的顶部若干层连成整体楼层，连接体的宽度与主体结构的宽度相等或近似。两个主体结构一般采用对称的平面形式，当连接体与两端塔楼刚接或铰接时，连接体可与塔楼结构整体协调、共同受力。此时，连接体除承受重力荷载外，主要承受因协调连接体两端的变形及振动而产生的作用效应。如北京西客站主站房和上海凯旋门大厦即采用这种形式。

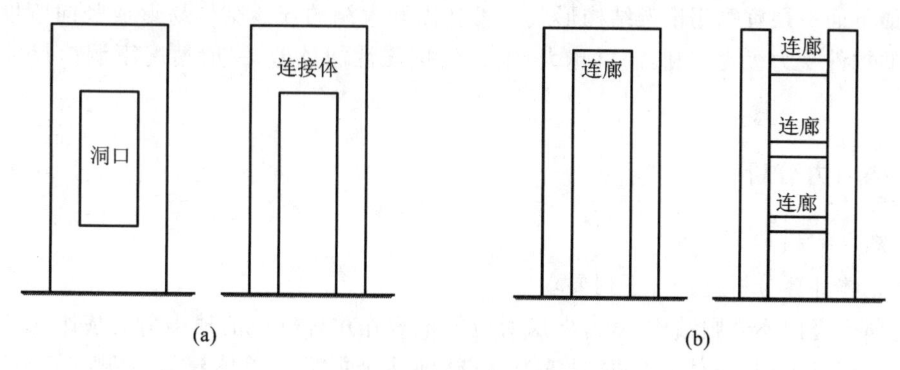

图 9-17 连体结构

(a)强连接结构;(b)弱连接结构

(2)架空的连廊式,也称弱连接方式,即在两个建筑之间设置1个或多个连廊,连廊的跨度从几米到几十米不等,连廊的宽度一般都在10m之内。建筑设计中如连接体结构较弱,不足以协调连接体两侧结构共同工作时,可设计成图9-17(b)所示的弱连接结构。连接体一端与结构铰接,一端做成滑动支座;或两端均做成滑动支座。当采用阻尼器作为限位装置时,也可归为弱连接方式。这种连接方式可以较好地处理连接体与塔楼的连接,既能减轻连接体及其支座受力,又能将连接体的振动控制在允许范围内,但此种连接仍要进行详细的整体结构分析计算,橡胶垫支座等支承和阻尼器的选择要通过计算分析确定。

根据连接体在连体结构中的位置,可分为底部相连、中部相连和顶部相连等形式,如图9-18所示。

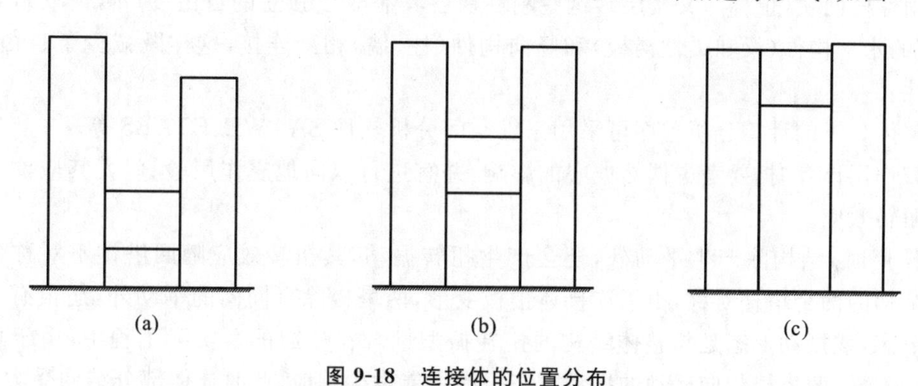

图 9-18 连接体的位置分布

(a)底部相连;(b)中部相连;(c)顶部相连

震害经验表明,地震区的连体高层建筑破坏严重,主要表现为连廊塌落,主体结构与连接体的连接部位破坏严重。两个主体结构之间设多个连廊的,高处的连廊首先破坏并塌落,底部的连廊也有部分塌落;两个主体结构高度不相等或体型、面积和刚度不同时,连体结构破坏尤为严重。因此,连体高层建筑是一种抗震性能较差的复杂结构形式。

9.4.2 连体结构布置

为提高结构的抗震性能,《高层建筑混凝土结构技术规程》(JGJ 3—2010)规定连体结构的布置要求如下:①连体结构各独立部分宜有相同或相近的体型、平面布置和刚度。7度、8度抗震设计时,层数和刚度相差悬殊的建筑不宜采用连体结构。特别是对于强连接方式的连体结构,其两个主体宜采用双轴对称的平面形式;否则将在地震中出现 X、Y、θ 相互耦联的复杂振动,扭转影响大,对抗震不利。②当两个主体结构层数和刚度相差较大时,采用连体结构更为不利,连接体部位易发生严重震害,房屋高度越高,震害越严重。因此,抗震设计时,B级高度高层建筑不宜采用连体结构;7度、8度抗震设计时,层数和刚度相差悬殊的建筑不宜采用连体结构。③连体结构自身重量应尽量减轻。连体结构自身的重量一般较大,对结构抗震很不利,因此应优先采用钢结构及轻型维护结构,也可采用型钢混凝土结构等。连接体部分重量越轻,其支承构件受力越小,对抗震越有利。一般情况下连接体部位的层数不宜超过该建筑总层数的20%,当连接体结构含有多个楼层时，最下面一层宜采用桁架结构形式。④立面开大洞的连体结构易形成竖向刚度突变。立面开大洞后，对周边的构件受力极为不利，洞口越大，结构的抗震性能越差，一般情况下洞口尺寸不宜大于整个建筑面积的 30%。

9.4.3 结构内力分析

9.4.3.1 整体结构计算分析

连体结构的整体计算分析应符合下列要求：

①连体结构属于竖向不规则结构，其薄弱层对应的地震作用标准值的地震剪力应乘 1.15 的放大系数。计算分析及振动台试验表明：连体结构振型较为复杂，前几个振型与单体建筑有明显的不同，除顺向振型（两个塔楼振动方向相同）外，还出现反向振型（两个塔楼振动方向相反）。因此，连体结构应采用三维空间分析方法进行整体计算，主体结构和连接体均应参与整体分析。连体结构总体为一开口薄壁构件，扭转性能较差，扭转振型丰富，当第一扭转频率与场地卓越频率接近时，容易引起较大的扭转反应，使结构发生脆性破坏。连体结构中部刚度小，而此部位混凝土强度等级又低于下部结构，从而使结构薄弱部位由结构的底部转变为连体结构中塔楼的中下部，这是连体结构计算时应注意的问题。

②连体建筑洞口两侧的楼面有相互独立的位移和转动，不能按一个整体楼面考虑。因此，连体结构的计算不能引进楼面内刚度为无穷大的假定，通常的高层建筑结构分析程序不再适用。采用分块刚性的假定，可以反映立面开洞和连体建筑的受力特点。假定连体高层建筑中，每一个保持平面内刚度无穷大特性的楼面部分为刚性楼面块（也称广义楼层），这些刚性块各具有 3 个独立的自由度（u_i，v_i，θ_i），它们通过可变形的、有限刚度的水平构件（梁和柔性楼板）和竖向构件（柱、墙）相互连接，这样既减少了自由度，又能考虑楼面变形的特性。

连体结构整体分析的计算分析程序可采用三维空间分析软件 SATWE、ETABS 等。

③水平地震作用计算时，要考虑偶然偏心的影响，并宜进行双向地震作用验算，尤其应注意因结构特有体型而引起的扭转效应。

水平地震作用时，结构除产生平动外，还会产生扭转振动，其扭转效应随两塔楼不对称性的增加而加剧。即使连体结构的两个塔楼对称，由于连接体楼板变形，两塔楼除有同向的平动外，还很有可能产生两塔楼相向的振动形态，该振动形态是与整体结构的扭转振型耦合在一起的。实际工程中，由于地震在不同塔楼之间存在振动差异，两塔楼相向运动的振动形态极有可能发生响应，此时连体部分结构受力复杂。

④连接体部分是连体结构受力的关键部位。当连接体跨度较大、位置较高时，其对竖向地震作用的反应比较敏感，放大效应明显。因此，6 度和 7 度（0.10g）抗震设计的高位连体结构（如连体位置高度超过 80m）宜考虑竖向地震的影响；7 度（0.15g）和 8 度抗震设计的连体结构应考虑竖向地震的影响。连接体的竖向地震作用可按振型分解法或时程分析法计算。6 度、7 度（0.10g）、7 度（0.15g）和 8 度抗震设计时，连接体的竖向地震作用标准值可近似考虑取为连接体重力荷载代表值的 3%、5%、8%和 10%，并按各构件所分担重力荷载值的比例分配。

⑤连接体部分的振动舒适度需满足要求。由于连接体跨度较大，相对结构的其他部分而言，连接体部分的刚度比较弱，受结构振动的影响明显，因此要注意控制连体部分各点的竖向位移，以满足舒适度要求。连体结构的连接体部位结构楼层需要考虑在日常使用中由于人的走动引起的楼板振动。楼板振动限值取决于人对振动的感觉。人对楼板振动的感觉取决于楼盖振动幅度和持续时间、人所处的环境和人所从事的活动以及人的生理反应。楼盖结构的竖向振动频率不宜小于 3Hz，竖向振动加速度峰值不应超过规范限值。

9.4.3.2 受力机理的概念分析

连体结构将各单独建筑通过连接体构成一个整体，使建筑物的工作特点由竖向悬臂梁转变成巨型框架结构，如图 9-19 所示。在双塔连体高层建筑中，连接体的刚度和位置对结构的受力性能有着显著的影响。

(1)连接体刚度对结构静力性能的影响。

图 9-20 为对称双塔楼计算简图，假定连接体与塔楼铰接。已知对称双塔楼 A、B 抗弯刚度均为 EI，连

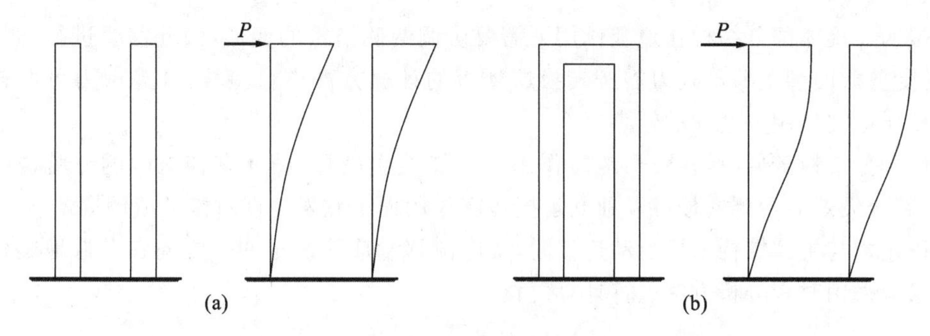

图 9-19 单体结构和连体结构受力变形特点比较

(a)单体结构；(b)连体结构

接体的轴压刚度为 EA。

令：连接体的轴向刚度 $K_N=\dfrac{EA}{L}$；塔楼的抗侧刚度 $K_A=K_B=\dfrac{3EI}{H^3}$；$\lambda_N=\dfrac{K_N}{K_A+K_B}$。根据力学原理，可得

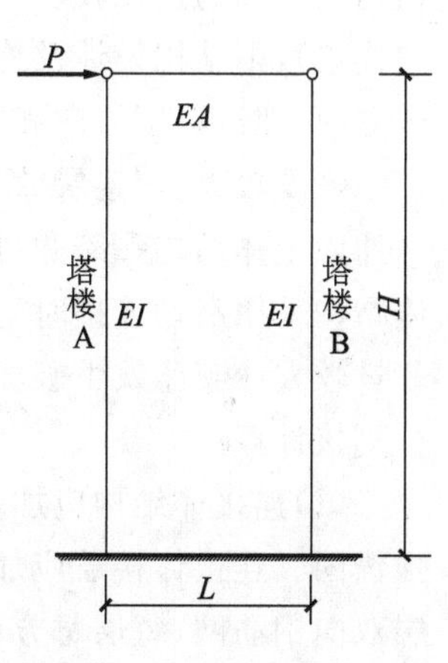

图 9-20 连体结构计算简图

$$N=\frac{H^3/(3EI)}{L/(EA)+2H^3/(3EI)}P=\frac{2\lambda_N}{1+4\lambda_N}P \tag{9-23}$$

$$f_A=\frac{(P-N)H^3}{3EI}=\frac{L/(EA)+H^3/(3EI)}{L/(EA)+2H^3/(3EI)}\cdot\frac{PH^3}{3EI}=\frac{(1+2\lambda_N)PH^3}{3(1+4\lambda_N)EI} \tag{9-24}$$

$$f_B=\frac{NH^3}{3EI}=\frac{H^3/(3EI)}{L/(EA)+2H^3/(3EI)}\cdot\frac{PH^3}{3EI}=\frac{2\lambda_N PH^3}{3(1+4\lambda_N)EI} \tag{9-25}$$

上式表明，随着 λ_N 的增大，连体轴力 N 增大。但当 $\lambda_N>10$ 时，连体轴力只有少量的增加；当 $\lambda_N\to\infty$时，$N\to\dfrac{P}{2}$。

随着 λ_N 的增大，塔楼 A 的位移逐渐减小，塔楼 B 的位移逐渐增大。但当 $\lambda_N>10$ 时，塔楼 A、B 的位移几乎相等；$\lambda_N\to\infty$时，$f_A=f_B\to\dfrac{1}{2}\cdot\dfrac{PL^3}{3EI}$。

需要注意，侧向荷载沿不同的方向作用时，连接体有不同的传力机理。当侧向荷载沿 X 向（两塔楼并列方向）作用时，连接体主要靠轴压（拉）和竖向平面内的受弯来传力。当荷载沿 Y 向（与 X 向正交的方向）作用时，连接体主要靠水平面内的弯剪来传力。前者比后者传力更有效，后者还会使塔楼受扭。

(2)连接体位置对结构静力性能的影响。

在 X 向侧向荷载作用下，随着连接体设置位置的升高，连接体的连接作用增强，上连接体的轴力和上、下连接体的总轴力减小，下连接体的轴力变化较为平缓。当连接体设置在中下部楼层时，上连接体的轴力比下连接体的轴力大；设置在上部楼层时，下连接体的轴力比上连接体的轴力大。产生这一现象的原因是，当连接体的位置设置得较高时，连接楼层下部外荷载在塔楼 A 连接楼层处引起的变形比上部外荷载引起的大，所以该侧向力首先要由下连接体来传递。当连接体的位置设置得较低时，连接体上部的外荷载在塔楼 A 连接楼层处引起的变形比下部外荷载引起的大，上连接体的轴力会比下连接体的大。

在 Y 向侧向荷载作用下，随着连接体设置位置的升高，连接体的连接作用增强，但会导致塔楼的扭转增大。上连接体和下连接体总水平面内的弯矩和剪力在较低楼层达到峰值后开始减小，下连接体的轴力变化随连体设置位置的变化较小。当连接体设置在中下部楼层时，上连接体的轴力比下连接体大。当连接体设置在上部楼层时，下连接体的轴力比上连接体大。

9.4.3.3 连接体构件的局部应力精细分析

无论采用强连接方式还是弱连接方式，在结构整体分析后，均需对连接体及其相关部位进行局部应力精细分析。

①刚性连接的连接体部分结构在地震作用下需要协调两侧塔楼的变形，因此需要进行连接体部分楼板的验算，楼板的受剪截面和受剪承载力需按转换层楼板的计算方法进行验算，计算剪力可取连接体楼板承担的两侧塔楼楼层地震作用力之和的较小值。

②当连接体部分楼板较弱时，在强烈地震作用下可能发生破坏，因此宜补充两侧分塔楼的模型计算分析，确保连接体部分失效后两侧塔楼可以独立承担地震作用而不致发生严重破坏或倒塌。

③当连接体结构与主体结构采用滑动连接时，支座滑移量应能满足两个方向在罕遇地震作用下的位移要求。位移要求应采用时程分析方法进行计算复核。

9.4.4 构造要求

(1)连体结构中连接体与主体结构的连接如采用刚性连接(类似于现浇框架结构中梁与柱的连接)，则结构设计和构造比较容易实现，结构的整体性亦较好；如采用非刚性连接(类似于单层厂房中屋面梁与柱顶的连接)，则结构设计及构造相当困难，要使若干层高、体量颇大的连接体具有安全可靠的支座，并能满足两个方向(即沿跨度方向和垂直于跨度方向)在罕遇地震作用下的位移要求，是很难实现的。

跨度较大、相连层数较多的连体结构宜采用刚性连接。刚性连接时，连接体结构的主要结构构件应至少伸入主体结构一跨并可靠连接，必要时可延伸至主体部分的内筒，并与内筒可靠连接。连接体结构与主体结构采用滑动连接时，支座滑移量应能满足两个方向在罕遇地震作用下的位移要求。连接体往往由于滑移量较大使支座发生破坏，应采取防坠落、防撞击措施。计算罕遇作用下的位移时，应采用时程分析方法进行复核计算。

(2)连接体结构应加强，宜采用钢结构、钢桁架和型钢混凝土结构，型钢应至少伸入主体结构一跨并加强锚固。连接体楼盖应加强构造措施。连接体结构的边梁截面宜加大，楼板厚度不宜小于150mm，采用双层双向钢筋网，每层每方向配筋率不宜小于0.25%。跨度较大的连接体宜采用组合楼盖，并在混凝土板中配置必要的钢筋。当连接体层数较多时，应特别加强其最下一个楼层和顶层的设计与构造。

(3)高位大跨度多层连体结构在设计阶段应重视施工的可行性，设计方案应为施工创造条件。高位大跨度多层连体结构应考虑连体建成一至多层时多种工况下的风荷载、温度和施工荷载的作用。设计计算时，应重视基础的沉降变形和连体两端的竖向变形差异，并在设计中采取切实可行的防范措施。

(4)为防止地震时连接体结构以及主体结构与连接体结构的连接部位发生严重破坏，保证整体结构安全可靠，在抗震设计时，连接体及与连接体相邻的结构构件应符合下列要求：①连接体及与连接体相邻的结构构件在连接体高度范围内及其上、下层的抗震等级应提高一级，一级提高至特一级，已为特一级的可不再提高。②与连接体相连的框架柱在连接体高度范围内及其上、下层，箍筋应全柱段加密配置，轴压比限值应按其他楼层框架柱的数值减小0.05采用。③与连接体相连的剪力墙在连接体高度范围内及其上、下层应设置约束边缘构件，墙体两端宜设置翼墙或端柱。

9.5 错层结构

9.5.1 错层结构的形式及适用范围

当建筑物各部分因使用功能对层高要求不同，但由于立面与造型效果需要各部分又不能分开时，将平面组合在一起即形成了竖向错层结构，如图9-21所示。常见的错层结构如高层商品住宅楼，将同一套单元内的几个房间设在不同高度的几个层面上，形成错层结构。错层结构是指在建筑中同层楼板不在同一高度，并且高差大于梁高(或大于500mm)的结构类型。

错层结构多应用于住宅中，它是从低层别墅和多层住宅结构演变而来的，从使用功能和人们的观念上来分析，这是一种进步。从结构受力和抗震性能来看，错层结构属于竖向不规则结构，对结构抗震不利：第一，由于楼板分成数块，且相互错置，削弱了楼板协同结构整体受力的能力。第二，由于楼板错层，在一些部位形成短柱，使应力集中，对结构抗震不利。第三，剪力墙结构错层后，会使部分剪力墙的洞口布置不规则，形成错洞剪力墙或叠合错洞剪力墙；框架结构错层则更为不利，可能形成许多短柱与长柱混合的不规则体系。因此，高层建筑应尽量不采用错层结构，特别是位于地震区的高层建筑应尽量避免采用错层结构，9度抗震设计时不应采用错层结构。当房屋两部分因功能不同而使楼层错开时，宜首先采用防震缝或伸缩缝将其分为两个独立的结构单元。

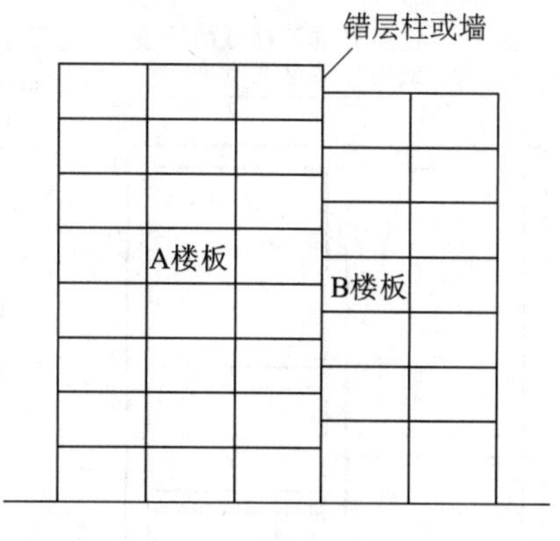

图 9-21 错层结构简图

9.5.2 错层结构布置

国内有关单位做了两个错层剪力墙结构住宅房屋模型振动台试验，其中一个模型模拟平面布置规则的错层剪力墙住宅(35层，高98m)；另一个模型模拟平面布置不规则的错层剪力墙住宅(32层，高98m)。模型振动台试验结果表明：平面布置规则的错层剪力墙结构使剪力墙形成错洞墙，结构竖向刚度不规则，对抗震不利，但错层对抗震性能的影响并不十分严重，破坏程度相对较轻；平面布置不规则、扭转效应显著的错层剪力墙结构破坏严重。计算分析表明，错层框架结构或错层框架-剪力墙结构，其抗震性能比错层剪力墙结构差。因此，抗震设计时，高层建筑宜避免错层。当房屋不同部位因功能不同而使楼层错层时，宜采用防震缝或伸缩缝将其划分为独立的结构单元。另外，错层结构的平面布置宜简单、规则，避免扭转；错层两侧宜采用结构布置和侧向刚度相近的结构体系，以减小错层处墙、柱的内力，避免在错层处形成薄弱部位。当采用错层结构时，为了保证结构分析的可靠性，相邻错开的楼层不应归并为一个刚性楼板层计算。设计中如遇到错层结构，除采取必要的计算和构造措施外，注意其最大适用高度还应符合下列要求：剪力墙结构和框架-剪力墙结构在7度和8度抗震设计时，采用错层结构的房屋高度分别不宜大于80m和60m。

9.5.3 结构内力分析

当错层高度不大于框架梁的截面高度时，可作为同一楼层按普通结构计算，这一楼层的高度可取两部分楼面高度的平均值。当相邻楼盖结构高差超过梁高时，不应归并为一层，应按错层结构计算。

楼层错层后，沿竖向结构刚度不规则，难以用简化方法进行结构分析。因此，对错层高层建筑结构宜采用三维空间分析程序，按结构的实际错层情况建立计算模型。错层结构中，错层两侧的楼面有相互独立的位移和转动，相邻错开的楼层不应归并为一个刚性楼板，计算分析模型应能反映错层的影响。目前，国内开发的三维空间分析程序 TBSA、TBWE、TAT、SATWE、TBSAP 等都可用于错层结构的分析。

错层剪力墙结构的内力简化计算方法可采用杆件有限元模型、高精度有限元方法。

(1)杆件有限元模型。类似于框架-剪力墙结构内力和位移的计算机分析方法，可采用墙板单元计算模型来模拟错层剪力墙结构中的墙板。这种计算模式将墙板置换成杆系构件，将墙板和框架的力学性能分开，可方便地将墙板单元组合到框架中去。

(2)分析模型的基本假定：①受力前后墙板保持平面。②刚域端部与框架梁柱铰接。这样处理表面上不考虑墙在节点处的转动约束，实际上由于墙柱刚域使框架梁的刚度提高，也就间接考虑了转动的约束作用。③墙板单元四个角节点的变形与框架对应节点的变形相协调。

(3)对于错层剪力墙结构，当因楼层错层使剪力墙洞口不规则时，在结构整体分析之后，对洞口不规则的剪力墙宜进行有限元补充计算，其边界条件可根据整体分析结果确定。

9.5.4 截面设计和构造措施

在错层结构的错层处(图9-22)，其墙、柱等构件易产生应力集中，受力较为不利，其截面设计和构造措施除符合一般墙、柱的要求外，还应采用下列加强措施：

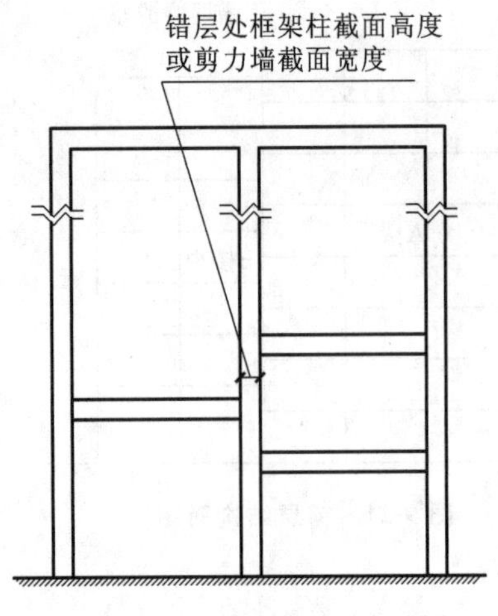

图 9-22 错层结构加强部位

(1)抗震设计时,错层处框架柱的截面高度不应小于 600mm,混凝土强度等级不应低于 C30,箍筋应全柱段加密。抗震等级应提高一级采用,一级应提高至特一级,已为特一级的可不再提高。

(2)错层处平面外受力的剪力墙,其截面高度,非抗震设计时不应小于 200mm,抗震设计时不应小于 250mm,并均应设置与之垂直的墙肢或扶壁柱;抗震设计时抗震等级应提高一级采用。错层处剪力墙的混凝土强度等级不应低于 C30,水平和竖向分布钢筋的配筋率,非抗震设计时不应小于 0.3%,抗震设计时不应小于 0.5%。

(3)错层结构错层处的框架柱受力复杂,易发生短柱受剪破坏,因此要求其截面承载力满足设防烈度地震(中震)作用下抗震性能水准的要求。

如果错层处混凝土构件不能满足设计要求,则需采取有效措施改善其抗震性能。如框架柱可采用型钢混凝土柱或钢管混凝土柱,剪力墙内可设置型钢,均可改善构件的抗震性能。

9.6 其他复杂高层建筑结构

9.6.1 多塔楼结构

9.6.1.1 结构布置

高层建筑日益向多功能方向发展,为满足建筑功能和建筑外观的多样化需求,大量体型复杂的高层建筑不断涌现,其中大底盘多塔楼高层建筑就是很典型的一类(图 9-23)。大底盘多塔楼结构是由两个或两个以上的塔楼和一个大的空间底盘所组成的,这类结构体系的底盘上下能创造一个较为宽松的商业空间或共享空间,能建设较大的地下停车库,满足了投资者对建筑多功能的使用要求,且能获得占地面积小、容积率高等显著的经济效益。

大底盘多塔楼结构在大底盘上一层突然收进,侧向刚度和质量突然变化,属于竖向不规则结构。另外,由于大底盘上有多个塔楼,结构振型复杂,并会产生复杂的扭转振动,引起结构局部应力集中,对结构抗震不利。如果结构布置不当,竖向刚度突变、扭转振动反应及高振型的影响将会加剧。因此,多塔楼结构应遵守下列结构布置要求:

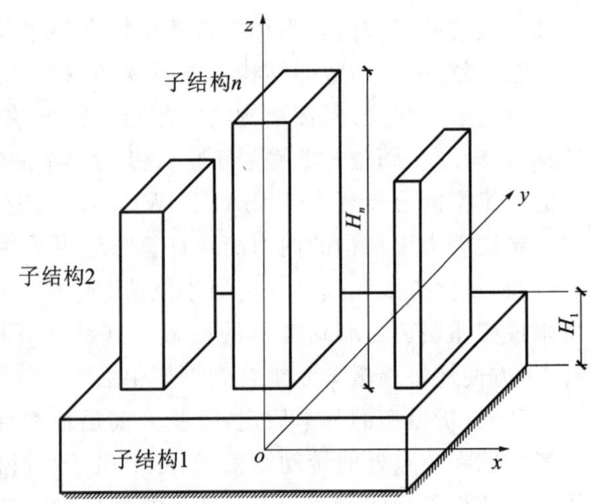

图 9-23 多塔楼结构示意图及简化计算模型

(1)多塔楼高层建筑结构中,各塔楼的层数、平面和刚度宜接近。多塔楼结构模型振动台试验研究和数值计算分析结果表明,当各塔楼的质量和侧向刚度不同、分布不均匀时,结构的扭转振动反应大,高振型对内力的影响更为突出。所以,为了减轻扭转振动反应和高振型反应对结构的不利影响,位于同一裙房上各塔楼的层数、平面和刚度宜接近;如果各多塔楼的层数、刚度相差较大,宜将裙房用防震缝分开。

(2)塔楼对底盘宜对称布置,上部塔楼结构的综合质心与底盘结构质心间的距离不宜大于底盘相应边长的 20%。试验研究和计算分析结果表明,当塔楼结构与底盘结构质心偏心较大时,会加剧结构的扭转振动反应。所以,结构布置时应注意尽量减小塔楼与底盘的偏心。此处,塔楼结构的综合质心是指将各塔楼平面看作一组合平面而求得的质量中心。

(3)抗震设计时,转换层不宜设置在底盘屋面的上层塔楼内。多塔楼结构中采用带转换层结构,结构的侧向刚度沿竖向突变与结构内力传递途径改变会同时出现,使得结构受力更加复杂,不利于结构抗震。如将转换层设置在大底盘屋面的上层塔楼内,则转换层与大底盘屋面之间的楼层更容易形成薄弱部位,加剧了结构破坏。因此,设计中应尽量避免将转换层设置在大底盘屋面的上层塔楼内,否则应采取有效的抗震措施,包括提高该楼层的抗震等级、增大构件内力等。

9.6.1.2 结构计算分析

对于大底盘多塔楼高层结构,如果把裙房部分按塔楼的形式切开计算,则下部裙房及基础的计算误差较大,且各塔楼之间的相互影响无法考虑,因此,应先进行整体计算。需按规定取够振型数,并考虑塔楼和塔楼之间的相互影响。在结构整体计算时,一般假定楼板平面分块内刚度无限大。

当各塔楼的质量、刚度等分布悬殊时,整体计算反映出的前若干个振型可能大部分均为某一塔楼(一般为刚度较弱的塔楼)所贡献,而由于耦联振型的存在,判断某一振型反映的是哪一个塔楼的某一主振型比较困难。同时,由于相关规范也要求分别验算整体结构和分塔楼的周期比和位移比等限值,因此,为验证各独立单塔的正确性及合理性,还需将多塔结构分开计算分析。

(1)精细分析方法。

对大底盘多塔楼结构,应采用三维空间分析方法进行整体计算。大底盘裙房和上部各塔楼均应参与整体计算,不应切断裙房分别进行各塔楼部分的计算。可应用SATWE、ETABS等程序对结构进行整体建模,对上部多塔楼进行多塔定义。多塔楼结构振动形态复杂,整体模型计算有时不容易判断计算结果的合理性,辅以分塔楼模型计算分析,取二者的不利结果进行设计较为妥当。因此,对于多塔楼结构,宜按整体模型和各塔楼分开的模型分别计算,并采用较不利的结果进行结构设计。当塔楼周边的裙楼超过两跨时,分塔楼模型宜至少附带两跨的裙楼结构。

(2)简化分析方法。

用三维空间结构分析程序对大底盘多塔楼结构进行计算时,计算工作量较大。为减小计算工作量,可采用下述简化方法。该法将结构沿高度方向分段连续化,建立一个分段连续化的串联组模型,如图9-23所示,图中下部子结构1与上部各子结构串联在一起。其基本假定为:①将大底盘及上部结构划分为子结构,楼板平面内刚度在每个子结构内视为无限大,楼板平面外刚度忽略不计。②各子结构内结构的物理、几何参数沿高度为常数,如结构构件的截面尺寸、层高等沿高度方向均不变。③各子结构的质量在每个子结构范围内沿高度方向均匀分布。

根据上述假定,可建立每个单体子结构的平衡微分方程,得到一组弯扭耦联的微分方程组。其边界条件和连接条件:①大底盘子结构1底部固定,其侧移和转角等于零。②上部塔楼各子结构顶部的弯矩为零。③当各子结构仅承受分布侧向力时,其顶部总剪力和扭矩分别等于零;当承受顶部集中力或集中力矩时,其顶部总剪力或总扭矩等于相应的集中力或集中力矩。④大底盘顶部与上部塔楼底部的连接条件为侧移和转角均相等。

平衡微分方程与边界条件和连接条件形成一常微分方程组边值问题,对其求解可得结构的位移和内力。由于取每一子结构的侧向位移(u,v,θ)为未知函数,因此每个子结构只有三个未知函数,整个结构的未知函数数量仅为$3m$个(m为子结构数),且不会因层数的增多而增加计算工作量。该法是解析解法,便于改变结构参数从而分析其受力特性。

9.6.1.3 构造措施

大底盘多塔楼结构是通过下部裙房将上部各塔楼连接在一起,与无裙房的单塔楼结构相比,其受力最不利部位是各塔楼之间的裙房连接体。这些部位除满足一般结构的有关规定外,还应采用下列加强措施:

(1)为保证多塔楼结构底盘与塔楼的整体作用,底盘屋面楼板应予以加强,其厚度不宜小于150mm,宜双层双向配筋,每层每方向钢筋网的配筋率不宜小于0.25%。体型突变部位上、下层结构的楼板也应加强构造措施。当塔楼结构与底盘结构偏心收进时,应加强底盘周边竖向构件的配筋构造措施。当底盘屋面为结构转换层时,其底盘屋面楼板的加强措施应符合转换层楼板的规定。

(2)为保证多塔楼结构中塔楼与底盘的整体工作,抗震设计时,对其底部薄弱部位应予以特别加强,

图 9-24 为加强部位示意。多塔楼之间裙房连接体的屋面梁应加强；塔楼中与裙房连接体相连的外围柱、剪力墙，从固定端至裙房屋面上一层的高度范围内，柱纵向钢筋的最小配筋率宜适当提高，柱箍筋宜在裙房屋面上、下层范围内全高加密，剪力墙宜按相关抗震规范规定设置约束边缘构件。

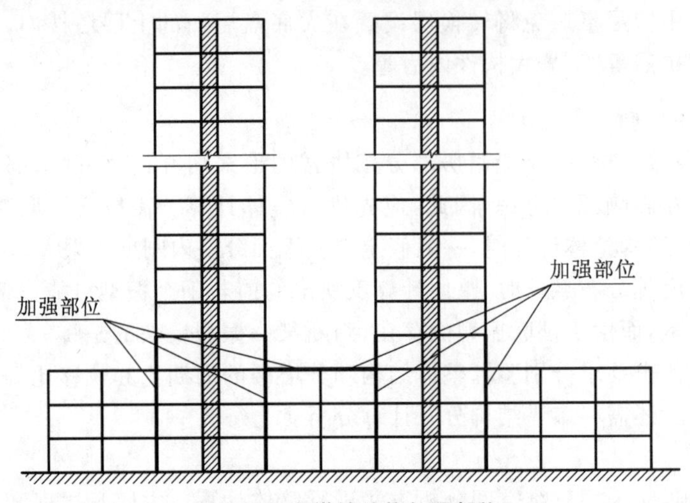

图 9-24 多塔楼结构加强部位

(3)多塔楼结构各塔楼的层数、平面形状、刚度和质量分布宜接近，塔楼对底盘宜对称布置，塔楼结构与底盘结构质心间的距离不宜大于底盘相应边长的 1/5。

(4)应特别注意解决地基基础不均匀沉降问题。一般来说，由于底盘较长，还需要解决温度应力的问题。

9.6.2 竖向体型收进结构

相关试验研究和分析表明，结构体型收进较多或收进位置较高时，因上部结构刚度的突然降低，其收进部位形成薄弱部位，因此规定在收进的相邻部位应采取更高的抗震措施。体型收进、底盘高度超过房屋高度 20%的多塔楼结构的设计应符合下列要求：

(1)体型收进处宜采取减小结构竖向刚度变化的措施，上部收进结构的底层层间位移角不宜大于相邻下部区段最大层间位移角的 1.15 倍。

(2)抗震设计时，体型收进部位上、下各 2 层塔楼周边竖向结构构件的抗震等级宜提高一级采用；当收进部位的高度超过房屋高度的 50%时，应提高一级采用，一级应提高至特一级，已为特一级时可不再提高。

(3)竖向体型突变部位的楼板宜加强，其厚度不宜小于 150mm，宜双层双向配筋，每层每方向钢筋网的配筋率不宜小于 0.25%。体型突变部位上、下层结构的楼板也应加强构造措施。

(4)当结构偏心收进时，受结构整体扭转效应的影响，下部结构的周边竖向构件内力增加较多。因此，结构偏心收进时，应加强收进部位以下 2 层结构周边竖向构件的配筋构造措施。

不满足表 9-3 判别准则的体型收进结构，其抗震能力削弱不多，可采用一般的三维空间分析程序计算。但对于体型收进较多、符合表 9-3 限制要求的结构，可采用台阶形多次逐渐内收的立面，以满足规范要求。若无法满足限制条件，存在体型收进部位比较高、收进程度比较大或偏心收进比较严重的情况，结构属于竖向严重不规则，采用一般的分析方法往往无法准确掌握结构的受力特点，应补充进行时程分析和弹塑性分析的计算，验证结构的抗震性能，发现结构的薄弱部位。

表 9-3 竖向体型收进、悬挑结构判别准则

类型	判别准则
体型收进结构	当结构上部楼层收进部位到室外地面的高度 H_1 与房屋高度 H 之比大于 0.2 时，上部楼层收进后的水平尺寸 B_1 小于下部楼层水平尺寸的 75%
体型悬挑结构	当上部结构楼层相对于下部楼层外挑时，上部楼层的水平尺寸 B_1 大于下部楼层水平尺寸 B 的 1.1 倍，或水平外挑长度 a 大于 4m

9.6.3 悬挑结构

9.6.3.1 结构特征

采用核心筒平面布置方案的高层建筑，有条件在结构上采用竖筒加挑托体系，将楼层平面核心部位做成圆形、矩形或多边形的钢筋混凝土竖筒，沿高度每隔6～10层由竖筒上伸出一道水平承托构件，来承托其间若干楼层的重力荷载，如图9-25所示。此时，整个建筑的外围就可以做成稀柱式框架，且梁、柱的截面尺寸均可以做得很小，创造出比较开阔的视野和明亮的立面效果。

悬挑结构体系的主体结构是竖向内筒和水平承托构件，整个结构的抗侧刚度全部由竖向内筒提供，水平承托构件并无任何贡献。因此，在风荷载或地震作用下，整个结构体系的侧移曲线等于竖向内筒的侧移曲线，属于弯剪型，并偏向于弯曲型。

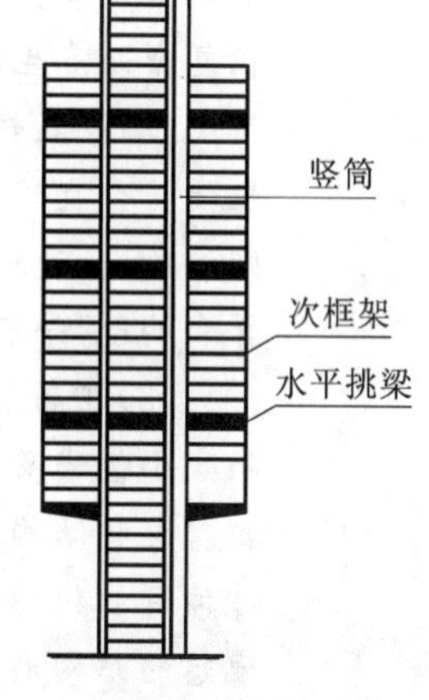

图9-25 悬挑结构剖面图

9.6.3.2 结构计算分析

(1)整体结构计算分析。

①悬挑结构上部平面面积大于下部平面面积，一方面会导致上部结构刚度大于下部刚度，意味着下部结构可能形成薄弱层。在结构设计和计算中，要有意识地加强下部结构的侧向刚度和构件承载力，以满足相关规范对结构竖向规则性的要求。另一方面会导致上部结构质量大于下部结构，意味着高振型的影响比较严重。在计算分析时应选用足够数量的振型数，并应补充时程分析，对结构的层剪力和层间位移进行对比，校核反应谱法的计算结果是否安全，发现结构的薄弱部位。

②悬挑结构上部结构的质量大，扭转惯性矩就大，而结构下部的平面尺寸小，结构整体抗扭刚度相对较小，扭转效应一般会比较显著。在结构设计和计算中，应注意提高结构的抗扭刚度，限制扭转效应。对于不对称悬挑结构，上部结构的质量偏心会造成严重的扭转效应，在设计中应通过合理的结构布置，满足相关规范关于平面规则性的规定。

③悬挑结构中悬挑部位的楼板承受较大的面内作用，因此结构内力和位移计算中，悬挑部位的楼层宜考虑楼板平面内的变形，结构分析模型应能反映水平地震作用对悬挑部位可能产生的竖向振动影响。

(2)悬挑部位的局部应力精细分析。

①在预估的罕遇地震作用下，悬挑结构关键构件应进行弹塑性计算分析。水平长悬臂结构中关键构件的正截面承载力应符合相关规定。

②悬挑部分根部承受主要竖向荷载的梁不应进行梁端负弯矩的调幅。支撑悬挑结构根部的竖向构件也是比较关键的构件，应适当提高安全度。

③悬挑部位舒适度的控制。悬挑部位的竖向刚度比一般结构要小，需要验证正常使用条件下楼板振动的情况，保证使用的舒适性。

9.6.3.3 加强措施

悬挑部分的结构一般竖向刚度较差、结构冗余度不高，因此需采取措施降低结构自重、增加结构冗余度，进行竖向地震作用验算，提高和加强悬挑关键构件的承载力和抗震措施，防止相关部位在竖向地震作用下发生结构坍塌。悬挑结构设计应满足下列要求：

(1)抗震设计时，悬挑结构及与之相邻主体结构关键构件的抗震等级宜提高一级，一级提高至特一级，已为特一级的可不再提高。

(2)悬挑部位受竖向地震作用的影响较大，7度(0.15g)和8度、9度抗震设计时，悬挑结构应考虑竖向地震影响。6度、7度抗震设计时，悬挑结构宜考虑竖向地震影响。竖向地震作用下应采用时程法或竖向反应谱法进行分析，并应考虑竖向地震作用为主的荷载组合。

(3)为了限制扭转效应，悬挑部位应采取降低结构自重的措施。悬挑部位的根部是悬挑结构最关键的部位，如果没有多道抗震防线，一旦发生悬挑根部破坏，悬挑部位的结构会倒塌，所以悬挑部位结构宜采用冗余度较高的结构形式。

(4)在预估罕遇地震作用下,悬挑结构关键构件的截面承载力计算应满足要求。

知识归纳

(1)复杂高层建筑结构一般为竖向不规则或平面不规则结构,或二者兼而有之,其受力复杂、抗震性能较差,工程设计中应尽量避免采用复杂结构。当由于建筑功能需要必须采用复杂结构时,应对其进行精细的结构分析,采用必要的加强措施,以减小因结构复杂而产生的不利影响。

(2)设置转换层的结构称为带转换层结构,其主要问题:①竖向力的传递途径改变,应使传力直接、受力明确;②结构沿高度方向的刚度和质量分布不均匀,属于竖向不规则结构,应通过合理的结构布置减小薄弱部位的不利影响;③转换构件的选型、设计计算和构造,一般采用桁架形式的转换构件比实腹梁形式好,箱形板形式比厚板形式好。

(3)在高层建筑结构中设置伸臂加强层的主要目的是,增加结构的整体侧向刚度从而减小侧移及内筒弯矩;但其不会增加结构的抗剪能力,剪力必须主要由筒体部分承担。这种结构的突出问题:①伸臂的设置位置及数量,一般以控制侧移为目标而确定;②伸臂结构的选型、设计和构造,伸臂结构宜采用桁架或空腹桁架,其中钢桁架是较为理想的结构形式;③与加强层相邻的上、下层刚度和内力突变,应尽量采用桁架、空腹桁架等整体刚度大而杆件刚度不大的伸臂构件来减小这种不利影响。

(4)错层结构属于竖向不规则结构,错层附近的竖向抗侧力结构受力复杂,会形成众多的应力集中部位;错层结构的楼板有时会受到较大的削弱。剪力墙结构错层后,会使部分剪力墙洞口布置不规则,形成错洞剪力墙或叠合错洞剪力墙;框架结构错层后,会形成许多短柱与长柱混合的不规则体系。这种结构设计中的关键问题:①结构布置,错层两侧的结构侧向刚度和结构布置应尽量接近,避免产生较大的扭转;②错层结构的计算模型,一般应采用三维空间分析模型;③错层处的构件应采取加强措施。

(5)连体结构和大底盘多塔楼结构均为竖向不规则结构,其共同特点:①连接体(连体结构中的连廊或天桥、多塔楼结构中的裙房连接体)是这种结构的关键构件,其受力复杂,地震时破坏较重;②沿高度方向,结构的刚度和质量分布不均匀,连接体附近容易产生应力集中,形成薄弱部位;③对扭转地震反应比较敏感。因此,设计时应尽量将这种结构布置为平面规则结构,加强连接体的构造措施。另外,8度抗震设计时,连体结构的连接体应考虑竖向地震作用的影响。

独立思考

9-1 常见的复杂高层建筑结构有哪些?各自的受力特点都有哪些?

9-2 转换层有哪几种主要结构形式?带转换层高层建筑的结构布置应考虑哪些问题?转换梁和转换柱各应满足哪些构造要求?

9-3 加强层主要结构形式有哪几种?试述其设置原则。

9-4 伸臂加强层的设置部位和数量如何确定?伸臂在结构平面上如何布置?

9-5 结构错层后会带来哪些不利影响?应采取哪些构造措施来消除相应的不利影响?结构布置时应注意哪些问题?

9-6 对连体结构进行内力和位移分析时应考虑哪些因素?连接体与主体结构应如何连接?应采取哪些加强措施?

9-7 对多塔楼结构,结构布置时应考虑哪些问题?应采取哪些加强措施?

10

高层建筑结构基础设计

课前导读

◹ 内容提要

本章简要介绍了高层建筑基础设计相关概念。依照现行规范，讲述了筏形基础、箱形基础以及桩基础的设计内容、原则、分类方法及形式、适用条件以及相关构造的要求。重点探讨筏形基础、箱形基础的尺寸确定、受力分析及强度验算，单桩在竖向极限荷载下的工作性能、水平承载力的确定方法及其设计计算等。此外，对桩的布置与桩的设计等进行了讨论。本章的教学重点是掌握高层建筑中常用的基础形式，筏板平面尺寸的确定，箱形基础的基底反力计算，单桩承载力的计算以及筏板基础、箱形基础和桩基础的构造要求；教学难点为基础的埋置深度和承载力的计算，筏形基础、箱形基础内力简化计算，箱形基础强度验算，桩的布置和桩基设计计算。

◹ 能力要求

通过本章的学习，学生应该了解基础的埋深和选型、裙房基础的连接形式及相关规范，对基础的类型和埋深有初步认识；重点掌握基础的选型及埋深的确定，地基承载力特征值的计算，基础底面尺寸的确定方法，筏形基础、箱形基础、桩基础的设计计算及构造要求，单桩承载力的确定方法以及桩基础的设计内容与步骤。

10.1 概 述

高层建筑结构的地基基础大多采用以下类型:一种是天然地基上梁、板式连续基础;另一种是深基础(各种类型桩及箱形基础)。在软土地区也有采用二者相结合的基础类型,如箱-桩、筏-桩等形式。天然地基上连续基础或深基础是以地基与结构共同工作的假设为前提,来确定基础与地基之间接触应力的分布,从而较精确地求得基础结构的内力,以供设计之用。

10.1.1 高层建筑常用的基础形式

高层建筑是当前房屋建筑常采用的形式,重量较大、层数较多以及竖向高度较大是高层建筑本身不能忽视的特点,因此倾覆力矩受自身荷载的影响会呈现成倍增长的趋势。针对这种情况,为了能够有效地控制高层建筑的倾斜与沉降,高层建筑基础的承载力必须能够满足强度等要求,只有这样高层建筑才能保持良好的稳定性来应对地震作用与风荷载。虽然基础工程在整个工程中造价比重不是特别大,但是整体工程的质量与基础工程的质量密不可分,可以说,基础质量决定了整体工程的质量,对于工程的投资效益有着决定性的作用。

高层建筑基础常采用的形式有交梁式条形基础、筏形基础、箱形基础、桩基础以及这些基础的联合使用。

(1)交梁式条形基础。

交梁式条形基础(也称十字交叉条形基础)是用两个方向的梁式基础把柱纵横相互联系起来(图 10-1)。当地基承载力较高,上部的柱子传来的荷载较大,没有地下室,而单独基础或柱下条形基础均不能满足地基承载力要求时,可在柱网下纵横两向设置交梁式基础。这种结构的形式比单独基础的整体刚度好,有利于荷载分布。

(2)筏形基础。

筏形基础(图 10-2)由钢筋混凝土组成的覆盖建筑物全部底面积的连续底板构成。筏形基础的平面尺寸应根据地基土的承载力、上部结构的布置及其荷载分布等因素确定。筏形基础又有平板式和梁板式两种类型。有地下室和没有地下室的情况都适用。

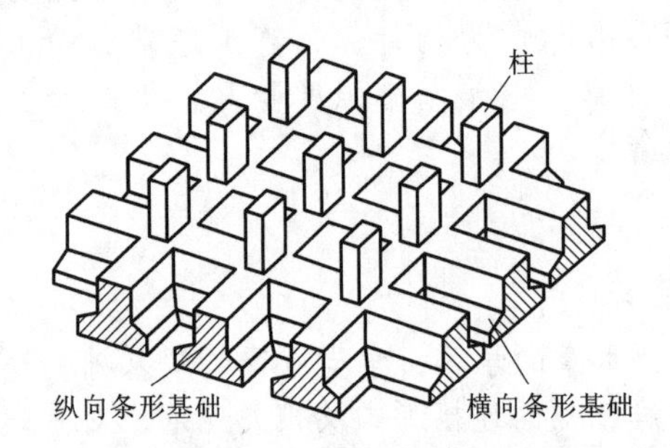

图 10-1 交梁式条形基础

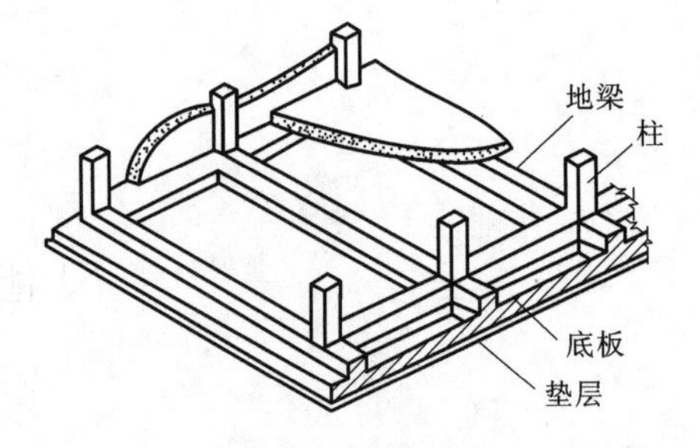

图 10-2 筏形基础

(3)箱形基础。

箱形基础(图 10-3)的整体外形如箱,由钢筋混凝土底板、顶板和纵横墙体组成一个整体结构。这种基础刚度很大,可减小建筑物的不均匀沉降。高层建筑一般设地下室,可结合使用要求设计成箱形基础。

(4)桩基础。

桩基础(图 10-4)由设置于土中的桩和承接基础结构与上部结构的承台组成。桩有预制桩、灌注桩、人工挖孔桩(墩)和钢桩等,具有承载能力大、能抵御复杂荷载以及能良好地适应各种地质条件的优点,尤其是对于软弱地基土上的高层建筑,桩基础是最理想的基础形式之一。

(5)联合基础。

有时为了加强基础结构的整体性和稳定性,如提高其抵御水平荷载的能力,在一定程度上调整不均匀沉降的能力、防水能力等，要将两种或两种以上的基础形式联合使用。如受地质或施工条件限制，单桩的承载力不高，不得不满堂布桩或局部满堂布桩才足以支承建筑荷载时可考虑桩基础与片筏基础联合使用，如图 10-5 所示。

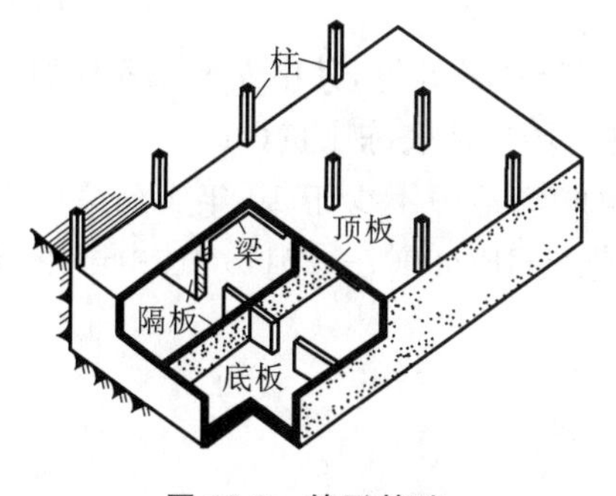

图 10-3 箱形基础

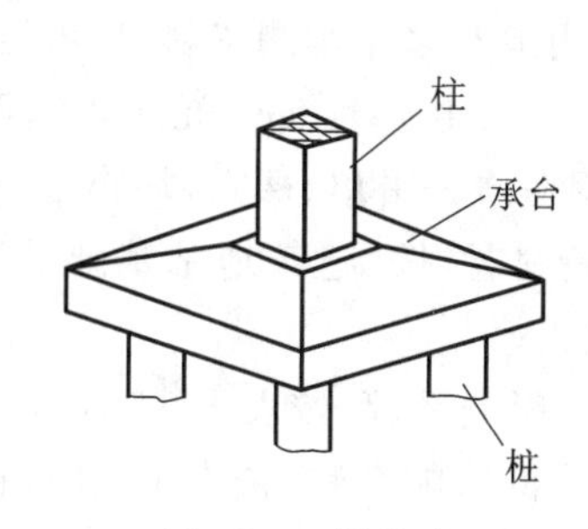

图 10-4 桩基础

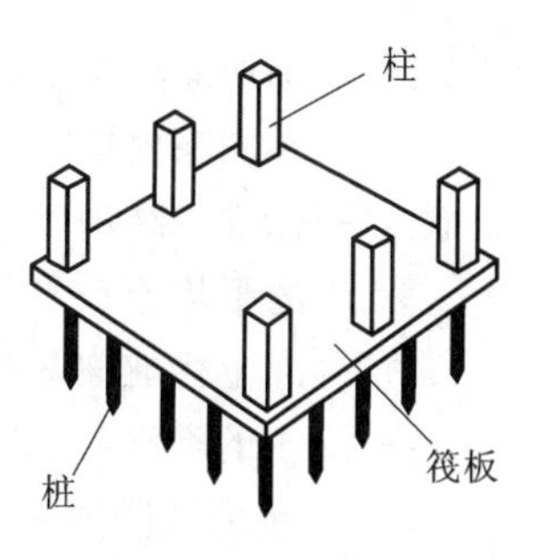

图 10-5 桩-筏基础

10.1.2 基础埋置深度

从室外设计地面到基础底面的深度，称为基础埋置深度。基础埋置深，基底两侧的超载大，地基承载力高，稳定性好。选择较适宜的土层作为持力层，基础的埋深，通常应根据建筑物和地层的整体情况，认真分析各方面的因素，进行技术经济比较后确定，此过程中需考虑的因素如下：

(1)建筑物的使用功能。

确定基础的埋置深度应考虑建筑功能。当建筑物设有地下室时，基础埋深要受地下室底面标高的影响，在平面上仅局部有地下室时，基础可按台阶形式变化埋深或整体加深。当设计冷藏库或高温炉窑时，其基础埋深应考虑热传导引起地基土因低温而冻胀或因高温而干缩的不利影响。

除岩石地基外，基础埋深不宜小于 0.5m，同时，为保护基础不外露，基础顶面应低于室外设计地面至少 0.1m。

(2)作用在地基上的荷载大小和性质。

对于竖向荷载大且地震力和风力等水平荷载作用比较大的高层建筑，基础埋深应适当增大，以满足稳定性要求。在抗震设防区，除岩石地基外，高层建筑箱形和筏形基础的埋深不宜小于建筑物高度的 1/15；桩-筏或桩-箱基础的埋深(不计桩长)不宜小于建筑物高度的 1/18。对于承受上拔力较大的基础，应具有较大的埋深以提供足够的抗拔力。对于室内地面荷载较大或有设备基础的厂房、仓库，应考虑对基础的不利作用。

(3)工程地质条件和水文地质条件。

在满足地基稳定性和变形要求的前提下，基础宜浅埋。如果上层土软弱，下层土坚实，需要区别对待。当上层软弱土较薄，可将基础置于下层坚实土层上；当上层软弱土较厚时，可考虑采用宽基浅埋的办法，也可考虑人工加固处理或桩基础方案。必要时，应从施工难易程度、材料用量等方面进行综合分析比较后决定。

基础置于潜水面以上时，无须基坑排水，可避免涌土、流砂现象，施工方便，设计上一般不必考虑地下水的腐蚀作用和地下室的防渗漏问题等。因此，在地基稳定性许可的条件下，基础应尽量置于地下水位面以上。当承压含水层埋藏较浅时，为防止基底因挖土减压而隆起开裂，破坏地基，必须控制基底设计标高。

对于位于岩石地基上的高层建筑筏形和箱形基础，其埋置深度应根据抗滑移的要求来确定。位于土质地基上的高层建筑筏形或箱形基础应有适当的埋置深度，以保证筏形和箱形基础的抗倾覆和抗滑移稳定性。

(4)相邻建筑物的基础埋深。

在城市房屋密集的地方，往往新旧建筑物距离较近。为保证原有建筑物的安全和正常使用，新建建筑物的基础埋深不宜大于原有建筑物基础的埋深，并应考虑新加荷载对原有建筑物的不利作用。当新建基础埋深大于原有建筑物基础埋深时，应根据建筑物的荷载大小、基础形式和土质情况，使基础间保持一定的距离。如果由于地质条件所限，不能达到此要求时，在施工阶段应采用适当措施保证原有建筑物的稳定性。

(5)地基土冻胀性。

季节性冻土是指一年内冻结与解冻交替出现的土层。季节性冻土在全国分布很广，其厚度一般在0.5m以上，最厚达 3m。如果基础埋于冻胀土内，当冻胀力和冻切力足够大时，就会导致建筑物发生不均匀的上抬，门窗不能开启，严重时墙体开裂；当温度升高解冻时，冰晶体融化，含水量增大，土的强度降低，使建筑物产生不均匀的沉降。基础设计冻深和基底下允许残留的冻土层厚度计算如下：

季节性冻土地基的场地冻结深度为

$$Z_d = Z_0 \psi_{zs} \psi_{zw} \psi_{ze} \tag{10-1}$$

式中 Z_d——场地冻结深度，m。若当地有多年实测资料，也可按 $Z_d = h' - \Delta Z$ 计算，其中 h' 和 ΔZ 分别为最大冻深出现时场地最大冻土层厚度(m)和最大冻深出现时场地地表冻胀量(m)。

Z_0——标准冻结深度，m，采用在地表平坦、裸露、城市之外的空旷场地中不少于10年实测最大冻深的平均值。当无实测资料时，按《建筑地基基础设计规范》(GB 50007—2011)中"中国季节性冻土标准冻深线图"查得。

ψ_{zs}——土的类别对冻结深度的影响系数，按表10-1查得。

ψ_{zw}——土的冻胀性对冻结深度的影响系数，按表10-2查得。

ψ_{ze}——环境对冻结深度的影响系数，按表10-3查得。

表10-1 土的类别对冻结深度的影响系数 ψ_{zs}

土的类别	ψ_{zs}	土的类别	ψ_{zs}
黏性土	1.00	中砂、粗砂、砾砂	1.30
细砂、粉砂、粉土	1.20	碎石土	1.40

表10-2 土的冻胀性对冻结深度的影响系数 ψ_{zw}

冻胀性	ψ_{zw}	冻胀性	ψ_{zw}
不冻胀	1.00	强冻胀	0.85
弱冻胀	0.95	特强冻胀	0.80
冻胀	0.90		

表10-3 环境对冻结深度的影响系数 ψ_{ze}

周围环境	ψ_{ze}	周围环境	ψ_{ze}
村、镇、旷野	1.00	城市市区	0.9
城市近郊	0.95		

注：环境影响系数一项，当城市市区人口为20万～50万人时，按城市近郊取值；当城市市区人口大于50万人小于或等于100万人时，只计入市区影响；当城市市区人口超过100万人时，除计入市区影响外，尚应考虑5km以内的郊区近郊影响系数。

当建筑基础底面下允许有一定厚度的冻土层时，可用式(10-2)计算基础的最小埋深：

$$d_{min} = Z_d - h_{max} \tag{10-2}$$

式中 h_{max}——基础底面下允许残留冻土层的最大厚度，m，按表10-4查得。当有充分依据时，也可按当地经验确定。

表10-4 建筑基础底面下允许残留冻土层的最大厚度 h_{max} （单位：m）

冻胀性	基础形式	采暖情况	基底平均压力/kPa						
			90	110	130	150	170	190	210
弱冻胀土	方形基础	采暖	—	0.94	0.99	1.04	1.11	1.15	1.20
		不采暖	—	0.78	0.84	0.91	0.97	1.04	1.10
	条形基础	采暖	—	>2.50	>2.50	>2.50	>2.50	>2.50	>2.50
		不采暖	—	2.20	2.50	>2.50	>2.50	>2.50	>2.50

续表

冻胀性	基础形式	采暖情况	基底平均压力/kPa						
			90	110	130	150	170	190	210
冻胀土	方形基础	采暖	—	0.64	0.70	0.75	0.81	0.86	—
		不采暖	—	0.55	0.60	0.65	0.69	0.74	—
	条形基础	采暖		1.55	1.79	2.03	2.26	2.50	—
		不采暖	—	1.15	1.35	1.55	1.75	1.95	—
强冻胀土	方形基础	采暖	—	0.42	0.47	0.51	0.56	—	—
		不采暖	—	0.36	0.40	0.43	0.47	—	—
	条形基础	采暖	—	0.74	0.88	1.00	1.13	—	—
		不采暖	—	0.56	0.66	0.75	0.84	—	—
特强冻胀土	方形基础	采暖	0.30	0.34	0.38	0.41	—	—	—
		不采暖	0.24	0.27	0.31	0.34	—	—	—
	条形基础	采暖	0.43	0.52	0.61	0.70	—	—	—
		不采暖	0.33	0.40	0.47	0.53	—	—	—

注：①本表只计算法向冻胀力，如果基侧存在切向冻胀力，应采取防切向力措施。

②本表不适用于宽度小于 0.6m 的基础，矩形基础可取短边尺寸按方形基础计算。

③表中数据不适用于淤泥、淤泥质土和欠固结土。

④表中基底平均压力数值为永久荷载标准值乘 0.9，可以用内插法计算。

需要强调的是，基础底面下允许残留冻土层的最大厚度 h_{max} 指的是设计时所采用的基础埋深可以小于冻结深度。建筑物或构筑物建成后，在冬春季冻层继续向下延伸时，基础底面以下的地基土允许有较小厚度的冻土层。但它并不代表在冬季砌筑基础时，允许基槽下遭受冻结。

在确定地基冻胀性类别和基础最小埋深时，如果遇有多层地基土的情况，应先根据冻深范围内的下层土确定基础埋深。如确定后的基础埋深未至下层土，则还应按上层土的冻胀性确定其基础埋深。

10.1.3 高层基础与裙房基础的连接

高层建筑根据使用功能的需要，有不少工程在高层主楼的一侧或两侧布置有层数不多的裙房。由于主楼和裙房的荷载、刚度差异很大，通常会引起主楼和裙房基础之间过大的沉降差。从现有高层建筑的主楼和裙房基础设计特点综合来看，处理高层建筑主楼和裙房之间差异沉降的办法主要有四种：设置沉降缝将主楼和裙房分开；主楼和裙房同置于一个刚度很大的基础上；主楼和裙房采取不同基础形式的联合设计，中间不设沉降缝；其他形式。

(1)设置沉降缝。

设置沉降缝将主楼和裙房基础分开，这是一种传统的设计方法。按《建筑地基基础设计规范》(GB 50007—2011)，在建筑高度和荷载差异部位，结构或基础类型不同的部位，宜设沉降缝。许多高层建筑主楼和裙房之间都设置变形缝(防震缝、沉降缝、伸缩缝)。例如，上海地区的龙门宾馆和北京地区的北京饭店等高层建筑。

(2)采用整体基础。

有时，由于建筑功能上的需要，要求高层建筑主楼和裙房之间不设缝。高层建筑主楼和裙房采用整体基础，同置于刚度很大的箱形基础或筏形基础上，用以抵抗差异沉降产生的内力，可以使主楼和裙房基础之间不产生沉降差。当地基土软弱，后期沉降量大时，可以将裙房放在悬挑基础之上。但由于悬挑部分不能太长，因此裙房面积不宜过大。采用这种基础方式的高层建筑有海口海燕大厦、上海联谊大厦和上海索菲特海仑宾馆等高层建筑。

(3)主楼和裙房采用不同基础形式的联合设计。

主楼和裙房采用整体基础或悬挑基础形式，要求裙房面积不能很大，否则会造成材料浪费，因此，又出现了主楼与裙房采用不同基础形式的联合设计方法。如桩箱基础与独立基础的联合设计。当主楼层数多或地基土条件要求采用桩箱或筏板基础，同时要求主楼和裙房之间的沉降差尽可能小时，裙房可采用独立基础、基础梁或筏基。

主楼和裙房基础的联合设计是指主楼和裙房采取不同的基础形式，中间不设沉降缝。这种方法通常采用轻质材料减轻主楼自重或利用补偿式基础以减小主楼附加压力，使不均匀沉降可忽略或可按经验方法处理。在主楼和裙房间设后浇带，主楼在施工期间可自由沉降，待主楼结构施工完毕后再浇后浇带混凝土，使余下的不均匀沉降可以忽略或可按经验方法处理。这种方法在北京和广州比较成熟，主要原因是这些地方土质条件比较好，如北京的长富宫中心、西苑饭店、昆仑饭店、中旅大厦、城乡贸易中心等。这种处理方式在其他地方也有应用，如安徽文艺大厦等。

(4)其他形式。

对于超高层建筑，若主楼和裙房基础之间不设缝，可以采用铰接的连接形式，如上海金茂大厦，广州也有类似方案。

综上所述，主楼与裙房的连接，设缝或不设缝的关键在于两者间的差异沉降。因此，必须仔细研究建筑场地的地质条件，能够比较确切地计算主楼和裙房基础的沉降，分析可能产生的差异沉降，采用不同的处理方案，才能有效地解决主楼和裙房的基础设计。

10.1.4 地基承载力

地基承载力是指地基土单位面积上所能承受的荷载，反映地基承受荷载的能力。地基承载力并非土的工程特性指标，它不仅与土质、土层顺序有关，而且与基础底面的形状、大小、埋深，以及上部结构对变形的适应程度、地下水的升降、地区经验的差别等有关。地基承载力的特征值是正常使用极限状态计算时的地基承载力，即在发挥正常使用功能时地基所允许采用抗力的设计值。地基承载力特征值可由载荷试验或其他原位测试、公式计算并结合工程实践经验等方法综合确定。载荷试验主要有浅层平板载荷试验和深层平板载荷试验，其他原位测试方法有动力触探、静力触探、十字板剪切试验、旁压试验等。设计人员应在对勘查报告深入了解的基础上，确定一个相应于正常使用极限状态下荷载效应标准组合时的修正后的地基承载力特征值。《建筑地基基础设计规范》(GB 50007—2011)列出了两种确定修正后地基承载力特征值 f_a 的方法：一种是根据土的抗剪强度指标用理论公式计算确定；另一种是对载荷试验或其他原位测试、经验值等方法确定的地基承载力特征值 f_{ak} 加以基础宽度和埋置深度的修正。

(1)理论公式计算。

计算地基承载力的理论公式有很多种，主要分为假定刚塑性体计算极限承载力的公式和考虑弹塑性影响计算允许承载力的公式两大类。

当偏心距 e 小于或等于基础底面宽度的 3.3%时，根据土的抗剪强度指标确定地基承载力特征值可按式(10-3)计算，并应满足变形要求。

$$f_a = M_b \gamma b + M_d \gamma_m d + M_c c_k \tag{10-3}$$

式中 f_a——由土的抗剪强度指标确定的地基承载力特征值；

M_b，M_d，M_c——承载力系数，按表 10-5 取值；

b——基础底面宽度，大于 6m 时按 6m 取值，对于砂土，小于 3m 时按 3m 取值；

c_k——基底下 1 倍短边宽度的深度内土的黏聚力标准值；

γ——基础底面以下土的重度，地下水位以下取浮重度；

γ_m——基础底面以上土的加权平均重度，地下水位以下取浮重度。

表 10-5　　承载力系数 M_b、M_d、M_c

土的内摩擦角标准值 φ_k/(°)	M_b	M_d	M_c	土的内摩擦角标准值 φ_k/(°)	M_b	M_d	M_c
0	0	1.00	3.14	22	0.61	3.44	6.04
2	0.03	1.12	3.32	24	0.80	3.87	6.45
4	0.06	1.25	3.51	26	1.10	4.37	6.90
6	0.10	1.39	3.71	28	1.40	4.93	7.40
8	0.14	1.55	3.93	30	1.90	5.59	7.95
10	0.18	1.73	4.17	32	2.60	6.35	8.55
12	0.23	1.94	4.42	34	3.40	7.21	9.22
14	0.29	2.17	4.69	36	4.20	8.25	9.97
16	0.36	2.43	5.00	38	5.00	9.44	10.80
18	0.43	2.72	5.31	40	5.80	10.84	11.73
20	0.51	3.06	5.66				

注：φ_k 为相应于基底下 1 倍短边宽度的深度范围内土的内摩擦角标准值。

该公式是在条形基础、均布荷载、均质土的条件下推导出来的。在偏心荷载作用下，增加了偏心距限制条件。当为独立基础时，结果偏于安全。

当为多层土时，抗剪强度指标 c_k 和 φ_k 应采用相应于基底下 1 倍短边宽度的深度范围内土的加权平均值。c_k 和 φ_k 的取值，要求采用原状土样三轴剪切试验来确定，试验过程的排水条件必须与地基土的实际工作状态相适应。

按土的抗剪强度指标确定的地基承载力特征值，没有考虑建筑物对地基变形的要求。用该理论公式求得的承载力用以确定基础底面尺寸后，还应进行地基变形验算。

(2)地基承载力特征值的宽度修正。

当基础宽度大于 3m 或埋置深度大于 0.5m 时，由荷载试验或其他原位测试、经验值等方法确定的地基承载力特征值 f_{ak} 尚应按下式修正：

$$f_a = f_{ak} + \eta_b \gamma (b-3) + \eta_d \gamma_m (d-0.5) \tag{10-4}$$

式中　f_a——修正后的地基承载力特征值；

f_{ak}——地基承载力特征值；

η_b，η_d——基础宽度和埋置深度的地基承载力修正系数，根据基底下土的类别按表 10-6 取值；

b——基础底面宽度，当基础底面宽度小于 3m 时按 3m 取值，大于 6m 时按 6m 取值；

d——基础埋置深度，当 $d<0.5$m 时按 0.5m 计。一般自室外地面标高算起。在填方整平地区，可自填土地面标高算起，但填土在上部结构施工后完成时，应从天然地面标高算起。对于地下室，当采用箱形基础或筏基时，基础埋置深度自室外地面标高算起；当采用独立基础或条形基础时，应从室内地面标高算起。

γ、γ_m 意义与式(10-3)相同。

由于基础埋置深度 d 一般不小于 0.5m，因此该式中深度修正项总是存在的。宽度 b 指的是基础短边的尺寸，当小于或等于 3m[$\eta_b \gamma (b-3)=0$]时不计算此项。

表 10-6　　承载力修正系数

土的类别	η_b	η_d
淤泥和淤泥质土	0	1.0
人工填土 e 和 I_L 大于或等于 0.85 的黏性土	0	1.0

续表

土的类别		η_b	η_d
红黏土	含水比 $a_w>0.8$	0	1.2
	含水比 $a_w\leqslant0.8$	0.15	1.4
大面积压实填土	压实系数大于 0.95、黏粒含量 $\rho_c\geqslant10\%$ 的粉土	0	1.5
	最大干密度大于 $2.1t/m^3$ 的级配砂石	0	2.0
粉土	黏粒含量 $\rho_c\geqslant10\%$	0.3	1.5
	黏粒含量 $\rho_c<10\%$	0.3	2.0
e 及 I_L 均小于 0.85 的黏性土		0.3	1.6
粉砂、细砂(不包括很湿与饱和时的稍密状态)		2.0	3.0
中砂、细砂、砾砂和碎石土		3.0	4.4

注:①强风化和全风化的岩石,可参照风化成的相应土类取值;其他状态下的岩石不修正。

②地基承载力特征值按相关规范规定的深层平板荷载试验确定时,η_d 取 0。

③含水比是指土的天然含水量与液限的比值。

④大面积压实填土是指填土范围大于 2 倍基础宽度的填土。

表 10-6 中基础宽度和埋置深度修正系数 η_b 和 η_d,是根据多个不同埋置深度和不同基础宽度的基础荷载试验资料整理分析的结果,与理论公式的承载力系数相对照,考虑不利因素并结合建筑经验综合确定的。要特别强调的是,基础宽度修正项对应的重度 γ 应为基础底面下土层的重度;埋置深度修正项对应的重度 γ_m 应为基础底面以上土层的加权平均重度,如在地下水位以下则取浮重度。对于深层平板荷载试验和螺旋板荷载试验,由于试验数据中包含了上覆土自重压力的因素,所确定的地基承载力特征值不对埋置深度修正,即 $\eta_d=0$。

10.2 筏形基础设计

在高层建筑中,上部结构的荷载一般较大,当地基承载力较低,采用条形基础不能满足要求时,可以将基础底面扩大成支撑整个建筑结构的成片钢筋混凝土板,即筏形基础(又称筏板基础或片筏基础)。筏形基础是一种常见的浅基础类型。《高层建筑筏形与箱形基础技术规范》(JGJ 6—2011)定义筏形基础为"柱下或墙下连续的平板式或梁板式钢筋混凝土基础"。在软土地区的高层建筑中,筏形基础是一种常见的基础类型,在超高层建筑中,也常常将筏形基础与桩基础结合起来使用,效果良好。

(1)特点。

国内外有关资料分析表明,天然地基基础方案是高层建筑最为经济的基础方案。在经济发达国家,高层建筑在选择地基方案时,往往首选天然地基基础方案,这时最广泛使用的基础类型就是筏形基础。筏形基础能够成为高层建筑常用的基础形式,是因为它具有以下特点:

①能充分发挥地基承载力;

②基础沉降量比较小,调整地基不均匀沉降的能力比较强;

③具有良好的抗震性能;

④可以充分利用地下空间;

⑤施工方便;

⑥在一定条件下是经济的。

(2)设计内容。

根据现行国家标准《建筑地基基础设计规范》(GB 50007—2011)和行业标准《高层建筑筏形与箱形基础

技术规范》(JGJ 6—2011)的规定,筏形基础设计内容包括以下几个方面:

①选择基础类型;

②选择地基持力层,确定基础埋置深度;

③确定地基承载力特征值;

④确定基础底面尺寸和平面布置;

⑤地基变形验算;

⑥基础结构设计;

⑦基础结构耐久性设计。

10.2.1 筏形基础形式

筏形基础较常用的形式如图 10-6 所示。

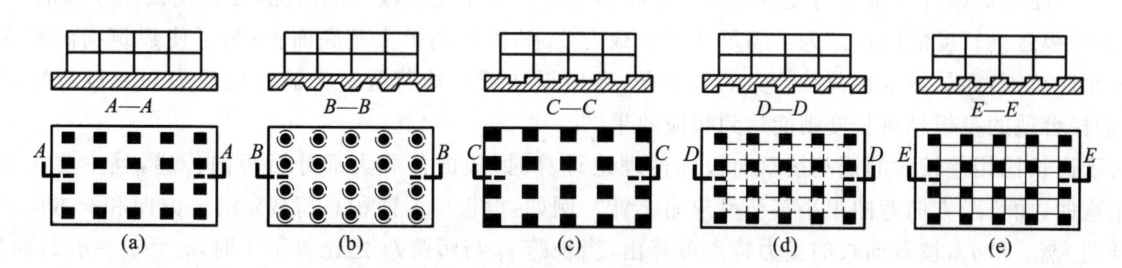

图 10-6 筏形基础常用形式

(a)平板式;(b)柱下板底加墩式;(c)柱下板面加墩式;(d)梁板式(板底设梁);(e)梁板式(板顶设梁)

筏形基础分为平板式筏基和梁板式筏基两大类。当柱荷载不大、柱距较小且等距时,筏形基础常做成一块等厚度的钢筋混凝土板,称为平板式筏基,见图 10-6(a)。工程实践中,当柱荷载较大时,常在柱脚板底或板面设置柱墩[图 10-6(b)、(c)],用来提高筏板的抗冲切承载力。平板式筏基应用较广泛,具有施工简单的优点,且有利于地下室空间的利用;其缺点是柱荷载很大时,常因设置柱墩而导致筏板厚度不均匀。板底加墩式有利于地下室的利用,板面加墩式则方便施工。结合剖面图和俯视图看,可知基槽挖得平滑圆顺,受力较好。框架-核心筒结构和筒中筒结构宜采用平板式筏基。

当柱荷载很大且不均匀,柱距较大或柱距差异较大时,筏板将产生较大的弯曲应力。这时通过增加板厚来减小弯曲应力将变得非常不经济,因此,常常沿柱轴线纵、横向设置肋梁[图 10-6(d)、(e)],就成为梁板式筏基(或称为肋梁式筏基)。梁板式筏基是由短梁、长梁和筏板组成的双向板体系,与平板式筏基相比具有耗材低、刚度大的特点。板底设梁有利于地下室空间的利用,但地基开槽施工麻烦,也破坏了地基的连续性,扰动了地基土,导致地基承载力降低。板顶设梁易于施工,但不利于地下室空间的利用,在选择方案时应综合考虑各因素。

10.2.2 筏板的平面尺寸

筏形基础的平面尺寸,应根据工程地质条件、上部结构的布置及荷载分布等因素综合确定。柱或墙的空间分布情况基本确定了筏形基础底面的大小以及肋梁的总体布置。为满足承载力的要求而需扩大基础底面积时,应优先考虑沿底板短边方向扩展,这样更有利于基础的稳定性。对单栋建筑物,在地基土比较均匀的条件下,筏形基础的基底平面形心宜与结构竖向永久荷载重心重合,当不能重合时,在荷载效应的准永久组合下,偏心距 e 宜符合下式规定:

$$e \leqslant 0.1\frac{W}{A} \tag{10-5}$$

式中 W——与偏心距方向一致的基础底面边缘抵抗矩,m^3;

A——基础底面积,m^2。

(1)基底面积的确定。基底面积的确定应该从以下几方面考虑:

①基底反力应满足地基承载力的要求。当 xOy 坐标原点置于筏形基底板形心时，基底反力按下式计算：

$$p(x,y)=\frac{\sum P+G}{A}\pm\frac{M_x}{I_x}y\pm\frac{M_y}{I_y}x \tag{10-6}$$

式中 $\sum P$——作用于筏板基础上竖向荷载总和；

G——筏板基础自重；

A——筏板基础底面积；

M_x,M_y——竖向荷载对通过基底形心的 x 轴和 y 轴的力矩；

I_x,I_y——基底面积对 x、y 轴的惯性矩；

x,y——计算点的 x 轴和 y 轴坐标。

②如有软弱下卧层，应验算下卧层强度，验算方法与天然地基上浅基础验算相同。

③尽可能使荷载合力重心与筏基底面积形心相重合。对于偏心较大的情况，可将筏板外伸悬挑。

(2)筏板悬挑长度的确定。为了满足地基承载力要求，需适当扩大基底面积；为了使建筑物倾斜变形值不超过允许范围，需尽量减小荷载合力的偏心距；还应设法减小边跨处过大的基底反力对基础弯矩的影响等，而选择合适的筏板悬挑长度则能达到相应效果。

对于边长比相差较大的筏基按双向板弹性理论计算时，板面荷载大部分沿短向传递，且主要在短跨方向发生弯曲，而长跨方向弯曲很小甚至可忽略不计。例如：设板单位面积总荷载 q 沿 x 方向和 y 方向的分配荷载分别为 q_x 和 q_y，按双向板的受力特点可算出，当长跨 l_y 与短跨 l_x 之比等于 1 时，$q_x=q_y=q/2$；而当 $l_y/l_x=2$ 时，$q_y=q/17$，$q_x=16q/17$。按此道理，为调整筏基形心并使其尽量与上部荷载合力重心重合，悬挑部分宜设于建筑物的宽度方向，或基础底板宽度方向（横向）的悬挑长度宜大于长度方向（纵向）的悬挑长度，并可做成坡形。

对于墙下筏基，按经济条件以及降低地基附加压力和沉降的实效，筏板悬挑墙外的长度从轴线起算，横向控制在 1000～1500mm 之间，纵向控制在 600～1000mm 之间。对于肋梁式筏板，当肋梁不外伸时，挑出长度不宜大于 2000mm，边缘厚度不小于 200mm，可做成坡形，双向挑出，且应在板角底部布置放射状附加筋。

(3)梁板式筏基底板的厚度应符合受弯、受冲切和受剪承载力的要求，且不应小于 400mm；板厚与最大双向板格的短边净跨之比尚不应小于 1/14。梁板式筏基梁的高跨比不宜小于 1/6。也可根据楼层层数，按每层 50mm 确定。对于有肋梁的筏基，板厚可取 200～300mm。对高层建筑的筏基，可采用厚筏板，厚度可取 1～3m。

(4)筏形基础地下室的外墙厚度不应小于 250mm，内墙厚度不宜小于 200mm。

(5)地下室底层柱、剪力墙与梁板式筏基的基础梁连接的构造应符合下列规定：

① 当交叉基础梁的宽度小于柱截面的边长时，交叉基础梁连接处宜设置八字角，柱角和八字角之间的净距不宜小于 50mm；

② 当单向基础梁与柱连接，且柱截面的边长大于 400mm 时，柱角和八字角之间的净距不宜小于 50mm；

③ 当基础梁与剪力墙连接时，基础梁边至剪力墙边的距离不宜小于 50mm。

10.2.3 筏形基础内力的简化计算

10.2.3.1 刚性板条法

(1)适用条件。

刚性板条法是平板式筏形基础的一种简化计算方法，适用于上部结构刚度大、柱荷载比较均匀（相邻柱荷载变化不超过 20%）、柱距比较一致且小于 $1.75/\lambda$ 的情况。

$$\lambda=\sqrt[4]{k_s b/(4E_h I)} \tag{10-7}$$

式中 k_s——地基土的基床系数；

E_h——混凝土的弹性模量；

b——基础板条宽度，即相邻柱间的中心距；

I——宽度等于 b 的板条的截面惯性矩。

(2)假定条件。

当平板式筏基符合上述条件时可被认为是完全刚性的，此时可采用刚性板条法计算平板式筏基底板的内力。将筏板划分为图 10-7 所示的互相垂直的板带，各板带的分界线就是相邻柱间的中心线；假定各板带为互不影响的独立基础梁，即忽略板带之间的剪力，可采用静力平衡法计算各板带的内力。

(3)计算步骤。

刚性板条法的具体计算步骤如下：

① 求平板式筏板的形心，建立 xOy 坐标系，如图 10-8 所示。

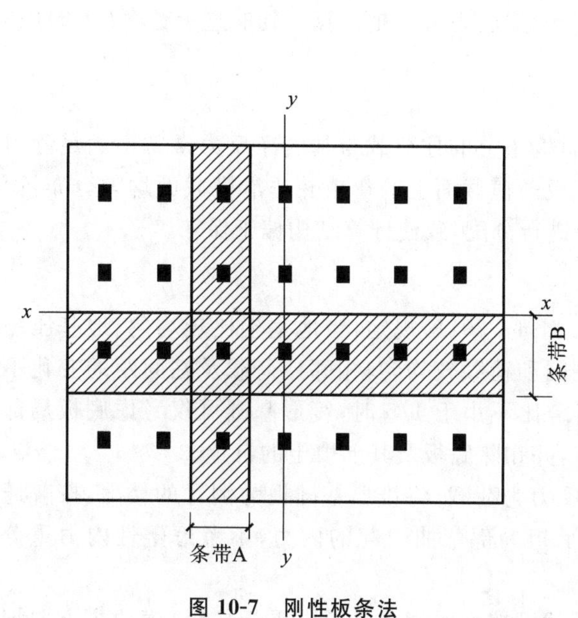

图 10-7 刚性板条法

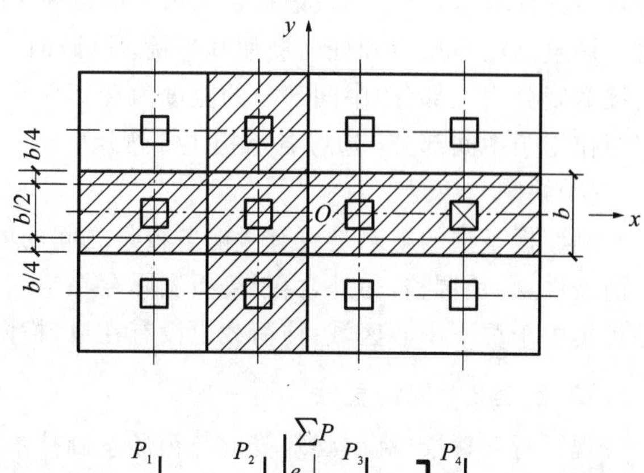

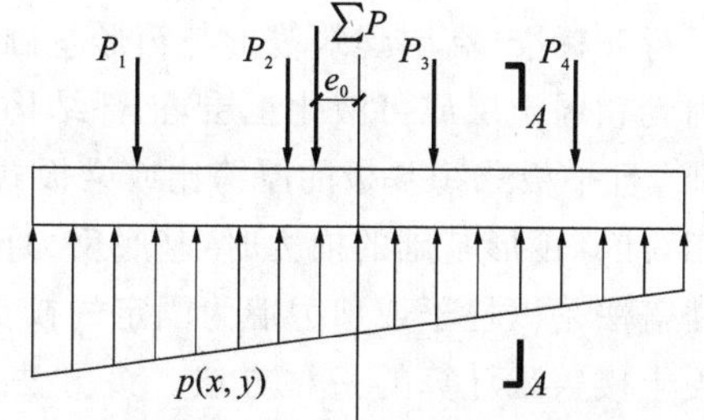

图 10-8 刚性板条法的计算简图

②求筏板基底净反力 $p(x,y)$ 的分布。

$$p(x,y)=\frac{\sum P}{A}\pm\sum P\frac{e_x x}{I_y}\pm\sum P\frac{e_y y}{I_x} \tag{10-8}$$

$$p_{\min}^{\max}=\frac{\sum P}{A}\pm\sum P\frac{e_x}{W_y}\pm\sum P\frac{e_y}{W_x} \tag{10-9}$$

式中 $\sum P$——筏形基础底板上的总荷载，求筏形基础内力时不计板结构及回填土的自重，故 $p(x,y)$ 为基底净反力；

I_x,I_y——筏形基础底面对 x 轴、y 轴的惯性矩；

W_x,W_y——筏形基础底面对 x 轴、y 轴的抵抗矩；

A——筏板总面积，m^2；

e_x,e_y——荷载合力在 x 轴、y 轴方向的偏心距，m。

③在求出基底净反力 $p(x,y)$ 的分布后(不考虑整体弯曲，但在端部第一、第二跨范围内将基底净反力增加 10%～20%)，可按互相垂直的两个方向作整体分析。

④取某板条(图 10-8 中 x 方向的板条)为研究对象，计算该板条上的柱荷载之和 $\sum P=\sum_{i=1}^{4}P_i$。

⑤计算该板条的基底净反力平均值及基底净反力之和：取板条长度为 L、宽度为 b，按基底净反力分布形式[式(10-8)及图 10-8]，则可求得该板条的基底净反力平均值 $\bar{p}_j$，净反力之和为 $\bar{p}_j bL$。

⑥判别板条的柱荷载之和 $\sum P = \sum_{i=1}^{4} P_i$ 与基底净反力之和 $\bar{p}_j bL$ 是否相等。

如果不相等，取二者的平均值 $\bar{P} = \frac{1}{2}\left(\sum P + \bar{p}_j bL\right)$，得到柱荷载的修正系数 $\alpha = \frac{\bar{P}}{\sum P}$；修正后基底平均净反力 $\bar{p}_j' = \bar{P}/(bL)$。这样，土体在柱荷载和基底净反力共同作用下处于静平衡，就可以按静力平衡法计算板条的内力。

⑦ 按修正后的柱荷载和基底净反力荷载，以静力平衡法计算内力。

⑧ 板条宽度范围的弯矩重分配。

虽然整个板条截面的剪力和弯矩可以由上述方法确定，但截面上的应力分布是一个高度超静定问题。在板条的计算中，由于不考虑板条间剪力的影响，梁上的荷载和基底净反力往往不满足静力平衡条件，可以通过调整基底净反力和柱荷载使其平衡。横截面上的弯矩应按以下方法重新分配：将计算板带宽度 b 上的弯矩按宽度分为三部分，中间部分的宽度为 $b/2$，两个边缘部分的宽度为 $b/4$，把计算得到的整个宽度 b 上的 2/3 弯矩作用于中间部分，边缘各承担 1/6 弯矩。

(4)缺陷与不足。

刚性板条法的缺陷是没有考虑各板条之间的剪力，因而板条上的柱荷载与基底净反力常常不满足静力平衡条件，必须调整；另外，由于筏板实际存在空间作用，各板条横截面上的弯矩并非沿横截面均匀分布，而是较集中于柱下中心区域；柱荷载也没有在纵、横向板条上进行分配，致使计算结构偏于保守。

10.2.3.2 倒楼盖法

现行行业标准《高层建筑筏形与箱形基础技术规范》(JGJ 6—2011)规定：当地基土比较均匀、地基压缩层范围内无软弱土层或可液化土层，上部结构刚度较好，柱网和荷载较均匀，相邻柱荷载及柱间距的变化不超过 20%，且平板式筏基板的厚跨比或梁板式筏基梁的高跨比不小于 1/6 时，筏形基础可仅考虑底板局部弯曲作用，计算筏形基础的内力时，基底反力可按直线分布，并扣除底板及其上填土的自重。

倒楼盖法是以柱子或剪力墙为固定的铰支座、基底净反力为荷载，将筏形基础视为倒置的楼盖，按普通钢筋混凝土楼盖来计算的一种方法。该方法只考虑筏板承担局部弯曲引起的内力，不考虑塑性内力重分布，适用于上部结构刚度大、基础刚度小的情况。

(1)无梁楼盖。对于框架结构下的平板式筏基，基础板就可按无梁楼盖计算。平板按纵、横两个方向划分为柱上板带和跨中板带，并近似地取基底净反力为板带上的荷载(图 10-8)，其内力分析和配筋计算与无梁楼盖相同。

(2)肋梁楼盖。对于框架结构下的梁板式筏基，在按倒楼盖法计算时，其计算图与柱网的分布和肋梁的布置有关。如柱网接近方形，梁仅沿柱网布置[图 10-9(a)]，则基础板为连续双向板，梁为连续梁。如基础板在柱网间增设了肋梁[图 10-9(b)]，基础板应视区格大小按双向板或单向板进行计算，梁和肋均按连续梁计算。

当基础梁跨度相差不大时，梁上荷载可按沿板角 45°线所划分的范围，分别由横梁和纵梁承担，然后按多跨连续梁分别计算。

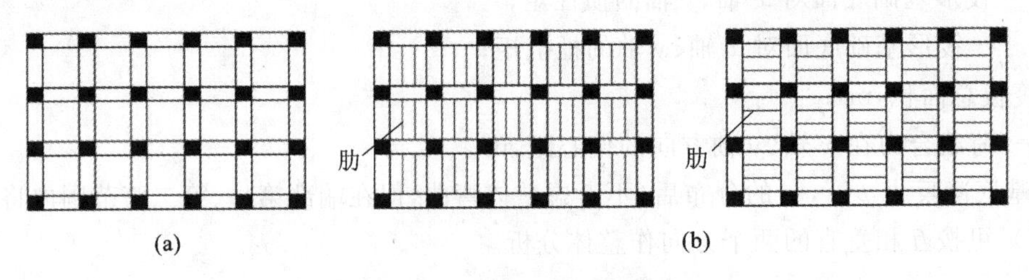

图 10-9 基础的肋梁布置

(a)梁沿柱网布置；(b)柱网间增设肋梁

梁板式筏基的计算步骤如下：

①计算基底净反力的分布，扣除基础结构及回填土的自重。

②将底板上的荷载(基底净反力)沿板角 45°线划分范围(图 10-10)，把梁所承担区域或其他集中力的所有荷载分配给相应肋梁(次梁也采用此法计算)。

③按连续梁计算相应梁的内力(可使用“调整倒梁法”)。

④若梁间板为矩形，按单向板计算板的内力；若梁间板为正方形，按双向板计算板的内力。

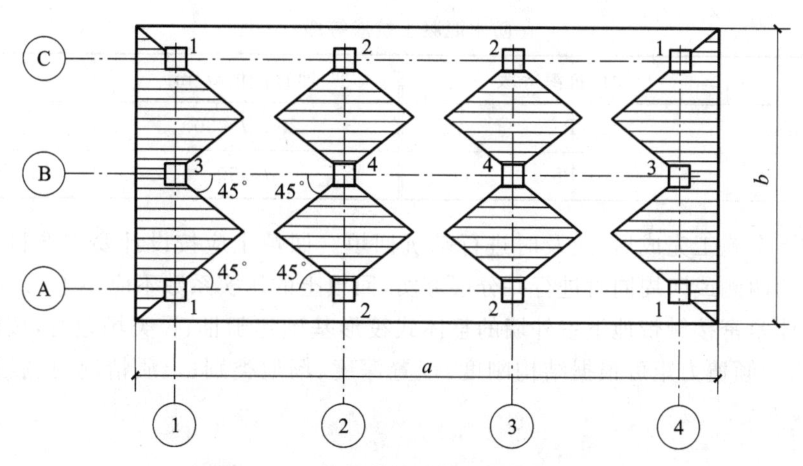

图 10-10 筏形基础肋梁上荷载的分布

10.2.4 构造要求

根据现行国家标准《建筑地基基础设计规范》(GB 50007—2011)和行业标准《高层建筑筏形与箱形基础技术规范》(JGJ 6—2011)，筏形基础的构造要求应符合下列规定。

10.2.4.1 钢筋

(1)筏形基础地下室的墙体内应设置双面钢筋，钢筋不宜采用光圆钢筋。钢筋配置量除应满足承载力要求外，尚应考虑变形、抗裂及外墙防渗等要求。水平钢筋的直径不应小于 12mm，竖向钢筋的直径不应小于 10mm，间距不应大于 200mm。

(2)当梁板式筏基的基底净反力按直线分布计算时，其基础梁的内力可按连续梁分析，边跨的跨中弯矩以及第一内支座的弯矩值宜乘 1.2 的增大系数。考虑整体弯曲的影响，梁板式筏基的底板和基础梁的配筋除应满足计算要求外，基础梁和底板的顶部跨中钢筋应按实际配筋全部连通，纵、横方向的底部支座钢筋尚应有 1/3 贯通全跨。底板上下贯通钢筋的配筋率均不应小于 0.15%。

(3)当平板式筏基的基底净反力按直线分布计算时，可按柱下板带和跨中板带分别进行内力分析，并应符合下列要求：

① 柱下板带中在柱宽及其两侧各 1/2 板厚且不大于 1/4 板跨的有效宽度范围内，其钢筋配置量不应小于柱下板带钢筋的一半，且应能承受部分不平衡弯矩 $\alpha_m M_{unb}$，M_{unb} 为作用在冲切临界截面重心上的部分不平衡弯矩，α_m 可按下式计算：

$$\alpha_m = 1 - \alpha_s \tag{10-10}$$

式中 α_m——不平衡弯矩通过弯曲传递的分配系数；

α_s——不平衡弯矩通过冲切临界截面上的偏心剪力传递的分配系数，按 $\alpha_s = 1 - \dfrac{1}{1+\dfrac{2}{3}\sqrt{\dfrac{c_1}{c_2}}}$ 计算，其中 c_1 为与弯矩作用方向一致的冲切临界截面的边长，c_2 为垂直于 c_1 的冲切临界截面的边长，单位均为 m。

②考虑整体弯曲的影响，筏板的柱下板带和跨中板带的底部钢筋应有 1/3 贯通全跨，顶部钢筋应按实际配筋全部连通，上下贯通钢筋的配筋率均不应小于 0.15%。

③有抗震设防要求、平板式筏基的顶面作为上部结构的嵌固端、计算柱下板带截面组合弯矩设计值时，柱根内力应考虑乘与其抗震等级相应的增大系数。

10.2.4.2 混凝土强度等级

(1)基础混凝土应符合耐久性要求，筏形基础和桩箱、桩筏基础的混凝土强度等级不应低于C30。

(2)当采用防水混凝土时，防水混凝土的抗渗等级应按表10-7选用；对重要建筑宜采用自防水并设置架空排水层。

表10-7 防水混凝土抗渗等级

埋置深度 d/m	设计抗渗等级	埋置深度 d/m	设计抗渗等级
$d<10$	P6	$20\leqslant d<30$	P10
$10\leqslant d<20$	P8	$d\geqslant 30$	P12

(3)筏形基础地下室施工完成后，应及时进行基坑回填。回填土应按设计要求选料。回填时应清除基坑内的杂物，在相对的两侧或四周同时进行并分层夯实，回填土的压实系数不应小于0.94。

(4)当四周与土体紧密接触带地下室外墙的整体式筏形基础建于Ⅲ、Ⅳ类场地时，按刚性地基假定计算的基底水平地震剪力和倾覆力矩可根据结构刚度、埋置深度、场地类别、土质情况、抗震设防烈度以及工程经验折减。

10.3 箱形基础设计

箱形基础是高层建筑常用的一种基础形式，它是由底板、顶板、外围挡土墙以及一定数量内隔墙所构成的单层或多层钢筋混凝土结构，如图10-11所示。由于箱形基础的地下空间得到利用，施工时挖出的土方也不需回填，使地基附加应力减小很多，因此，它属较理想的补偿基础。箱形基础整体刚度较大，承载能力高。但由于纵、横墙较多，地下室空间的利用效率受限，造价也相对较高，故应结合具体工程情况进行选择和设计。

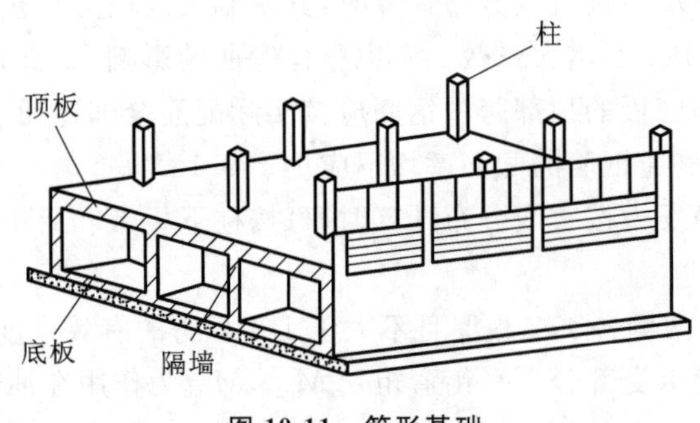

图10-11 箱形基础

(1)特点。

箱形基础适用于高层框架、剪力墙以及框架-剪力墙结构，其主要优点如下：

①基础刚度大、整体性好、传力均匀；箱形基础是满堂基础，与独立柱基、条形基础或十字交叉梁基础等相比，基础的底面积比较大，有利于充分利用地基承载力。

②基础沉降量比较小，调整地基不均匀沉降的能力比较强，能够较好地适应局部软硬不均匀地基。

③箱形基础最为显著的特点是基底面积和基础埋深都较大，施工时挖去了大量的土方，减轻了原有的地基自重应力，使之成为一种补偿基础，从而提高了地基承载力，减小了建筑物的沉降。

④箱形基础，一般埋深都在5m左右或者更深，有的甚至达到20m以上，基础埋置越深，地基承载力的利用就越充分。

⑤由于箱形基础外壁与四周土壤间的摩擦力增大，增强了阻尼作用，具有良好的抗震能力；地震灾害的宏观调查资料表明，箱形基础的抗震性能很好，它不仅沉降小，而且在发生较小的地裂或轻度地基液化时，也能保持其整体性，不致出现严重问题。

⑥箱形基础的底板及其外围墙形成的整体有利于防水，还具有兼作人防地下室的优点。

⑦天然地基上的箱形基础施工比较方便。

箱形基础由于其结构的局限性，也造成一些问题。由于内隔墙布置相对较多，支模板和绑扎钢筋需要的时间过长，因此施工工期相对较长；而其使用功能也因内隔墙较多而受到一定的影响；此外，箱形基础由于埋深较大，一般还会面临深基坑开挖等施工问题。

箱形基础能使上部结构嵌固良好，使其下端接近于固定。它埋置深，降低了建筑物整体的重心，并与周围土体协同工作，提高了建筑物抗震和抗风能力。箱形基础一般都由钢筋混凝土建造，空间部分可作为建筑地下室，因而在多层和高层建筑中得到广泛应用。当地基特别软弱时，可采用箱形基础下打桩的基础形式。

(2)设计内容。

就箱形基础的刚度而言，由于目前的一些刚度计算公式都难以准确反映其整体刚度的大小，故当箱形基础的几何尺寸、洞口设置以及混凝土强度符合《高层建筑筏形与箱形基础技术规范》(JGJ 6—2011)的有关规定时，即可认为其整体刚度较好。工程实测资料表明，符合这些规定的、整体刚度较好的箱形基础，其相对挠曲值很小，在软土地区一般小于万分之三；在第四纪黏性土地区一般小于万分之一。

根据现行国家标准《建筑地基基础设计规范》(GB 50007—2011)和行业标准《高层建筑筏形与箱形基础技术规范》(JGJ 6—2011)的规定，箱形基础的设计内容包括以下几个方面：

①确定箱形基础的埋置深度。

②进行箱形基础的平面布置及构造设计。

③根据箱形基础的平面尺寸验算地基承载力。

④箱形基础的沉降和整体倾斜验算。

⑤箱形基础内力分析及结构设计。

在本节内容中，重点讨论箱形基础结构设计的有关内容和要求，其他内容属于地基计算和设计的范围，可以参考有关规范和教材。

10.3.1 箱形基础的结构布置

(1)箱形基础的高度(即基础底板底面至顶板顶面的外包尺寸)应满足结构强度、结构刚度和使用要求，一般为建筑物高度的1/12～1/8，且不宜小于箱形基础长度(不包括地板悬挑部分)的1/20，其高度还应满足适合作为地下室使用的要求，且不宜小于3m。在确定箱形基础埋深时，应考虑建筑物高度、体型、地基土强度、抗震设防烈度等因素，并应满足抗倾覆、抗滑移的要求。在抗震设防区，埋深不宜小于建筑物高度的1/15。

(2)箱形基础的内、外墙应沿上部结构柱网和剪力墙纵横均匀布置，当上部结构为框架或框剪结构时，墙体水平截面总面积不宜小于箱形基础水平投影面积的1/12；当基础平面长宽比大于4时，其纵墙水平截面面积不得小于箱形基础外墙外包尺寸水平投影面积的1/18。在计算墙体水平截面面积时，可不扣除洞口部分。

(3)箱形基础墙身厚度应根据实际受力情况、整体刚度及防水要求确定。外墙厚度不小于250mm，通常采用250～400mm；内墙厚度不小于200mm，通常采用200～300mm。

(4)当考虑上部结构嵌固在箱基顶板或地下一层结构顶部时，应能保证将上部结构的地震作用或水平力传递到地下室抗侧力构件上，沿地下室外墙和内墙边缘的板面不应有大洞口；地下一层结构顶板应采用梁板式楼盖，板厚不应小于180mm。箱形基础底板厚度应按实际受力情况、整体刚度及防水要求确定。计算底板厚度时，应满足正截面受弯承载力、斜截面受剪承载力及受冲切承载力的要求，板厚不应小于400mm，且板厚与最大双向板格的短边净跨之比不应小于1/14。

(5)箱形基础上的门洞宜设在柱间居中部位，洞边至上层柱中心的水平距离不宜小于 1.2m，洞口上过梁的高度不宜小于层高的 1/5，洞口面积不宜大于柱距与箱形基础全高乘积的 1/6。

(6)在底层柱与箱形基础交接处，柱边和墙边或柱角和八字角之间的净距不宜小于 50mm，并应验算箱形基础墙体的局部承压强度。当承压强度不能满足要求时，应增加墙体的承压面积。

10.3.2 箱形基础的基底反力计算

地基基础设计既要保证建筑物的安全和正常使用，又要做到经济合理，方便施工。为实现这一目标，高层建筑地基基础设计首先应按工程地质条件、使用要求、建筑结构布局、荷载分布等条件，进行基础选型，当拟选采用箱形后，还须按建筑功能、基础埋深等要求结合地基评价进一步确定。无论选定何种地基基础，设计基本原则都要求：

(1)基础底面压力应小于地基容许承载力值。

(2)建筑物的沉降应小于容许变形值。

(3)避免地基滑动，防止建筑物失稳。结合基础深度要求，选择土质较好、均匀性好并有一定厚度的地层。

10.3.2.1 地基反力及其分布形式

地基反力的确定是高层建筑箱形基础设计计算中的一个重要问题。试验表明，影响地基反力分布形式的因素较多，如基础和上部结构的刚度、建筑物的荷载分布及其大小、基础的埋置深度、基础平面的形状和尺寸、有无相邻建筑物的影响、地基土的性质（如土的类别、非线性、蠕变性等）、施工条件（如施工引起的基底土的扰动）等。

在实际工程箱形基础地基反力测试中，轴心荷载下刚性基础地基反力分布曲线如图 10-12 所示，常见的是凹抛物线形和马鞍形，一般难以见到凸抛物线形和倒钟形，主要原因是测试时地基承受的实际荷载很难达到考虑各种因素时的设计荷载值。同时，设计采用的地基承载力也有一定的安全系数，因此，地基难以达到临塑状态。测试还表明，地基反力分布一般是边端大、中间小，反力峰值位于边端附近；并且基础的刚度越大，反力越向边端集中。

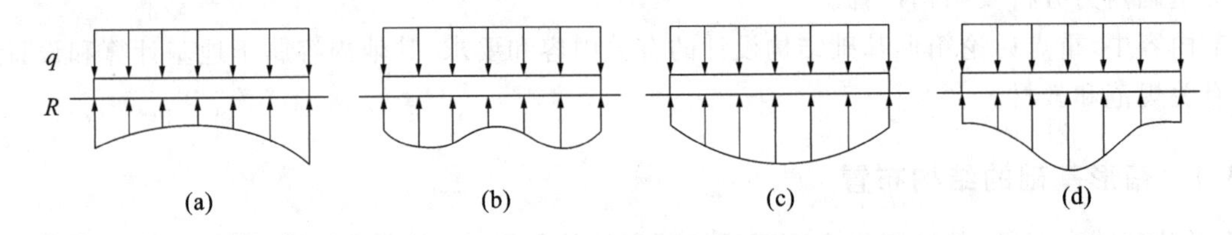

图 10-12 轴心荷载下刚性基础地基反力分布形式

(a)凹抛物线形；(b)马鞍形；(c)凸抛物线形；(d)倒钟形

10.3.2.2 地基反力计算方法

在高层建筑箱形基础内力分析与计算中，地基反力的计算与确定占有重要的地位。因为地基反力的大小及分布形状是决定箱形基础内力的最主要因素之一，它不仅决定内力的大小，在某些情况下甚至可以改变内力（主要是整体弯矩）的正负号。同时，一旦确定了地基反力的大小与分布形状，箱形基础的内力计算问题就迎刃而解了。

正是由于地基反力计算的重要性及复杂性，国内外许多学者对此做了大量研究工作，提出多种计算方法。每种计算方法采用的基本假定或地基计算模型不尽相同，因而计算出的地基反力分布形状差异较大。在计算中，一般采用一种地基计算模型，有时也可根据施工条件和地基土的特性将地基土进行分层，联合使用两种地基计算模型。各种地基反力计算方法的出现，也与当时的计算手段有关。随着计算机技术的飞速发展，在地基反力计算中考虑的影响地基反力的因素也在逐步增加，原来比较复杂的问题变得相对容易。但是到目前为止，还没有一种能包含各种影响因素且符合实际情况的地基反力计算方法。

(1)刚性法。

这是一种简单、近似的方法，假定地基反力是按直线变化规律分布的，利用材料力学中有关计算公式即可求得地基反力。

假定地基反力按直线分布，其力学概念清楚，计算方法简便。但是，实际工程中只有当基础尺寸较小(如独立柱基、墙下条基)时，地基反力才近似直线分布。对于高层建筑箱形基础，由于其尺寸很大，地基反力受多种因素影响而呈现不同的分布情况，并非简单的直线分布。

(2)弹性地基梁法。

若箱形基础为矩形平面，可把箱形基础简化为工字形等代梁，工字形截面上、下翼缘宽度分别为箱形基础顶、底板宽度，腹板厚度为在弯曲方向墙体厚度的总和，梁高即箱形基础高度，在上部结构传来的荷载作用下，按弹性地基上的梁计算基底反力。

(3)实测地基反力系数法。

实测地基反力系数法是将箱形基础底面(包括悬挑部分，但悬挑部分不宜大于0.8m)划分为40区格，纵向8格，横向5格，如图10-13所示。每区格地基反力 p_i 为

$$p_i = \frac{\sum P}{LB} \times \text{该区格地基反力系数} \tag{10-11}$$

式中 $\sum P$——上部结构竖向荷载加箱形基础重量；

L,B——箱形基础的长度和宽度。

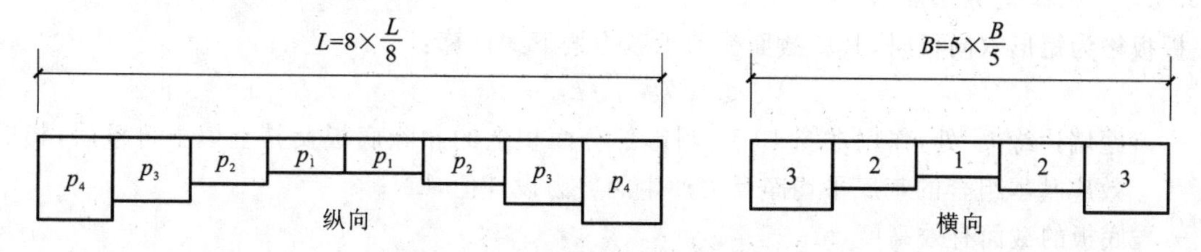

图 10-13 箱形基础各区格划分示意

地基反力系数可通过查阅地基反力系数表获取。地基反力系数表是在一定条件下将原体工程实测和模型试验数据经整理、统计、分析后获得的。

10.3.3 箱形基础的内力简化计算和基础强度验算

10.3.3.1 底板受冲切验算

箱形基础底板厚度应根据实际受力情况、整体刚度及防水要求确定，底板厚度不应小于400mm，且厚度与最大双向板格的短边净跨之比不应小于1/14。

其受冲切承载力应按下式计算：

$$F_1 \leqslant 0.7\beta_{hp} f_t u_m h_0 \tag{10-12}$$

式中 F_1——相应于荷载效应基本组合时，图10-14中阴影部分面积上的基底平均净反力设计值，kN。

u_m——距基础梁边 $h_0/2$ 处冲切临界截面的周长，m。

h_0——底板的截面有效高度，m。

f_t——混凝土轴心抗拉强度设计值。

β_{hp}——受冲切承载力截面高度影响系数，当底板的截面高度 $h \leqslant 800$mm时，取1.0；当 $h \geqslant 2000$mm时，取0.9；其间按线性内插法取值。

当底板区格为矩形双向板时，底板的截面有效高度 h_0 按下式计算：

$$h_0 = \frac{(l_{n1}+l_{n2}) - \sqrt{(l_{n1}+l_{n2})^2 - \dfrac{4p_n l_{n1} l_{n2}}{p_n + 0.7\beta_{hp} f_t}}}{4} \tag{10-13}$$

式中 l_{n1}, l_{n2}——计算板格的短边和长边净长度，m；

p_n——相应于荷载效应基本组合的基底平均净反力设计值，kPa。

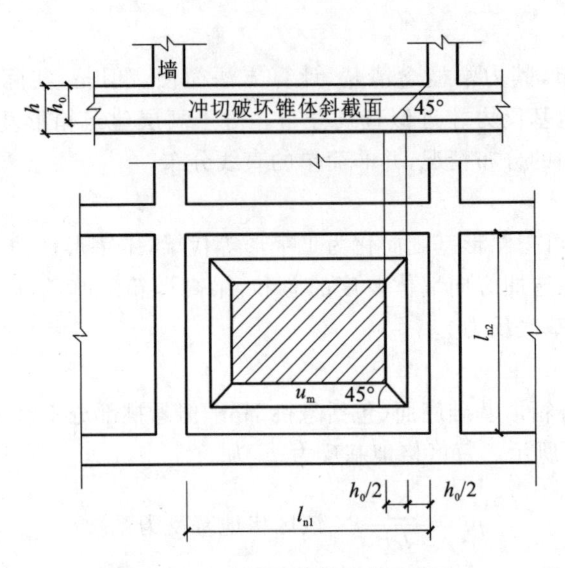

图 10-14 底板受冲切计算示意图

10.3.3.2 底板受剪切验算

当底板板格为矩形双向板时，其斜截面受剪承载力按下式计算：

$$V_s \leqslant 0.7\beta_{hs} f_t (l_{n2} - 2h_0) h_0 \tag{10-14}$$

式中 V_s——距墙边缘 h_0 处，作用在图 10-15 阴影部分面积上的扣除底板及其上填土自重后，相应于荷载效应基本组合的基底平均净反力产生的剪力设计值，kN；

h_0——底板的截面有效高度，m；

β_{hs}——受剪承载力截面高度影响系数，按下式计算：

$$\beta_{hs} = \left(\frac{800}{h_0}\right)^{1/4} \tag{10-15}$$

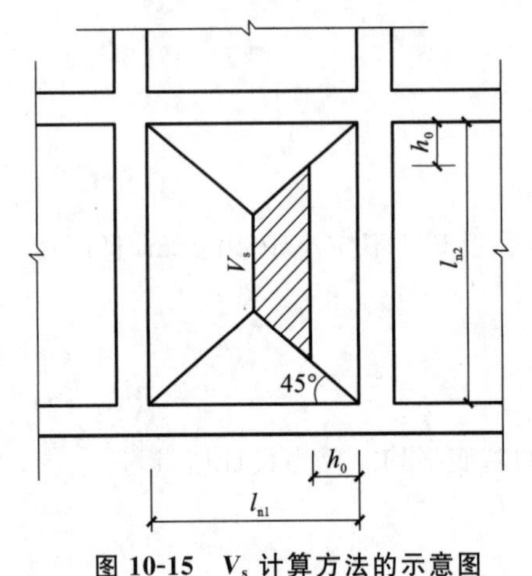

图 10-15 V_s 计算方法的示意图

当 $h_0 < 800$mm 时，取 $h_0 = 800$mm；当 $h_0 > 2000$mm 时，取 $h_0 = 2000$mm；其间按线性内插法取值。

V_s 计算方法的示意图如图 10-17 所示。

设计箱形基础时，应根据地基条件和上部结构荷载的大小，选择合理的平面尺寸、结构高度以及各部分墙与板的布局和厚度，然后计算箱形基础的内力和配筋。

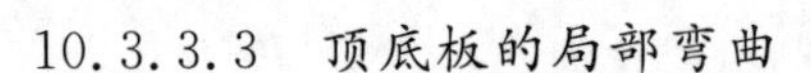

10.3.3.3 顶底板的局部弯曲

当地基压缩层深度范围内的土层在竖向和水平方向皆较均匀，或者上部结构为平、立面布置较规则的框架、剪力墙、框架-剪力墙结构时，箱形基础的顶、底板可仅按局部弯曲计算。计算时地基反力应扣除板的自重。

10.3.3.4 顶底板的整体弯曲

对不符合 10.3.3.3 要求的箱形基础，应同时考虑整体弯曲和局部弯曲的作用。计算整体弯曲时，应采用上部结构、箱形基础和地基共同作用的分析方法：底板局部弯曲产生的弯矩应乘折减系数 0.8；箱形基础的自重应按均布荷载处理。对等柱距或柱距相差不大于 20% 的框架结构，箱形基础整体弯矩的简化计算可按式(10-16)进行，即按基础刚度占整体结构总刚度之比例分配计算(图 10-16)：

$$M_F = M \frac{E_F I_F}{E_F I_F + E_B I_B} \tag{10-16}$$

$$E_B I_B = \sum_{i=1}^{n} \left[E_b I_{bi} \left(1 + \frac{K_{ui} + K_{li}}{2K_{bi} + K_{ui} + K_{li}} m^2 \right) \right] \tag{10-17}$$

式中 M_F——箱形基础承受的整体弯矩；

M——建筑物整体弯曲所产生的弯矩，该弯矩是在建筑物荷载即地基反作用下，按静定梁方法或采用其他有效方法计算所得；

$E_F I_F$——箱形基础的刚度，其中 E_F 为箱形基础的混凝土弹性模量，I_F 为按工字形截面计算的箱形基础截面惯性矩，工字形截面的上、下翼缘宽度分别为箱形基础顶、底板的全宽，腹板厚度为沿弯曲方向墙体厚度的总和；

$E_B I_B$——上部结构的总折算刚度，按式(10-17)计算；

E_b——梁、柱混凝土的弹性模量；

I_{bi}——第 i 层梁的截面惯性矩，参见图 10-16；

K_{ui}，K_{li}，K_{bi}——第 i 层上柱、下柱和梁的线刚度，其值分别为 I_{ui}/h_{ui}、I_{li}/h_{li} 和 I_{bi}/l；

I_{ui}，I_{li}，I_{bi}——第 i 层上柱、下柱和梁的截面惯性矩；

h_{ui}，h_{li}——第 i 层上柱及下柱的高度；

m——弯曲方向的节间数，$m=L/l$，L 为上部结构弯曲方向的总长度，l 为上部结构弯曲方向的柱距；

n——建筑物的层数，不大于 5 层时，n 取实际楼层数；大于 5 层时，n 取 5。

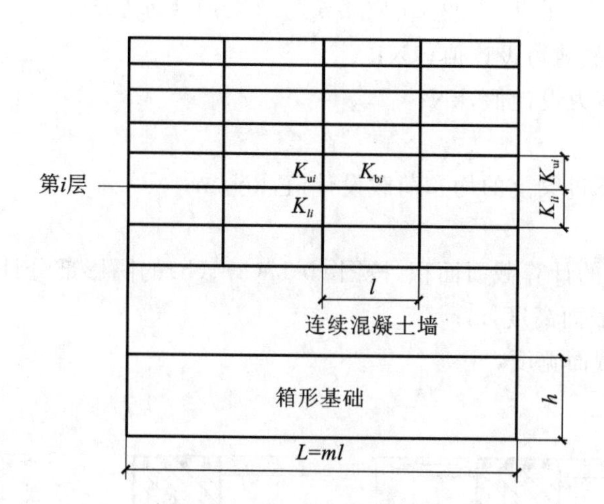

图 10-16 箱形基础承受的整体弯矩分配示意图

10.3.3.5 顶底板的受剪

箱形基础顶、底板厚度除根据荷载与跨度按正截面抗弯强度确定外，其斜截面抗剪强度应符合以下要求：

$$V_s \leqslant 0.7\beta_h f_t b h_0 \tag{10-18}$$

式中 V_s——相应于荷载效应的基本荷载组合时剪力设计值，板所承受的剪力减去刚性角范围内的荷载（刚性角为 45°），为板面荷载或板底反力与图 10-15 阴影部分面积的乘积，kN。

f_t——混凝土轴心抗拉强度设计值，kPa。

β_h——截面高度影响系数，当 $h_0<800$mm 时，取 $h_0=800$mm；当 $h_0>2000$mm 时，取 $h_0=2000$mm；其间按线性内插法取值。

b——计算所取的板宽。

h_0——板的有效高度。

10.3.3.6 外墙的受剪及受弯

箱形基础的外墙，除与剪力墙连接外，其墙身截面剪力应按下式验算：

$$V \leqslant 0.25\beta_c f_c A \tag{10-19}$$

式中 V——按静定梁计算的总剪力分配在墙上的剪力，kN；

A——墙身竖向有效面积，m²；

f_c——混凝土轴心抗压强度设计值，kPa；

β_c——混凝土强度影响系数，对基础所采用的混凝土，一般取 1.0。

对于承受水平荷载的外墙，尚需进行受弯计算，此时将墙身视为顶、底板都固定的多跨连续板，作用于外墙上的水平荷载包括土压力、水压力和由于地面均布荷载引起的侧压力。土压力一般按静止土压力计算。

10.3.3.7 洞口过梁的受弯及受剪

(1)对于单层箱形基础洞口上、下过梁的受剪截面，应分别符合下列规定：

①当 $h_i/b \leqslant 4$ 时，按下式确定：

$$V_i \leqslant 0.25 f_c A_i \quad (i=1\text{ 为上过梁}; i=2\text{ 为下过梁}) \tag{10-20}$$

②当 $h_i/b \geqslant 6$ 时，按下式确定：

$$V_i \geqslant 0.20 f_c A_i \quad (i=1\text{ 为上过梁}; i=2\text{ 为下过梁}) \tag{10-21}$$

③当 $4 < h_i/b < 6$ 时，按线性内插法确定：

$$V_1 = \mu V + \frac{q_1 l}{2} \tag{10-22}$$

$$V_2 = (1-\mu)V + \frac{q_2 l}{2} \tag{10-23}$$

$$\mu = \frac{1}{2}\left(\frac{b_1 h_1}{b_1 h_1 + b_2 h_2} + \frac{b_1 h_1^3}{b_1 h_1^3 + b_2 h_2^3}\right) \tag{10-24}$$

式中 V_1, V_2——上、下过梁的剪力设计值，kN；

V——洞口中点处的剪力设计值，kN；

μ——剪力分配系数；

q_1, q_2——作用在上、下过梁上的均布荷载设计值，kN/m；

l——洞口的净宽，m；

A_1, A_2——上、下过梁的计算截面面积，按图 10-17(a)、(b)的阴影部分计算，并取其中较大值，m^2；

h_1, h_2——上、下过梁截面高度，m；

b_1, b_2——上、下过梁截面宽度，m；

b——墙体的厚度，m。

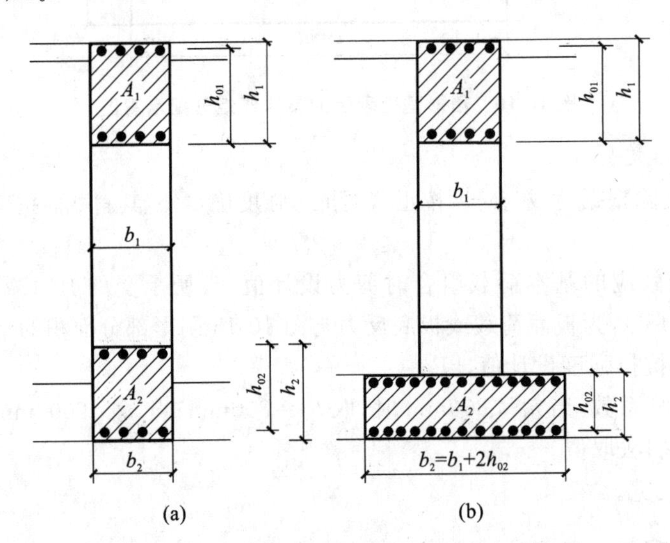

图 10-17 洞口上、下过梁的计算截面积示意图

(2)对于单层箱形基础洞口上、下过梁截面的顶部和底部纵向钢筋，应分别按下式求得的弯矩设计值配置：

$$M_1 = \mu V \frac{l}{2} + \frac{q_1 l^2}{12} \tag{10-25}$$

$$M_2 = (1-\mu) V \frac{l}{2} + \frac{q_2 l^2}{12} \tag{10-26}$$

式中 M_1, M_2——上、下过梁的弯矩设计值，kN·m。

10.3.4 构造要求

根据现行国家标准《建筑地基基础设计规范》(GB 50007—2011)和行业标准《高层建筑筏形与箱形基础技术规范》(JGJ 6—2011)的有关规定，筏形基础的构造应符合下列规定。

10.3.4.1 钢筋

(1)箱形基础墙体内应设置双面钢筋，竖向和水平钢筋直径均不应小于10mm，间距不应大于200mm。除上部为剪力墙外，内、外墙的墙顶处宜配置两根直径不小于20mm的通长构造钢筋，以作为考虑箱形基础整体挠曲影响的构造措施。

(2)当地基压缩层深度范围内的土层在竖向和水平方向较均匀，且上部结构为平、立面布置较规则的剪力墙、框架、框架-剪力墙体系时，箱形基础的顶、底板可仅按局部弯曲计算，计算时地基反力应扣除板的自重。顶、底板钢筋配置量除满足局部弯曲的计算要求外，跨中钢筋应按实际配筋全部连通，支座钢筋尚应有1/4贯通全跨，底板上下贯通钢筋的配筋率均不应小于0.15%。

(3)箱基上的门洞宜设在柱间居中部位，墙体洞口周围应设置加强钢筋，洞口四周附加钢筋的面积不应小于洞口内被切断钢筋面积的一半，且不应少于两根直径为14mm的钢筋，此钢筋应从洞口边缘处延长40倍钢筋直径。

(4)底层柱纵向钢筋伸入箱形基础的长度应符合下列规定：

①柱下三面或四面有箱形基础墙的内柱，除四角钢筋应直通基底外，其余钢筋可终止在顶板底面以下40倍钢筋直径处；

②外柱、与剪力墙相连的柱及其他内柱的纵向钢筋应直通到基底。

(5)当地下一层结构顶板作为上部结构的嵌固部位时，楼面应采用双层双向配筋，且每层每个方向的配筋率不宜小于0.25%。

10.3.4.2 混凝土强度等级

(1)基础混凝土应符合耐久性要求，箱形基础的混凝土强度等级不应低于C25。

(2)当采用防水混凝土时，防水混凝土的抗渗等级应按表10-7选用；对重要建筑，宜采用自防水并设置架空排水层。

10.3.4.3 其他要求

(1)箱形基础地下室施工完成后，应及时进行基坑回填。回填土应按设计要求选料。回填时应清除基坑内的杂物，在相对的两侧或四周同时进行并分层夯实，回填土的压实系数不应小于0.94。

(2)地下室的抗震等级、构件的截面设计以及抗震构造措施应符合《建筑抗震设计规范(2016年版)》(GB 50011—2010)的有关规定。

(3)当四周与土体紧密接触带地下室外墙的整体式箱形基础建于Ⅲ、Ⅳ类场地时，按刚性地基假定计算的基底水平地震剪力和倾覆力矩，可根据结构刚度、埋置深度、场地类别、土质情况、抗震设防烈度以及工程经验折减。

10.4 桩基础设计

桩基础简称桩基，由基桩和连接于基桩桩顶的承台共同组成，承台与承台之间一般用承台梁相互连接，如图10-18所示。若桩身全部埋入土中，承台底面与土体接触，则称为低承台桩基；当桩身上部露出地面而承台底面位于地面以上，则称为高承台桩基。若承台下只用一根桩(通常为大直径桩)来承受和传递上部结构(通常为柱)荷载，这样的桩基础称为单桩基础；而承台下有2根及2根以上基桩组成的桩基础为群桩基础。

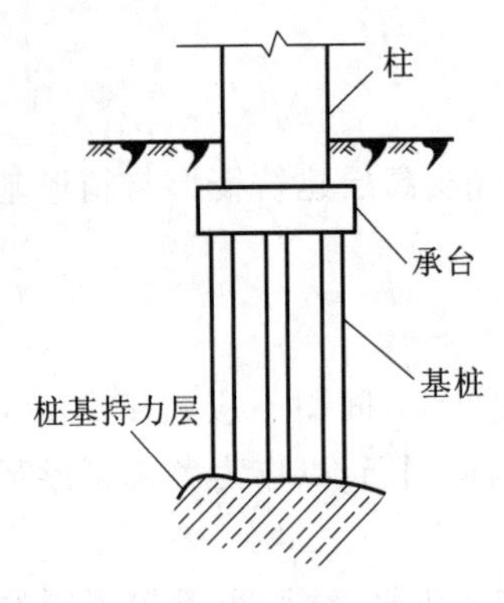

图 10-18 桩基础组成

10.4.1 桩基选型

桩型与成桩工艺应根据建筑结构类型、荷载性质、桩的使用功能、穿越土层、端桩持力层土类、地下水位、施工设备、施工环境、施工经验、制桩材料供应等条件进行选择，选择时可参考《建筑桩基技术规范》(JGJ 94—2008)附录A。选择桩型，主要考虑三个因素：足够的承载能力（结构形式、水文地质条件），方便的桩基施工（场地环境、施工水平、设备运输条件），合理的经济指标。

(1)一般情况下当土中存在大孤石、废金属以及花岗岩残积层中未风化的石英岩时，预制桩将难以穿越；当土层分布不均匀时，混凝土预制桩的预制长度难掌握。在场地土层分布比较均匀的条件下，采用质量易于保证的预应力高强度混凝土管桩比较合理。对于软土地区的桩基，应考虑挤土对桩基的影响，这时宜采用承载力高而桩数较少的桩基，同一结构单元宜避免采用不同类型的桩。

(2)桩的截面尺寸选择应考虑的主要因素是成桩工艺和结构的荷载情况：从楼层数和荷载大小来看，10层以下的建筑桩基，可考虑采用直径500mm左右的灌注桩和边长为400mm的预制桩；10～20层的可采用直径800～1000mm的灌注桩和边长450～500mm的预制桩；20～30层的可采用直径1000～1200mm的钻(冲、挖)孔灌注桩和边长或直径大于或等于500mm的预制桩；30～40层的可采用直径大于1200mm的钻(冲、挖)孔灌注桩和直径500～550mm的预应力混凝土管桩以及大直径钢管桩；楼层更多的高层建筑所采用的挖孔灌注桩直径可达5m左右。

(3)桩的设计长度主要取决于桩端持力层的选择：桩端进入坚实土层的深度，应根据地质条件、荷载及施工工艺确定，一般宜为1～3倍桩径(对黏性土、粉土不宜小于2倍桩径；砂类土不宜小于1.5倍桩径；碎石类土不宜小于1倍桩径)。嵌岩桩或端承桩桩端以下3倍桩径范围内应无软弱夹层、断裂破碎带、洞穴和空隙分布，这对于荷载很大的一柱一桩(大直径灌注桩)基础尤为重要。

表10-8列出了主要桩基类型的优缺点。

表 10-8 主要桩基类型的优缺点

桩型		优点	缺点
预制桩		桩的单位面积承载力提高；桩身质量容易控制；抗腐蚀性强；施工效率高	单桩造价较高；施工噪声大，与施工方法有关；挤土效应明显；单桩长度受到限制；桩长固定，截断时比较困难
灌注桩	沉管灌注桩	适用于各种地层；桩长可随持力层起伏而改变；仅承受轴向力时，不用配置钢筋，节省材料；大直径钻孔桩单桩承载力大；一般情况下，比预制桩经济	质量不易控制；孔底沉积物不易清除干净；压载试验费用昂贵；不适宜水下施工
	钻孔灌注桩		
钢桩	钢板桩	常应用于临时工程；沿海岸或河岸组成整体板桩墙；在基坑临时支护，可以重复利用	成本较高，耐腐蚀性较差
	型钢桩	造价低廉，施工简单，可就地取材	高地下水位地基中不适用，坑壁不稳定处不适用
	钢管桩	承载力强，抗弯刚度、施工方面都有优势	成本较高，一般承受水平推力
深层搅拌桩		成桩固化后地基土的力学性能得到加强；施工过程中无污染、无振动、无噪音，对土层扰动较小；单位面积内软土地基处理造价低	自身强度低，承载力受限；施工工艺复杂，处理深度有限；搅拌质量要求比较高，施工时间较长
高压喷射注浆桩		材料用料广泛，价格低廉；设备简单，便于管理；施工过程中无污染、无振动、无噪音	施工结束取钻杆时，容易出现孔隙，影响成桩质量；射流过大会对土体产生影响
粉煤灰桩		材料用料广泛，价格低廉；承载力高、胶结性好，在软土地基中也适用	处理深度有限；易塌孔，不适宜穿透黏土层和砂层

10.4.2 单桩承载力

10.4.2.1 单桩竖向极限承载力

单桩竖向极限承载力 Q_u 为桩土系统在竖向荷载作用下能长期稳定承受的最大荷载，亦即单桩静载试验时桩顶能稳定承受的最大实验荷载。它是反映桩身材料、桩侧土与桩端土性状、施工方法的综合指标。

单桩竖向极限承载力标准值的计算方法主要有经验公式法、静载试验法、原位测试法和规范法，本章仅重点介绍经验参数法和静力触探法。

(1)经验参数法。

①一般桩的单桩极限承载力标准值。

根据地质资料，单桩竖向极限承载力标准值 Q_{uk} 由总极限侧阻力标准值 Q_{sk} 和总极限端阻力标准值 Q_{pk} 组成，若忽略二者间的相互影响，可表示为

$$Q_{uk} = Q_{sk} + Q_{pk} = u\sum q_{sik} l_i + q_{pk} A_p \tag{10-27}$$

式中 l_i——桩周第 i 层土厚度。

u——桩身周长。

A_p——桩端底面积。

q_{sik}，q_{pk}——第 i 层土的极限侧阻力标准值和持力层极限端阻力标准值。若无经验公式，q_{sik} 可参照表 10-9 选取。

表 10-9 桩的极限侧阻力标准值 q_{sik} (单位:kPa)

土的名称	土的状态		混凝土预制桩	泥浆护壁钻(冲)孔桩	干作业钻孔桩
填土			22～30	20～28	20～28
淤泥			14～20	12～18	12～18
淤泥质土			22～30	20～28	20～28
黏性土	流塑	$I_L>1$	24～40	21～38	21～38
	软塑	$0.75<I_L\leqslant1$	40～55	38～53	38～53
	可塑	$0.50<I_L\leqslant0.75$	55～70	53～68	53～66
	硬可塑	$0.25<I_L\leqslant0.50$	70～86	68～84	66～82
	硬塑	$0<I_L\leqslant0.25$	86～98	84～96	82～94
	坚硬	$I_L\leqslant0$	98～105	96～102	94～104
红黏土	$0.7<a_w\leqslant1$		13～32	12～30	12～30
	$0.5<a_w\leqslant0.7$		32～74	30～70	30～70
粉土	稍密	$e>0.9$	26～46	24～42	24～42
	中密	$0.75\leqslant e\leqslant0.9$	46～66	42～62	42～62
	密实	$e<0.75$	66～88	62～82	62～82
粉细砂	稍密	$10<N\leqslant15$	24～48	22～46	22～46
	中密	$15<N\leqslant30$	48～66	46～64	46～64
	密实	$N>30$	66～88	64～86	64～86
中砂	中密	$15<N\leqslant30$	54～74	53～72	53～72
	密实	$N>30$	74～95	72～94	72～94
粗砂	中密	$15<N\leqslant30$	74～95	74～95	76～98
	密实	$N>30$	95～116	95～116	98～120
砾砂	稍密	$5<N_{63.5}\leqslant15$	70～110	50～90	60～100
	中密(密实)	$N_{63.5}>15$	116～138	116～130	112～130

续表

土的名称	土的状态		混凝土预制桩	泥浆护壁钻(冲)孔桩	干作业钻孔桩
圆砾、角砾	中密、密实	$N_{63.5}>10$	160～200	135～150	135～150
碎石、卵石	中密、密实	$N_{63.5}>10$	200～300	140～170	150～170
全风化软质岩		$30<N\leqslant50$	100～120	80～100	80～100
全风化硬质岩		$30<N\leqslant50$	140～160	120～140	120～150
强风化软质岩		$N_{63.5}>10$	160～240	140～200	140～220
强风化硬质岩		$N_{63.5}>10$	220～300	160～240	160～260

②大直径桩单桩极限承载力标准值。

根据土的物理指标与承载力参数之间的经验关系，确定大直径桩单桩极限承载力标准值时，宜按下式计算：

$$Q_{uk}=Q_{sk}+Q_{pk}=u\sum\psi_{st}q_{sik}l_i+\psi_p q_{pk}A_p \tag{10-28}$$

式中 q_{sik}——桩侧第 i 层土极限侧阻力标准值，如当地无经验值，可按表 10-9 取值；对于扩底桩变截面以上 $2d$(d 为桩身直径)长度范围不计侧阻力。

q_{pk}——桩径为 800mm 的极限桩端阻力标准值，对于干作业挖孔(清底干净)可采用深层荷载板试验确定；当不能进行深层荷载板试验时，可按表 10-10 取值。

ψ_{st}，ψ_p——大直径桩的侧阻力、端阻力尺寸效应系数，按表 10-11 取值。

u——桩身周长，当人工挖孔桩桩周护壁为振捣密实的混凝土时，桩身周长可按护壁外直径计算。

表 10-10 **干作业挖孔桩(清底干净，d=800mm)极限端阻力标准值 q_{pk}** (单位：kPa)

土的名称		土的状态		
黏性土		$0.25<I_L\leqslant0.75$	$0<I_L\leqslant0.25$	$I_L\leqslant0$
		800～1800	1800～2400	2400～3000
粉土		$0.75<e\leqslant0.9$	$e\leqslant0.75$	
		1000～1500	1500～2000	
砂土和粉碎石类土		稍密	中密	密实
	粉砂	500～700	800～1000	1200～2000
	细砂	700～1100	1200～1800	2000～2500
	中砂	1000～2000	2200～3200	3500～5000
	粗砂	1200～2200	2500～3500	4000～5500
	砾砂	1400～2400	2600～4000	5000～7000
	圆砾、角砾	1600～3000	3200～5000	6000～9000
	卵石、碎石	2000～3000	3300～5000	7000～11000

注：①q_{pk}取值宜考虑桩端持力层土的状态及桩进入持力层的深度效应，当进入持力层深度 h_b：$h_b\leqslant d$，$d<h_b\leqslant4d$，$h_b>4d$ 时，q_{pk}可分别取较低值、中值、高值(d 为桩端扩底直径)。

②砂土密实度可根据标贯击数 N 判定，$N\leqslant10$ 为松散，$10<N\leqslant15$ 为稍密，$15<N\leqslant30$ 为中密，$N>30$ 为密实。

③当桩的长径比 $l/d\leqslant8$ 时，q_{pk}宜取较低值。

④当对沉降要求不严时，可适当提高 q_{pk}值。

表 10-11 **大直径桩的侧阻力尺寸效应系数 ψ_{st} 和端阻力尺寸效应系数 ψ_p**

土类别	粉性土、粉土	砂土、碎石类土
ψ_{st}	$(0.8/d)^{1/5}$	$(0.8/d)^{1/3}$
ψ_p	$(0.8/D)^{1/4}$	$(0.8/D)^{1/3}$

注：当为等直径桩时，$D=d$。

对于人工挖孔灌注桩，当其为嵌岩短桩时，只计算其端阻力值；其他情况，桩侧阻力与桩端阻力都要计算。

③钢管桩极限承载力标准值。

当根据土的物理指标与承载力参数之间的经验关系确定钢管桩单桩竖向极限承载力标准值时，可按下式计算：

$$Q_{uk} = Q_{sk} + Q_{pk} = u\sum q_{sik} l_i + \lambda_p q_{pk} A_p \tag{10-29}$$

式中 λ_p——桩端土塞效应系数。对于闭口钢管桩，$\lambda_p=1$。对于敞口钢管桩，当 $h_b/d_s<5$ 时，$\lambda_p=0.16h_b/d_s$；当 $h_b/d_s\geqslant5$ 时，$\lambda_p=0.8$。其中，d_s 为钢管桩外径，h_b 为桩端进入持力层深度。

对于带隔板的半敞口钢管桩，以等效直径 d_e 代替 d_s 确定 λ_p。$d_e=d_s/\sqrt{n}$，其中 n 为桩端隔板分隔数（图 10-19）。

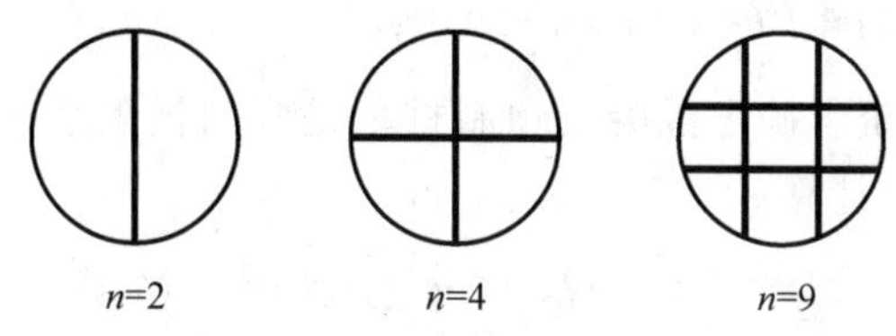

图 10-19 隔板分隔

④预应力管桩极限承载力标准值。

当根据土的物理指标与承载力参数之间的经验关系确定敞口预应力混凝土管桩单桩竖向极限承载力标准值时，可按下列计算：

$$Q_{uk} = Q_{sk} + Q_{pk} = u\sum q_{sik} l_i + q_{pk}(A_p + \lambda_p A_{p1}) \tag{10-30}$$

式中 A_p——空心桩桩端净面积，对于管桩，$A_p=\frac{\pi}{4}(d^2-d_1^2)$；对于空心方桩，$A_p=b^2-\frac{\pi}{4}d_1^2$。其中，$d$、$d_1$ 分别为空心桩外径和内径；b 为空心桩边长。

A_{p1}——空心桩敞口面积，$A_{p1}=\frac{\pi}{4}d_1^2$。

λ_p——桩端土塞效应系数。当 $h_b/d<5$ 时，$\lambda_p=0.16h_b/d$；当 $h_b/d\geqslant5$ 时，$\lambda_p=0.8$。

(2)静力触探法。

①根据单桥探头静力触探资料确定混凝土预制桩单桩竖向极限承载力标准值时，如无当地经验，可按下式计算：

$$Q_{uk} = Q_{sk} + Q_{pk} = u\sum q_{sik} l_i + \alpha p_{sk} A_p \tag{10-31}$$

当 $p_{sk1}\leqslant p_{sk2}$ 时

$$p_{sk} = \frac{1}{2}(p_{sk1} + \beta p_{sk2}) \tag{10-32}$$

当 $p_{sk1}>p_{sk2}$ 时

$$p_{sk} = p_{sk2} \tag{10-33}$$

式中 Q_{sk}，Q_{pk}——单桩总极限侧阻力标准值和端阻力标准值，kN；

u——桩身周长；

q_{sik}——用静力触探比贯入阻力值估算的桩侧第 i 层土的极限侧阻力；

l_i——桩周第 i 层土的厚度；

α——桩端阻力修正系数，可按表 10-12 取值；

p_{sk}——桩端附近的静力触探比贯入阻力标准值（平均值）；

A_p——桩端面积；

p_{sk1}——桩端全截面以上 8 倍桩径范围内的比贯入阻力平均值；

p_{sk2}——桩端全截面以下 4 倍桩径范围内的比贯入阻力平均值，如桩端持力层为密实的砂土层，其比贯入阻力平均值 p_s 超过 20MPa 时，则需乘表 10-12 中系数 C 予以折减后，再计算 p_{sk2}；

β——折减系数，按表 10-12 选用。

表 10-12　**桩端阻力修正系数 α 值、系数 C 和 η_s、折减系数 β**

桩长/m	$l \leqslant 15$	$15 \leqslant l \leqslant 30$	$30 < l \leqslant 60$
α	0.75	0.75～0.90	0.90
p_s/MPa	20～30	35	>40
系数 C	5/6	2/3	1/2

p_{sk2}/p_{sk1}	$\leqslant 5$	7.5	12.5	$\geqslant 15$
β	1	5/6	2/3	1/2

注：桩长 $15\text{m} \leqslant l \leqslant 30\text{m}$，$\alpha$ 值按 l 值直线内插；l 为桩长(不包括桩尖高度)。

②当根据双桥探头静力触探资料确定混凝土预制桩单桩竖向极限承载力标准值时，对于黏性土、粉土和砂土，如无当地经验时可按下式计算：

$$Q_{uk} = Q_{sk} + Q_{pk} = u \sum l_i \beta_i f_{si} + \alpha q_c A_p \tag{10-34}$$

式中　f_{si}——第 i 层土的探头平均侧阻力，kPa。

q_c——桩端平面上、下的探头阻力，kPa，取桩端平面以上 $4d$ 范围内按土层厚度确定的探头阻力加权平均值，再与桩端平面以下 d 范围内的探头阻力进行算术平均。

α——桩端阻力修正系数，黏性土、粉土取 2/3，饱和砂土取 1/2。

β_i——第 i 层土桩侧阻力综合修正系数，对于黏性土和粉土，$\beta_i = 10.04 f_{si}^{-0.55}$；对于砂性土，$\beta_i = 5.05 f_{si}^{-0.45}$。

10.4.2.2　单桩的水平承载力

高层建筑和高耸结构承受风荷载或地震作用时，传给基础很大的水平力和力矩，依靠桩基的水平承载力来平衡。桩在水平作用下的工作机理不同于竖向力作用下的工作机理，在水平力和力矩作用下，桩为受弯构件，桩身产生水平变位和弯曲应力。外力的一部分由桩身承担，另一部分通过桩传给桩侧土体。研究桩基的水平承载力，必须从单桩在水平荷载下桩侧的共同作用性状分析开始，研究单桩在水平荷载下的性状主要从试验和理论分析着手。

(1)单桩水平承载力的静载试验。

对于受水平荷载较大的一级建筑物桩基，单桩的水平承载力设计值应通过单格水平静载试验确定。

①试验装置。

一般采用千斤顶施加水平力，力的作用线应通过工程桩基的承台高程处，千斤顶与试桩接触处宜设置一球形铰座，以保证作用力能水平通过桩身轴线。桩的水平位移宜用大量程百分表量测，若需测定地面以上桩身转角，在水平力作用线以上 500mm 左右还应安装 1～2 只百分表(图 10-20)。固定百分表的基准桩与试桩的净距不小于 1 倍试桩直径。

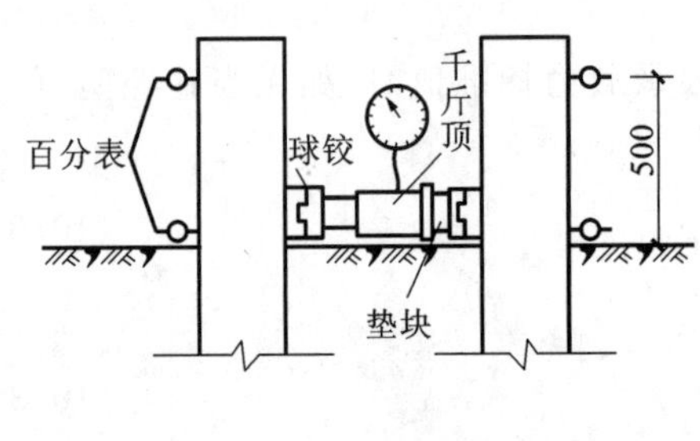

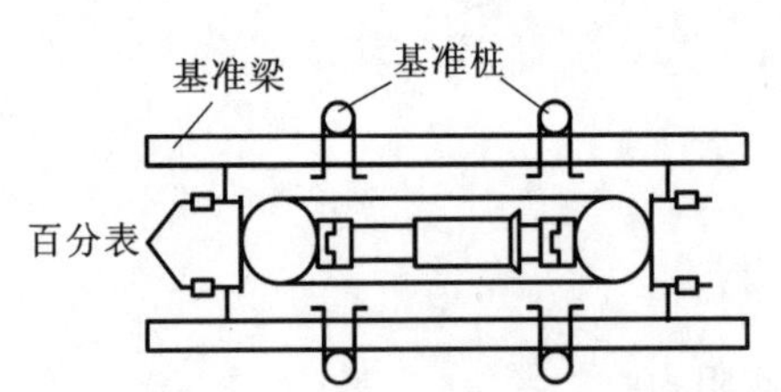

图 10-20　单桩水平静载试验装置

②试验加载方法。

一般采用单向多循环加卸载法，每级荷载增量约为预估水平极限承载力的 1/15～1/10，根据桩径大小并适当考虑土层软硬程度，对于直径 300～1000mm 的桩，每级荷载增量可取 2.5～20kN。每级荷载施加后，稳定 4min 后测读水平位移，然后卸载至零，停 2min 测读残余水平位移，或者加载、卸载各 10min，如此循环 5 次，再施加下一级荷载。对于个别承受长期水平荷载的桩基也可采用慢速连续加载法进行，其稳定标准可参照竖向静载试验确定。

③终止加载条件。

当桩身折断或桩顶水平位移超过 30～40mm(软土取 40mm)，或桩侧地表出现明显裂缝或隆起时，即可终止试验。

④水平承载力的确定。

根据试验结果，一般应绘制桩顶水平荷载-时间-柱顶水平位移（H_0-t-x_0）曲线（图 10-21），或绘制水平荷载-位移梯度（H_0-$\Delta x_0/\Delta H_0$）曲线（图 10-22）或水平荷载-位移（H_0-x_0）曲线，当具有桩身应力量测资料时，尚应绘制应力沿桩身分布图及水平荷载与最大弯矩截面钢筋应力（H_0-σ_g）曲线（图 10-23）。

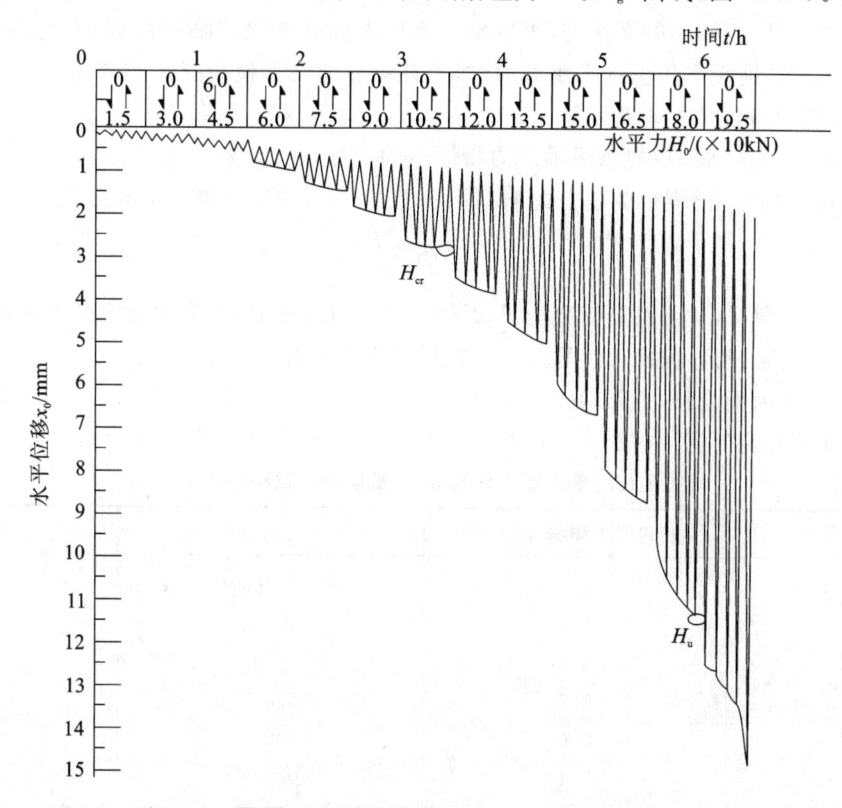

图 10-21　水平静载试验 H_0-t-x_0 曲线

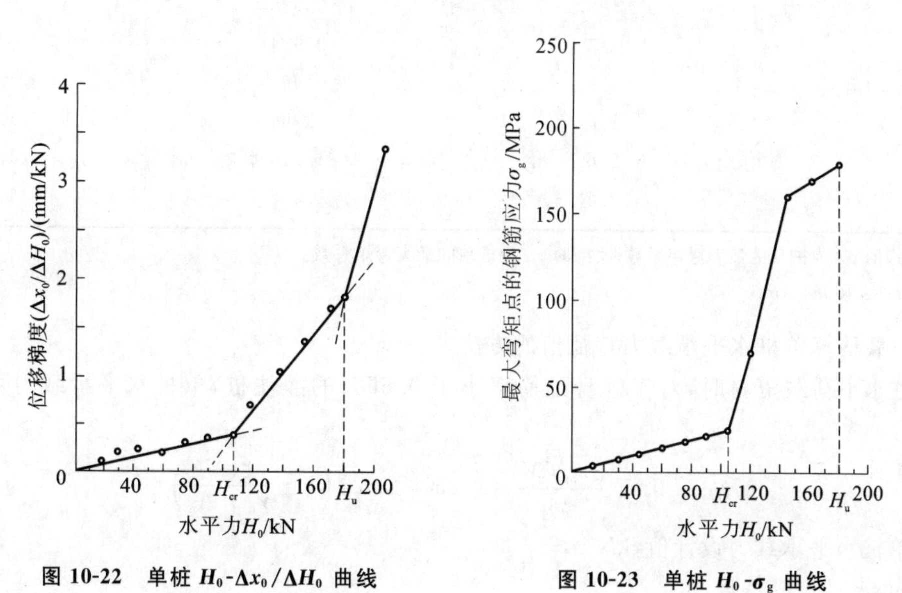

图 10-22　单桩 H_0-$\Delta x_0/\Delta H_0$ 曲线　　　图 10-23　单桩 H_0-σ_g 曲线

试验资料表明，上述曲线中通常有两个特征点，所对应的桩顶水平荷载分别称为临界荷载 H_{cr} 和极限荷载 H_u（亦即单桩水平极限承载力）。H_{cr} 相当于桩身开裂、受拉区混凝土退出工作时的桩顶水平力，一般可取：①H_0-t-x_0 曲线出现突变点（相同荷载增量条件下出现比前一级明显增大的位移增量）的前一级荷载；②H_0-$\Delta x_0/\Delta H_0$ 曲线的第一直线段终点或 $\lg H_0$-$\lg x_0$ 曲线拐点所对应的荷载；③H_0-σ_g 曲线第一突变点对应的荷载。

H_u 相当于桩身应力达到强度极限时的桩顶水平力，一般可取：①H_0-t-x_0 曲线明显陡降的前一级荷载或水平位移包络线向下凹曲(图 10-21)时的前一级荷载;② H_0-$\Delta x_0/\Delta H_0$ 曲线第二直线段终点所对应的荷载;③桩身折断或钢筋应力达到极限的前一级荷载。

对于钢筋混凝土预制桩、钢桩和桩身全截面配筋率不小于 0.65%的灌注桩,也可根据水平静载试验结果,取地面处水平位移为 10mm(对水平位移敏感的建筑物取 6mm)所对应的荷载为单桩水平承载力设计值 R_h。对于桩身配筋率小于 0.65%的灌注桩,可取水平承载力静载试验的临界荷载 H_{cr} 作为单桩水平承载力设计值 R_h。此外,当验算地震作用的水平承载力时,上述承载力设计值应提高 25%。

(2)单桩水平承载力特征值的理论估算。

①按桩顶容许水平位移估算单桩水平承载力特征值的方法。

估算的方法适用于预制桩、钢桩的桩身配筋率不小于 0.65%的灌注桩。估算公式为

$$R_{ha} = 0.75\frac{\alpha^3 EI}{v_x}x_{0a} \tag{10-35}$$

式中 EI——桩身抗弯刚度,对于钢筋混凝土桩,$EI=0.85E_cI_0$,其中 E_c 为混凝土弹性模量,I_0 为桩身换算截面惯性矩,圆形截面 $I_0=W_0d_0/2$,矩形截面 $I_0=W_0b_0/2$。

x_{0a}——桩顶容许水平位移,通常取 10mm。

v_x——桩顶水平位移系数,按表 10-13 取值。

表 10-13 **桩顶(身)最大弯矩系数 v_M 和桩顶水平位移系数 v_x**

桩顶约束情况	桩的换算埋深(ah)/m	v_x	v_M
铰接(自由)	4.0	0.768	2.441
	3.5	0.750	2.502
	3.0	0.703	2.727
	2.8	0.675	2.905
	2.6	0.639	3.163
	2.4	0.601	3.526
固接(为桩顶的最大弯矩系数)	4.0	0.926	0.940
	3.5	0.934	0.970
	3.0	0.967	1.028
	2.8	0.990	1.055
	2.6	1.018	1.079
	2.4	1.045	1.095

注:①铰接(自由)的 v_M 为桩身的最大弯矩系数;固接的 v_M 为桩顶的最大弯矩系数。

②当 $ah>4$m 时,取 $ah=4$m。

②按临界荷载估算单桩水平承载力特征值的方法。

当缺少单桩水平荷载资料时,对于桩身配筋率小于 0.65%的灌注桩,单桩水平承载力可按式(10-36)估算。

$$R_{ha} = 0.75\frac{\alpha\gamma_m f_t W_0}{v_M}(1.25+22\rho_g)\left(1\pm\frac{\zeta_N N}{\gamma_m f_t A_n}\right) \tag{10-36}$$

式中 R_a——单桩水平承载力设计值,kN。

α——桩的水平变形系数,m^{-1}。

γ_m——桩截面模量塑性系数,圆形截面取 2.0,矩形截面取 1.75。

f_t——桩身混凝土抗拉强度设计值,kN。

W_0——桩身换算截面受拉边缘的截面模量,m^3。圆形截面为

$$W_0 = \frac{\pi d}{32}[d^2 + 2(\alpha_E - 1)\rho_g d_0^2] \tag{10-37}$$

d——桩直径。

d_0——扣除保护层厚度的桩径。

α_E——钢筋弹性模量与混凝土弹性模量之比。

ρ_g——桩身配筋率。

v_M——桩身最大弯矩系数，按表 10-14 取值，单桩基础和单排桩基纵向轴线与水平方向垂直的情况，按桩顶铰接考虑。

A_n——桩身换算截面面积，m^2。圆形截面为

$$A_n=\frac{\pi d^2}{4}[1+(\alpha_E-1)\rho_g] \tag{10-38}$$

ζ_N——桩顶竖向力影响系数，竖向压力取 0.5，竖向拉力取 1.0。

N——荷载的竖向作用力。

其中，± 号根据桩顶竖向力性质确定，压力取“+”，拉力取“－”。

10.4.3 桩的布置与桩基设计计算

10.4.3.1 桩的布置

实践表明，桩的合理布置对充分发挥桩承载力，减小沉降量，特别是减小不均匀沉降具有相当重要的作用。桩布置的一般原则如下：

(1)需满足最小中心距和平面系数的要求，见表 10-14～表 10-16。

表 10-14 桩的最小中心距

土类与成桩工艺		排数不少于 3 排，且桩数不少于 9 根的摩擦型桩基础	其他情况
非挤土和部分挤土灌注桩		$3.0d$	$3.0d$
挤土灌注桩	穿越非饱和土	$4.0d$	$3.5d$
	穿越饱和软土	$4.5d$	$4.0d$
挤土预制桩		$3.5d$	$3.0d$
打入式敞口管桩和“H”形钢桩		$3.5d$	$3.0d$

注：d 为圆桩直径或方桩边长。

表 10-15 灌注桩扩底端最小中心距

成桩方法	最小中心距
钻、挖孔灌注桩	$2D$ 或 $D+2m$（当 $D>2m$ 时）
沉管夯扩灌注桩	$2.0D$

注：D 为扩大端设计直径。

表 10-16 桩的最小中心距和最大布桩平面系数

土的类别	一般情况		排列超过 2 排，桩数超过 9 根的摩擦桩基础	
	最小中心距	最大布桩平面系数	最小中心距	最大布桩平面系数
穿越饱和土	$4.0d$	5%	$4.5d$	4%
穿越非饱和土	$3.5d$	6.5%	$4.0d$	5%

注：d 为圆桩直径或方桩边长。

(2)应与作用在基础上的荷载分布相适应，群桩的形心尽量与最不利荷载中心一致，弯矩大的方向所布置群桩的截面惯性矩也应相应增大。柱下单独桩基和整片式的桩基，宜采用外密内疏不等间距的布置方式。

(3)需考虑方便施工。如圆形基础，对施工而言，从中心向四周呈同圆心放射状的布桩形式就没有梅花形的布桩方式方便。

(4)需考虑施工引起的桩位偏差所导致的桩受力的变化。墙下双排布桩形式和柱下3根布桩形式就比相应墙下单排布桩形式和柱下单、双根布桩形式合理，即使桩位略有偏差，其影响也较小。

(5)宜考虑上部结构、承台、桩基与地基土共同工作来布桩。实测表明，满堂布置群桩基础下单桩实际承担荷载占平均荷载的比值：角桩150%左右，边桩120%左右，中间桩50%～70%。而且，由于内部桩的桩间土承担的竖向压应力将增大桩侧水平力，进而提高侧摩阻力，提高桩承载力。因此，从各桩具有同样的承载能力发挥程度出发，建筑基础“角位置桩加密，边其次，内部疏排”的布桩方式比较合理。

以上是布桩的一般原则，有时候各原则相互间也会有一定矛盾，如考虑上部结构荷载的大小，桩应不均匀排列，荷载大应布置密；从受力合理角度出发，应边角密、中间疏；而为了避免偏心，则以均匀排列为宜。在实际工程中应抓住主要矛盾，兼顾其他，综合分析后布桩。

10.4.3.2 桩基设计计算

掌握粗略的估算方法，用简化结构计算模型，可以通过手算得到初步的计算数据，用以说明问题，从而提出初步的设计方案。

(1)单桩承载力计算。

①竖向力。

轴心竖向力作用下：

$$N_k = \frac{F_k + G_k}{n} \tag{10-39}$$

偏心竖向力作用下：

$$N_{ik} = \frac{F_k + G_k}{n} \pm \frac{M_{xk} y_i}{\sum y_j^2} \pm \frac{M_{yk} x_i}{\sum x_j^2} \tag{10-40}$$

②水平力。

$$H_{ik} = \frac{H_k}{n} \tag{10-41}$$

式中 F_k——荷载效应标准组合下，作用于承台顶面的竖向力；

G_k——桩基承台和承台上土自重标准值，对稳定的地下水位以下部分应扣除水的浮力；

N_k——荷载效应标准组合轴心竖向力作用下，基桩或复合基桩的平均竖向力；

N_{ik}——荷载效应标准组合偏心竖向力作用下，第 i 根基桩或复合基桩的竖向力；

M_{xk}，M_{yk}——荷载效应标准组合下，作用于承台底面，绕通过桩群形心的 x、y 主轴的力矩；

x_i，x_j，y_i，y_j——第 i、j 根基桩或复合基桩至 y、x 轴的距离；

H_k——荷载效应标准组合下，作用于桩基承台底面的水平力；

H_{ik}——荷载效应标准组合下，作用于第 i 根基桩或复合基桩的水平力；

n——基础中的桩数。

(2)单桩承载力验算。

①荷载效应标准组合。

轴心竖向力作用下：

$$N_k \leqslant R \tag{10-42}$$

偏心竖向力作用下，尚应满足下式的要求：

$$N_{k,\max} \leqslant 1.2R \tag{10-43}$$

②地震作用效应和荷载效应标准组合。

轴心竖向力作用下：

$$N_{Ek} \leqslant 1.25R \tag{10-44}$$

偏心竖向力作用下，除满足上式外，尚应满足下式的要求：

$$N_{Ek,\max} \leqslant 1.5R \tag{10-45}$$

式中 N_k——荷载效应标准组合轴心竖向力作用下，基桩或复合基桩的平均竖向力；

$N_{k,max}$——荷载效应标准组合轴心竖向力作用下，桩顶最大竖向力；

N_{Ek}——地震作用效应标准组合轴心竖向力作用下，基桩或复合基桩的平均竖向力；

$N_{Ek,max}$——地震作用效应标准组合轴心竖向力作用下，基桩或复合基桩的最大竖向力；

R——基桩或复合基桩竖向承载力特征值。

③水平荷载作用下：

$$H_{ik} \leqslant R_{Ha} \tag{10-46}$$

式中 R_{Ha}——单桩水平承载力特征值，kN。应通过现场水平荷载试验确定。必要时可进行带承台桩的荷载试验。

H_{ik}——在荷载标准组合下，作用于基桩 i 桩顶处的水平力。

一般当缺乏实际经验时，用纯桩基方案设计偏保守些，自从有了关于复合桩基和调平复合基概念后，许多事实证明合理应用新概念设计并不存在风险，而且大有潜力可挖，例如长、短桩设计方案。

(3)沉降计算。

建筑桩基沉降变形计算值不应大于桩基沉降变形允许值，沉降变形允许值应按有关规范中的规定采用。通常设计计算沉降量要求控制其最大沉降、沉降差、整体或局部倾斜。桩基沉降常使用相关规范提供的公式计算，或利用电算程序估算。

桩基最终沉降量计算是非常复杂的课题，由于桩与土体之间作用机理的复杂性，以及土性参数的不确定性，桩基沉降计算方法在实际应用中往往与实测结果相差较大。

(4)桩基承台计算。

桩基承台的构造要求，主要是应能保证将上部结构荷载可靠传递给基桩，因此除符合一般建筑结构设计的要求外，尚应验算抗冲切、抗剪切，计算承载力，进行配筋设计。

柱下独立桩承台的基础，需要在承台与承台之间合理布置连系梁，特别当出现单桩或二桩承台时，必须在两方向或至少一个方向设置连梁。布置连梁的目的是加强基础的整体刚度，起到减小不均匀沉降的作用。

承重墙下的条形桩承台，单排桩承台梁的截面可按构造要求制定，承台梁的配筋计算可按混凝土结构设计规范中的最小配筋进行设计，钢筋按构造要求布置。桩的布置与选择应考虑尽可能直接放在荷载作用点下，桩的间距只要满足最小间距即可，这样做的目的是设计最经济的承台。

筏形承台板或箱形承台板在计算中应考虑局部弯矩作用，还有整体弯矩的影响，纵、横两个方向的钢筋配筋率均不小于最小配筋率 0.15%。设计筏板厚度一般不采取最小配筋控制，应按照计算需要配置钢筋。可以选择含钢率不太高的筏板厚度，含钢率宜控制在 0.4%左右，考虑基础的防水要求，还有验算抗冲切需要的厚度，同时底板过厚不经济，过薄则刚度差，因此通常需要经过反复试算。然后选择出相对合理的承台厚度。承台顶面钢筋应按计算结果的配筋量布置。

桩基承台是建筑结构的组成部分，根据不同形式可按混凝土结构设计的有关规范进行配筋计算，如抗弯计算、冲切计算、剪切计算、局部承压计算、抗震验算，然后根据计算结果进行配筋。

10.4.4 构造要求

根据现行国家标准《建筑地基基础设计规范》(GB 50007—2011)和行业标准《建筑桩基技术规范》(JGJ 94—2008)的有关规定，桩基础的构造应符合下列规定。

(1)摩擦型桩的中心距不宜小于 3 倍桩身直径；扩底灌注桩的中心距不宜小于 1.5 倍扩底直径，当扩底直径大于 2m 时，桩端净距不宜小于 1m。在确定桩距时尚应考虑施工工艺中挤土等效应对邻近桩的影响。

(2)扩底灌注桩的扩底直径，不应大于桩身直径的 3 倍。

(3)桩底进入持力层的深度，根据地质条件、荷载及施工工艺确定，宜为桩身直径的 1～3 倍。在确定桩底进入持力层深度时，尚应考虑特殊土、岩溶以及震陷液化等影响。嵌岩灌注桩周边嵌入完整和较完整的未风化、微风化、中风化硬质岩体的最小深度，不宜小于 0.5m。

(4)布置桩位时宜使桩基承载力合力点与竖向永久荷载合力作用点重合。

(5)设计使用年限不少于 50 年时，非腐蚀环境中预制桩的混凝土强度等级不应低于 C30，预应力桩的混凝土强度等级不应低于 C40，灌注桩的混凝土强度等级不应低于 C25；二 b 类环境及三类、四类、五类微腐蚀环境中的混凝土强度等级不应低于 C30；腐蚀环境中的桩，桩身混凝土强度等级应符合《混凝土结构设计规范(2015 年版)》(GB 50010—2010)的有关规定。设计使用年限不短于 100 年的桩，桩身混凝土强度等级宜适当提高。水下灌注混凝土的桩身混凝土强度等级不宜高于 C40。

(6)桩身混凝土的材料、最小水泥用量、水灰比、抗渗等级等应符合《混凝土结构设计规范(2015 年版)》(GB 50010—2010)、《工业建筑防腐蚀设计标准》(GB/T 50046—2018)及《混凝土结构耐久性设计标准》(GB/T 50476—2019)的有关规定。

(7)当桩身直径为 300～2000mm 时，正截面配筋率可取 0.65%～0.2%(小直径桩取高值)；对受荷载特别大的桩、抗拔桩和嵌岩端承桩，应根据计算确定配筋率，并不应小于上述规定值。

(8)桩身纵向钢筋配筋长度应符合下列规定：

①端承型桩和位于坡地、岸边的基桩应沿桩身等截面或变截面通长配筋。

②桩径大于 600mm 的摩擦型桩配筋长度不应小于 2/3 桩长；当受水平荷载作用时，配筋长度尚不宜小于 $4.0/\alpha$(α 为桩的水平变形系数)。

③对于受地震作用的基桩，桩身配筋长度应穿过可液化土层和软弱土层，进入稳定土层的深度不应小于《建筑桩基技术规范》(JGJ 94—2008)第 3.4.6 条的规定。

④受负摩阻力的桩、因先成桩后开挖基坑而随地基土回弹的桩，其配筋长度应穿过软弱土层并进入稳定土层，进入的深度不应小于 2～3 倍桩身直径。

⑤专用抗拔桩及因地震、冻胀或膨胀作用而受拔力的桩，应沿等截面或变截面通长配筋。

(9)桩身配筋可根据计算结果及施工工艺要求，沿桩身纵向不均匀配筋。腐蚀环境中的灌注桩主筋直径不宜小于 16mm，非腐蚀性环境中灌注桩主筋直径不应小于 12mm。

(10)桩顶嵌入承台内的长度不应小于 50mm。主筋伸入承台内的锚固长度不应小于钢筋(HPB300)直径的 30 倍和钢筋(HRB400)直径的 35 倍。对于大直径灌注桩，当采用一柱一桩时，可设置承台或将桩和柱直接连接。桩和柱的连接可按《建筑地基基础设计规范》(GB 50007—2011)中关于高杯口基础的要求选择截面尺寸和配筋，柱纵筋插入桩身的长度应满足锚固长度的要求。

(11)灌注桩主筋混凝土保护层厚度不应小于 50mm，预制桩不应小于 45mm，预应力管桩不应小于 35mm，腐蚀环境中的灌注桩不应小于 55mm。

(12)摩擦型桩中心距限制条件，主要为了减小摩擦型桩侧阻力叠加效应及沉桩中对邻桩的影响，对于密集群桩以及挤土型桩，应加大桩距。非挤土桩当承台下桩数少于 9 根，且少于 3 排时，桩距可不小于 $2.5d$。对于端承型桩，特别是非挤土端承桩和嵌岩桩桩距的限制可以放宽。扩底灌注桩的扩底直径，不应大于桩身直径的 3 倍，是考虑扩地施工的难易程度和安全，同时考虑需要保持桩间土的稳定而作出的规定。

(13)桩端进入持力层的最小深度，主要考虑了在各类持力层中成桩的可能性和难易程度，并保证桩端阻力的发挥。桩端进入破碎岩石或软质岩的桩，按一般桩端进入持力层的深度。桩端进入完整和较完整的未风化、微风化、中风化硬质岩石时，入岩施工困难，同时硬质岩已提供足够的端阻力，嵌岩最小深度为 0.5m。

知识归纳

(1)高层建筑常用的基础形式包括交梁式条形基础、筏形基础、箱形基础、桩基础、联合基础等。

(2)基础的埋置深度取决于建筑物的使用功能设计及基础的形式和构造、作用在地基上的荷载大小和性质、工程地质条件和水文地质条件等因素。

(3)影响基础类型选择的主要因素：上部结构体系、柱距及荷载大小、地基土质条件、建筑功能要求、地下空间利用、材料及施工条件、工期及经济性和地区习惯等。

(4)地基承载力特征值是正常使用极限状态计算时的地基承载力，即在发挥正常使用功能时地基所允许采用抗力的设计值。地基承载力特征值可由荷载试验或其他原位测试、公式计算，并结合工程实践经验等方法综合确定。

(5)筏形基础的设计内容包括选择基础类型，选择地基持力层，确定基础埋置深度；确定地基承载力特征值；确定基础底面尺寸和平面布置；计算筏基内力。

(6)箱形基础的设计内容包括确定箱形基础的埋置深度；进行箱形基础的平面布置及构造设计；箱形基础地基反力计算；箱形基础内力简化计算和强度验算。

(7)桩基设计内容包括桩基的选型、单桩承载力计算、桩的布置与桩基设计计算。

独立思考

10-1 什么是基础的埋置深度？影响基础埋置深度的因素有哪些？

10-2 高层建筑常用的基础形式有哪些？高层部分的基础与裙房基础的连接形式有哪些？

10-3 在确定筏形基础的尺寸时，应该考虑哪些因素？如何计算地基承载力特征值？

10-4 如何进行箱形基础的地基反力计算？箱形基础的设计内容有哪些？

10-5 桩基的选型应考虑哪些因素？单桩承载力怎样计算？桩基设计内容有哪些？

11

高层建筑结构有限元分析方法及应用

课前导读

▽ 内容提要

本章主要内容包括：高层建筑结构有限元分析方法、高层建筑结构常用的有限元分析程序和高层建筑结构地震反应弹塑性时程分析。本章的教学重点为高层建筑结构有限元分析方法和高层建筑结构地震反应弹塑性时程分析；教学难点为高层建筑结构地震反应弹塑性时程分析。

▽ 能力要求

通过本章的学习，学生应了解高层建筑结构常用的有限元分析程序，掌握高层建筑结构有限元分析方法与地震反应弹塑性时程分析方法。

11.1 概　　述

有限元分析(finite element analysis,FEA)是针对结构力学分析迅速发展起来的一种现代计算方法。其利用数学近似的方法对真实物理系统(几何和荷载工况)进行模拟,通过简单而又相互作用的元素(单元),用有限数量的未知量去逼近无限的未知量的真实系统。

现代高层建筑结构向着体型复杂、功能多样的方向发展,使用手算等简化分析方法进行结构的分析和计算已不太可能,一般须通过程序由计算机完成。

本章首先介绍了几种常用的高层建筑结构有限元分析程序。然后,对高层建筑结构有限元分析方法的基本原理进行了简单介绍。此外,专门介绍了高层建筑结构地震反应弹塑性时程分析方法。

11.2 高层建筑结构常用的有限元分析程序

有限元分析程序是指基于有限元分析(FEA)算法编制的程序。根据有限元分析程序的适用范围不同,其可分为通用有限元程序和专业有限元程序。

11.2.1 结构分析通用程序

结构分析通用程序是指可广泛用于机械工程、航天工程、船舶工程、交通工程和土木工程等各领域的结构分析程序。这类程序的特点是单元种类多、适应能力强、功能齐全等,一般可用来对高层建筑结构进行静力和动力分析。但这类程序没有考虑高层建筑结构的专业特点,且未纳入我国现行规范和标准,所以一般仅用于结构分析。

目前,我国使用的结构分析通用程序很多,下面仅介绍几种应用较普遍的程序:SAP2000 程序、ANSYS 程序、ABAQUS 程序、Perform-3D 程序和 OpenSEES 程序。

11.2.1.1 SAP2000 程序

大型有限元结构分析程序 SAP2000 是由 E. L. Wilson 等编制、美国 CSI 公司(Computers and Structures,Inc.)开发的 SAP(Structure Analysis Program)系列结构分析程序的最新版本,是目前我国结构工程界应用较多的结构分析程序之一。SAP2000 保持了原有产品的优良传统,具有完善、直观和灵活的界面,为交通运输、工业、公共事业、体育和其他领域的工程师提供了更加得心应手的分析引擎和设计工具。

SAP2000 是以 Windows 视窗为操作平台的程序,拥有强大的可视界面和方便的人机交互功能。用户可在此可视化界面内完成模型的创建和修改、计算结果的分析和执行、结构设计的检查和优化以及计算结果的图表显示(包括时程反应的位移曲线、反应谱曲线、加速度曲线)和文本显示等操作。

该程序有较强的结构分析功能,可以模拟众多的工程结构,包括房屋建筑、桥梁、水坝、油罐、地下结构等。应用 SAP2000 程序可以对上述结构进行多种分析,包括逐步大变形分析、多重 $P\text{-}\Delta$ 效应、特征向量和基于非线性工况刚度的 Ritz 向量分析、索分析、纤维铰的材料非线性分析、非线性多层壳单元分析、Buckling 屈曲分析、逐步倒塌分析、用能量方法进行侧移控制、单拉和单压分析、阻尼器、基础隔震、支座塑性、非线性施工顺序分析等。其中,非线性分析可以是静态的,也可以是时程的。此外,程序还提供快速非线性时程动力分析的快速非线性(FNA)方法和直接积分方法。

SAP2000 程序的适用范围很广,主要适用于较为复杂的结构形式,如桥梁、体育场、大坝、海洋平台、工业建筑、发电站、输电塔、网架等。当然,民用高层建筑也能很方便地采用此程序进行建模、分析和设计。

11.2.1.2 ANSYS 程序

ANSYS 软件是由美国 ANSYS 公司开发的融结构、流体、电场、磁场、声场分析于一体的大型有限元分析软件。它能与多数 CAD 软件连接,实现数据的共享和交换,是现代产品设计中的高级 CAD 工具之一。

软件主要包括三部分:前处理模块、分析计算模块和后处理模块。前处理模块提供了一个强大的实体建模和网络划分工具,用户可以方便地构造有限元模型;分析计算模块包括结构分析(可进行线性分析、非线性分析和高度非线性分析)、流体动力学分析、电磁场分析、声场分析、压电分析以及多物理场的耦合分析,可模拟多种介质的相互作用,具有灵敏度分析和优化分析能力;后处理模块可以将计算结果以彩色等值线显示、梯度显示、矢量显示、立体切片显示、透明及半透明显示(可以看到结构内部)等方式显示出来,也可将计算结果以图表、曲线形式显示或输出。

ANSYS 软件目前有 100 余种金属和非金属材料模型可供选择,如弹性、弹塑性、超弹性泡沫,玻璃,土壤,混凝土,流体,复合材料,炸药以及用户自定义材料,并可考虑材料失效、损伤、黏性、蠕变、与温度相关性质、与应变相关性质等。

ANSYS 软件提供了 100 多种单元类型,用来模拟工程中的各种结构和材料,如四边形壳单元、三角形壳单元、膜单元、三维实体单元、六面体厚壳单元、梁单元、杆单元、弹簧阻尼单元和质量单元等。其中,每种单元类型又有多种算法供用户选择。

目前,ANSYS 软件已广泛用于核工业、铁道、石油化工、航空航天、机械制造、国防军工、电子、土木工程、造船、生物医学、轻工地矿、水利等诸多工业及科学研究。

11.2.1.3 ABAQUS 程序

ABAQUS 作为国际上最先进的大型通用有限元软件之一,具有强大的计算功能和广泛的模拟性能,在技术、品质、可靠性等方面具有卓越的声誉。作为大型通用有限元软件,ABAQUS 除了能够解决结构问题(应力/位移分析),还可以对其他工程领域的许多问题进行分析,如热传导分析、质量扩散分析、热电耦合分析、声学分析、岩土力学分析(流体渗透/应力耦合分析)及压电介质分析等。

ABAQUS 拥有各种类型的材料模型库,包括材料的本构关系和失效准则等,可以模拟各种典型工程材料,其中包括金属、橡胶、高分子材料、复合材料、钢筋混凝土、可压缩超弹性泡沫以及土壤和岩石等地质材料。

ABAQUS 提供了丰富的、可模拟任意实际形状的单元库,单元种类多达 562 种。它们可分为 8 个大类,称为单元族,包括实体单元、壳单元、薄膜单元、梁单元、杆单元、刚体元、连接元和无限元,还有针对特殊问题构建的特种单元,如针对钢筋混凝土结构的钢筋单元或针对轮胎结构的加强筋单元(* Rebar)、针对海洋工程结构的土壤/管柱连接单元(* Pipe-Soil)和锚链单元(* Drag Chain),还有专门的垫圈单元和空气单元等特殊单元。此外,用户还可以通过用户子程序自定义单元种类。

ABAQUS 由两个主求解器模块——ABAQUS/Standard 和 ABAQUS/Explicit,以及一个全面支持求解器的图形用户界面,即人机交互前后处理模块——ABAQUS/CAE(Complete ABAQUS Environment)组成。此外,针对某些特殊问题它还提供了专用模块加以解决。ABAQUS/Standard 作为一个通用分析模块,能够广泛用于各领域的线性与非线性问题分析,包括静力、动力、热、电磁、声及复杂的非线性、物理场耦合分析等。其采用隐式算法,在每一个计算步中均需要隐式地求解方程组,即需要进行刚度矩阵的求逆运算。ABAQUS/Explicit 是求解复杂非线性动力学问题和准静态问题的理想程序,特别适合模拟短暂、瞬时的动态问题,如跌落、爆炸、冲击等。其采用显式求解,递推过程中不用求解方程组,甚至不用组装整体刚度矩阵,由于显式计算不进行收敛性检查,故对于高度非线性问题非常有效,但也存在误差不可知和误差累计的问题。结合 ABAQUS/Standard 与 ABAQUS/Explicit,利用两者的隐式与显式求解技术,能够求解许多实际工程问题。

ABAQUS 为用户提供了广泛的功能,且界面友好,使用简单,易于上手。大量复杂问题可通过不同选项块的组合轻松模拟出来,如对于复杂多构件结构问题的模拟,就是把定义每一构件几何尺寸的选项块与相应的材料性质选项块结合起来。在大部分模拟中,甚至是高度非线性问题,用户只需要提供一些工程数据,如结构几何形状、材料性质、边界条件及荷载工况就可以获得较好的模拟结果。在一个非线性问题分析中,ABAQUS 能自动选择相应荷载增量和收敛限度,不仅能够选择合适的参数,而且能连续调节参数以保证在分析过程中有效地得到精确解。

ABAQUS 被广泛地认为是功能最强的有限元软件之一，可以分析复杂的固体力学、结构力学系统，特别是能够驾驭非常庞大复杂的问题以及模拟高度非线性问题。其因良好的分析能力和模拟复杂系统的可靠性在工程实际和研究中均得到广泛应用。

11.2.1.4 Perform-3D 程序

Perform-3D(Nonlinear Analysis and Performance Assessment for 3D Structures)是由美国加利福尼亚大学伯克利分校的鲍威尔教授(Prof. Granham H. Powell)在开源弹塑性分析程序 Drain-2D 和 Drain-3D 的基础上开发，由美国著名的结构分析软件公司 CSI 负责发行和维护的一款致力于三维结构非线性分析和抗震性能评估的软件。

Perform-3D 与其他通用有限元程序不同，它以结构工程概念为基础，紧接美国现行基于性能的抗震设计与评估规范，如 ASCE-41、FEMA356、FEMA306 等。程序以结构构件的力学性能为前提，通过宏观单元对结构进行分析，预测整体结构在罕遇地震作用下的变形性能，符合工程师对结构性能设计方法的理解，其分析结果易于用结构概念和试验进行验证。其前身 Drain-2D 一直是美国联邦科研机构和高校用作结构非线性性能评估的主要工具与手段，在 FEMA 系列规范制定的过程中起着一定作用。

Perform-3D 拥有丰富的单元模型、高效的非线性分析算法及完善的结构性能评估系统，是一款同时适用于科研和工程的结构非线性分析软件。其支持的单元类型包括线性和非线性纤维梁柱单元、各类梁柱塑性铰单元、纤维剪力墙单元、弹性板壳单元、黏滞阻尼器单元、屈曲约束支撑单元、橡胶隔震支座单元、摩擦摆隔震支座单元、支座弹簧单元、节点核心区、砌体填充墙等，可以用于抗震结构和减隔震结构的分析模拟。Perform-3D 的最大优势是对剪力墙行为表现的良好模拟。

Perform-3D 提供了丰富的分析工况，具体包括重力工况(Gravity Load Case)、静力 Pushover 工况(Static Push-Over Load Case)、动力地震时程工况(Dynamic Earthquake Load Case)、反应谱工况(Response Spectrum Load Case)、卸载 Pushover 工况(Unload Push-Over Load Case)、动力荷载工况(Dynamic Force Load Case)，且各工况间可以自由衔接，能够满足大多数结构的弹塑性分析要求。Perform-3D 采用了“事件到事件”(event to event)的非线性求解策略，经实际应用验证，Perform-3D 的非线性求解器具有较高的求解效率及良好的收敛性。

Perform-3D 以结构构件材料和单元的力学性能设定为前提，以抗震性能设计方法为指导，既可以对各种复杂高层建筑结构模型进行弹塑性分析和设计，又可以对既有建筑结构进行抗震性能评估。目前其已广泛应用于我国结构抗震研究领域及实际工程实践中，是工程界和科研界认可度与接受度均较高的结构非线性分析及抗震性能评估软件。

11.2.1.5 OpenSEES 程序

OpenSEES(Open System for Earthquake Engineering Simulation)是由美国国家自然科学基金会(NSF)资助、西部大学联盟“太平洋地震工程研究中心”(Pacific Earthquake Engineering Research Center, PEER)主导、加利福尼亚大学伯克利分校为主研发而成的一种用于地震工程模拟的开放程序软件体系。程序采用面向对象的架构编写，脚本采用 Tcl/Tk 语言，支持用户对程序进行增加单元、材料本构关系、迭代算法、后处理形式等二次开发。

由于二次开发的便利性，OpenSEES 具有丰富的材料本构关系库，单轴材料本构包括 6 种混凝土本构及 3 种钢材本构。此外，参与二次开发的学者开发出了与各种阻尼器相关的本构关系，如黏滞阻尼器材料本构及记忆合金(SMA)阻尼器本构关系。

OpenSEES 拥有丰富的单元库，如基于刚度法的梁柱纤维单元、基于柔度法的梁柱纤维单元及塑性铰单元等宏观单元，和大量用于土结构相互作用分析的岩土本构及相关实体单元。目前 OpenSEES 的官方版本并未提供剪力墙相关单元，但已有很多学者开发出了多种剪力墙单元，如 Wallace 与 Fischinger 开发出的 MVLEM 剪力墙单元等。

OpenSEES 适用于静力及动力的非线性分析、特征值分析等问题的求解。其具有强大的非线性处理能力,可选取的非线性算法有 Newton 迭代法、修正 Newton 迭代法、拟 Newton 迭代法(如 BFGS 法和 Broyden 法)、子空间 Newton 迭代法和加速收敛的 Newton 迭代法等。根据具体问题选择不同的算法可以在保证计算精度的前提下提高求解效率。

OpenSEES 一经推出,便受到全世界地震工程、结构工程、岩土工程领域的学者和学生的喜爱。同时,这些学者也加入了 OpenSEES 的开发者行列,使得 OpenSEES 的材料库、单元库和算法库越来越丰富,功能也越来越强大。现在 OpenSEES 不仅具备结构与岩土系统地震工程模拟的功能,还可以进行风工程和火安全工程的数值模拟,故成了近年来迅速发展的混合模拟(hybrid simulation)的主要计算平台。

11.2.2 高层建筑结构分析与设计专用程序

本节将介绍几种常用的适用于高层建筑结构分析及设计的专用程序,包括 ETABS 程序、MIDAS/Gen 程序和 SATWE 程序。

11.2.2.1 ETABS 程序

ETABS(Extented Three-dimensional Analysis of Building System)是由 E. L. Wilson 等编制、美国 CSI 公司开发的高层建筑结构空间分析与设计专用程序。其在 E. L. Wilson 等人编制的 TABS 程序基础上,增加了求解空间框架和剪力墙的功能,能在静荷载和地震作用下对高层建筑结构进行弹性计算。

该程序将框架和剪力墙均作为子结构处理,大大减少了输入信息。对楼板采用刚性楼盖假定,梁考虑弯曲和剪切变形,柱考虑轴向、弯曲和剪切变形,剪力墙采用带刚域杆件和墙板单元计算。程序可对结构进行静力和动力分析,能计算结构的振型和频率,并按反应谱振型组合方法和时程分析方法计算结构的地震反应。在静力和动力分析中,考虑了 P-Δ 效应,在地震反应谱分析中采用了改进的振型组合方法(CQC 法)。

中国建筑标准设计研究院、北京金土木软件技术有限公司与美国 CSI 公司合作,于 2003 年推出了纳入中国规范的 ETABS 中文版软件。目前,ETABS 已经发展成为一个建筑结构分析与设计的集成化环境:系统利用图形化的用户界面来建立一个建筑结构的实体模型对象,通过先进的有限元模型和自定义标准规范接口技术进行结构分析与设计,实现了精确的计算分析并且用户可自定义(选择不同国家和地区)设计规范进行结构设计工作。

ETABS 提供了丰富的材料库。除传统的混凝土和钢材之外,还提供了全面的各国现行型钢截面库(工字钢、角钢、H 型钢等)。除此之外,ETABS 还允许用户自定义任意形状的截面以及梁端有端板、带牛腿柱等变截面构件。

ETABS 提供了丰富的单元库,包括三维框架单元(Frame Element)、三维壳体单元(Shell Element)、弹簧单元(Spring Element)、多种形式的连接单元(Link Element)以及用于静力和动力非线性分析的框架塑性铰单元(Frame Plastic Hinge Element)等。该软件还针对建筑结构的特点,考虑了节点偏移、节点区、刚域、刚性楼板等特殊问题,设置了钢框架结构、钢结构交错桁架、混凝土无梁楼盖、混凝土肋梁楼盖、混凝土井字梁楼盖等内置模块系统,用户只要输入简单的数据,即可快速建立计算模型。

ETABS 的结构分析计算功能十分强大,提供了全面准确的静力分析功能、强大高效的动力分析功能及科学严谨的非线性分析功能。包括进行模态分析组合的加速子结构迭代算法的特征值分析和优化振型迭代 Ritz 分析,进行振型组合的 SRSS、CQC、ABS 和 GMC(Gupta)方法,有效阻尼的推覆(Pushover)过程分析和可真实模拟施工过程的施工顺序加载分析等。

11.2.2.2 MIDAS/Gen 程序

MIDAS/Gen 是针对建筑结构的分析与设计,在 Windows 平台上开发的建筑结构通用有限元分析和设计软件。Gen 是"General Structure Design System for Windows"的缩写。MIDAS/Gen 具有强大的计算分析功能,界面直观,既能满足钢筋混凝土结构、钢结构、型钢混凝土结构、组合结构、空间大跨度结构、高层及超高层工业与民用建筑的分析计算和设计要求,也能完成对特种结构(筒仓、水池、大坝、塔架、网架及索缆结构)的分析设计。

MIDAS/Gen 拥有非常强大的数据库,提供了包括 GB(中国国家标准)、ASTM(美国材料与试验标准)、

AISC(美国钢结构设计标准)、JIS(日本工业标准)、DIN(德国标准)、BS(英国标准)、EN(欧洲标准)、KS(韩国工业标准)在内的多项材料数据库。此外,还可以满足用户自定义材料性质的需要。

MIDAS/Gen 的单元库中提供了线性单元(桁架单元、只受拉单元、只受压单元、梁单元)、平面单元(板单元、墙单元、平面应力单元、平面应变单元、平面轴对称单元)及空间单元等。

MIDAS/Gen 的分析与计算功能非常强大,可以进行静力弹塑性分析(Pushover 分析),动力弹塑性分析,预应力分析(预应力钢束布置、钢束预应力损失、混凝土的徐变和收缩),施工阶段分析(考虑材料收缩、徐变及柱子的弹性收缩),静力分析,特征值分析,反应谱分析,$P\text{-}\Delta$ 效应分析,几何非线性分析,材料非线性分析,屈曲分析,水化热分析,温度荷载、隔震、消能减震及支座沉降分析,时程分析,钢结构优化(包括强度优化和位移优化)等。

MIDAS/Gen 于 2000 年进入国际市场(包括中国、美国、加拿大、英国、日本、印度等),2002 年完全中文化,并加入了中国设计规范和一些国外设计规范。在进行有限元分析后,可根据中国规范自动生成荷载组合及包络组合等进行结构设计及验算,包括钢筋混凝土梁、柱、剪力墙等构件的设计及验算,钢构件的强度验算及优化设计等。

11.2.2.3 SATWE 程序

SATWE 程序是专门为高层建筑结构分析与设计开发的基于壳元理论的三维组合结构有限元分析程序。其核心是解决剪力墙和楼板的模型化问题,尽可能地减小其模型化误差,提高分析精度,使分析结果能够更好地反映高层结构的真实受力状态。

SATWE 程序采用空间杆-墙元模型,即采用空间杆单元模拟梁、柱及支撑等杆件,采用在壳元基础上凝聚而成的墙元模拟剪力墙。墙元专用于模拟高层建筑结构中的剪力墙,对于尺寸较大或带洞口的剪力墙,由程序自动进行细分,然后用静力凝聚原理将由于墙元的细分增加的内部自由度消去,从而保证墙元的精度和有限的出口自由度。这种墙元对于剪力墙洞口(仅考虑矩形洞)的大小及空间位置无限制,具有较好的适应性。墙元具有平面内刚度和平面外刚度,可以较好地模拟实际工程中剪力墙的实际受力状态。

对于楼板,该程序给出了 4 种简化假定,即楼板整体平面内无限刚性,楼板分块平面内无限刚性,楼板分块平面内无限刚性带有弹性连接板带、弹性楼板,平面外刚度均假定为零。在应用时,应根据工程实际情况和分析精度要求进行选取。

SATWE 程序适用于各种复杂体型的高层和多层钢筋混凝土框架、框架-剪力墙、剪力墙、筒体等结构,以及高层钢结构或钢-混凝土混合结构。其主要功能有:①可完成建筑结构在恒荷载、活荷载、风荷载以及地震作用下的内力分析、动力时程分析和荷载效应组合计算;可进行活荷载不利布置计算;可将上部结构与地下室作为一个整体进行分析。②对于复杂体型高层建筑结构,可进行耦联抗震分析和动力时程分析;对于高层钢结构建筑,考虑了 $P\text{-}\Delta$ 效应;具有模拟施工加载过程的功能,并可以考虑梁上的活荷载不利布置作用。③空间杆单元除了可以模拟一般的梁、柱外,还可模拟铰接梁、支撑等杆件;梁、柱及支撑的截面形状不限,可以是各种异形截面。④结构材料可以是钢、混凝土、型钢混凝土、钢管混凝土等。⑤考虑了多塔结构、错层结构、转换层及楼板局部开大洞等情况,可以精细地分析这些特殊结构;考虑了梁、柱的偏心及刚域的影响。

11.2.3 程序计算结果的分析与判别

高层建筑结构一般体量较大且较为复杂,在使用程序计算时,数据输入量很大,有时会出现错误。因此,为了避免程序计算出现错误,除了确保结构计算简图接近实际情况、输入数据无误外,还应对计算结果进行分析和判别。

对于体型和结构布置复杂的高层建筑结构、B 级高度及第 9 章的复杂高层建筑结构,应至少采用两个不同力学模型且由不同编制组编制的三维空间分析程序进行整体内力和位移计算,以便相互校核比对。

单一荷载(如恒荷载、某一活荷载、某一振型的地震作用)作用下的内力计算结果可用来校核某些结点是否满足平衡条件。值得注意的是,组合内力下的计算结果不能用来校核,因其是由各单项内力乘不同值的荷载分项系数而得,已破坏了原有结点平衡条件。

对结构的基本周期，可用经验公式的计算结果与其进行比较，二者的计算结果不能相差太大。否则，一种可能是计算结果不正确，需要校对结构计算简图和输入数据；另一种可能是原定的结构刚度不合适，需要修改原设计。

在对程序计算结果进行概念分析的基础上，可根据设计经验，对计算结果进行一些修正，如将某些部位的内力增大，而另一些部位的内力适当减小。

总之，当高层建筑结构分析和设计主要依靠计算机和程序时，结构工程师必须要对程序计算结果进行分析和判别，不能盲目地使用程序计算结果。

11.3 高层建筑结构有限元分析方法

高层建筑结构的有限元分析方法从原理上可分为三种：①将高层建筑结构离散为杆单元，再将杆单元集合成结构体系，采用矩阵位移法进行计算的杆件有限元法；②将高层建筑结构离散为杆单元和平面或空间的墙、板单元，然后将这些单元集合成结构体系进行分析的组合结构法(或称组合有限元法)；③将高层建筑结构离散为平面或空间的连续条元，并将这些条元集合成结构体系进行分析的有限条法。

下面介绍高层建筑结构有限元分析方法常用的基本假定与计算模型，以及两种常用的有限元分析法——杆件有限元法和组合结构法。

11.3.1 基本假定

在进行高层建筑结构的有限元分析时，针对不同的结构或不同的计算精度，可根据需要选择不同的计算假定。常用的基本假定有：

(1)空间结构或平面结构假定。

将高层建筑结构假定为空间结构时，杆件为空间杆件，其在平面内和平面外均具有刚度。结构中的梁、柱等一般构件视为空间杆件，每个杆端结点有 6 个自由度，即沿 3 个轴的位移 u、v、w 和绕 3 个轴的转角 θ_x、θ_y、θ_z，见图 11-1(a)。

对于剪力墙构件，当将其简化为带刚域杆件时，与空间杆件类似，每个结点仍为 6 个自由度；当将其简化为空间薄壁杆件时，每个结点除有上述的 6 个自由度外，还要增加一个翘曲自由度(即扭转角 θ_w)，即每个结点共有 7 个自由度 u、v、w、θ_x、θ_y、θ_z、θ_w，见图 11-2(a)。截面翘曲自由度对应着截面上的第 7 个内力——双力矩，如图 11-2(b)所示。当剪力墙这种截面尺寸较大的薄壁杆件受扭时，截面总弯矩与总轴力为零。但由于其截面尺寸较大，截面翘曲在翼缘上产生正应力——翘曲正应力，这些正应力的总合力与总合力矩均为零，但其在截面其他许多部位的应力均不为零。为考虑薄壁杆件受扭时的这一特点，引入截面翘曲自由度及其对应的内力——双力矩，以力矩 M 与其距离 l 的乘积表示为 $B_w = Ml$，单位为 kN · m²。

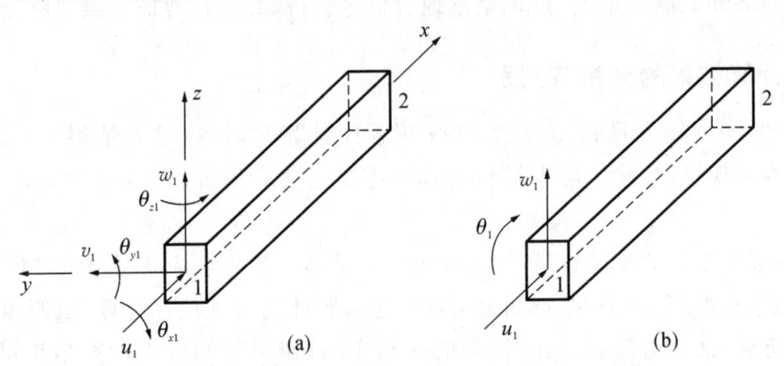

图 11-1 空间杆件与平面杆件

(a) 空间杆件；(b) 平面杆件

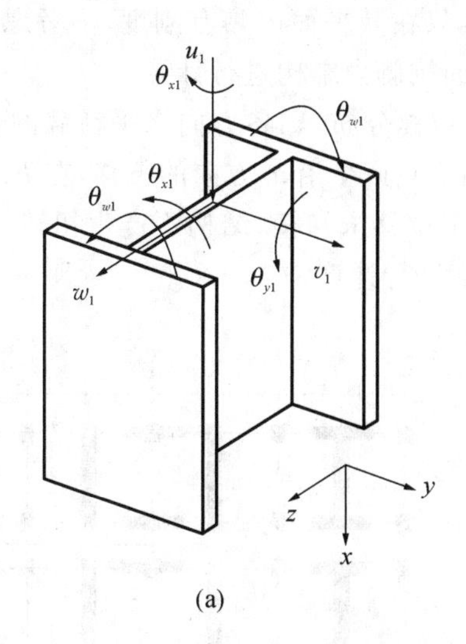

(a)

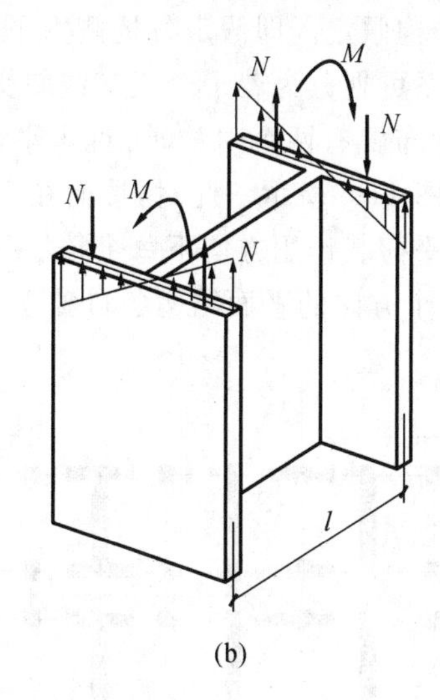

(b)

图 11-2 薄壁空间杆件与双力矩示意图

(a) 薄壁空间杆件示意图;(b) 双力矩示意图

计算时将高层建筑结构假定为空间结构比较符合实际情况,但与此同时,结构的计算自由度和计算工作量均大幅度增加。因此,对于某些结构平面和立面布置较为规则的高层建筑结构,为减少其计算工作量且计算精度降低不多时,可将其假定为平面结构。即假定位于同一平面内的杆件组成的结构为平面结构(二维结构),结构只在平面内具有刚度,平面外刚度为零,杆件的每个结点有 3 个独立的位移 u、w、θ,见图 11-1(b)。

(2)弹性楼板或刚性楼板假定。

在高层建筑结构的各层楼盖处,楼板把各个抗侧力构件联系在一起,使其共同承担荷载。在水平荷载作用下,楼板相当于支撑在各抗侧力构件上的水平梁,因其在自身平面内具有一定的刚度,会在水平方向产生变形,即楼板一般为弹性的。在计算时若按弹性楼板考虑,同一楼板平面内的杆件两端有相对位移,结点的计算自由度都是独立的,整个结构体系的自由度数目和计算工作量均很大。

在计算时若按刚性楼板考虑,即假定楼板在自身平面内刚度无限大,在水平荷载作用下不会产生平面内变形。那么在此假定下,同一楼板平面内的杆件两端没有相对位移,即平移自由度不独立,可大大减少自由度数目。当建筑物的楼盖面积较大且楼板上无洞口或洞口(包括凹槽)面积较小时,楼板在自身平面内的实际变形很小,刚性楼板假定是符合实际的。因而在实际工程计算中,大多采用刚性楼板假定。

(3)杆件具有轴向、弯曲、剪切和扭转刚度。

对于高层建筑结构,构件轴向和弯曲变形一般应予以考虑;对剪力墙等截面高度较大的构件,其剪切变形的影响不宜忽略。因此,进行高层建筑结构计算时,一般应考虑杆件的轴向、弯曲、剪切和扭转变形。相应地,杆件应具有轴向、弯曲、剪切和扭转刚度。当采用平面结构的计算假定时,杆件仅具有轴向、弯曲和剪切刚度。

11.3.2 计算模型

高层建筑结构是复杂的三维空间受力体系,在进行结构计算时,需结合实际情况,根据需要选择能够较为准确地反映结构中各构件实际受力状况的力学模型。常用的几种计算模型介绍如下。

11.3.2.1 平面协同计算模型

建筑结构是由不同方向杆件组成的空间结构,能够抵抗来自任意方向的荷载和作用。对于一般的框架、剪力墙和框架-剪力墙结构在水平荷载作用下的内力和位移计算,可选择平面协同计算模型。其采用下列两条假定:

①刚性楼板假定。按此假定,在水平荷载作用下整个楼面在自身平面内做刚体移动和转动,各轴线上的抗侧力结构在同一楼层处具有相同的位移参数。

②抗侧力平面结构假定。即假定各抗侧力平面结构只在其平面内具有刚度，不考虑其平面外刚度。按此假定，整个结构体系可划分为若干个正交或斜交的平面抗侧力结构进行计算。

如果结构的平面布置有两个对称轴，且水平荷载也对称分布，则各方向水平荷载的合力 F_x 和 F_y 均作用在对称平面内，如图 11-3 所示。此时，楼面在 F_x 作用下只产生沿 x 方向的位移，在 F_y 作用下只产生沿 y 方向的平移，即在水平荷载作用方向下每个楼层只有一个位移未知量，结构不产生扭转。结构有 n 层，就有 n 个基本未知量。两个方向的平面结构各自独立，可分别进行计算。

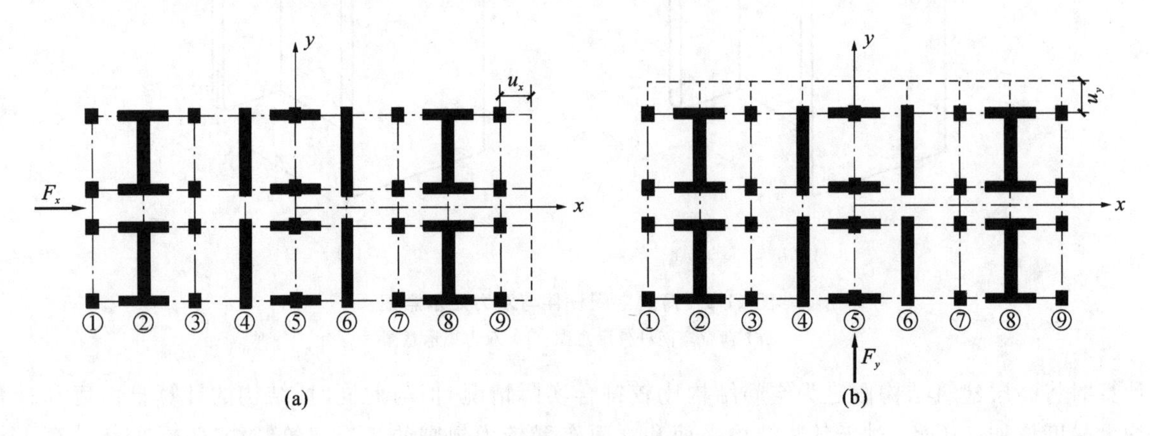

图 11-3　楼层无扭转时的位移

(a)F_x 作用下；(b)F_y 作用下

平面协同计算模型与近似的手算方法类似，均假定与荷载作用方向相垂直的杆件不受力，但采用此模型计算比手算方法略为精确。此外，由于此模型不考虑结构的扭转，并不适用于复杂平面的结构计算。

11.3.2.2　空间协同计算模型

空间协同计算模型仍采用平面协同计算模型中的两条假定。如果结构的平面布置不对称，或每个方向水平荷载的合力 F_x 和 F_y 不作用在对称平面内，除刚体位移外，各层楼面还将产生在自身平面内的刚体转动。此时每个楼层有 3 个自由度(位移未知量)，即沿两个主轴方向的平移 u、v 和绕结构刚度中心的转角 θ。在同一楼层处各平面抗侧力结构的侧移一般都不相等，但其仍具有相同的位移参数 u、v、θ。如对于图 11-4 所示的平面不对称结构，当第 j 楼层有刚体位移 u_j、v_j、θ_j(图中的 u_j、v_j、θ_j 均为刚体位移的正方向)时，该结构由坐标原点 O 点移至 O' 点，则由几何关系可以得到各抗侧力结构的侧移与楼层刚体位移的关系：

$$\left.\begin{aligned} u_j^{\mathrm{s}} &= u_j - y_{\mathrm{s}}\theta_j \\ v_j^{\mathrm{s}} &= v_j + x_{\mathrm{s}}\theta_j \end{aligned}\right\} \tag{11-1}$$

式中　u_j^{s}——沿 x 轴方向抗侧力结构 s 在 j 楼层的侧移；

v_j^{s}——沿 y 轴方向抗侧力结构 s 在 j 楼层的侧移；

x_{s}——沿 y 轴向抗侧力结构 s 与坐标原点之间的距离；

y_{s}——沿 x 轴向抗侧力结构 s 与坐标原点之间的距离。

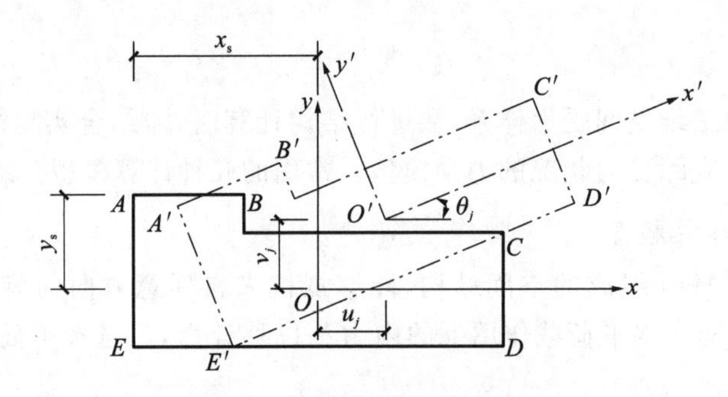

图 11-4　楼层有扭转时的位移

此模型假定与水平荷载作用方向正交的平面结构只参与抗扭。基本未知量为楼层的位移 u、v 和 θ，即

对于有 n 个楼层的结构，共有 $3n$ 个基本未知量；当不考虑结构扭转时，仅有 $2n$ 个未知量。

空间协同计算模型计算简单，适用于中小型计算机的计算。相比于平面协同计算模型，空间协同计算模型适用范围更广，可用于计算平面布置不对称的框架、剪力墙和框架-剪力墙结构在水平荷载作用下的内力和位移。然而，空间协同计算模型仅考虑了各个抗侧力结构在楼层处水平位移和转角的协调，并未考虑各抗侧力结构在竖直方向的位移协调。因此，其并不适用于空间作用很强的框筒结构（必须要考虑竖直方向位移协调）。此外，空间协同计算模型采用了抗侧力平面结构假定，只适用于能够分解为多榀抗侧力平面结构的结构，并不适用于曲边和多边形等体型复杂的结构。

11.3.2.3 空间杆-薄壁杆系计算模型

空间杆-薄壁杆系计算模型是将高层建筑结构视为空间结构体系，梁、柱、支撑等构件采用一般空间杆件单元，剪力墙构件采用薄壁空间杆件单元的计算模型。如对于筒中筒结构和框架-核心筒结构，框筒和框架部分可离散为一般空间杆件单元，内筒和核心筒则可离散为薄壁空间杆件单元。一般空间杆件单元的每个结点有 6 个位移分量（即 u、v、w、θ_x、θ_y、θ_z），薄壁空间杆件的每个结点有 7 个位移分量，即除了上述的 6 个位移分量外，还有 1 个扭转角分量 θ_w，如图 11-2(a)所示。由于每个结点都有 6 个或 7 个独立的位移未知量，结构的求解需要大型的线性方程组。

为减少结构求解的计算量，需采用刚性楼板假定。在刚性楼板假定下，每个楼层有 3 个公共位移（u、v 和 θ）。根据结点处的变形协调条件（杆端位移等于结点位移）和平衡条件，即可建立每个结点位移与楼层位移之间的关系。如此一来，减少了梁、柱、剪力墙等空间杆件单元的独立位移未知量，结构计算未知量也随之大大减少。但是，在刚性楼板假定下，楼板平面内的杆件两端没有相对位移，这些杆件的轴向变形和内力无法计算。而实际上，对于工程中的大多数建筑结构来说，楼板平面内杆件的轴向力数值很小，可以忽略，采用刚性楼板假定计算的误差很小。

虽然都采用了刚性楼板假定，但区别于空间协同计算模型，空间杆-薄壁杆系计算模型在一定程度上满足了空间的变形协调条件。即结构中相交的各构件都是相互关联的，相交于同一结点的杆件在结点处的变形必须相同，杆端的竖向位移也必然相同。采用空间杆-薄壁杆系计算模型既可以得到梁、柱、剪力墙等构件的全部变形和内力，还可以考虑结构扭转，是一种比较精细的计算方法。因此，空间杆-薄壁杆系计算模型是目前实际工程中应用较广泛的一种计算模型，特别是对于高度较大、布置（尤其是剪力墙布置）比较规则的结构，其计算效果较为理想。

11.3.2.4 空间组合结构计算模型

当楼板开有大孔洞，需要考虑楼板变形，刚性楼板假定不再适用时；当结构中具有复杂的空间剪力墙（开有不规则的洞口等）、平面复杂的芯筒等时；当结构体系中存在转换结构（如转换大梁、转换桁架、转换厚板等）时，需要采用空间组合结构计算模型。空间组合结构计算模型实际上是一种三维有限元计算模型，可以针对不同的结构，从单元库中选择合适的单元，较为精确地描述结构的实际情况，从而使得高层建筑结构的计算更为精确。具体内容详见 11.3.4 节空间组合结构法。

在选择计算模型时，应针对不同的结构形式选择相应的计算模型，特别注意在各类模型中剪力墙和楼板模型的选取。例如，能够满足刚性楼板假定的高层建筑结构，可以选择空间杆-薄壁杆系计算模型，不必为了过分追求计算精度而选择空间组合结构计算模型。目前，在高层建筑结构计算中，除了一些简单规则的多层建筑结构仍采用平面或空间协同计算模型外，大多都采用空间杆-薄壁杆系计算模型、空间组合结构计算模型等空间计算模型。

11.3.3 杆件有限元法

杆件是最基本的结构构件，材料力学中研究了杆件的基本力学性能。由杆件组成的杆系结构是最简单的一类结构，也是最为常见的一类结构，如平面桁架、平面刚架、连续梁、空间桁架、空间刚架等。结构力学研究了杆系结构在各种作用下的响应。杆件有限元法是将高层建筑结构离散为杆单元，再将杆单元集合为结构体系（杆系结构），采用矩阵位移法进行计算的方法。其概念清晰，使用方便，应用较为广泛。

采用杆件有限元法进行高层建筑结构计算时，一般以结点为分界将结构划分为若干个杆件；将每一个杆件取为一个单元，建立局部坐标系下的单元刚度方程；随后将其集合为整体坐标系下的结构整体刚度方程，求解方程即可得结点位移，从而可求得各杆件内力。杆件有限元法的计算要点如下：

(1)将结构离散为杆件单元(包括一般的梁、柱单元，带刚域杆件单元和薄壁杆件单元等)，建立单元在局部坐标系下的刚度方程(即杆端力与杆端位移之间的关系)：

$$\{\overline{F}\}^e = [\overline{K}]^e\{\overline{\delta}\}^e \tag{11-2}$$

式中 $\{\overline{F}\}^e$，$\{\overline{\delta}\}^e$——单元 e 在局部坐标系下的杆端力列阵和杆端位移列阵；

$[\overline{K}]^e$——单元 e 的刚度矩阵。

(2)将各杆件单元集合成整体结构体系。取结点位移为基本未知量，根据结点处的位移连续条件(杆端位移等于结点位移)和平衡条件，建立整体坐标系下结构的整体刚度方程(即结构内力与外力的平衡方程)：

$$[K]\{\Delta\} = \{F\} \tag{11-3}$$

式中 $\{\Delta\}$，$\{F\}$——整体坐标系中结构的结点位移列阵和结点荷载列阵；

$[K]$——结构的整体刚度矩阵。

(3)在式(11-3)中引入支承条件或其他位移约束条件，求解可得结点位移$\{\Delta\}$，将其转化为杆端位移$\{\overline{\delta}\}^e$，各杆的杆端力$\{\overline{F}\}^e$可由各单元的单元刚度方程[式(11-2)]分别计算。

11.3.4 空间组合结构法

空间组合结构法是将结构离散为空间杆单元、平面单元、板元、壳元和实体单元等的组合体模型进行结构分析计算的方法。这种方法可以对高层建筑结构进行更细致、更精确的结构分析，可以考虑空间扭转变形和楼板变形等，几乎不受结构体型的限制。但同时，其基本未知量数目巨大，需求解大型的方程组，对计算条件也有更高的要求。

空间组合结构法中，对于一般梁、柱构件仍采用空间杆件单元，而对于剪力墙和楼板构件则需根据不同的计算需求选取单元模型。

11.3.4.1 剪力墙计算模型

剪力墙是高层建筑结构中的一种主要抗侧力构件，同时也是一种基本计算单元。各种大型通用结构分析程序和高层建筑结构分析专用程序，对剪力墙计算模型的选取不尽相同，计算结果也存在较大差异。

在11.3.3节所述的杆件有限元法中，可将剪力墙简化处理为带刚域杆件或薄壁杆件。对于规则的开洞联肢剪力墙，将其简化为带刚域杆件的壁式框架，计算简单，精度也较高。但实际上由于建筑功能要求，剪力墙平面布置复杂，竖向布置变化较大，采用薄壁杆件来模拟剪力墙可能会产生较大的误差，甚至会得出错误的结果。

目前剪力墙所采用的计算模型可以分为两大类：基于固体力学的微观模型及以单个构件作为一个单元的宏观模型。

微观模型是指用有限元将钢筋混凝土构件和结构离散，分别采用不同的单元模型模拟钢筋和混凝土，二者之间可以加入滑移单元用以描述其相互作用。微观模型往往具有庞大的自由度，尤其对于体量较大的高层建筑结构，不便进行数值分析，而且在描述单元非线性模式方面也存在许多困难，这些问题使得微观模型很少用于实际结构分析中。目前微观模型主要用于结构部件或局部的分析、参数研究和对试验的计算模拟。

宏观模型是在试验研究和一些理论的简化假设基础上，将剪力墙简化为一个单元。这种模型存在一定的局限性，一般只有在满足其简化假设的条件下，才能较好地模拟结构的真实性态。但由于宏观模型相对简单、力学概念清晰，从实际结构分析考虑，仍是目前钢筋混凝土剪力墙研究和使用中采用的最主要模型。剪力墙宏观模型主要有等效梁模型、墙柱单元模型、墙板模型、等效桁架模型、三垂直杆元模型、多垂直杆元模型、扩展铁木辛哥分层梁单元模型等。下面仅介绍其中几种。

(1)等效梁模型。

等效梁模型用梁单元沿墙轴线来离散剪力墙,常用的梁单元模型是单分量模型,即剪力墙由杆端带有等效非线性旋转弹簧的弹性梁单元组成,杆件中的塑性变形全部集中于杆端的塑性铰处,中间部分保持弹性。该模型是建立最早和应用最广的模型,其最大缺陷是没有考虑剪力墙横截面中性轴的移动,且忽略了轴向荷载的变化。

(2)等效桁架模型。

Hiraishi 和 Kawashima 于 1989 年提出了等效桁架模型。该模型用等效桁架系统来模拟剪力墙,同时对支撑两侧的柱截面面积按等效抗弯刚度进行修正,如图 11-5 所示。此模型可以计算由对角开裂引起的应力重分布,但不能体现轴向刚度变化对剪力墙力学性能的影响,且模型的等效几何力学特性较难确定。尤其在进入非线性后,如何确定斜向桁架的刚度和恢复力模型存在较大难度。故其使用范围有限,在实际应用中较少。

(3)三垂直杆元模型(TVLEM)。

三垂直杆元模型是 1984 年 Kabeyasawa 等人在试验基础上提出的。该模型由三个垂直杆元和两个虚拟刚度无穷大的刚性梁组成,如图 11-6 所示。两个虚拟刚度无穷大的刚性梁模拟位于同一楼层的上下楼板,将三个垂直杆元连接起来。其中,外侧的两个杆元代表了剪力墙两边柱的轴向刚度,中间杆元由垂直、水平和转动弹簧组成,分别代表了中间墙体的轴向、剪切和弯曲刚度。该模型弥补了等效梁模型的缺点,能够模拟墙体横截面中性轴的移动和轴向荷载的变化,但代表中间墙板弯曲特性的转动弹簧很难与边柱的变形协调,且相对旋转中心高度 rh 值也很难确定。

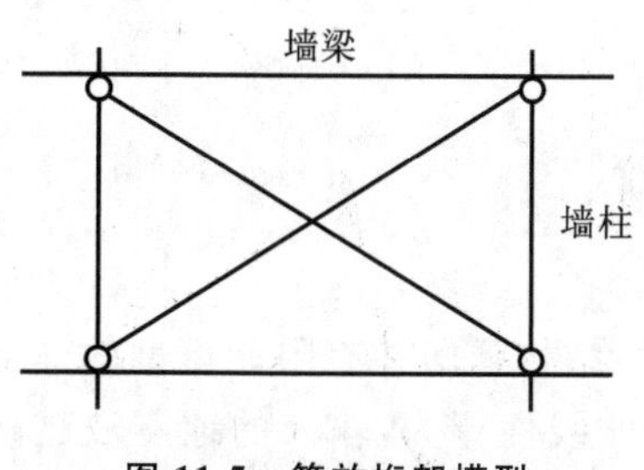

图 11-5 等效桁架模型

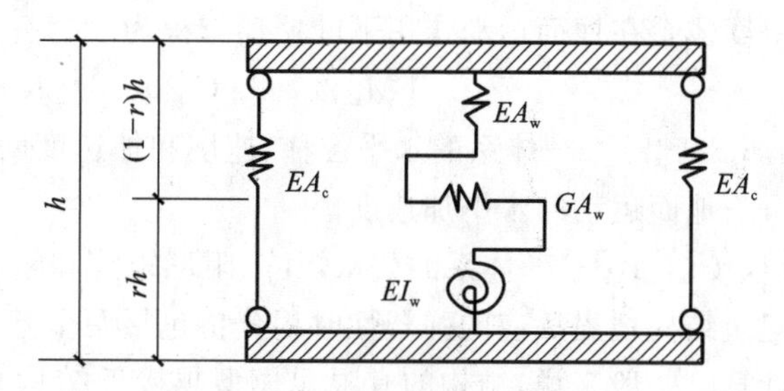

图 11-6 三垂直杆元模型

(4)多垂直杆元模型(MVLEM)。

为了解决三垂直杆元模型中弯曲弹簧与两边柱变形协调的问题,Vulcano 和 Bertero 于 1988 年提出了一个修正模型——多垂直杆元模型,如图 11-7 所示。该模型中,上、下刚性梁由许多个相互平行的竖向杆元相连。其中,外侧的两个杆元代表了剪力墙两边柱的轴向刚度,其他的内部杆元代表了中间墙板的轴向刚度,弯曲刚度由所有竖向杆元共同提供,而剪切刚度仍由 rh 高度处的水平弹簧代表。墙体围绕形心轴上的 A 点发生转动。该模型弥补了三垂直杆元模型的缺点,且保留了其优点,能够考虑墙体的轴力对其刚度和抗弯性能的影响,力学概念清晰,计算量适中,是较为理想的剪力墙宏观模型。

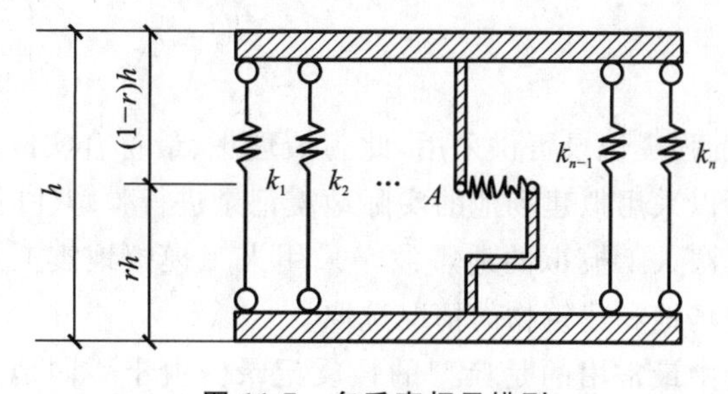

图 11-7 多垂直杆元模型

11.3.4.2 楼板计算模型

楼板是高层建筑结构中的重要组成部分。楼板作为竖向空间分隔构件,可为墙、柱构件提供水平支撑作用,同时也作为承重构件和联系构件,承受自重和楼面使用荷载,并将其传递给墙(梁)、柱等构件。对于楼板的模拟,通常有以下四种模型:

(1)整体平面内刚度无限大,平面外刚度为0(刚性板)。

(2)分块平面内刚度无限大,平面外刚度为0。

(3)分块平面内刚度无限大,平面外刚度为0,有弹性连接板带。

(4)弹性板(平面薄壳单元模拟)。

在应用中,可根据工程实际情况和计算精度要求选取。

11.3.4.3 计算要点

空间组合结构法的计算要点与杆件有限元法的相同,详见11.3.3节。其与杆件有限元法的区别主要在于剪力墙与楼板构件单元模型的选取。

11.4 高层建筑结构地震反应弹塑性时程分析

弹塑性时程分析方法是一种直接基于结构动力方程的数值方法。通过对结构进行弹塑性时程分析,可以得到结构在地震作用下每一时刻的(位移、速度和加速度等)反应,从而可以分析出结构在地震作用下的内力变化过程及构件的逐步损伤过程。

多自由度体系在地面运动作用下的振动方程为

$$[M]\{\ddot{x}\}+[C]\{\dot{x}\}+[K]\{x\}=-[M]\ddot{x}_g \tag{11-4}$$

式中 $\{x\},\{\dot{x}\},\{\ddot{x}\}$——体系的水平位移、速度和加速度向量;

$\ddot{x}_g$——地面运动的水平加速度;

$[M],[C],[K]$——体系的质量矩阵、阻尼矩阵和刚度矩阵。

高层建筑结构地震反应的弹塑性时程分析包括两个基本要素:结构弹塑性有限元模型的建立和地震波的输入与计算。一般来说,结构的有限元模型越接近结构真实的非线性行为,输入的地震波越接近结构可能遭受的真实地震作用,弹塑性时程分析的结果就越可靠。

11.4.1 地震波的选择

对于结构的弹塑性时程分析来说,地震波的选择对计算结果影响很大。我国《建筑抗震设计规范(2016年版)》(GB 50011—2010)中规定,用以时程分析的地震波的地震影响系数曲线应在统计意义上与振型分解反应谱法采用的地震影响系数曲线相符,即地震波的加速度反应谱应与规范中的设计反应谱大体一致。通常,进行高层建筑结构弹塑性时程分析时采用的地震波有下面几种:

(1)拟建场地的实际地震记录。

(2)人工模拟地震波。

(3)典型的强震记录。

如果在拟建场地上有实际的强震记录可供采用,此为最理想、最符合实际的情况。但在大多数情况下,拟建场地上并未有这种记录,所以采用拟建场地的实际地震记录进行弹塑性时程分析难以实现。

此外,还可以采用按概率方法人工模拟的地震波。采用人工模拟地震波进行弹塑性时程分析时,应根据人工地震波形成的条件、拟建场地和建筑物的情况选取。

实际上,在弹塑性时程分析中最常用的是典型的强震记录。由于不同地震波的性质大不相同,即使对同一结构进行弹塑性时程分析,其计算结果也相差很大。因此,当采用实际典型的强震记录时,应根据建筑结构的特性和场地情况等对强震记录进行相应的选择和处理。

目前,国内外应用最多的是El Centro地震波(1940年,南北分量,$a_{max}=341.7$gal,见图11-8)。此外,Taft地震波(1952年)也使用得较多。近年来,国内外已积累了不少强震记录,各国也都建立了各自的地震记录数据库。如太平洋地震工程研究中心强震地面运动数据库、日本强地震动观测网络(KIK-net和K-net)

数据库、中国国家强震动台网中心(CSMNC)强震观测数据库等。

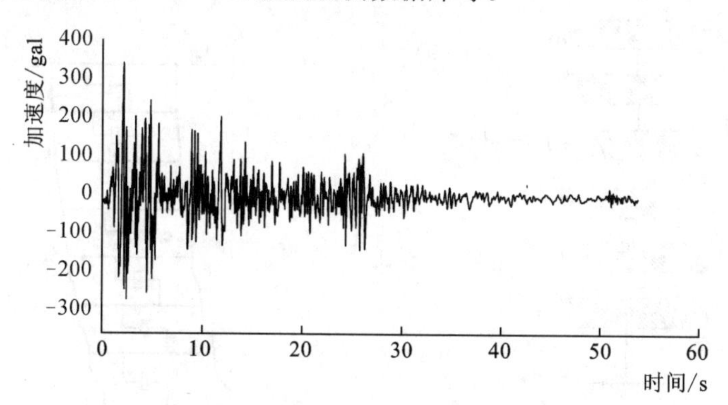

图 11-8 1940 年 El Centro 地震波加速度记录(南北分量)

我国《高层建筑混凝土结构技术规程》(JGJ 3—2010)对用于时程分析的地震波作了如下规定:

(1)应按建筑场地类别和设计地震分组选取实际地震记录和人工模拟的加速度时程曲线,其中实际地震记录的数量不应少于总数量的 2/3,多组时程曲线的平均地震影响系数曲线应与振型分解反应谱法所采用的地震影响系数曲线在统计意义上相符。

(2)地震波的持续时间不宜小于建筑结构基本自振周期的 5 倍和 15s,地震波的时间间距可取 0.01s 或 0.02s。

(3)输入地震加速度的最大值可按表 11-1 采用。

表 11-1 **时程分析时输入地震加速度的最大值** (单位:cm/s^2)

抗震设防烈度	6 度	7 度	8 度	9 度
多遇地震	18	35(55)	70(110)	140
设防地震	50	100(150)	200(300)	400
罕遇地震	125	220(310)	400(510)	620

注:7 度、8 度抗震设防烈度时括号内数值分别用于设计基本地震加速度为 0.15g 和 0.30g 的地区,此处 g 为重力加速度。

此外,考虑罕遇地震并不是一个地区可能遭受的最大地震作用,超出罕遇地震强度的地震作用仍然会发生。而国内外特大地震灾害表明,建筑物的倒塌破坏、应急准备不足等是地震导致重大人员伤亡的直接原因。因此,《中国地震动参数区划图》(GB 18306—2015)提出了"极罕遇地震动"的概念(相当于年超越概率为 10^{-4} 的地震动),并充分考虑现有建设工程三级设防的需求和相关抗震领域对极罕遇地震的防范,规定极罕遇地震峰值加速度可按基本地震动峰值加速度的 2.7~3.2 倍确定。

11.4.2 弹塑性有限元模型的建立

结构的有限元计算模型一般根据结构形式及构造特点、分析精度、计算机容量等确定。在进行高层建筑结构地震反应弹塑性时程分析时,一般将结构作为多质点体系,考虑两个方向的水平振动,如图 11-9(a)所示,这相当于静力分析中不考虑楼面转动的平面协同计算模型。对于质量与刚度明显不对称、不均匀的结构,应考虑双向水平振动和楼面扭转的影响。此时,楼面除有质量 m_i 外,还有转动惯量 I_i 对振动产生影响,如图 11-9(b)所示,这相当于考虑楼面转动的空间协同计算模型。本节只考虑图 11-9 所示的平移振动问题,讨论几种结构弹塑性有限元模型的建立方法。

11.4.2.1 层模型

层模型将结构的质量集中于楼层处,用每层的刚度(层刚度)表示结构的刚度,也称为层间模型。层间模型又分为剪切型层模型和剪弯型层模型两种。

(1)剪切型层模型。

当结构的变形主要表现为层间的错动,即发生剪切型变形时,可以将结构简化为剪切型层模型(图 11-10)。一般说来,高宽比不大的多层建筑和"强梁弱柱"的框架结构等可以简化为剪切型层模型。

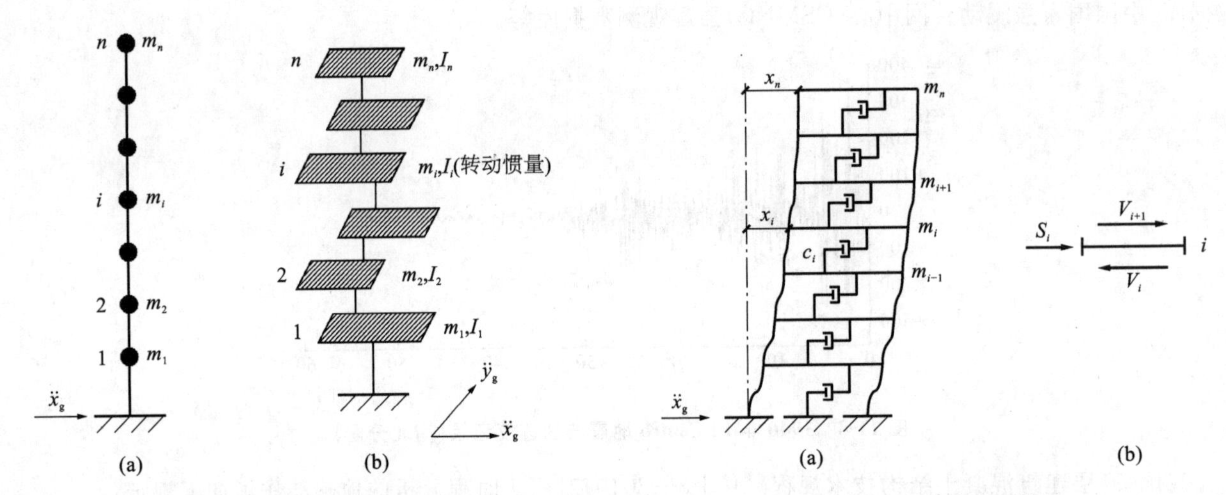

图 11-9 高层建筑结构计算模型

(a)多质点体系;(b)多质片体系

图 11-10 剪切型层模型

在剪切型层模型中,结构每层的质量 m_i 集中于楼层处。结构的刚度可用每层的剪切刚度 K_i 来表示:

$$K_i = \frac{V_i}{\Delta x_i} \tag{a}$$

式中 V_i——第 i 层的层剪力;

Δx_i——层间位移;

x_i——第 i 层的侧向位移。

由式(a)得

$$V_i = K_i(x_i - x_{i-1}) \tag{b}$$

每层的恢复力 S_i[图 11-10(b)]为

$$S_i = V_i - V_{i+1} \tag{c}$$

将式(b)代入式(c),可得侧向力与侧向位移间的关系:

$$\begin{Bmatrix} S_1 \\ S_2 \\ S_3 \\ \vdots \\ S_n \end{Bmatrix} = \begin{bmatrix} K_1+K_2 & -K_2 & & & \\ -K_2 & K_2+K_3 & -K_3 & & \\ & -K_3 & K_3+K_4 & -K_4 & \\ & & \ddots & \ddots & \ddots \\ & & & -K_n & K_n \end{bmatrix} \begin{Bmatrix} x_1 \\ x_2 \\ x_3 \\ \vdots \\ x_n \end{Bmatrix} \tag{11-5}$$

即

$$\{S\} = [K]\{x\} \tag{11-6}$$

$$\{S\} = [S_1 \quad S_2 \quad \cdots \quad S_n]^{\mathrm{T}}$$

$$\{x\} = [x_1 \quad x_2 \quad \cdots \quad x_n]^{\mathrm{T}}$$

式中 $\{S\}$——楼层处的恢复力向量;

$\{x\}$——侧向位移向量;

$[K]$——侧向刚度矩阵,即动力方程中的刚度矩阵。

剪切型层模型的刚度矩阵$[K]$和阻尼矩阵$[C]$具有三对角矩阵的特征,在求解时比较方便。

(2)剪弯型层模型。

在剪力墙结构、框架-剪力墙结构和“强柱弱梁”的框架结构中,结构变形的弯曲不容忽视。采用图 11-11 所示的剪弯型层模型可以更确切地反映它们振动时的特点。

在剪弯型层模型中，结构每层的质量 m_i 集中于楼层处。假定模型第 i 层的弯曲刚度为 EI_i，剪切刚度为 GA_i，层高为 h。其侧向刚度矩阵 $[K]$ 可用下述方法求得。

在每一层处施加单位水平力 $P_i=1$，求出第 i 层的水平位移 δ_{ij}，组成侧向柔度矩阵：

$$[F]=\begin{bmatrix}\delta_{11} & \delta_{12} & \cdots & \delta_{1n}\\ \delta_{21} & \delta_{22} & \cdots & \delta_{2n}\\ \vdots & \vdots & & \vdots\\ \delta_{n1} & \delta_{n2} & \cdots & \delta_{nn}\end{bmatrix}$$

对柔度矩阵求逆，即可得出侧向刚度矩阵：

$$[K]=[F]^{-1}$$

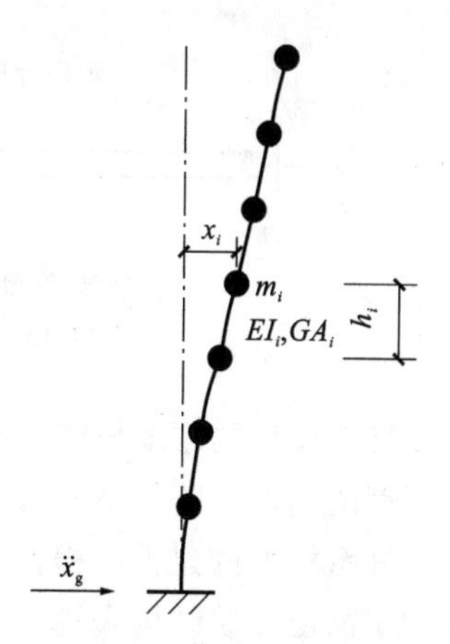

图 11-11　剪弯型层模型

对于图 11-11 所示的剪弯型层模型，计算其侧向刚度矩阵 $[K]$ 时，必须知道层弯曲刚度 EI_i 和剪切刚度 GA_i。对于整体墙、小开口整体墙等，可采用等效刚度 EI_{eq}（计算方法见第 5 章）。对于整个高层建筑结构，可用分析或模型试验的方法，求出在侧向荷载 $\{P\}$ 作用下的侧移 $\{x\}$ 和弯曲变形转角 $\{\theta\}$ 后，由结构与模型在楼层处侧移和转角相等的条件，折算出 EI_i 和 GA_i。此外，也可以按原结构的计算模型，直接在每层处施加单位水平力 $P_i=1$，求出第 i 层的水平位移 δ_{ij}，组成侧向柔度矩阵 $[F]$，再求逆，得到侧向刚度矩阵 $[K]$。

对于按矩阵位移法分析的体系，也可以通过对结构的总刚度矩阵（其位移向量包含结点侧向位移和其他位移分量）进行缩聚，消去非侧向位移的其他位移分量后得到刚度矩阵 $[K]$。这种求侧向刚度矩阵的方法，也就是下面将要介绍的另一种计算模型——杆系模型求侧向刚度矩阵的方法。

剪弯型层模型的侧向刚度矩阵 $[K]$ 为满矩阵，计算时要比剪切型层模型复杂一些。

层模型较为简单，计算量较小，但其建模的过程较为粗糙，不能描述结构各构件的弹塑性变形过程，不易确定结构的薄弱部位。

11.4.2.2　杆系模型

杆系模型将结构的质量集中于各结点，结构的动力自由度数等于结构的结点线位移自由度数。杆系模型的变形性质由各杆件的变形性质所决定。弹塑性杆件的计算模型主要有以下几种：

(1)单分量模型。

单分量模型的基本思想是将杆件中的塑性变形全部集中于杆端，以杆端的弹塑性回转弹簧等效表示杆端的弹塑性变形特性，因此又称杆端弹塑性弹簧模型。即杆元在弹性范围内服从线弹性规律，仍用一根杆表示原杆件特性；超出弹性范围后，在杆端出现塑性铰，以杆端设置的弹簧等价表示。图 11-12 所示的图形代表单分量模型的工作状态。

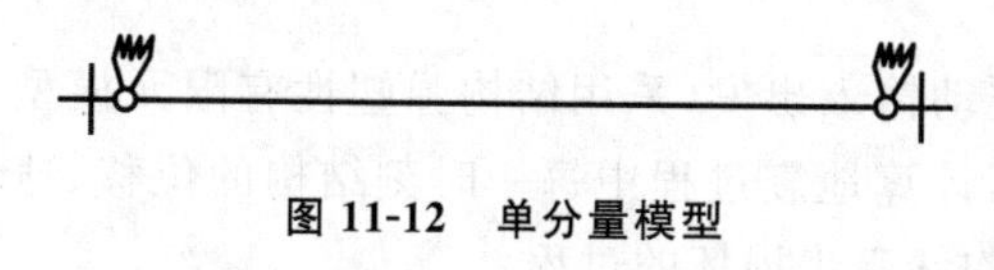
图 11-12　单分量模型

单分量模型将沿杆件分布的损伤集中于杆端，对于反弯点偏离中点很远的构件来说并不合适。而分割梁模型则弥补了这一不足，其将构件分割成若干个沿杆件轴线并列的杆件，各杆件仅在杆端相连，在沿轴线各点上则有不同的变形性质。分割梁模型根据分割杆件的数量又可分为双分量模型和三分量模型等。

(2)双分量模型。

图 11-13 所示的两根平行杆代表双分量模型的工作状态。

其中一个分杆为完全弹性杆，反映杆件的弹性变形性质；另一个分杆为弹塑性分杆，反映杆件屈服后的弹塑性变形性质。

(3)三分量模型。

图 11-14 所示的三根不同性质的分杆代表三分量模型的工作状态。

其中一个分杆为弹性分杆，反映杆件的弹性变形性质；另两个分杆为弹塑性分杆，一个反映混凝土的开裂，另一个反映钢筋的屈服。三分量模型是专门针对钢筋混凝土杆件提出的计算模型。

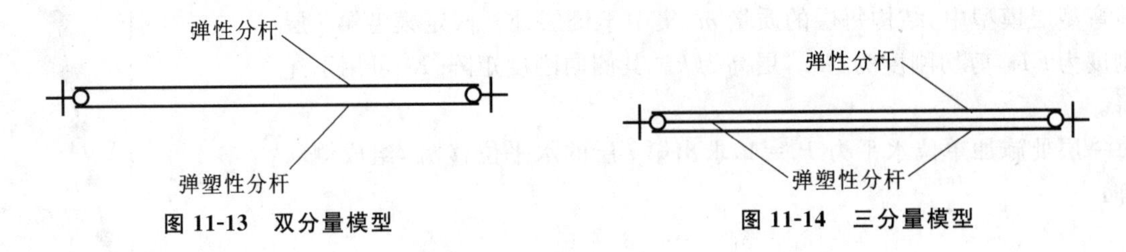

图 11-13　双分量模型　　　图 11-14　三分量模型

杆系模型的刚度矩阵可通过杆件的刚度矩阵集成求出，但需注意的是，在弹性阶段和弹塑性阶段下，杆系模型的刚度矩阵是不同的，这就增加了问题的复杂性。

杆系模型的建模过程较细致，能够反映地震过程中每根杆件的变形过程，可为结构设计提供确切依据。而对于高层建筑结构来说，结构的计算自由度较多，结构建模复杂且计算量太大，使得全杆系模型的分析难以进行。因此，在杆系模型和层模型的基础上发展出了下述的杆系-层模型。

11.4.2.3　杆系-层模型

杆系-层模型将高层建筑结构按杆件模型确定其变形和刚度，但结构的质量集中于楼层处，是一种介于杆系模型与层模型之间的计算模型。

本模型将结构的质量集中在楼层处，每一层只有两个平移自由度。但对于明显不对称、不均匀的结构，还存在一个转动自由度。对于结构的内力和变形，以及结构的刚度矩阵等仍按杆件体系计算。如按矩阵位移法用协同工作原理分析高层建筑结构，形成结构侧向刚度矩阵的方法和过程如下：

①忽略各榀抗侧力结构平面外的刚度，将其视为杆件体系；

②依次对各榀抗侧力结构在各楼层处施加单位水平力，求出各榀抗侧力结构的侧向柔度矩阵；

③对侧向柔度矩阵求逆后，得各榀结构的侧向刚度矩阵；

④利用刚性楼板假设，即可集成总侧向刚度矩阵。

求解动力方程得出某一时刻的位移后，可按杆系结构求出各杆的内力，判断各杆所处的弹塑性状态，重新形成单杆的刚度矩阵，并集成新的结构总侧向刚度矩阵。本模型在地震作用下能够了解地震过程中每根杆件的变形状态，可为结构设计提供依据。

杆系-层模型结合了层模型和杆系模型的优点，是高层建筑结构进行弹塑性时程分析的一种有发展前途的计算模型。

本节概括地介绍了三种弹塑性有限元模型的建立，对于这三种结构模型，国内外虽进行了较多的研究，但仍多限于按平面体系分析的弹塑性时程分析。对于按空间体系模型的分析及按弹性力学平面问题单元模型的分析等，在实际应用上存在一定的限制。

11.4.3　地震反应的求解

高层建筑结构地震反应的弹塑性时程分析从选定合适的地震动输入出发，采用结构弹塑性有限元模型建立地震作用下的动力方程，然后采用数值方法对方程进行求解，计算地震过程中每一时刻结构的位移、速度和加速度响应，从而分析出结构在地震作用下的内力变化以及构件逐步损坏的过程。

其中，地震作用下结构的动力方程[式(11-4)]为非线性方程，直接求解是很困难的。常用逐步积分法对其求解，基本方法和步骤如下：

(1)将地震作用时间划分为一系列的微小时间间隔，每步间隔的长度 Δt 称为时间步长，通常取等间隔。对于地震作用，一般可取 $\Delta t=0.02\mathrm{s}$，大约相当于 $0.05T_\mathrm{p}\sim0.1T_\mathrm{p}$（$T_\mathrm{p}$ 为地震运动的卓越周期）。

(2)在每个时间间隔 Δt 内将$[M]$、$[C]$、$[K]$及 $\ddot{x}_\mathrm{g}$ 均视为常数，取该时间间隔起始时刻的相应值。

(3)由每一时间间隔的初始值$\{x_i\}$、$\{\dot{x}_i\}$、$\{\dot{x}_i\}$，求该时间间隔的末端值$\{x_{i+1}\}$、$\{\dot{x}_{i+1}\}$，并由动力方程求解$\{\ddot{x}_{i+1}\}$。

(4)将此末端值作为下一时间间隔的初始值，重复上述步骤。逐步计算，即可求得结构地震反应全过程。

逐步积分法假设结构的本构关系在一个微小的时间步距内是线性的，研究的是离散时间点上的值，这种离散化正好符合计算机的存储特点。与运动变量的离散化相对应，体系的运动微分方程也不一定要求在全部时间上满足，而仅要求在离散的时间点上满足即可。

根据以 t_i 时刻(和 t_i 时刻前)的反应值确定 t_{i+1} 时刻反应值方法的不同，目前逐步积分计算方法可分为分段解析法、中心差分法、平均加速度法、线性加速度法、Newmark-β 法、Wilson-θ 法、龙格-库塔(Runge-Kutta)法等。

根据是否需要联立求解耦联方程组，逐步积分法可分为隐式求解法和显式求解法两类。隐式求解法需迭代求解耦联的方程组，计算工作量大，增加的工作量与自由度的平方成正比，如 Newmark-β 法、Wilson-θ 法等。隐式求解法在求解时，时间步长可以取得较大。显式求解法求解的是解耦的方程组，无须联立求解，其计算工作量较小，增加的工作量与结构自由度成正比，如中心差分法等。为提高计算精度，一般在采用显式求解法求解时要求时间步长很小。

下面介绍几种常用的积分方法。

11.4.3.1 线性加速度法

如图 11-15 所示，线性加速度法假设在时间步长 Δt 内，质量的运动加速度 $\{\ddot{x}\}$ 是线性变化的，即

$$\{\ddot{x}(\tau)\} = \{\ddot{x}\}_i + \frac{\{\ddot{x}\}_{i+1} - \{\ddot{x}\}_i}{\Delta t}\tau$$

式中 $\{\ddot{x}\}_i$——时间步长 Δt 开始时的加速度向量；

$\{\ddot{x}\}_{i+1}$——时间步长 Δt 结束时的加速度向量；

$\{\ddot{x}(\tau)\}$——时间步长 Δt 内，任意时刻 τ 时的加速度向量；

τ——局部时间坐标，坐标原点位于 t_i。

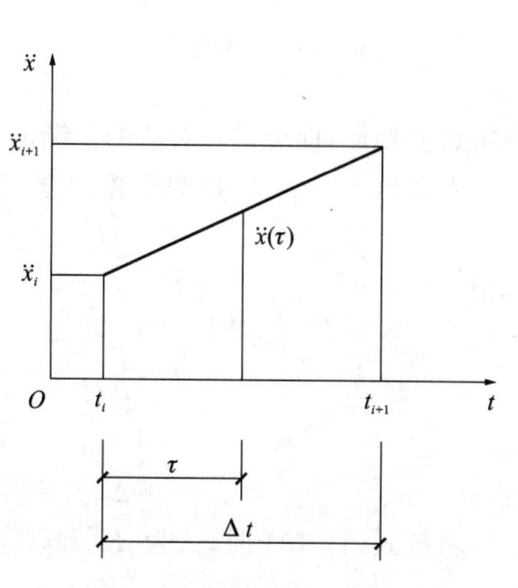

图 11-15 线性加速度法

将上式对 τ 积分，得

$$\{\dot{x}(\tau)\} = \{\dot{x}\}_i + \{\ddot{x}\}_i\tau + \frac{\{\ddot{x}\}_{i+1} - \{\ddot{x}\}_i}{\Delta t}\frac{\tau^2}{2} \tag{a}$$

再对 τ 积分一次，得

$$\{x(\tau)\} = \{x\}_i + \{\dot{x}\}_i\tau + \{\ddot{x}\}_i\frac{\tau^2}{2} + \frac{\{\ddot{x}\}_{i+1} - \{\ddot{x}\}_i}{\Delta t}\frac{\tau^3}{6} \tag{b}$$

式中 $\{\dot{x}\}_i$——时间步长 Δt 开始时的速度向量；

$\{x\}_i$——时间步长 Δt 开始时的位移向量。

在式(a)、式(b)中，令 $\tau = \Delta t$，即得

$$\{\dot{x}\}_{i+1} = \{\dot{x}\}_i + \{\ddot{x}\}_i\Delta t + \frac{1}{2}\{\ddot{x}\}_{i+1}\Delta t \tag{11-7}$$

$$\{x\}_{i+1} = \{x\}_i + \{\dot{x}\}_i\Delta t + \frac{1}{2}\{\ddot{x}\}_i\Delta t^2 + \frac{1}{6}\{\ddot{x}\}_{i+1}\Delta t^2 \tag{11-8}$$

将式(11-7)和式(11-8)代入振动方程式(11-4)，可得

$$\{\ddot{x}\}_{i+1} = -\left([M]^{-1}[C]_{i+1}\{\dot{x}\}_{i+1} + [M]^{-1}[K]_{i+1}\{x\}_{i+1} + \{\ddot{x}_g\}_{i+1}\right) \tag{11-9}$$

式中 $\{x\}_{i+1}$，$\{\dot{x}\}_{i+1}$——时间步长 Δt 结束时的位移向量和速度向量；

$[K]_{i+1}$，$[C]_{i+1}$——按时间步长 Δt 结束时刻取值的刚度矩阵和阻尼矩阵。

在式(11-7)～式(11-9)中，$\{x\}_i$、$\{\dot{x}\}_i$ 和 $\{\ddot{x}\}_i$ 分别为前一时间步长已经求出的位移、速度和加速度向量，即时间步长的起始值；$\{x\}_{i+1}$、$\{\dot{x}\}_{i+1}$ 和 $\{\ddot{x}\}_{i+1}$ 分别为待求的时间步长结束时的位移、速度和加速度向量。三组方程式解三组未知量，即可求解。

实际计算时，可以采用以下几种方法求解。

(1)迭代法。

迭代法的求解步骤如下：

①先选定 $\{\ddot{x}\}_{i+1}$。如图 11-16 所示，可在 t_{i-1} 及 t_i 时段的延长线上取

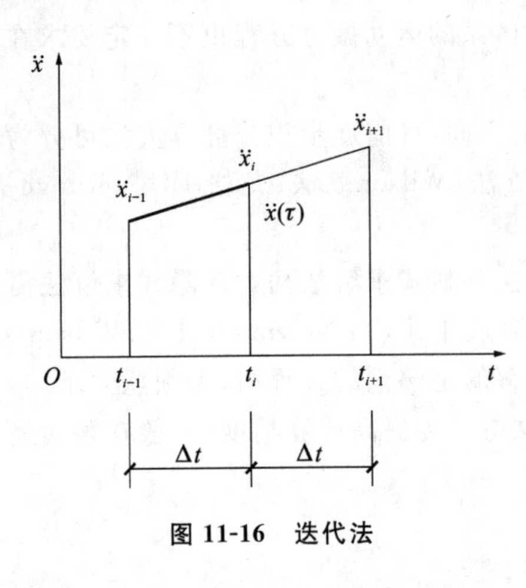

图 11-16　迭代法

$$\frac{\{\ddot{x}\}_{i+1}-\{\ddot{x}\}_i}{\Delta t}=\frac{\{\ddot{x}\}_i-\{\ddot{x}\}_{i-1}}{\Delta t}$$

由此得初值

$$\{\ddot{x}\}_{i+1}=2\{\ddot{x}\}_i-\{\ddot{x}\}_{i-1}$$

②将选定的$\{\ddot{x}\}_{i+1}$代入式(11-7)、式(11-8)，求$\{x\}_{i+1}$、$\{\dot{x}\}_{i+1}$。

③将$\{x\}_{i+1}$和$\{\dot{x}\}_{i+1}$代入式(11-9)求$\{\ddot{x}\}_{i+1}$。

如果求出的$\{\ddot{x}\}_{i+1}$与选定值接近并小于某一允许误差，可以认为已求得满意的结果。否则，将③步求得的$\{\ddot{x}\}_{i+1}$作为下一轮的选定值，重复②、③两步直到满意为止。一般情况下只要循环几次即可求得足够精确的数值。

(2)增量法。

先求出时间步长 Δt 内的增量 Δx、$\Delta\dot{x}$ 和 $\Delta\ddot{x}$，然后与该时间步长的初始值相加，即可得其对应的末端值。

先列出 t 和 $t+\Delta t$ 时刻的振动方程，将两时刻的公式相减可得

$$[M]\{\Delta\ddot{x}\}+[C]\{\Delta\dot{x}\}+[K]\{\Delta x\}=-[M]\{\Delta\ddot{x}_g\} \tag{11-10}$$

其中

$$\left.\begin{aligned}\{\Delta\ddot{x}\}&=\{\ddot{x}(t+\Delta t)-\ddot{x}(t)\}=\{\ddot{x}\}_{i+1}-\{\ddot{x}\}_i\\\{\Delta\dot{x}\}&=\{\dot{x}(t+\Delta t)-\dot{x}(t)\}=\{\dot{x}\}_{i+1}-\{\dot{x}\}_i\\\{\Delta x\}&=\{x(t+\Delta t)-x(t)\}=\{x\}_{i+1}-\{x\}_i\\\{\Delta\ddot{x}_g\}&=\{\ddot{x}_g(t+\Delta t)-\ddot{x}_g(t)\}=\{\ddot{x}_g\}_{i+1}-\{\ddot{x}_g\}_i\end{aligned}\right\} \tag{11-11}$$

求解式(11-10) 时，认为$[K]$和$[C]$在此时间间隔内为常量，即

$$[K(t+\Delta t)]=[K(t)],\quad [C(t+\Delta t)]=[C(t)]$$

由式(11-11)及式(11-7)、式(11-8)，可得

$$\{\Delta\dot{x}\}=\{\ddot{x}\}_i\Delta t+\frac{1}{2}\{\Delta\ddot{x}\}\Delta t \tag{11-12}$$

$$\{\Delta x\}=\{\dot{x}\}_i\Delta t+\frac{1}{2}\{\ddot{x}\}_i\Delta t^2+\frac{1}{6}\{\Delta\ddot{x}\}\Delta t^2 \tag{11-13}$$

为方便起见，以$\{\Delta x\}$为基本变量，由式(11-13)可求出

$$\{\Delta\ddot{x}\}=\frac{6}{\Delta t^2}\left(\{\Delta x\}-\{\dot{x}\}_i\Delta t-\frac{1}{2}\{\ddot{x}\}_i\Delta t^2\right) \tag{11-14}$$

将式(11-14)代入式(11-12)有

$$\{\Delta\dot{x}\}=\frac{3}{\Delta t}\left(\{\Delta x\}-\{\dot{x}\}_i\Delta t-\frac{1}{6}\{\ddot{x}\}_i\Delta t^2\right) \tag{11-15}$$

将式(11-14)、式(11-15)代入式(11-10)，可得

$$[\widetilde{K}]\{\Delta x\}=\{\Delta\widetilde{P}\} \tag{11-16}$$

其中

$$\left.\begin{aligned}[\widetilde{K}]&=[K]+\frac{6}{\Delta t^2}[M]+\frac{3}{\Delta t}[C]\\\{\Delta\widetilde{P}\}&=\left(-\{\Delta\ddot{x}_g\}+\frac{6}{\Delta t}\{\dot{x}\}_i+3\{\ddot{x}\}_i\right)[M]+\left(3\{\dot{x}\}_i+\frac{1}{2}\{\ddot{x}\}_i\Delta t\right)[C]\end{aligned}\right\} \tag{11-17}$$

式(11-16)在形式上与静力法方程类似，即位移增量向量$\{\Delta x\}$前乘等效刚度矩阵$[\widetilde{K}]$等于等效荷载增量向量$\{\Delta\widetilde{P}\}$，故本方法也称拟静力法。

由式(11-16)求出$\{\Delta x\}$后，即可由式(11-15)求出$\{\Delta\dot{x}\}$，然后由下式计算位移向量和速度向量：

$$\left.\begin{aligned}\{x\}_{i+1}&=\{x\}_i+\{\Delta x\}\\\{\dot{x}\}_{i+1}&=\{\dot{x}\}_i+\{\Delta\dot{x}\}\end{aligned}\right\} \tag{11-18}$$

这里要指出，本方法中的$\{\ddot{x}\}_{i+1}$不由式(11-13)计算$\{\Delta\ddot{x}\}$得到，而是直接由振动方程式(11-4)计算，即

$$\{\ddot{x}\}_{i+1}=-([M]^{-1}[C]_{i+1}\{\dot{x}\}_{i+1}+[M]^{-1}[K]_{i+1}\{x\}_{i+1}+\{\ddot{x}_g\}_{i+1}) \tag{11-19}$$

其目的是对每一个时间步长通过满足一次振动方程而消除误差积累。

以上所述的线性加速度法是应用较为广泛的一种方法，其有条件稳定的方法，一般取$\Delta t\leqslant 0.1T_p$。当Δt大于此值时，可能得到发散的结果。

11.4.3.2 Wilson-θ法

Wilson-θ法是在线性加速度法的基础上发展的一种数值方法。这一方法将Δt延伸到$\theta\Delta t$，并假设在时间段$[t, t+\theta\Delta t]$内加速度线性变化，首先用线性加速度法求出对应于体系在$t_i+\theta\Delta t$的运动，然后用线性内插(即除以θ)法，得到体系在$t+\Delta t$时的运动(图11-17)。

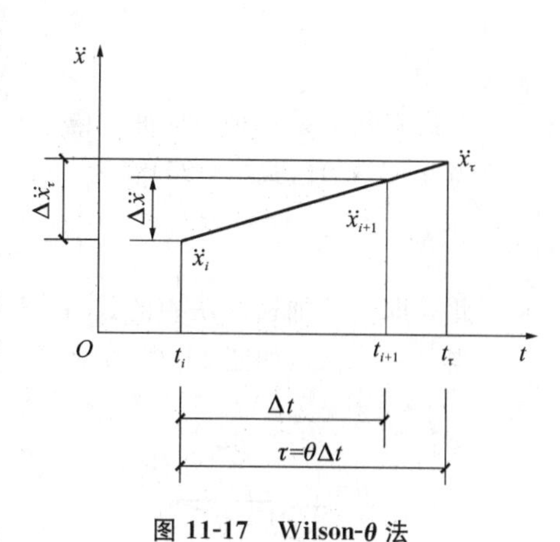

图 11-17 Wilson-θ 法

仍用上述增量法的形式表示，推导过程也类似。

时间$\tau=\theta\Delta t$，位移增量的拟静力方程为

$$[\widetilde{K}]_\tau\{\Delta x\}_\tau=\{\Delta\widetilde{P}\}_\tau \tag{11-20}$$

其中

$$\left.\begin{aligned}&[\widetilde{K}]_\tau=[K]+\frac{6}{\tau^2}[M]+\frac{3}{\tau}[C]\\&\{\Delta\widetilde{P}\}_\tau=\left(-\{\Delta\ddot{x}_g\}_\tau+\frac{6}{\tau}\{\dot{x}\}_i+3\{\ddot{x}\}_i\right)[M]+\left(3\{\dot{x}\}_i+\frac{1}{2}\{\ddot{x}\}_i\tau\right)[C]\end{aligned}\right\} \tag{11-21}$$

式(11-20)、式(11-21)与前述增量法中的式(11-16)、式(11-17)是相似的，仅仅是将时间间隔由Δt变成$\tau=\theta\Delta t$。

由式(11-20)求出$\{\Delta x\}_\tau$后，可以按下式求$\{\Delta\ddot{x}\}_\tau$：

$$\{\Delta\ddot{x}\}_\tau=\frac{6}{\tau^2}\left(\{\Delta x\}_\tau-\{\dot{x}\}_i\tau-\frac{1}{2}\{\ddot{x}\}_i\tau^2\right) \tag{11-22}$$

上式是将式(11-14)中的Δt换成τ得到的。

求得$\{\Delta\ddot{x}\}_\tau$后，再用内插法求Δt时的$\{\Delta\ddot{x}\}$，即将上式的结果除以θ，得

$$\{\Delta\ddot{x}\}=\frac{1}{\theta}\{\Delta\ddot{x}\}_\tau=\frac{6}{\theta\tau^2}\left(\{\Delta x\}_\tau-\{\dot{x}\}_i\tau-\frac{1}{2}\{\ddot{x}\}_i\tau^2\right) \tag{11-23}$$

求得$\{\Delta\ddot{x}\}$后，其余步骤同增量法，见式(11-12)～式(11-19)。

本方法的计算步骤可归纳如下：

①根据初始值(前一时间步长的末端值)由式(11-20)计算$\{\Delta x\}_\tau$；

②由式(11-23)计算$\{\Delta\ddot{x}\}$；

③由式(11-12)和式(11-13)计算$\{\Delta\dot{x}\}$和$\{\Delta x\}$；

④由式(11-18)和式(11-19)计算$\{x\}_{i+1}$、$\{\dot{x}\}_{i+1}$和$\{\ddot{x}\}_{i+1}$。

重复上述步骤可求得整个反应过程。

由于内插法计算可提高算法的稳定性，因此可以证明当$\theta\geqslant 1.37$时，Wilson-θ法是无条件稳定的。当θ值取得大时，虽然从计算方法上讲是无条件稳定的，但误差增大。故一般只取θ略大于1.37，即取$\theta=1.37\sim1.4$。

11.4.3.3 Newmark-β法

Newmark-β法在线性加速度法的基础上，引入了两个参数(γ、β)，令

$$\{\dot{x}\}_{i+1}=\{\dot{x}\}_i+(1-\gamma)\{\ddot{x}\}_i\Delta t+\gamma\{\ddot{x}\}_{i+1}\Delta t \tag{11-24}$$

$$\{x\}_{i+1}=\{x\}_i+\{\dot{x}\}_i\Delta t+\left(\frac{1}{2}-\beta\right)\{\ddot{x}\}_i\Delta t^2+\beta\{\ddot{x}\}_{i+1}\Delta t^2 \tag{11-25}$$

Newmark-β法的稳定条件为

$$\Delta t\leqslant\frac{1}{\pi\sqrt{2}}\frac{1}{\sqrt{\gamma-2\beta}}T_n \tag{11-26}$$

由上式可以看出，控制参数γ、β的选取对积分的稳定性有很大影响。只有当γ取1/2时，Newmark-β法才具有二阶精度，因此一般取$\gamma=1/2, 0\leqslant\beta\leqslant1/4$。

当$\beta=1/4$时，式(11-25)变为

$$\{x\}_{i+1}=\{x\}_i+\{\dot{x}\}_i\Delta t+\frac{1}{2}\left(\frac{\{\ddot{x}\}_i+\{\ddot{x}\}_{i+1}}{2}\right)\Delta t^2 \tag{11-27}$$

上式实际上是一种取时间间隔中点加速度值为代表的平均常加速度法(图 11-18)。

当$\beta=1/6$时，式(11-25)变为

$$\{x\}_{i+1}=\{x\}_i+\{\dot{x}\}_i\Delta t+\frac{1}{3}\{\ddot{x}\}_i\Delta t^2+\frac{1}{6}\{\ddot{x}\}_{i+1}\Delta t^2 \tag{11-28}$$

此式即线性加速度法中的式(11-8)。

当$\beta=1/8$时，如图 11-18 所示，为时间间隔Δt内呈阶梯形变化的加速度图形。

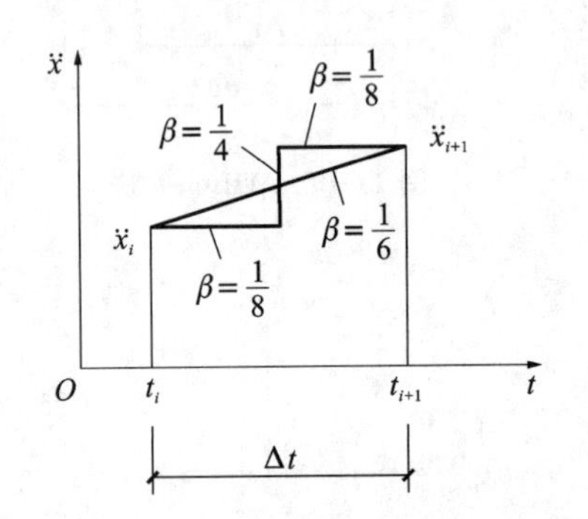

图 11-18 β取不同值时的加速度变化规律

选定β值后一般可用迭代法求解，即先假定一组$\{\ddot{x}\}_{i+1}$值，由式(11-24)、式(11-25)计算速度$\{\dot{x}\}_{i+1}$和位移$\{x\}_{i+1}$。

下面将 Newmark-β法改为增量形式。由式(11-24)、式(11-25)可得

$$\{\Delta\dot{x}\}=\{\ddot{x}\}_i\Delta t+\frac{1}{2}\{\Delta\ddot{x}\}\Delta t \tag{11-29}$$

$$\{\Delta x\}=\{\dot{x}\}_i\Delta t+\frac{1}{2}\{\ddot{x}\}_i\Delta t^2+\beta\{\Delta\ddot{x}\}\Delta t^2 \tag{11-30}$$

由式(11-30)解出

$$\{\Delta\ddot{x}\}=\frac{1}{\beta\Delta t^2}\left(\{\Delta x\}-\{\dot{x}\}_i\Delta t-\frac{1}{2}\{\ddot{x}\}_i\Delta t^2\right) \tag{11-31}$$

代入式(11-29)得

$$\{\Delta\dot{x}\}=\frac{1}{2\beta\Delta t}\left(\{\Delta x\}-\{\dot{x}\}_i\Delta t-\frac{1-4\beta}{2}\{\ddot{x}\}_i\Delta t^2\right) \tag{11-32}$$

将式(11-31)、式(11-32)代入用增量表示的振动方程式(11-10)，也可得到

$$[\widetilde{K}]\{\Delta x\}=\{\Delta\widetilde{P}\} \tag{11-33}$$

其中

$$\left.\begin{aligned}[\widetilde{K}]&=[K]+\frac{1}{\beta\Delta t^2}[M]+\frac{1}{2\beta\Delta t}[C]\\\{\Delta\widetilde{P}\}&=\left(-\{\Delta\ddot{x}_g\}+\frac{1}{\beta\Delta t}\{\dot{x}\}_i+\frac{1}{2\beta}\{\ddot{x}\}_i\right)[M]+\left(\frac{1}{2\beta}\{\dot{x}\}_i+\frac{1-4\beta}{4\beta}\{\ddot{x}\}_i\Delta t\right)[C]\end{aligned}\right\} \tag{11-34}$$

由式(11-33)求出$\{\Delta x\}$后，按式(11-32)求$\{\Delta\dot{x}\}$，然后由式(11-18)和式(11-19)计算$\{x\}_{i+1}$、$\{\dot{x}\}_{i+1}$和$\{\ddot{x}\}_{i+1}$。

11.4.3.4 *龙格-库塔(Runge-Kutta)法*

龙格-库塔法是将式(11-4)的二阶微分方程组化为两组一阶微分方程组来求解的方法。即令

$$\left.\begin{aligned}\{Z\}&=\{\dot{x}\}\\\text{初值}\{x(t_0)\}&=\{x\}_0\end{aligned}\right\} \tag{11-35}$$

则式(11-4)可改写为

$$\left.\begin{aligned}\{\dot{Z}\}&=-(\{\ddot{x}_g\}+[M]^{-1}[C]\{Z\}+[M]^{-1}[K]\{x\})\\\text{初值}\{Z(t_0)\}&=\{Z\}_0=\{\dot{x}\}_0\end{aligned}\right\} \tag{11-36}$$

式(11-35)、式(11-36)的解为

$$\left.\begin{aligned}\{x\}_{i+1}&=\{x\}_i+\frac{1}{6}(\{k_1\}+2\{k_2\}+2\{k_3\}+\{k_4\})\\\{\dot{x}\}_{i+1}&=\{Z\}_{i+1}=\{Z\}_i+\frac{1}{6}(\{l_1\}+2\{l_2\}+2\{l_3\}+\{l_4\})\end{aligned}\right\} \tag{11-37}$$

则由式(11-4)有

$$\{\ddot{x}\}_{i+1}=-(\{\ddot{x}_g\}_{i+1}+[M]^{-1}[C]\{Z\}_{i+1}+[M]^{-1}[K]\{x\}_{i+1}) \tag{11-38}$$

其中

$$\{k_1\}=\{Z\}_i\Delta t$$

$$\{l_1\}=-(\{\ddot{x}_g\}_i+[M]^{-1}[C]\{Z\}_i+[M]^{-1}[K]\{x\}_i)\Delta t$$

$$\{k_2\}=\left(\{Z\}_i+\frac{1}{2}\{l_1\}\right)\Delta t$$

$$\{l_2\}=-\left[\{\ddot{x}_g\}_{i+\frac{1}{2}}+[M]^{-1}[C]\left(\{Z\}_i+\frac{1}{2}\{l_1\}\right)+[M]^{-1}[K]\left(\{x\}_i+\frac{1}{2}\{k_1\}\right)\right]\Delta t$$

$$\{k_3\}=\left(\{Z\}_i+\frac{1}{2}\{l_2\}\right)\Delta t$$

$$\{l_3\}=-\left[\{\ddot{x}_g\}_{i+\frac{1}{2}}+[M]^{-1}[C]\left(\{Z\}_i+\frac{1}{2}\{l_2\}\right)+[M]^{-1}[K]\left(\{x\}_i+\frac{1}{2}\{k_2\}\right)\right]\Delta t$$

$$\{k_4\}=(\{Z\}_i+\{l_3\})\Delta t$$

$$\{l_4\}=-[\{\ddot{x}_g\}_{i+1}+[M]^{-1}[C](\{Z\}_i+\{l_3\})+[M]^{-1}[K](\{x\}_i+\{k_3\})]\Delta t$$

龙格-库塔法的计算精度较高，容易改变步长，但计算量比较大。

本节讨论了振动方程式(11-4)求解的几种积分计算方法。在求出了结构各时刻的位移$\{x\}_i$之后，便可利用层剪切刚度或杆件单元刚度矩阵计算杆件的内力，计算方法与静力分析相同。

知识归纳

(1)高层建筑结构是复杂的空间结构，比较合理的分析方法是采用三维空间结构计算模型，楼板按弹性考虑。但这样会增加计算工作量和设计费用，所以一般情况下可采用楼板在自身平面内为无限刚性的假定；如结构平面和立面简单、规则，可采用协同工作方法计算。

(2)目前，高层建筑结构按三维空间结构计算，主要有两种计算模型：空间杆-薄壁杆件模型和空间杆-墙元模型。相对而言，空间杆-墙元模型比空间杆-薄壁杆件模型更符合实际结构，计算结果也更为精确，建模时对各种剪力墙也更易处理，但计算速度较慢。

(3)对于复杂高层建筑结构，应至少采用两种不同力学模型的三维空间结构分析软件进行整体内力和位移计算，以保证分析结果符合实际情况。对程序计算结果应进行分析和判别，不能盲目地使用程序计算结果。

(4)高层建筑结构地震反应的弹塑性时程分析包括两个基本要素：结构弹塑性有限元模型的建立和地震波的输入与计算。一般来说，结构的有限元模型越接近结构真实的非线性行为，输入的地震波越接近结构可能遭受的真实地震作用，弹塑性时程分析的结果就越可靠。

(5)进行高层建筑结构地震反应弹塑性时程分析时，一般可将结构作为多质点体系，只考虑两个方向的水平振动，有以下三种计算模型：层模型、杆系模型和杆系-层模型。杆系-层模型结合了层模型和杆系模型的优点，计算量适中，且可以得到地震过程中结构杆件的变形过程，是高层建筑结构进行弹塑性时程分析所采用的一种有发展前途的计算模型。

(6)地震作用下结构的动力方程常用直接积分法求解，根据是否需要联立求解耦联方程组，直接积分法可分为隐式求解法和显式求解法两类。

独立思考

11-1　什么是结构静力分析和动力分析？通常在恒荷载、楼面活荷载、风荷载、地震作用下的内力和位移分析是静力分析还是动力分析？

11-2　进行高层建筑结构有限元分析时可采用平面协同计算模型、空间协同计算模型、空间杆-薄壁杆件模型、空间组合结构计算模型，试分析这几种计算模型的区别及各自的适用范围。

11-3　假定楼板在自身平面内的刚度无限大，对楼板平面内杆件的内力和变形有哪些影响？

11-4　在将空间结构简化为平面结构时，各榀平面结构"竖向位移不协调"是什么意思？为什么空间结构计算模型不存在这个问题？在什么情况下可将空间结构简化为平面结构计算？

11-5　采用有限元法对高层建筑结构进行分析时，剪力墙可处理为带刚域杆件、空间薄壁杆件、等效梁、等效桁架、三垂直杆元、多垂直杆元等模型，试分析这几种计算模型的适用范围。

11-6　为什么要重视程序计算结果的分析和验证？

11-7　在进行高层建筑结构地震反应弹塑性时程分析时，输入的地震波应如何选择？

11-8　地震作用下结构的动力方程可采用线性加速度法、Newmark-β 法、Wilson-θ 法、龙格-库塔法等求解，试分析这几种求解算法的异同，并说明在求解动力方程时应如何选择求解算法。

附　录

附录1　风荷载体型系数

风荷载体型系数应按照建筑物平面形状按下列规定采用。

(1)矩形平面

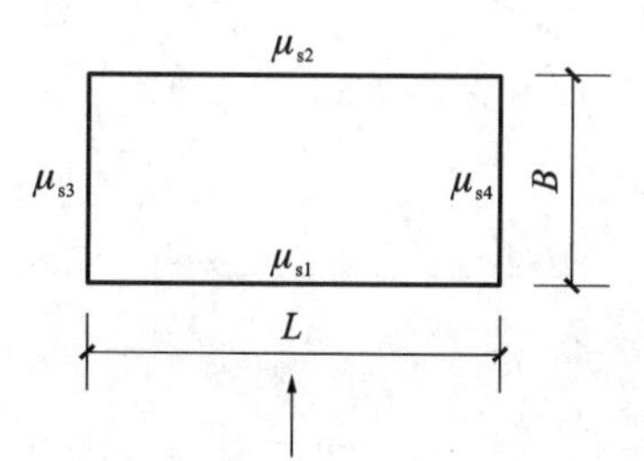

μ_{s1}	μ_{s2}	μ_{s3}	μ_{s4}
0.80	$-\left(0.48+0.03\dfrac{H}{L}\right)$	−0.60	−0.60

注:H 为房屋高度。

(2)L形平面

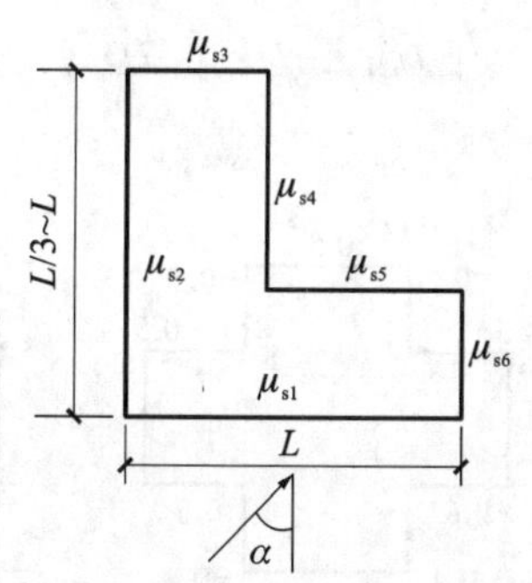

α	μ_s					
	μ_{s1}	μ_{s2}	μ_{s3}	μ_{s4}	μ_{s5}	μ_{s6}
0°	0.80	−0.70	−0.60	−0.50	−0.50	−0.60
45°	0.50	0.50	−0.80	−0.70	−0.70	−0.80
225°	−0.60	−0.60	0.30	0.90	0.90	0.30

(3)槽形平面

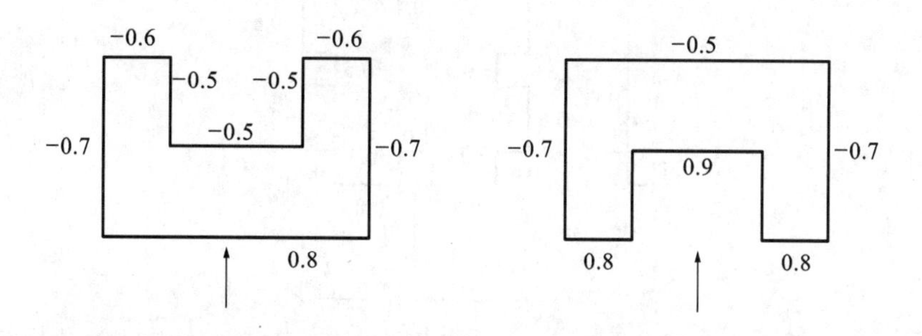

(4)正多边形平面、圆形平面

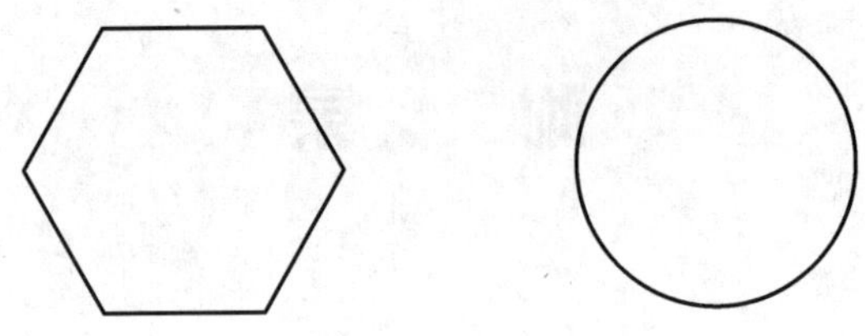

①$\mu_s=0.8+\frac{1.2}{\sqrt{n}}$($n$ 为边数);

②当圆形高层建筑表面较粗糙时,$\mu_s=0.8$。

(5)扇形平面

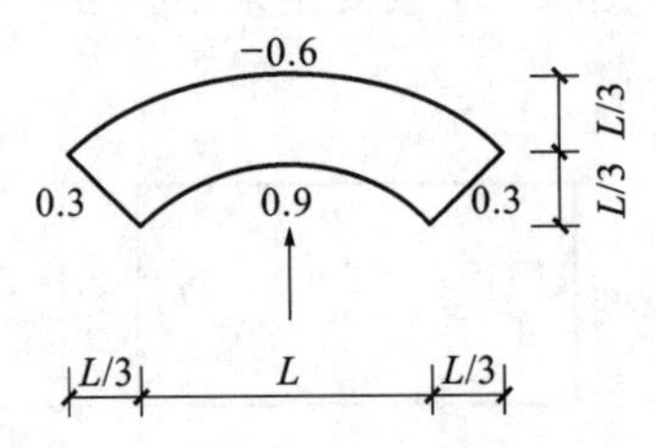

(6)梭形平面

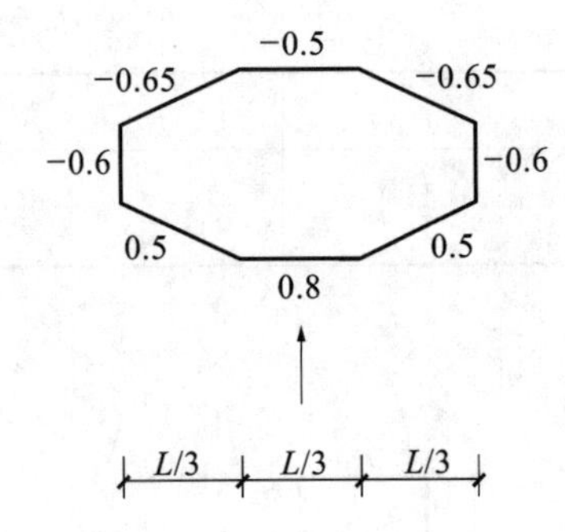

(7)十字形平面

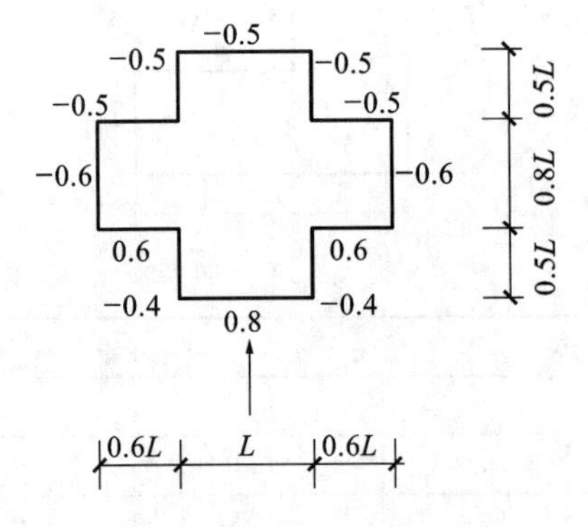

(8)井字形平面

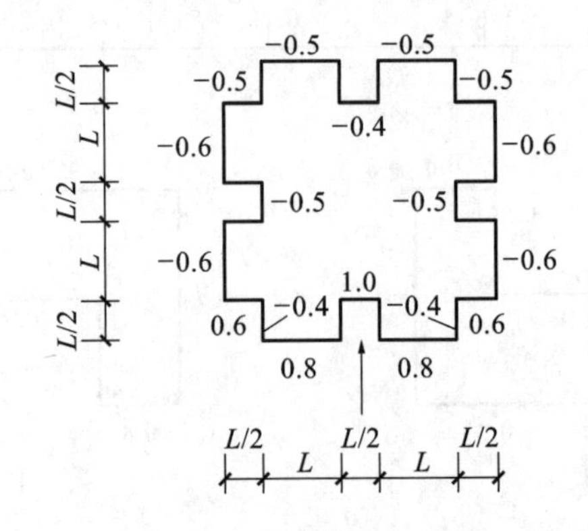

(9)X 形平面

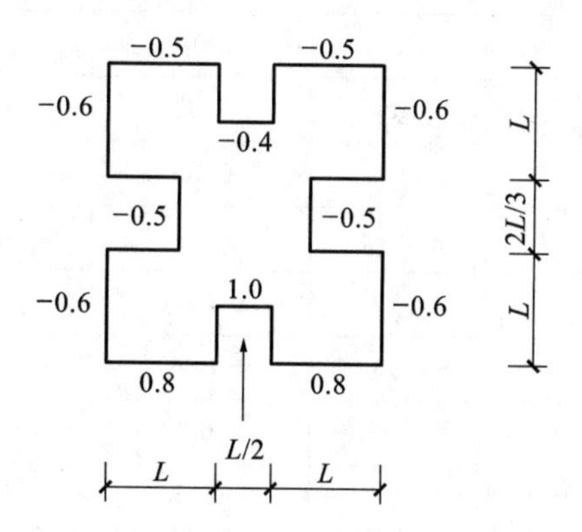

(10)卄形平面

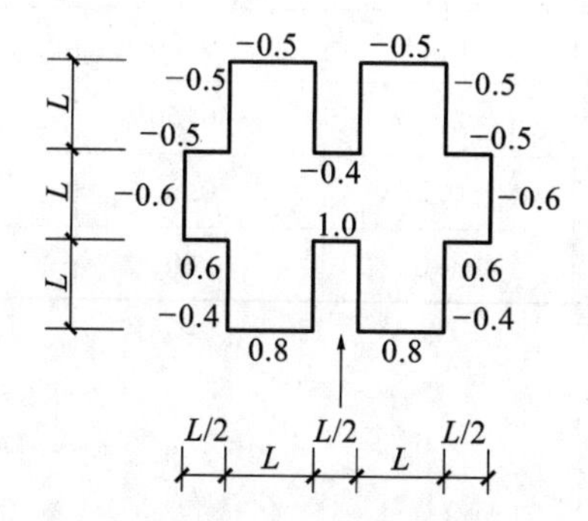

(11)六角形平面

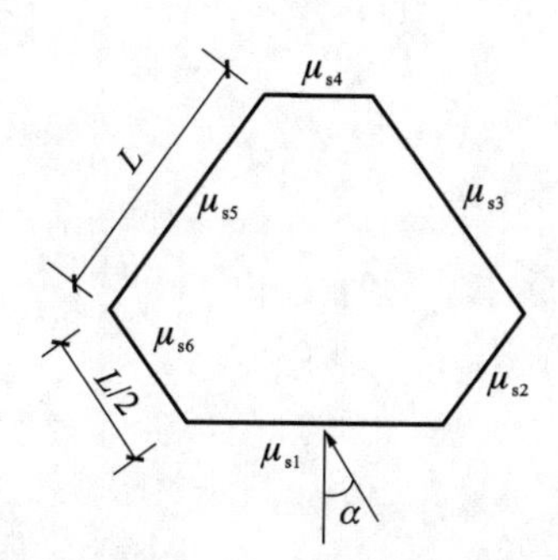

α	μ_s					
	μ_{s1}	μ_{s2}	μ_{s3}	μ_{s4}	μ_{s5}	μ_{s6}
0°	0.80	−0.45	−0.50	−0.60	−0.50	−0.45
30°	0.70	0.40	−0.55	−0.50	−0.55	−0.55

(12)Y 形平面

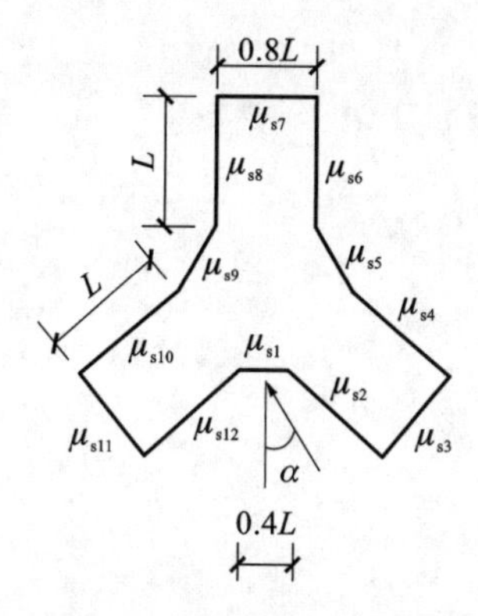

μ_s	α						
	0°	10°	20°	30°	40°	50°	60°
μ_{s1}	1.05	1.05	1.00	0.95	0.90	0.50	−0.15
μ_{s2}	1.00	0.95	0.90	0.85	0.80	0.40	−0.10
μ_{s3}	−0.70	−0.10	0.30	0.50	0.70	0.85	0.95
μ_{s4}	−0.50	−0.50	−0.55	−0.60	−0.75	−0.40	−0.10
μ_{s5}	−0.50	−0.55	−0.60	−0.65	−0.75	−0.45	−0.15
μ_{s6}	−0.55	−0.55	−0.60	−0.70	−0.65	−0.15	−0.35
μ_{s7}	−0.50	−0.50	−0.50	−0.55	−0.55	−0.55	−0.55
μ_{s8}	−0.55	−0.55	−0.55	−0.50	−0.50	−0.50	−0.50
μ_{s9}	−0.50	−0.50	−0.50	−0.50	−0.50	−0.50	−0.50
μ_{s10}	−0.50	−0.50	−0.50	−0.50	−0.50	−0.50	−0.50
μ_{s11}	−0.70	−0.60	−0.55	−0.55	−0.55	−0.55	−0.55
μ_{s12}	1.00	0.95	0.90	0.80	0.75	0.65	0.35

附录 2　规则框架承受均布水平荷载作用时反弯点的高度比

m	n	K													
		0.1	0.2	0.3	0.4	0.5	0.6	0.7	0.8	0.9	1.0	2.0	3.0	4.0	5.0
1	1	0.80	0.75	0.70	0.65	0.65	0.60	0.60	0.60	0.60	0.55	0.55	0.55	0.55	0.55
2	2	0.45	0.40	0.35	0.35	0.35	0.35	0.40	0.40	0.40	0.40	0.45	0.45	0.45	0.45
	1	0.95	0.80	0.75	0.70	0.65	0.65	0.65	0.60	0.60	0.60	0.55	0.55	0.55	0.50
3	3	0.15	0.20	0.20	0.25	0.30	0.30	0.30	0.35	0.35	0.35	0.40	0.45	0.45	0.45
	2	0.55	0.50	0.45	0.45	0.45	0.45	0.45	0.45	0.45	0.45	0.45	0.50	0.50	0.50
	1	1.00	0.85	0.80	0.75	0.70	0.70	0.65	0.65	0.65	0.60	0.55	0.55	0.55	0.55
4	4	-0.05	0.05	0.15	0.20	0.25	0.30	0.30	0.35	0.35	0.35	0.40	0.45	0.45	0.45
	3	0.25	0.30	0.30	0.35	0.35	0.40	0.40	0.40	0.40	0.45	0.45	0.50	0.50	0.50
	2	0.65	0.55	0.50	0.50	0.45	0.45	0.45	0.45	0.45	0.45	0.50	0.50	0.50	0.50
	1	1.10	0.90	0.80	0.75	0.70	0.70	0.65	0.65	0.65	0.60	0.55	0.55	0.55	0.55
5	5	-0.20	0.00	0.15	0.20	0.25	0.30	0.30	0.30	0.35	0.35	0.40	0.45	0.45	0.45
	4	0.10	0.20	0.25	0.30	0.35	0.35	0.40	0.40	0.40	0.40	0.45	0.45	0.50	0.50
	3	0.40	0.40	0.40	0.40	0.40	0.45	0.45	0.45	0.45	0.45	0.50	0.50	0.50	0.50
	2	0.65	0.55	0.50	0.50	0.50	0.50	0.50	0.50	0.50	0.50	0.50	0.50	0.50	0.50
	1	1.20	0.95	0.80	0.75	0.75	0.70	0.70	0.65	0.65	0.65	0.55	0.55	0.55	0.55
6	6	-0.30	0.00	0.10	0.20	0.25	0.25	0.30	0.30	0.35	0.35	0.40	0.45	0.45	0.45
	5	0.00	0.20	0.25	0.30	0.35	0.35	0.40	0.40	0.40	0.40	0.45	0.45	0.50	0.50
	4	0.20	0.30	0.35	0.35	0.40	0.40	0.40	0.45	0.45	0.45	0.45	0.50	0.50	0.50
	3	0.40	0.40	0.40	0.45	0.45	0.45	0.45	0.45	0.45	0.45	0.50	0.50	0.50	0.50
	2	0.70	0.60	0.55	0.50	0.50	0.50	0.50	0.50	0.50	0.50	0.50	0.50	0.50	0.50
	1	1.20	0.95	0.85	0.80	0.75	0.70	0.70	0.65	0.65	0.65	0.55	0.55	0.55	0.55
7	7	-0.35	-0.05	0.10	0.20	0.20	0.25	0.30	0.30	0.35	0.35	0.40	0.45	0.45	0.45
	6	-0.10	0.15	0.25	0.30	0.35	0.35	0.35	0.40	0.40	0.40	0.45	0.45	0.50	0.50
	5	0.10	0.25	0.30	0.35	0.40	0.40	0.40	0.45	0.45	0.45	0.50	0.50	0.50	0.50
	4	0.30	0.35	0.40	0.40	0.40	0.45	0.45	0.45	0.45	0.45	0.50	0.50	0.50	0.50
	3	0.50	0.45	0.45	0.45	0.45	0.45	0.45	0.45	0.45	0.45	0.50	0.50	0.50	0.50
	2	0.75	0.60	0.55	0.50	0.50	0.50	0.50	0.50	0.50	0.50	0.50	0.50	0.50	0.50
	1	1.20	0.95	0.85	0.80	0.75	0.70	0.70	0.65	0.65	0.65	0.55	0.55	0.55	0.55
8	8	-0.35	-0.15	0.10	0.10	0.25	0.25	0.30	0.30	0.35	0.35	0.40	0.45	0.45	0.45
	7	-0.10	0.15	0.25	0.30	0.35	0.35	0.40	0.40	0.40	0.40	0.45	0.50	0.50	0.50
	6	0.05	0.25	0.30	0.35	0.40	0.40	0.40	0.45	0.45	0.45	0.45	0.50	0.50	0.50
	5	0.20	0.30	0.35	0.40	0.40	0.45	0.45	0.45	0.45	0.45	0.50	0.50	0.50	0.50
	4	0.35	0.40	0.40	0.45	0.45	0.45	0.45	0.45	0.45	0.45	0.50	0.50	0.50	0.50
	3	0.50	0.45	0.45	0.45	0.45	0.45	0.45	0.45	0.50	0.50	0.50	0.50	0.50	0.50
	2	0.75	0.60	0.55	0.55	0.50	0.50	0.50	0.50	0.50	0.50	0.50	0.50	0.50	0.50
	1	1.20	1.00	0.85	0.80	0.75	0.70	0.70	0.65	0.65	0.65	0.55	0.55	0.55	0.55

续表

m	n	K													
		0.1	0.2	0.3	0.4	0.5	0.6	0.7	0.8	0.9	1.0	2.0	3.0	4.0	5.0
9	9	−0.40	−0.05	0.10	0.20	0.25	0.25	0.30	0.30	0.35	0.35	0.45	0.45	0.45	0.45
	8	−0.15	0.15	0.25	0.30	0.35	0.35	0.35	0.40	0.40	0.40	0.45	0.45	0.50	0.50
	7	0.05	0.25	0.30	0.35	0.40	0.40	0.40	0.45	0.45	0.45	0.45	0.50	0.50	0.50
	6	0.15	0.30	0.35	0.40	0.40	0.45	0.45	0.45	0.45	0.45	0.50	0.50	0.50	0.50
	5	0.25	0.35	0.40	0.40	0.45	0.45	0.45	0.45	0.45	0.45	0.50	0.50	0.50	0.50
	4	0.40	0.40	0.40	0.45	0.45	0.45	0.45	0.45	0.45	0.45	0.50	0.50	0.50	0.50
	3	0.55	0.45	0.45	0.45	0.45	0.45	0.45	0.45	0.50	0.50	0.50	0.50	0.50	0.50
	2	0.80	0.65	0.55	0.55	0.50	0.50	0.50	0.50	0.50	0.50	0.50	0.50	0.50	0.50
	1	1.20	1.00	0.85	0.80	0.75	0.70	0.70	0.65	0.65	0.65	0.55	0.55	0.55	0.55
10	10	−0.40	−0.05	0.10	0.20	0.25	0.30	0.30	0.30	0.30	0.35	0.40	0.45	0.45	0.45
	9	−0.15	0.15	0.25	0.30	0.35	0.35	0.40	0.40	0.40	0.40	0.45	0.45	0.50	0.50
	8	0.00	0.25	0.30	0.35	0.40	0.40	0.40	0.45	0.45	0.45	0.45	0.50	0.50	0.50
	7	0.10	0.30	0.35	0.40	0.40	0.40	0.45	0.45	0.45	0.45	0.50	0.50	0.50	0.50
	6	0.20	0.35	0.40	0.40	0.45	0.45	0.45	0.45	0.45	0.45	0.50	0.50	0.50	0.50
	5	0.30	0.40	0.40	0.45	0.45	0.45	0.45	0.45	0.45	0.50	0.50	0.50	0.50	0.50
	4	0.40	0.40	0.45	0.45	0.45	0.45	0.45	0.45	0.45	0.50	0.50	0.50	0.50	0.50
	3	0.55	0.50	0.45	0.45	0.45	0.50	0.50	0.50	0.50	0.50	0.50	0.50	0.50	0.50
	2	0.80	0.65	0.55	0.55	0.55	0.50	0.50	0.50	0.50	0.50	0.50	0.50	0.50	0.50
	1	1.30	1.00	0.85	0.80	0.75	0.70	0.70	0.65	0.65	0.65	0.60	0.55	0.55	0.55
11	11	−0.40	0.05	0.10	0.20	0.25	0.30	0.30	0.30	0.35	0.35	0.40	0.45	0.45	0.45
	10	−0.15	0.15	0.25	0.30	0.35	0.35	0.40	0.40	0.40	0.40	0.45	0.45	0.50	0.50
	9	0.00	0.25	0.30	0.35	0.40	0.40	0.40	0.45	0.45	0.45	0.45	0.50	0.50	0.50
	8	0.10	0.30	0.35	0.40	0.40	0.45	0.45	0.45	0.45	0.45	0.50	0.50	0.50	0.50
	7	0.20	0.35	0.40	0.45	0.45	0.45	0.45	0.45	0.45	0.45	0.50	0.50	0.50	0.50
	6	0.25	0.35	0.40	0.45	0.45	0.45	0.45	0.45	0.45	0.45	0.50	0.50	0.50	0.50
	5	0.35	0.40	0.40	0.45	0.45	0.45	0.45	0.45	0.45	0.50	0.50	0.50	0.50	0.50
	4	0.40	0.45	0.45	0.45	0.45	0.45	0.45	0.50	0.50	0.50	0.50	0.50	0.50	0.50
	3	0.55	0.50	0.50	0.50	0.50	0.50	0.50	0.50	0.50	0.50	0.50	0.50	0.50	0.50
	2	0.80	0.65	0.60	0.55	0.55	0.50	0.50	0.50	0.50	0.50	0.50	0.50	0.50	0.50
	1	1.30	1.00	0.85	0.80	0.75	0.70	0.70	0.65	0.65	0.65	0.60	0.55	0.55	0.55
12及以上	自上1	−0.40	−0.05	0.10	0.20	0.25	0.30	0.30	0.30	0.35	0.35	0.40	0.45	0.45	0.45
	2	−0.15	0.15	0.25	0.30	0.35	0.35	0.40	0.40	0.40	0.40	0.45	0.45	0.50	0.50
	3	0.00	0.25	0.30	0.35	0.40	0.40	0.40	0.45	0.45	0.45	0.50	0.50	0.50	0.50
	4	0.10	0.30	0.35	0.40	0.40	0.45	0.45	0.45	0.45	0.45	0.50	0.50	0.50	0.50
	5	0.20	0.35	0.40	0.40	0.45	0.45	0.45	0.45	0.45	0.45	0.50	0.50	0.50	0.50
	6	0.25	0.35	0.40	0.45	0.45	0.45	0.45	0.45	0.45	0.45	0.50	0.50	0.50	0.50
	7	0.30	0.40	0.40	0.45	0.45	0.45	0.45	0.45	0.50	0.50	0.50	0.50	0.50	0.50
	8	0.35	0.40	0.45	0.45	0.45	0.45	0.45	0.50	0.50	0.50	0.50	0.50	0.50	0.50
	中间	0.40	0.40	0.45	0.45	0.45	0.45	0.50	0.50	0.50	0.50	0.50	0.50	0.50	0.50
	4	0.45	0.45	0.45	0.45	0.50	0.50	0.50	0.50	0.50	0.50	0.50	0.50	0.50	0.50
	3	0.60	0.50	0.50	0.50	0.50	0.50	0.50	0.50	0.50	0.50	0.50	0.50	0.50	0.50
	2	0.80	0.65	0.60	0.55	0.55	0.50	0.50	0.50	0.50	0.50	0.50	0.50	0.50	0.50
	自下1	1.30	1.00	0.85	0.80	0.75	0.70	0.70	0.65	0.65	0.55	0.55	0.55	0.55	0.55

注：

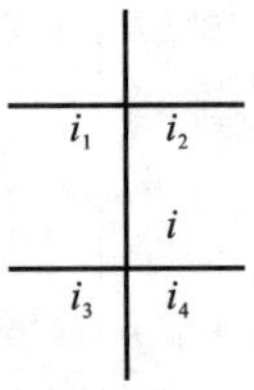

i_1 i_2

i

i_3 i_4

$$K=\frac{i_1+i_2+i_3+i_4}{2i}$$

附录 3　规则框架承受倒三角形分布水平荷载作用时反弯点的高度比

m	n	K													
		0.1	0.2	0.3	0.4	0.5	0.6	0.7	0.8	0.9	1.0	2.0	3.0	4.0	5.0
1	1	0.80	0.75	0.70	0.65	0.65	0.60	0.60	0.60	0.60	0.55	0.55	0.55	0.55	0.55
2	2	0.50	0.45	0.40	0.40	0.40	0.40	0.40	0.40	0.40	0.45	0.45	0.45	0.45	0.50
	1	1.00	0.85	0.75	0.70	0.70	0.65	0.65	0.65	0.60	0.60	0.55	0.55	0.55	0.55
3	3	0.25	0.25	0.25	0.30	0.30	0.35	0.35	0.35	0.40	0.40	0.45	0.45	0.45	0.50
	2	0.60	0.50	0.50	0.50	0.50	0.45	0.45	0.45	0.45	0.45	0.50	0.50	0.50	0.50
	1	1.15	0.90	0.80	0.75	0.75	0.70	0.70	0.65	0.65	0.65	0.60	0.55	0.55	0.55
4	4	0.10	0.15	0.20	0.25	0.30	0.30	0.35	0.35	0.35	0.40	0.45	0.45	0.45	0.45
	3	0.35	0.35	0.35	0.40	0.40	0.40	0.40	0.45	0.45	0.45	0.45	0.50	0.50	0.50
	2	0.70	0.60	0.55	0.50	0.50	0.50	0.50	0.50	0.50	0.50	0.50	0.50	0.50	0.50
	1	1.20	0.95	0.85	0.80	0.75	0.70	0.70	0.70	0.65	0.65	0.55	0.55	0.55	0.50
5	5	−0.05	0.10	0.20	0.25	0.30	0.30	0.35	0.35	0.35	0.35	0.40	0.45	0.45	0.45
	4	0.20	0.25	0.35	0.35	0.40	0.40	0.40	0.40	0.40	0.45	0.45	0.50	0.50	0.50
	3	0.45	0.45	0.45	0.45	0.45	0.45	0.45	0.45	0.45	0.45	0.50	0.50	0.50	0.50
	2	0.75	0.60	0.55	0.55	0.50	0.50	0.50	0.50	0.50	0.50	0.50	0.50	0.50	0.50
	1	1.30	1.00	0.85	0.80	0.75	0.70	0.70	0.65	0.65	0.65	0.65	0.55	0.55	0.55
6	6	−0.15	0.05	0.15	0.20	0.25	0.30	0.30	0.35	0.35	0.35	0.40	0.45	0.45	0.45
	5	0.10	0.25	0.30	0.35	0.35	0.40	0.40	0.40	0.45	0.45	0.45	0.50	0.50	0.50
	4	0.30	0.35	0.40	0.40	0.45	0.45	0.45	0.45	0.45	0.45	0.50	0.50	0.50	0.50
	3	0.50	0.45	0.45	0.45	0.45	0.45	0.45	0.45	0.45	0.50	0.50	0.50	0.50	0.50
	2	0.80	0.65	0.55	0.55	0.55	0.55	0.50	0.50	0.50	0.50	0.50	0.50	0.50	0.50
	1	1.30	1.00	0.85	0.80	0.75	0.70	0.70	0.65	0.65	0.65	0.60	0.55	0.55	0.55
7	7	−0.20	0.05	0.15	0.20	0.25	0.30	0.30	0.35	0.35	0.35	0.45	0.45	0.45	0.45
	6	0.05	0.20	0.30	0.30	0.35	0.40	0.40	0.40	0.40	0.45	0.45	0.50	0.50	0.50
	5	0.20	0.30	0.35	0.40	0.40	0.45	0.45	0.45	0.45	0.45	0.50	0.50	0.50	0.50
	4	0.35	0.40	0.40	0.45	0.45	0.45	0.45	0.45	0.45	0.45	0.50	0.50	0.50	0.50
	3	0.55	0.50	0.50	0.50	0.50	0.50	0.50	0.50	0.50	0.50	0.50	0.50	0.50	0.50
	2	0.80	0.65	0.60	0.55	0.55	0.55	0.50	0.50	0.50	0.50	0.50	0.50	0.50	0.50
	1	1.30	1.00	0.90	0.80	0.75	0.70	0.70	0.70	0.65	0.65	0.60	0.55	0.55	0.55
8	8	−0.20	0.05	0.15	0.20	0.25	0.30	0.30	0.35	0.35	0.35	0.45	0.45	0.45	0.45
	7	0.00	0.20	0.30	0.35	0.35	0.40	0.40	0.40	0.40	0.45	0.45	0.50	0.50	0.50
	6	0.15	0.30	0.35	0.40	0.40	0.45	0.45	0.45	0.45	0.45	0.50	0.50	0.50	0.50
	5	0.30	0.35	0.40	0.45	0.45	0.45	0.45	0.45	0.45	0.45	0.50	0.50	0.50	0.50
	4	0.40	0.45	0.45	0.45	0.45	0.45	0.45	0.50	0.50	0.50	0.50	0.50	0.50	0.50
	3	0.60	0.50	0.50	0.50	0.50	0.50	0.50	0.50	0.50	0.50	0.50	0.50	0.50	0.50
	2	0.85	0.65	0.60	0.55	0.55	0.55	0.50	0.50	0.50	0.50	0.50	0.50	0.50	0.50
	1	1.30	1.00	0.90	0.80	0.75	0.70	0.70	0.70	0.65	0.65	0.60	0.55	0.55	0.55

续表

m	n	K													
		0.1	0.2	0.3	0.4	0.5	0.6	0.7	0.8	0.9	1.0	2.0	3.0	4.0	5.0
9	9	−0.25	0.00	0.15	0.20	0.25	0.30	0.30	0.35	0.35	0.40	0.45	0.45	0.45	0.45
	8	0.00	0.20	0.30	0.35	0.35	0.40	0.40	0.40	0.40	0.45	0.45	0.50	0.50	0.50
	7	0.15	0.30	0.35	0.40	0.40	0.45	0.45	0.45	0.45	0.45	0.50	0.50	0.50	0.50
	6	0.25	0.35	0.40	0.40	0.45	0.45	0.45	0.45	0.45	0.50	0.50	0.50	0.50	0.50
	5	0.35	0.40	0.45	0.45	0.45	0.45	0.45	0.45	0.50	0.50	0.50	0.50	0.50	0.50
	4	0.45	0.45	0.45	0.45	0.45	0.50	0.50	0.50	0.50	0.50	0.50	0.50	0.50	0.50
	3	0.60	0.50	0.50	0.50	0.50	0.50	0.50	0.50	0.50	0.50	0.50	0.50	0.50	0.50
	2	0.80	0.65	0.60	0.55	0.55	0.55	0.55	0.50	0.50	0.50	0.50	0.50	0.50	0.50
	1	1.35	1.00	0.90	0.80	0.75	0.75	0.70	0.70	0.65	0.65	0.60	0.55	0.55	0.55
10	10	−0.25	0.00	0.15	0.20	0.25	0.30	0.30	0.35	0.35	0.40	0.45	0.45	0.45	0.45
	9	−0.05	0.20	0.30	0.35	0.35	0.40	0.40	0.40	0.40	0.45	0.45	0.50	0.50	0.50
	8	0.10	0.30	0.35	0.40	0.40	0.40	0.45	0.45	0.45	0.45	0.50	0.50	0.50	0.50
	7	0.20	0.35	0.40	0.40	0.45	0.45	0.45	0.45	0.45	0.50	0.50	0.50	0.50	0.50
	6	0.30	0.40	0.40	0.45	0.45	0.45	0.45	0.45	0.45	0.50	0.50	0.50	0.50	0.50
	5	0.40	0.45	0.45	0.45	0.45	0.45	0.45	0.50	0.50	0.50	0.50	0.50	0.50	0.50
	4	0.50	0.45	0.45	0.45	0.50	0.50	0.50	0.50	0.50	0.50	0.50	0.50	0.50	0.50
	3	0.60	0.55	0.50	0.50	0.50	0.50	0.50	0.50	0.50	0.50	0.50	0.50	0.50	0.50
	2	0.85	0.65	0.60	0.55	0.55	0.55	0.55	0.50	0.50	0.50	0.50	0.50	0.50	0.50
	1	1.35	1.00	0.90	0.80	0.75	0.75	0.70	0.70	0.65	0.65	0.60	0.55	0.55	0.55
11	11	−0.25	0.00	0.15	0.20	0.25	0.30	0.30	0.30	0.35	0.35	0.45	0.45	0.45	0.45
	10	−0.05	0.20	0.25	0.30	0.35	0.40	0.40	0.40	0.40	0.45	0.45	0.50	0.50	0.50
	9	0.10	0.30	0.35	0.40	0.40	0.40	0.45	0.45	0.45	0.45	0.50	0.50	0.50	0.50
	8	0.20	0.35	0.40	0.40	0.45	0.45	0.45	0.45	0.45	0.50	0.50	0.50	0.50	0.50
	7	0.25	0.40	0.40	0.45	0.45	0.45	0.45	0.45	0.45	0.50	0.50	0.50	0.50	0.50
	6	0.35	0.40	0.45	0.45	0.45	0.45	0.45	0.50	0.50	0.50	0.50	0.50	0.50	0.50
	5	0.40	0.45	0.45	0.45	0.45	0.50	0.50	0.50	0.50	0.50	0.50	0.50	0.50	0.50
	4	0.50	0.50	0.50	0.50	0.50	0.50	0.50	0.50	0.50	0.50	0.50	0.50	0.50	0.50
	3	0.65	0.55	0.50	0.50	0.50	0.50	0.50	0.50	0.50	0.50	0.50	0.50	0.50	0.50
	2	0.85	0.65	0.60	0.55	0.55	0.55	0.55	0.50	0.50	0.50	0.50	0.50	0.50	0.50
	1	1.35	1.05	0.90	0.80	0.75	0.75	0.70	0.70	0.65	0.65	0.60	0.55	0.55	0.55
12及以上	自上1	−0.30	0.00	0.15	0.20	0.25	0.30	0.30	0.30	0.35	0.35	0.40	0.45	0.45	0.45
	2	−0.10	0.20	0.25	0.30	0.35	0.40	0.40	0.40	0.40	0.40	0.45	0.45	0.45	0.50
	3	0.05	0.25	0.35	0.40	0.40	0.40	0.45	0.45	0.45	0.45	0.45	0.50	0.50	0.50
	4	0.15	0.30	0.40	0.40	0.45	0.45	0.45	0.45	0.45	0.45	0.45	0.50	0.50	0.50
	5	0.25	0.35	0.40	0.45	0.45	0.45	0.45	0.45	0.45	0.45	0.50	0.50	0.50	0.50
	6	0.30	0.40	0.40	0.45	0.45	0.45	0.45	0.50	0.50	0.50	0.50	0.50	0.50	0.50
	7	0.35	0.40	0.40	0.45	0.45	0.45	0.50	0.50	0.50	0.50	0.50	0.50	0.50	0.50
	8	0.35	0.45	0.45	0.45	0.50	0.50	0.50	0.50	0.50	0.50	0.50	0.50	0.50	0.50
	中间	0.45	0.45	0.45	0.45	0.50	0.50	0.50	0.50	0.50	0.50	0.50	0.50	0.50	0.50
	4	0.55	0.50	0.50	0.50	0.50	0.50	0.50	0.50	0.50	0.50	0.50	0.50	0.50	0.50
	3	0.65	0.55	0.50	0.50	0.50	0.50	0.50	0.50	0.50	0.50	0.50	0.50	0.50	0.50
	2	0.70	0.70	0.60	0.55	0.55	0.55	0.55	0.50	0.50	0.50	0.50	0.50	0.50	0.50
	自下1	1.35	1.05	0.90	0.80	0.75	0.70	0.70	0.70	0.65	0.65	0.60	0.55	0.55	0.55

附录 4　上、下层梁相对刚度变化的修正值

α_1	K													
	0.1	0.2	0.3	0.4	0.5	0.6	0.7	0.8	0.9	1.0	2.0	3.0	4.0	5.0
0.4	0.55	0.40	0.30	0.25	0.20	0.20	0.20	0.15	0.15	0.15	0.05	0.05	0.05	0.05
0.5	0.45	0.30	0.20	0.20	0.15	0.15	0.15	0.10	0.10	0.10	0.05	0.05	0.05	0.05
0.6	0.30	0.20	0.15	0.15	0.10	0.10	0.10	0.10	0.05	0.05	0.05	0.05	0	0
0.7	0.20	0.15	0.10	0.10	0.10	0.10	0.05	0.05	0.05	0.05	0.05	0	0	0
0.8	0.15	0.10	0.05	0.05	0.05	0.05	0.05	0.05	0.05	0	0	0	0	0
0.9	0.05	0.05	0.05	0.05	0	0	0	0	0	0	0	0	0	0

注：（图示：i_1、i_2 为上层梁，i_3、i_4 为下层梁，i_c 为柱）$\alpha_1=\frac{i_1+i_2}{i_3+i_4}$，$K=\frac{i_1+i_2+i_3+i_4}{2i_c}$，当 $i_1+i_2>i_3+i_4$ 时，$\alpha_1=\frac{i_3+i_4}{i_1+i_2}$，相应的 y_1 值取负号。

附录5 上、下层高不同的修正值

α_2	α_3	K													
		0.1	0.2	0.3	0.4	0.5	0.6	0.7	0.8	0.9	1.0	2.0	3.0	4.0	5.0
2.0		0.25	0.15	0.15	0.10	0.10	0.10	0.10	0.10	0.05	0.05	0.05	0.05	0.0	0.0
1.8		0.20	0.15	0.10	0.10	0.10	0.05	0.05	0.05	0.05	0.05	0.05	0.0	0.0	0.0
1.6	0.4	0.15	0.10	0.10	0.05	0.05	0.05	0.05	0.05	0.05	0.05	0.0	0.0	0.0	0.0
1.4	0.6	0.10	0.05	0.05	0.05	0.05	0.05	0.05	0.05	0.05	0.0	0.0	0.0	0.0	0.0
1.2	0.8	0.05	0.05	0.05	0.0	0.0	0.0	0.0	0.0	0.0	0.0	0.0	0.0	0.0	0.0
1.0	1.0	0.0	0.0	0.0	0.0	0.0	0.0	0.0	0.0	0.0	0.0	0.0	0.0	0.0	0.0
0.8	1.2	−0.05	−0.05	−0.05	0.0	0.0	0.0	0.0	0.0	0.0	0.0	0.0	0.0	0.0	0.0
0.6	1.4	−0.10	−0.05	−0.05	−0.05	−0.05	−0.05	−0.05	−0.05	−0.05	0.0	0.0	0.0	0.0	0.0
0.4	1.6	−0.15	−0.10	−0.10	−0.05	−0.05	−0.05	−0.05	−0.05	−0.05	−0.05	0.0	0.0	0.0	0.0
	1.8	−0.20	−0.15	−0.10	−0.10	−0.10	−0.05	−0.05	−0.05	−0.05	−0.05	−0.05	0.0	0.0	0.0
	2.0	−0.25	−0.15	−0.15	−0.10	−0.10	−0.10	−0.10	−0.10	−0.05	−0.05	−0.05	−0.05	0.0	0.0

注：①y_2 为上层层高变化的修正值，按照 K 及 $\alpha_2=h_u/h$ 求得，上层较高时为正值，但对于最上层 y_2 可不考虑。

②y_3 为下层层高变化的修正值，按照 K 及 $\alpha_3=h_l/h$ 求得，对于最下层 y_3 可不考虑。

参考文献

[1] 中华人民共和国住房和城乡建设部,国家市场监督管理总局. GB 50068—2018 建筑结构可靠性设计统一标准[S]. 北京:中国建筑工业出版社,2019.

[2] 中华人民共和国住房和城乡建设部. JGJ 3—2010 高层建筑混凝土结构技术规程[S]. 北京:中国建筑工业出版社,2011.

[3] 中华人民共和国住房和城乡建设部,中华人民共和国国家质量监督检验检疫总局. GB 50010—2010 混凝土结构设计规范(2015年版)[S]. 北京:中国建筑工业出版社,2016.

[4] 中华人民共和国住房和城乡建设部,中华人民共和国国家质量监督检验检疫总局. GB 50011—2010 建筑抗震设计规范(2016年版)[S]. 北京:中国建筑工业出版社,2016.

[5] 中华人民共和国住房和城乡建设部. JGJ 138—2016 组合结构设计规范[S]. 北京:中国建筑工业出版社,2016.

[6] 中国工程建设标准化协会. CECS 230—2008 高层建筑钢-混凝土混合结构设计规程[S]. 北京:中国计划出版社,2008.

[7] 中华人民共和国住房和城乡建设部,中华人民共和国国家质量监督检验检疫总局. GB 50007—2011 建筑地基基础设计规范[S]. 北京:中国建筑工业出版社,2012.

[8] 中华人民共和国住房和城乡建设部. JGJ 6—2011 高层建筑筏形与箱形基础技术规范[S]. 北京:中国建筑工业出版社,2011.

[9] 中华人民共和国住房和城乡建设部. JGJ 94—2008 建筑桩基技术规范[S]. 北京:中国建筑工业出版社,2008.

[10] 钱稼茹,赵作周,纪晓东,等. 高层建筑结构设计[M]. 3版. 北京:中国建筑工业出版社,2018.

[11] 周锡武,朴福顺. 建筑抗震与高层结构设计[M]. 北京:北京大学出版社,2016.

[12] 吕西林. 高层建筑结构[M]. 3版. 武汉:武汉理工大学出版社,2016.

[13] 唐兴荣. 高层建筑结构设计[M]. 2版. 北京:机械工业出版社,2018.

[14] 谭皓. 高层建筑结构[M]. 北京:中国电力出版社,2018.

[15] 王萱. 高层建筑结构设计[M]. 北京:机械工业出版社,2018.

[16] 沈蒲生. 高层建筑结构设计[M]. 北京:中国建筑工业出版社,2017.

[17] 吴晓春. 高层建筑结构设计[M]. 武汉:武汉大学出版社,2015.

[18] 徐亚丰. 高层建筑结构设计[M]. 北京:中国电力出版社,2015.

[19] 彭伟. 高层建筑结构设计原理[M].3版. 成都:西南交通大学出版社,2015.

[20] 戴葵. 高层建筑结构设计[M]. 武汉:武汉理工大学出版社,2015.

[21] 刘立平. 高层建筑结构设计[M]. 武汉:武汉理工大学出版社,2015.

[22] 章丛俊,宗兰. 高层建筑结构设计[M]. 南京:东南大学出版社,2014.

[23] 包世华,张铜生. 高层建筑结构设计和计算(上册)[M]. 2版. 北京:清华大学出版社,2013.

[24] 包世华. 新编高层建筑结构[M].3版. 北京:中国水利水电出版社,2013.

[25] 李国胜.《高层建筑混凝土结构技术规程》JGJ 3—2010解读与应用[M]. 北京:中国建筑工业出版社,2013.

[26] 周云. 高层建筑结构设计[M]. 2版. 武汉:武汉理工大学出版社,2012.

[27] 史庆轩,梁兴文. 高层建筑结构设计[M]. 2版. 北京:科学出版社,2012.

[28] 陈世鸣. 钢-混凝土组合结构[M]. 北京:中国建筑工业出版社,2013.

[29] 王社良. 抗震结构设计[M]. 4版. 武汉:武汉理工大学出版社,2011.

[30] 霍达. 高层建筑结构设计[M]. 北京:高等教育出版社,2004.
[31] 林宗凡. 钢-混凝土组合结构[M]. 上海:同济大学出版社,2004.
[32] 蔡绍怀. 现代钢管混凝土结构[M]. 北京:人民交通出版社,2003.
[33] 梁启智. 高层建筑结构分析与设计[M]. 广州:华南理工大学出版社,1992.
[34] 胡志平,王启耀. 高层建筑基础工程设计原理[M]. 北京:冶金工业出版社,2017.
[35] 白建光. 基础工程[M]. 北京:北京理工大学出版社,2016.
[36] 蒋建平,史旦达. 桩基工程[M]. 上海:上海交通大学出版社,2016.
[37] 张雁,刘金波. 桩基手册[M]. 北京:中国建筑工业出版社,2009.
[38] 陆新征,蒋庆,廖志伟,等. 建筑抗震弹塑性分析[M]. 2版. 北京:中国建筑工业出版社,2015.
[39] 崔济东,沈雪龙. PERFORM-3D原理与实例[M]. 北京:中国建筑工业出版社,2017.
[40] 陈学伟,林哲. 结构弹塑性分析程序OpenSEES原理与实例[M]. 北京:中国建筑工业出版社,2014.
[41] 蒋玉川,傅昶彬,阎慧群,等. MIDAS在结构计算中的应用[M]. 北京:化学工业出版社,2012.
[42] 北京金土木软件技术有限公司. SAP2000中文版使用指南[M]. 2版. 北京:人民交通出版社,2012.
[43] 北京金土木软件技术有限公司. ETABS中文版使用指南[M]. 北京:中国建筑工业出版社,2004.